KUHMINSA

한 발 앞서나가는 출판사, 구민사
독자분들도 구민사와 함께! 한 발 앞서나가길 바랍니다.

구민사 출간도서 中 수험서 분야

- 용접
- 자동차
- 조경/산림
- 품질경영
- 산업안전
- 전기
- 건축토목
- 실내건축

- 기술사
- 기계
- 금속
- 환경
- 보일러
- 가스
- 공조냉동
- 위험물

전문가를 위한 첫걸음, 구민사는 그 이상을 봅니다!

전국 도서판매처

- 일산남부서점
- 안산대동서적
- 대전계룡서점
- 대구북앤북스
- 대구하나도서
- 포항학원사
- 울산처용서림
- 창원그랜드문고
- 순천중앙서점
- 광주조은서림

www.kuhminsa.co.kr

자격증 시험 접수부터 자격증 수령까지!

1. 필기 원서 접수
큐넷(www.q-net.or.kr)
필기 시험은 회원 가입 후
인터넷 접수만 가능
(사진 파일, 접수비(인터넷 결제) 필요)
응시자격 요건 반드시 확인

2. 필기 시험
입실 시간 미준수 시 시험 **응시 불가**
준비물 : 수험표, 신분증, 필기구 지참

5. 실기 시험
필답형과 작업형으로 분류
원서 접수 시 선택한 장소와
시간에 맞게 시험을 봅니다.
준비물 : 수험표, 신분증,
필기구 지참!

6. 최종합격 확인
큐넷(www.q-net.or.kr)
사이트에서 확인

전문가를 위한 첫걸음, 구민사는 그 이상을 봅니다!

상시시험 12종목
굴삭기운전기능사, 지게차운전기능사, 미용사(일반), 미용사(피부), 미용사(네일)
미용사(메이크업), 조리기능사(양식, 일식, 중식, 한식), 제과·제빵기능사

3. 필기 합격 확인
큐넷(www.q-net.or.kr) 사이트에서 확인

4. 실기 원서 접수
큐넷(www.q-net.or.kr)
응시 자격 서류는 **실기시험 접수기간(4일 내)에** 제출해야만 접수 가능

7. 자격증 신청
인터넷으로 신청
(상장형 자격증 발급을 원칙으로 하며,
희망 시 수첩형 자격증 발급 신청
/ 발급 수수료 부과)

8. 자격증 수령
인터넷으로 발급(출력)
(수첩형 자격증 등기 수령 시
등기 비용 발생)

D-DAY 60 공유압기능사 필기실기 D-60일 합격 플랜
(위의 플랜은 가장 이상적인 것이므로 참고하여 개인의 입장과 일정에 맞춰 준비하시기 바랍니다.)

월요일	화요일	수요일	목요일	금요일	토요일	일요일
D-60	D-59	D-58	D-57	D-56	D-55	D-54

1편 공유압 일반

D-53	D-52	D-51	D-50	D-49	D-48	D-47

2편 기계제도(비절삭) 및 기계요소

D-46	D-45	D-44	D-43	D-42	D-41	D-40

3편 기초전기 일반

D-39	D-38	D-37	D-36	D-35	D-34	D-33

4편 최신 과년도 기출문제 [필기편]

D-32	D-31	D-30	D-29	D-28	D-27	D-26

5편 최신 기출문제 [실기편]

D-DAY 60 놓친 부분 다시보기

월요일	화요일	수요일	목요일	금요일	토요일	일요일
D-25	D-24	D-23	D-22	D-21	D-20	D-19
		이론복습 (O/X)				문제풀이 (O/X)
D-18	D-17	D-16	D-15	D-14	D-13	D-12
		이론복습 (O/X)				문제풀이 (O/X)
D-11	D-10	D-9	D-8	D-7	D-6	D-5
		이론복습 (O/X)				문제풀이 (O/X)
D-4	D-3	D-2	D-1			
		이론복습 (O/X)				

시험장 가기 전에 Tip

Q 계산기를 따로 가져가야 하나요?
A 시험을 치르는 PC에 설치된 계산기를 이용하실 수 있습니다.(개인 계산기 지참 가능)

Q PC로 시험을 치르면 종이는 못 쓰나요?
A 시험장에서 필요한 사람에 한해 종이를 제공합니다. 시험장마다 상황이 다를 수 있으니 전화로 해당 시험장의 상황을 파악해보시길 권장합니다. 이 때 시험이 끝나고 종이 반납은 필수입니다.

머리말

　공유압은 생산 공장의 무인화를 위한 제어기술로 생산능력 향상과 직결되는 신지식이다. 공유압이란 공기 압축기나 유압 펌프를 활용하여 얻는 압력이다. 공유압 기능사란 각종 공유압 기기와 그 제어장치에 관련된 일을 하는 사람으로 기기를 안정적으로 관리하는 기술인을 양성하기 위한 첫 걸음이다.

　공유압 기능사는 2002년에 신설되어 현 서울시설공단 직원(기술) 공개채용 8급 고졸인재 기계 응시자격을 준다. 공유압 기능사를 통해 4차 산업혁명 관련 기계, 전기 융합 기술과 스마트 제조기술 관련된 자동화 설계, 제작, 제어 등의 기술을 습득하고자 하는 확고한 마음가짐을 확인한다. 훗날 자동화 시스템의 설치, 운용 및 제어 능력을 갖춘 기술인이 될 수 있다.

　공유압 기술은 자동화 시스템의 꽃으로 최근 국내 공기업과 대기업에서는 시스템을 구축하여 생산 공장의 제어 및 관리 기술이 으뜸임을 인식하고 있다. 최근 2년 동안 현장에서 공유압 기술자를 우대하고, 필요함에 이 자격증을 응시하는 수험생들이 부쩍 늘었다. 그래서 이러한 수험생들에게 좋은 친구가 되고자 정성을 다해 이 책을 집필하게 되었다.

　본 도서는 기출문제를 정확하게 분석하여 합격을 위한 지름길을 제시하였다. 문제 위주의 책이 아닌 이론을 정확하게 알고 문제를 접근할 수 있도록 접근하였다. 다소 문제 위주의 책을 원하는 수험생들에게는 불편한 책이 될 수 있다. 하지만 첫 걸음을 하는 수험생들에게는 보다 정확한 공부를 함에 있어 기초를 튼튼히 하여 조금은 효과적으로 시험에 대비할 수 있다고 생각한다.

　수험생 여러분. 처음부터 암기식으로 공부하지 마세요. 처음에는 가벼운 마음으로 세 번은 쉬운 문제. 즉, 본인이 눈에 들어오는 문제만 반복해서 접근하실 것을 권유한다. 그러면 자연히 반복되는 부분을 찾을 수 있고, 이 부분을 자주 보면 자연히 암기가 될 것이라 저자는 생각한다. 아무쪼록 공유압기능사를 준비하고 있는 모든 분들에게 최종합격의 기쁨이 있기를 바라며 미래 자동화 산업의 책임자는 여러분임을 기억하기를 바란다.
　이 책이 출간되기까지 큰 도움을 주신 도서출판 구민사 조규백 대표님 이하 관계자 모두에게 감사드린다.

저자

CONTENTS

PART 01 공유압 일반

Chapter 01. 공유압의 개요 — 2
1. 기초이론 — 2
2. 공유압의 이론 — 5

Chapter 02. 공압기기 — 9
1. 공압 발생장치 — 9
2. 공압 청정화 장치 — 12
3. 공압 제어 밸브 — 17
4. 공압 액추에이터 — 26

Chapter 03. 유압기기 — 31
1. 유압 펌프 — 31
2. 유압 제어 밸브 — 35
3. 유압 액추에이터 — 40
4. 유압 부속장치 — 42
5. 유압 작동유 — 45

Chapter 04. 공유압 기호 및 회로 — 47
1. 공유압 기호 — 47
2. 공유압 회로 — 49

PART 02 기계제도(비절삭) 및 기계요소

Chapter 01. 제도통칙 — 64
1. 일반사항(도면, 척도, 문자 등) — 64
2. 선의 종류 및 용도 표시법 — 68
3. 투상법 — 71
4. 도형의 표시방법 — 77
5. 치수의 표시 방법 — 80
6. 기계요소 표시법 : 나사 — 82
7. 배관 도시기호 — 91

Chapter 02. 기계요소 — 94
1. 기계설계의 기초 — 94
2. 재료의 강도와 변형 — 97
3. 나사, 리벳, 볼트의 종류 — 101
4. 키, 핀 — 105
5. 축, 베어링 — 108
6. 기어 — 113
7. 벨트, 체인 — 118
8. 스프링, 브레이크 — 124

PART 03　기초전기 일반

Chapter 01. 직,교류 회로　　128
　　1. 직류회로의 전압, 전류, 저항　　128
　　2. 전력과 열량　　133
　　3. 교류회로의 기초　　135
　　4. 교류에 대한 R,L,C의 작용　　141
　　5. 단상, 3상 교류 전력　　149

Chapter 02. 전기기기의 구조와 원리 및 운전　　155
　　1. 직류기　　155
　　2. 동기기(synchronous, 정속도)　　177
　　3. 변압기(electric transformer)　　180
　　4. 유도전동기(induction motor)　　182
　　5. 정류기(Alternating Current→Direct Current)　　195

Chapter 03. 시퀀스 제어　　203
　　1. 시퀀스 제어의 개요　　203
　　2. 제어요소와 논리회로　　205
　　3. 시퀀스 제어의 기본 회로(KS 규격)　　215
　　4. 전동기 제어 일반(3상 유도 전동기)(Y결선)(KS 규격)　　216
　　5. 센서(Sensor)의 종류와 특성　　218
　　6. 계전기, 타이머, 카운터　　221

Chapter 04. 전기측정　　223
　　1. 전류의 측정 : 분류기(Shunt resistor[Ω])　　223
　　2. 전압의 측정 : 배율기(multiplier resistor[Ω])　　224
　　3. 저항의 측정　　225

PART 04　최신 과년도 기출문제 [필기편]

최신 과년도 기출문제
　• 2010년　　228
　• 2011년　　238
　• 2012년　　248
　• 2014년　　259
　• 2016년 2회　　270
　• 2016년 4회　　281

CBT 기출문제
　• 1회　　292
　• 2회　　302
　• 3회　　312
　• 4회　　324

CONTENTS

PART 05 최신 기출문제 [실기편]

공유압기능사 실기문제 기호 및 용어해설　　**338**

1-1. 공압 기출 예제 1번	340
1-2. 유압 기출 예제 1번	348
2-1. 공압 기출 예제 2번	355
2-2. 유압 기출 예제 2번	360
3-1. 공압 기출 예제 3번	365
3-2. 유압 기출 예제 3번	370
4-1. 공압 기출 예제 4번	375
4-2. 유압 기출 예제 4번	380
5-1. 공압 기출 예제 5번	385
5-2. 유압 기출 예제 5번	390
6-1. 공압 기출 예제 6번	395
6-2. 유압 기출 예제 6번	400
7-1. 공압 기출 예제 7번	405
7-2. 유압 기출 예제 7번	410
8-1. 공압 기출 예제 8번	415
8-2. 유압 기출 예제 8번	420
9-1. 공압 기출 예제 9번	425
9-2. 유압 기출 예제 9번	430
10-1. 공압 기출 예제 10번	435
10-2. 유압 기출 예제 10번	440
11-1. 공압 기출 예제 11번	445
11-2. 유압 기출 예제 11번	450
12-1. 공압 기출 예제 12번	455
12-2. 유압 기출 예제 12번	460
13-1. 공압 기출 예제 13번	465
13-2. 유압 기출 예제 13번	470
14-1. 공압 기출 예제 14번	475
14-2. 유압 기출 예제 14번	480
15-1. 공압 기출 예제 15번	485
15-2. 유압 기출 예제 15번	490
16-1. 공압 기출 예제 16번	495
16-2. 유압 기출 예제 16번	500
17-1. 공압 기출 예제 17번	505
17-2. 유압 기출 예제 17번	510
18-1. 공압 기출 예제 18번	515
18-2. 유압 기출 예제 18번	520

시험정보 - 공유압기능사

자격명 : 공유압기능사 | **영문명** : Craftsman Hydro-pneumatic
관련부처 : 고용노동부
시행기관 : 한국산업인력공단

[개요]
공유압축기와 유압펌프, 각종제어밸브, 공유압실리더와 기타 부속기기 등을 점검. 정비 및 유지관리의 업무를 수행

[수행직무]
공기압축기나 유압펌프를 활용해 기계에너지를 압력에너지로 변환시키는 장치를 정비하고 유지·관리하는 직무수행

[출제경향]
공유압에 관한 숙련기능을 가지고 각종 공유압 기기를 점검·정비 및 유지·관리 등 이에 관련된 기능업무를 수행할 수 있는 능력의 유무 평가

[취득방법]
① 시행처 : 한국산업인력공단
② 시험과목
   - 필기 : 1. 공유압일반 2. 기계제도(비절삭) 및 기계요소 3. 기초전기일반
   - 실기 : 공유압 실무
③ 검정방법
   - 필기 : 전과목 혼합, 객관식 60문항(60분)
   - 실기 : 작업형(3시간 정도) [공압작업 (1시간30분 : 50점) + 유압작업 (1시간30분 : 50점)]
④ 합격기준
   - 필기 : 100점 만점 60점 이상
   - 실기 : 100점 만점 60점 이상
※ '15년도부터 과정평가형 자격으로 취득 가능 (관련 홈페이지 : www.ncs.go.kr)

[시험수수료]
- 필기 : 11,900원
- 실기 : 68,500원

출제기준 – 공유압기능사 필기

직무 분야	기계	중직무 분야	기계제작	자격 종목	공유압기능사	적용 기간	2019.1.1~ 2021.12.31
직무 내용	공유압 회로도를 파악하여 공유압 장치의 공기 압축기와 유압 펌프, 각종의 제어밸브, 공압 및 유압 실린더와 공압 및 유압모터, 기타 부속기기 등을 점검, 정비 및 유지 관리 업무를 수행하는 직무							
필기검정방법	객관식		문제수	60		시험시간		1시간

필기과목명	문제수	주요항목	세부항목
공유압 일반, 기계제도(비절삭) 및 기계요소, 기초전기 일반	60	1. 공유압 일반	1. 공유압의 개요
			2. 공압기기
			3. 유압기기
			4. 공유압 기호
			5. 공유압 회로
		2. 기계제도(비절삭) 및 기계요소	1. 제도통칙
			2. 기계요소
		3. 기초전기 일반	1. 직·교류 회로
			2. 전기기기의 구조와 원리 및 운전
			3. 시퀀스 제어
			4. 전기측정

출제기준 – 공유압기능사 실기

직무분야	기계	중직무분야	기계제작	자격종목	공유압기능사	적용기간	2019.1.1~2021.12.31
직무내용	공유압 회로도를 파악하여 공유압 장치의 공기 압축기와 유압 펌프, 각종 제어밸브, 공압 및 유압 실린더와 공압 및 유압모터, 기타 부속기기 등을 점검, 정비, 및 유지 관리 업무를 수행						
수행준거	1. 공유압 도면을 파악할 수 있다. 2. 공유압기기를 이용하여 회로를 구성 및 작동할 수 있다. 3. 공유압 발생 및 조정 장치를 유지 보수할 수 있다. 4. 압력, 방향, 유량제어밸브를 유지 보수할 수 있다.						
실기검정방법		작업형			시험시간		2시간 30분

실기과목명	주요항목	세부항목
공유압 실무	1. 자료 수집, 도면파악	1. 도면결정하기
		2. 도면파악하기
	2. 공압회로 구성 및 작동(전기공압 포함)	1. 공압회로 구성하기
		2. 공압회로 작동하기
	3. 유압회로의 구성 및 작동(전기유압 포함)	1. 유압회로 구성하기
		2. 유압회로 작동하기
	4. 관리하기	1. 공유압장치유지보수하기

이 책의 구성과 특징

01 체계적인 핵심 요약

이론은 공유압 일반, 기계제도(비절삭) 및 기계요소, 기초전기 일반으로 나누어 체계적으로 핵심만을 요약하였습니다. 또한 이론 중간중간의 예상문제로 앞서 배운 이론을 한번 더 짚고 넘어갈 수 있게 하였습니다.

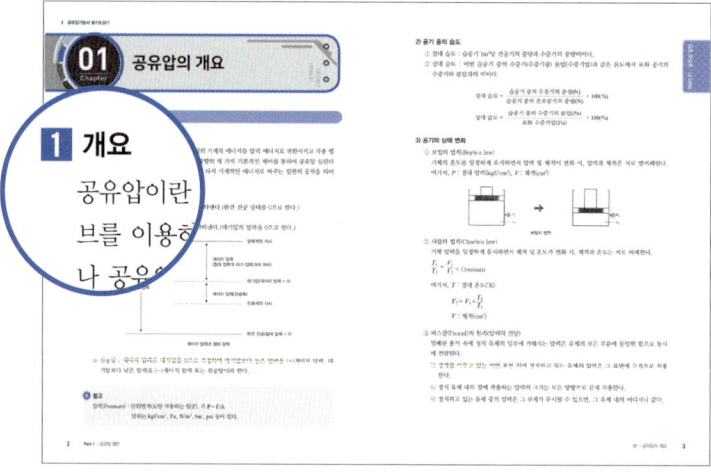

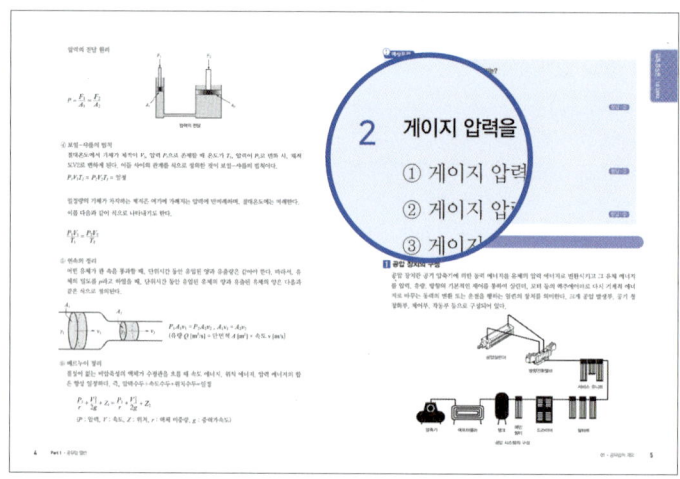

무료 동영상 강의 네이버 카페 | 자격증 만들기
https://cafe.naver.com/makels 카페 바로가기

02 최신 필기 과년도 기출문제 수록

공유압 기능사 최신 필기 과년도 기출문제와 해설을 수록하여 실전시험에 대비하였습니다.

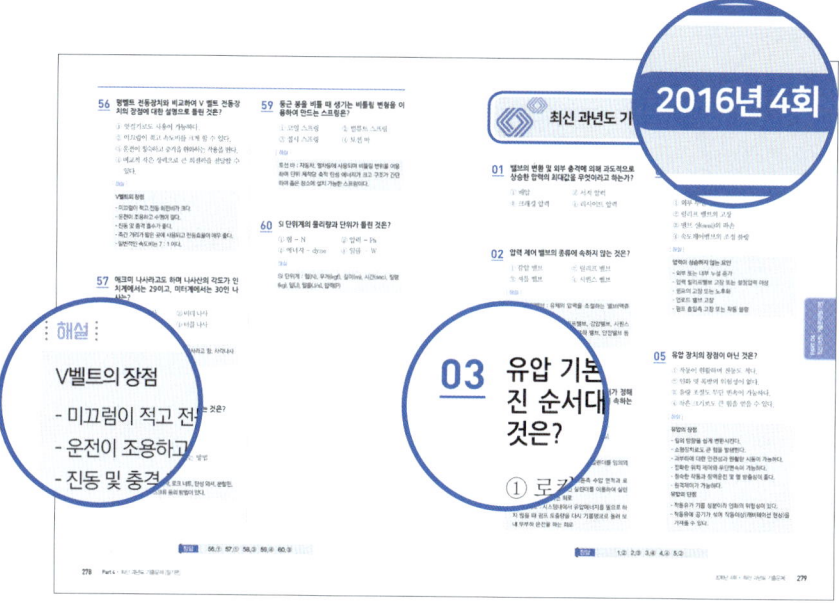

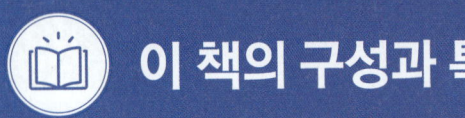

이 책의 구성과 특징

03 CBT 문제 수록

CBT 문제를 수록하여 실전시험에 대비하였습니다.

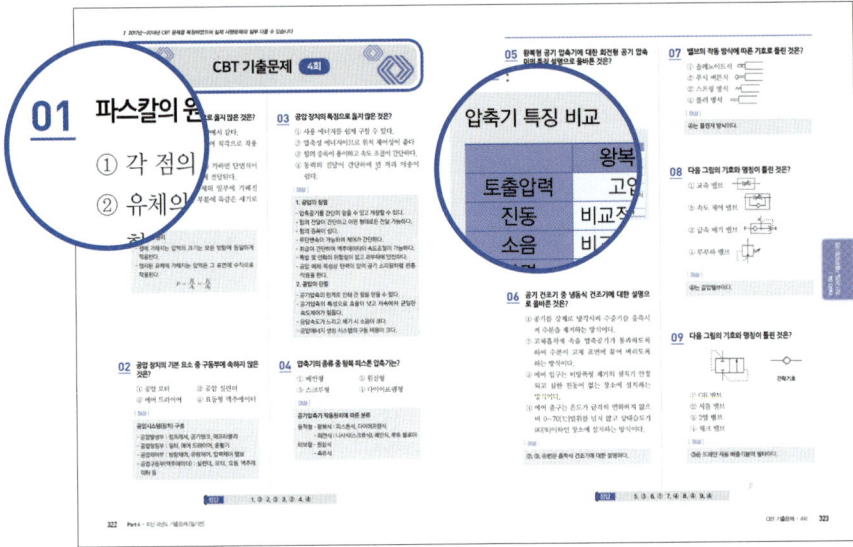

※ CBT 문제란?

2016년 5회부터 반영되는 CBT시행에 따라 저자께서 수검자들의 도움으로 최대한 유형에 가깝게 복원한 문제입니다. 앞으로도 높은 적중률을 위해 노력하겠습니다.

04 최신 실기 기출문제 수록

공압과 유압 기출 예제 문제를 수록하여 실전시험에 대비하였습니다.

무료 동영상 강의 | 네이버 카페 | 자격증 만들기
https://cafe.naver.com/makels
카페 바로가기

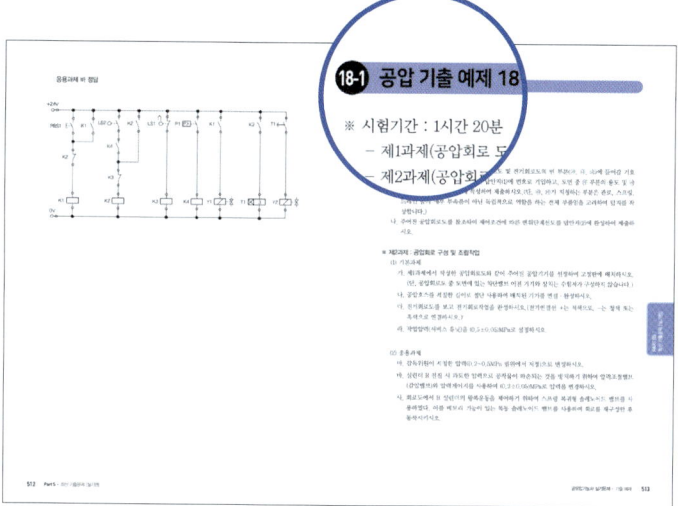

공압 기출 예제

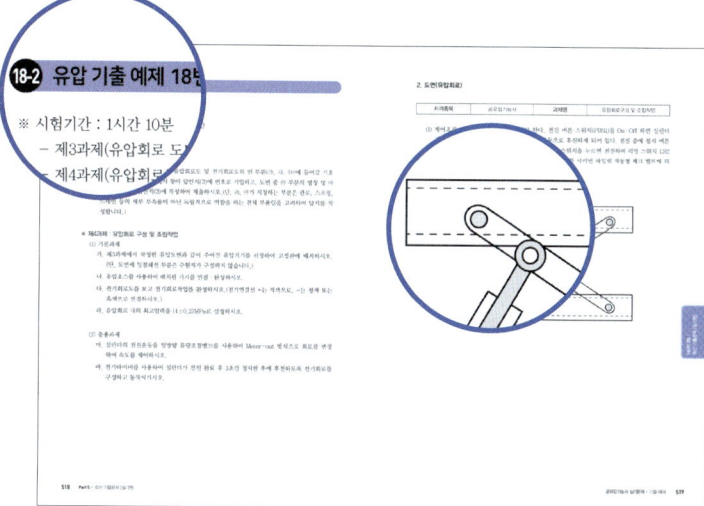

유압 기출 예제

전국 산업인력공단 안내

안내전화 1644-8000

기관명 / 지역번호		주소	기술자격 검정안내	전문/상시자격 검정안내	자격증 발급
서울지역본부 / 02	02512	서울특별시 동대문구 장안벚꽃로 279 (휘경동 49-35)	서류제출심사 2137-0503~6, 12 실기 2137-0521~4, 02	전문자격 2137-0551~9, 0561 상시(필기/실기) 2137-0566~7 2137-0562, 4-5, 8	우편 배송 2137-0516 방문 2137-0509
서울서부지사 (舊서울동부지사) / 02	03302	서울 은평구 진관3로 36(진관동 산100-23)	필기, 서류제출심사 2024-1705, 7~8, 10, 29 실기 2024-1702, 4, 6, 9, 11, 12	상시 CBT 2024-1725 실기(네일, 메이크업) 2024-1723 실기(제과 제빵) 2024-1718	2024-1729
서울남부지사 / 02	07225	서울특별시 영등포구 버드나루로 110	대표번호 876-8322~4 필기, 실기 6907-7133~9, 7151~156	상시 6907-7191~7193 전문(공인중개사) 6907-7191, 7 전문(행정사) 6907-7193	6907-7137
경기지사 / 031	16626	경기도 수원시 권선구 호매실로 46-68	대표번호 249-1201 기술자격 249-1212~7, 19, 21, 26~7	상시 249-1222, 57, 60, 62~3 전문 249-1223, 33, 65, 83	249-1228
경기북부지사 / 031	11780	경기도 의정부시 추동로 140	필기 850-9122~3, 7~8 실기 850-9123, 73	상시 850-9174, 28~9	850-9127~8
경기동부지사 (舊성남지사) / 031	13313	경기도 성남시 수정구 성남대로 1217 (SK코원에너지(주) 건물 4-5층)	기술자격/응시자격서류 750-6222~9, 16	–	750-6226, 15
경기남부지사 / 031	17561	경기도 안성시 공도읍 공도로 51-23	–	–	
인천지역본부 (舊중부지역본부) / 032	21634	인천시 남동구 남동서로 209	대표번호 820-8600 기술자격 820-8619, 22~35	상시 820-8692~6 전문 820-8670-6, 8	820-8679
강원지사 / 033	24408	강원도 춘천시 동내면 원창고개길 135	대표번호 248-8500 기술자격 248-8512~3, 8515~9	전문 248-8511 상시 248-8552, 4, 6, 13	248-8516
강원동부지사 (舊강릉지사) / 033	25440	강원도 강릉시 사천면 방동길 60	대표번호 650-5700 응시자료서류제출심사 650-5714	상시 650-5750~1	650-5711
충남지사 / 041	31081	충남 천안시 서북구 천일고1길 27	대표번호 041-620-7600 기술자격 041-620-7632~9	상시 620-7641 전문 620-7690~1	620-7636, 9
대전지역본부 / 042	35000	대전시 중구 서문로 25번길 1	기술자격 580-9131~7, 9	상시 580-9141~3 전문 580-9151~7	
(신설)세종지사 / 042	35000	세종특별자치시 한누리대로 296 밀레니엄 빌딩 5층	대표번호 042-580-9173		
충북지사 / 043	28456	충북 청주시 흥덕구 1순환로 394번길 81	대표번호 279-9000 기술자격 279-9041~6	상시/전문 279-9091~4	
부산지역본부 / 051	46519	부산광역시 북구 금곡대로 441번길 26	대표번호 330-1910 기술자격 330-1918, 22, 25~6, 28, 30~2, 53	상시 330-1942~3, 5~6 전문 330-1962~4	330-1910
부산남부지사 / 051	48518	부산광역시 남구 신선로 454-18	기술자격 620-1910-9	상시(필기/실기) 620-1953 / 4	620-1910
울산지사 / 052	44538	울산광역시 중구 종가로 347	기술자격 220-3223~4 / 3210-8	상시(필기/실기) 220-3282, 11	220-3223
대구지역본부 / 053	42704	대구광역시 달서구 성서공단로 213	대표번호 580-2300 기술자격 580-2351~61	상시 580-2371, 3, 5, 7 전문/과정평가형 580-2381~4	580-2300
경북지사 / 054	36616	경북 안동시 서후면 학가산온천길 42	대표번호 840-3000 기술자격 840-3030-9	–	840-3000
경북동부지사 (舊포항지사) / 054	37580	경북 포항시 북구 법원로 140번길 9	기술자격 230-3251~8	–	230-3202
경남지사 / 055	51519	경남 창원시 성산구 두대로 239	대표번호 212-7200 기술자격 212-7240-5, 8, 50	상시 212-7260~4	212-7200
전남지사 / 061	57948	전남 순천시 순광로 35-2	대표번호 720-8500 기술자격(정기/전문) 720-8531~2, 4-6, 9, 61	상시 720-8533, 5, 6	720-8500
전남서부지사 (舊목포지사) / 061	58604	전남 목포시 영산로 820	기술자격 288-3321	상시 288-3322~4 전문 288-3327	288-3321
광주지역본부 / 062	61008	광주광역시 북구 첨단벤처로 82	대표번호 970-1700-5 기술자격 970-1761~9	상시 970-1776~9 전문 970-1771~5	970-1768
전북지사 / 063	54852	전북 전주시 덕진구 유상로 69	대표번호 210-9200 기술자격 210-9221~7	상시 210-9282~3 전문 210-928	210-9225, 8~9
제주지사 / 064	63220	제주 제주시 복지로 19	기술자격 729-0701~2	상시/전문 729-0713~4, 6	729-0701~2

PART 01

공유압 일반

Chapter 01 공유압의 개요
Chapter 02 공압 기기
Chapter 03 유압 기기
Chapter 04 공유압 기호 및 회로

공유압의 개요

1 기초이론

1 개요

공유압이란 컴프레셔 또는 유압 펌프로부터의 기계적 에너지를 압력 에너지로 변환시키고 각종 밸브를 이용하여 유체 에너지의 압력, 유량, 방향의 세 가지 기본적인 제어를 통하여 공유압 실린더나 공유압 모터 등의 액추에이터를 이용하여 다시 기계적인 에너지로 바꾸는 일련의 동작을 의미한다.

1) 게이지 압력과 절대 압력

① 절대 압력 : 완전 진공을 기준으로 하여 나타낸다.(완전 진공 상태를 0으로 한다)
  ▶ 절대 압력 = 대기압 ± 게이지 압력
② 게이지 압력 : 대기압을 기준으로 하여 나타낸다.(대기압의 압력을 0으로 한다)

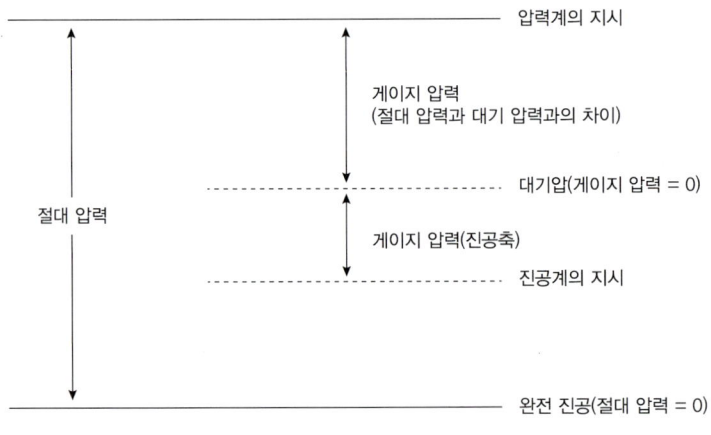

게이지 압력과 절대 압력

③ 진공압 : 게이지 압력은 대기압을 0으로 측정하여 대기압보다 높은 압력을 (+)게이지 압력, 대기압보다 낮은 압력을 (−)게이지 압력 또는 진공압이라 한다.

> **참고**
> 압력(Pressure) : 단위면적(A)당 작용하는 힘(F), 즉 $P = F/A$
> 단위는 kgf/cm^2, Pa, N/m^2, bar, psi 등이 있다.

2) 공기 중의 습도

① 절대 습도 : 습공기 $1m^3$당 건공기의 중량과 수증기의 중량비이다.
② 상대 습도 : 어떤 습공기 중의 수증기(수증기량) 분압(수증기압)과 같은 온도에서 포화 공기의 수증기와 분압과의 비이다.

$$\text{절대 습도} = \frac{\text{습공기 중의 수증기의 중량(N)}}{\text{습공기 중의 건조공기의 중량(N)}} \times 100(\%)$$

$$\text{상대 습도} = \frac{\text{습공기 중의 수증기의 분압(Pa)}}{\text{포화 수증기압(Pa)}} \times 100(\%)$$

3) 공기의 상태 변화

① 보일의 법칙(Boyle's law)

기체의 온도를 일정하게 유지하면서 압력 및 체적이 변화 시, 압력과 체적은 서로 반비례한다.
여기서, P : 절대 압력(kgf/cm^2), V : 체적(cm^2)

보일의 법칙

② 샤를의 법칙(Charle's law)

기체 압력을 일정하게 유지하면서 체적 및 온도가 변화 시, 체적과 온도는 서로 비례한다.

$$\frac{T_1}{T_2} = \frac{V_1}{V_2} = \text{Constant}$$

여기서, T : 절대 온도(°K)

$$V_2 = V_1 \times \frac{T_2}{T_1}$$

V : 체적(cm^3)

③ 파스칼(Pascal)의 원리(압력의 전달)

밀폐된 용기 속에 정지 유체의 일부에 가해지는 압력은 유체의 모든 부분에 동일한 힘으로 동시에 전달된다.

㉠ 경계를 이루고 있는 어떤 표면 위에 정지하고 있는 유체의 압력은 그 표면에 수직으로 작용한다.
㉡ 정지 유체 내의 점에 작용하는 압력의 크기는 모든 방향으로 같게 작용한다.
㉢ 정지하고 있는 유체 중의 압력은 그 무게가 무시될 수 있으면, 그 유체 내의 어디서나 같다.

압력의 전달 원리

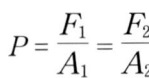
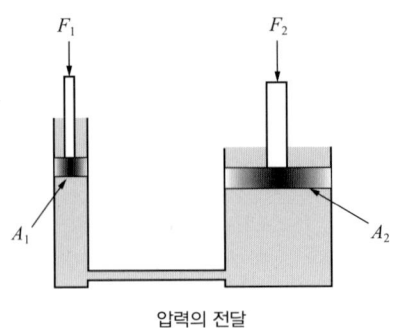

압력의 전달

④ 보일-샤를의 법칙

절대온도에서 기체가 체적이 V_1, 압력 P_1으로 존재할 때 온도가 T_2, 압력이 P_2로 변화 시, 체적도 V_2로 변하게 된다. 이들 사이의 관계를 식으로 정의한 것이 보일-샤를의 법칙이다.

$P_1V_1T_2 = P_2V_2T_1 = $ 일정

일정량의 기체가 차지하는 체적은 여기에 가해지는 압력에 반비례하며, 절대온도에는 비례한다. 이를 다음과 같이 식으로 나타내기도 한다.

$$\frac{P_1V_1}{T_1} = \frac{P_2V_2}{T_2}$$

⑤ 연속의 정리

어떤 유체가 관 속을 통과할 때, 단위시간 동안 유입된 양과 유출량은 같아야 한다. 따라서, 유체의 밀도를 p라고 하였을 때, 단위시간 동안 유입된 유체의 양과 유출된 유체의 양은 다음과 같은 식으로 정의된다.

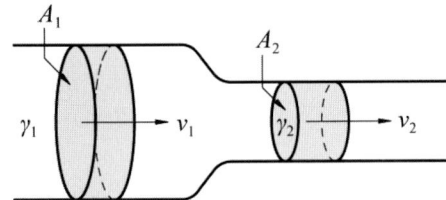

$P_1A_1v_1 = P_2A_2v_2$, $A_1v_1 = A_2v_2$
(유량 Q [m³/s] = 단면적 A[m²] × 속도 v[m/s])

⑥ 베르누이 정리

점성이 없는 비압축성의 액체가 수평관을 흐를 때 속도 에너지, 위치 에너지, 압력 에너지의 합은 항상 일정하다. 즉, 압력수두+속도수두+위치수두=일정

$$\frac{P_1}{r} + \frac{V_1^2}{2g} + Z_1 = \frac{P_1}{r} + \frac{V_2^2}{2g} + Z_2$$

(P : 압력, V : 속도, Z : 위치, r : 액체 비중량, g : 중력가속도)

> **예상문제**

1 완전한 진공을 "0"으로 하는 압력의 세기는?

① 게이지 압력 ② 절대 압력
③ 평균 압력 ④ 최고 압력

정답 | ②

2 게이지 압력을 옳게 표시한 것은?

① 게이지 압력 = 절대 압력 + 대기압
② 게이지 압력 = 절대 압력 − 대기압
③ 게이지 압력 = 절대 압력 × 대기압
④ 게이지 압력 = 절대 압력 ÷ 대기압

정답 | ②

3 압력의 표시 단위가 아닌 것은?

① Pa ② bar
③ atm ④ N/m^2

정답 | ④

2 공유압의 이론

1 공압 장치의 구성

공압 장치란 공기 압축기에 의한 동력 에너지를 유체의 압력 에너지로 변환시키고 그 유체 에너지를 압력, 유량, 방향의 기본적인 제어를 통하여 실린더, 모터 등의 액추에이터로 다시 기계적 에너지로 바꾸는 동력의 변환 또는 운전을 행하는 일련의 장치를 의미한다. 크게 공압 발생부, 공기 청정화부, 제어부, 작동부 등으로 구성되어 있다.

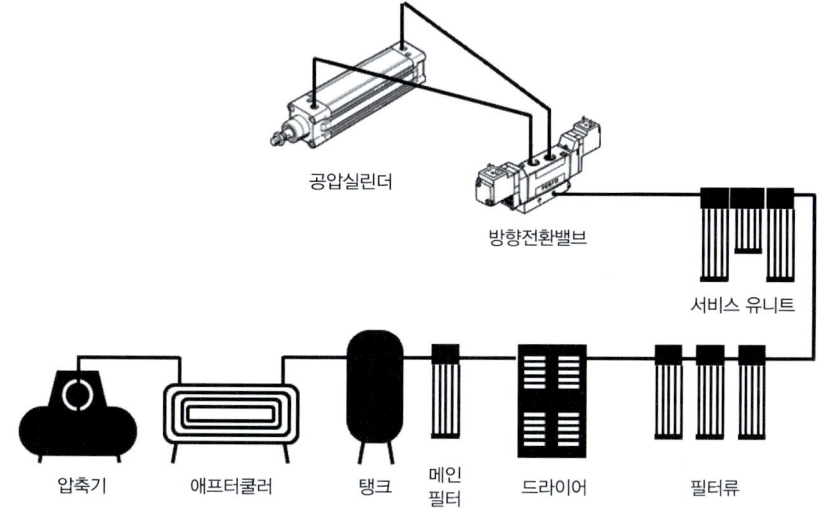

공압 시스템의 구성

① 발생부 : 압축기, 탱크, 애프터쿨러(냉각기)
② 청정화부 : 탱크, 필터, 드라이어(건조기), 윤활기(루브리케이터)
③ 제어부 : 압력제어 밸브, 유량제어 밸브, 방향제어 밸브 등
④ 작동부 : 실린더, 공압모터, 공압 요동 액추에이터(회전 실린더) 등

2 유압 장치의 구성

유압 에너지는 동력원에서 제어부, 작동부 순으로 동작을 하고 유압 에너지의 발생원으로는 유압 탱크와 유압 펌프가 있다. 제어부로는 일의 출력을 제어하는 압력 제어부와 속도를 제어하는 유량 제어부와 방향을 제어하는 방향 제어부가 있다. 그리고 일의 조작부에 해당하는 작동부로는 유압 실린더와 유압 모터가 있다.

1) 구성 요소

① 동력원 : 유압 탱크, 유압 펌프
② 제어부 : 압력제어 밸브, 유량제어 밸브, 방향제어 밸브 등
③ 작동부 : 실린더, 유압 모터, 유압 요동 액추에이터 등

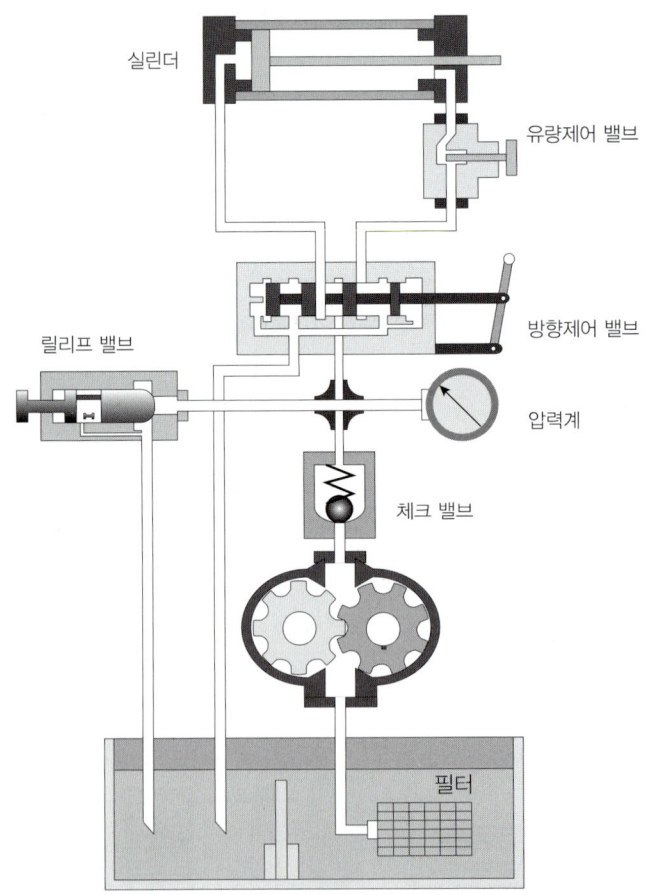

유압 시스템의 구성

3 공유압의 장 · 단점

공압의 장점	공압의 단점
① 출력(힘) 조절이 용이하다. ② 폭 넓게 무단으로 속도 조절을 쉽게 할 수 있다. ③ 과부하에도 안전성을 확보할 수 있다. ④ 공기는 점성이 작고 압력 강하도 적으며 유속이 높아 고속 작동이 가능하다. ⑤ 공압 탱크를 이용하여 에너지 축적이 가능하다. ⑥ 에너지원인 공기를 쉽게 얻을 수 있다. ⑦ 기구가 간단하며 유지 보수가 쉽다. ⑧ 원격 조정이 가능하며 환경오염이 적다.	① 공기의 압축성 때문에 정밀한 속도 조절이 어렵다. ② 압축 공기가 대기로 방출 시 소음이 발생된다. ③ 전기나 유압에 비해서 큰 힘을 얻을 수 없다. ④ 전기나 유압에 비해 에너지 생성 비용이 크다.

유압의 장점	유압의 단점
① 크기가 작은 장치로 큰 힘을 낼 수 있다. ② 힘과 속도를 무단으로 조절할 수 있다. ③ 일의 방향의 전환을 쉽게 할 수 있다. ④ 유압유를 사용하므로 마찰, 마모, 윤활 및 방청성이 우수하다. ⑤ 진동이 적고 작동이 원활하며 응답성이 좋다. ⑥ 정확하고 정밀한 위치 제어가 가능하다. ⑦ 작동시 열 방출성이 좋다. ⑧ 전기의 조합으로 자동 제어가 가능하다. ⑨ 과부하 운전 시 안전 장치가 가능하다.	① 기계 장치마다 동력원이 필요하다. ② 유압유는 온도의 영향을 받기 쉽다. ③ 고압 작동 시 배관, 이음매 등에서 누유가 있을 수 있다. ④ 펌프의 작동 소음이 크다. ⑤ 동력원을 단독으로 사용하므로 비용이 많이 든다. ⑥ 작동유로 인한 화재의 위험이 있다. ⑦ 이물질에 민감하다. ⑧ 발생열로 인한 냉각 장치가 필요하다. ⑨ 폐유에 의한 환경오염이 있을 수 있다.

예상문제

1 공기압 장치의 기본 시스템이 아닌 것은?

① 압축 공기 발생 장치　② 압축 공기 조정 장치
③ 제어 밸브　　　　　　④ 유압 펌프

정답 | ④

2 다음은 유·공압의 특징을 열거한 것 중 공압 시스템의 장점에 해당하는 것은?

① 저속이 가능하다.
② 균일한 속도의 운동이 가능하다.
③ 큰 힘을 낼 수 있다.
④ 작업 요소의 운동 속도가 빠르다.

정답 | ④

3 유압의 장점이 아닌 것은?

① 압력에 대한 출력 응답이 빠르다.
② 일의 방향을 용이하게 변환시킬 수 있다.
③ 무단 변속이 가능하지 않다.
④ 전기, 전자의 조합으로 자동제어가 가능하다.

정답 | ③

02 Chapter 공압기기

1 공압 발생장치

압축기는 크게 체적변화의 원리에 의한 용적형과 공기의 유동원리에 의한 비용적형(터보형)으로 분류되어 진다.

작동원리에 따른 압축기 분류 　　　　　 압축기 기호

1 공기 압축기(Air Compressor)

기계 에너지를 기체(유체) 에너지로 변환하는 기계로, 대기 중의 공기를 압축하여 압축 공기를 만든다. 공기 압축기는 압력이 $1kgf/cm^2$ 이상이면 압축기, $1kgf/cm^2$ 미만이면 송풍기라고 한다.

1) 토출 압력에 따른 분류
① 저압 : $1\sim8\ kgf/cm^2$
② 중압 : $10\sim16\ kgf/cm^2$
③ 고압 : $16\ kgf/cm^2$ 이상

2) 출력에 따른 분류
① 소형 : $0.2\sim14kW$
② 중형 : $15\sim75kW$
③ 대형 : $75kW$ 이상

2 공기 압축기의 종류

1) 왕복식 압축기

① 피스톤 압축기
  ㉠ 가장 많이 사용되는 압축기로, 크랭크축을 회전시켜 피스톤의 왕복운동으로 압력을 발생시키며, 냉각 방식에 따라 공랭식과 수랭식이 있다.
  ㉡ 사용 압력 범위는 1~수십bar까지 사용할 수 있다.
  ㉢ 다른 압축기에 비해 소음이 크며, 진동과 맥동이 발생할 수 있으므로 공기 탱크가 필요하다.

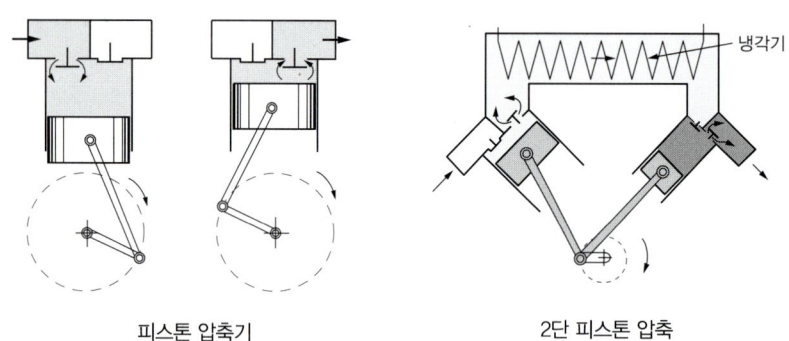

피스톤 압축기   2단 피스톤 압축

② 다이어프램(격판) 압축기
  ㉠ 피스톤이 격판에 의해 공기 흡입실로부터 분리되어 있고 공기가 왕복운동을 하는 피스톤과 직접 접촉하지 않는다.
  ㉡ 피스톤 압축기에 사용되는 윤활유가 압축기 작동 시 일부는 미세한 기름 입자 상태로 압축 공기에 섞일 수 있다. 이를 방지하고 깨끗한 공기가 필요한 곳에는 다이어프램(격판) 압축기를 사용한다.

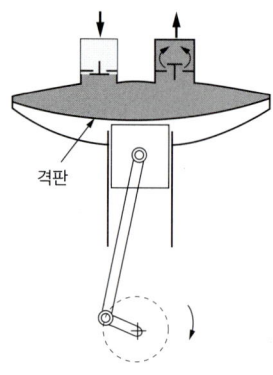

다이어프램(격판) 압축기

2) 회전식 압축기

① 베인 압축기
  ㉠ 편심 로터가 흡입과 배출 구멍이 있는 실린더 형태의 하우징 내에서 회전하여 압축 공기를 생산한다.

  ⓒ 소음과 진동이 적고, 공기를 안정되고 일정하게 공급한다.
  ⓔ 크기가 소형으로 고가이고, 높은 압력이 필요한 곳에는 부적당하다.

 ② 스크류 압축기
  ㉠ 오목한 측면과 볼록한 측면을 가진 2개의 로터가 한 쌍이 되어 축 방향으로 들어온 공기를 서로 맞물려 회전하여 공기를 압축한다.
  ⓒ 소음, 진동 및 압력의 맥동 현상이 적다.
  ⓔ 고속 회전이 가능하고 토출 능력은 크나, 고압이 필요한 곳에는 압축기의 생산 효율이 급격히 낮아지므로 높은 압력이 필요한 곳에는 부적당하다.

 ③ 루트 블로어
  ㉠ 누에고치형 회전자를 90° 위상 변위를 주고 회전자까지 서로 반대 방향으로 회전하여 흡입된 공기는 회전자와 케이싱 사이에서 공기의 체적 변화 없이 토출구 측으로 이동 및 토출된다.
  ⓒ 토크 변동이 크고 소음이 크다.
  ⓔ 비접촉형, 무급유식이며 고압의 출력이 어렵다.

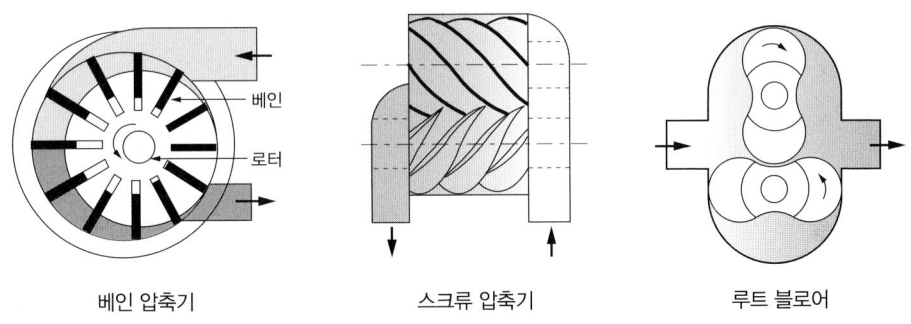

베인 압축기   스크류 압축기   루트 블로어

3) 터보형 압축기
① 공기의 유동 원리를 이용한 것으로 터빈을 고속으로 회전시키면서 공기를 압축시킨다.
② 여러 개의 터빈에 의한 운동 에너지를 압력 에너지로 바꾸어서 압축하는 형식이다. 종류로는 축류식과 원심식이 있다.
③ 각종 플랜트, 대형, 대용량의 공압원으로 이용되며, 가격이 비싸다.

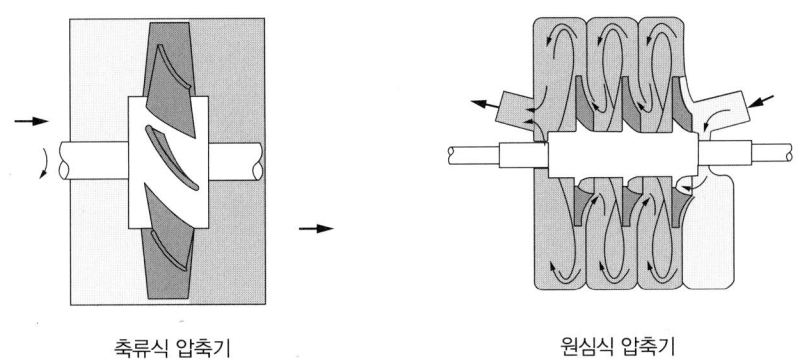

축류식 압축기   원심식 압축기

4) 압축기 장단점 비교

구분	왕복식	회전식	터보식
구조	비교적 간단하다.	간단하고 섭동부가 적다.	대형, 복잡하다.
진동	비교적 많다.	적다.	적다.
소음	비교적 높다.	적다.	적다.
보수성	좋다.	섭동 부품의 정기 교환이 필요하다.	비교적 좋으나 오버홀이 필요하다.
가격	싸다.	비교적 비싸다.	비싸다.
토출 공기 압력	고압	중압	표준 압력

> **예상문제**
>
> **1** 공압 발생 장치 중 1kg/cm² 이상의 토출 압력을 발생시키는 장치는?
>
> ① 공기 압축기   ② 송풍기
> ③ 팬   ④ 공기 여과기
>
> 정답 | ①
>
> **2** 공기 압축기의 토출 압력에 따른 분류가 아닌 것은?
>
> ① 저압 : 7~8kg/cm²   ② 중압 : 10~15kg/cm²
> ③ 고압 : 15kg/cm²   ④ 초고전압 : 30kg/cm² 이상
>
> 정답 | ④

2 공압 청정화 장치

1 냉각기(애프터 쿨러)

1) 사용 목적

공기 압축기로부터 배출되는 고온, 고압의 압축공기를 공기 건조기에 통과하기 전에 120~200℃의 고온의 압축 공기 온도를 40℃ 이하로 낮추고, 압축공기에 포함된 수분을 제거하는 역할을 한다.

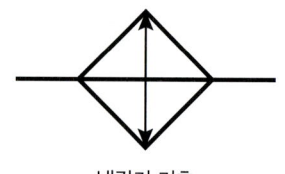

냉각기 기호

2) 냉각기(애프터 쿨러)의 종류

① 공랭식 : 팬을 이용하며 유지 보수가 쉽다.
② 수랭식 : 냉각수를 이용하며 대용량에 적합하다.

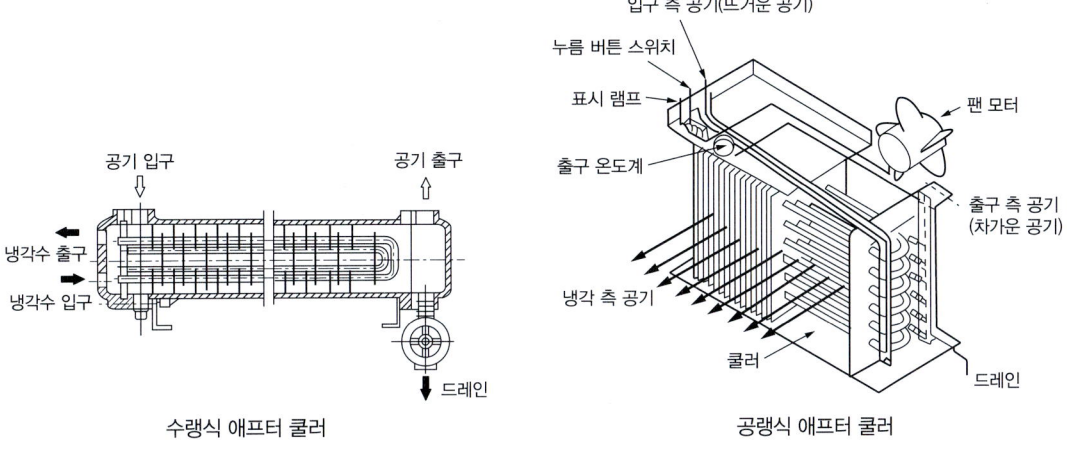

수랭식 애프터 쿨러 / 공랭식 애프터 쿨러

2 공기 건조기(에어 드라이어)

1) 사용 목적

압축 공기 속에 포함되어 있는 수분을 제거하여 사용 가능한 건조된 공기로 만든다.

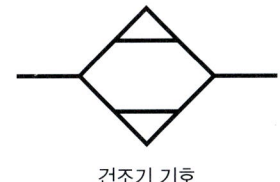

건조기 기호

2) 공기 건조기의 종류

① 흡수식 건조기
  ㉠ 화학적인 방법으로 건조한다. 건조제로는 염화리듐, 수용액, 폴리에틸렌을 사용한다.
  ㉡ 장비 설치가 간단하고 고장이 적다. 1년에 2~3회 정도 건조제만 교환하면 된다.

② 흡착식 건조기
  ㉠ 실리카겔이나 알루미나 겔 등의 고체 건조제를 두 개의 용기 속에 채워 사용한다.
  ㉡ 사용한 건조제는 더운 공기에 통과시켜 재사용이 가능하다.
  ㉢ 이슬점 온도(저노점)는 -70℃까지 사용 가능하며, 반영구적으로 사용이 가능하다.
  ㉣ 물리적인 방법으로 건조

③ 냉동식 건조기
　㉠ 공기의 온도를 이슬점 온도 이하로 낮추어 건조시키는 방법이다.
　㉡ 신뢰성 및 경제성이 좋아 일반적으로 많이 사용된다.

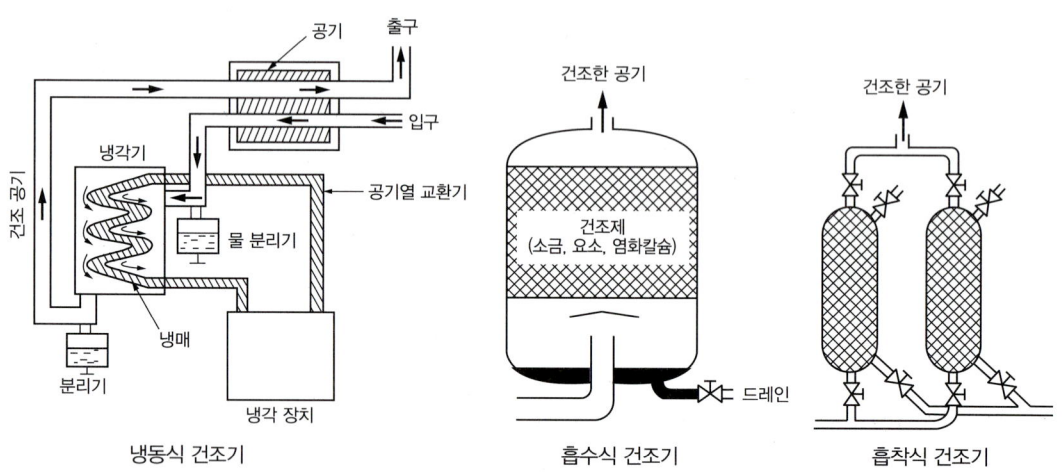

냉동식 건조기　　흡수식 건조기　　흡착식 건조기

3 저장탱크(공기탱크)

1) 저장 탱크의 개요

공기 압축 시 압축기로부터 발생되는 맥동을 감소시키고 공기 소비 시 압축공기의 공급을 안정화시키며 발생되는 압력 변화를 최소화시킨다. 정전 시 저장된 압축공기를 이용하여 짧은 시간 동안 운전이 가능하다.

공기탱크 기호

2) 공기 저장 탱크의 기능

① 압축공기 저장 및 압력 변화를 최소화
② 정전 및 비상 시 최소한의 운전이 가능
③ 공기 압축 시 맥동현상 감소
④ 압축공기 중의 수분을 배출

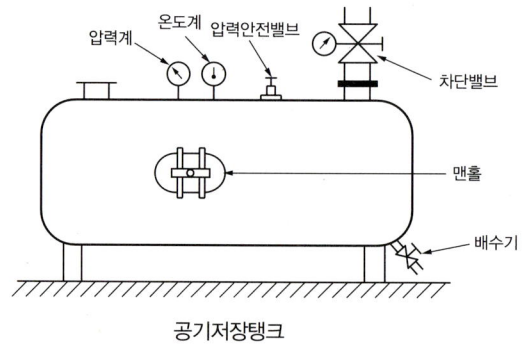

공기저장탱크

4 윤활기(루브리케이터)

공압 액추에이터 및 밸브 등의 원활한 작동을 위하여 압축공기에 윤활유를 공급하는 장치이며, 벤투리의 작동 원리에 의해 작동된다. 윤활기의 종류에는 고정 벤투리식, 가변 벤투리식 및 윤활유 입자 선별식이 있다.

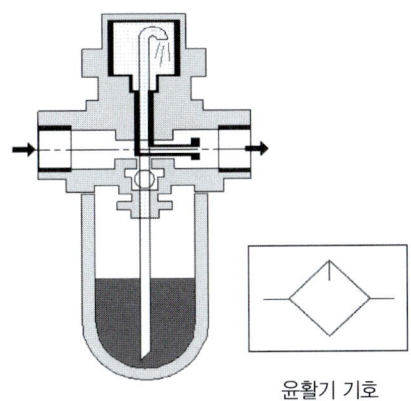

윤활기 기호

5 압력 조절기

① 감압 밸브가 주로 사용되며 장치에 사용 압력을 공급한다.
② 공기의 압력을 사용 공기압 장치에 맞는 압력으로 공급하기 위해 사용된다.

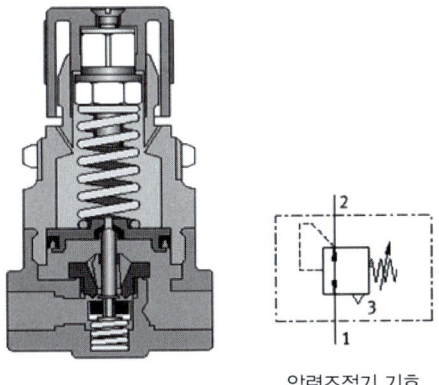

압력조절기 기호

6 공기필터(여과기)

공압 발생 장치에서 생성된 공기 중에는 수분, 먼지 등이 포함되어 있으며, 이러한 물질을 제거하기 위해서 입구부에 필터를 설치한다.
  ① 여과도에 따른 분류 : 일반용(70~40㎛), 고속용(0~10㎛), 정밀용(10~5㎛), 특수용(5㎛ 이하)
  ② 여과 방식에 따른 분류 : 원심력 이용 방법, 흡습제 사용 방법, 충돌판 충돌 방법, 냉각하는 방법

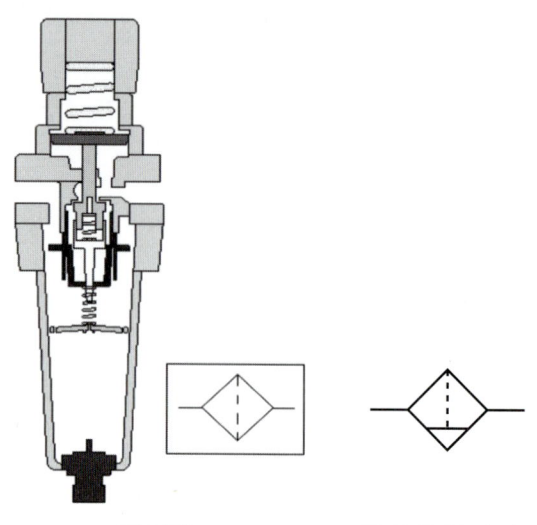

필터 기호   필터수동배수기 기호

7 서비스 유닛(공기압 조정 유닛)

생산된 압축공기를 최종적으로 사용하기 위해서 이물질 제거 및 사용하고자 하는 압력으로 조절하고, 필요에 따라 윤활을 하는 기기로 필터, 압력 조절 밸브, 윤활기로 이루어진 조합 기기이다.

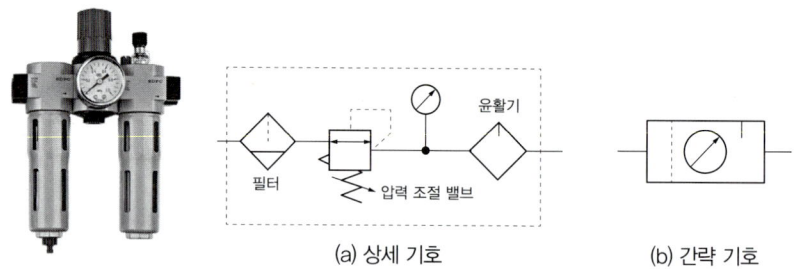

(a) 상세 기호   (b) 간략 기호

10 배관

1) 배관의 개요

① 생산된 압축공기를 운반하는 파이프를 배관이라 하고, 배관의 기울기는 1/100 이상으로 한다.
② 나사부 조립 시에는 테이프가 들어가지 않도록 1~2산 정도 남기고 감고, 분기관은 주배관으로부터 일단 위쪽으로 올린 후에 배관을 실시한다.
③ 배관 지름을 선택할 때에는 유량, 배관의 길이, 허용 가능한 압력 강하, 압력, 배관 내의 저항 효과를 주는 부속 요소 등을 고려한다.

2) 배관 내 흐르는 유체의 종류 기호

유체의 종류	공기	유류(기름)	물	가스	수증기
기호(약어)	A(Air)	O(Oil)	W(Water)	G(Gas)	S(Steam)

> **예상문제**

1. 다음 중 공기 탱크의 기능이 아닌 것은?

   ① 공기 압력 맥동의 평준화
   ② 응축수의 분리 및 배출
   ③ 급격한 압력강화 방지
   ④ 탱크 제작에 대한 법적 규제를 받지 않음.

   정답 | ④

2. 공기 조정 유닛의 구성요소가 아닌 것은?

   ① 필터   ② 냉각기
   ③ 윤활기   ④ 압력 조절기

   정답 | ②

3. 배관도에서 파이프 내에 흐르는 유체가 수증기일 때의 기호는?

   ① A   ② G
   ③ O   ④ S

   정답 | ④

3 공압 제어 밸브

다양한 공압 액추에이터의 방향, 속도, 힘을 제어하는 공압 요소로서 밸브의 기능에 따라 방향 제어, 유량 제어, 압력 제어, 논리턴 밸브 등으로 나눌 수 있다.

1 방향제어 밸브

공압회로에 있어서 액추에이터(실린더, 모터등)로 공급되는 공기의 흐름 즉, 유로를 변환시키는 것으로 액추에이터의 작동 방향을 제어하는 밸브이다.

① 방향 제어 밸브의 기호

기호	설명
	밸브 내부의 공기 유로의 흐름을 표시한 것으로 위치라고 하고 사각형으로 나타낸다.
	밸브는 최소 2개의 사각형으로 이루어지며 밸브 전환 위치의 개수를 의미한다. 즉, 사각형이 2개인 밸브는 2개의 제어 위치를 가진 밸브이다.
	밸브의 기능과 작동 원리는 4각형 안에 표시된다. 직선은 유로를 나타내고 화살표는 흐르는 방향을 나타낸다.
	유체의 흐름이 차단되는 위치는 사각형 안에 직각으로 표시된다.
	유로의 접점은 점으로 표시한다.
	밸브 외부의 유체의 연결구(접속구)로서 포트(port)라고 부르며, 사각형 밖에 직선으로 표시한다.
	유체의 배기구는 삼각형으로 표시한다.
	3개의 전환 위치를 가지는 밸브이며 중간 위치가 중립 위치를 나타낸다.

② 밸브의 연결구(접속구) 표시 방법

포트	ISO 1219	ISO 5599
공급 포트	P	1
작업 포트	A, B, C	2, 4.....
배기 포트	R, S, T	3, 5.....
제어 포트	X, Y, Z	10, 12, 14..
누출 포트	L	

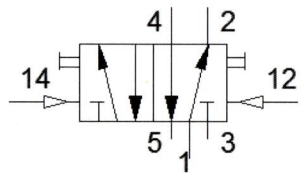

③ 방향 제어 밸브의 기능에 의한 분류

기호	표시 방법	설명
	2포트 2위치 방향 제어 밸브 (2/2-way 밸브)	초기 상태 → 닫힘(P포트에 공기가 공급되어도 A포트로 공기가 통과되지 않는다)
		초기 상태 → 열림(P포트에 공기가 공급되면 A포트로 공기가 통과한다)
	3포트 2위치 방향 제어 밸브 (3/2-way 밸브)	초기 상태 → P포트는 차단, A포트는 R포트로 배기
		초기 상태 → P포트와 A포트 연결, R포트 차단
	4포트 2위치 방향 제어 밸브 (4/2-way 밸브)	2개의 작업 포트와 공급 포트, 배기 포트 각 1개 있어서 복동 실린더의 제어에 사용
	5포트 2위치 방향 제어 밸브 (5/2-way 밸브)	2개의 작업 포트, 2개의 배기 포트와 1개의 공급 포트 복동실린더 제어에 사용
	3포트 3위치 방향 제어 밸브 (3/3-way 밸브)	중립 위치 → 모두 닫힘
	4포트 3위치 방향 제어 밸브 (4/3-way 밸브)	중립 위치 → P포트와 R포트가 연결
		중립 위치 → A,B,R 포트가 모두 연결
		중립 위치 → 모두 닫힘

기호	표시 방법	설명
	5포트 3위치 방향 제어 밸브 (5/3-way 밸브)	중립 위치 → 모두 닫힘
	5포트 4위치 방향 제어 밸브 (5/4-way 밸브)	중립 위치 → 모두 닫힘 양쪽 신호가 모두 존재하면 A, B포트 배기

④ 방향 제어 밸브의 조작 방식에 따른 분류

조작 방식	종류	KS 기호	비고
인력 조작 방식	누름 버튼 방식		누름 버튼은 다양한 형태의 누름 버튼이 있다.
	레버 방식		
	페달 방식		
기계 방식	플런저 방식		
	롤러 방식		
	스프링 방식		
전자 방식	직접 작동 방식	(1)	(1) 직동식 (2) 파일럿식
	간접 작동 방식	(2)	
공압 방식	직접 파일럿	(1) (1)	(1) 압력을 가하여 조작하는 방식 (2) 압력을 빼서 조작하는 방식
	간접 파일럿	(2) (2)	
기타 방식	디텐트		어느 값 이상의 힘을 주지 않으면 움직이지 않는다(락킹형).

2 논리턴 밸브

논리 조건을 만족하거나, 양쪽 방향의 공기의 입력의 조건에 따라 공기의 흐름을 허용하는 밸브이다.

1) 체크 밸브

① 한쪽 방향의 유동은 허용하고 반대 방향의 흐름은 차단하는 밸브이다.
② 유동을 차단하는 방법으로는 원뿔, 볼, 판(격판) 등을 사용하며 스프링이 있는 것과 없는 것이 있다.

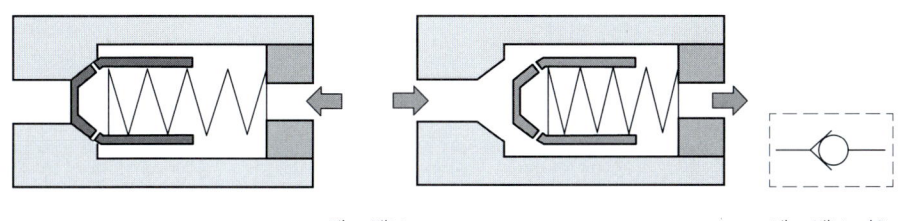

체크 밸브   체크 밸브 기호

2) AND 밸브(2압 밸브)

저압 우선형 2압 밸브라고도 하며, 두 개의 입구는 X, Y이고 출구는 A이다. 압축공기가 X와 Y의 두 곳에서 동시에 공급되어야만 출구 A로 압축공기가 흐르고, 압력 신호가 동시에 작용하지 않으면 늦게 들어온 신호가 출구 A로 나가며, 두 개의 압력 신호가 서로 다른 압력이면 낮은 압력이 출구 A로 나가게 된다. 주로 안전 제어, 검사 기능에 사용된다.

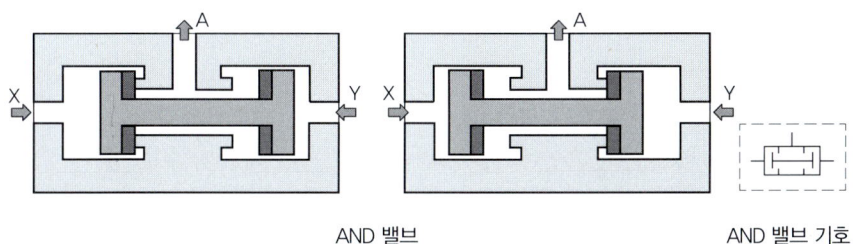

AND 밸브   AND 밸브 기호

3) OR 밸브(셔틀 밸브)

고압 우선형 셔틀 밸브라고도 하며, 두 개의 입구 X, Y 어느 쪽이든 압력 신호가 나오면 출구 A로 압축공기가 흐르고 두 개의 압력 신호가 서로 다른 압력이면 높은 압력이 출구 A로 나가게 된다.

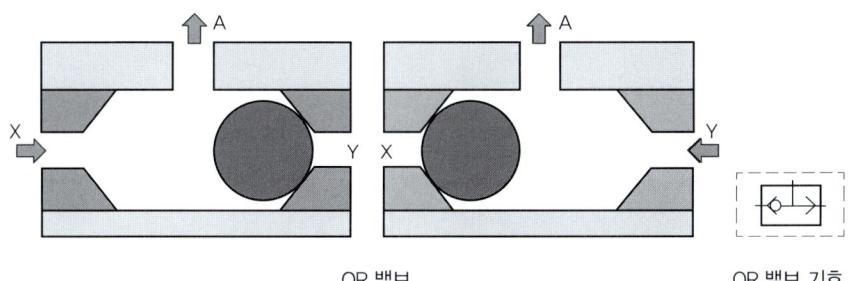

OR 밸브   OR 밸브 기호

3 압력 제어 밸브

공기의 압력을 제어하는 밸브로, 액추에이터의 힘을 제어할 수 있다.

① 압력 릴리프 밸브

회로 내의 압력이 설정값을 초과할 때 배기시켜 회로 내의 압력을 설정값 이하로 일정하게 유지시키며, 시스템 내 최고 압력을 제한하는데 사용되고 있다.(안전 밸브로 사용)

② 감압 밸브

입력되는 압력과는 무관하게 출력되는 압력을 일정하게 유지시켜주는 밸브이며, 종류로는 릴리프식, 논 릴리프식, 브리드식이 있다.

③ 압력 시퀀스 밸브

공유압 회로에서 순차적으로 작동할 때 작동 순서를 회로의 압력에 의해 제어하는 밸브이다. 즉 회로 내의 압력 상승을 검출하여 압력을 전달하거나 액추에이터나 방향 제어 밸브를 움직여 작동 순서를 제어한다.

④ 압력 스위치

회로의 압력이 설정값에 도달하면 내부에 있는 스위치 접점이 작동하여 전기 신호를 출력하는 기기이다.

> **참고**
> 압력 제어 밸브의 기호는 유압기기 편에서 설명함

4 유량 제어 밸브

공기 유량을 제어하는 밸브로, 공유압에서는 액추에이터의 속도를 조절할 수 있다.

1) 일방향 유량 제어 밸브

① 밸브 내부에 체크 밸브와 유량 제어 밸브가 결합되어 있어, 한 쪽 방향의 공기 흐름만을 조절하여 유량을 제어하여 액추에이터의 속도를 조절한다.

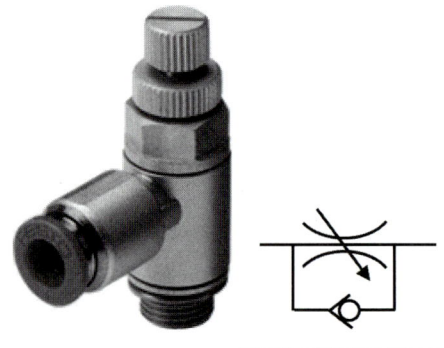

일방향 유량 제어 밸브 기호

② 액추에이터(실린더 등)의 속도 조절 방식에 따라 액추에이터에 공급되는 공기의 양을 조절하는 미터 인 방식과 액추에이터에서 배기되는 공기의 양을 조절하는 미터 아웃 방식이 있다.

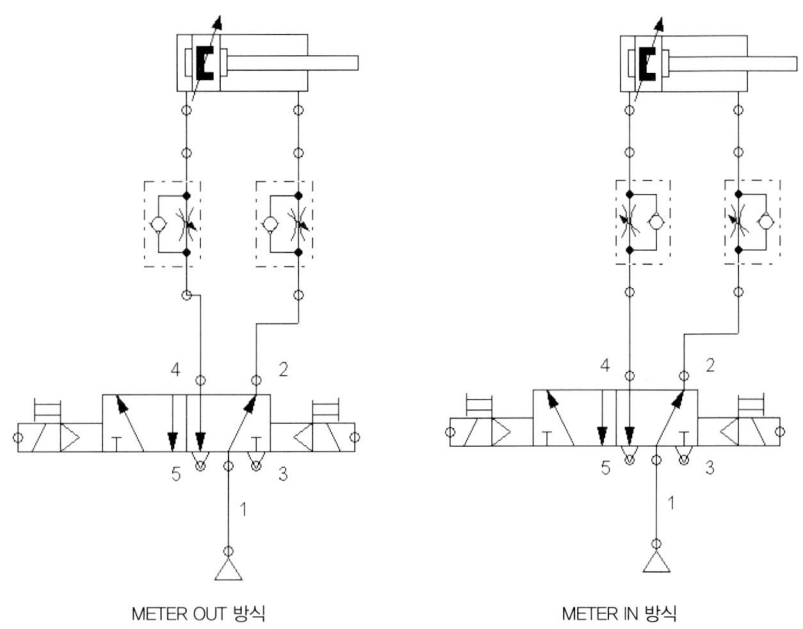

METER OUT 방식   METER IN 방식

2) 양방향 유량 제어 밸브(교축 밸브)

유로의 단면적을 교축하여 유량을 제어하는 밸브이며, 장착 시 실린더 전, 후진 속도 모두에 영향을 미친다.

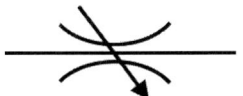

양방향 유량 제어 밸브 기호

3) 급속배기 밸브

실린더에서 배기되는 공기를 급속히 배기 시킴으로써 실린더의 작동 속도를 증가시키는 밸브이며 구조에 따라 플런저 방식과 다이어프램 방식이 있다.

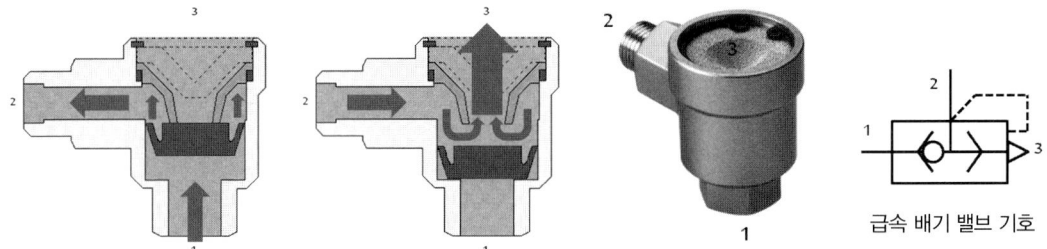

급속 배기 밸브 기호

4) 압력 보상형 유량 조절 밸브

외부의 압력 부하 또는 압력 변화에 대해 항상 유량을 일정하게 유지시키는 밸브이며, 액추에이터의 작동 속도를 제어하는 밸브이다.

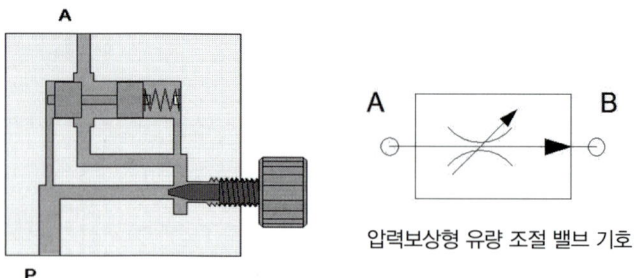

압력보상형 유량 조절 밸브 기호

5) 유량 분류 밸브

입력 유량을 일정한 비율로 분배해주는 밸브이다.(분배 비율 1:1~9:1)

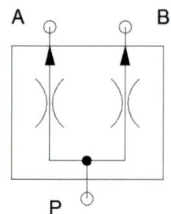

유량 분류 밸브 기호

5 조합 밸브

2개 이상의 밸브를 조합하여 특정한 기능을 수행하도록 만들어진 밸브이다.

① 시간 지연 밸브 : 전기 ON/OFF 타이머와 비슷한 기능으로 밸브를 작동시키기 위한 제어 신호가 입력된 후, 일정 시간이 경과된 다음에 작동되는 밸브로서, 일방향 유량 제어 밸브, 공기탱크, 3/2 방향 제어 밸브로 구성된 조합밸브이다.

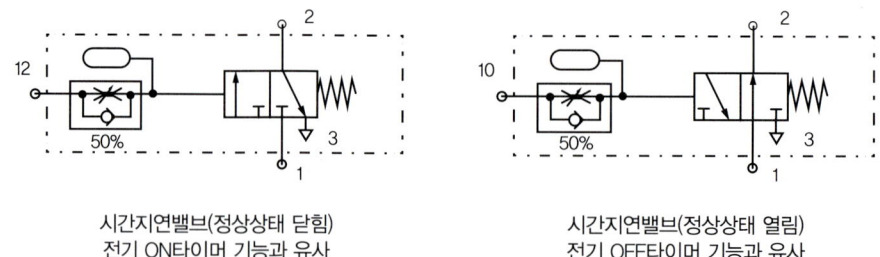

시간지연밸브(정상상태 닫힘)
전기 ON타이머 기능과 유사

시간지연밸브(정상상태 열림)
전기 OFF타이머 기능과 유사

6 기타 밸브

1) 공유압 변환기

공압을 이용하여 작동 시키고 유압으로 출력을 변환하는 장치이며 직압식과 예압식으로 분류된다.

① 공유압 변환기 사용상 주의점
- 액추에이터보다 높은 위치에 설치한다.
- 수직방향으로 설치한다.
- 열원 근처에서는 사용을 금지한다.
- 액추에이터 및 배관 내의 공기를 충분히 제거한다.

2) 압력증폭기

공압을 이용한 센서(공기 베리어, 반향 근접 감지기 등)를 사용시 신호압력이 낮기 때문에 신호압력을 증폭할 경우 사용한다.

3) 증압기

입구 부분의 압력과 비례하여 높은 압력의 출구 부분 압력으로 변환하는 장치이며, 공작물의 지지나 용접 전의 이송 등에 사용한다.

4) 하이드롤릭 체크유닛

통상 공압실린더와 연결되어 있으며 내부에 장착된 스로틀 밸브를 조절하여 공압실린더의 속도를 제어한다.

예상문제

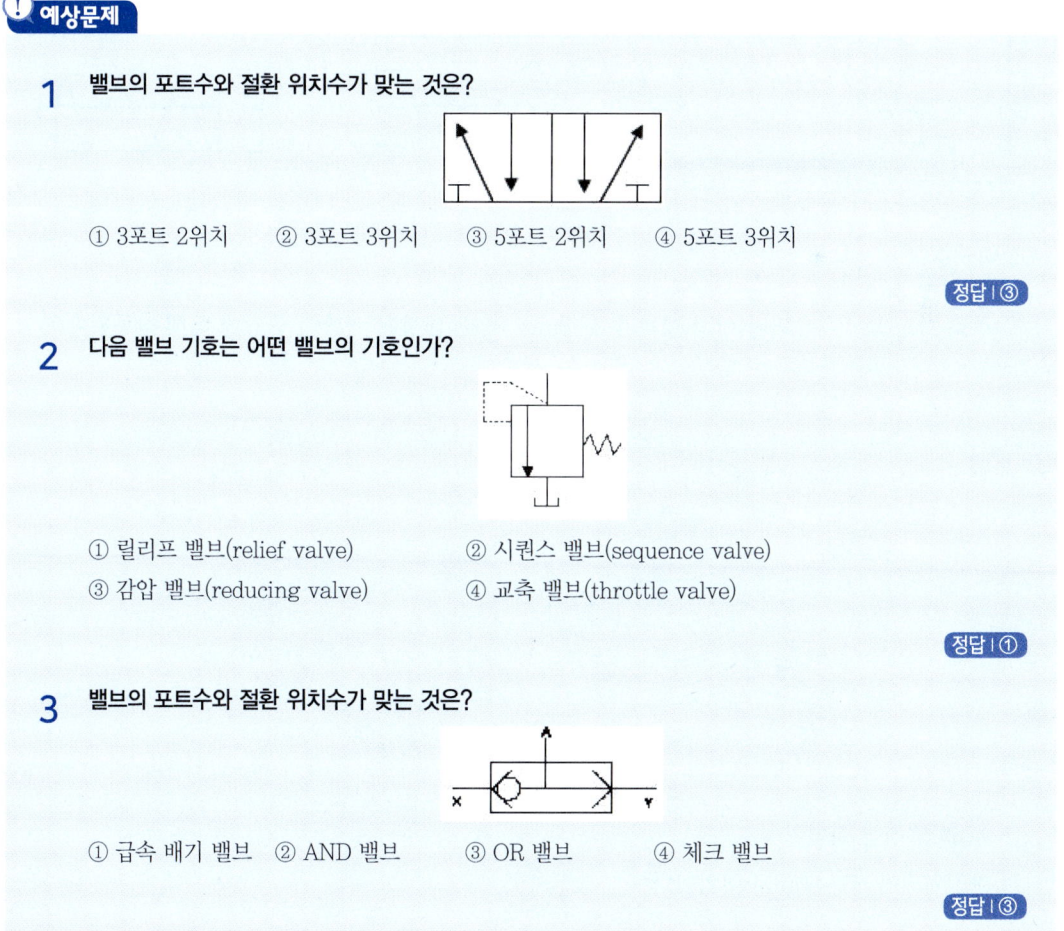

1. 밸브의 포트수와 절환 위치수가 맞는 것은?
   ① 3포트 2위치   ② 3포트 3위치   ③ 5포트 2위치   ④ 5포트 3위치

   정답 | ③

2. 다음 밸브 기호는 어떤 밸브의 기호인가?
   ① 릴리프 밸브(relief valve)   ② 시퀀스 밸브(sequence valve)
   ③ 감압 밸브(reducing valve)   ④ 교축 밸브(throttle valve)

   정답 | ①

3. 밸브의 포트수와 절환 위치수가 맞는 것은?
   ① 급속 배기 밸브   ② AND 밸브   ③ OR 밸브   ④ 체크 밸브

   정답 | ③

4 공압 액추에이터

1 직선 운동 액추에이터

공압에너지를 기계적에너지로 변환하여 작동되는 장치를 말하며, 크게 직선운동을 하는 실린더와 회전운동을 하는 모터, 요동(회전) 실린더로 분류된다.

1) 단동실린더

① 한쪽 방향의 작동은 공압에 의해 작동되고 복귀 시 작동은 실린더 내 내장된 스프링이나 외력에 의해 작동된다.
② 행정거리가 제한되며(100mm 이내) 복동실린더보다 공기 소모량이 적다.
③ 클램핑, 이젝팅, 프레싱, 리프팅 등에 주로 사용된다.
④ 단동실린더의 종류
　㉠ 단동 피스톤 실린더

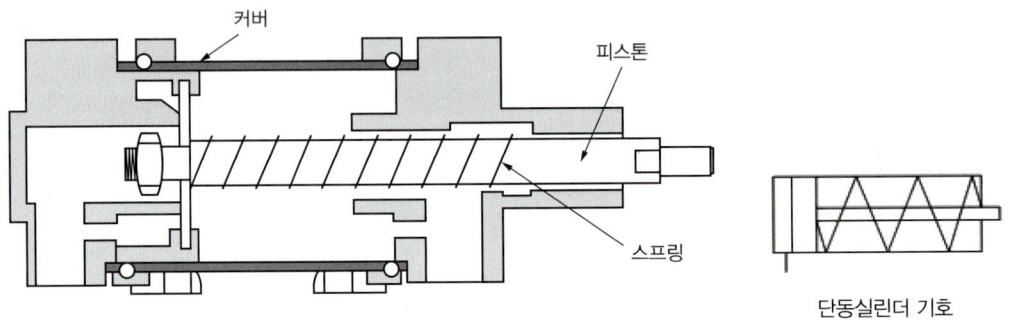

단동실린더 기호

　㉡ 격판 실린더

주로 클램핑에 이용되며(행정 거리가 3~5mm 내외) 내장된 격판이 공압에 의해 작동된다

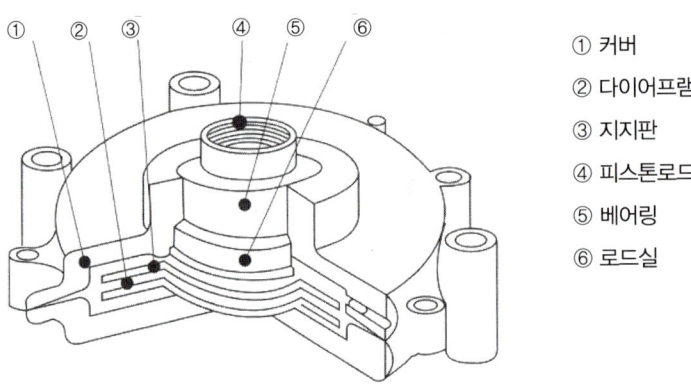

① 커버
② 다이어프램
③ 지지판
④ 피스톤로드
⑤ 베어링
⑥ 로드실

　㉢ 롤링 격판 실린더

행정거리가 50~80mm 내외이다.

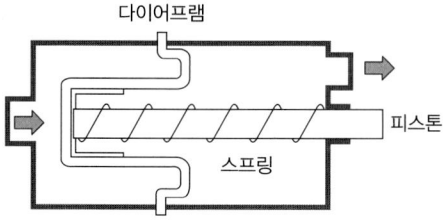

ⓔ 램형 실린더 : 피스톤 로드에 가해지는 좌굴 하중 등 강성을 요구할 때 사용된다.

2) 복동실린더

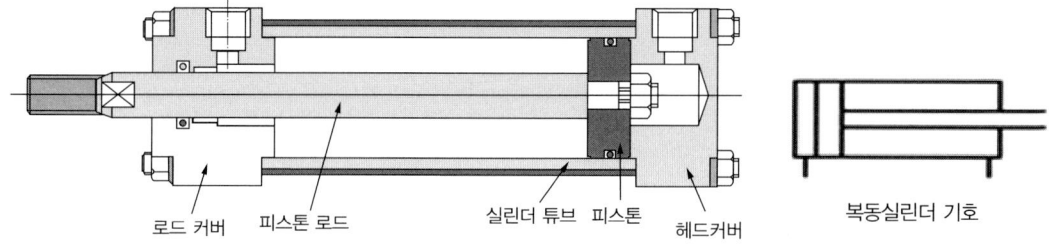

① 공압 에너지를 직선적인 기계적 운동으로 변환시키는 장치이며 공압에 의한 힘으로 전진 및 후진 시 모두 공압에 의해 작동된다.
② 피스톤 로드의 구부러짐과 휨 때문에 행정거리가 2m 내외이다.
③ 전, 후진 시 모두 일을 할 수 있으나 전, 후진 운동 시 힘의 차이가 있다.
④ 복동실린더의 종류
  ㉠ 쿠션 내장형 실린더 : 전, 후진 끝단 정지 시 충격 방지용으로 사용
  ㉡ 양로드형 실린더 : 실린더 양쪽으로 동일 면적의 피스톤이 있어 전, 후진 운동 시 같은 힘을 낼 수 있다.
  ㉢ 로드리스 실린더 : 피스톤 로드가 외부로 돌출되지 않는 실린더이며, 피스톤 로드의 구부러짐과 휨이 없으며 다른 복동실린더보다 설치 공간이 작다.
  ㉣ 탠덤 실린더 : 실린더의 지름이 한정되고 큰 힘이 필요한 곳에 사용된다. 같은 크기의 복동실린더와 비교하여 2배의 큰 힘을 낼 수 있다.
  ㉤ 다위치 제어 실린더 : 2개 또는 여러 개의 복동 실린더를 결합시켜 놓은 것으로 정확한 위치 제어가 가능하다.
  ㉥ 브레이크 부착 실린더 : 복동 실린더 앞부분에 브레이크 장치를 부착하여 위치, 속도 제어가 가능한 실린더이다.
  ㉦ 충격 실린더 : 일반적인 실린더의 1~2m/s 속도보다 7~10m/s 빠른 속도를 이용하여 큰 충격 에너지를 얻을 수 있어서 리베팅, 펀칭, 마킹 등의 작업에 이용된다.
  ㉧ 텔레스코픽 실린더 : 로드의 전장에 비해 긴 행정거리를 필요로 하는 경우에 사용하는 다단 튜브형 로드를 가진 실린더이다.

분류	기호	분류	기호
단동형		탠덤형	
복동형		양쪽 쿠션	
양로드형		텔레스코픽형	
다위치형		브레이크 부착형	

2 회전 운동 액추에이터

1) 공압 모터

공압 에너지를 기계적인 연속 회전운동으로 변환하는 기기이다.

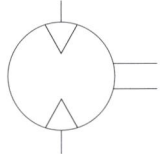

공압 모터 기호

① 공압 모터의 특징
  ㉠ 공압 에너지 축적으로 정전 시에도 작동이 가능하다.
  ㉡ 과부하에 안전하고, 폭발의 위험이 없어 안전하다.
  ㉢ 회전수, 토크를 자유롭게 조절 가능하다.
  ㉣ 기동, 정지, 역회전 시 자연스럽게 작동된다.
  ㉤ 공기 소비량이 많아 에너지 변환 효율이 낮고 운전 비용이 많이 든다.
  ㉥ 회전 속도의 변동이 커서 정밀한 운전이 어렵다.
  ㉦ 공압의 압축성 때문에 제어성이 떨어지고 작동 소음이 크다.

② 공압 모터의 종류

분류	구조	원리 · 특징 · 용도
베인형		• 원리 : 케이싱으로부터 편심해서 부착된 로터에 날개가 끼워져 있다. 따라서 날개 2매 간에 발생하는 수압 면적 차에 공기압이 작용해서 회전력이 발생한다. • 특징 : 고속 회전(400~10,000rpm) 저토크형이다. • 용도 : 공기압 공구
피스톤형		• 원리 : 피스톤의 왕복운동을 기계적 회전운동으로 변환함으로써 회전력을 얻는다. 변환 방식은 크랭크를 이용한 것, 캠의 반력을 이용한 것 등이 있다. • 특징 : 중저속회전(20~5000rpm) 고토크형이며 출력은 2~25마력이다. • 용도 : 각종 반송장치
기어형		• 원리 : 2개의 맞물린 기어에 압축공기를 공급하여 회전력을 얻는다. • 특징 : 고속 회전 고토크형이며 출력은 60마력이다. • 용도 : 광산 기계, 호이스트
터빈형		• 원리 : 터빈에 공기를 내뿜어서 회전력을 얻는다. • 특징 : 초고속 회전 미소토크형이다. • 용도 : 치과 치료기, 공기압 공구

2) 요동 액추에이터

한정된 회전각을 가지는 장치로, 한정된 각도 내에서 연속 회전운동을 하는 장치이다.

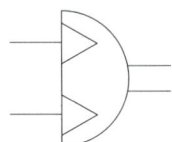

요동 액추에이터 기호

① 요동 액추에이터의 종류

명 칭	내 용
베인형	• 날개(베인)에 의해 공압을 직접 회전운동으로 변환하며, 단단 및 다단형이 있다. • 회전범위 300° 내외이다.
래크 피니언형	• 래크와 피니언을 이용하여 회전운동으로 변환 • 회전범위는 45°~720° 정도이다.
스크류형	• 스크류를 이용하여 회전운동으로 변환 • 회전범위는 360° 이상의 요동 각도를 얻을 수 있다.

예상문제

1 단계적 출력 제어가 가능한 실린더는?

① 탠덤 실린더　　② 충격 실린더
③ 다위치형 실린더　④ 램형 실린더

정답 | ①

2 속도 에너지를 이용하여 실린더의 속도가 가장 빠른 실린더는?

① 임팩트(충격) 실린더
② 다위치 실린더
③ 탠덤 실린더
④ 회전 실린더

정답 | ①

3 다음 그림과 같은 실린더 기호의 명칭은?

① 단동 실린더　　② 양로드 복동 실린더
③ 램형 실린더　　④ 다이어프램 실린더

정답 | ②

유압기기

1 유압 펌프

1 펌프의 개요

유압 펌프는 전동기나 엔진 등에 의하여 얻어진 기계적 에너지를 받아서 작동유에 압력과 유량의 유체 에너지를 이용하여 유압 모터나 실린더를 작동시키는 유압 장치의 기본 동력이다.

① 양정과 송출량은 펌프의 성능을 나타낸다.
   ㉠ 양정 : 흡입 수면에서 송출 수면까지의 수직 거리이다.
   ㉡ 송출량 : 단위시간당 송출되는 유체의 체적이다.(단위 : m^3/min)
② 유체의 압력과 토출량은 유압 펌프의 용량을 나타낸다.

2 유압펌프의 분류

작동 원리와 구조에 따라 용적형 펌프와 비용적형 펌프로 분류되며, 세부 분류는 다음과 같다.

유압 펌프의 분류	비용적형 (터보형)	· 원심식 : 벌류트 펌프, 터빈 펌프 · 사류식(혼유식) : 사류 펌프 · 축류식 : 축류 펌프
	용적형	· 왕복식 : 피스톤 펌프, 회전피스톤 펌프 · 회전식 : 기어 펌프, 베인 펌프, 나사 펌프

1) 비용적형(터보형) 펌프

① 원심 펌프 : 대표적인 비용적형 펌프이며, 임펠러를 회전하여 유체 수송 및 압력을 발생시켜 주며 구조가 간단하고 맥동이 적어 효율이 좋으며 고속 회전이 가능하다.

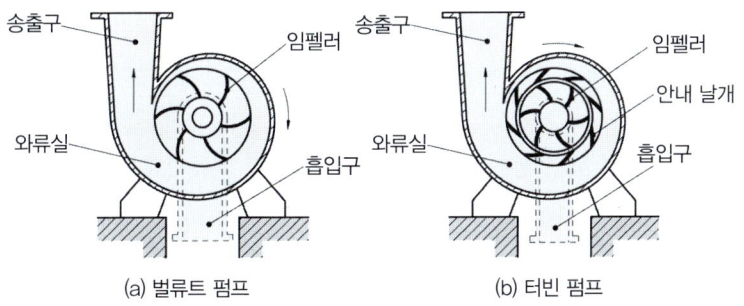

(a) 벌류트 펌프   (b) 터빈 펌프

㉠ 벌류트 펌프 : 구조 간단, 소형 크기, 안내 날개 없으며 단단 펌프로 낮은 양정에 사용된다.

㉡ 터빈 펌프 : 구조 복잡, 대형 크기, 안내 날개 있으며 다단 펌프로 높은 양정에 사용된다.

㉢ 다단 펌프 : 임펠러를 1개만 가지고 있는 펌프를 단단 펌프라고 하며, 양정이 낮은 경우 사용되며, 2개 이상의 임펠러를 직렬로 장착한 다단 펌프는 비교적 높은 양정의 경우 사용한다.

② 사류(혼유) 펌프 : 유체가 축 방향에서 들어와 임펠러 통과 시 축 방향에 대하여 약간 경사진 방향으로 나오는 펌프이며, 긴 수명과 공동현상이 적게 발생된다.

③ 축류 펌프 : 유체가 축 방향에서 들어와 임펠러 통과시 축 방향으로 나가는 펌프이며, 흡입양정이 너무 높으면 공동현상이 발생된다. 배의 프로펠러나 선풍기 날개와 같은 임펠러에 의해 유체에 속도 및 압력을 생성한다.

2) 용적형 펌프

비용적형 펌프와 비교하여 저유량, 고압력을 발생한다.

① 왕복식

㉠ 피스톤 펌프 : 운동체로 피스톤을 사용한 펌프로, 실린더 내에서 피스톤을 왕복 운동시켜 유체를 흡입 및 송출한다.

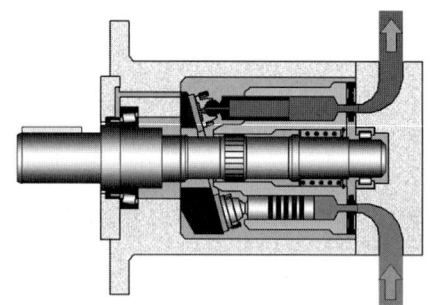

(장·단점)
- 고속, 고압의 유압 장치에 적합하다.
- 다른 유압 펌프에 비해 효율(80~90%)이 가장 좋다.
- 가변용량형 펌프로 많이 사용된다.
- 구조가 복잡하고 가격이 고가이다.
- 흡입 능력이 가장 낮다.

㉡ 플런저 펌프 : 운동체로 플런저를 사용하는 펌프로, 피스톤 펌프보다 더 큰 압력을 생성한다.

㉢ 다이어프램 펌프 : 운동체로 다이어프램를 사용하는 펌프로, 작동 부분과 유체가 분리 및 차단되어 유체의 누설 및 오염이 없다. 구조가 간단하고 맥동이 없으며 고양정, 저압력용 유압 펌프에서 사용된다

② 회전식
  ㉠ 나사 펌프 : 나사축의 회전에 의해 유체를 흡입 및 송출한다.
  (장 · 단점)
  • 맥동이 없고 소음이 적다.
  • 소형 크기 및 고속 회전이 가능하다.

  ㉡ 기어 펌프 : 일반적으로 값이 싸고 간단하므로 다양한 기계 장치에 많이 사용되며, 케이싱 내에서 한 쌍의 기어가 서로 맞물려 회전하는 펌프이다. 기어의 물림 운동으로 진공 부분이 생겨 유체를 흡입하여 토출구 쪽으로 유체를 토출하며, 흡입 양정이 크고 점도가 높은 유체의 송출이 가능하다.
  (장 · 단점)
  • 가격이 저렴하고 구조가 간단하여 유지 보수가 쉽다.
  • 고속 운전이 가능하며 신뢰도가 높다.
  • 폐입현상 : 기어펌프에서 유압유의 일부는 기어의 두 치형 사이의 틈새에 가둬지게 되고 가둬진 유압유는 기어가 회전함에 따라 그 용적이 좁아지고 넓어지기도 하여 유압유의 압축과 팽창이 반복된다. 이 현상을 기어 펌프의 폐입 현상이라고 부르며 이런 현상이 생기면 유압유의 온도 상승이 야기되고 기화하여 유압유 내에 거품이 발생하고 진동 및 소음의 원인이 되는 캐비테이션 현상이 발생 된다.

  • 내접기어 펌프 : 구조상 기어가 내부에 있어 크기가 소형이다.

  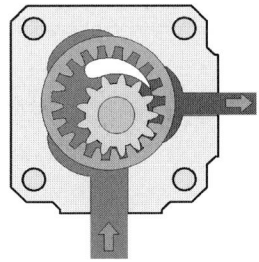

  • 외접기어 펌프 : 저가격, 단순한 구조이나 소음과 진동이 크며 맥동 현상이 발생된다.

  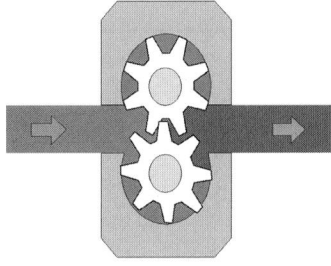

  ㉢ 베인 펌프 : 공작기계, 프레스기계, 사출성형기 및 차량용으로 많이 쓰이고 있으며 정 토출량형과 가변 토출량형이 있다.

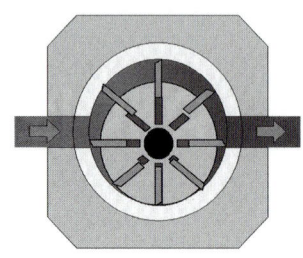

(장·단점)
- 기어펌프나 피스톤 펌프에 비해 맥동현상이 적다.
- 베인의 마모에 의한 압력 저하가 발생 되지 않는다.
- 수명이 길고 고장이 적어 안정된 성능을 발휘하고 수리 및 관리가 쉽다.
- 제작시 높은 정도가 요구되며 작동유의 점도에 제한이 있어 기름의 오염에 주의해야 한다.

[정용량형 베인 펌프]
- 1단 베인 펌프 : 베인 펌프의 기본형으로 펌프 측이 회전하면 로터 홈에 끼워진 베인은 원심력과 토출압력에 의해 캠링 내벽에 접속력을 발생시키며 회전한다.
- 2단 베인 펌프 : 1단 베인 펌프 2개를 1개의 본체에 직렬로 연결시킨 것으로 고압이며, 대출력에 사용된다.
- 2연 베인 펌프 : 다단 펌프의 소용량 펌프와 대용량의 펌프를 동일 축상에 조합시킨 것으로 흡입구가 1구형과 2구형이 있다. 토출구가 2개 있으므로 각각 다른 유압원이 필요한 경우나 서로 다른 유입량이 필요한 경우 사용된다.
- 복합 베인 펌프 : 저압 대용량, 고압 소용량 펌프와 릴리프 밸브, 언로딩 밸브, 체크 밸브를 한 개의 본체에 조합시켜 압력 제어를 자유로이 할 수 있고, 오일 온도가 상승하는 것을 방지한다. 고가이며 크기가 대형이다.

[가변 용량형 베인 펌프]
로터와 링의 편심량을 바꿈으로써 토출량을 변화시킬 수 있는 비평형형 펌프이며 유압회로에 의하여 필요한 만큼의 유량만을 토출하고 남은 유량은 토출하지 않으므로 효율을 증가시킬 수 있을 뿐만 아니라 오일의 온도 상승이 억제되어 전에너지를 유효한 일량으로 변화시킬 수 있는 펌프이다. 단, 수명이 짧고 소음이 크다.

액추에이터의 정확한 동작을 위해서 필요한 목적에 맞게 작동유의 유량, 압력, 유체의 방향을 제어하기 위해 사용되는 기기를 유압 제어 밸브라고 한다.

예상문제

1 유압 펌프의 장점에 대한 설명 중 틀린 것은?

① 기어 펌프 : 구조가 간단하고 소형이다.
② 베인 펌프 : 장시간 사용해도 성능저하가 적다.
③ 피스톤 펌프 : 고압에 적당하며 누설이 적고 효율이 가장 좋다.
④ 나사 펌프 : 운전이 동적이고 내구성이 적다.

정답 | ④

2 유압 펌프에서 발생하는 현상과 거리가 먼 것은?
① 공동 현상 ② 폐입 현상
③ 채터링 현상 ④ 맥동 현상

정답 | ③

3 피스톤 펌프의 특징이 아닌 것은?
① 고압에 적합하며 펌프 효율이 가장 높다
② 기름의 오염에 극히 민감하다.
③ 흡입 능력이 가장 높다.
④ 구조가 복잡하고 비싸다.

정답 | ③

2 유압 제어 밸브

1 방향 제어 밸브
유압 액추에이터의 작동 방향을 제어하는 밸브

① 방향 제어 밸브
 유압회로 내에서 유체의 방향을 변환시키거나 액추에이터의 운동 방향을 변환시키는데 사용되는 밸브이다.
② 방향 제어 밸브의 구조에 의한 분류
 ㉠ 포핏 형식
  - 구조가 간단하여 이물질 등의 영향을 받지 않는다.
  - 작동 거리가 짧고 작동력이 크다.
  - 유지 보수가 필요 없어 작동 수명이 길다.
 ㉡ 슬라이드 형식
  - 일반적으로 가장 많이 사용된다.
  - 구조상 약간의 누유가 발생할 수 있으며, 이물질 등에 영향을 많이 받는다.
  - 작동 거리가 길고 작동력이 작다.
 ㉢ 로터리 형식
  - 회전에 의하여 유로를 개폐한다.
  - 저압력, 저유량 제어용 밸브에 사용된다.
  - 다양한 조작 방식을 쉽게 적용할 수 있고 작동 압력에 따른 조작력의 변화가 적다.

③ 밸브의 포트수와 위치수
- 포트수 : 밸브에 연결되는 연결구의 수
- 위치수 : 밸브가 가지는 유로 변환의 위치수

㉠ 2포트 2위치 밸브
- 유로를 개폐하는 기능을 수행한다.
- 2포트 밸브의 초기 상태는 열림형과 닫힘형으로 구분된다.

㉡ 3포트 2위치 밸브
- 3포트 밸브의 초기 상태는 열림형과 닫힘형으로 구분된다.

㉢ 4포트 n위치 밸브
- 가장 널리 사용되는 밸브이며 유압 공급 포트(P), 드레인 포트(T), 작업 포트(A,B)와 같이 4개의 포트로 구성되며 밸브 내부의 스풀의 전환에 따라 2개 이상의 제어 위치(유로변환)를 갖는다

2포트 2위치(2/2 WAY)	3포트 2위치(3/2 WAY)	4포트 2위치(4/2 WAY)	4포트 3위치(4/3 WAY)

④ 밸브의 중립 위치에 의한 분류
㉠ 센터 열림형(Open Center Type) : 중립(센터) 위치에서 모든 포트가 열려 있다.
㉡ 센터 닫힘형(Closed Center Type) : 중립(센터) 위치에서 모든 포트가 닫혀 있다.
㉢ 센터 텐덤형(Tandem Center Type) : 중립(센터) 위치에서 A, B 포트는 막힘, 펌프 측(P)과 탱크 측(T)은 서로 연결되며 주로 펌프의 무부하 운전에 이용된다.
㉣ 센터 ABT 접속형(Pump Closed Center Type) : 중립 위치에서 펌프측(P) 막힘, A, B, T 포트는 서로 연결되어 있다.
㉤ 센터 ABP 접속형(Tank Closed Center Type) : 중립(센터) 위치에서 탱크측(T) 막힘, A, B, P 포트는 연결되어 있다.
㉥ 센터 APT 접속형(Cylinder Closed Center Type) : 중립(센터) 위치에서 B포트 막힘, A, P, T 포트는 연결되어 있다.

센터 열림형	센터 닫힘형	센터 텐덤형

센터 ABT접속형	센터 ABP접속형	센터 APT접속형

2 압력 제어 밸브

시스템 회로 내의 압력을 설정치 이하로 유지 및 최고 압력을 제한하며, 회로 내의 압력이 설정치에 도달하면 회로의 전환을 실행한다.

① 릴리프 밸브
  ㉠ 작동 원리 : 입구측(P포트) 압력이 조절된 스프링의 장력보다 크면 유로가 열린다.
  ㉡ 시스템 내의 최고 압력을 설정하며 일정 압력 이하로 유지시켜준다. 즉 시스템 내 최대 허용 압력 초과를 방지한다.
  ㉢ 액추에이터(실린더, 모터 등)의 힘 또는 출력을 제한하여 시스템 내의 과부하를 방지하는 안전 밸브로도 사용된다.

② 감압(리듀싱) 밸브(레귤레이터)
  ㉠ 작동 원리 : 출구측(A포트) 압력이 조절된 스프링의 장력보다 크면 유로가 닫힌다.
  ㉡ 입력되는 압력과는 관계 없이 출구측 압력을 일정 압력 이하로 유지시켜준다. 즉 액추에이터(실린더, 모터 등)에 입력되는 최고 압력을 일정 압력으로 유지한다.

③ 시퀀스(순차작동) 밸브
  밸브 내 설정된 압력에 도달하면 제어 신호를 출력시켜 회로 내 작동 순서를 제어할 때 사용되는 밸브이다.

④ 카운트 밸런스 밸브
  액추에이터가 외력에 의해 폭주하지 않도록 탱크 측의 귀환 라인에 배압을 발생시켜 액추에이터가 무제한 상태로 움직이는 것을 방지한다.

⑤ 무부하(언로딩) 밸브
  ㉠ 작동 압력이 밸브 내 설정 압력 이상이 되면, 밸브 내 유로가 열려 유압 펌프 측으로부터 토출되는 작동유를 다시 탱크 측으로 복귀시켜 펌프를 무부하 상태로 운전하게 하는 밸브이며 설정 압력 이하가 되면 유로가 닫히고 다시 작동하게 된다.
  ㉡ 펌프의 운전을 감소시키고 작동유의 유온 상승을 억제한다.

⑥ 압력 스위치
작동 압력이 밸브 내 설정 압력에 도달하면 유압 신호를 전기 신호로 출력하는 압력 스위치이다. 전동기의 기동, 정지, 솔레노이드 등의 작동에 사용된다.

⑦ 유체 퓨즈
시스템 내 회로압이 설정 압력을 초과하면 전기 퓨즈와 같이 파열되어 시스템을 보호하는 것으로 신뢰성이 좋으나 맥동이 큰 유압 장치에는 부적당하다. 설정압 설정은 장치 내 금속막의 재료 강도로 조절한다.

릴리프 밸브	감압 밸브	시퀀스 밸브
카운터 밸런스 밸브	무부하 밸브	압력 스위치

③ 유량 제어 밸브

액추에이터의 유량 및 흐름을 제어하는 밸브이다.

① 교축(스로틀) 밸브
유로의 단면적을 조절하여 유량을 제어하는 밸브이며, 유체 흐름의 제어 방향에 따라 양방향과 일방향 유량 조절 밸브로 구분된다.

② 압력 보상 유량 조절 밸브
작동 압력의 압력 변화에도 관계없이 일정하게 유량이 흐를 수 있도록 한 밸브이다.

③ 급속배기 밸브
액추에이터의 작동 속도를 급속히 증가시킬 때 사용한다

④ 기타 밸브

① 서보 밸브
소형으로 고출력을 얻을 수 있고 제어 정밀도, 응답성이 뛰어나다.

② 비례 제어 밸브

　밸브에 입력되는 전류 또는 전압에 비례하여 압력이나 유량을 조절하는 밸브이다

③ 시간 지연 밸브

　㉠ 입력을 받고 밸브 내 설정된 시간이 흐른 후 출력을 보내거나(ON 시간 지연 작동 밸브) 또는 출력을 닫아버리는(OFF 시간 지연 작동 밸브 밸브)이다.(전기 작동 ON 타이머/OFF 타이머 기능과 비슷하다.)

　㉡ 유량 조절 밸브, 공기 저장 탱크, 3/2way 밸브 등의 조합으로 이루어진 조합밸브이다.

예상문제

1 다음 중 무부하 밸브의 기호는?

① 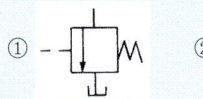　② 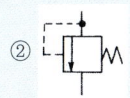　③ 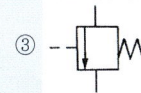　④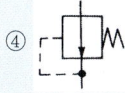

정답 | ①

2 주회로의 압력보다 저압으로 감압시켜 분기회로에 사용되는 밸브는?

① 릴리프 밸브　　② 감압 밸브
③ 시퀀스 밸브　　④ 언로드 밸브

정답 | ②

3 유압장치 내에 얇은 금속판을 장치하여 압력이 높아지면 얇은 판이 파괴되고, 오일을 탱크로 흐르게 하여 압력을 감소시키는 기기는?

① 압력 스위치　　② 유압(유체) 퓨즈
③ 감압 퓨즈　　　④ 전기 퓨즈

정답 | ②

③ 유압 액추에이터

1 유압 액추에이터의 종류
① 구조에 따른 분류
- ㉠ 유압 실린더 : 유압 에너지를 기계적인 직선운동으로 변환하는 기기로 복동형과 단동형이 있다.
- ㉡ 유압 모터 : 유압 에너지를 연속적인 회전운동으로 변환시키는 기기로, 피스톤형, 나사형, 베인형 등이 있다.
- ㉢ 요동 액추에이터 : 회전운동의 각도를 조절 가능한 범위 내에서 사용할 수 있는 기기로 베인형, 피스톤형 등이 있다.

2 직선 운동 액추에이터
① 유압 실린더의 종류
- ㉠ 단동 실린더 : 한쪽 방향의 작동에 대해서만 유압에 의해 작동되고, 복귀 시 내장 스프링이나 외력에 의해 작동된다.
- ㉡ 복동 실린더 : 실린더가 전진과 후진 왕복운동을 하는 동안 양쪽 방향에서 유압에 의해 힘을 발생하고 작동된다.
- ㉢ 램형 실린더 : 피스톤이 없이 로드 자체가 피스톤 역할을 하는 실린더이다.
- ㉣ 다단 실린더 : 텔레스코픽 실린더라고 하며, 긴 행정의 실린더로 사용하기 위해 실린더 내부에 또 하나의 작은 실린더를 내장하여 다단 튜브형태로 구성된다.
- ㉤ 텐덤 실린더 : 동일한 사이즈의 실린더와 비교하여 2배의 출력을 내는 실린더이며, 1개의 실린더 내에 2개의 피스톤이 들어 있다.

② 유압 실린더 고정 방식
- ㉠ 고정형 : 푸트형, 플랜지형
- ㉡ 요동형 : 크레비스형(U마운팅형), 트러니언형(축지지형)

3 회전 운동 액추에이터

1) 유압 모터

유압 에너지를 기계적인 회전운동으로 변환하는 기기

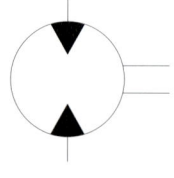

유압 모터 기호

2) 유압 모터의 종류

① 기어 모터
  ㉠ 작동유체의 압력이 기어에 작용하여 기어에 회전 토크를 발생시켜 운동에너지를 발생한다.
  ㉡ 구조가 간단하여 가격이 저렴하고 출력 토크가 일정하며, 정역회전이 쉽다
  ㉢ 작동 시 이물질에 민감하지 않아 운전이 양호하다.

② 베인 모터
  ㉠ 로터에 부착된 베인이 회전하여 토크를 발생시켜 운동에너지를 얻는다.
  ㉡ 구조가 간단하고 토크 일정하여 높은 동력과 좋은 효율을 얻을 수 있다.
  ㉢ 베인이나 캠링이 마모되더라도 누설이 적고 작동이 가능하다.
  ㉣ 정역회전 및 무단변속이 가능하다.
  ㉤ 구성 부품이 적고 구조가 간단하여 고장 발생이 적다.

③ 피스톤 모터
  ㉠ 피스톤 펌프와 유사한 구조로 고속, 고압의 유압 장치에 사용되며, 피스톤을 구동축에 동일 원주상에 축 방향으로 평행하게 배열한 엑시얼형과 구동축에 대하여 방사상으로 배열한 레이디얼형으로 분류된다. 그리고 정용량형과 가변용량형으로 분류할 수 있다.
  ㉡ 고출력이나 구조가 복잡하고 고가이다.
  ㉢ 가장 효율이 우수한 유압 모터이다.
  ㉣ 중·고속, 저토크용으로는 엑시얼 피스톤 모터가 사용되고, 저속, 고토크용으로는 레이디얼 피스톤 모터가 사용된다.

3) 유압 모터의 특징

① 소형·경량임에도 큰 힘을 얻을 수 있다.
② 압력 릴리프 밸브를 사용하여 과부하에 안전하며, 속도 및 방향 제어가 쉽다.
③ 정역 회전 및 무단 변속이 쉽다.
④ 작동유 내 이물질이나 공기 유입으로 캐비테이션 현상이 발생할 수 있다.

4 요동 운동 액추에이터

① 요동 모터 : 회전운동의 각도를 조절 가능한 범위 내에서 유압 에너지를 회전 요동운동으로 변환시키는 기기
② 요동 모터의 종류
  ㉠ 베인형 요동 모터 : 구조가 간단하고 소형이며 설치 시 소요 면적이 작다.
  ㉡ 피스톤형 요동 모터 : 구조가 복잡하며 설치 시 소요 면적이 크다.

> **예상문제**

1 유압 모터의 종류가 아닌 것은?

① 기어 모터   ② 로터리 모터
③ 베인 모터   ④ 피스톤 모터

정답 | ②

2 다음의 기호 명칭으로 적합한 것은?

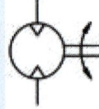

① 유압 펌프   ② 유압 모터
③ 공기압 모터   ④ 윤활기

정답 | ③

4 유압 부속장치

1 오일 탱크

오일 탱크 기호

① 오일 탱크의 목적
  ㉠ 유압 시스템에 필요한 유압유 저장 및 유압유 내 불순물 또는 기포를 제거하고 운전 시 발생되는 열을 방출하여 탱크 내 유온을 일정하게 유지한다.
  ㉡ 오일 탱크의 크기는 통상 펌프 토출량의 3배 이상이다.

② 오일 탱크의 구성요소
  ㉠ 탱크 내 펌프 흡입구에 여과기를 장착하여 이물질 등의 유입을 방지한다.
  ㉡ 탱크 최저면은 바닥에서 15cm 정도를 유지한다.
  ㉢ 유면 높이는 2/3 이상, 유온은 35~55℃ 정도를 유지하고 에어브리더(공기 여과기)를 통하여 탱크 내 압력을 대기압으로 유지한다.

2 여과기(필터)

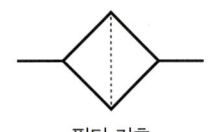

필터 기호

① 작동유에 혼입된 이물질을 제거하여 유압기기의 작동이 원활하도록 한다.
② 필터표면식(철망과 같은 표면에서의 여과), 적층식(여과면이 여러 개 중첩되어 사용), 자기식(자석을 이용하여 여과) 등이 있고 스트레이너에서 제거하지 못한 미세한 이물질 또는 먼지를 제거하는 역할을 한다.
③ 스트레이너

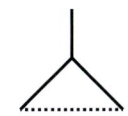

스트레이너 기호

㉠ 펌프 흡입관에 설치하여 불순물이나 이물질 등을 여과시킨다.
㉡ 기름 탱크 저면에서 50mm 정도 위치에 설치하고, 작동 유량은 토출량의 2배 이상이어야 한다.

3 냉각기

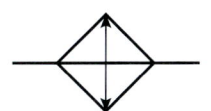

냉각기 기호

유압 시스템의 작동 시 작동유 온도가 상승하면 윤활 기능 및 점도가 저하되므로, 냉각기를 사용하여 40~60℃ 정도로 작동유 온도를 유지시켜 주어야 한다. 종류에는 수랭식과 공랭식이 있다.

4 가열기

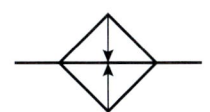

가열기 기호

겨울철 온도가 저하되면, 작동유의 점도가 높아져서 관 내의 유동 저항에 의해 압력이 상승된다. 이를 방지하기 위해서 작동유를 적정한 온도로 유지시켜야 한다.

5 어큐뮬레이터(축압기)

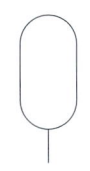

축압기 기호

① 어큐뮬레이터의 기능
  축압기라고도 하며, 압력을 축적하는 용도로 유실 내부에 질소 가스로 채워져 있다.

② 어큐뮬레이터의 종류
  블래더형, 피스톤형, 벨로즈형의 가스 부하식과 직압형, 중추형, 스프링형의 비가스 부하식으로 분류된다.

㉠ 블래더형 : 소형으로 응답성이 좋아 많이 사용된다.
㉡ 피스톤형 : 형상이 간단하고 구성 부품이 적고 축유량을 크게 잡을 수 있다.
㉢ 벨로즈형 : 특수 유체 고온형에 사용된다.
㉣ 직압형 : 축유량이 대형이나 누유가 발생할 수 있다.
㉤ 중추식 : 일정 유압을 공급할 수 있다.
㉥ 스프링형 : 소형, 저압용이며 가격이 싸다.

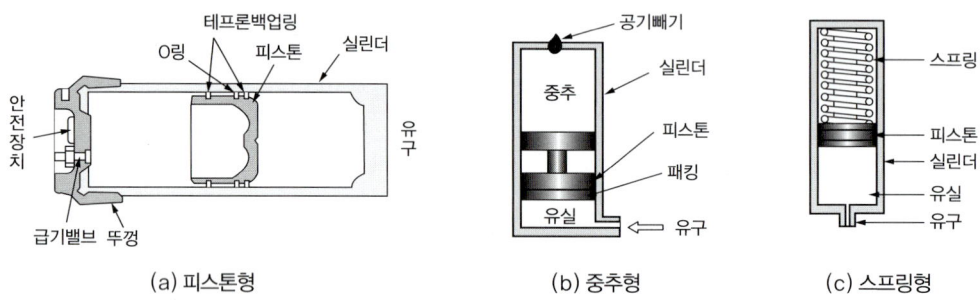

(a) 피스톤형　　　(b) 중추형　　　(c) 스프링형

③ 어큐뮬레이터의 용도
　㉠ 보조에너지원으로서의 에너지 축적용
　㉡ 펌프의 맥동(서지압) 흡수 및 충격 압력의 완충용
　㉢ 비상 동력원 및 유체 이송의 역할
　㉣ 순간적인 대유량의 공급

④ 어큐뮬레이터 사용 시 주의 사항
　㉠ 축압기와 펌프 사이에 역류 방지 밸브 설치한다.
　㉡ 축압기의 파손을 야기할 수 있는 용접, 구멍 뚫기 같은 작업은 하지 않는다.
　㉢ 효과적인 충격 완충을 위하여 충격 발생이 빈번한 곳 또는 가까운 곳에 설치한다.
　㉣ 펌프 토출 측에 설치하여 펌프 맥동을 방지한다.

6 오일 실의 기능

고압이 될수록 기기의 접합부나 이음 부분으로부터 누유가 되기 쉬우므로 이것을 방지하는 것들을 통틀어 실 또는 밀봉 장치라 한다. 운동 부분의 누유를 방지하기 위해서 쓰이는 실을 패킹이라고 하며, 플랜지 등과 같이 고정 부분의 누유를 방지하기 위해서 쓰이는 실을 가스켓이라고 한다.
※ 피스톤에 사용되는 밀봉 장치 : 피스톤링, 컵패킹, V패킹, O링 등

7 증압기

시스템 내에서 사용되는 압력보다 높은 압력이 요구될 때 사용되며, 크기가 각기 다른 2개의 피스톤을 조합한 실린더 타입으로, 수압기 등에 사용된다

> **예상문제**

1. 오일 탱크의 구비 조건이 아닌 것은?
   ① 유면을 토출 라인까지 항상 유지
   ② 정상 작동에서 충분한 열의 발산이 가능
   ③ 오일로부터 이물질을 분리할 수 있는 기능
   ④ 귀환 오일을 받아들일 수 있는 충분한 용량 구비

   정답 | ①

2. 어큐뮬레이터의 용도가 아닌 것은?
   ① 에너지 축적용
   ② 펌프 맥동 흡수용
   ③ 방향 제어 밸브용
   ④ 충격 압력의 완충용

   정답 | ③

5 유압 작동유

1 유압유의 역할
동력 전달 작용, 윤활 작용, 냉각 작용, 밀봉 작용, 방청 및 방식 작용을 할 수 있어야 한다.

2 유압유의 조건
① 유동점이 낮고 비압축성 유체이어야 한다.
② 점도지수가 커야 한다. 즉, 유온의 변동에 따른 점성의 변화가 작아야 한다.
③ 기기의 작동 시 원활한 운동을 하기 위하여 윤활성(Lubricity)이 좋아야 한다.
④ 장시간 사용 후에도 물리적, 화학적으로 안정되어야 한다.
⑤ 불순물, 기름 속의 기포를 빨리 분리하여야 한다.
⑥ 방청, 방식성 및 내화성이 좋아야 한다.
⑦ 작동 시 발생되는 열을 빠르게 방출할 수 있도록 방열성이 좋아야 한다.

3 유압유의 성질
① 점도
  ㉠ 점도가 너무 높은 경우
   - 내부 마찰의 증대 및 온도가 상승(캐비테이션 현상 발생)
   - 에너지의 손실 및 동력 손실의 증대
   - 관내 유동 저항에 의한 압력 증대(기계 효율 저하)
   - 작동유(유압유)의 유동성 및 응답성 저하

ⓒ 점도가 너무 낮은 경우
- 유압유의 내부 누설 및 외부 누설이 증가(용적 효율 저하)
- 작동유의 점도 저하에 따라 마찰 부분의 마모 증대(기계 수명 저하)
- 유압 펌프의 체적 효율 저하와 작동유의 온도 상승
- 정밀한 조절과 정확한 작동이 곤란

ⓒ 점도는 온도에 따른 영향이 크기 때문에 작동유의 적정 온도는 30~60℃이다.

④ 첨가제
㉠ 점도지수 향상제 : 고분자 중합체의 탄화수소
㉡ 마찰방지제 : 에스테르류의 극성화합물
㉢ 산화방지제 : 유황화합물, 인산화합물, 아민 및 페놀화합물
㉣ 방청제 : 유기산 에스테르, 지방산염, 유기화합물
㉤ 소포제 : 실리콘유, 실리콘의 유기화합물
㉥ 유성 향상제 : 파라핀, 유동점 강하제

4 관련 용어

① Airation : 에어레이션, 공기가 유압유에 기포로 혼입되어 있는 상태
② Flashing : 플러싱, 수명이 다한 작동유를 새로운 오일로 교환하는 작업
③ Chattering : 채터링, 릴리프 밸브 등에서 밸브 시트를 두드려 비교적 높은 음을 발생시키는 일종의 자력 진동 현상

예상문제

1 다음은 유압 작동유의 구비하여야 할 성질을 설명 하였다. 틀린 것은?

① 비압축성이어야 한다.
② 장시간 사용하여도 화학적으로 안정하여야 한다.
③ 작동유의 발열성이 좋아야 한다.
④ 적절한 점도를 유지하여야 한다.

정답 | ③

2 유압 작동유의 비중이 너무 높을 경우 나타나는 현상이 아닌 것은?

① 내부 마찰의 증대와 온도 상승(캐비테이션의 발생)
② 장치의 관내 저항에 의한 압력 증대(기계 효율 저하)
③ 동력 손실의 저하(장치 전체의 효율 증대)
④ 작동유의 비활성(응답성 저하)

정답 | ③

04 Chapter 공유압 기호 및 회로

1 공유압 기호

1 공유압 회로 표시법
① 밸브의 스위치 전환 위치는 직사각형으로 표시하고, 사각형 내부에 유로를 표시한다. 제어기기의 주 기호는 최소 1개 또는 2개 이상의 직사각형으로 나타낸다.
② 작동 위치에서 형성되는 유로 상태는 조작기호에 의해 눌러진 직사각형이 이동되어 그 유로가 외부 접속구와 일치되는 상태가 조립 상태가 되도록 표시한다.
③ 밸브에 연결되어 있는 구멍의 수를 포트라고 하고, 직사각형의 개수가 위치가 된다.
　예 5포트(연결 구멍의 개수) 2위치(직사각형의 개수)
④ 배기구의 표시는 포트에 역삼각형으로 표시한다.

2 공유압 회로의 작성법
① 실선 : 주관로, 전기 신호선을 표시한다.
② 파선 : 파일럿, 드레인 관로를 표시한다.
③ 원 : 에너지 변환기(큰 원), 계측기(중간 원), 체크 밸브(작은 원) 등으로 표시한다.
④ 점 : 관로의 접속, 전선의 접속을 표시한다.

3 공유압 기호

유압 모터		온도계	
공압 모터		유면계	
유압 펌프		압력계	
공압 펌프		차압계	

공유압 변환기		토크계	
증압기		유량계	
어큐뮬레이터		적산 유량계	
유압원		냉각기	
공압원		가열기	
전동기		원동기	
보조가스 용기		공기 탱크	
온도 조절기			

예상문제

1 보조 가스 용기의 기호는?

① ② ③ ④

정답 | ①

2 유압 펌프의 기호는?

① ② ③ ④

정답 | ④

2 공유압 회로

1 회로의 표현 방법

① 제어선도 : 액추에이터(실린더 등)의 작동 변화에 따른 제어밸브 등의 동작 상태를 표시하는 방법

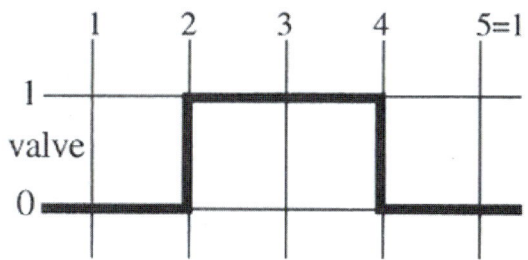

② 변위-단계선도
  ㉠ 액추에이터(실린더 등)의 작동 순서를 단계별로 표시하는 방법
  ㉡ 작업 요소의 변화가 순서에 따라 표시되며, 제어 시스템에 여러 개의 작업 요소가 사용되면 같은 방법으로 여러 줄로 표시하는 것

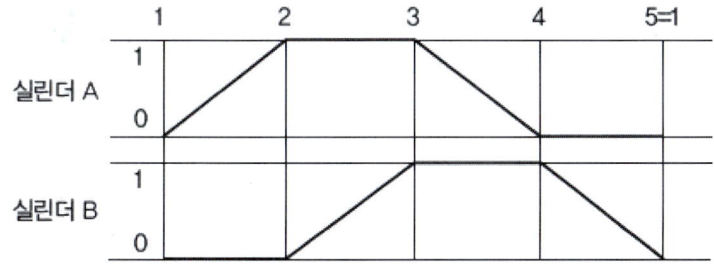

③ 변위-시간선도 : 액추에이터의 동작 상태를 시간에 따라 표시하는 방법

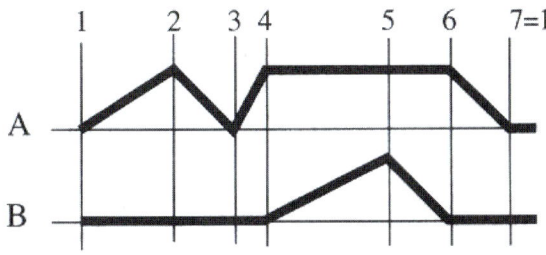

2 기본 회로

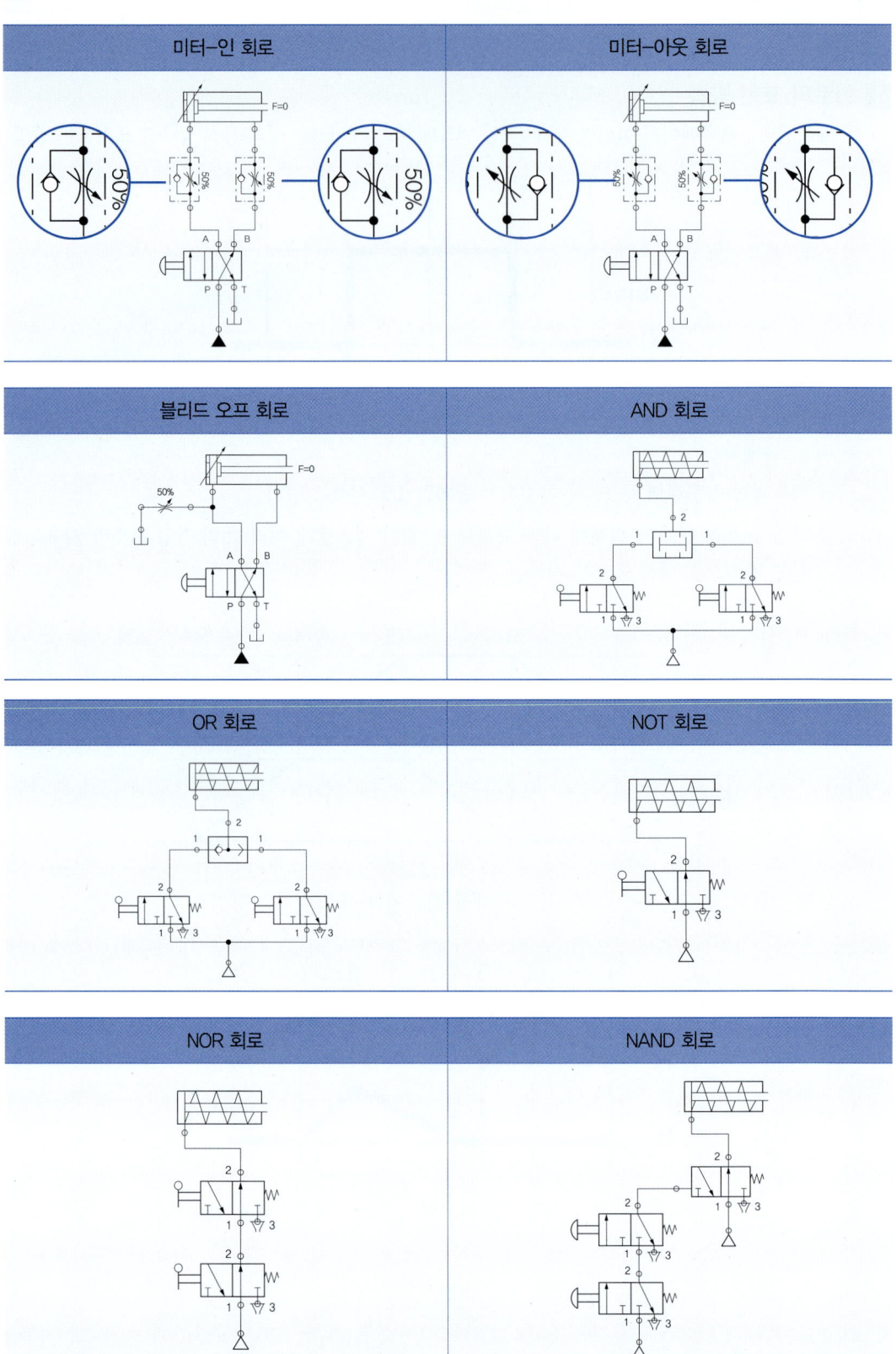

① 미터-인 회로
실린더를 기준으로 실린더에 공급되는 공기를 제어하여 속도를 제어하는 회로

② 미터-아웃 회로
실린더를 기준으로 실린더에서 배출되는 공기를 제어하여 속도를 제어하는 회로

③ 블리드 오프 회로
실린더 측 공급관로에 분기관로(바이패스 관로)를 설치하여 공기를 제어함으로써 속도를 제어하는 회로

④ AND 회로
2개의 입력 신호 A와 B가 모두 존재 시 출력 신호를 발생하는 회로

⑤ OR 회로
2개의 입력 신호 A와 B 중 최소 1개 이상의 입력 신호가 존재 시 출력 신호를 발생하는 회로

⑥ NOT 회로
YES 회로의 반대 회로로 입력이 없으면 출력되는 회로

⑦ NOR 회로
OR 회로의 결과값과 반대로 출력되는 회로

⑧ NAND 회로
AND 회로의 결과값과 반대로 출력되는 회로

3 전기 회로

전기 공유압은 전기 에너지에 의하여 제어 요소에 필요한 각종 스위치나 신호 처리에 의하여 솔레노이드 밸브 등을 동작시키고, 공유압 에너지를 이용하여 액추에이터인 모터나 실린더를 제어하는 것이다.

① 공유압과 전기의 비교

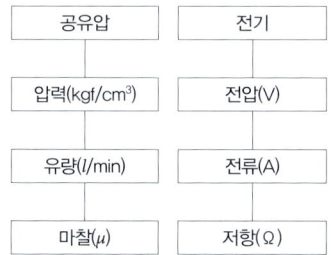

② 전기 기호
제어 회로의 개·폐(ON/OFF) 기능을 갖는 스위치를 일반적으로 접점이라고 하며, 접점의 종류와 기능은 다음과 같다.

㉠ a접점(arbeit contact) : 초기 상태에 열려 있는 접점(NO형 : Normal Open)

㉡ b접점(break contact) : 초기 상태에 닫혀 있는 접점(NC형 : Normal Close)

ⓒ c접점(change over contact) : a접점과 b접점을 동시에 갖고 있는 선택형 전환 접점

명칭	ISO 방식 기호		
	a접점	b접점	c접점
접점			
	푸쉬버튼 a접점	잠금 푸시버튼 b접점	푸쉬버튼 c접점
버튼 스위치			
	롤러레버 a접점	롤러레버 b접점	롤러레버 a접점 작동 표시
롤러레버 스위치			
ON 타이머 릴레이	OFF 타이머 릴레이	카운터 릴레이	릴레이
		A1 / R1 / 2 / A2 / R2	
밸브 솔레노이드	압력스위치	램프	부저

③ 기본 전기회로 작성

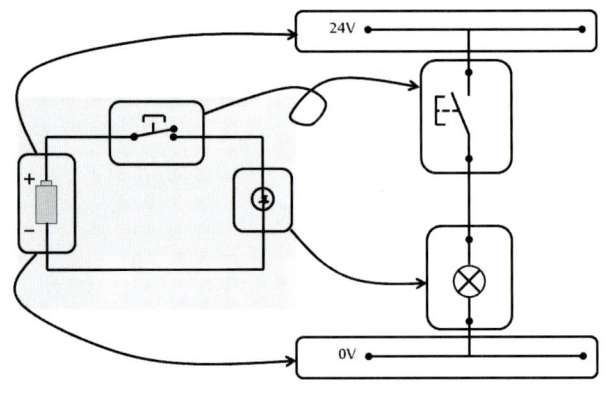

스위치를 이용한 램프 점등 전기 회로 예시

4 기본 시퀀스 회로

시퀀스 제어란 미리 정해진 순서에 따라 회로가 순차적으로 동작하는 것으로 전기 회로도를 표시하는 방법이다. 전기에서 시퀀스제어도 공압 논리 제어와 마찬가지로 일정한 조건이 충족되면 일정한 출력이 나오는 제어 방법이다.

공압에서는 논리 제어를 위한 AND, OR 등의 논리 회로가 있어 이를 사용하며, 전기에서는 보통 스위치의 접점을 이용하여 해결 한다. 논리의 기능에는 기본적인 YES, NOT, AND, OR 등의 4가지 기본 논리 기능을 조합하면 모두 해결 할 수 있다.

① YES 논리 회로

YES 논리 회로는 입력이 존재하면 출력도 존재하는 논리를 의미한다. 스위치를 입력 요소로 하고 솔레노이드 밸브를 출력 요소로 가정하여 스위치를 ON시키면 솔레노이드 밸브가 동작하고, 누름 버튼 스위치를 OFF시키면 솔레노이드 밸브가 처음 상태로 되는 것이 YES 논리이다.

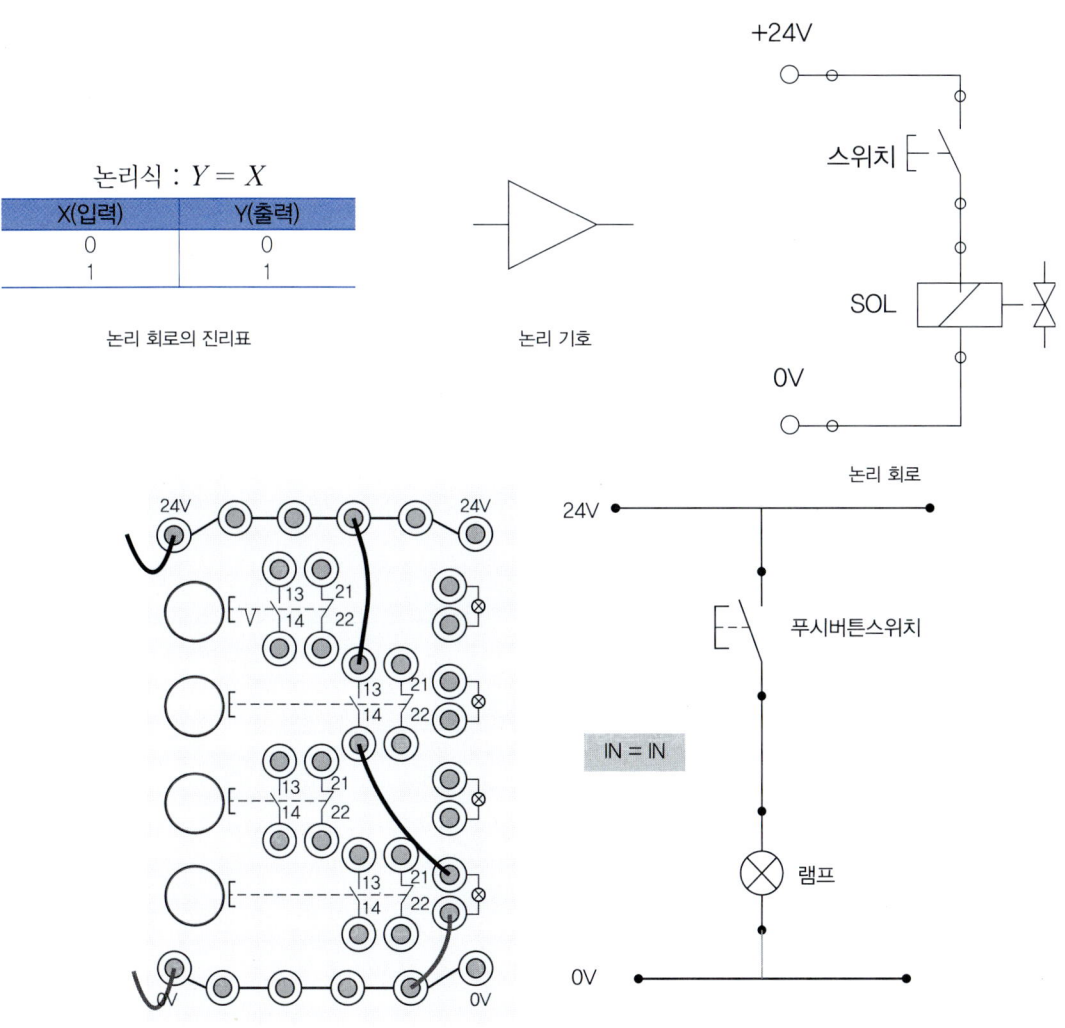

② NOT 논리회로

NOT 논리 회로는 입력 조건이 존재하면 출력 신호가 존재하지 않는 논리이며 YES 논리 회로와 반대 논리이다.

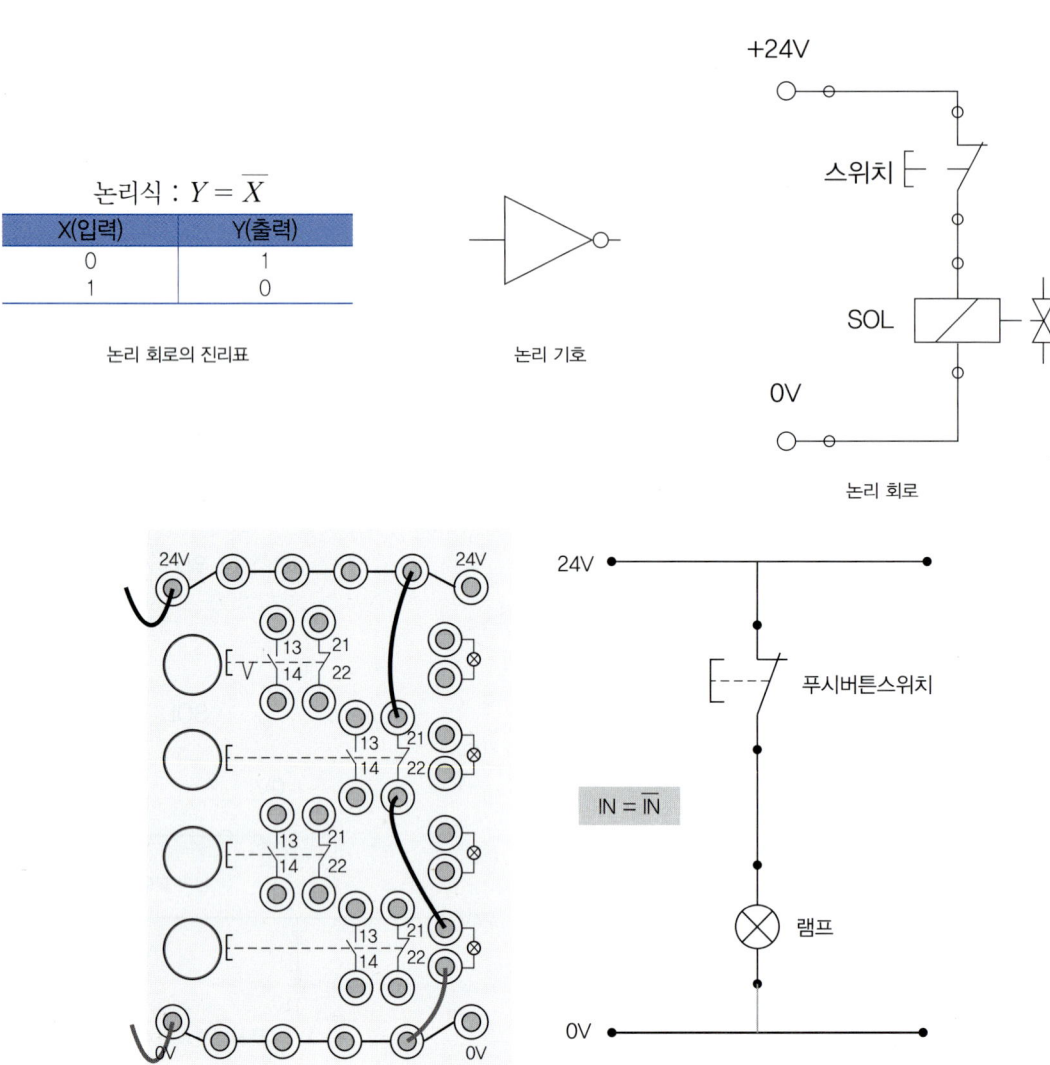

논리식 : $Y = \overline{X}$

X(입력)	Y(출력)
0	1
1	0

논리 회로의 진리표

논리 기호

논리 회로

$IN = \overline{IN}$

전기회로 실제 배선 예

③ AND 논리회로

AND 논리 회로는 2가지 이상의 입력 조건이 요구되는 상황에서 입력 조건이 모두 만족될 때에만 출력 신호가 존재하는 논리이다.

논리식 : $Y = X_1 \cdot X_2$

X_1	X_2	Y
0	0	0
0	1	0
1	0	0
1	1	1

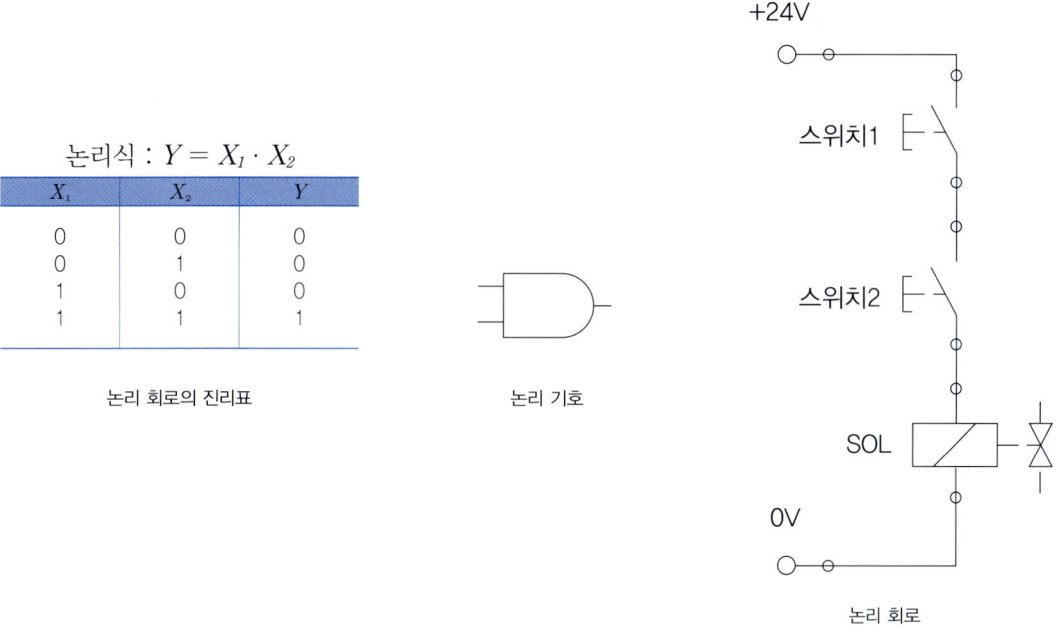

논리 회로의 진리표   논리 기호   논리 회로

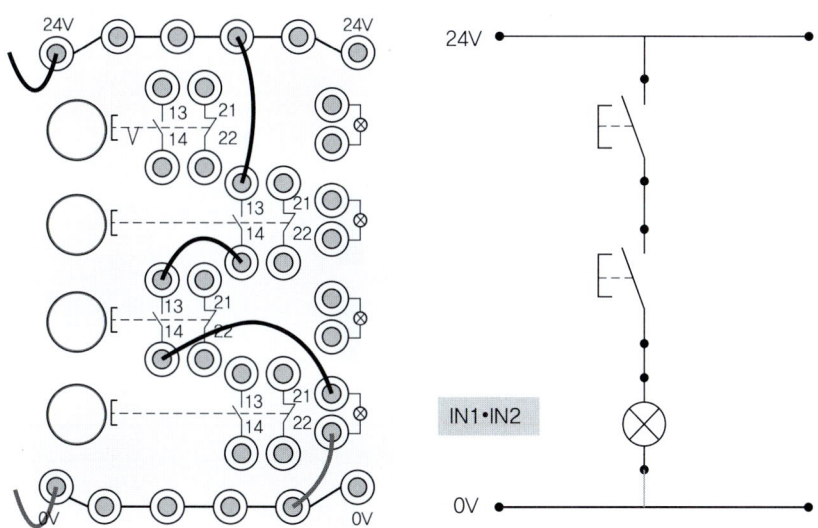

전기회로 실제 배선 예

④ OR 논리회로

OR 논리 회로는 여러 개의 입력 신호 중에서 어느 하나의 입력 신호만 존재해도 출력 신호가 존재하는 논리이다.

논리식 : $Y = X_1 + X_2$

X_1	X_2	Y
0	0	0
0	1	1
1	0	1
1	1	1

논리 회로의 진리표

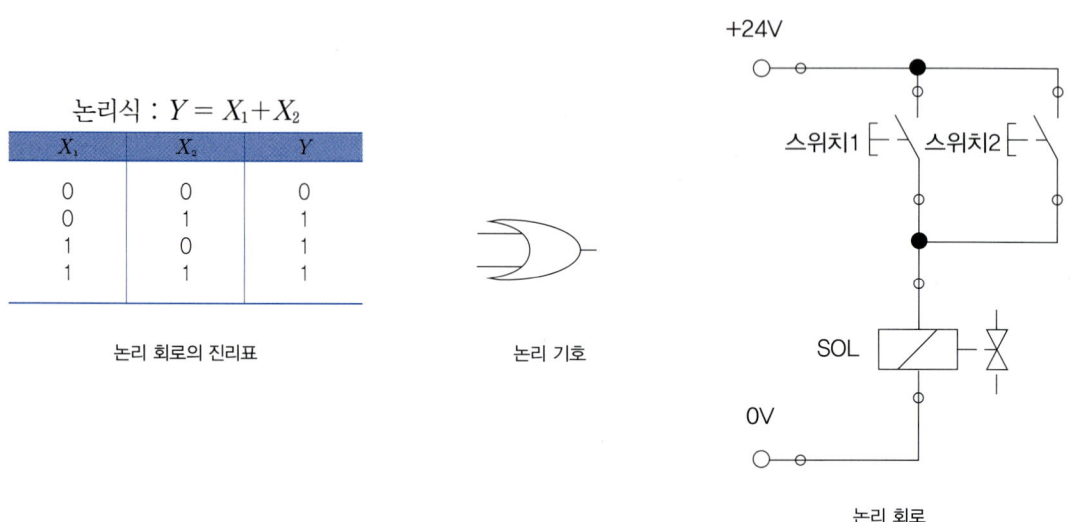

논리 기호

논리 회로

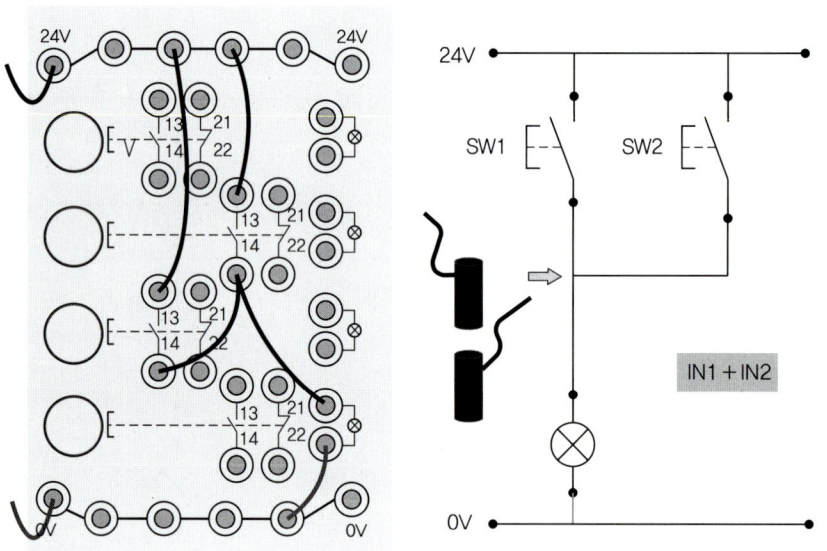

전기회로 실제 배선 예

⑤ 자기 유지 회로

자기 유지 회로는 릴레이의 접점을 이용하여 스위치에 병렬로 연결하여 그 회로의 신호를 기억하게 하는 회로이며, 전기 신호의 기억이 필요한 전기 제어 장치에 사용된다. 누름 버튼 ON 스위치를 누르면 K1 릴레이의 소속 K1 접점이 작동 및 자기 유지되어 누름 버튼 스위치에서 손을 떼어도 램프가 계속 켜져 있다. OFF 스위치를 누르면 K1 릴레이의 전원이 차단되고 동시에 자기 유지가 해제되어 램프가 OFF 된다.

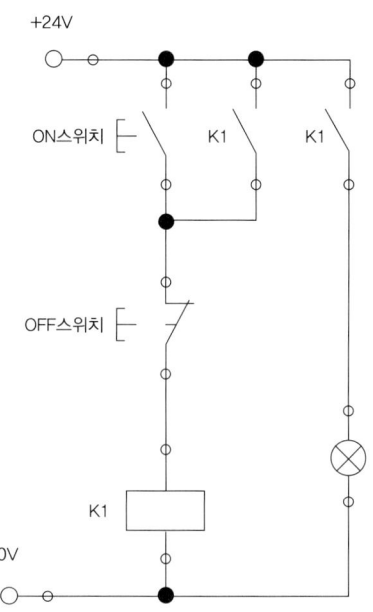

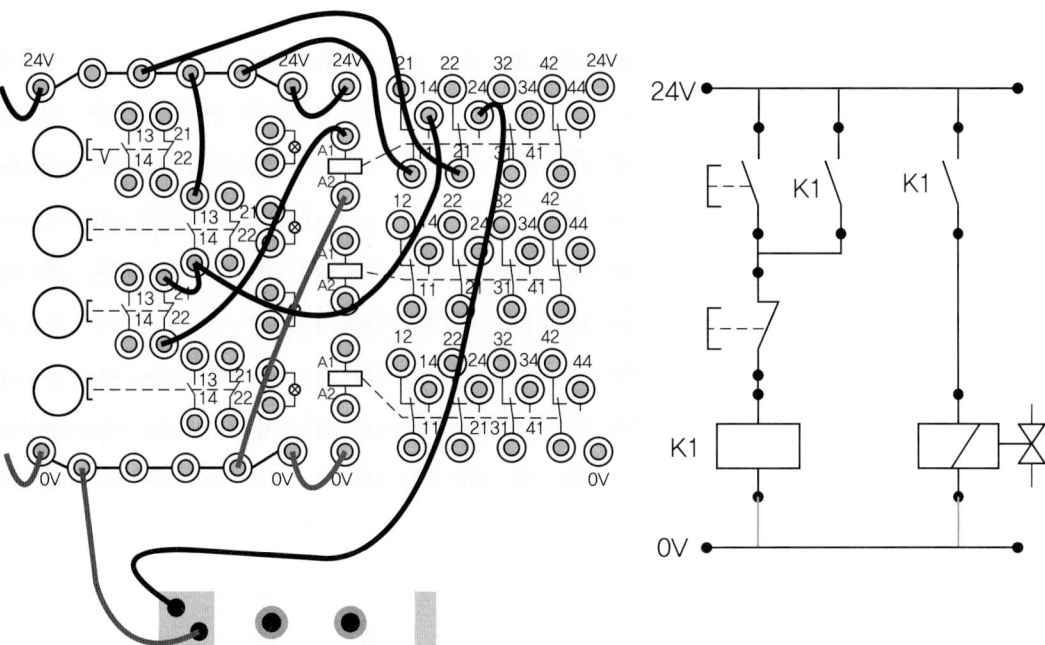

전기회로 실제 배선 예

⑥ 인터록 회로

인터록 회로는 어떤 전기적인 기기 사용 시 잘못된 조작으로 인해 발생하는 기계의 파손이나 작업자의 위험을 방지하고 할 때 사용되는 회로이다. PB1 스위치를 순간터치하면 램프 H1이 ON된다. 이때 PB2 스위치를 ON시켜도 램프 H2가 ON되지 못한다. 마찬가지로 PB2를 ON시키면 램프 H2가 ON되며 PB1을 ON시켜도 H1이 ON되지 못하게 하여 서로 인터록 되게 하는 회로이다.

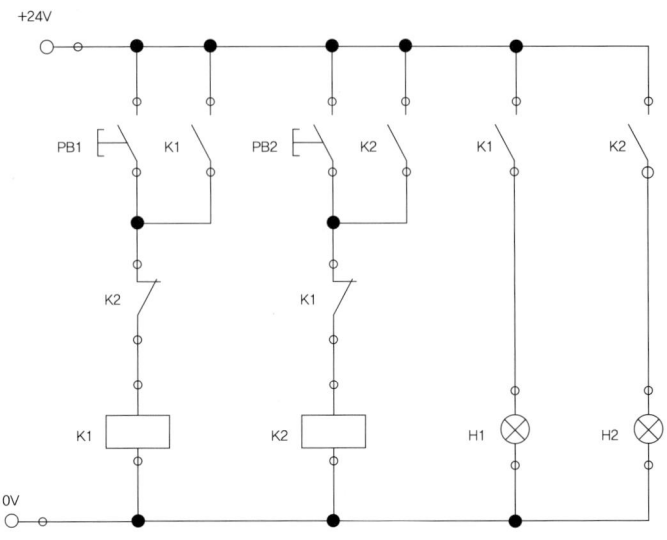

⑦ ON 타이머 회로

입력측에 입력 신호가 가해지면 바로 출력측에 신호가 나타나지 않고, 설정한 시간이 지나야만 출력 신호가 나타나는 회로이다. 푸시버튼 PB 스위치를 ON시키면 설정한 시간인 2초 후에 ON 타이머 릴레이 K1이 여자되고 K1 릴레이 소속 K1 a접점이 ON되어 램프가 작동한다. 램프를 OFF시키려면 STOP 스위치를 ON시켜야 하는 회로이다.

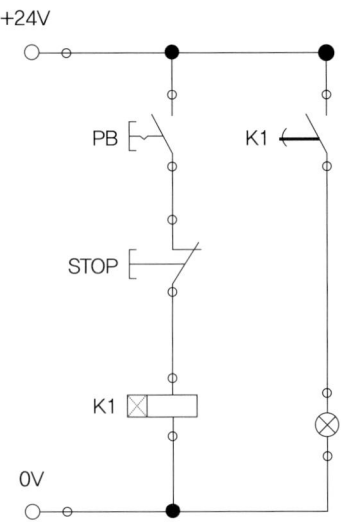

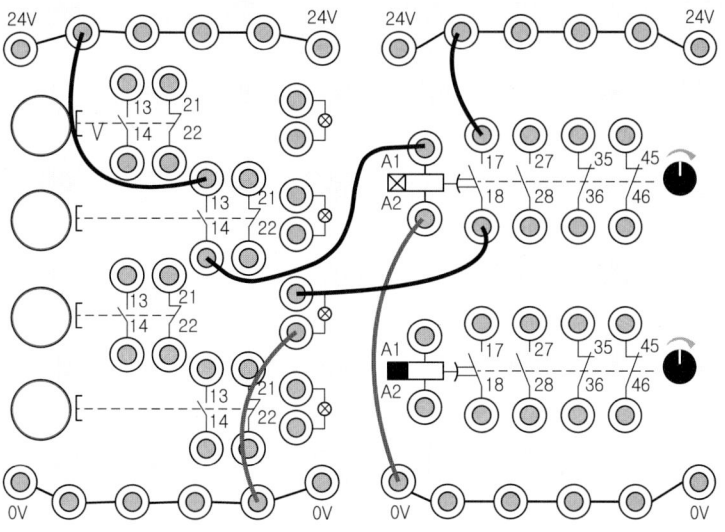

전기회로 실제 배선 예

⑧ OFF 타이머 회로

이 회로는 복귀 신호가 주어지면 바로 복귀하지 않고, 일정시간 후에 접점이 동작되는 회로로 ON Delay 타이머의 b접점을 사용하거나 OFF Delay 타이머의 a접점을 사용하여 회로를 구성할 수 있다. 푸시버튼 PB 스위치를 ON시키면 OFF 타이머 릴레이 K1이 작동하고 바로 K1 릴레이의 K1 접점이 ON되어 램프가 작동한다. └ STOP 스위치를 계속 누르고 있거나 PB 스위치를 OFF시키면 설정한 시간 2초 후에 램프가 OFF된다.

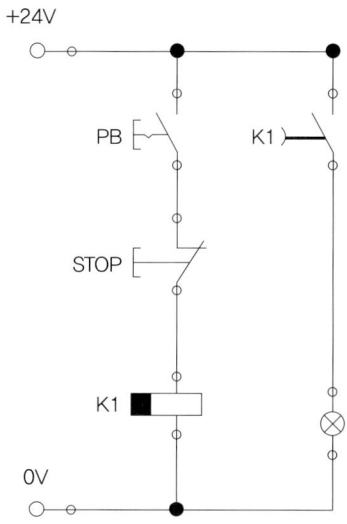

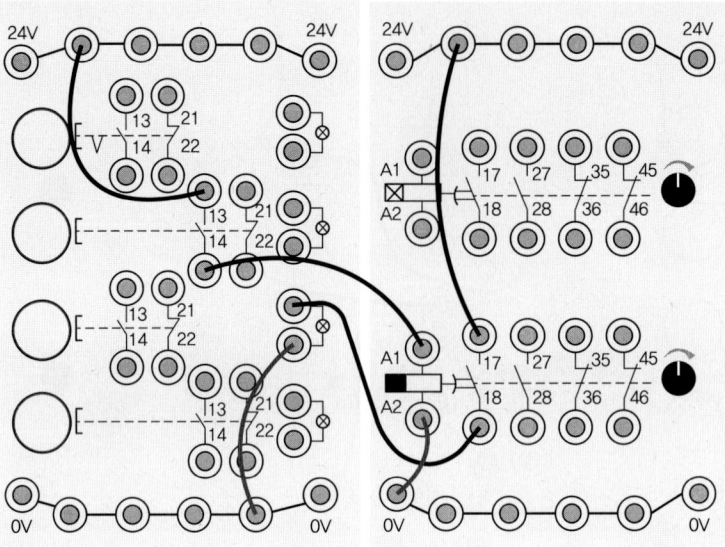

전기회로 실제 배선 예

⑨ 카운터 회로

이 회로는 입력신호의 수를 계수하는 기기로서 기계의 동작횟수 또는 생산수량 등의 통계를 위한 계수기로서 사용된다. 계수방식에 따른 종류로서는 입력신호가 입력될 때마다 수를 증가시키는 가산식과 반대로 감소시키는 감산식, 양자를 조합한 가감산식이 있다. 회로에 전원이 공급되면 램프는 점등되어 있으며, 푸시버튼 PB 스위치를 한번 누르면 카운터 릴레이 C1에 계수가 1로 증가되고 한번 더 누르면 설정값 횟수(2)만큼 도달되어 C1 a접점이 작동하여 부저가 울리고 동시에 C1 b접점이 작동하여 램프가 소등된다. 설정횟수를 초기화하기 위해서는 RESET 스위치를 ON시키면 초기화된다.

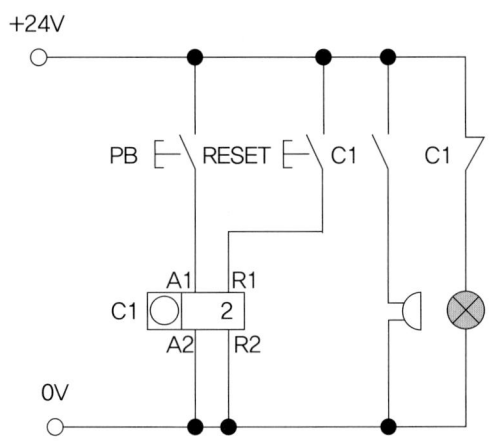

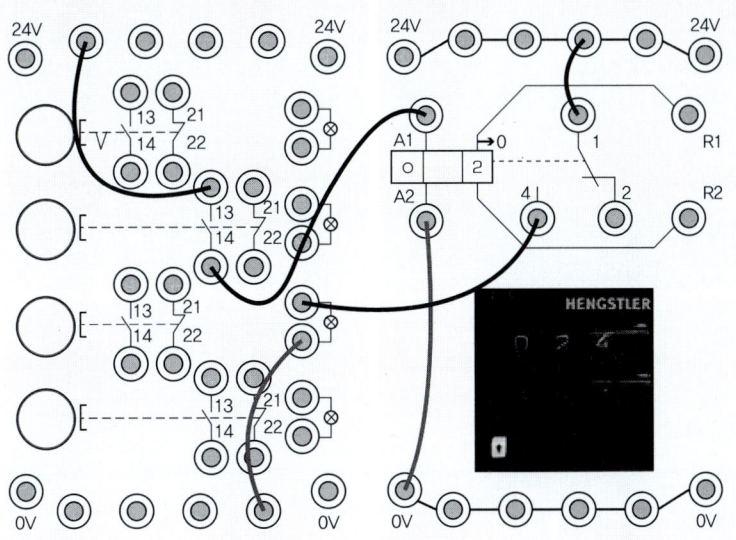

전기회로 실제 배선 예

5 기타 회로

① 카운터 밸런스 회로
부하가 급격하게 변동되었을때 피스톤이 자유낙하하는 것을 방지하기 위해서 일정한 배압을 걸어주는 회로이며, 릴리프 밸브와 체크 밸브의 조합으로 구성되어 있다.

② 감압 회로
고압의 유체를 감압시켜 1차 압력이 변화하여도 설정된 낮은 2차 압력으로 유지하는 회로

③ 레지스터 회로
기억한 정보를 언제든 적시에 이용할 수 있도록 만들어진 회로

④ 어큐뮬레이터 회로
유압 회로에 발생하는 서지(surge) 압력, 펌프 맥동을 흡수하고 에너지 저장, 압력 보상 등의 목적으로 사용되는 회로

⑤ 인터록 회로
전기적인 기기 사용 시 잘못된 조작으로 인한 기계의 파손이나 작업자의 위험을 방지하기 위해 사용되는 회로 예 정·역 동시 투입에 의한 단락 사고를 방지

⑥ 로킹 회로
실린더의 행정 중 임의의 위치에서 피스톤의 이동을 방지하는 회로

⑦ 시퀀스 회로
순차적으로 작동하게 하고, 실린더가 2개 이상인 회로

⑧ 무부하 회로
시스템 내에서 유압 에너지를 필요로 하지 않을 때 펌프 토출량을 다시 기름 탱크로 돌려 보내 무부하 운전을 하는 회로이며, 무부하 회로의 장점은 유압 펌프의 구동력을 절약할 수 있으며,

유압 장치의 가열 방지, 펌프의 수명 연장, 유온 상승 방지, 유압유의 노화 방지 등이 있다.
⑨ 자기유지 회로
릴레이의 내부 접점을 이용하여 스위치에 병렬로 연결하여 그 회로의 신호를 지속적으로 유지시켜주는 회로
⑩ 플립플롭 회로
주어진 입력 신호에 따라 정해진 출력을 내는 회로이며, 신호와 출력의 관계가 기억 기능을 겸비한 것으로 되어 있다.

예상문제

1 시퀀스 제어 형태가 아닌 것은?
① 시한 제어 ② 계자 제어
③ 조건 제어 ④ 순서 제어

정답 | ②

2 시퀀스 제어 회로의 출력 기기로서 사용되지 않는 것은?
① 모터 ② 전자 릴레이
③ 실린더 ④ 리밋 스위치

정답 | ④

3 아래 그림과 같은 공압 회로는?

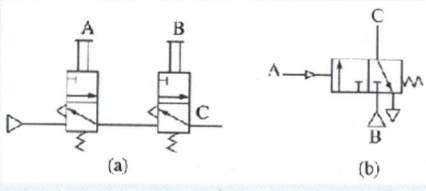

① AND 회로 ② OR 회로
③ NOT 회로 ④ NOR 회로

정답 | ①

4 주어진 입력 신호에 따라 정해진 출력을 내는데, 신호와 출력의 관계가 기억을 겸비한 회로로 되어 있는 회로는?
① AND 회로 ② OR 회로
③ NOT 회로 ④ 플립플롭 회로

정답 | ④

5 어떤 전기적인 기기 사용 시 잘못된 조작으로 인해 발생하는 기계의 파손이나 작업자의 위험을 방지하고자 할 때 사용되는 회로는?
① 인터록 회로 ② 자기 유지 회로
③ 온 딜레이 회로 ④ 오프 딜레이 회로

정답 | ①

PART 02

기계제도(비절삭) 및 기계요소

Chapter 01 제도통칙
Chapter 02 기계요소

제도통칙

1 일반사항(도면, 척도, 문자 등)

제도(Drawing)는 그리는 것이다. 주문자의 주문에 따라 설계자가 제품의 모양이나 크기 등을 일정한 규칙에 따라서 선, 문자, 기호 등으로 간단하게 나타내어 물체의 모양, 구조, 기능 등을 알기 쉽고, 정확하게 작성하는 과정이다.

1 도면의 규격

일정한 규격에 따라 제품을 생산하게 되면 생산성을 높일 수 있다. 제품의 단일화로 생산 단가를 낮출 수 있어 경쟁력을 높일 수 있다.

각국의 공업규격

재정 연도와 명칭	표준 규격 기호
1961 한국 공업규격(Korean Industrial Standards)	KS
1947 국제표준화기구(International Organization for Standardization)	ISO
1945 일본 공업규격(Japanese Industrial Standards)	JIS
1918 미국 규격(American National Standards), 프랑스 규격(Norme Francaise), 스위스 규격(Schweitzerih Normen-Vereingung)	ANSI, NF, SNV
1917 독일 규격(Deutsches Instiute fur Normung)	DIN
1901 영국 규격(British Standards)	BS

한국공업 규격(KS)의 분류기호

분류기호	A	B	C	D	E	F	V	W	X	R
부분	기본	기계	전기	금속	광산	건축,토목	조선	항공	정보산업	수송기계

2 도면 구분에 따른 종류 및 설명

구분	도면의 종류	설명
용도에 따른 분류	계획도(Layout drawing)	시발점, 기초가 되는 도면
	제작도(Working drawing)	제품을 만들 때 사용되는 도면
	주문도(Order drawing)	주문서에 붙여 요구의 외형 및 형태를 나타내는 도면으로 모양, 기능 등을 나타내는 도면
	승인도(Approved drawing)	주문자의 검토를 거쳐 승인을 받아 이것에 의하여 계획 및 제작을 하는 기초 도면
	견적도(Estimation drawing)	견적서에 붙여 조회자에게 제출하는 도면, 가격
	설명도(Explanation drawing)	사용자에게 구조, 기능, 취급법을 보이는 도면
내용에 따른 분류	조립도(Assembly drawing)	전체의 조립을 나타내는 도면
	부분조립도(Part assembly drawing)	일부분의 조립을 나타내는 도면
	부품도(Part drawing)	부품을 제작할 수 있도록 그 상세를 나타내는 도면
	상세도(Detail drawing)	특정 부분의 상세를 나타내는 도면
	공정도(Process drawing)	제작 과정의 상태를 나타내는 제작도, 또는 제조 공장을 나타내는 계통도
	접속도(Connection diagram)	주로 전기 기기의 내부 및 기기 상호 간의 전기적 접속, 기능을 나타내는 도면
	배선도(Wiring diagram)	전선의 배치를 나타내는 도면
	배관도(Piping diagram)	건축물, 선박의 급수, 배수관, 기계 장치의 송유관 등 관의 배치를 나타내는 도면
	계통도(Distribution drawing)	배관, 전기 장치의 결선 등 계통을 나타내는 도면
	기초도(Foundation drawing)	기계나 건물의 기초 공사에 필요한 도면
	설치도(Setting diagram)	보일러, 기계 등의 설치 관계를 나타내는 도면
	배치도(Arrangement drawing)	기계나 장치의 설치 위치를 나타내는 도면
	장치도(Equipment drawing)	각 장치의 배치, 제조 공정 등의 관계를 나타내는 도면
	외형도(Outside drawing)	기계나 구조물의 외형만을 나타내는 도면
	구조선도(Skeleton drawing)	기계나 구조물의 골조를 나타내는 도면
	곡면선도(Curved surface drawing)	선박, 자동차의 복잡한 곡면을 나타내는 도면
	구조도(Structure drawing)	구조물의 구조를 나타내는 도면
	전개도(Development drawing)	물체, 건조물 등의 표면을 평면에 전개한 도면

3 도면의 크기

① 도면은 제도를 통해 모든 사람이 이해할 수 있도록 제도 용지에 설계자의 생각을 표현한 것이다. 제도 용지의 폭과 길이의 비는 $1:\sqrt{2}$로 한다. 규격화된 용지의 크기로 작성하고, 크기는 A열을 기준으로 한다. 그 밖의 교과서, 미술용지, 신문 등은 B열을 기준 크기의 용지로 사용한다.

② 용지의 크기

용지 호칭	A0	A1	A2	A3	A4
도면 크기	841×1189	594×841	420×594	297×420	210×297

4 도면의 척도

축척	실물의 크기를 도면에 일정한 비율로 줄여서 그리는 것	1:2, 1:5, 1:100 등
배척	실물의 크기를 도면에 실물보다 크게 그리는 것	2:1, 5:1, 100:1 등
현척	실물의 크기를 도면에 같은 크기로 그리는 것	1:1

> **참고 : 성질에 따른 분류**
> ① 원도(Original drawing) : 켄트지에 연필로 그린 최초의 도면 또는 컴퓨터로 작성된 최초의 도면이다.
> ② 트레이스도(Trased drawing) : 연필로 그린 원도 위에 트레이싱 용지를 놓고 연필 또는 먹물로 그린 도면이다. 트레이스도를 복사한 도면을 복사도(Copy Drawing)이다.
> ③ 청사진(Blue print) : 트레이스도를 원도로 하여 이것을 감광지에 옮긴 것이다.

예상문제

1 도면에서 물체의 크기를 나타내는 척도의 종류에 해당되지 않는 것은?

① 축척　　② 현척
③ 비교척　④ 배척

정답 | ③

2 도면에서 비교 눈금을 마련하는 이유는?

① 축소와 확대할 경우 실제 크기와 비교하기 위해
② 특정한 위치를 지정할 때 편리하기 때문에
③ 도면 내용의 훼손을 방지하기 위해
④ 누구의 도면인지 알리기 위해

정답 | ①

3 표제란에 있을 필요가 없는 것은?

① 보관 방법　② 도번
③ 제도자　　　④ 날짜

해설

제도자	학년　반　번		날짜	년　월　일	
	이름				
도면			척도	두상	
도명			검인		인

정답 | ①

4 부품란에 기입해야할 사항이 아닌 것은?

① 재질　　② 수량
③ 공정　　④ 제작자

해설

품번, 품명, 재질, 수량, 무게, 공정, 비고란 등을 기입한다.

정답 | ④

2 선의 종류 및 용도 표시법

1 선모양에 따른 종류

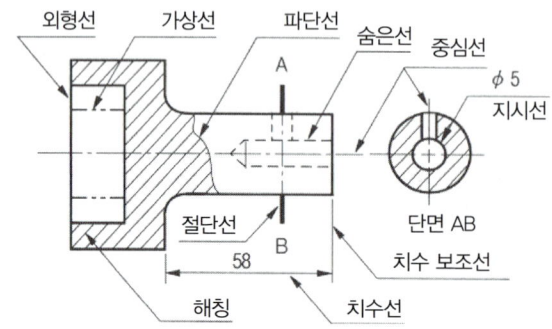

선의 종류		설명	용도
실선	———————	연속된 선	굵은 실선(외형선), 가는 실선(치수선, 치수 보조선, 지시선)
파선	- - - - - - - - -	일정한 간격으로 짧은 선의 요소가 규칙적으로 반복되는 선	은선(숨은선)
1점 쇄선	— - — - — - —	장, 단 2종류 길이의 선이 번갈아 반복되는 선	1점 쇄선 (중심선, 기준선, 피치선)
2점 쇄선	— - - — - - —	장, 단, 단 길이의 선이 장, 단, 단, 장, 단, 단의 순서로 반복되는 선	2점 쇄선(가상선, 무게중심선)

→ 단, 1점 쇄선 및 2점 쇄선은 장 선에서 시작해서 그린다.

2 선의 종류에 의한 용도

용도에 따른 명칭	선의 종류		선의 용도
외형선	굵은 실선	———	대상물의 보이는 부분을 표시하는 선
치수선	가는 실선	———	치수를 기입하는데 사용되는 선
치수보조선			치수 기입에 사용하기 위하여 도형으로부터 끌어내는데 사용되는 선
지시선			기호, 지시 등을 표시하는데 사용하는 선
수준면선			유면이나 수면을 나타내는 선
회전 단면선			도형 내에 절단면을 90° 회전하여 표시한 선

명칭	종류	모양	용도
중심선	가는 1점 쇄선	—·—·—	① 도형의 중심을 표시하는 선 ② 중심이 이동한 중심궤적을 나타내는 선 (때론 가는 실선으로 사용된다.)
기준선			위치 결정의 근거가 되는 것을 명시할 때 사용하는 선
피치선			기어, 스프로킷 등의 되풀이하는 도형의 피치를 나타내는 선
숨은선	가는 파선 굵은 파선	-------	보이지 않는 부분을 나타내는 선
가상선	가는 2점 쇄선	—··—··—	① 가공 전후의 모양을 표시하는데 사용하는 선 ② 인접 부분을 참고로 표시하는데 사용하는 선
무게중심선			단면의 무게중심을 연결하는데 사용하는 선
파단선	지그재그선	～～	① 대상물의 일부를 파단한 곳을 표시하는 선 ② 일부를 끊어낸(떼어낸) 부분을 표시하는 선
해칭선 (Hatching)	가는 실선	//////	① 가는 실선으로 하는 것을 원칙으로 한다. ② 2개 이상의 부품이 인접해 있을 때는 방향이나 간격을 다르게 한다. ③ 중심선 또는 기선에 대하여 45° 기울기로 2~3mm 간격으로 한다. (단, 45° 기울기로 분간하기 어려울 때는 30° 또는 60°로 한다.) ④ 간단한 도면에서 쉽게 알 수 있는 것은 생략할 수 있다. ⑤ 동일 부품의 해칭은 동일한 모양으로 한다. ⑥ 해칭 또는 스머징 부분 안에 문자, 기호 등을 기입할 때는 해칭 또는 스머징을 중단한다.
절단선	가는 1점 쇄선 + 모서리 굵게		가는 1점 쇄선으로 끝부분 및 방향이 변하는 부분을 굵게 한 것 (단면도를 그리는 경우, 그 절단 위치를 대응하는 그림에 표시하는데 사용한다.)
특수한 용도의 선	가는 실선	———	① 평면을 나타내거나 위치를 명시하는데 사용되는 선 ② 외형선 및 숨은선의 연장을 표시하는 선
	아주 굵은 실선	━━━	얇은 부분의 단면을 도시하는데 사용하는 선

③ 겹치는 선의 우선순위
    a. 외형선 ← b. 숨은선 ← c. 절단선 ← d. 중심선 ← e. 무게 중심선 ← f. 치수보조선

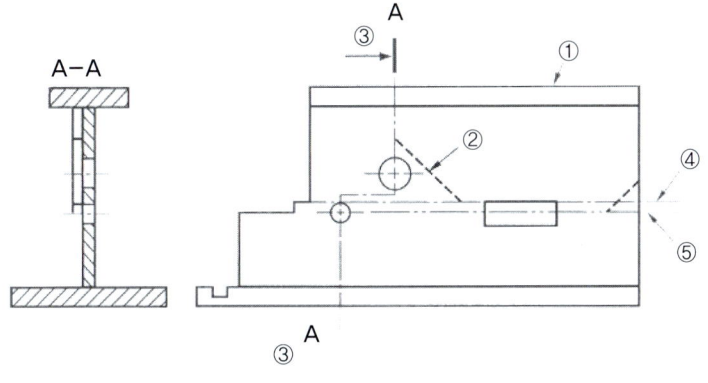

> **예상문제**

1 불규칙한 파형의 가는 실선 또는 지그재그선으로 나타내는 선은?

① 무게 중심선　　② 파단선
③ 특수 지정선　　④ 절단선

정답 | ②

2 다음 중 지그재그선을 사용하는 경우는?

① 도면 내 그 부분의 단면을 90° 회전하여 나타내는 선
② 제품의 일부를 파단한 곳을 표시하는 선
③ 인접을 참고로 표시하는 선
④ 반복을 표시하는 선

정답 | ②

3 기계 제도에서 가공 전이나 후의 형상을 표시할 경우 사용되는 선의 종류는?

① 굵은 실선　　② 가는 실선
③ 가는 1점 쇄선　④ 가는 2점 쇄선

정답 | ④

4 겹치는 선의 우선 순위를 옳게 표시한 것은?

① 숨은선-외형선-중심선
② 치수 보조선-외형선-숨은선
③ 숨은선-외형선-해칭선
④ 외형선-숨은선-중심선

정답 | ④

3 투상법

1 정투상도

① 투상법의 종류

제도에 사용하는 투상법은 특별한 이유가 없는 한 평행 투상에 따르는 3종류인 정투상, 등각투상, 사투상으로 한다.

투상법의 종류	사용하는 그림의 종류	특 징	주된 용어
정투상	정투상도	모양을 세밀, 정확하게 표시할 수 있다.	일반 도면
등각투상	등각투상도	하나의 그림으로 정육면체의 세 면을 같은 정도로 표시할 수 있다.	설명용 도면
사투상	캐비닛도	하나의 그림으로 정육면체의 세 면 중의 한 면만을 중점적으로 세밀, 정확하게 표시할 수 있다.	

→ 투시도 : 원근감을 갖도록 그리는 방법으로 건축이나 토목제도에 주로 사용되는 도법이다.
(그림C)

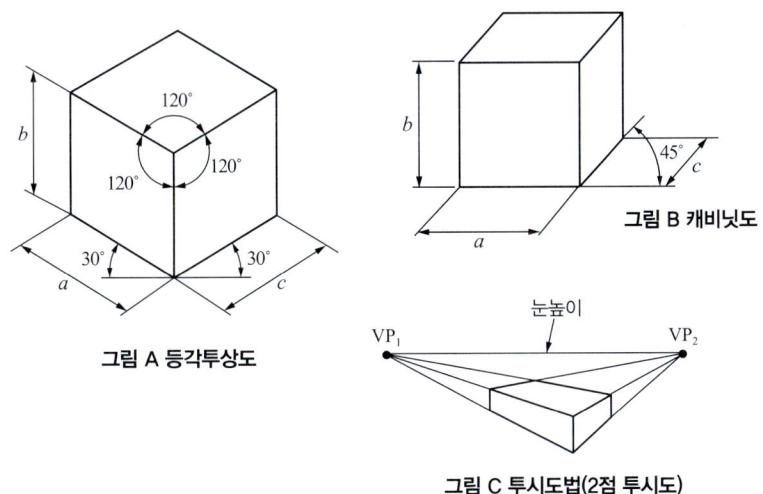

그림 A 등각투상도

그림 B 캐비닛도

그림 C 투시도법(2점 투시도)

② 제3각법

물체를 제 3상한에 놓고 투상하며, 투상면의 뒤쪽에 물체를 놓는다. 즉, 순서는 그림과 같이 눈 → 화면 → 물체이다.

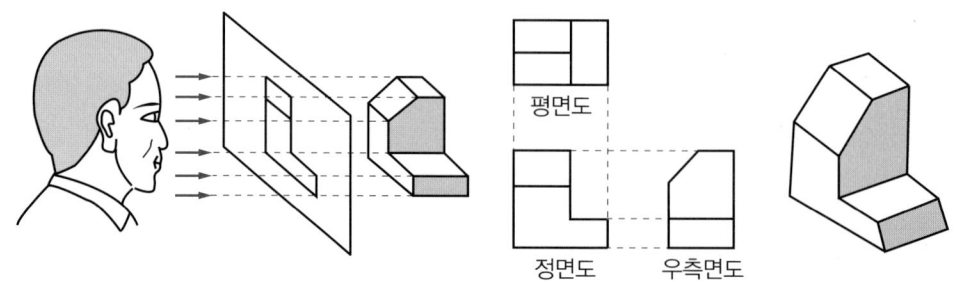

투상 순서: 눈 → 투상면 → 물체

제3각법

③ 제3각법과 제1각법의 도면의 기준 배치

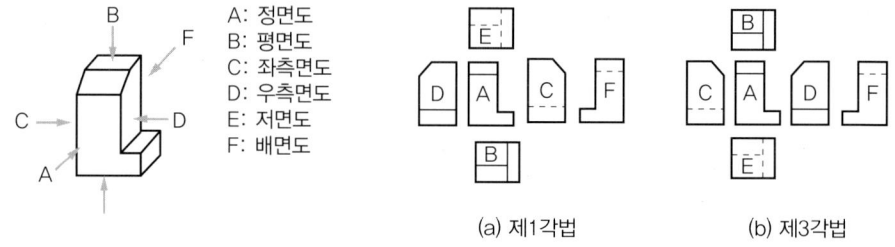

A: 정면도
B: 평면도
C: 좌측면도
D: 우측면도
E: 저면도
F: 배면도

(a) 제1각법   (b) 제3각법

④ 투상도의 명칭
  ㉠ 정면도 : 물체를 앞쪽에서 본 모양을 그린 도면
  ㉡ 평면도 : 물체를 위에서 아래로 본 모양을 그린 도면
  ㉢ 우측면도 : 물체를 우측에서 본 모양을 그린 도면
  ㉣ 좌측면도 : 물체를 좌측에서 본 모양을 그린 도면
  ㉤ 저면도 : 물체를 아래쪽에서 본 모양을 그린 도면
  ㉥ 배면도 : 물체를 뒤쪽에서 본 모양을 그린 도면

⑤ 제1각법
  ㉠ 물체를 제 1상한에 놓고 투상한 것으로 투상면의 앞쪽에 물체를 놓는다.
  ㉡ 투상 방법은 눈 → 물체 → 투상면이다.

⑥ 투상도의 도시 방법

　㉠ 투상법의 기호는 표제란 또는 그 근처에 나타낸다.

| 제 3각법의 기호 | 제 1각법의 기호 |

㉡ 지면의 형편으로 투상도를 제 3각법에 의한 정확한 위치로 그리지 못하는 경우에 상호 관계를 화살표와 문자로 사용하여 표시하고 그 글자로 투상의 방향과 관계 없이 전부 위 방향으로 표시한다.

2 그 밖의 투상도

① 보조 투상도 : 대상물의 경사면부를 실제의 모양으로 나타낼 필요가 있는 경우 필요한 부분만을 그리는 것이다.

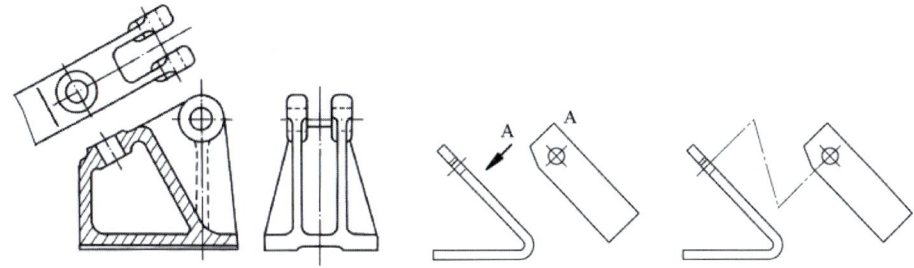

배치 관계가 분명치 않을 경우에는 각 각 위치의 도면 구역을 구분기호를 활용하여 부기한다.

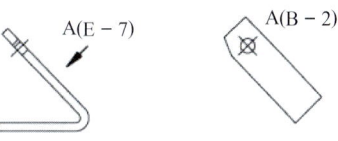

② 부분 투상도 : 그림의 일부만을 도시해도 충분한 경우에는, 필요한 부분만 투상하여 그린다. 생략한 부분과의 경계를 파단선으로 나타내지만, 명확한 경우에는 파단선을 생략해도 무관하다.

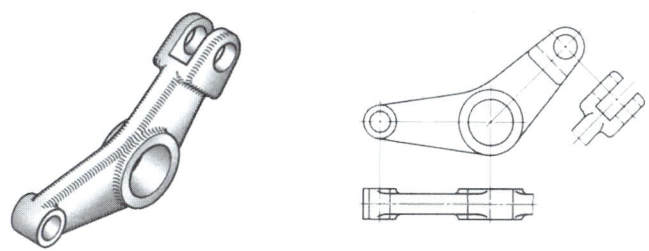

③ 국부 투상도 : 대상물의 구멍, 홈 등과 같이 필요한 부분을 나타내며 투상 관계를 나타내기 위하여 원칙으로 주된 그림에 중심선, 기준선, 치수 보조선 등으로 연결한다.

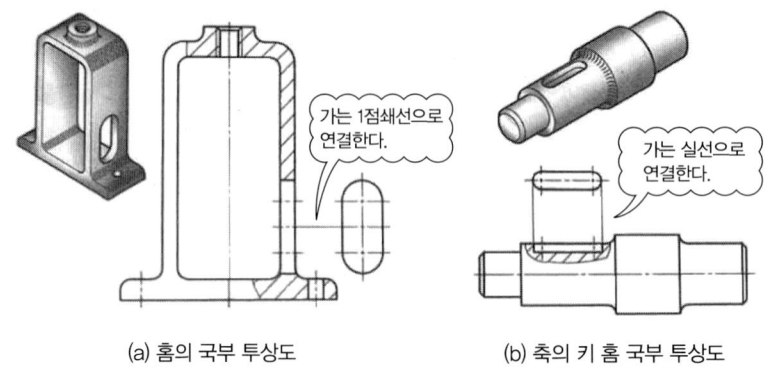

(a) 홈의 국부 투상도   (b) 축의 키 홈 국부 투상도

④ 회전 투상도 : 투상면이 어느 각도를 가지고 있어 실제 모양이 나타나지 않을 때 그 부분을 회전하여 그리는 것이다. 또한 잘못 볼 염려가 있을 경우에는 작도에 사용한 선을 넘긴다.

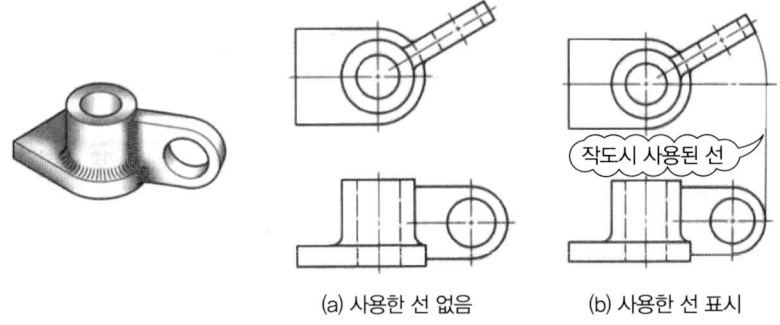

(a) 사용한 선 없음   (b) 사용한 선 표시

⑤ 부분 확대도(상세도) : 특정한 부분의 도형이 작아서 그 부분을 자세하게 나타낼 수 없거나 치수 기입을 할 수 없을 때, 그 해당 부분 가까운 곳에 가는 실선으로 둘러싸고 확대하여 그린다.

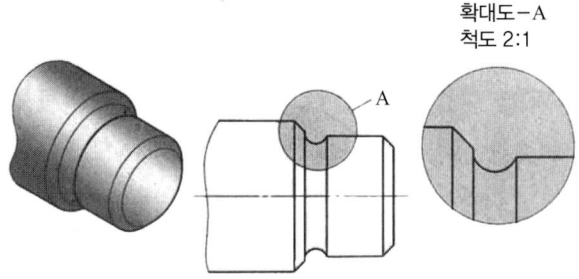

⑥ 등각 투상도 : 물체를 정면, 평면, 측면을 한 번에 볼 수 있는 투상도로 물체의 모양, 특징을 잘 나타낼 수 있으며, 세 모서리의 각도는 각각 120°이다.

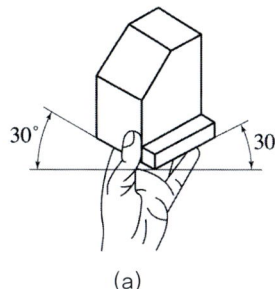
(a)

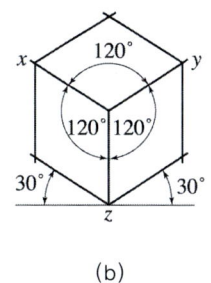
(b)

예상문제

1 다음 그림에서 ⓐ와 같은 투상도를 무엇이라고 부르는가?

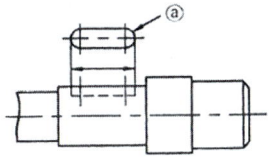

① 보조 투상도　② 회전 투상도
③ 부분 투상도　④ 국부 투상도

정답 | ④

2 제 3각법에서의 투상과 제 1각법에서의 투상이 서로 반대 위치에 있는 투상도만으로 되어 있는 것은?

① 정면도와 배면도　② 정면도와 저면도
③ 배면도와 평면도　④ 평면도와 저면도

정답 | ④

3 다음 겨냥도에서 화살표 방향이 정면도일 경우 평면도로 올바른 것은?

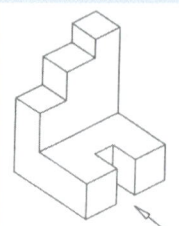

① 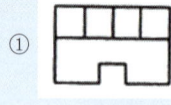 ②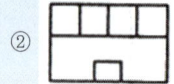

③ 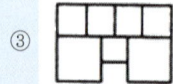 ④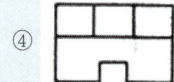

정답 | ④

4 다음의 겨냥도를 올바르게 제 3각법으로 투상한 정면도는 어느 것인가?(단, 화살표 방향에서 본 것을 정면도로 한다.)

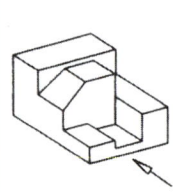

 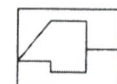   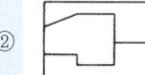

 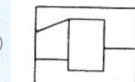   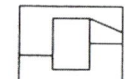

정답 | ②

5 다음과 같이 입체도를 제3각법으로 그린 투상도에 관한 설명으로 맞는 것은?

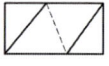

① 평면도만 틀림 ② 정면도만 틀림
③ 우측면도만 틀림 ④ 모두 맞음

정답 | ①

6 평면, 측면, 정면을 하나의 투상면 위에 동시에 볼 수 있도록 같은 기울기로 그리는 도법은?

① 등각 투상법　　② 국부 투상법
③ 정 투상법　　　④ 경사 투상법

정답 | ①

4 도형의 표시방법

1 단면의 표시

보이지 않는 물체의 내부를 나타내는 것으로 물체의 내부 구조가 복잡하고, 가려진 부분을 알기 쉽게 나타내기 위해 도시할 필요가 있다. 단, 부품도에는 해칭선을 생략할 수 있지만, 조립도에서는 부품 관계를 명확히 하기 위해서 **해칭선은 45° 경사진 가는 실선**으로 그린다.

2 단면으로 표시하지 않는 부품

단면(절단)하기 때문에 오히려 이해를 방해 또는 의미가 없는 것은 긴 쪽(가로) 방향으로는 원칙적으로 절단하지 않는다.

- 리브, 바퀴의 암, 기어의 이
- 축, 핀, 볼트, 너트, 와셔, 작은 나사, 리벳 키, 강구, 원통 롤러

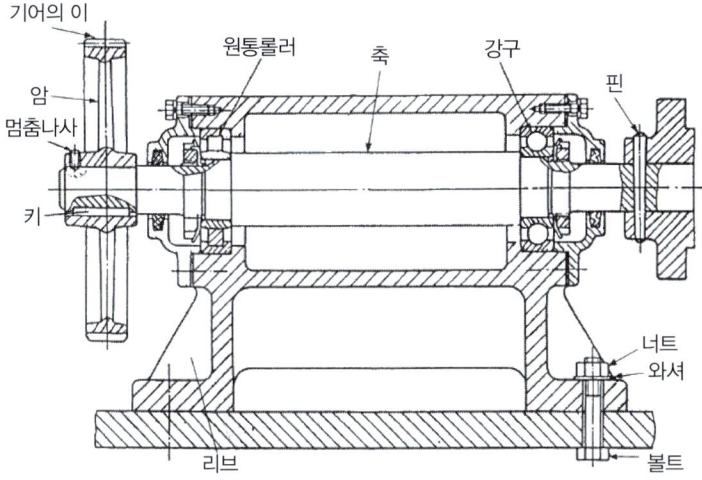

3 단면도의 종류

① 온 단면도(전 단면도) : 물체의 1/2을 절단하여 표현

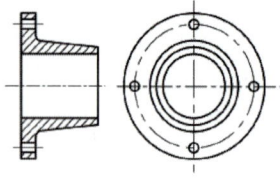 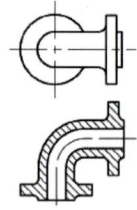

② 한쪽 단면도(반 단면도) : 물체의 1/4을 절단하여 표현

③ 부분 단면도 : 외형도에 있어서 필요로 하는 요소의 일부만을 표현할 수 있다. 아래의 경우, 파단선에 의하여 그 경계를 나타낸다.

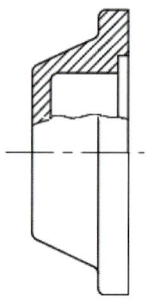

④ 회전 단면도 : 핸들이나 바퀴 등의 암 및 림, 리브, 훅, 축, 구조물의 부재 등의 절단면을 아래 경우에 따라 90° 회전하여 표현해도 좋다.
  ㉠ 절단할 곳의 전후를 끊어서 그 사이에 그린다.(그림 a)
  ㉡ 절단선의 연장선 위에 그린다.(그림 b)
  ㉢ 도형 내의 절단한 곳에 겹쳐서 가는 실선을 사용하여 그린다.(그림 c)

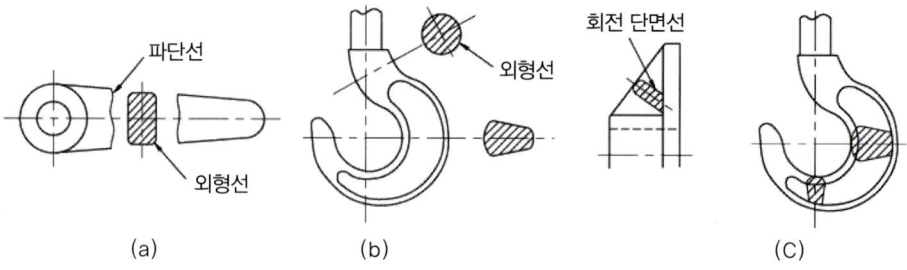

4 조합에 의한 단면도

① 두께가 얇은 부분의 단면도

개스킷, 박판, 형강 등에서 절단면이 얇은 경우에는 그림과 같이 절단면을 검게 칠한다. 실제 치수와 관계 없이 한 개의 아주 굵은 실선으로 표시한다.

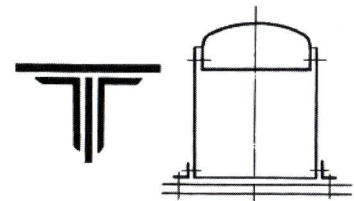

② 단면도의 해칭(또는 스머징)

→ 스머징(Smudging)은 단면 주위를 색연필로 엷게 칠하는 방법이다.

단면도의 절단면에 해칭을 할 필요가 있을 경우 다음 3가지를 기억하자.

㉠ 인접한 단면의 해칭은 선의 방향 또는 각도를 변경하거나 그 간격을 변경하여 구별한다.

㉡ 같은 절단면 상에 나타나는 같은 부품의 단면에는 같은 해칭을 한다.

㉢ 해칭을 하는 부분 안에 글자, 기호 등 필요의 의해 기입하는 경우에는 해칭을 중단한다.

예상문제

1 단면도를 나타낼 때 긴쪽 방향으로 절단하여 도시할 수 있는 것은?

① 기어의 보스　　② 리벳, 강구, 키
③ 볼트, 너트, 와셔　　④ 축, 핀, 리브

정답 | ①

5 치수의 표시 방법

1 도면에 치수를 기입하는 방법

① 대상물의 기능, 제작, 조립 등을 고려하여 필요하다고 판단되는 치수를 명료하게 도면에 지시한다. (길이의 단위는 mm)
② 치수는 대상물의 크기, 자세 및 위치를 가장 명확하게 기입한다.
③ 도면에 나타내는 치수는 특별히 명시하지 않는 한, 그 도면에 도시한 대상물의 다듬질 치수를 표시한다.
④ 치수는 되도록 주 투상도(정면도)에 집중한다.
⑤ 외형 치수는 전체 길이를 표시, 치수 숫자는 도면에 그린 선에 의해 분할되지 않는 위치에 기입한다.
⑥ 치수는 되도록 계산해서 구할 필요가 없도록 하며, 중복 기입을 피한다.
⑦ 치수는 필요에 따라 기준으로 하는 점, 선 또는 면을 기준으로 하여 기입한다.
⑧ 관련되는 치수는 되도록 한 곳에 모아서 기입한다.
⑨ 치수는 되도록 공정마다 배열을 분리하여 기입한다.
⑩ 치수 중 참고 치수에 대하여는 괄호 안에 치수를 기입한다.

2 치수 표시 기호

의미	기호	읽기	사용법
지름	ϕ	파이	지름 치수 앞에 붙인다.
반지름	R	알	반지름 치수 앞에 붙인다.
구의 지름	$S\phi$	에스파이	구의 지름 치수 앞에 붙인다.
구의 반지름	SR	에스알	구의 반지름 치수 앞에 붙인다.
정사각형의 변	□	사각	정사각형의 한 변의 치수 앞에 붙인다.
판의 두께	t	티	판 두께의 치수 앞에 붙인다.
피치	P	피치	나사산의 거리 치수 앞에 붙인다.
원호의 길이	⌒	원호	원호의 길이 치수 앞에 붙인다.
45° 모따기	C	시	45° 모따기 치수 앞에 붙인다.
이론적으로 정확한 치수	☐	테두리	이론적으로 정확한 치수 수치를 둘러싼다.
참고 치수	( )	괄호	참고 치수(치수 보조 기호를 포함)를 둘러싼다.

예상문제

1 도면 작성 시 실제보다 크거나 작게 그려졌을 때, 그림을 고치지 않고 치수를 기입하여 수정하는 방법은?

① 치수를 안 보이게 지우고 다시 기입한다.
② 치수 밑에 줄을 그어서 표시한다.
③ 치수 앞에 R을 붙인다.
④ 괄호를 만든다.

정답 | ②

2 최종으로 검사할 완성된 제품의 치수로 완성 치수라고도 하는 것은?

① 재료 치수 ② 소재 치수
③ 반제품 치수 ④ 마무리 치수

정답 | ④

3 치수를 나타내는 3가지는 어느 것인가?

① 평행 치수, 평면 치수, 직각 치수
② 크기 치수, 자세 치수, 위치 치수
③ 위치 치수, 평행 치수, 자세 치수
④ 평면 치수, 크기 치수, 자세 치수

정답 | ②

4 다음 그림처럼 도형의 내부에 대각선을 긋는 이유는?

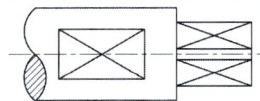

① 잘라버리라는 의미
② 가장 중요한 부분이라는 의미
③ 널링을 하라는 의미
④ 평면이라는 의미

정답 | ④

5 모따기를 표시하는 치수 보조 기호는?

① SR ② B ③ R ④ C

정답 | ④

6 기계요소 표시법 : 나사

1 나사(Screw)

직각삼각형을 원통에 감으면 빗변은 원통의 표면에 곡선을 만드는데, 이 곡선을 나사곡선(Helix)이라 하며, 이 곡선을 따라 원통면에 홈을 깎은 것이 나사이다.

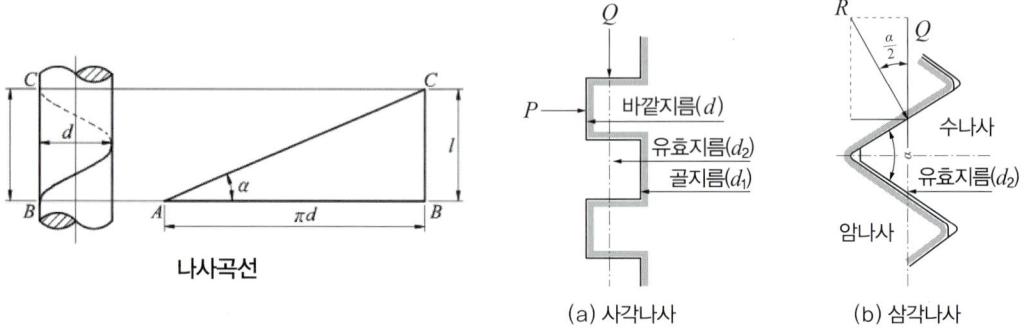

나사곡선　　　　　　　　　(a) 사각나사　　　　(b) 삼각나사

- 유효지름　$d_2 = \dfrac{d+d_1}{2}$ [mm]
- 나사산의 높이　$h = \dfrac{d+d_1}{2}$ [mm]
- 리드 Lead = 줄수(n) × 피치(p)
- 나사의 리드각　$\tan \alpha = \dfrac{l}{\varpi d_2}$ [rad]
- 피치 $p = \dfrac{25.4}{\text{나사산 수[갯수/인치]}}$ [mm]　(여기서, 1[인치]=25.4[mm])

2 나사의 용어

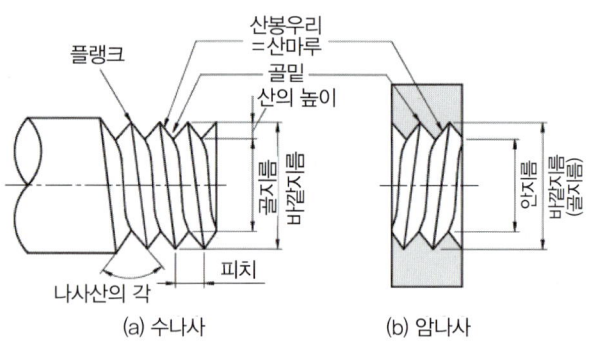

(a) 수나사　　　(b) 암나사
수나사와 암나사

① 수나사(external thread)와 암나사(internal thread)
　원통 바깥 표면에 나사산이 있는 것이 수나사, 원통 안쪽에 있는 것이 암나사이다.

② 오른나사(right hand thread)와 왼나사(left hand thread)
축 방향에서 볼 때 시계방향으로 돌려 앞으로 진행하는 나사가 오른나사이고, 반시계 방향으로 돌려 앞으로 진행하는 나사가 왼나사이다.

③ 한줄나사와 다줄나사
나사산이 한 줄인 것을 한줄나사, 두 줄 이상인 것을 다줄나사라 하며, 다줄나사는 회전수를 적게하여 빨리 죌 수 있으나, 풀리기 쉬운 단점이 있다.

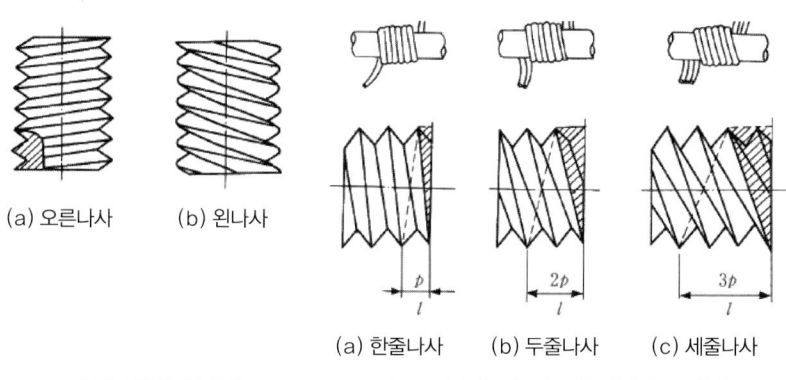

(a) 오른나사 (b) 왼나사
오른나사와 왼나사

(a) 한줄나사 (b) 두줄나사 (c) 세줄나사
나사의 줄 수 및 리드와 피치와의 관계

④ 피치(pitch)와 리드(lead)
서로 인접한 '나사산과 다음 나사산' 사이의 거리를 피치라 하며, 나사를 1회전시킬 때 축 방향으로 이동한 거리를 리드라 한다. 즉, 한줄나사에서 리드는 피치와 같고, 다줄나사에서 리드는 피치보다 크다는 것을 알 수 있다.

⑤ 호칭지름(Nominal diameter), 골지름(Root diameter)
호칭지름은 나사의 크기를 나타내는 것으로 수나사의 바깥지름(outer diameter)을 말하고, 골지름은 수나사와 암나사의 나사산 골 밑과 접하는 가상 원통의 지름을 말한다.
(참고로 기준 치수는 나사에서는 수나사의 바깥지름을, 관에 있어서는 안지름을 말하고, 골지름은 수나사의 강도를 계산할 때 사용하는 치수이다.)

⑥ 유효 지름(Effective diameter 또는 Pitch diameter)
수나사와 암나사가 접촉하고 있는 부분의 평균 지름으로서, 수나사의 골지름과 바깥지름의 평균 지름을 말한다.

⑦ 플랭크 각
나사의 산봉우리와 골을 잇는 면을 플랭크라 하고, 플랭크가 이루는 각이 '플랭크 각'으로 나사산 각도의 1/2 값이 플랭크 각이다.

! 예상문제

1 다음 나사의 그림에서 A는 무엇을 나타내는가?

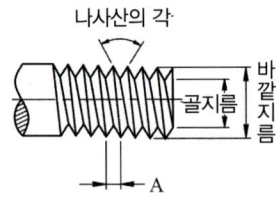

① 리드(Lead) ② 피치(Pitch) ③ 호칭지름 ④ 모듈(Module)

정답 | ②

2 체결용 나사의 각부 명칭으로 틀린 것은?

① 피치 : 나사산과 나사산의 거리
② 유효지름 : 수나사와 암나사가 접촉하고 있는 부분의 평균지름
③ 호칭지름 : 암나사의 바깥지름
④ 비틀림각 : 직각에서 리드각을 뺀 나머지 값

정답 | ③

3 나사의 제도법

① 수나사의 바깥지름과 암나사의 안지름을 나타내는 선은 굵은 실선으로 그린다.
② 수나사와 암나사의 골을 표시하는 선은 가는 실선으로 그린다.
③ 완전나사부와 불완전나사부의 경계선은 굵은 실선으로 그린다. 단, 보이지 않을 때는 굵은 파선으로 그린다.
④ 불완전나사부의 골 밑을 나타내는 선은 축선에 대하여 30°의 가는 실선으로 한다. 다만 필요에 따라서는 불완전나사부의 도시를 생략한다.
⑤ 암나사 탭 구멍의 드릴 자리는 120°의 굵은 실선으로 그린다.
⑥ 수나사와 암나사가 끼어져 있음을 나타내는 단면은 수나사를 기준으로 하여 그린다.
⑦ 해칭은 수나사는 바깥지름, 암나사는 안지름까지 한다.

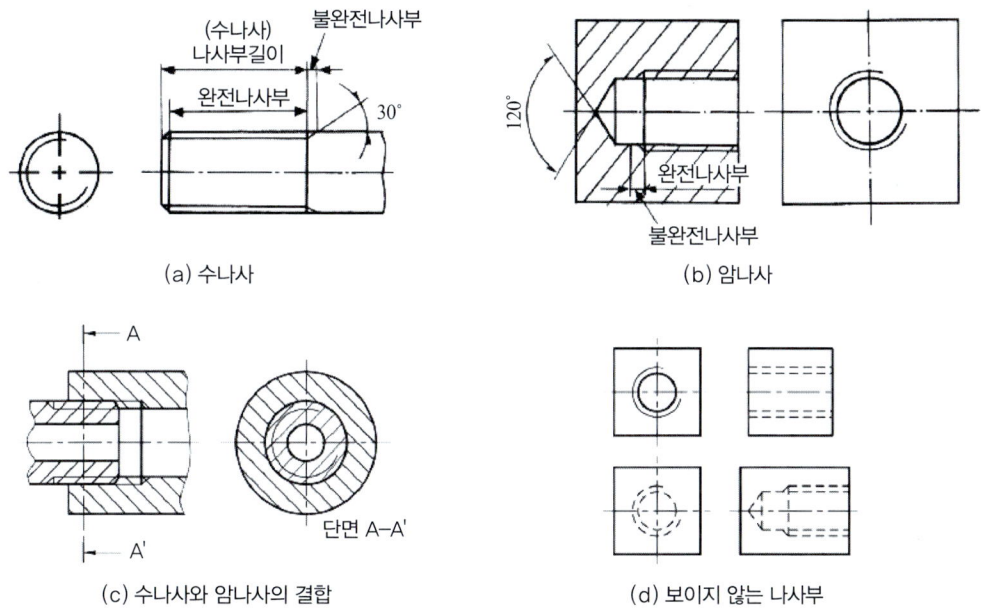

나사의 제도

예상문제

1 나사의 제도법에 관한 설명으로 옳지 않은 것은?

① 나사의 방향 표시는 왼쪽 나사에만 표시한다.
② 나사의 줄 수 표시는 두 줄 이상인 경우만 표시한다.
③ 수나사와 암나사의 결합 부분은 주로 수나사로 표시한다.
④ 나사부의 해칭은 수나사는 내경, 암나사는 외경까지 해칭한다.

정답 | ④

2 나사의 제도법에 관한 설명으로 옳지 않은 것은?

① 수나사와 암나사의 결합 부분은 주로 암나사로 표시한다.
② 수나사의 골지름을 표시하는 선은 가는 실선으로 한다.
③ 수나사의 바깥지름을 표시하는 선은 굵은 실선으로 한다.
④ 수나사와 암나사의 측면 도시에서 골지름은 가는 실선으로 한다.

정답 | ①

3 나사의 도시법으로 옳지 않은 것은?

① 수나사와 암나사의 골지름은 가는 실선으로 그린다.
② 수나사의 바깥지름과 암나사의 안지름은 굵은 실선으로 그린다.
③ 완전 나사부와 불완전 나사부의 경계선은 가는 실선으로 그린다.
④ 암나사의 드릴 구멍의 끝 부분은 굵은 실선으로 120° 되게 그린다.

정답 | ③

4 나사의 도시 방법으로 옳은 것은?

① 암나사의 골지름은 굵은 실선으로 그린다.
② 수나사의 바깥지름은 굵은 실선으로 그린다.
③ 완전나사부와 불완전나사부의 경계는 가는 실선으로 그린다.
④ 수나사와 암나사의 조립부를 그릴 때는 암나사를 기준으로 그린다.

정답 | ②

4 나사의 표시법

나사의 표시법은 감긴 방향, 나사의 줄 수, 나사의 호칭, 나사의 등급에 대하여 수나사의 산마루 또는 암나사의 골밑을 나타내는 선에서 지시선을 긋고, 그 끝에 수평선을 그어 아래와 같이 표현한다.

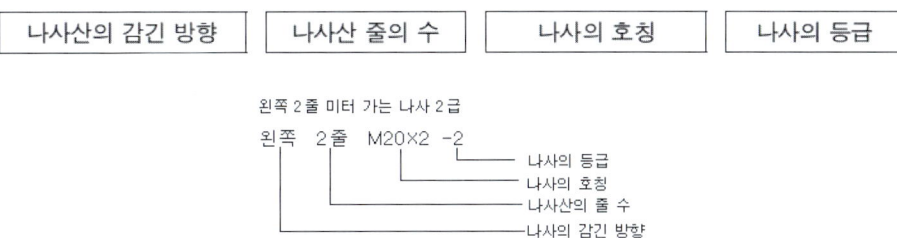

① 나사산의 감긴 방향

나사산의 감긴 방향은 왼나사의 경우에는 '왼'의 글자로 표시하고, 오른나사의 경우에는 표시를 생략한다. 또, '왼' 대신에 'L'로 표시할 수도 있다.

② 나사산의 줄 수

한 줄인 경우에는 표시하지 않고, 이 외의 경우 '2줄', '3줄' 등과 같이 표시한다. 그리고, '줄' 대신에 'N'으로 표시할 수 있다.

③ 나사의 호칭법 2가지

㉠ 미터 나사의 호칭법

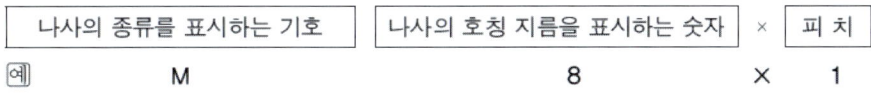

다만, 보통 지름과 피치가 같은 나사에서는 피치를 생략하는 것을 원칙으로 한다.

㉡ 유니파이 나사의 호칭법

예 3/8-16 UNC, No 8-36 UNF

나사의 종류를 표시하는 기호 및 나사의 호칭에 대한 표시 방법

구분	나사의 종류		기호	나사의 호칭에 대한 표시방법의 보기
일반용 일반용	ISO 규격에 있는 것 ISO 규격에 있는 것	미터 보통 나사	M	M 8
		미터 가는 나사[1]		M 8×1
		미니추어 나사	S	S0.5
		★유니파이 보통 나사	**UNC**	3/8-16 UNC
		★유니파이 가는 나사	**UNF**	No.8-36 UNF
		미터 사다리꼴 나사	Tr	Tr 10×2
		관용 테이퍼 나사	테이퍼 수나사	R	R 3/4
			테이퍼 암나사	Rc	Rc 3/4
			평행 암나사[2]	Rp	Rp 3/4
		★관용 평행 수나사	**G**	G 1/2
	ISO 규격에 없는 것	관용 평행 수나사	PF	PF 7
		30°사다리꼴 나사	TM	TM 18
		29°사다리꼴 나사	TW	TW 20
		관용 테이퍼 나사	테이퍼 수나사	PT	PT 7
			평행 암나사[3]	PS	PS 7

* 주   1) 특별히 가는 나사임을 뚜렷하게 나타낼 필요가 있을 때에는 피치 또는 산의 수 다음에 '가는 눈'의 글자를 ( )안에 넣어서 기입할 수 있다.
   2) 이평행 암나사(Rp)는 테이퍼 수나사(R)에 대해서만 사용한다.
   3) 이평행 암나사(PS)는 테이퍼 수나사(PT)에 대해서만 사용한다.

※ 나사의 표시 방법의 예
   • 일반용 ISO 규격에 있는 것
      미터 가는 나사와 미터 보통 나사

```
M15 × 1.5 ─── 피치의 크기        M18 ─── 나사의 호칭
         ─── 나사의 호칭 치수         ─── 미터 보통 나사
         ─── 미터 가는 나사
```

   • 일반용 ISO 규격에 있는 것
      유니파이 가는 나사

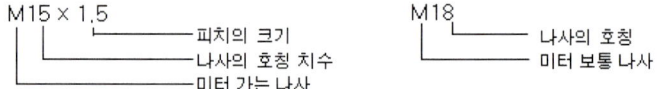

```
1/2 - 15 UNF ─── 유니파이 가는 나사
            ─── 산수
            ─── 수나사의 바깥지름 번호, 호칭지름
```

- 일반용 ISO 규격에 없는 것
  30° 사다리꼴 나사

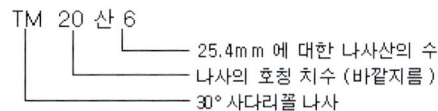

참고

나사의 등급 : 나사의 등급이 필요 없을 때에는 생략하여도 좋다. 암나사와 수나사의 등급을 동시에 나타낼 때에는, 암나사와 수나사의 등급을 표시하는 숫자, 또는 숫자와 기호의 조합을 순서대로 나열하고 양자 사이에 ' / '을 넣는다.

나사의 등급 표시 방법

투상법의 종류	미터 나사 등			유니파이 나사						관용 평행 나사	
등급	1급	2급	3급	3A급	3B급	2A급	2B급	1A급	1B급	A급	B급
표시 방법	1	2	3	3A	3B	2A	2B	1A	1B	A	B

예상문제

1 관용 평행 나사는 다듬질 정도에 따라 몇 등급으로 구분하는가?

① 2등급 ② 3등급 ③ 4등급 ④ 5등급

정답 | ①

2 나사의 종류를 표시하는 기호 중에서 관용 평행 나사를 나타내는 것은?

① E ② G ③ M ④ R

정답 | ②

3 나사의 표시 방법 중 G 1/2 A에 대한 설명으로 맞는 것은?

① 관용 테이퍼 수나사 (G1/2) A급
② 관용 테이퍼 암나사 (G1/2) A급
③ 관용 평행 수나사 (G1/2) A급
④ 관용 평행 암나사 (G1/2) A급

정답 | ③

4 "G$\frac{1}{2}$−A" 표기된 나사가 의미하는 것은?

① 관용 테이퍼 수나사 (G$\frac{1}{2}$) A급
② 관용 테이퍼 암나사 (G$\frac{1}{2}$) A급
③ 관용 평행 수나사 (G$\frac{1}{2}$) A급
④ 관용 평행 암나사 (G$\frac{1}{2}$) A급

정답 | ③

5 다음 중 나사의 표시법을 통하여 알 수 없는 것은?

① 나사의 감긴 방향   ② 나사산의 줄 수
③ 나사의 종류   ④ 나사의 길이

정답 | ④

7 배관 도시기호

1 배관계 기계요소의 제도법

① 파이프의 도시 및 호칭법

　㉠ 파이프의 도시법

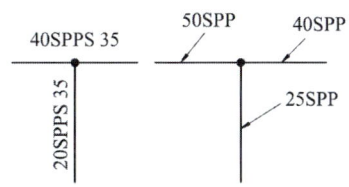

- 파이프는 하나의 실선으로 도시하고 동일 도면 내에서 같은 굵기의 실선으로 도시한다.
- 파이프의 굵기 및 종류를 나타낼 때에는 실선 위쪽이나 지시선을 사용하여 기입한다.
- 단, 복선 배관도는 굵은 실선이 아닌 실물과 가깝게 상세히 도시하는 방법이다.
- 유체의 종류 기호(약어)

유체의 종류	공기	유류(기름)	물	가스	수증기
기호(약어)	A (Air)	O(Oil)	W(Water)	G(Gas)	S(Steam)

- 계기의 도시기호

명칭	온도계	계기일반	압력계
도시기호	⊤	○	℗

　㉡ 파이프의 호칭법 – 파이프의 크기(호칭지름)

- 주철관, 강관 – 안지름
- 구리관, 황동관 – 바깥지름

명 칭	호칭지름	×	두 께	재 질
예 압력배관용 강관	A50	×	5.5	STPG 35
이음매 없는 구리관	14	×	1.2	CUT2-1/2H

② 배관도 및 밸브의 도시법
　㉠ 배관도
　　• 배관 끝의 표시방법

명칭	용접식 캡	막힌 플랜지	나사박음식 캡
도시기호	—⊃	—∥	—⊐

　　• 배관 이음의 표시방법

명칭	도시 기호	명칭	도시 기호
나사 이음	—┼—	용접 이음	—✕—
플랜 이음	—╫—	턱걸이 이음	—⊂—
유니언 이음	—╫╫—	납땜 이음	—○—

　㉡ 밸브
　　• 밸브의 도시 기호

명칭	도시 기호		명칭	도시 기호
	플랜지이음	나사이음		
밸브 일반	⊳⊲	⊳⊲	조작 밸브(일반)	⊳⊲
앵글 밸브	⌐⊳	⌐⊳	조작 밸브(전동식)	Ⓜ ⊳⊲
체크 밸브	▶N	▶N	조작 밸브(전자기식)	Ⓢ ⊳⊲
안전 밸브	⊳✕⊲	⊳✕⊲	공기 릴리프 밸브 (일반)	◇	A⊳⊲B
글로브 밸브	⊳●⊲	⊳⊲			
전동 슬루스 밸브	⊳⊲	⊳⊲	버터플라이 밸브	⋈
슬루스 밸브	⊳⊲	⊳⊲	안전 밸브(스프링)	⊳⊲
게이트 밸브	⊳⊲	⊳⊲	안전 밸브(중력식)	⊳⊲─○
콕	⊏⊐	⊏⊐	수동 밸브	⊳⊲

예상문제

1 플랜지를 이용하여 관을 결합했을 때 도시법으로 올바른 것은?

① ——|—— ② ——||—— 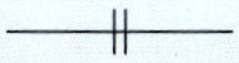
③ 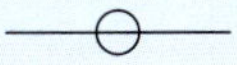 ——○—— ④ ——|||——

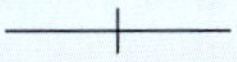

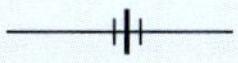

정답 | ②

2 배관 도시 및 파이프 제도법에 관한 설명으로 옳지 않은 것은?

① 파이프는 하나의 굵은 실선으로 그린다.
② 같은 도면 안에 파이프를 표시하는 선은 같은 굵기로 사용한다.
③ 유체의 기호문자 중 공기는 A, 물은 S, 수증기는 W로 나타낸다.
④ 파이프 내의 유체의 종류는 문자 및 기호로 지시선에 의하여 표시한다.

정답 | ③

3 배관도를 표시할 때 기호와 굵은 실선을 사용하여 파이프, 파이프 이음, 밸브 등의 배치, 부착품 등을 나타내는 단선 도시법이 아닌 것은?

① 등각 배관도 ② 복선 배관도
③ 투상 배관도 ④ 스케치 배관도

정답 | ②

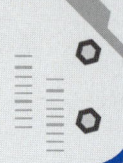

02 기계요소

1 기계설계의 기초

CAD란 Computer Aided Design의 약자로서, 도면 설계 및 제도를 할때 모든 것을 수작업(자, 연필, 컴퍼스 등으로 그리는 작업) 대신 컴퓨터를 이용하여 정확하고 빠르게 도면을 작성하고 수정, 편집 및 출력을 할 수 있는 전용 소프트웨어이다.

1 CAD의 장점

1) 정확성

CAD에 의하여 도면을 작성할 경우 수작업에 의한 제도시 발생할 수 있는 기본 오차를 없앨 수 있다. CAD 작업시에는 미세부분을 확대시켜서 작업할 수 있으므로 정확한 도면 작성이 가능하게 된다.

2) 편리성

수작업의 경우 틀린 도면을 수정하기가 쉽지 않으나 CAD 작업의 경우에는 흔적을 남기지 않고 간단한 명령어만으로 삭제, 수정, 확대, 축소 등의 자유로운 장점이 있다.

3) 출력 및 보관 용이

CAD 작업의 경우 다양한 출력장치를 이용하여 짧은 시간에 많은 도면을 그려낼 수 있고 언제든지 필요에 따라 보조기억장치에 저장된 도면을 찾아 출력할 수 있다.

4) CAD의 효과

① 설계비용 절감
② 정확도, 질적 향상
③ 초기 설계 및 설계 변경의 신속성
④ 자료 보관의 용이성
⑤ 표준화→설계자와 생산자의 정확한 의사 전달

2 AutoCAD의 특징

CAD는 컴퓨터를 이용하여 각종 도면요소를 보다 정확하게 보관, 유지하여 최적의 설계 및 수정, 분석, 제도 등을 실행하는 것이다.

① 도면 : 그래픽 자료를 포함한 하나의 파일로 제공(.DWG) AutoCAD가 지원하는 도면의 크기는 9.999999×1099이다. 이는 태양계를 1 : 1축척으로 10개 그릴 수 있는 크기이다.
② 좌표 : 직교좌표계를 사용(2차원-X, Y, 3차원-X, Y, Z)
③ 도면 단위 : 두 점 사이의 길이는 어떠한 기본단위의 배율로 표시되고, 그 단위를 기준으로 축척 변경 가능
④ 화면 조절 : 확대, 축소(약 10조배) 기능이 용이 및 적용이 가능
⑤ 명령어 입력(키보드 단축키 사용 : 단축키를 지정하여 명령어 입력)
⑥ 도면의 출력 : 프린터나 플로터를 이용, 원하는 크기의 용지에 축척 출력
⑦ Layer : 투명한 용지 여러장을 겹쳐 구분되어 필요한 것만 보거나 겹쳐서 볼 수 있으며, 각 도면에 서로 다른 Layer를 포함
⑧ Prototype 도면 : 자주 사용하는 형태의 도면을 Prototype 도면으로 지정하여 지정된 도면에서 바로 도면작업 가능
⑨ 3차원 기능 : 3차원 공간에서의 좌표를 이용하여 도면작업 가능

3 AutoCAD의 활용

새 건축물이나 인테리어 공사를 시작하려면 우선 제작 계획을 세워야 한다.
이 계획을 '설계(Design)'라고 한다. 설계 내용대로 제작하기 위해서는 '도면'으로 설계자의 의도를 정확하게 전달해야 한다.
도면에서는 구조물의 형태를 문자, 점, 선, 기호, 숫자 등으로 정해진 규칙에 따라 표현하는데, 이 과정을 '제도(Drawing)'라 한다. 설계자가 의도한 결과물을 시공자가 만들려면 반드시 정확한 제도로 도면을 그려야 한다.
공부에는 왕도가 없다고 하지만 공부를 잘하는 사람에게는 나름의 방식이 있다. 마찬가지로 AutoCAD도 명령을 잘 적용 할 수 있는 노하우가 있다. 아마 지금쯤 느낀 독자도 있을 것이다. 바로 화면 하단에 있는 명령행을 항상 확인하면서 작업을 진행하는 것이다. 명령행에는 늘 모든 답이 나와 있다. 처음 AutoCAD를 접했을 때의 생소한 느낌이 없어지면 침착하게 명령행을 확인하면서 다음 단계로 진행하는 습관을 기르도록 한다.
거듭 강조하지만 AutoCAD에는 무수한 명령이 있으며 하나의 명령에는 여러 종류의 서브 메뉴들이 있다. 그 모든 과정을 외우기는 역부족이며 시간 낭비다. 명령행을 꼭 확인하여 AutoCAD가 제공하는 편의를 최대한 활용하도록 한다.

※ DWG : AutoCAD의 저장 파일 형식 확장자이다. DWG는 버전별로 파일 형식이 달라 호환성이 다르다.
※ DWT : AutoCAD를 사용하면서 항상 설정하는 것들을 저장하고, 이것을 바탕으로 새로운 DWG 파일을 만들어 나가는 템플릿 파일이다. 템플릿 파일을 이용하면 각종 설정에 걸리는 시간을 줄여주어 작업 효율을 높일 수 있다.

예상문제

1 기계 설계에 있어서 컴퓨터 이용의 필요성을 설명한 것 중 관련이 적은 것은?

① 품질 향상
② 설계 작업의 원가 절감
③ 호환성의 저하
④ 설계 기간의 단축

정답 | ③

2 CAD의 생산성 향상을 위한 전형적인 설계 과정의 중요 인자에 대한 것으로 관계가 먼 것은?

① 공통으로 자주 사용되는 라이브러리의 수량
② 부품의 대칭성
③ 도면의 난이도와 선의 종류와 굵기
④ 반복 작업의 정도

정답 | ③

3 CAD의 이용 효과가 아닌 것은?

① 설계 도면의 표준화 기능
② 품질 고급화 결과로 경쟁력 강화
③ 에러 발생률 증대와 과거 도면의 이용률 향상에 의한 설계 기간의 단축
④ 생산 기간의 단축과 원가 절감

정답 | ③

4 CAD의 장점이 아닌 것은?

① 조작의 숙련이 단시간에 해결된다.
② 고도의 설계 기능, 기술이 불필요하다.
③ 도면의 작성, 수정, 편집이 용이하다.
④ 자료의 축척 및 데이터화에 기여한다.

정답 | ③

2 재료의 강도와 변형

1 응력(stress) : 내부에 생기는 저항력

1) 응력이란 : 응력 = 힘 / 힘을 받는 면적, 단위는 [kg/mm^2]를 사용한다.
   (참고로 1[kg/cm^2] = 100 [kg/mm^2])

   고체재료나 구조물에서는 외력이 작용하면 아주 적더라도 반드시 변형이 생긴다. 이 변형에 저항해서 재료의 내부에는 저항력이 생기고, 이것이 클수록 강한 재료라고 부르며, 물체 내부에 생기는 이 힘을 내력이라고 한다. 물체 내부에 가상단면을 생각하면, 이 면상에서의 내력은 외력과 균형 잡혀 있고, 단위면적 당의 내력을 응력이라고 한다.

   ① σ_c 압축 응력(compressive Stress) : 밀어붙이는 것과 같은 힘
   ② σ_t 인장 응력(tensile stress) : 잡아당겼을 때의 수평 응력을 인장 응력이라고 한다.
   ③ N 전단 하중 : 물체 내의 접근한 평행 2면에 크기가 같고 방향이 반대로 작용하는 하중. 이 하중이 작용하면 2면에 서로 미끄럼을 일으킨다.

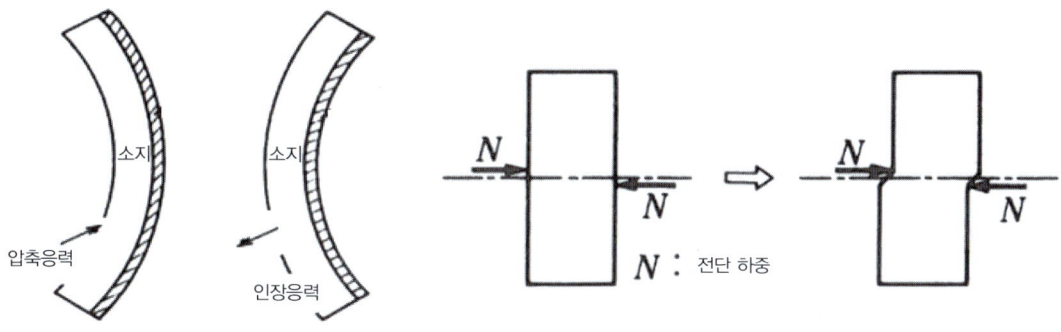

(a) 압축응력 (b) 인장응력

2) 허용 응력과 안전율(allowable stress & safety factor)

   ① δ_a 허용 응력(allowable stress, 허용 변형력) : 기계나 구조물을 안전하게 사용하는 데 허용되는 응력이다. 허용 응력은 재료의 품질, 하중의 성질, 사용 장소에 의해 결정된다.
   ② δ_u 극한 강도(ultimate strength) : 재료가 파괴되거나 변형되는 최대 응력이다.
   ③ S 안전율(safety factor) : 재료의 극한 강도 δ_u가 허용 응력 δ_a의 몇 배인가를 표시하는 값이다.

$$S = \frac{\delta_u}{\delta_a}$$

➕ 참고

δ_W 사용 응력(Working stress) : 기계나 구조물이 실제로 하중을 받아서 사용될 때 발생되는 응력이다.

2 변형률(strain) : 단위 길이에 대한 변형량

1) 변형률의 종류

① 인장 변형률 (세로 변형률) : W 인장 하중(tensile load)[kg]은 축선 방향으로 물체를 늘어나도록 작용하는 하중이다.

$$\epsilon = \frac{\lambda}{l} = \frac{l'-l}{l}$$

여기서, l : 처음 재료의 길이[mm]
l' : 변형 후 재료의 길이[mm]
λ : 변형량(늘어난 길이)

인장 변형률을 백분율로 표시하면 연신율이다.

$$\text{연신율} = \frac{\lambda}{l} \times 100[\%]$$

② 압축 변형률(가로 변형률, 직각 방향의 변형률) : 막대의 지름 d[mm], 지름의 수축률을 δ[mm]라고 하면 압축 변형률은 $\epsilon = \frac{\delta}{d}$ 이다.

③ 전단 변형률 : 전단력(shearing force, 외력에 저항하는 힘)에 의한 재료의 변형이다.
여기서, λ_s : 밀려난 길이, l : 평행면의 길이

$$\text{전단 변형률 } \gamma = \frac{\lambda_s}{l} = \tan\phi = \phi$$

④ 부피 변형률 : 물체가 액체 속에 잠기고, 주위에서 압력을 받으면 부피에 변화가 생긴다. 하중을 받기 전의 처음 부피를 V, 부피의 변형량을 $\triangle V$ 라고 하면

$$\epsilon_v = \frac{9V}{V} \; (\epsilon_v \fallingdotseq 3\epsilon)$$

2) 응력-변형률 선도 (Stress-Strain Curve)

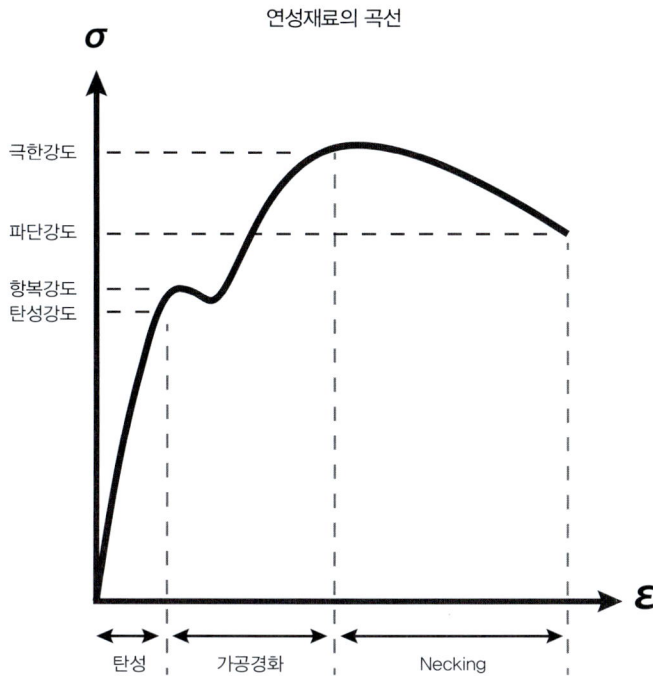

① 탄성 한도 (elastic limits) : 탄성을 유지하는 한계지점이다. 이것은 재료에 외력을 가했을 때 원상 복구되는 한계지점이다. 탄성 한도 내에서 응력과 변형률 비례관계를 후크의 법칙(Hook's law)이라 한다.
② 항복 강도 (yield strength) : 응력을 가했을 때 돌아가려는 성질을 완전히 잃어버리는 지점이다.
③ 극한 강도 (ultimate strength) : 재료가 파괴되거나 변형되는 최대 응력이다.
④ 파단 강도(breaking strength) : 재료가 파괴되기까지의 공칭응력의 최댓값이다.

참고
재료는 탄성 한도〉허용 응력≥사용 응력 순으로 되어야 한다.

예상문제

1 안전율의 식으로 옳은 것은?

① 안전율 = 탄성 한도/허용 응력
② 안전율 = 허용 응력/탄성 한도
③ 안전율 = 극한 강도/허용 응력
④ 안전율 = 허용 응력/비례 한도

정답 | ③

2 δ_u를 극한 강도, δ_a를 허용 응력, S를 안전율이라 할 때 이들 사이의 옳은 관계식은?

① $\delta_a = S\delta_u$
② $\delta_a \delta_u = \dfrac{1}{S}$
③ $\delta_a \delta_u = S$
④ $\dfrac{\delta_u}{S\delta_a} = 1$

정답 | ③

3 인장 강도가 80kg/mm²인 재료가 있다. 이 재료의 사용 응력 20kg/mm²가 생겼다면 안전율은 얼마로 잡은 것인가?

① 1 ② 2 ③ 3 ④ 4

정답 | ③

4 후크의 법칙이 성립되는 구간은?

① 탄성 한도
② 항복 한도
③ 극한 강도
④ 파괴 강도

정답 | ①

5 지름 15mm, 표점 거리 150mm인 연강재 시험편을 인장시켰더니 155mm가 되었다면 연신율은?

① 3.33% ② 3.99%
③ 4.22% ④ 4.66%

정답 | ①

5 스프링 상수 8kg/cm인 코일 스프링에 40kg의 하중을 걸면 처짐(δ)은?

① 4cm ② 2cm ③ 6cm ④ 5cm

정답 | ④

3 나사, 리벳, 볼트의 종류

1 나사의 종류

나사는 기계 부품의 결합 및 위치의 조정 또는 힘의 전달 등에 사용된다.

① 삼각 나사(Triangular thread) 체결용으로 가장 많이 사용한다.
   ㉠ 미터 나사(Metric thread) : 기호는 M으로, 나사산의 각도가 60°이고, 수나사의 바깥지름과 피치를 단위는 [mm]로 미터 보통 나사와 미터 가는 나사가 있다.
   ㉡ 유니파이 나사(Unifide thread) : 미국, 영국, 캐나다 등 세 나라의 협정규격 나사로서 ABC 나사라고도 한다. 나사산의 각도가 60°이며, 수나사의 바깥지름을 인치, 피치를 1인치당 산의 수로 나타낸다.
   ㉢ 관용 나사(Pipe thread) : 파이프 연결용 나사로 수밀, 기밀, 유밀을 유지할 수 있으며(1/16의 테이퍼의 이유), 나사산의 각도는 55°로 관용 평행 나사와 관용 테이퍼 나사가 있다.
   ㉣ 휘트워드 나사(Whitworth thread) : 기호는 W로 나사산의 각도는 55°, 호칭치수는 유니파이 나사와 같다. 참고로 KS 규격에서 폐기되었다.

② 사각 나사(Square thread, 운동용 나사) : 기계의 큰 하중을 받으면서 운동을 전달하는데 적합한 나사로, 하중의 방향이 일정하지 않은 교번 하중을 받을 때도 효과적이지만 높은 정밀도를 요구하는 부품에는 사용되지 않고, 가공(공작)하기가 어렵다.

③ 사다리꼴 나사(=삼각 나사 + 사각 나사) (Trapezoidal thread=애크미, 재형 나사) : 축 방향의 힘이 전달되는 부품의 동력 전달용 공작기계 이송 나사로, 사각 나사의 단점을 보완한 나사이며 나사산의 각도가 30°인 미터 계열(TM)과 29°인 인치 계열(TW)이 있다.

④ 톱니 나사(Buttress thread) : 축선의 한 방향으로만 큰 하중이 작용할 때 사용되는 나사로 기계 바이스(Vise)나 압축기 등에 사용된다.

⑤ 둥근 나사(Kunckle thread=너클 나사, 전구 나사) : 전구나 소켓 등에 쓰이는 나사로서, 진동이 심한 곳, 먼지 등이 많은 곳에 사용되나 운동의 정확도가 요구되는 곳에는 사용되지 않는다.

⑥ 볼 나사(Ball Screw) : 나사 축과 너트 사이에 강구를 넣어서 작동하는 나사로, 마찰이 매우 작은 이점 때문에 (운동용으로 이송이 부드럽고 백 래시를 줄일 수 있는 높은 정밀도) 공작기계의 수치 제어에 의한 결정 등의 이송 나사에 사용된다.

※ 백 래시(back lash) : 한 쌍의 기어를 맞물렸을 때 치면 사이의 틈새

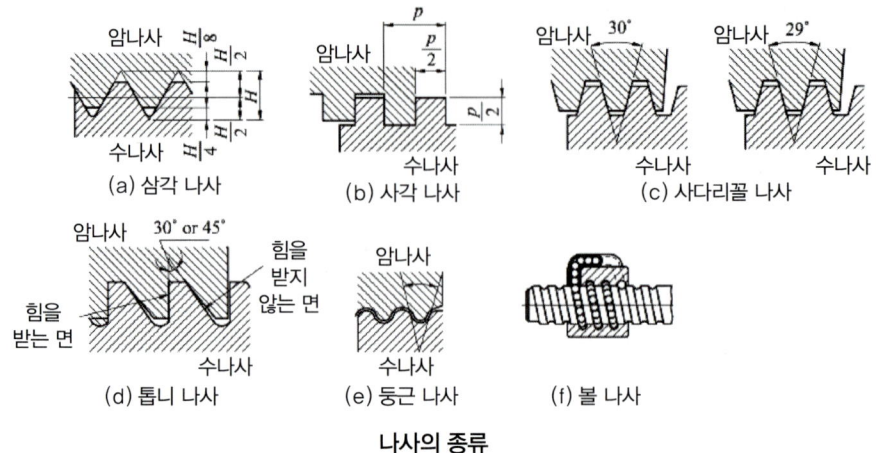

나사의 종류

예상문제

1 다음의 나사 중 백 래시(Back lash)가 현저하게 감소되는 나사는?

① 볼 나사　　② 미터 나사
③ 톱니 나사　④ 휘트워드 나사

정답 | ①

2 다음 중 볼 나사의 장점이 아닌 것은?

① 먼지에 의한 마모가 적다.
② 백 래시를 크게 할 수 있다.
③ 높은 정밀도를 오래 유지할 수 있다.
④ 윤활에 그다지 주의하지 않아도 좋다.

정답 | ②

3 그림과 같은 기계 바이스의 나사로 가장 적합한 것은?

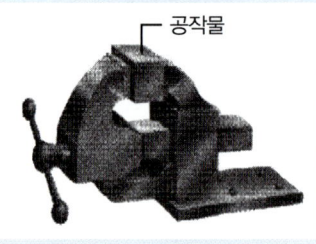

① 볼나사　② 삼각나사　③ 둥근나사　④ 톱니나사

정답 | ④

4 그림과 같은 미터 나사에서 나사산의 각도는 얼마인가?

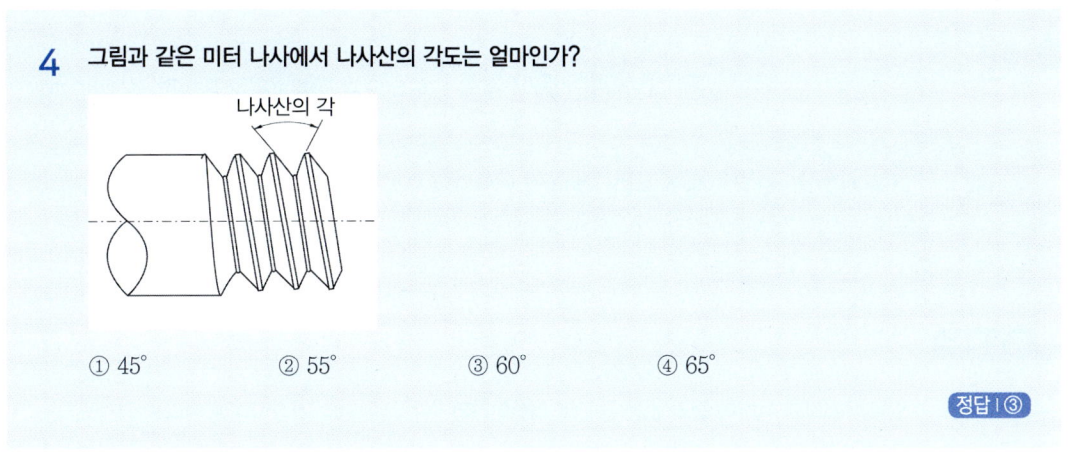

① 45° ② 55° ③ 60° ④ 65°

정답 | ③

2 리벳의 종류

강판 또는 형강 등을 영구적으로 접합하는데 사용한다. 재료로는 연강, 동, 알루미늄이 사용된다.

1) 모양에 따른 분류

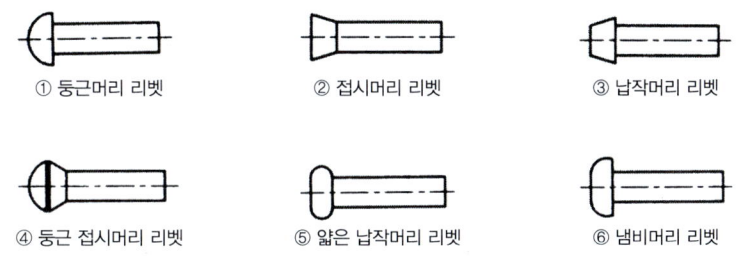

리벳의 종류

2) 리벳의 호칭길이

- 머리 부분을 제외한 길이 : 둥근머리 리벳, 납작머리 리벳, 냄비머리 리벳
- 머리부분을 포함한 전체길이 : 접시머리 리벳

3) 리벳의 길이

$L = S + (1.3 \sim 1.6)d$ [mm] 여기서, S : 판 두께, d : 리벳 지름

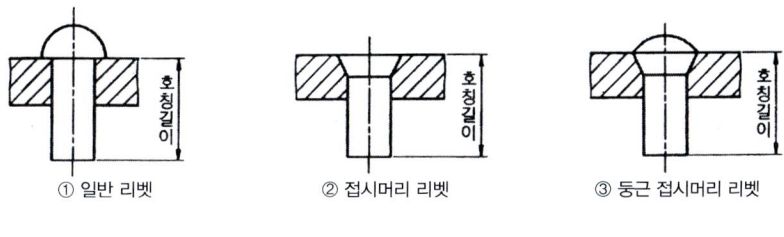

리벳의 길이

> **참고**
> ① 코킹(caulking) : 기밀, 수밀을 유지하기 위하여 정과 같은 공구로 리벳머리의 주위와 강판의 가장자리를 때리는 작업
> ② 풀러링(fullering) : 기밀을 더욱 완전하게 하기 위하여 풀러링 공구로 때려 붙이는 작업

예상문제

1 기밀, 수밀을 유지하기 위하여 정과 같은 공구로 리벳머리의 주위와 강판의 가장자리를 때리는 작업은?
① 리밍   ② 코킹
③ 풀러링   ④ 리벳팅

정답 | ②

3 볼트(bolt)의 종류

① 일반용 볼트
ㄱ) 관통 볼트(Through bolt) : 고정할 부품을 관통시켜 볼트를 넣고 반대쪽에서 너트로 고정한다.
ㄴ) 탭 볼트(Tap bolt) : 고정할 부품에 직접 암나사를 내어 너트를 사용하지 않고 볼트로 고정한다.
ㄷ) 스터드 볼트(Stud bolt) : 자주 분해 결합 시 사용되는 것으로 볼트 머리가 없고, 양단에 수나사로 되어 있어 너트로 고정한다.

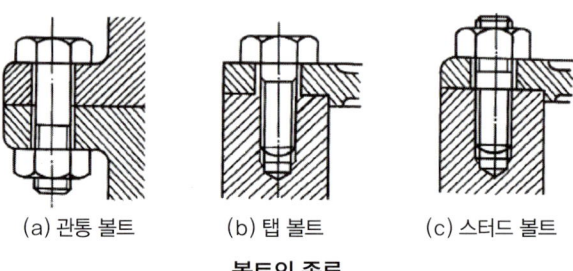

(a) 관통 볼트   (b) 탭 볼트   (c) 스터드 볼트
볼트의 종류

② 특수용 볼트
ㄱ) T 홈 볼트(T-bolt) : 공작기계의 테이블 T홈에 볼트의 머리 부분을 끼워서 적당한 위치에 공작물과 기계바이스를 고정할 때 사용한다.
ㄴ) 스테이 볼트(Stay bolt) : 기계 부품을 일정한 간격으로 유지하고, 구조 자체를 보강하는데 사용한다.
ㄷ) 아이 볼트(Eye bolt) : 무거운 물체 등을 들어올릴 때 로프(rope), 체인(chain) 또는 훅 등을 거는데 사용한다.

㉣ 기초 볼트(Foundation bolt) : 기계 등을 콘크리트 바닥에 설치하는데 사용한다.
㉤ 리머 볼트(Remer bolt) : 리머로 다듬질한 구멍에 꼭 끼워 미끄럼을 방지하는 볼트이다.
㉥ 나비 볼트(Butterfly bolt) : 손으로 돌려 죌 수 있는 모양으로 된 것이다.
㉦ 충격 볼트(Shock bolt) : 생크 부분의 단면적을 작게 하여 늘어나기 쉽게 한 볼트로서, 충격적인 인장력이 작용하는 경우에 사용한다.

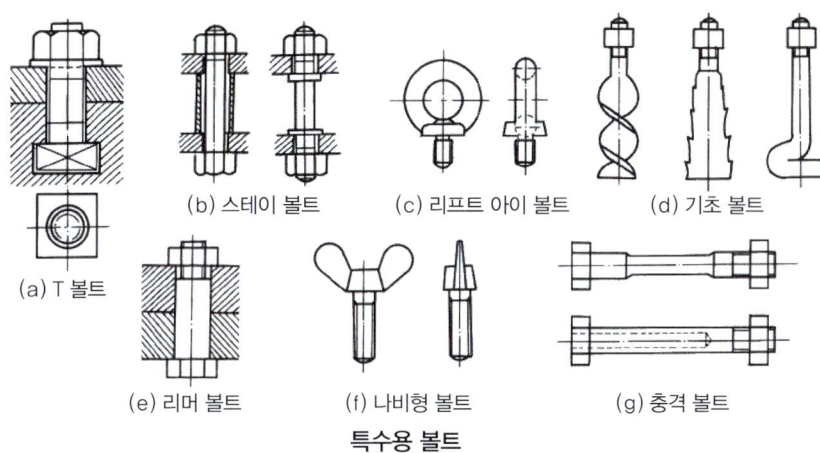

(a) T 볼트 (b) 스테이 볼트 (c) 리프트 아이 볼트 (d) 기초 볼트
(e) 리머 볼트 (f) 나비형 볼트 (g) 충격 볼트

특수용 볼트

예상문제

1 무거운 기계 부품을 달아 올리기에 편리한 볼트는?
① 스터드 볼트 ② 스테이 볼트
③ 아이 볼트 ④ 리머 볼트

정답 | ③

4 키, 핀

1 키란?

키는 축에 기어, 풀리 등을 조립할 때 사용되고, 축의 재료보다 약간 강한 재료를 사용한다. 보통 키에는 테이퍼를 주고, 축과 보스에는 키 홈을 설치한다. 결과, 축과 회전체는 하나 되어 회전운동을 전달시키는 기계요소가 된다. 일반적으로 키의 테이퍼 값은 1/100이다.

1) 키의 종류

① 성크 키(Sunk key, 묻힘키) : 축과 보스 양쪽에 키의 홈이 있는 것으로 가장 많이 사용된다.
  • 머리가 달린 경사 키(Gib-headed key) : 드라이빙 키(Driving Key)라고도 하며, 축과 보스를 맞춘 후에 키를 박은 것으로 널리 쓰인다.

- 평행 키 : 세트 키(Set Key)라고도 하며, 축에 키를 끼운 다음 보스를 맞춘다.
- 반달 키(Woodruff Key) : 축의 홈이 깊게 되어, 축의 강도가 약하게 되기도 하나 가공이 쉽고 키가 자동적으로 축과 보스 사이에 자리를 잡을 수 있다는 장점이 있으므로, 자동차 공작기계 등에 널리 사용된다. 일반적으로 60mm 이하의 작은 축에 사용되고 특히 테이퍼 축에 사용이 편리하다.

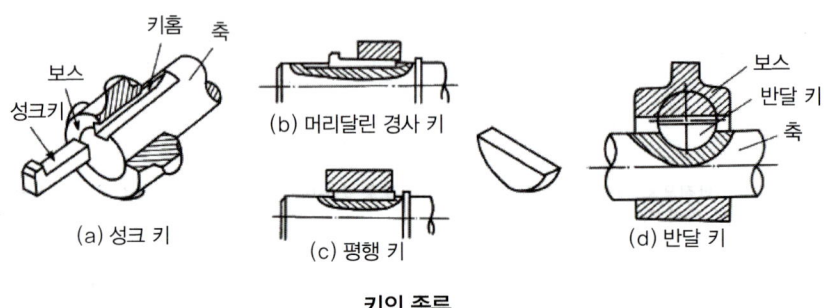

키의 종류

② 접선 키(Tangential Key) : 큰 동력을 전달하는데 적당한 키로 기울기를 가진 키를 접선 방향으로 키 홈을 파서 서로 반대의 테이퍼를 가진 2개의 키를 한 쌍으로 조합하여 끼워 넣는다. 역전을 가능케 하기 위해 120° 각도로 두 곳에 키를 끼우며, 정사각형 단면의 키를 90°로 배치한 것을 케네디 키(Kennedy Key)라 한다.

③ 원뿔 키(Cone Key) : 축과 보스의 양쪽에 키 홈을 파지 않고 보스 구멍을 테이퍼로 하여 몇 곳이 갈라져 있는 원뿔 홈을 끼워서 마찰면만으로 밀착시키는 키로서, 바퀴가 편심되지 않고 축의 어느 위치에나 설치할 수 있는 특징이 있다.

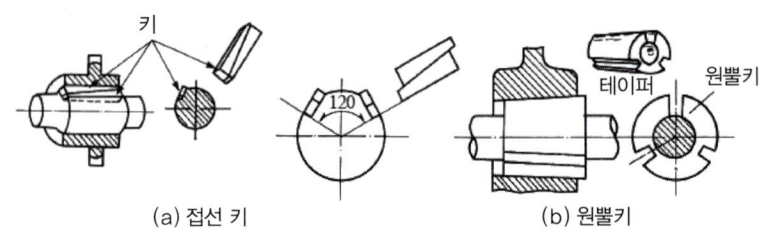

2 핀이란?

기계 부품의 간단한 체결이나 위치 결정을 위하여 사용하는 작은 지름의 환봉(丸棒)으로, 풀리, 기어 등에 작용하는 하중이 작을 때 키의 대체용으로 간편하게 사용된다.

1) 핀의 종류

① 평행 핀(Dowel pin) : 기계 부품의 조립 및 고정할 때 위치를 결정하는데 사용한다.
② 테이퍼 핀(Tapered pin) : 축에 보스를 고정시킬 때 주로 사용되는 것으로 테이퍼로 1/50이고, 호칭지름은 작은 쪽의 지름으로 표시한다. 그리고 테이퍼 핀을 밑에서 뺄 수 없을 경우에는 핀의 머리에 나사를 내어 너트를 걸어서 뺀다.

③ 분할 핀(Split pin) : 두 갈래로 갈라진 것으로 볼트, 너트의 풀림 방지로, 큰 강도가 요구되지 않는 곳에 사용된다. 호칭지름은 핀 구멍의 지름으로 한다.
④ 스프링 핀(Spring pin) : 세로 방향으로 쪼개져 있어서 구멍의 크기가 일정하지 않더라도 해머로 때려 박을 수 있어 구멍의 크기가 정확하지 않을 때 사용된다.

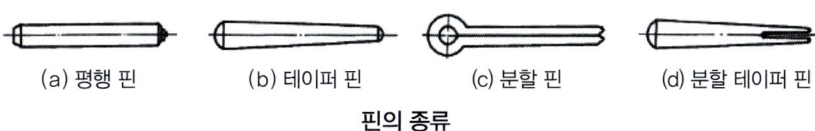

(a) 평행 핀   (b) 테이퍼 핀   (c) 분할 핀   (d) 분할 테이퍼 핀

핀의 종류

예상문제

1 다음 기계 요소의 종류에서 체결용 기계 요소인 것은?

① 벨트, 로프, 체인, 마찰차, 기어
② 브레이크, 스프링, 플라이휠
③ 축, 축이음, 베어링
④ 나사, 키, 핀, 코터

정답 | ④

2 핀의 용도 중 틀린 것은?

① 너트의 풀림 방지
② 힘이 많이 걸리지 않는 부품의 설치
③ 분해할 필요가 없는 부품의 영구적 이음
④ 분해 조립하는 부품의 위치 결정

정답 | ③

3 접선 키에서 120°의 각도로 두 개의 키를 끼우는 가장 적당한 이유는?

① 축을 강하게 하기 위하여
② 큰 회전력을 전달하기 위하여
③ 축압을 막기 위하여
④ 역회전을 가능하게 하기 위하여

정답 | ④

4 가장 널리 사용되는 키로써 축과 보스의 양쪽에 모두 키홈을 파서 묻힌 다음에 보스를 때려 맞춘 키는?

① 평 키   ② 원뿔 키
③ 성크 키   ④ 접선 키

정답 | ③

5 축, 베어링

1 축(shaft)

1) 정의

동력을 전달하는 막대 모양의 기계부품, 환봉(round bar)이다. 일반적으로 2개 이상의 베어링으로 지지하며 회전 운동으로 동력을 전달한다.

2) 모양에 의한 종류

① 직선축 : 흔히 쓰이는 곧은 축이다.
② 크랭크축 : 왕복 운동을 회전운동으로 전환시키고, 크랭크 핀에 편심륜이 끼워져 있다.
③ 플렉시블축(가요축) : 전동축에 가요성(휨성)을 주어서 축의 방향을 자유롭게 변경할 수 있는 축이다.

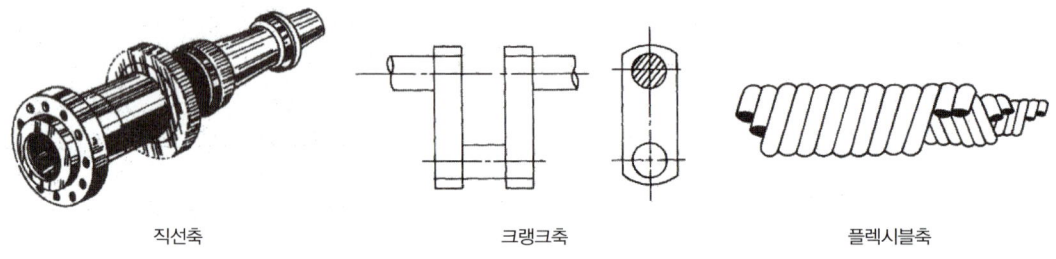

직선축　　　　　　　크랭크축　　　　　　　플렉시블축

3) 축 설계상의 고려할 사항

① 강도(strength) : 여러 가지 하중의 작용에 충분히 견딜 수 있는 강함의 크기
② 강성도(stiffiness) : 충분한 강도 이외에 처짐이나 비틀림의 작용에 견딜 수 있는 능력
③ 진동 : 회전 시 고유진동과 강제진동으로 인하여 축이 파괴될 때를 임계속도라 한다.
④ 부식(corrosion) : 방식(防蝕) 처리 또는 굵게 설계한다.
⑤ 온도 : 고온의 열을 받은 축은 크리프와 열팽창을 고려해야 한다.

※ 여기서, 크리프(creep)란 외력이 일정하게 유지된 상태에서 시간이 흐름에 따라 재료의 변형이 증대하는 현상이다.

4) 축 이음 (shaft coupling)

① 축이음의 종류

형식		특징
고정식이동	플랜지 커플링 (flange coupling)	• 가장 널리 쓰이며 주철,주강, 단조강재의 플랜지를 이용한다. • 플랜지의 연결은 볼트 또는 리머 볼트로 조인다. • 축이음 50~150mm에서 사용되며 강력 전달용이다. • 플랜지 지름이 커져서 축심이 어긋나면 원심력으로 진동되기 쉽다.
	슬리브 커플링 (sleeve coupling)	• 제일 간단한 방법으로 주철제의 원통 또는 분할 원통 속에 양축을 끼워 넣고 키로 고정한다. • 30mm 이하의 작은 축에 사용된다. • 축 방향으로 인장이 걸리는 것에는 부적당하다.
플렉시블 커플링 (flexible coupling)		• 두 축의 중심선을 완전히 일치시키기 어려운 경우, 고속 회전으로 진동을 일으키는 경우, 내연 기관 등에 사용된다. • 가죽, 고무, 연결 금속 등을 플랜지 중간에 끼워 넣는다. • 탄성체에 의해 진동, 충격을 완화시킨다. • 양축의 중심이 다소 엇갈려도 문제 없다.
올덤 커플링 (oldham's coupling)		• 두 축의 거리가 짧고 평행이며 중심이 어긋나 있을 때 사용한다. • 진동과 마찰이 많아서 고속엔 부적당하며 윤활이 필요하다.
유니버설 조인트 (universal joint)		• 두 축이 서로 만나거나 평행해도 그 거리가 멀 때 사용한다. • 회전하면서 그 축의 중심선의 위치가 달라지는 것에 동력을 전달하는 데 사용한다. • 원동축이 등속 회전해도 종동축은 부등속 회전한다. • 축 각도는 30° 이내이다.

② 축이음 설계 시 유의점

㉠ 센터의 맞춤이 완전히 이루어질 것.

㉡ 회전 균형이 완전하도록 할 것(회전부에 돌기물이 없도록 할 것.)

㉢ 설치 분해가 용이하도록 할 것

㉣ 전동에 의해 이완되지 않도록 할 것

㉤ 토크 전달에 충분한 강도를 가질 것

2 베어링(bearing)의 종류

회전축을 지지하는 부분을 베어링(bearing)이고, 베어링에 둘러싸여 회전하는 축의 부분을 저널(journal)이다.

1) 접촉 상태에 의한 분류

① 슬라이딩 베어링(sliding bearing, plain bearing(평면베어링)) : 베어링과 저널이 서로 미끄럼 접촉을 하는 것
② 롤링 베어링(rolling bearing) : 베어링과 저널 사이에 볼 또는 롤러에 의해 구름 접촉을 하는 것

종류 구분	슬라이딩 베어링	롤링 베어링
하중	비교적 작은 하중(경하중)에 적당	비교적 큰 하중에 적당
회전수	고속 회전에 적당	저속 회전에 적당
마찰	작다.	비교적 크다.
충격성	매우 작다.	작지만 볼 베어링보다 크다.

2) 하중 방향에 의한 분류

① 레이디얼 베어링(radial bearing) : 축에 수직 방향으로 작용하는 데 쓰인다.
② 트러스트 베어링(thrust bearing) : 축 방향으로 작용하는 데 쓰인다. 참고로 레이디얼 하중과 트러스트 하중을 동시에 받는 곳에는 테이퍼 베어링을 사용한다.

3) 구름 베어링(rolling bearing, 롤링 베어링)

① 구조 : 구름 베어링은 2개의 궤도륜(race ring) 사이에 몇 개의 전동체(볼, 롤러)를 넣고, 이들 전동체가 서로 접촉하지 않도록 적당한 간격으로 배치하기 위하여 리테이너(retainer)를 끼운 구조이다. 이 구조는 전동체에 의하여 미끄럼 접촉을 구름 접촉으로 바꾸어 마찰손실을 감소시킨다.

② 종류

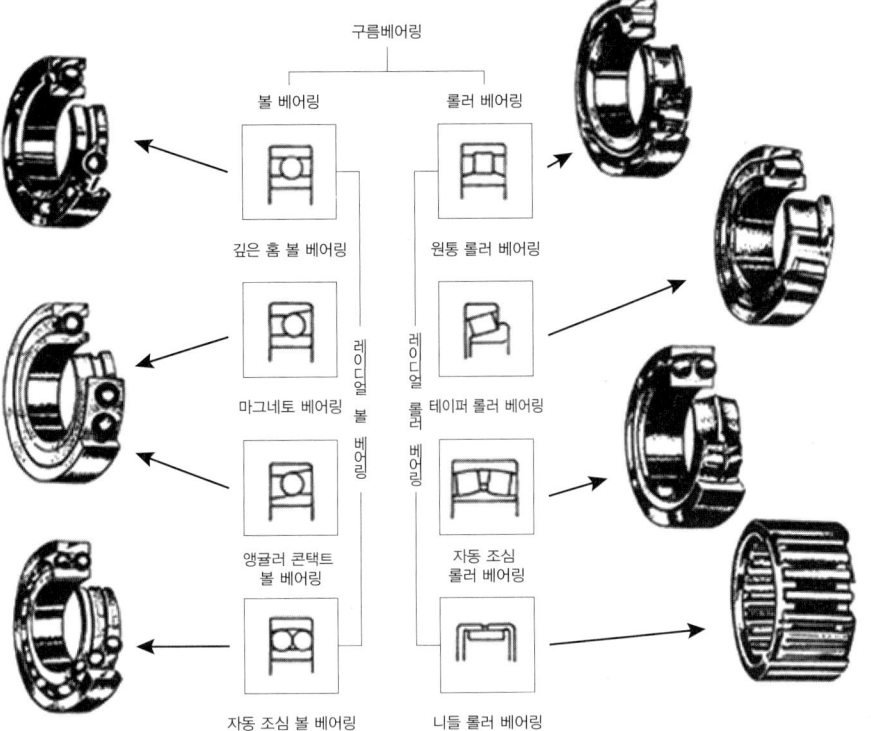

③ 특징

  ㉠ 마찰 저항이 적다.(미끄럼 베어링의 1/10 정도)

  ㉡ 동력 손실이 적다.

  ㉢ 저널의 길이를 짧게할 수 있다.

  ㉣ 값이 비싸다.(비경제적이다)

  ㉤ 충격에 약하므로 취급 시 주의가 필요하다.

예상문제

1 축의 설계상 주의할 점이 아닌 것은?

① 축의 강도
② 피로, 충격을 고려한다.
③ 응력 집중의 영향을 고려한다.
④ 사용 회전수는 될 수 있는 한 무제한으로 한다.

정답 | ④

2 베어링의 기본 부하 용량의 뜻을 옳게 말한 것은?

① 동하중을 받고 내륜이 1,000만 회전을 유지할 수 있는 하중
② 베어링의 내륜이 100만 회전을 유지할 수 있는 하중
③ 한 개의 롤링 베어링에 걸 수 있는 최대 하중
④ 정하중으로 내륜 회전의 경우 100만 회전을 유지할 수 있는 하중

정답 | ④

3 축과 베어링의 접촉하는 부분을 무엇이라 하는가?

① 저널   ② 베어링
③ 칼라   ④ 부시

정답 | ①

4 왕복 운동 기관의 직선 운동을 회전 운동으로 바꾸는 축은?

① 직선축   ② 크랭크축
③ 중간축   ④ 선축

정답 | ②

5 볼 베어링에 대한 설명 중 틀린 것은?

① 마찰은 적으나 충격에 약하다.
② 볼 재료는 고탄소 크롬강을 이용한다.
③ 큰 하중과 고속 회전에 이용된다.
④ 볼 간격을 유지하기 위하여 리테이너를 사용한다.

정답 | ③

6 기어

두 개 또는 그 이상의 마찰면을 피치원으로 하여 여기에 이(tooth)를 만들어 서로 물리면서 회전한다. 잇수가 많은 것을 기어, 작은 것을 피니언이라 한다. 구조가 비교적 간단하며, 동력 손실이 적고 수명도 긴 장점 때문에 많은 기계 장치에 널리 쓰인다.

1 기어의 특징
① 두 축 사이의 거리가 짧을 때 사용한다.
② 동력 전달이 확실하고 내구성도 높다.
③ 서로 맞물리는 기어의 잇수를 바꾸어주면 회전 속도를 바꿀 수 있다.
④ 두 축이 평행하거나 교차하지 않아도 확실한 회전을 전달할 수 있다.

2 기어의 종류
① 축이 평행한 경우

명칭	그림	용도
평 기어 (Spur gear, 스퍼기어)		기어의 이가 축에 평행한 원통 기어로 동력 전달용으로 많이 사용된다.
헬리컬 기어 (Helical gear)		• 이의 변형과 진동, 소음이 작고 큰 동력 전달과 고속 운전에 적합한 기어이다. • 이가 잇면을 따라 연속적으로 접촉을 하므로 이의 물림 길이가 같다. • 임의로 비틀림 각을 선정할 수 있으므로 중심거리를 조정할 수 있다.
더블 헬리컬 기어 (Double-helical gear)		좌우 두 개의 나선 이를 가지는 헬리컬 기어가 일체형으로 된 것이다.
래크(Rack, 직선형)와 피니언(Pinion)		회전운동을 직선운동으로 변환 또는 직선운동을 회전운동으로 변환하는 곳에 사용된다.
래크(Rack, 원형)와 내접기어(Internal gear)		큰 기어 속에 작은 기어가 접하여 회전하는 기어로 가속기에 사용된다.

② 축이 교차하는 경우

명칭	그림	용도
베벨 기어 (Straight bevel gear)		기어의 이가 원뿔의 모선과 일치하는 기어로 동력 전달용으로 많이 사용된다.
스파이럴 베벨 기어 (Spiral bevel gear)		기어의 이가 곡선으로 된 베벨 기어로 교차하는 두 축에 동력을 전달할 때 사용하며, 제작이 어려우나 이의 물림이 좋아 전동을 조용하게 할 수 있는 기어이다.
마이터 기어 (Miter gear)		축이 직각으로 만나고 기어의 잇수가 같은 한 쌍의 베벨 기어이다.
크라운 기어 (Crown gear)		피치 원뿔각이 90°이고 피치면이 평면으로 되어 있는 베벨 기어로 축이 평행한 경우에서 래크에 해당한다.

③ 축이 평행하지도 교차하지도 않는 경우

명칭	그림	용도
웜 기어 (Worm gear)		기어전동 장치에서 두 축이 직각이며, 교차하지 않는 경우에 큰 감속비를 얻을 수 있으나 전동 효율이 매우 나쁜 기어이다.
하이포이드 기어 (Hypoid gear)		어긋난 축 사이에 회전 운동을 전달하는 원추형 기어이다.
스크류 기어 (Screw gear)		비틀림 각이 서로 다른 헬리컬 기어를 엇갈리는 축에 조합시킨 기어이다.

3 기어의 각 부 명칭과 이의 크기

1) 기어의 각 부 명칭

① 피치 원 : 피치면의 축에 수직한 단면상의 원
② 원주 피치 : 피치원 주위에서 측정한 2개의 이웃에 대응하는 부분간의 거리
③ 이끝 원 : 이 끝을 지나는 원
④ 이뿌리 원 : 이 밑을 지나는 원
⑤ 이 폭
⑥ 이의 두께
⑦ 총 이의 높이
⑧ 이끝 높이

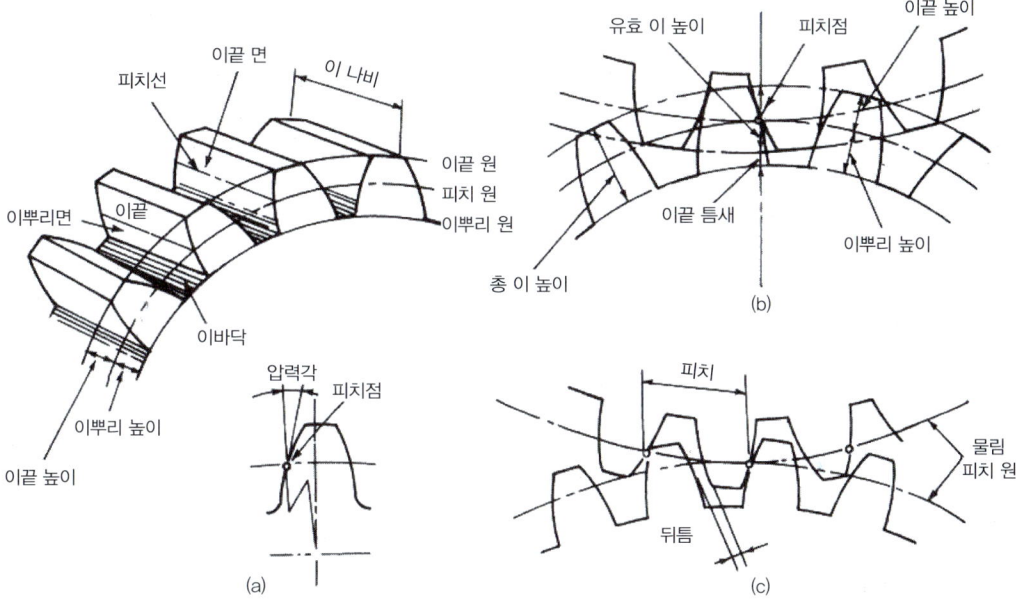

기어 주요 부분의 이름

2) 이의 크기

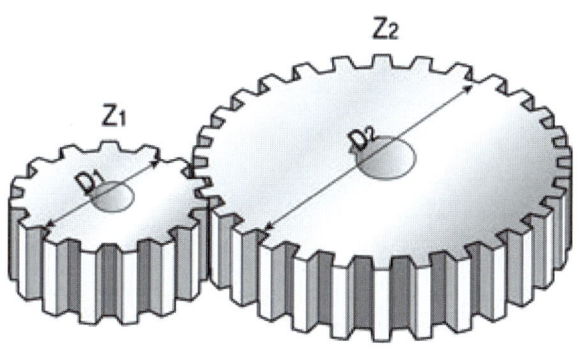

① 원주 피치 (p) : 피치원의 둘레(πD)을 잇수(z)로 나눈 것으로 근래에는 많이 사용하지 않는다.

$$p = \frac{\text{피치원의 둘레}}{\text{잇수}} = \frac{\pi D}{z} = \pi m [\text{inch/갯수}]$$

② 모듈(m) : 피치원의 지름(D)을 잇수(z)로 나눈 값.
한 쌍의 기어가 서로 맞물려 돌아가기 위한 조건은 이 값이 서로 같아야 한다.

$$m = \frac{\text{피치원의 지름}}{\text{잇수}} = \frac{D}{z} = \frac{p}{\pi} [\text{inch/갯수}]$$

여기서, 1[inch]=25.4[mm]이다. 단위 변환은 다음와 같다. $m \times 25.4$[mm/갯수]

③ 지름 피치(P_d) : 잇수(z)를 피치원의 지름(D)으로 나눈 값이다.

$$P_d = \frac{\text{잇수}}{\text{피치원의 지름}} = \frac{z}{D} = \frac{1}{m} [\text{갯수/inch}]$$

3) 기어 속도비

기어의 속도비
원동차 회전수 (n_1[rpm])와 종동차 회전수(n_2[rpm]), 잇수를 z_1, z_2, 피치원의 지름을 D_1, D_2[mm]라고 하면

$$\text{속도비 } i = \frac{n_2}{n_1} = \frac{D_2}{D_1} = \frac{z_1}{z_2}$$

$$\text{중심거리 } C = \frac{D_1+D_2}{2} = \frac{m(z_1+z_2)}{2} [\text{inch}]$$

단, m은 모듈이며, $D = mz$[inch]가 된다.

4) 이의 간섭과 언더 컷, 압력각

① 이의 간섭 : 2개의 기어가 맞물려 회전 시에 한 쪽의 이의 끝 부분이 다른 쪽 이 뿌리 부분을 파고들어 걸리는 현상이다.
② 언더 컷 : 이의 간섭에 의해 이뿌리가 파여진 현상이다. 잇수가 몹시 적은 경우 또는 잇수비가 매우 클 경우에 생긴다.
③ 압력각 : 피치원 상에서 치형의 접선과 기어의 변경선이 이루는 각이다. 14.5°와 20°가 가장 많이 사용된다.

압력각	14.5°	15°	20°
이론적 잇수	32	30	17
실용적 잇수	26	25	14

④ 이의 간섭을 막는 법
  ㉠ 이의 높이를 줄인다.
  ㉡ 압력각을 증가시킨다.
  ㉢ 피니언의 반경 방향의 이뿌리 면을 파낸다.
  ㉣ 치형의 이끝 면을 깎아낸다.

참고 : 치형 곡선
  ① 인벌류트 곡선 : 일반적으로 원 기둥에 감은 실을 풀 때 실의 1점이 그리는 원의 일부 곡선으로 사용한다.
  ② 사이클로이드 곡선 : 기준원 위에 원판을 굴릴 때 원판상의 1점이 그리는 궤적이다.

예상문제

1 모듈이 4이고, 잇수가 10인 기어의 피치원 지름은 몇 mm인가?
  ① 10 ② 20 ③ 40 ④ 60

정답 | ③

2 기어 절삭에서 언더 컷이 생기지 않게 하려면?
  ① 압력각과 이끝 높이를 표준보다 크게 한다.
  ② 압력각을 크게 하고, 이끝 높이를 표준 높이로 한다.
  ③ 압력각을 크게 하고, 이끝 높이를 표준보다 낮게 한다.
  ④ 압력각을 작게 하고, 이끝 높이를 표준보다 낮게 한다.

정답 | ③

3 압력각이 커졌을 때의 장점이 아닌 것은?
  ① 이의 강도가 커진다.
  ② 물림률이 증대된다.
  ③ 받을 수 있는 접촉면 압력이 커진다.
  ④ 언더 컷을 방지할 수 있다.

정답 | ②

4 기어에 사용되는 실용상의 치형 조건을 열거한 것 중 적당하지 않은 것은?

① 마찰이 커야 한다.
② 교환성이 있어야 한다.
③ 공작이 쉬워야 한다.
④ 충분한 강도가 있어야 한다.

정답 | ①

5 원주 피치 와 모듈과의 관계를 올바르게 표시하고 있는 것은?

① $p = \pi m$
② $p = \dfrac{\pi}{m}$
③ $p = 2\pi m$
④ $p = \dfrac{m}{\pi}$

정답 | ①

6 20개의 이를 가지고 있는 기어가 있다. 피치원의 지름이 80mm라면 기어의 원주피치는 얼마인가?

① 10.56mm   ② 11.56mm   ③ 12.56mm   ④ 13.566mm

정답 | ③

7 잇수를 피치원의 지름으로 나눈 값을 가리키는 것은?

① 지름 피치   ② 원주 피치   ③ 모듈   ④ 이의 높이

정답 | ①

7 벨트, 체인

1 벨트

벨트 전동(belt drive)은 양축에 고정한 벨트 풀리(belt pully)에 벨트를 걸어서 마찰력에 의하여 동력과 운동을 전달하는 장치이다.

> **참고**
> 벨트 전동의 특징
> - 정확한 속도비를 얻을 수 없다.
> - 효율이 비교적 좋다. (90~98%)
> - 과하중 시 미끄러져 안전 장치 역할을 한다.
> - 구조가 간단하다.

1) 평벨트(방앗간에서 사용하는 형식)

① 벨트 재료 : 유연성과 탄력성이 있고, 인장강도, 마찰계수가 큰 가죽, 직물, 고무, 강철 벨트를 사용한다.

② 벨트 풀리(belt pully) : 벨트가 벗겨지는 것을 방지하기 위하여 바깥면의 중앙 부분을 볼록하게 만든다.

2) V 벨트

① V 벨트 전동

단면이 사다리꼴인 고무 벨트를 V 벨트 풀리에 끼워서 전동하는 것으로 단면이 V형 이음매가 없고, 전동 효율은 95~99% 정도이다. 단, 조건은 축간거리 5m 이하, 속도비 1:7 정도가 보통이나 1:10 정도도 가능, 속도 10~15m/s가 보통이나 25m/s 정도도 가능하다.

② V 벨트의 종류

단면의 크기에 따라서 M, A, B, C, D, E의 6가지가 있고, M형이 제일 작고, E형이 가장 크다. (단, 벨트의 길이는 조정할 수 없어 생산 시에 여러 가지 길이의 규격으로 제공한다)

③ V 벨트의 호칭번호 $= \dfrac{\text{벨트의 유효둘레[inch]}}{25.4}$ [mm]

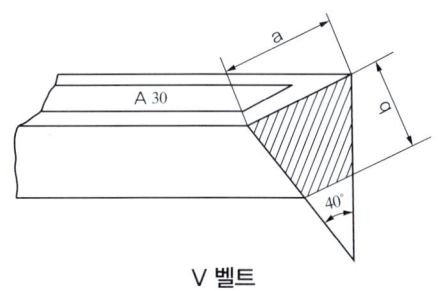

V 벨트

V 벨트의 크기

형별	a	b
M	10.0	5.5
A	12.5	9.0
B	16.5	11.0
C	22.0	14.0
D	31.5	19.0
E	38.5	25.5

> 예 A30 : V 벨트의 형별은 A형이고, 유효둘레는 30인치이다.

④ V 벨트의 특징

㉠ 풀리의 홈 각도는 40°보다 작게 한다.(3종류 : 34°, 36°, 38°) (V 벨트 풀리의 홈 각이 V 벨트의 각도에 비해 작은 이유는 V 벨트가 굽혀졌을 때 단면 변화에 따른 미끄럼 발생을 방지하기 때문이다.

㉡ 축 간 거리가 5m 이하로 평 벨트보다 짧다. (평 벨트의 축 간 거리는 10m 이하)

㉢ 이음이 없어 전체가 균일한 강도를 갖기 때문에 운전이 정숙하며 충격을 완화시키지만, 끊어졌을 때에는 접합이 불가능하다.

㉣ 미끄럼이 작고, 전동 속도비가 좋아(커) 전동 효율 또는 동력 전달이 매우 좋다(크다). 결과, 고속 운전을 할 수 있다.

⑤ V 벨트 정비에 관한 사항
  ㉠ 2줄 이상을 건 벨트는 균등하게 처져 있어야 한다.
  ㉡ 벨트 수명은 이론적으로 보면 정 장력이 옳다고 본다.
  ㉢ 베이스가 이동할 수 없는 축 사이에서는 장력 풀리를 쓴다.
  ㉣ 벨트는 합성고무 재질로 되어 있어 장기간 보관하면 열화가 발생하므로 오래된 것부터 사용한다.
  ㉤ 홈 상단과 벨트의 상면은 거의 일치하여야 한다.
⑥ 기타 벨트
  ㉠ 타이밍 벨트는 벨트 풀리와 벨트 사이의 접촉면에 치형의 돌기가 있어 미끄럼을 방지하고 맞물려 전동할 수 있는 벨트를 말한다.
  ㉡ 레이스 벨트는 원형의 긴 끈으로 된 벨트로서 전달력이 작은 소형 공작기계의 전동 벨트로 사용되는 것을 말한다.

예상문제

1 다음 중 마찰력으로 동력을 전달시킬 수 있는 전동용 요소는?

① 벨트(belt)   ② 펌프(pump)   ③ 기어(gear)   ④ 체인(chain)

정답 | ①

2 다음은 V-벨트의 정비에 관한 사항이다. 가장 거리가 먼 것은?

① 2줄 이상을 건 벨트는 균등하게 처져 있지 않아도 된다.
② 풀리의 홈 마모에 주의한다.
③ V-벨트는 장기간 보관하면 열화되므로 구입 년 월 일을 확인한 후 사용하는 것이 좋다.
④ V-벨트 전동 기구는 설계 단계에서부터 벨트를 거는 구조로 되어있다.

정답 | ①

3 3줄의 V 벨트 전동장치 중 1줄의 V 벨트가 노후되었을 때 조치 방법은?

① 그냥 사용한다.
② 1줄만 교환한다.
③ 상태가 나쁜 것만 교체한다.
④ 3줄 전체를 세트로 교체한다.

정답 | ④

3) 체인(Chain) 전동장치

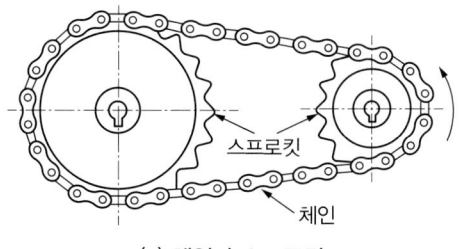

(a) 체인과 스프로킷

체인은 원판 모양의 둘레에 이를 만든 스프로킷(Sprocket, 체인 기어)에 체인이 이에 맞물리기 때문에 미끄럼이 없이 큰 동력을 확실하게 전달할 수 있다. 체인의 길이를 조절하여 먼 거리의 동력 전달이 가능하나 마찰이 많고 소음과 진동이 커서 고속 회전에는 부적합하다.

① 체인의 종류

    ㉠ 롤러 체인(roller chain) : 고속 회전 시 소음이 난다. 2개의 강판으로 만든 링을 핀으로 연결한 것으로 핀에 부시, 롤러를 끼운 것으로 자전거, 오토바이에 이용된다. (3 구성 요소 : 롤러(roller), 핀(pin), 부시(bush))

    ㉡ 사일런트 체인(silent chain) : 조용히 전동되어 소음이 적지만 제작이 어렵고 무거우며 가격이 비싼 체인이다. 링크의 바깥면이 스프로킷의 이에 접촉하여 물리며 다소 마모가 생겨도 체인과 바퀴 사이에 틈이 없다.

    ㉢ 링크체인(link chain) : 인양용으로 사용된다. 원형 단면을 가진 가는 연강봉으로 타원형으로 구부려 이어서 만든 것이다.

    ㉣ 핀틀 체인(pintle chain) : 오프셋 링크에서 링크판과 부시를 일체화시킨 것으로 오프셋 링크와 이음핀으로 연결되어 있으며, 저속 중용량의 컨베이어, 엘리베이터에 사용한다.

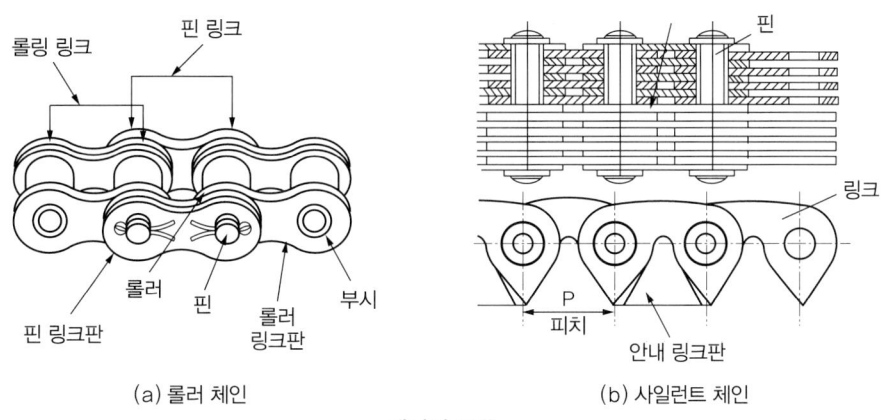

체인의 종류

② 체인 전동의 장점
　㉠ 미끄럼 없이 일정한 속도비를 얻을 수 있고 정확하다.
　㉡ 인장강도가 크므로 큰 동력을 전달할 수 있다.
　㉢ 유지 보수가 간편하고, 수명이 길다.
　㉣ 체인의 탄성에 의해 어느 정도의 충격하중을 흡수할 수 있다.
　㉤ 체인의 길이를 자유로이 조절할 수 있고, 마멸이 생겨도 큰 동력이 전달된다. (효율 95% 이상)
　㉥ 내열, 내유, 내습성이 강하다.
　㉦ 여러 개의 축을 동시에 구동할 수 있다.

③ 체인 전동의 단점
　㉠ 진동과 소음이 발생하기 쉬워 윤활이 필요하다.
　㉡ 고속 회전에는 부적합하다.
　㉢ 회전각의 전달 정확도가 나쁘다.

④ 체인을 걸 때
　이음 링크를 관통시켜 임시 고정시키고 체인의 느슨한 측을 손으로 눌러보고 조정해야 하는데 아래 그림에서 S-S'는 체인 폭의 2~4배가 적당하다.

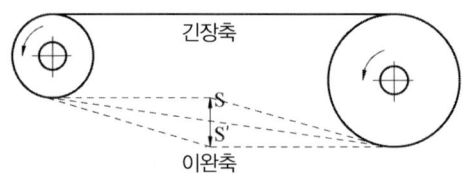

체인 거는 방법

⑤ 체인의 사용상 주의할 점
　㉠ 용량에 맞는 체인을 사용하고, 무게중심을 맞추고 모서리는 피한다.
　㉡ 과부하는 되도록 피하고, 작업 전에 이상 유무를 확인한다.
　㉢ 정격 하중의 70~75%, 충격 하중은 1/4 이하로 사용한다.
　㉣ 체인 블록을 2개 사용 시 무게중심이 한 곳으로 쏠리지 않도록 한다.
　㉤ 물건을 장시간 걸어두지 않는다.

예상문제

1 체인(chain) 전동 장치 중 오프셋 링크에서 링크판과 부시를 일체화시킨 것으로 오프셋 링크와 이음 핀으로 연결되어 있으며, 저속 중용량의 컨베이어, 엘리베이터에 사용하는 체인은?

① 롤러 체인(roller chain)
② 부시 체인(bush chain)
③ 핀틀 체인(pintle chain)
④ 사일런트 체인(silent chain)

정답 | ③

2 일반적으로 회전 중에 변속 조작이 가능한 것은?

① 무단 변속기
② 웜 감속기
③ 헬리컬 기어 감속기
④ 베벨 기어 감속기

정답 | ①

3 한 쌍의 베벨 기어 내 강제링크 체인을 연결하여 유효반경을 바꿈으로써 회전수를 조절하는 무단 변속기는?

① 링 원추 무단 변속기
② 체인식 무단 변속기
③ 벨트식 무단 변속기
④ 디스크식 무단 변속기

정답 | ②

8 스프링, 브레이크

1 스프링(spring)

탄성이란 어떤 재료에 외력을 가하면 외력에 비례하여 변형되다가 외력이 제거되면 원 상태로 되돌아가는 성질이다.

1) 스프링의 용도

① 진동 흡수, 충격 완화(철도, 차량)
② 에너지 저축 및 측정(기계 태엽, 저울)
③ 압력의 제한(안전 밸브) 및 침의 측정(압력 게이지)
④ 기계 부품의 운동 제한 및 운동 전달(내연 기관의 밸브 스프링)

2) 스프링의 힘과 하중

① 스프링에 하중을 걸면 하중에 비례하여 인장 또는 압축 힘이 일어난다.

$W = k\delta$

W = 하중
δ = 늘어난 변위량
k = 스프링 상수

② 스프링 상수

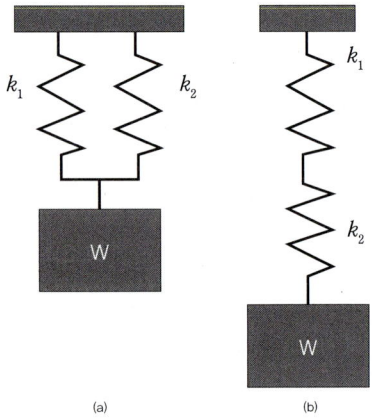

(a)   (b)

병렬의 경우 : $k = k_1 + k_2$

직렬의 경우 : $\dfrac{1}{k} = \dfrac{1}{k_1} = \dfrac{1}{k_2}$

2 브레이크(brake)

브레이크는 기계의 운동 부분의 에너지를 흡수해서 속도를 낮게 또는 정지시키는 장치이다.

1) 브레이크의 종류

① 반경 방향으로 밀어붙이는 형식 : 블록 브레이크, 밴드 브레이크, 팽창 브레이크
② 축 방향에 밀어붙이는 형식 : 원판 브레이크, 원뿔 브레이크
③ 자동 브레이크 : 웜 브레이크, 나사 브레이크, 캠 브레이크, 원심력 브레이크

예상문제

1 스프링 재료의 구비 조건이 아닌 것은?

① 내식성이 클 것
② 크리프 한도가 높을 것
③ 탄성 한계를 높이기 위해서
④ 경도를 증가시키기 위해서

정답 | ③

2 그림과 같이 무게 100kg의 물체를 병렬로 연결된 2개의 스프링에 매달았을 때 처짐량을 구하여라. (단, =50N/mm), =40N/mm이다.)

① 6.98 mm   ② 8.56 mm
③ 10.89 mm ④ 12.23 mm

해설

스프링 상수는 병렬 연결이므로
$k = k_1 + k_2 = 50 + 40 = 90\text{N/mm}$
$\delta = (9.8 \times 100)/90 = 10.89\text{mm}$

정답 | ③

3 마찰 브레이크를 구조에 따라 분류한 종류가 아닌 것은?

① 블록 브레이크   ② 전자 브레이크
③ 밴드 브레이크   ④ 팽창 브레이크

정답 | ②

4 밴드 브레이크편의 길이와 폭이 80mm×30mm이고, 브레이크편을 미는 힘이 400N일 때 압력(Mpa)는?

① 0.12   ② 0.14
③ 0.16   ④ 0.18

정답 | ③

5 브레이크의 능력을 나타내는 것이 아닌 것은?

① 브레이크 블록   ② 브레이크 용량
③ 브레이크 마력   ④ 브레이크 토크

정답 | ①

· MEMO

기초전기 일반

Chapter 01 직,교류 회로
Chapter 02 전자기기의 구조와 원리 및 운전
Chapter 03 시퀀스 제어
Chapter 04 전기측정

직, 교류 회로

1 직류회로의 전압, 전류, 저항

직류(DC : direct current)는 일정하게 한 방향으로 흐르는 전류를 뜻한다. 시간에 따라 전류 크기와 방향이 주기적으로 변하는 AC에 비해 안정적이고 효율적이다. 전력을 설계하는 작업도 단순하다. 컴퓨터를 포함한 대부분의 전자기기가 DC로 설계되어 있는 이유다.

1 전류 I [A]

1) 전류의 정의

양의 전하 또는 음의 전하가 일정한 방향으로 이동하는 현상이다. 기호는 I, 단위는 [A] 암페어라고 표시한다.

2) 전류의 크기

$$I = \frac{Q}{t} [A] = [C/sec]$$

여기서, Q는 전하량, t는 단위시간이다.
어떤 도체의 단면을 단위시간 1초 동안 통과한 전하량으로 표시한다.

> ➕ **참고**
> 물체가 가지는 전기적인 입자를 전하라고 하며, 이 때 가지는 전기적인 양을 전하량 또는 전기량이라 한다. 기호는 Q라 하고, 단위는 C 쿨롱으로 사용한다.

3) 전류의 방향

전류의 흐름현상은 전자의 이동현상이지만 오랜 관례에 의하여 전자 이동의 반대 방향으로 흐른다고 약속한다.

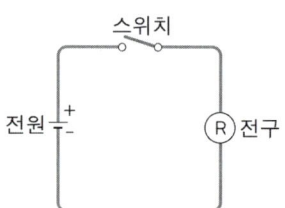

2 전압 V [V]

1) 전압의 정의

전위차(임의의 두 도체에서의 전기적인 위치 에너지의 차) 또는 전기적인 압력의 크기로 정의한다. 기호는 V, 단위는 [V] 볼트라고 표시한다.

2) 전압의 크기

$$V = \frac{W}{Q} \text{ [V]} = \text{[J/C]}$$

여기서, W는 일(에너지), Q는 전하량이다.
어떤 도체의 두 점 사이에 1[C]의 전하량이 이동하여 1[J]의 일을 하였다면, 이 때의 전압은 1[V]이다.

3 저항 R [Ω]

1) 저항의 정의

전류의 흐름을 방해하는 정도를 나타내는 상수다. 기호는 R (Resistance), 단위는 Ω(옴)이라고 표시한다.

2) 도체와 부도체

① 도체 : 전류가 흐르기 쉬운 물질. 전하가 이동하기 쉬운 구리나 금, 알루미늄과 같은 금속성 물질이다.
② 부도체 : 절연체로 전류가 거의 통하지 않는 물질이다. 누설되는 것을 방지하기 위해 사용한다.

3) 도체와 저항의 관계

전기적인 측면에서의 물질은 3가지로 나눌 수 있다. 하나는 금속이나 전해질 용액처럼 저항 값이 매우 작아서 전류가 잘 흐를 수 있는 도체, 전류가 흐를 수 없는 합성수지와 같이 저항 값이 매우 큰 부도체, 그 밖에 저항 값은 매우 크지만 실리콘(Si)이나 게르마늄(Ge)처럼 빛 에너지나 열 에너지가 가해지면 저항 값이 작아져 전류가 잘 흐를 수 있는 반도체가 있다. 저항값이 작을수록 전류는 잘 흐른다.

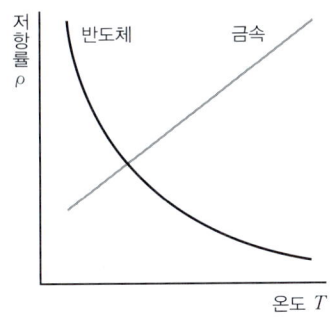

저항률에 따른 온도 특성

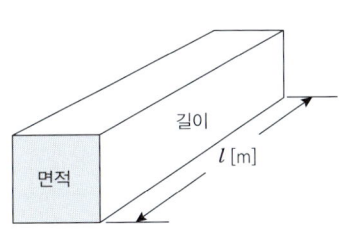

도체의 저항률

단면적이 A[m²]이고, 길이가 ℓ[m]인 도체의 저항 R은 다음 식으로 나타낸다.

$$R = \rho \frac{\ell}{A} \ [\Omega]$$

여기서 ρ(로우)는 도체의 재질에 따른 저항률(고유저항값)이며, 단위는 [Ωm]이다.

4 옴의 법칙

$$I = \frac{V}{R} \ [A], \ V = IR \ [V], \ R = \frac{V}{I} \ [\Omega]$$

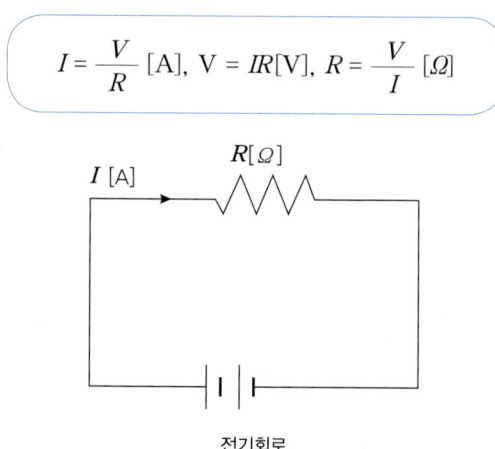

전기회로

전기 회로에서 저항(R)이 일정한 경우 전류(I)의 크기는 전압(V)에 비례하고, 전압(V)이 일정한 경우 전류(I)의 크기는 저항(R)에 반비례한다.

5 저항의 접속(직전병압 : 직렬 시 전류가 일정, 병렬 시 전압이 일정하다)

저항을 접속하는 방법에는 직렬접속과 병렬접속이 있다.

1) 직렬접속

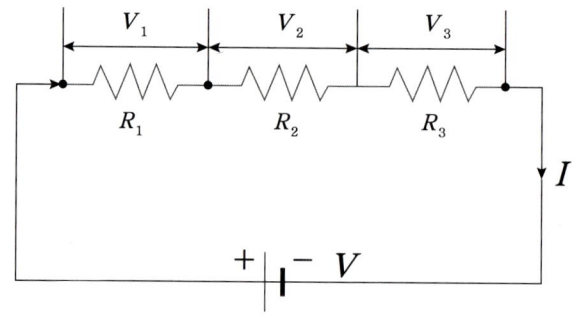

직렬 접속 회로

저항의 직렬접속 시 전류가 일정하다. 이 때의 합성 저항값 R은 $R = R_1 + R_2 + R_3$로 구할 수 있다. 전체 전압 V는 $V = V_1 + V_2 + V_3$가 된다. 단자 전압의 크기는 각각의 저항 값에 비례한다. 옴의 법칙에 의하여 $V = (R_1 + R_2 + R_3)I$가 된다.

2) 병렬 접속

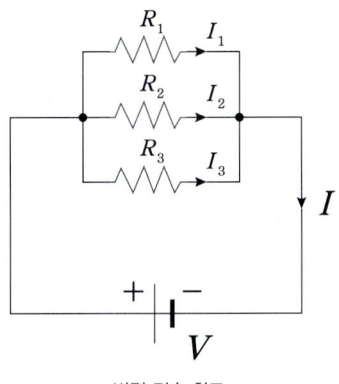

병렬 접속 회로

저항의 병렬접속 시 전압이 일정하다. 합성 저항값 R은 $\dfrac{1}{R} = \dfrac{1}{R^1} = \dfrac{1}{R^2} = \dfrac{1}{R^3}$로 구할 수 있다. 전체 전류 I는 $I = I^1 + I^2 + I^3$가 된다.

6 키르히호프의 법칙

1) 제1법칙(전류법칙)

회로망 중 임의의 접속점에서 유입하는 전류의 합은 유출되는 전류의 합과 같다.

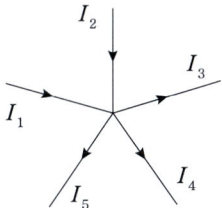

2) 제2법칙(전압법칙)

폐루프를 형성하는 임의의 회로망에서 모든 기전력의 대수 합은 전압강하의 대수 합과 같다.

$E_1 + E_2 - E_3 + E_4 = IR_1 + IR_1 + IR_2 + IR_3 + IR_4$
$\Sigma E = \Sigma IR$

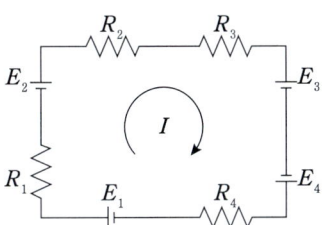

> **예상문제**

1 24[C]의 전기량이 144[J]의 일을 했을 때 기전력은?

① 4[V]   ② 6[V]
③ 8[V]   ④ 10[V]

해설

$V = \dfrac{W}{Q}[V]$

$V = \dfrac{W}{Q} = \dfrac{144}{24} = 6[V]$

정답 | ②

2 어떤 도체의 단면을 1시간 동안 3,600[C]의 전기량이 이동했다면 전류의 크기는 몇 [A]인가?

① 1   ② 2   ③ 3   ④ 4

해설

$I = \dfrac{Q}{t}[A] = 3600/60 \times 60 = 1[A]$

정답 | ①

3 10[Ω]인 저항에 1.4[A]의 전류를 흘리려면 전압은 얼마인가?

① 8[V]   ② 12[V]
③ 14[V] ④ 18[V]

해설

$V = IR = 10 \times 1.4 = 14[V]$

정답 | ③

4 8[Ω], 6[Ω], 11[Ω]의 저항 3개가 직렬 접속된 회로에 4[A]의 전류가 흐르면 가해준 전압은 몇[V]인가?

① 60   ② 80   ③ 100   ④ 120

해설

$R = 8 + 6 + 11 = 25[\Omega]$
$V = IR = 4 \times 25 = 100[V]$

정답 | ③

5 임의의 한 폐회로 회로망에서 전압강하의 대수 합은 그 폐회로에 있는 모든 기전력의 대수 합과 같다는 법칙은 무엇인가?

① 앙페르의 오른나사의 법칙
② 키르히호프의 제 2법칙
③ 키르히호프의 제 1법칙
④ 옴의 법칙

해설

키르히호프의 제1 법칙 : 전류의 법칙
키르히호프의 제2 법칙 : 전압의 법칙

정답 | ③

2 전력과 열량

1 전류의 열작용

1) 전력 P [W]

$$P = VI = I^2R = \frac{V^2}{R} \text{ [W] [J/s]}$$

단위시간 동안 전기 에너지의 소비량 또는 전기 에너지에 의해 일을 하는 능률을 전력이라 한다. 전력(P)은 부하에 인가되는 전압(V)과 전류(I)의 곱으로 나타내고, 옴의 법칙을 이용하여 사용한다. 단위는 [W] 와트이다.

2) 전력량 W [J]

$$W = Pt = VIt = I^2Rt = \frac{V^2}{R}t \text{ [W}\cdot\text{sec] = [J]}$$

어느 일정시간 동안의 사용한 전기 에너지의 총량 또는 전기에너지가 한 일의 양이다.

참고

1[kW]의 전력을 1시간 동안 사용했다면, 다음과 같이 변환 할 수 있다.
1[Wh] = 3.6×10^3[Wh]
1[kWh] = 3.6×10^6[W·sec]
 = 3.6×10^6[J]

3) 줄의 법칙 : 발생열량 H[cal]

도체에 전류가 흐르면 열이 발생하는데, 이 열을 줄열이라 한다.

$$H = I^2Rt \text{ [J]}$$
$$H = 0.24I^2Rt \text{ [cal]}$$

참고

① 1[J] = 0.2389[cal] = 0.24[cal]
② 1[cal] = 4.186[J] = 4.2[J]
③ 1[kWh] = 1000[W] × 1[h] = 10^3[J/sec] × 3600[sec] = 3.6 × 10^6[J]
   = 2.4 × 3.6 × 10^6[cal] = 2.4 × 3.6 × 10^3[kcal] = 860[kcal]
④ 열에너지에서의 열량
$H = C \cdot m \cdot \triangle t$[cal]
C[cal/g°C]는 비열, m[g]은 질량, $\triangle t = t_1 - t_2$(온도변화)

4) 열전기 현상 발견 순서

① 제벡 효과(seeback effect, 제베크 효과)
서로 다른 두 종류의 금속선을 접합(용접)시킨 후 가열 하면 열기전력에 의해 전류가 흐른다.

② 펠티어 효과 (peltier effect)
제벡 효과의 반대 효과이다. 서로 다른 두 종류의 금속선을 접합한 다음 회로에 DC전원으로 전류를 흘리면 한 쪽 접합부에서 발열, 다른 접합부에서는 흡열이 일어난다. 이 때 전류의 방향을 바꾸면 발열과 흡열이 반대로 일어난다. 전자냉각의 원리로 이용되고 있다.

③ 톰슨 효과 (thomson effect)
톰슨은 동일 금속선을 접합한 다음 펠티어 효과를 증명하였다.(최종 위 두 효과의 가역성을 열역학적으로 이론화 하던 끝에 이들 효과 모두 전자들이 두 금속선의 접합을 지나갈 때 평균 운동 에너지가 변화되기 때문에 일어나는 현상임을 증명하였다.)

예상문제

1 어떤 전등에 100[V]의 전압을 가하면 0.2[A]의 전류가 흐르는데, 이 전등의 소비 전력[W]는 얼마인가?

① 10 ② 15 ③ 20 ④ 25

해설
$P = VI = 100 \times 0.2 = 20$[W]

정답 | ③

2 저항값이 일정한 저항에 가해지고 있는 전압을 2배로 하면 소비 전력은 몇 배로 되는가?

① 4배 ② 6배 ③ 8배 ④ 10배

해설
$P = \dfrac{V^2}{R}$, $P = 2^2 = 4$배

정답 | ①

3 100[V], 500[W]의 전열기를 90[V]에 사용하였을 경우 소비 전력은 몇 [W]인가?

① 225　② 285　③ 335　④ 405

해설

$P = \dfrac{V^2}{R}$[W]에서 $100^2 : 500 = 90^2 : x$

정답 | ④

3 교류회로의 기초

1 사인파(정현파) 교류

교류 (AC : alternating current)는 시간에 따라 크기와 방향이 주기적으로 변하는 전류이다.

1) 교류의 발생 원리

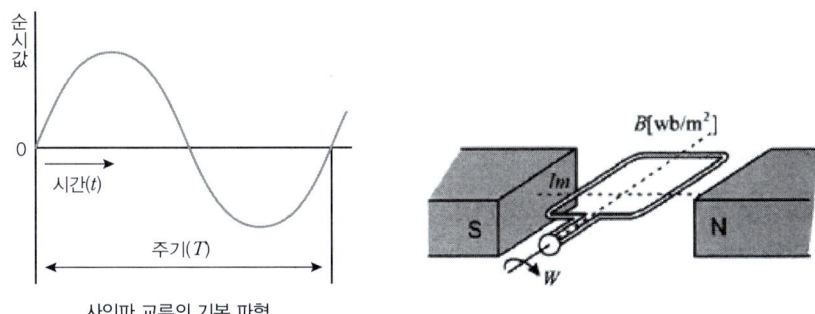

사인파 교류의 기본 파형

그림과 같은 평등 자기장 사이에 전기자 코일을 놓고 시계방향으로 회전시킨다. 전기자 코일에는 플레밍의 오른손 법칙에 의하여 유기기전력이 발생한다.

$e = Blv\sin\theta$[V]

① B[wb/m²]: 자속밀도

② l[m]: 전기자 코일의 유효길이

③ v[m/sec] : 전기자 코일의 회전속도

④ θ[rad] : 자기장 방향과 전기자 코일이 이루는 각

2) 교류의 기초

① T[sec] : 주기- 파형이 1cycle 변화하는 데 필요한 시간

$$T = \dfrac{1}{f} \text{ [sec]}$$

② f[Hz] : 주파수-1초 동안에 반복하는 파형 cycle의 수를 말하며, 단위는 헤르츠[Hz]를 사용

$$f = \dfrac{1}{T} \text{ [Hz]}$$

> **참고**
> 우리나라 상용주파수인 60[Hz]는 1초 동안 파형 cycle의 수가 60회, 주기는 $\frac{1}{60}$[sec]이다.

③ ω[rad/s]: 각속도 – 기호는 오메가, 회전운동 시 1[sec]동안 회전한 각의 변화율

$$\omega = \frac{\theta}{t} = \frac{2\pi}{t} = 2\pi f \, [\text{rad/s}]$$

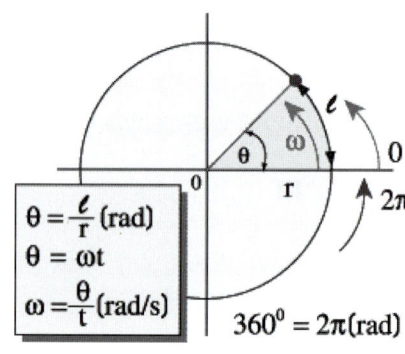

라디안과 각속도

④ θ[rad/s]: 전기각 – 회전운동 시 t[sec]동안 회전한 각(발전기, 전동기에서 자기장 방향과 전기자 코일이 이루는 각이다.)

$$\theta = \omega t [\text{rad}]$$

⑤ 발전기 전기각 $i = \omega t$[rad]인 유도기전력

$$e = Vm\sin\omega t = Vp\sin\omega t [\text{V}]$$

참고

한 주기 내에서 가장 큰 순시값을 최대값(Vm ; maximum value, Vp ; peak value)이라고 한다.
최대값은 절연파괴 전압이나 충격파 등 이상전압을 나타낼 때 사용된다. 또한 양의 최대값에서 음의 최대값까지의 값을 피크-피크값(Vp-p ; peak to peak value)이라고 한다.

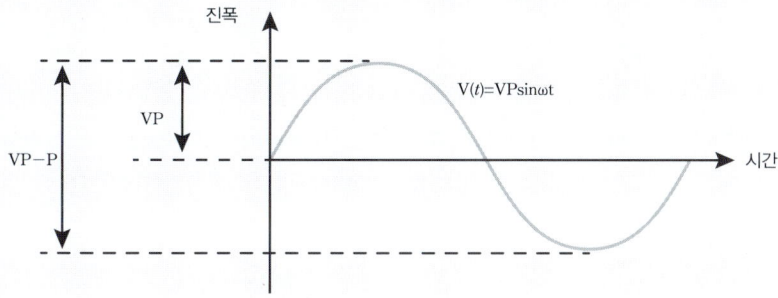

⑥ 호도법(radian 법)
호도법은 원의 반지름에 대한 호의 비율로 각도를 표현한 방법이다.

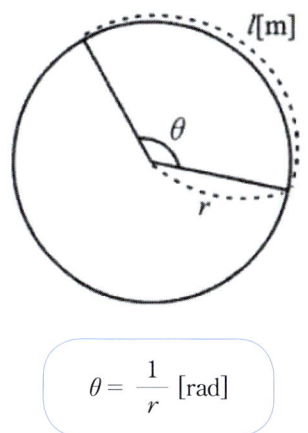

$$\theta = \frac{l}{r} \text{ [rad]}$$

예로 2차원 원의 호의 길이는 $l = 2\pi r$[m]이고, 각도 $\theta = 360[°]$이다. 호도법으로 위상을 구하면 $\theta = 360° = \frac{2\pi r}{r} = 2\pi$[rad]이다.

   a. 1[rad]은 반지름의 길이와 호의 길이가 같을 때의 각도이다.

$360° = 2\pi$[rad]
$1[\text{rad}] = \frac{360}{2\pi} = \frac{180}{3.14} = 57.3[°]$

b. 호도법에 의한 각도 표시

$\frac{\pi}{6}[rad]$	$\frac{\pi}{4}[rad]$	$\frac{\pi}{3}[rad]$
30[°]	45[°]	60[°]

3) 위상(phase)과 위상차(phase difference)

① 위상 : 어떤 임의의 기점에 대한 상대적인 위치이다.
② 위상차 : 같은 주파수의 두 파형이 일치하지 않는 시간적 차이이다.(동상, 지상, 진상으로 나뉜다).

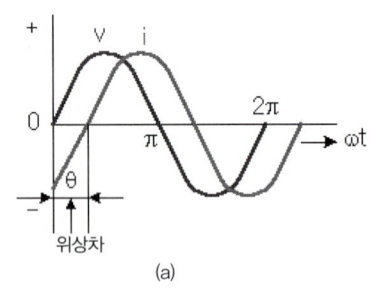 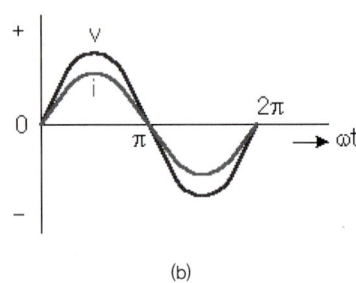

(a)   (b)

(a) 전압을 기준으로 전류는 지상 전류이다.
(b) 전압을 기준으로 전류는 동상 전류이다.

4) 정현파 교류의 크기

교류의 크기를 나타내는 방법에는 순시값, 최대값, 실효값, 평균값으로 구분한다.

① 순시값

$$v(t) = V_m \sin wt [V], \ i(t) = I_m \sin wt [A]$$

매 순간 시간의 변화에 따라 변화되는 값이다.

② 최대값(V_m, I_m ; maximum value)
한 주기 내에서 가장 큰 순시값이다.

③ 실효값(V, I ; effective value, Root Mean Square, 비교를 통해 정의한다)
크기가 같은 저항에 직류 전류를 흘렸을 때의 소비전력과 교류 전류를 흘렸을 때의 소비전력이 같을 때, 이 때의 교류 전류를 실효값으로 정의한다.

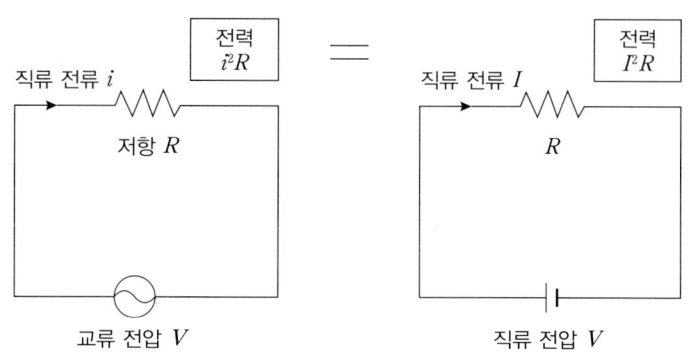

실효값의 의미

최대값과의 관계 $\quad I = \dfrac{I_m}{\sqrt{2}} \fallingdotseq 0.707 I_m [\text{A}]$

여기서, I는 실효값이며, I_m은 최대값이다. 일상생활에서 말하는 교류 전압과 교류 전류는 실효값이다.

④ 평균값 (V_a, I_a ; average value)

평균값은 1주기 동안 순시값의 크기를 평균으로 나타낸 값이다.

정현파의 경우 (+)방향과 (−)방향의 크기가 같으므로 한 주기의 평균값은 0이 되기 때문에 반 (1/2) 주기 동안의 평균을 구한다.

평균값과 최대값과의 관계 $\quad I_a = \dfrac{2}{\pi} \times I_m \fallingdotseq 0.637 I_m [\text{A}]$

또한 평균값 I_a와 실효값 I의 관계 $\quad V_a \fallingdotseq 0.901 V$

⑤ 파고율과 파형율

a. 파고율 = $\dfrac{\text{최댓값}}{\text{실효값}}$ (정현파 파고율 = $\dfrac{\text{최댓값}}{\text{실효값}} = \dfrac{\sqrt{2}V}{V} = \sqrt{2} = 1.414$)

b. 파형율 = $\dfrac{\text{실효값}}{\text{평균값}}$ (정현파 파형율 = $\dfrac{\text{실효값}}{\text{평균값}} = \dfrac{\dfrac{V_m}{\sqrt{2}}}{\dfrac{2V_m}{\pi}} = \dfrac{\pi}{2\sqrt{2}} = 1.11$)

> **예상문제**

1 정현파(사인파)의 주기가 0.02[sec]일 때의 주파수[Hz]는?

① 50   ② 100   ③ 150   ④ 200

정답 | ①

2 $v = 141 \sin\left(120\pi t - \frac{\pi}{3}\right)$ 인 교류의 주파수는 몇 [Hz]인가?

① 30   ② 40   ③ 50   ④ 60

해설

$v = V_m \sin \omega t [V]$ 에서 전기적인 각속도 $\omega = 2\pi f = 120\pi [rad/s]$

$f = \dfrac{120\pi}{2\pi} = 60 [Hz]$

정답 | ④

3 $v = 100\sqrt{2} \sin\left(120\pi t + \frac{\pi}{2}\right)[V]$, $i = 10\sqrt{2} \sin\left(120\pi t + \frac{\pi}{3}\right)[A]$ 인 경우 전류의 위상은 전압보다 어떠한가?

① $\frac{\pi}{3}$ [rad] 앞선다.
② $\frac{\pi}{3}$ [rad] 뒤진다.
③ $\frac{\pi}{6}$ [rad] 앞선다.
④ $\frac{\pi}{6}$ [rad] 뒤진다.

정답 | ④

4 교류에 대한 R, L, C의 작용

1 정현파 교류의 표시

1) 스칼라와 벡터

어떤 물리량을 나타내는 방법에는 크기만을 갖는 스칼라로 표현하는 방법과, 크기와 방향을 갖는 벡터로 표시하는 방법이 있다.

벡터에는 힘, 변위, 속도, 가속도, 충격량, 운동량, 전기장, 자기장, 무게, 모멘트가 있다.

선분의 길이는 크기를 나타내고, 기준선에 대한 편각은 방향을 나타낸다.

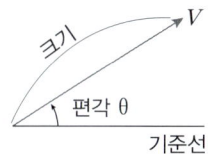

표기법은 문자 위에 점(dot)이나 화살표로 표시하는 방법이 있다.

2) 회전 벡터와 정지 벡터

동일 주파수의 정현파 교류는 크기와 위상각을 가진 벡터로 표시된다.

회전 벡터는 정현파 교류의 순시값 벡터를 반시계 방향으로 회전시킬 때, y축에 나타나는 그림자 길이이다. 위상차가 다른 회전 벡터가 각각 존재한다 할지라도 동일한 속도 ω[rad/s]로 회전하기 때문에 어떠한 위치에서도 같다.

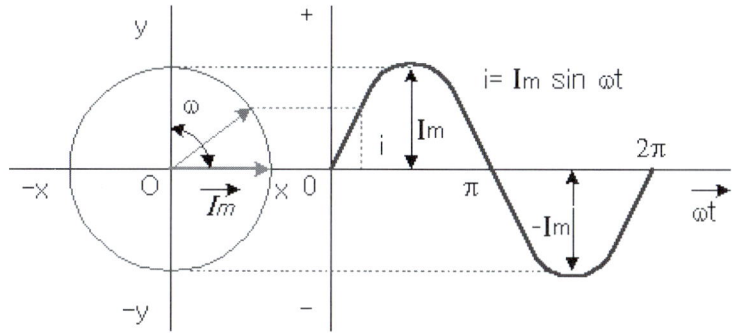

회전 벡터와 정현파 교류의 순시값

주파수가 동일한 경우 벡터는 동일한 속도로 회전한다. 회전 벡터 대신에 정지벡터로 나타내면 위상 관계의 해석이 편리하다. 그래서 동일 주파수의 정현파 교류는 정지 벡터로 표시한다.

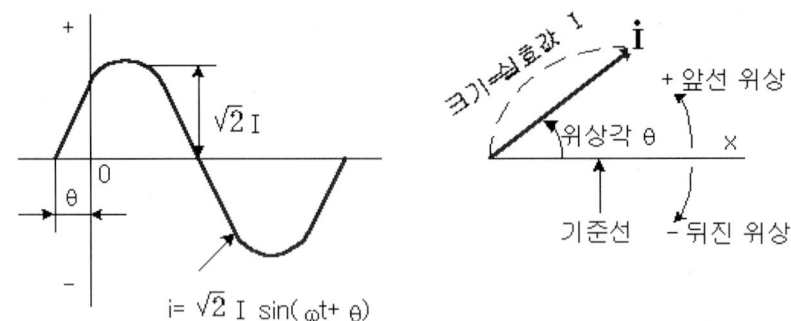

정현파 교류의 순시값과 정지 벡터

θ만큼 위상이 앞선 교류 전류의 순시값을 정지 벡터로 표시하면 크기는 실효값으로 나타낸다.

$$I = I + \theta$$

2 단상 교류 회로

단상 교류는 주기적으로 크기와 방향이 바뀌는 파형이 단 하나인 것을 말한다. 2개의 선으로 연결한 가장 간편한 회로로 가정용 전기기계기구 전원으로 사용한다.

1) 기본 회로

전기 기본 소자인 R(저항 = 레지스턴스), L(인덕턴스), C(커패시턴스)로 구성되는 회로이다.
① R(저항 = 레지스턴스)만의 회로

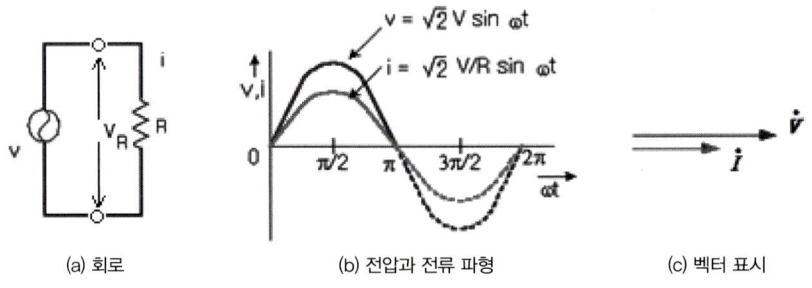

(a) 회로 (b) 전압과 전류 파형 (c) 벡터 표시

R만의 회로에 교류 전압 $v = V_m \sin \omega t$[V]를 인가하면, 전류 i는 같은 위상이 되어 흐른다.

$$v = V_m \sin \omega t \,[\text{V}]$$
$$i = \frac{v}{R} = \frac{V_m \sin \omega t}{R} = I_m \sin \omega t \,[\text{A}]$$

a. R만의 회로 전압과 전류를 벡터 : $v = V_m \sin \omega t$[V], $I = I\angle 0$ (여기서 V, I는 실효값이다)

b. R만의 회로 전압과 전류의 크기 : $V = IZ = IR$, $I = \dfrac{V}{Z} = \dfrac{V}{R}$ [A]

② L(인덕턴스)만의 회로

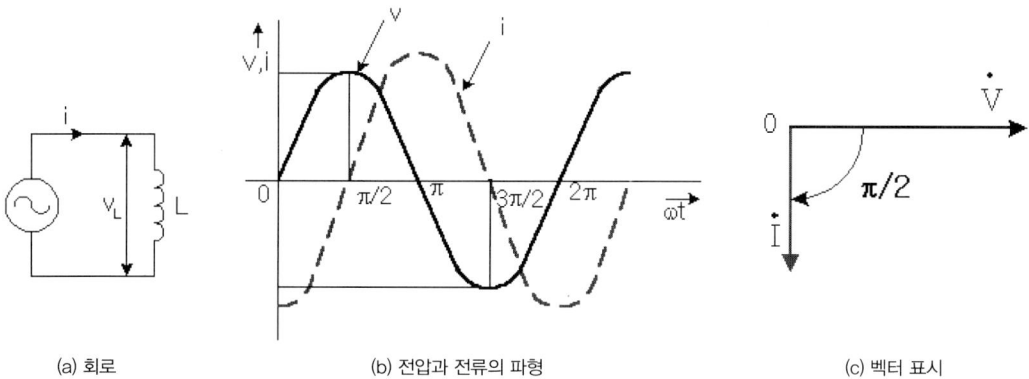

(a) 회로　　(b) 전압과 전류의 파형　　(c) 벡터 표시

L만의 회로에 교류 전압 $v = V_m \sin \omega t [V]$를 인가하면, 전류 i는 전압보다 $\frac{\pi}{2}[rad]$만큼 뒤진 지상이 되어 흐른다.

$$i = \frac{v}{X_L} = \frac{V_m \sin \omega t}{X_L} = \frac{V_m \sin \omega t}{j\omega L} - I_m \sin(\omega t - \frac{\pi}{2})[A]$$

여기서, 유도성 리액턴스 $X_L = j\omega L = j2\pi f L [ohm]$

　　a. L만의 회로 전압과 전류를 벡터 : $= V = V\angle 0[V], I = I\angle -\frac{\pi}{2}[A]$
　　　　(여기서 V, I는 실효값이다)

　　b. L만의 회로 전압과 전류의 크기 : $V = IZ = IX_L = j\omega LI = j2\pi f L I[V]$,

$$I = \frac{V}{Z} = \frac{V}{X_L} = \frac{V}{j\omega L} = \frac{V}{j2\pi f L}[A]$$

③ C(캐패시턴스) 만의 회로

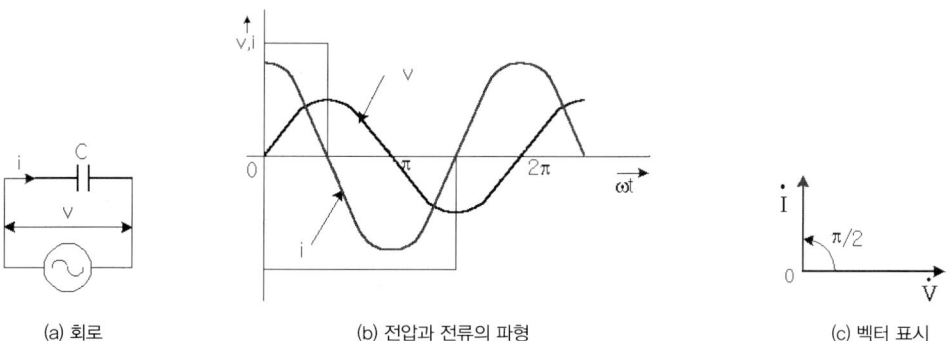

(a) 회로　　(b) 전압과 전류의 파형　　(c) 벡터 표시

C만의 회로에 교류 전압 $v = V_m \sin \omega t [V]$를 인가하면, 전류 i는 전압보다 $\frac{\pi}{2}[rad]$만큼 앞선 진상이 되어 흐른다.

$$i = \frac{v}{X_C} = \frac{V_m \sin \omega t}{X_C} = \frac{V_m \sin \omega t}{\frac{1}{j\omega C}} = I_m \sin(\omega t + \frac{\pi}{2})[A]$$

여기서, 용량성 리액턴스 $X_c = \frac{1}{j\omega C} = \frac{1}{j2\pi fC}[\Omega]$

a. C만의 회로 전압과 전류를 벡터 : $V = V\angle 0[V], I = I\angle -\frac{\pi}{2}[A]$ (여기서 V, I는 실효값이다)

b. C만의 회로 전압과 전류의 크기 : $V = IZ = IX_C = \frac{1}{j\omega C} = j2\pi fCI[V]$,

$$I = \frac{V}{Z} = \frac{V}{X_C} = \frac{V}{j\omega C} = \frac{V}{\frac{1}{j\omega C}}[A]$$

2) R-L 직렬회로

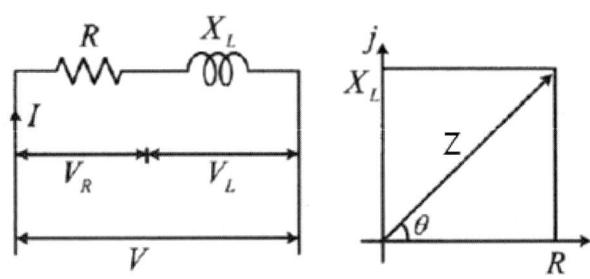

$$V = V_R + V_L = RI + jX_L I = (R + jX_L)I = ZI[V]$$

① 합성 임피던스 : $Z = R + jX_L = R + j\omega L = R + j2\pi fL[\Omega]$

   a. 크기 : $Z = \sqrt{R^2 + X_L^2}[\Omega]$
   b. 위상 : $\theta = \tan^{-1}\frac{X_L}{R}[rad]$
   c. 역률 : $\cos\theta = \frac{R}{Z}$

② 전류 : $I = \frac{V}{Z} = \frac{V}{\sqrt{R^2 + X_L^2}}[A]$

3) R-C 직렬회로

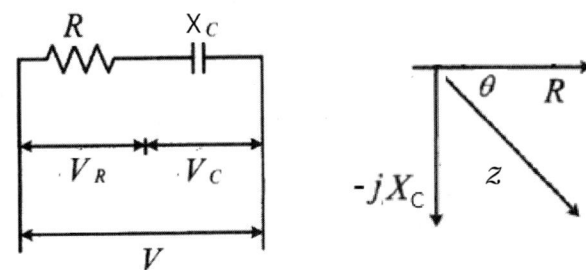

$$V = V_R + V_C = RI + (-jX_C I) = (R - jX_C)I = ZI [\text{V}]$$

① 합성 임피던스 : $Z = R + (-jX_C) = R + \dfrac{1}{j\omega C} = R + (-\dfrac{1}{j2\pi fC})[\Omega]$

    a. 크기 : $Z = \sqrt{R^2 + X_C^2}[\Omega]$
    b. 위상 : $\theta = \tan^{-1}\dfrac{X_C}{R}[rad]$
    c. 역률 : $\cos\theta = \dfrac{R}{Z}$

② 전류 : $I = \dfrac{V}{Z} = \dfrac{V}{\sqrt{R^2 + X_C^2}}[\text{A}]$

4) R-L-C 직렬회로

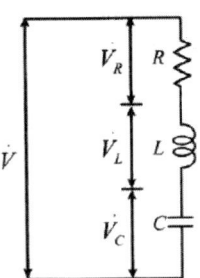

$$V = V_R + V_L + V_C = RI + jX_L I + (-jX_C I)[\text{V}]$$

① $X_L > X_C$: 유도성인 경우

　a. 합성 임피던스 : $Z = R + j(X_L - X_C) = R + j(\omega L - \frac{1}{\omega C})[\Omega]$

　• 크기 : $Z = \sqrt{R^2 + (X_L - X_C)^2}\,[\Omega]$

　• 위상 : $\theta = \tan^{-1}\frac{X_L - X_C}{R}[rad]$

　• 역률 : $\cos\theta = \frac{R}{Z}$

　b. 전류 : $I = \frac{V}{Z} = \frac{V}{\sqrt{R^2 + (X_L - X_C)^2}}[A]$, 지상 전류가 된다.

② $X_L < X_C$: 용량성인 경우

　a. 합성 임피던스 : $Z = R - j(X_C - X_L) = R - j(\frac{1}{\omega C} - \omega L)[\Omega]$

　• 크기 : $Z = \sqrt{R^2 + (X_C - X_L)^2}\,[\Omega]$

　• 위상 : $\theta = \tan^{-1}\frac{X_C - X_L}{R}[rad]$

　• 역률 : $\cos\theta = \frac{R}{Z}$

　b. 전류 : $I = \frac{V}{Z} = \frac{V}{\sqrt{R^2 + (X_C - X_L)^2}}[A]$, 진상 전류가 된다.

③ $X_L = X_C$: 직렬 공진인 경우 전류는 최대가 된다.

　a. 합성 임피던스 : $Z = R[\Omega]$ 임피던스는 최소가 된다.

　• 크기 : $Z = \sqrt{R^2 + (0)^2} = R[\Omega]$

　• 위상 : $\theta = \tan^{-1}\frac{0}{R} = 0[rad]$

　• 역률 : $\cos\theta = \frac{R}{Z} = \frac{R}{R} = 1$

　b. 전류 : $I = \frac{V}{Z} = \frac{V}{R}[A]$, 전류는 최대가 된다.

　c. 공진 주파수 : $\omega L = \frac{1}{\omega C} \Rightarrow 1 = \omega^2 LC \Rightarrow \omega = \sqrt{\frac{1}{LC}} \Rightarrow f = \frac{1}{2\pi\sqrt{LC}}[Hz]$

　d. 전압 확대율 : $Q^2 = Q_L \times Q_C \Rightarrow Q^2 = \frac{X_L}{R} \times \frac{X_C}{R} \Rightarrow Q = \sqrt{\frac{\omega L}{R} \times \frac{1}{\omega CR}} \Rightarrow Q = \frac{1}{R}\sqrt{\frac{L}{C}}$

5) R-L-C 병렬회로

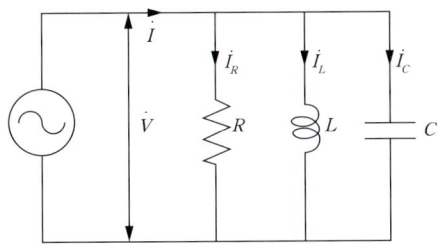

① 어드미턴스 Y : 임피던스 Z의 역수로 단위는 [℧]모우 또는 [S]지멘스이다.
병렬회로 해석 시 이해를 쉽게 하기 위해 사용된다.

$Y = G \pm jB[S]$ (실수부 : G 콘덕턴스, 허수부 : B 서셉턴스)

회로	직렬	병렬
	Z(임피던스)	Y(어드미턴스)
저항만의 회로	R(레지스턴스)	G(콘덕턴스)
유도성만의 회로	$+jX_L$(유도성 리액턴스)	$-jB_L$(유도성 서셉턴스)
용량성만의 회로	$-jX_C$(용량성 리액턴스)	$+jB_C$(용량성 서셉턴스)

② $I = I_R + I_L + I_C = \dfrac{V}{R} + \dfrac{V}{jX_L} + \dfrac{V}{-jX_C}[A]$
$= \dfrac{V}{R} - j\dfrac{V}{\omega L} + j\dfrac{V}{\dfrac{1}{\omega C}} = [\dfrac{1}{R} + j(\omega C - \dfrac{1}{\omega L})] \times V = Y \times V[A]$

③ $B_L = B_C (\dfrac{1}{X_L} = \dfrac{1}{X_C})$: 병렬 공진인 경우 전류는 최소가 된다.

a. 합성 어드미턴스 : $Y = \dfrac{1}{R}[S]$, 어드미턴스는 최소가 된다. (반대로 임피던스는 무한대가 된다.)

- 크기 : $Y = \sqrt{(\dfrac{1}{R})^2 + (0)^2} = \dfrac{1}{R}[S]$

- 위상 : $\theta = \tan^{-1} \dfrac{0}{\dfrac{1}{R}} = 0[rad]$

- 역률 : $\cos\theta = \dfrac{G}{Y} = \dfrac{\dfrac{1}{R}}{\dfrac{1}{R}} = 1$

b. 전류 : $I = Y \times V = G \times V = \dfrac{V}{R}[A]$, 전류는 최소가 된다.

c. 공진 주파수 : $\dfrac{1}{\omega L} = \omega C \Rightarrow 1 = \omega^2 LC \Rightarrow \omega = \sqrt{\dfrac{1}{LC}} \Rightarrow f = \dfrac{1}{2\pi\sqrt{LC}}[Hz]$,
직렬 때와 같다.

d. 전류 확대율 : $Q^2 = Q_L \times Q_C \Rightarrow Q^2 = \dfrac{B_L}{G} \times \dfrac{B_C}{G} \Rightarrow Q = \sqrt{\dfrac{\dfrac{1}{\omega L}}{\dfrac{1}{R}} \times \dfrac{\omega C}{\dfrac{1}{R}}} \Rightarrow Q = R\sqrt{\dfrac{C}{L}}$

> **예상문제**

1 다음 중 용량 리액턴스와 반비례하는 것은?

① 전압　② 저항　③ 임피던스　④ 주파수

해설

$$X_C = \frac{1}{\omega C} = \frac{1}{2\pi fC} [\Omega]$$

주파수(f)에 반비례

정답 | ④

2 100[mH]의 인덕턴스에 100[V] 전압(주파수 60[Hz])을 가하면 전류[A]는?

① 2.65　② 3.34　③ 4.48　④ 5.56

해설

$$X_L = \omega L = 2\pi fL [\Omega]$$
$$= 2 \times 3.14 \times 60 \times 100 \times 10^{-3}$$
$$= 37.68 [\Omega]$$
$$I = \frac{V}{X_L} = 100/37.68 = 2.65 [A]$$

정답 | ①

3 10[μF]의 콘덴서에 60[Hz], 100[V]의 교류 전압을 가하면 이때 흐르는 전류 [A]는?

① 0.38[A]　② 0.46[A]
③ 0.58[A]　④ 0.64[A]

해설

$$I = \frac{V}{X_L} = \frac{V}{\frac{1}{\omega C}} = \omega CV = 2\pi fCV$$
$$= 2\pi \times 60 \times 10 \times 10^{-6} \times 100$$
$$\fallingdotseq 0.38 [A]$$

정답 | ①

5 단상, 3상 교류 전력

1 단상 교류 전력

저항과 유도성 리액턴스가 직렬로 접속된 회로에 교류전압 v를 인가했을 때 흐르는 전류 i는 유도성 리액턴스 때문에 위상차 θ만큼 늦는 지상전류가 되어 흐른다.

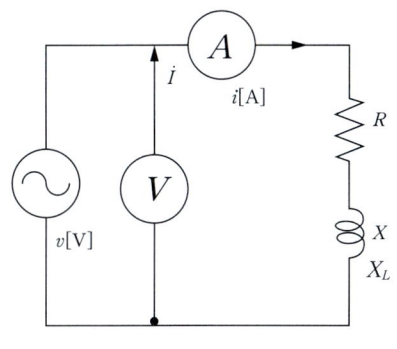
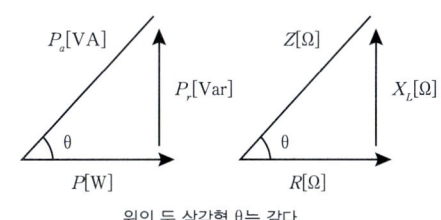

위의 두 삼각형 θ는 같다.

$$v(t) = \sqrt{2}\,V\sin\omega t\,[V],\ i(t) = \sqrt{2}\,I\sin(\omega t - \theta)\,[A]$$

① P_a 피상전력(apparent power, 교류전원(변압기) 용량 표시)

$P_a = V \times I = \sqrt{P^2 + P_r^2}\,[VA]$ (여기서, V, I는 실효값)

② P 유효전력(effective power, 부하에서 실제로 소비되는 전력)

$P = V \times I \times \cos\theta = I^2 \times R = \dfrac{V^2}{R}\,[W]$

③ P_r 무효전력(reactive power, 전원과 부하사이를 순환하기만 하고 실제로 소비될 수 없는 전력)

$P_r = V \times I \times \sin\theta = P_a \times \sin\theta = I^2 \times X = \dfrac{V^2}{X}\,[Var]$

④ cosθ 역률 (power factor, 교류에서 전력을 얼마나 유효하게 소비되는 비율로 피상전력에 대한 유효전력의 비, θ는 역률각으로 전압과 전류의 위상차를 나타낸다.)

$\cos\theta = \dfrac{P}{P_a} = \dfrac{\text{유효전력}}{\text{피상전력}} = \dfrac{R}{Z} = \dfrac{\text{저항 부하}}{\text{임피던스 부하}}$

2 3상 교류 전력

3상 교류는 3상 교류 발전기(3상 동기 발전기)에 의해서 발생된다. 전압은 크기와 주기가 같고, 각각 $\dfrac{2\pi}{3}$[rad]의 위상차를 가진다.

1) 3상 교류의 발생

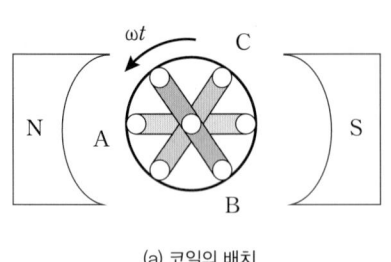
(a) 코일의 배치

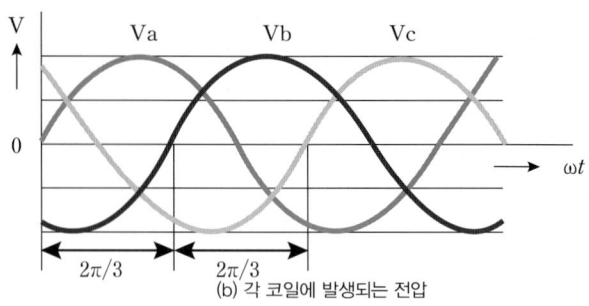
(b) 각 코일에 발생되는 전압

3상 교류의 발생 원리

A상을 기준으로 기하학적으로 $\frac{2\pi}{3}$[rad]간격으로 B상과 C상을 배치한 후 일정한 자기장 내에서 동시에 반시계 방향으로 회전시킨다. 각각의 위상차가 $\frac{2\pi}{3}$[rad]가 되고, 크기와 주기가 동일한 3개의 사인파 교류 전압이 발생된다.

각각의 A, B, C 상의 전압 순시값 표시는 다음과 된다.

$v_a = \sqrt{2}\,V\sin\omega t\,[V]$

$v_b = \sqrt{2}\,V\sin(\omega t - \frac{2\pi}{3})\,[V]$

$v_c = \sqrt{2}\,V\sin(\omega t - \frac{4\pi}{3})\,[V]$

$v_a + v_b + v_c = 0\,[V]$

2) 대칭 3상 교류의 결선

3개의 기전력 v_a, v_b, v_c를 발생시켜 3개의 도선을 통해 부하 a, b, c에 공급할 때, V_a, V_b, V_c 는 크기와 주기 및 주파수는 같지만 시간에 따른 위상차 변화가 $\frac{2\pi}{3}$[rad]만큼 늦어진다. 결선 방법에는 각 상의 한 곳 (중성점 : 대칭부하인 경우에는 전류가 흐르지 않는다)에 모아 접속한 성형 결선 (Y결선)과 각상을 차례로 직렬 접속한 환상 결선(△결선)이 있다.

① 성형 결선 : Y 결선 방식

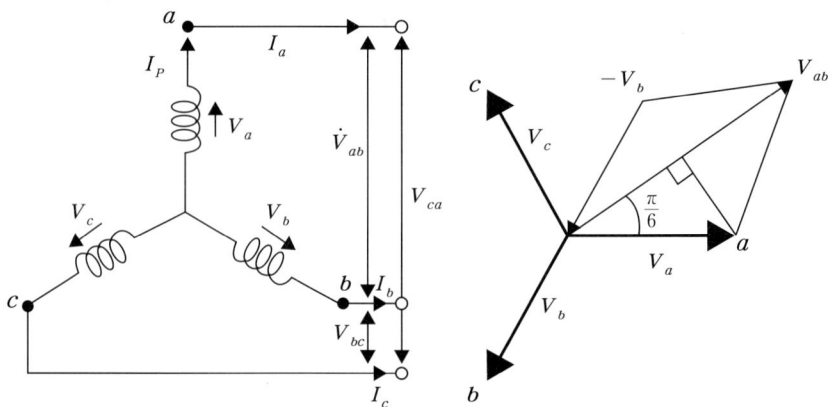

그림과 같이 3개의 코일을 한 점에 접속하고, 반대쪽을 각각 a, b, c단자에 접속하는 결선법을 3상 Y결선이라고 한다. $\dot{V}_a, \dot{V}_b, \dot{V}_c$를 상전압 $\dot{V}_p$(phase voltage), $\dot{V}_{ab}, \dot{V}_{bc}, \dot{V}_{ca}$를 선간 전압 $\dot{V}_l$(line voltage)라고 한다.

대칭 3상 전압의 경우 크기는 같다.
$V_p = V_a = V_b = V_c$, $V_l = V_{ab} = V_{bc} = V_{ca}$
여기서, a-b, b-c, c-a 사이의 각 선간 전압은 상전압의 차로, 아래와 같다.
$\dot{V}_{ab} = \dot{V}_a - \dot{V}_b$ [V], $\dot{V}_{bc} = \dot{V}_b - \dot{V}_c$ [V], $\dot{V}_{ca} = \dot{V}_c - \dot{V}_a$ [V]

크기는 아래와 같다.
$V_l = V_{ab} = V_a(\cos\frac{\pi}{6}) \times 2 = \sqrt{3}V_a = \sqrt{3}V_p$ [V]
선간 전압($\dot{V}_l$)은 상전압($\dot{V}_p$)보다 $\frac{\pi}{6}$ [rad]만큼 위상이 앞선다.
$\dot{V}_l = \sqrt{3}V_p + \frac{\pi}{6}$ [V]($\dot{V}_{ab} = \sqrt{3}V_a + \sqrt{\frac{\pi}{6}}$ [V])

선 전류($\dot{I}_l$)와 상 전류($\dot{I}_p$)는 크기와 위상이 같다.
$\dot{I}_l = I_p + 0$ [A]($\dot{I}_{ab} = \dot{I}_a + 0$ [A])

② 환상 결선 : △ 결선 방식

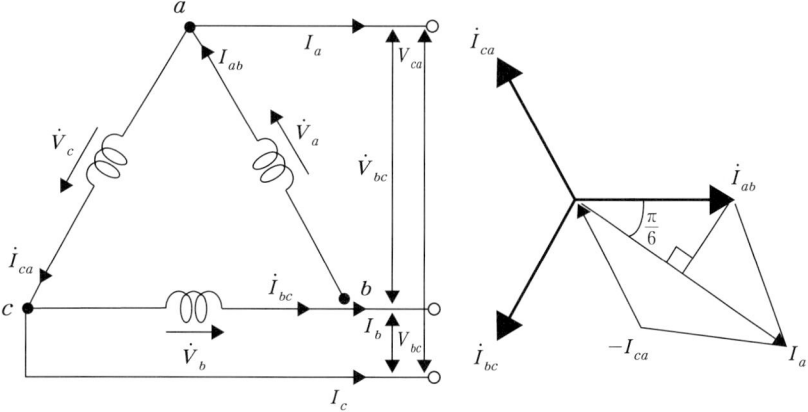

각 상의 코일을 삼각형 형태로 연결하는 것을 3상 △결선이라고 한다. 부하와의 연결을 위해 각 꼭지점에서 선을 인출하여 사용한다. △결선을 하면 상 전압($\dot{V}_p$)와 선간 전압($\dot{V}_l$)는 크기와 위상이 같다.

$\dot{V}_l = \dot{V}_p + 0$ [V]($\dot{V}_{ab} = \dot{V}_a + 0$ [V])
즉, 상 전압 $\dot{V}_a, \dot{V}_b, \dot{V}_c$가 대칭 3상 전압이면, 선간 전압 $\dot{V}_{ab}, \dot{V}_{bc}, \dot{V}_{ca}$ 또한 대칭 3상 전압이다.

$\dot{I}_a, \dot{I}_b, \dot{I}_c$를 선 전류 $\dot{I}_l$(line current), $\dot{I}_{ab}, \dot{I}_{bc}, \dot{I}_{ca}$를 상 전류 $\dot{I}_p$(phase current)라고 한다. 대칭 3상 전류의 경우 아래와 같다.

$I_l = I_a = I_b = I_c$, $I_p = I_{ab} = I_{bc} = I_{ca}$

여기서, a-b, b-c, c-a 사이의 각 상 전류는 선 전류의 차로, 아래와 같다.

$\dot{I}_{ab} = \dot{I}_a - \dot{I}_c$ [A], $\dot{I}_{bc} = \dot{I}_b - \dot{I}_a$ [A], $\dot{I}_{ca} = \dot{I}_c - \dot{I}_b$ [A]

크기는 아래와 같다.

$I_l = I_a = I_{ab}(\cos\frac{\pi}{6}) \times 2 = \sqrt{3}I_{ab} = \sqrt{3}I_p$ [A]

선 전류($I_l = I_a$)은 상 전류($I_p = I_{ab}$)보다 $\frac{\pi}{6}$[rad]만큼 위상이 늦다.

$\dot{I}_l = \sqrt{3}I_p + -\sqrt{\frac{\pi}{6}}$[A] ($I_a = \sqrt{3}I_{ab} + -\sqrt{\frac{\pi}{6}}$[A])

③ Y, △ 결선 방식에 따른 전압과 전류의 관계

결선 방식	Y 결선	△ 결선
선간전압($\dot{V}_l$)	$\dot{V}_l = \sqrt{3}V_p + \frac{\pi}{6}$[V]	$\dot{V}_l = V_p + 0$[V]
선 전류($\dot{I}_l$)	$\dot{I}_l = I_p + 0$[A]	$\dot{I}_l = \sqrt{3}I_p + -\sqrt{\frac{\pi}{6}}$[A]

④ 3상 교류 전력

평형 3상 회로의 전력P는 부하의 결선 상태에 관계없이 항상 같은 아래와 같이 각각의 전력으로 나타낼 수 있다.

a. P_a 피상전력 : 임피던스 부하 Z에서 소비하는 전력

$P_a = \sqrt{3}V_lI_l = 3V_pI_p = 3I_p^2Z$ [VA]

b. P 유효전력, 소비전력, 평균전력 : 저항 부하 R에서 소비하는 전력

$P = \sqrt{3}V_lI_l\cos\theta = 3V_pI_p\cos\theta = 3I_p^2R$ [W]

c. P_r 무효전력 : 리액턴스 X에서 소비하는 전력

$P_r = \sqrt{3}V_lI_l\sin\theta = 3V_pI_p\sin\theta = 3I_p^2X$ [Var]

d. $\cos\theta$ 역률(수용가에서 역률 값이 0.95~1 사이면 한국전력공사에서는 전기요금을 할인해준다.)

⑤ V 결선 방식 (△ 결선 방식에서 C상 고장)
   △ 결선 방식에서 한 상이 고장난 상태로, 두 상으로 3상 전원을 공급하는 방식이다.

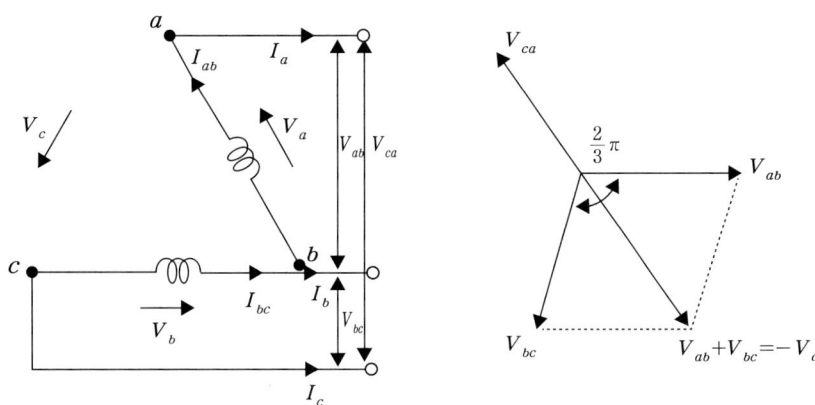

a. 출력 : $P_v = \sqrt{3}P_1 = \sqrt{3}V_pI_p\cos\theta [\mathrm{W}]$
   상 전압 $\dot{V}_p$ = 선간 전압 $\dot{V}_l$ ($V_p = V_a = V_b = V_c = V_l = V_{ab} = V_{bc} = V_{ca}$)

b. 출력률(상기준 고장 전후관계) : $\dfrac{\text{V결선 3상 출력}}{\text{3상 출력}} = \dfrac{\sqrt{3}V_lI_l}{3V_lI_l} = \dfrac{\sqrt{3}}{3} = 0.577$

c. 이용률(상기준 현재 진행관계) : $\dfrac{\text{V결선 3상 출력}}{\text{설비용량}} = \dfrac{\sqrt{3}V_lI_l}{2V_lI_l} = \dfrac{\sqrt{3}}{2} = 0.866$

⑥ 평형 3상 Y, △ 결선 변환에 따른 저항 관계(전압일정 시)

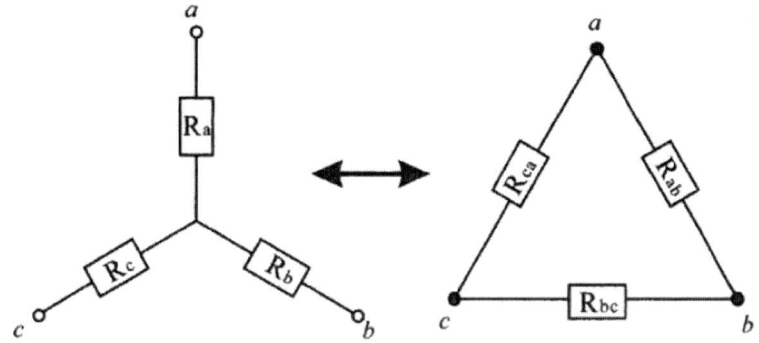

a. $R_\triangle = 3R_Y$: Y→△변환 시 전체 저항 값은 3배로 증가한다.
b. $R_Y = \dfrac{1}{3}R_\triangle$: △→Y 변환 시 전체 저항 값은 $\dfrac{1}{3}$배로 감소한다.

> 예상문제

1 평형 3상 Y결선의 상전압 V_p와 선간 전압 V_l과의 관계식은?

① $V_l = \sqrt{3}\,V_p$ ② $V_p = \sqrt{3}\,V_l$
③ $V_p = V_l$ ④ $V_l = 3V_p$

정답 | ①

2 Y-Y 결선 회로에서 선간 전압이 200[V]일 때 상전압은 몇 [V]인가?

① 105 ② 115 ③ 125 ④ 135

해설

$V_{ab} = \sqrt{3}\,V_a$ 에서 $V_a = \dfrac{1}{\sqrt{3}} \times V_{ab} = \dfrac{1}{\sqrt{3}} \times 200 = 115[V]$

정답 | ②

3 전원이 V 결선된 경우 부하에 전달되는 전력은 △결선인 경우의 몇[%]인가?

① 57.7 ② 86.6 ③ 100 ④ 147

정답 | ①

4 세 변의 저항 $R_a = R_b = R_c = 15[\Omega]$ Y 결선 회로가 있는데, 이것과 등가인 결선 회로의 각변의 저항 $R[\Omega]$은?

① 45 ② 55 ③ 65 ④ 75

해설

$Z_\triangle = 3 \cdot Z_Y = 3 \times 15 = 45[\Omega]$

정답 | ①

5 평형 3상 회로에서 임피던스를 △결선에서 Y결선으로 변환하면 소비전력은?

① $\dfrac{1}{3}$배 ② $\dfrac{1}{\sqrt{3}}$배 ③ 3배 ④ $\sqrt{3}$배

정답 | ①

Chapter 02 전기기기의 구조와 원리 및 운전

1 직류기

1 직류발전기

1) 직류발전기의 기초이론

① 앙페르의 오른손(오른나사) 법칙

전류에 의한 자기장의 방향 또는 자기장에 의한 전류의 방향 관계. 임의의 도선에 전류를 흘리면, 도선 주변에 자기장이 형성되는데, 이 때 전류의 방향과 자기장 방향이 오른손의 규칙에 따른다.

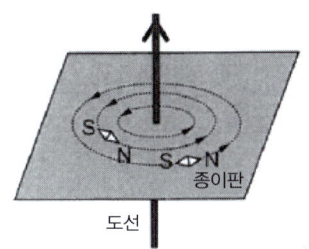

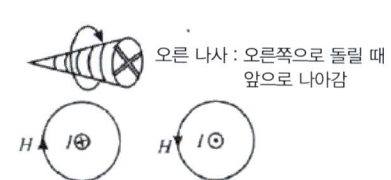

오른 나사 : 오른쪽으로 돌릴 때 앞으로 나아감

전류의 방향과 자기장의 방향
⊗ : 지면 속으로 전류가 흘러 들어가는 모양
⊙ : 지면 속으로부터 전류가 흘러나오는 모양

② 패러데이-렌쯔의 전자기유도 법칙-유도기전력의 크기와 방향

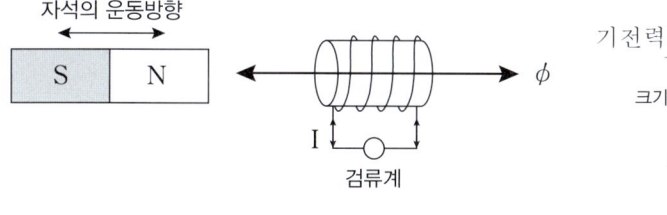

기전력 $e = N\dfrac{d\phi}{dt}\,[V]$
크기 : 패러데이(1831년)

$e = -N\dfrac{d\phi}{dt}\,[V]$
방향 : 렌쯔의 법칙(1834년)

③ 플레밍의 왼손 법칙 - 전동기의 회전력이 발생하는 원리를 알 수 있는 법칙
   ※ 포인트 : 자기장 내에서 도체에 전류를 흘린다.

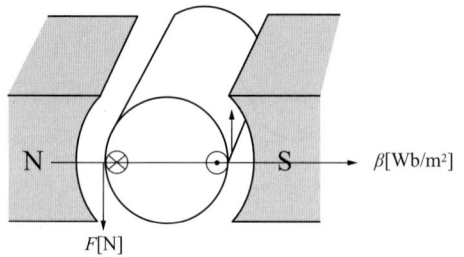

a. 엄지 : 힘 F [N]
   검지 : 자속밀도 B [wb/m^2]
   중지 : 전류 I [A]
b. $F = B \times I \times l \times \sin\theta$ [N]

④ 플레밍의 오른손 법칙 - 발전기의 원리
   ※ 포인트 : 자기장 내에서 도체를 회전시킨다. 평등 자기장 안에 전기자 도체를 놓고, 평등 자기장 내 자기력선을 끊으면서 기전력이 유도된다.

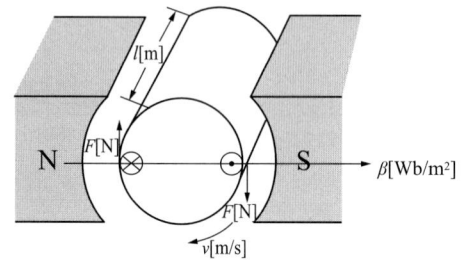

a. 엄지 : 힘 F [N]
   검지 : 자속밀도 B [wb/m^2]
   중지 : 유기기전력 e [V] 또는 유도전류 I [A]
b. $e = B \times v \times l \times \sin\theta$ [V]

⑤ 비오, 사바르의 법칙 - 전류에 의한 자기장의 크기

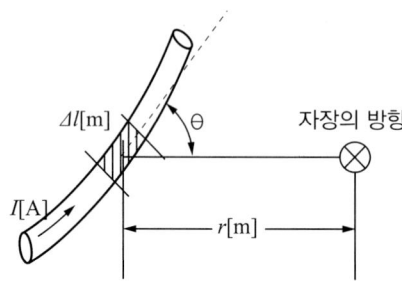

$$\triangle H = \frac{I \triangle l}{4\pi r^2} \times \sin\theta \, [AT/m]$$

정상전류가 흐르고 있는 도선 주위의 자기장의 세기를 구하는 법칙이다.

> **예상문제**

1. 전류에 의한 자기장의 방향을 결정하는 법칙은?

   ① 앙페르의 오른나사 법칙   ② 플레밍의 오른손 법칙
   ③ 플레밍의 왼손 법칙   ④ 렌츠의 법칙

   정답 | ①

2. "전자 유도에 의하여 어떤 회로에 생긴 기전력은 이 회로와 쇄교하는 자속의 증가 또는 감소하는 정도에 비례한다."라는 것은 무슨 법칙인가?

   ① 오옴의 법칙   ② 주울의 법칙
   ③ 패러데이의 법칙   ④ 렌츠의 법칙

   정답 | ③

3. 다음 중 전자력 작용을 응용한 대표적인 것은?

   ① 전동기   ② 전열기   ③ 축전기   ④ 전등

   해설
   전자력은 플레밍의 왼손 법칙이다. 기전력은 플레밍의 오른손 법칙이다.

   정답 | ①

2) 직류발전기의 원리 및 구조

(1) 구조

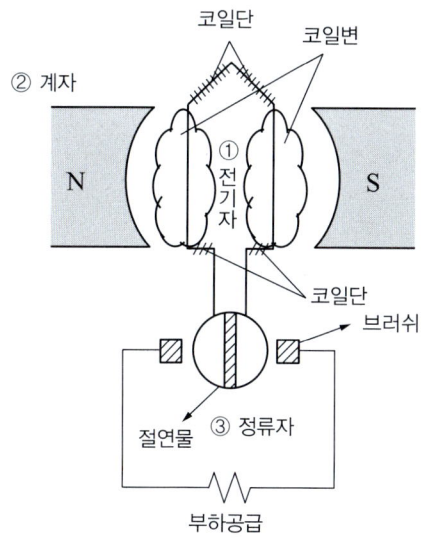

① 전기자(Armature) : 회전자로 전기를 생산
② 계자(Field Magnet) : 고정자로 자속을 공급
③ 정류자(Commutator) : 교류에서 직류로 변환
④ 브러쉬 : 발전된 전기 외부 인출
⑤ 공극 : 계자와 전기자 사이

(2) 원리

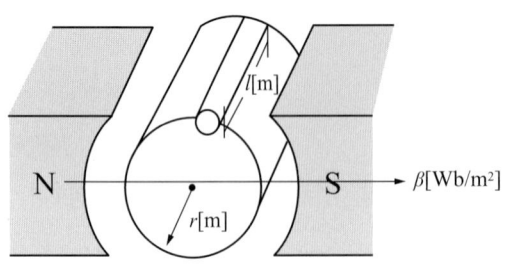

플레밍의 오른손 법칙 $e = B \times v \times l \times \sin\theta [V]$
최대 유기기전력 $e = B \times v \times l [V]$

B : 자속밀도 $B\,[wb/m^2]$
l : 도체의 길이 [m]
v : 주변속도 또는 회전속도 [m/s]

① B : 자속밀도 $B\,[wb/m^2]$

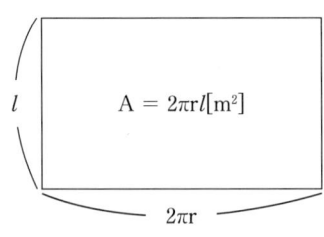

$B = \dfrac{P\phi}{2\pi rl}[wb/m^2]$(여기서, P는 극수, $\phi[wb/\quad]$이다.)

② v : 주변속도 또는 회전속도[m/s]
$v = \dfrac{2\pi rN}{60}[m/s]$(여기서, N[rpm]이다)

③ 도체 1개의 유기기전력
$e = B \times l \times v[V]$
$= \dfrac{P\phi}{2\pi rl} \times l \times \dfrac{2\pi rN}{60}[V]$
$= \dfrac{P\phi N}{60}[V]$

④ 전체 유기기전력
$B = e \times \dfrac{Z}{a}\,[V]$(여기서, Z는 총 도체수, a는 병렬 회로수이다)
$= \dfrac{P\phi N}{60} \times \dfrac{Z}{a}\,[V]$
$= \dfrac{PZ}{60a} \times \phi \times N = K \times \phi \times N[V]$(여기서, K = 기계상수이다)

3) 철손(무부하손, 고정손) 대책

(1) 저규소 강판(규소 1~1.5% 첨가, 변압기에서는 규소 4% 첨가) : 히스테리시스손 감소

$P_h = k \times \dfrac{f}{100} \times B_m^2 \, [W/kg]$ (여기서, $B_m[wb/m^2]$는 지속밀도이다.)

(2) 성층 : 와류손 감소

$P_h = k \times t^2 \times (\dfrac{f}{100})^2 \times B_m^2 \, [W/kg]$ (여기서, t는 철심두께이다.)

✦ 참고

① 브러쉬
  ⓐ 탄소질 : 접촉저항 크다, 저전류에 사용, 저속기
  ⓑ 흑연질 : 접촉저항 작다, 대전류에 사용, 고속기
② 기자력 $F_m = NI_0 [AT]$ (여기서, I_0는 여자전류이다.)
③ 자기력(쿨롱의 법칙) $F = H\phi = Hm [N]$ (여기서, $H[AT/m]$는 자기장의 세기 또는 자화력이다.)
④ 전기력(쿨롱의 법칙) $F = EQ [N]$ (여기서, $E[N/C] = [V/m]$는 전기장의 세기 이다.)
⑤ 전자력(플레밍의 왼손 법칙)
⑥ 유기기전력(플레밍의 오른손 법칙) (전동기에서는 역기전력이다.)
⑦ 유도기전력(패러데이 렌쯔의 전자기유도 법칙)
⑧ $H[AT/m]$ 공식 4가지
  ⓐ 직선전류 $H = \dfrac{I}{2\pi r} [AT/m]$
  ⓑ 환상 솔레노이드 $H = \dfrac{NI}{2\pi r} [AT/m]$
  ⓒ 원형코일 중심 $H = \dfrac{NI}{2r} [AT/m]$
  ⓓ 무한장 솔레노이드 $H = \dfrac{N}{1[m] \text{기준}} \times I [AT/m]$
⑨ 여자전류 I_0와 계자전류 I_f
  ⓐ 여자전류(exciting current) : 교류에서 전기기기의 코일에 흘려서 자기력선을 발생하게 하는 전류로 손실을 포함한 전류이다.
  ⓑ 계자전류(field current) : 직류에서 계자권선(여자권선)에 흐르는 전류이다.
⑩ 기전력(전압, 전위차), (옴의 법칙)

4) 전기자 권선법

고상권, 폐로권, 이층권, 파권(직렬권), 중권(병렬권)으로 사용한다.

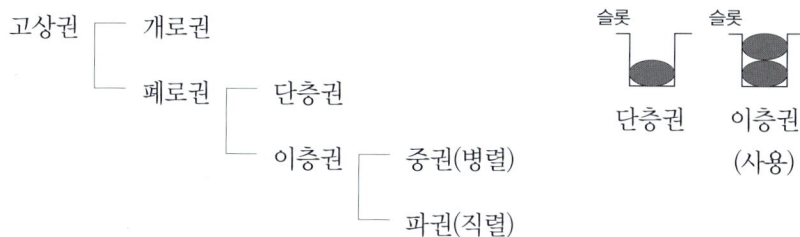

(1) 중권

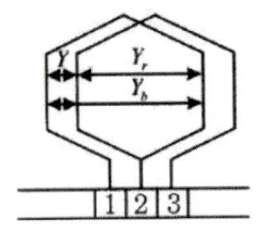 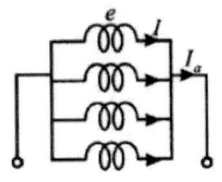

(2) 파권

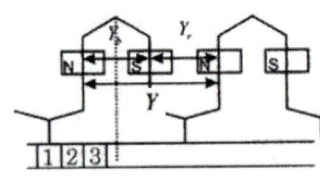 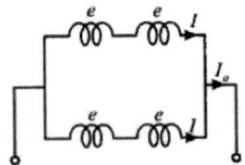

중권(병렬권)	파권(직렬권)
병렬 회로수 : a = p	병렬 회로수 : a = 2
저전압, 대전류($I_a = a \times I[A]$)	고전압, 소전류($I_a = 2 \times I[A]$)
합성 피치 : $Y = Y_b - Y_r$	합성 피치 : $Y = Y_b + Y_r$
균압환 설치(중권 4극 이상 시)	

(3) 직류발전기의 문제 해결
　① 전기자 반작용 기자력 방지 대책
　　ⓐ 전기자 반작용 기자력은 전기자 도체에 흐르는 전류에 의해 발생된 자기력 선이 계자 자기력 선 (주 자속)에 영향을 주어 계자 자기력 선이 물결모양으로 찌그러지게 하는 기자력이다.

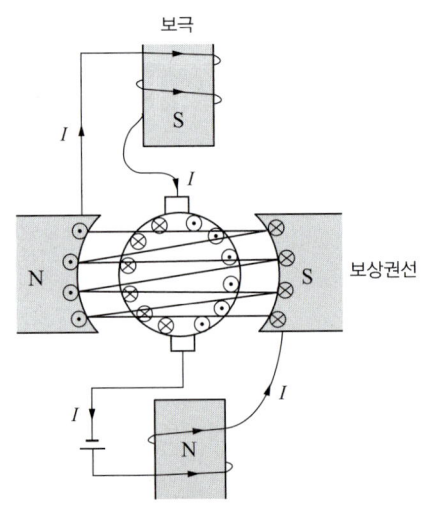

ⓑ 대책
- 보상권선 : 주자극편에 설치 한다. 전기자에 상대하는 면에 슬롯을 만들어 슬롯 안에 설치한 권선으로 반대 방향의 전류를 흘려줌으로서 대부분의 전기자 반작용 기자력을 상쇄시킨다.
- 보극 : 공극의 자속을 평형시킨다.

② 양호한 정류 대책
ⓐ 정류 작용은 전기자 도체의 전류가 브러시를 통과할 때마다 전류의 방향을 반전시켜 교류 기전력을 직류로 변환시키는 작용이다.
- 정류 곡선

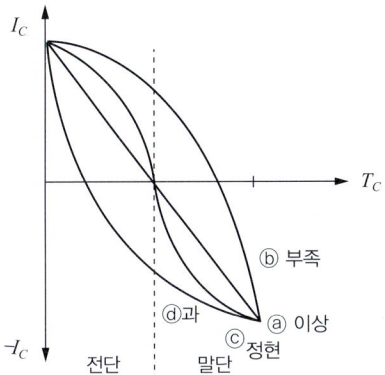

- 직선 정류 : 이상적, 현실 불가능
- 부족 정류 : 현실적 문제, 브러시 말단에 불꽃 발생
- 정현 정류 : 보극을 설치 시
- 과 정류 : 보극을 과하게 설계하면 브러시 전단에 불꽃 발생

ⓑ 양호한 정류 대책

$$\text{리액턴스 전압 } V_L = L \times \frac{2I_C}{T_C}$$

↓ 작게

- 리액턴스 전압을 작게 한다
- 인덕턴스를 감소한다.
- 정류 시간을 길게 한다 → 주변속도를 늦춘다.
- 접촉저항이 큰 탄소질 브러시를 사용한다.

(4) 직류발전기의 종류

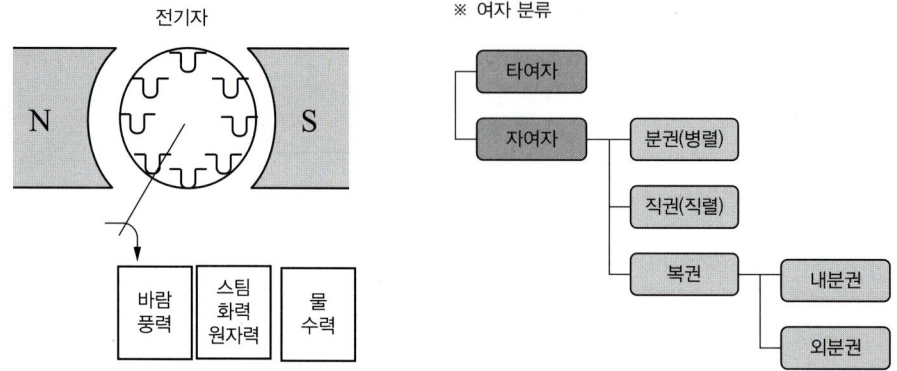

① 타여자 발전기 : 정전압 특성

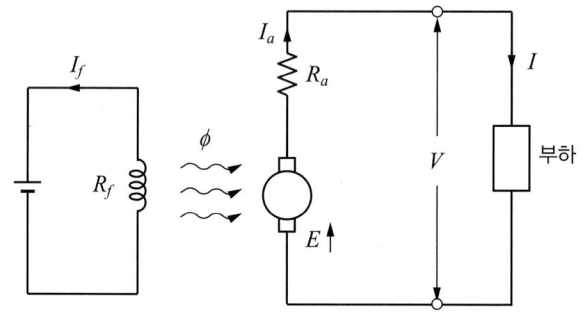

- $R_a[\Omega]$: 전기자 저항
- $R_f[\Omega]$: 계자 저항
- $I_a[A]$: 전기자 전류
- $I_f[A]$: 계자 전류
- $I[A]$: 부하 전류
- $E[V]$: 유기기전력 $= \dfrac{PZ}{60a} \times \phi \times N = K \times \phi \times N[V]$ (여기서 N은 회전속도)
- $V[V]$: 단자전압

> **참고**
> ① Field magnet : 계자는 전자석 또는 영구자석으로 만든 자기적인 힘이 파급되는 범위이다.
> ② Armature = 전기자
> ③ Comutator = 정류자
> ④ Normal current(정상적 전류) = Rated current(정격 전류) = Load current(부하 전류)

ⓐ 부하 시

$I_a = I[A]$
$E = V + I_a R_a + e_b + e_a [V]$ (e_b : 브러시접촉저항전압강하, e_a : 전기자반작용에 의한 전압강하)
$E = V + I_a R_a [V]$ (e_b, e_a : 이 둘은 값이 작아 무시한다.)
$V = E - I_a R_a [V]$

ⓑ 무부하 시 ($I = 0[A]$)

$V_0 = E[V]$

ⓒ 무부하 포화곡선

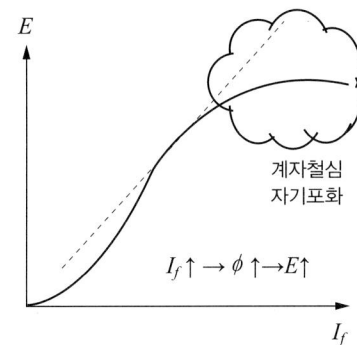

계자 전류가 무한히 증가하더라도 유기기전력은 계자철심 자기포화 현상때문에 더 이상 커지지 않는다.

ⓓ 외부특성곡선

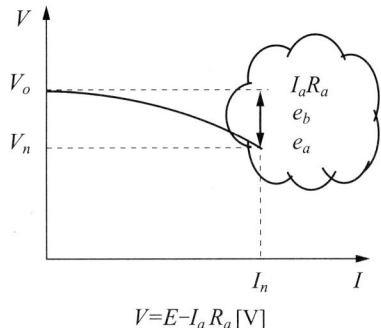

ⓔ 특징

- 잔류자기가 없어도 발전이 가능하다.
- 운전 중 전기자 회전 방향을 반대로 하면 극성이 반대로 발전한다.
- 계자 권선에 직렬로 저항을 넣고 이것을 가감함으로써 계자 전압을 전기자 전압과 관계없이 조정할 수 있어 직류 전동기 속도제어 전압방식 중 워드레오너드 방식의 전원으로 사용한다.
- 일정한 전압이 필요한 경우(정전압 특성)
- 교류 발전기의 주 여자기 전원(회전계자형에 공급하는 전원)으로 사용한다.

② 분권 발전기(R_f 잔류자기가 존재해야 한다.)

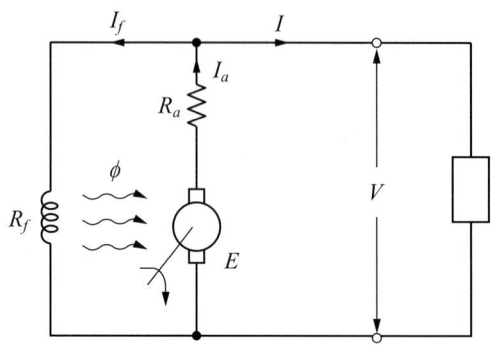

ⓐ 부하 시
$I_a = I_f + I[A]$
$E = V + I_a R_a [V]$
$V = E - I_a R_a = I_f R_f [V]$
$I_f = \dfrac{V}{R_f} = [A]$

ⓑ 무부하 시 ($I = 0[A]$)

$V_0 = E[V]$
$I_a = I_f = 0[A]$

> ✚ **참고**
> 운전 중 무부하 시 부하전류가 모두 계자에 흘러 계자권선이 소손된다. 즉, 운전 중 무부하는 금지한다.

ⓒ 무부하 포화곡선

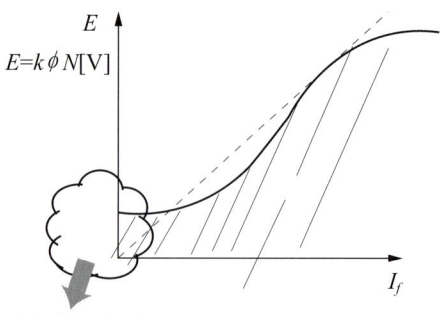

ⓓ 외부특성곡선 1

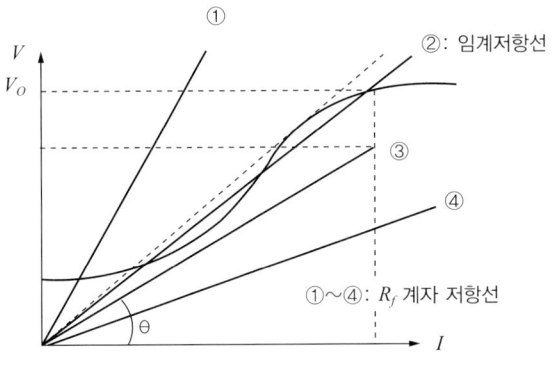

$$I_f = \frac{V}{R_f} \rightarrow R_f = \frac{V}{I_f} = \tan\theta$$

- R_f 가 너무 크면 유기기전력이 너무 작게 발전한다.
- R_f 가 임계저항선이 되면 유기기전력이 불안정하고, 급격히 변화한다.
- R_f 은 임계저항선 보다 작아야 한다. 그래야 안정된 전압으로 발전을 확립할 수 있다.

ⓔ 특징
- 잔류자기가 존재해야 발전이 가능하다.
- 역회전 운전 금지(잔류자기가 소멸하기 때문이다.)
- 운전 중 무부하 운전 금지(계자 권선이 소손되기 때문이다.)
- 전지 충전용, 교류 발전기의 보조 여자기 전원 (회전계자형에 공급하는 보조 전원)으로 사용한다.
- 외부특성곡선 2

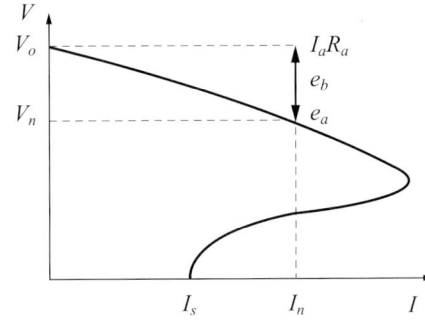 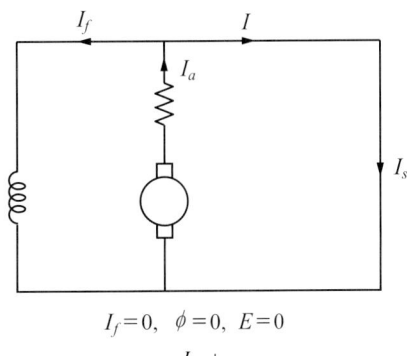

즉, 분권발전기에서 단락전류는 소전류이다.

③ 직권 발전기(R_f 잔류자기가 존재해야 한다.)

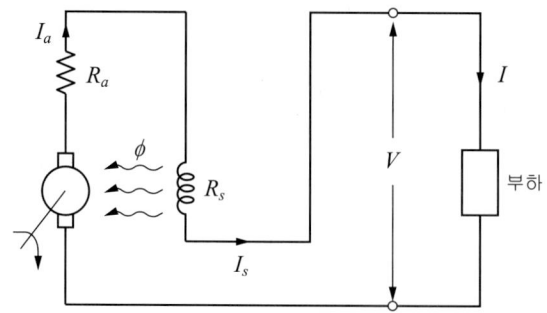

ⓐ 부하 시(여기서 s는 series 직렬을 뜻한다.)

$I_a = I_s = I[A]$
$E = V + I_a R_a + I_s R_s [V]$
$\quad = V + I_a(R_a + R_s)[V]$
$V = E - I_a(R_a + R_s)[V]$

ⓑ 무부하 시 ($I = 0[A]$)

$V_0 = E = 0[V]$
$I_a = I_s = I = 0[A]$
즉, 무부하 운전이 불가능, 그래서 무부하 포화곡선이 존재하지 않는다.

ⓒ 전압확립 조건(분권 발전기와 동일)

- 잔류자기가 존재해야 발전이 가능하다.
- 역회전 운전 금지(잔류자기가 소멸하기 때문이다.)

(4) 복권 발전기 (복권 = 분권 + 직권)

결선 방식에 따라 내분권과 외분권으로 나뉜다. 외분권을 중심으로 설명한다.

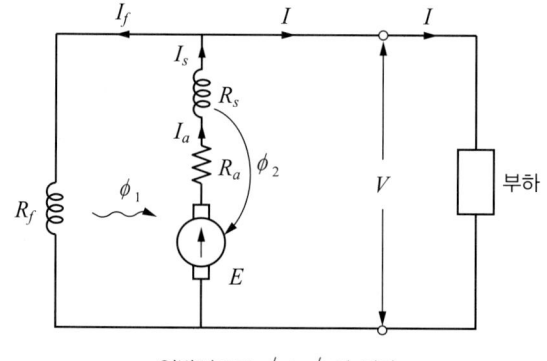

일반적으로 $\phi_1 > \phi_2$가 된다.

ⓐ 부하 시

$I_a = I_s = I_f + I [A]$
$E = V + I_a R_a + I_s R_s [V]$
$\quad = V + I_a(R_a + R_s)[V]$
$V = E - I_a(R_a + R_s)[V]$
$E = k(\phi_1 \pm \phi_2)N[V]$

ⓑ 직권, 분권 발전기로 사용시
- 분권 계자를 개방하면 직권 발전기로 사용할 수 있다.
- 직권 계자를 단락하면 분권 발전기로 사용할 수 있다.

ⓒ 외부특성곡선 : 결선 방식(가동복권, 차동복권)

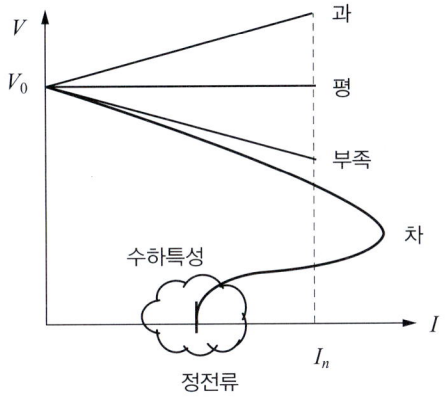

- 가동복권 $V = E - I_a(R_a + R_s)$ [V], $E = k(\phi_1 + \phi_2)N$[V]
  $I\uparrow \to I_a\uparrow \to I_s\uparrow \to \phi_2\uparrow \to E\uparrow$
- 과복권($E > I_a$, E가 I_a에 비해 증가 폭이 클 때) 예 부하가 냉장고만 있을 경우
- 평복($E = I_a$, E와 I_a의 증가 폭이 같을 때) 예 부하가 냉장고+김치냉장고 있을 경우
- 부족복권($E < I_a$, I_a가 E에 비해 증가 폭이 클 때) 예 부하가 냉장고+김치냉장고+에어컨 있을 경우

$$V = E\Uparrow - I_a\Uparrow (R_a + R_s)$$
$$E\Uparrow = k(\phi_1 + \phi_2\Uparrow)N$$

- 차동복권 $V = E - I_a(R_a + R_s)\,[\text{V}],\ E = k(\phi_1 - \phi_2)N[\text{V}]$
  $I\uparrow \rightarrow I_a\uparrow \rightarrow I_s\uparrow \rightarrow \phi_2\uparrow \rightarrow E\downarrow \rightarrow$ 급격히 $V\downarrow$

> 급격히↓ $V = E\Downarrow - I_a\Uparrow (R_a + R_s)$
> $E\Downarrow = k(\phi_1 - \phi_2\Uparrow)N$

이 수하특성을 이용하여 정전류를 공급한다. 용접기 발전기에 사용된다.

5) 직류발전기의 특성

(1) 전압 변동률

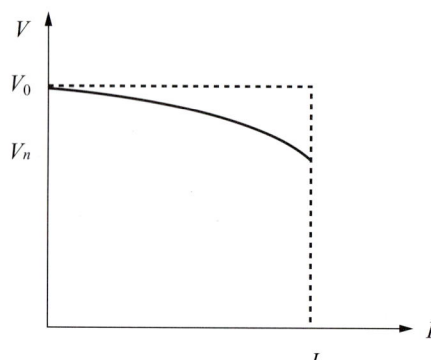

V_0 : 무부하 단자전압
V_n : 정격전압

$\varepsilon = \dfrac{V_0 - V_n}{V_n} \times 100\,[\%]$
비율로 나타낸다면
$\varepsilon = \dfrac{V_0 - V_n}{V_n} = \dfrac{V_0}{V_n} - \dfrac{V_n}{V_n} = \dfrac{V_0}{V_n} - 1$
$1 + \varepsilon = \dfrac{V_0}{V_n}$
$\therefore V_0 = (1 + \varepsilon)V_n$

(2) 직류발전기의 병렬운전 조건(왜? 용량이 부족하기 때문이다.)

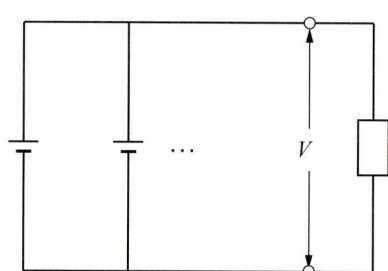

① 극성이 같을 것 (+는 +, −는 −, 전류의 방향을 일치한다.)

② 단자 전압이 같을 것

③ 용량은 임의의 것

④ 외부특성곡선이 비슷하고, 어느정도 수하특성일 것

⑤ 직권, 복권에는 공통점으로 '직권계자'가 있어 '균압모선(균압선)'이 필요하다.(균압모선은 저항이 아주 작은 동선이다.)

예상문제

1 직류 발전기에서 유기기전력 E를 바르게 나타낸 것은?(단, 자속은 ϕ, 회전속도는 n이다.)

① $E \propto \phi n$ ② $E \propto \phi n^2$
③ $E \propto \dfrac{\phi}{n}$ ④ $E \propto \dfrac{n}{\phi}$

정답 | ①

2 직류 발전기에 있어서 전기자 반작용이 생기는 요인이 되는 전류는?

① 동손에 의한 전류   ② 전기자 권선에 의한 전류
③ 계자 권선의 전류   ④ 규소 강판에 의한 전류

정답 | ②

2 직류전동기

1) 직류전동기의 원리

직류전동기는 높은 정밀도의 속도제어가 가능하여 광범위하게 사용된다.

(기계적인) 각속도
$$\omega = 2\pi n\,[rad/\sec] = \dfrac{2\pi N}{60}$$

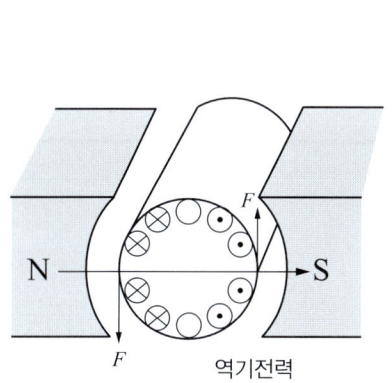

역기전력

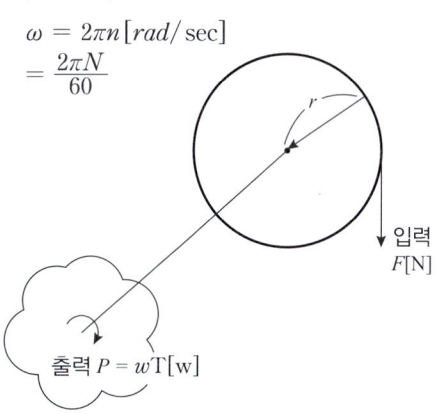

입력 $F[N]$

출력 $P = w\mathrm{T}\,[w]$

① 회전력, 토크 : $T = F \times r [Nm]$
② 초당 회전수 n [rps]
③ 분당 회전수 N[rpm] ※ rpm : revolution per minute
④ 기계적인 각속도
$\omega = 2\pi \times n [rad/\sec]$
$\omega = \dfrac{2\pi N}{60} [rad/\sec]$

⑤ 출력 : $P = \omega T = 2\pi n T [W]$

> **참고**
>
> 전기적인 각속도 $\omega = \dfrac{2\pi}{T} = 2\pi f [rad/\sec]$

2) 직류 분권 전동기의 특성

무부하 운전을 하더라도 탈주(runaway)하지 않고 최대속도에서 안정적으로 운전된다.

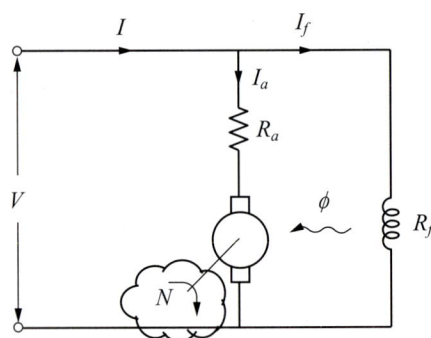

① 부하 시(예 전동드릴에 무언가 닿을 시)

$I = I_a + I_f [A]$
$V = E + I_a R_a = I_f R_f [V]$
$I_f = \dfrac{V}{R_f} [A]$
$E = V - I_a R_a [V]$

② 속도(분당 회전수 N[rpm])

$E = V - I_a R_a [V]$
$k\phi N = V - I_a R_a [V]$
$N = k' \dfrac{V - I_a R_a}{\phi} [rpm]$

(직류 전동기에서 속도 제어 관련 식, 꼭 기억하자)

③ 출력 $P[W]$

$V = E + I_a R_a [V]$

양 변에 $I_a[A]$ 곱하면

$VI_a = EI_a + I_a^2 \cdot R_a \ (I ≒ I_a)$
　↑　　↑　　↑
　입력 P　출력 P　동손

출력 $P = E \cdot I_a = \omega T[w]$

④ 회전력, 토크 $T[N \cdot m]$

ⓐ 첫 번째 토크 식($T = 9.55 \times \dfrac{P}{N}[N \cdot m]$)

출력 $P = E \cdot I_a = wT[w]$
$P = wT[w]$
$P = \dfrac{2\pi N}{60} \cdot \tau \Rightarrow \tau = \dfrac{60}{2\pi} \times \dfrac{P}{N} = 9.55 \times \dfrac{P}{N}[N \cdot m]$　①

ⓑ 두 번째 토크 식($T = 0.975 \times \dfrac{P}{N}[kg \cdot m]$)

$F = ma[N] \quad m[kg], a[m/s^2]$
$F = mg[N] \quad g = 9.8[m/s^2]$
$\dfrac{1}{9.8} \times \tau = 9.55 \times \dfrac{P}{N} \times \dfrac{1}{9.8}$

$\tau = 0.975 \dfrac{P}{N}[kg \cdot m] \quad P : 출력[W]$
　②　　　　　　　　　　　　　$N : 회전수[rpm]$

ⓒ 세 번째 토크 식($T = K \times \phi \times I_a[N \cdot m]$)

$EI_a = \omega T$
$T = \dfrac{1}{\omega} \cdot E \cdot I_a[N \cdot m]$
$= \dfrac{60}{2\pi N} \times \dfrac{PZ}{60a}\phi N \times I_a = \dfrac{PZ}{2\pi a}\phi I_a[N \cdot m] = T = K \times \phi \times I_a[N \cdot m]$　③

⑤ 속도 제어(결론 $R_f \propto N$)

$N = k' \dfrac{V - I_a R_a}{\phi}[rpm]$

ⓐ ϕ 계자 제어(정출력 제어는 출력 P가 일정한 제어다.)

$P = \omega T = \dfrac{2\pi N}{60} \times T[W]$

$R_f \uparrow \to I_f \downarrow \to \phi \downarrow \to N \uparrow \to T \downarrow$
$R_f \downarrow \to I_f \uparrow \to \phi \uparrow \to N \downarrow \to T \uparrow$

자동차 기어로 생각하면 이해하기가 쉽다. 1단은 1[Ω], 5단은 5[Ω]이다.

ⓑ V 전압 제어(정토크 제어는 토크 T와 역기전력 E가 일정한 제어다.)

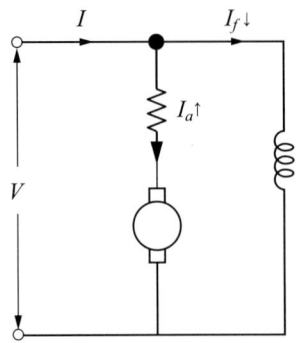

$V = E + I_a R_a [V]$ 에서 전압 $V\uparrow$
$I_a = \dfrac{V - E}{R_a} [A]$ $I_a \uparrow$ 커진다. 회로에서 $I_a \uparrow \rightarrow I_f \downarrow \rightarrow \phi \downarrow$
$T = K\phi \downarrow I_a \uparrow [N \cdot m]$ 에서 토크는 일정하다.
$N\uparrow = k' \dfrac{V - I_a R_a}{\phi \downarrow} [rpm]$ 된다.
$E = K\phi \downarrow N\uparrow [V]$ 에서 역기전력은 일정하다.

결과적으로 $V\uparrow \rightarrow I_a \uparrow \rightarrow I_f \downarrow \rightarrow \phi \downarrow \rightarrow N\uparrow$

자동차 기어로 생각하면 이해하기가 쉽다. 1단은 1[V], 5단은 5[V]이다.

3) 직류 타여자 전동기의 특성

정속도 전동기, 동기 전동기와 비교하면 출력은 작지만 속도제어가 쉽다.

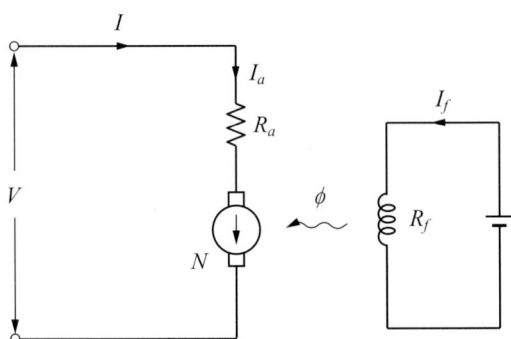

① 부하 시
$I = I_a [A], I_f = \dfrac{V_f}{R_f} [A], V = E + I_a R_a [V]$
$E = V - I_a R_a [V]$

② 회전력, 토크 제어 $T[N \cdot m]$
$T = k\phi I_a [N \cdot m]$ I_a 일정시 $T \propto \phi$
기동 시 : $R_f \downarrow \rightarrow I_f \uparrow \rightarrow \phi \uparrow \rightarrow T\uparrow$

③ 속도 제어(결론 $R_f \propto N$)

$N = k'\dfrac{V - I_a R_a}{\phi}[rpm]$

$R_f \uparrow \to I_f \downarrow \to \phi \downarrow \to T \downarrow \to N \uparrow$

4) 직류 직권 전동기의 특성

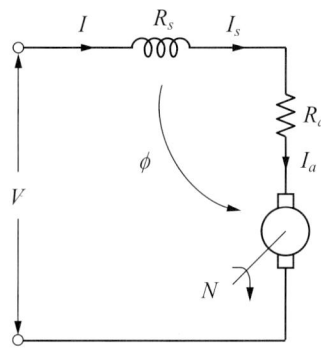

① 부하 시

$I = I_a = I_s [A] = \phi [wb]$
$V = E + I_a R_a = I_s R_s [V]$
$E(역기전력) = V - I_a(R_a + R_s)[V]$

② 속도 제어(결론 $I \propto \dfrac{1}{N}$)

$N = k'\dfrac{V - I_a R_a}{\phi}[rpm]$

ⓐ 부하증가 시 속도는 늦어진다. $I \uparrow \to I_a \uparrow \to I_s \uparrow \to \phi \uparrow \to N \downarrow$

ⓑ 무부하 운전 시 위험하다. $I = 0 \to I_a = 0 \to I_s = 0 \to \phi = 0 \to N = \infty$(위험속도)
벨트가 아닌 톱니, 체인으로 운전해야 한다.

③ 회전력 제어(토크 제어, $T[\text{N m}]$)(결론 $T \propto I^2 \propto \dfrac{1}{N^2}$)
직권에서는 $I = I_a = I_s[A] = \phi[wb]$이다.
$T = k\phi I_a = kI_a I_a = k(I_a)^2 = k(I)^2[\text{N m}] \quad \therefore T \propto I^2$
기동토크가 커서 기중기, 전기자동차, 전기철도에 사용된다.
$T = k\phi I_a = 9.55\dfrac{P}{N}[\text{N} \cdot \text{m}]$
여기서, 정출력 제어 시(출력 P가 일정하다.)
$9.55P = k\phi I_a N[\text{N m}]$
$9.55P = k(I)^2(N)^2[\text{N m}] \quad \therefore T \propto I^2 \propto \dfrac{1}{N^2}$

5) 직류 전동기 비교표(표 : 아래서부터 '직-가-분-차'로 변화가 큰 순서이다.)
   ① 부하전류 – 속도

   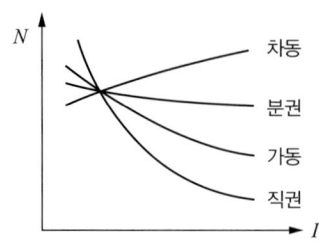

   ② 부하전류 – 토크

   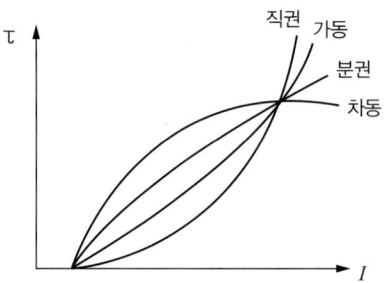

   토크가 가장 큰 직권이 기중기, 전기자동차, 전기철도에서 사용된다. 가동은 비록 속도변동률이 분권보다 나쁘지만 기동 토크가 커서 선호한다. 가동은 크레인, 엘리베이터에 이용된다.

6) 직류 전동기 제동
   ① 발전 제동
      전원을 차단한 상태에서 전동기에 유기되는 역 기전력을 외부저항에서 열로 소비하여 제동한다.

   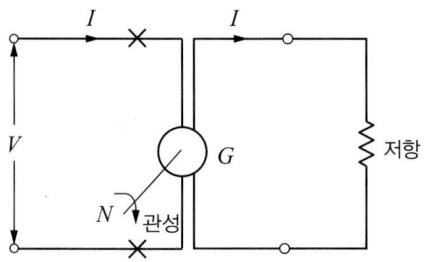

② 회생 제동(전기 자동차가 언덕에서 내려갈 때)
   전원을 접속한 상태에서 전동기에 유기되는 역 기전력이 전원 전압보다 크게 될 때 발생하는 전력을 축전지에 저장 및 전원 측에 반환하여 제동한다.

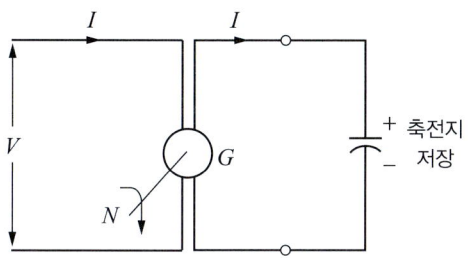

③ 역상 제동 (Plugging 플러깅)
   전기자 회로의 극성을 반대로 하면, 이때 발생하는 역 토크를 이용하여 급제동시킨다.

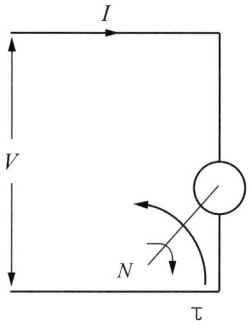

7) 직류 전동기의 손실 및 효율

(1) 손실 : $P_l(\text{loss}) = P_i + P_m + P_c + P_s$

① 무부하손(고정손) – 부하에 관계없이 항상 일정한 손실

ⓐ 철손 P_i(iron loss)

- 히스테리시스손 $P_h = k \times \dfrac{f}{100} \times B_m^2 [W/kg]$
  대책은 강판 제작 시 강자성체에 규소(1~1.4%)를 첨가해서 제작한다.

> **참고**
> 변압기 강판 제작 시 강자성체에 규소(4%), 코발트, 니켈을 첨가해서 제작한다.

- 와류손 P_e(eddy currunt loss) = $k \times t^2 \times (\dfrac{f}{100})^2 \times B_m^2 [W/kg]$ (여기서, t는 철심두께)
  대책은 강판을 성층한다.

ⓑ 기계손 P_m(mechanical loss) – 풍손, 마찰손

② 부하손 (가변손) – 부하에 따라 변화하는 손실

    ⓐ 동손 P_c(copper loss)

      • 전기자 동손 $P_a = I_a^2 R_a [W]$

      • 계자 동손 $P_f = I_f^2 R_f [W]$

    ⓑ 표유부하손 P_s(stray load loss) – 측정이나 계산으로 구할 수 없는 손실

(2) 효율 : $\eta\,(efficiency)$

① 실측효율 $\eta = \dfrac{출력}{입력}$ 　출력 = 입력 − 손실 / 입력 = 출력 + 손실

② 규약효율 η

    ⓐ 발전기 $\eta = \dfrac{출력}{출력+손실}$　　왜? 출력이 전기다.

    ⓑ 전동기 $\eta = \dfrac{입력-손실}{입력}$　　왜? 입력이 전기다.

예상문제

1 직류 분권전동기를 운전 중 계자 저항을 증가시켰을 때의 회전속도는?

① 증가한다.　② 감소한다.
③ 변함없다.　④ 정지한다.

정답 | ①

2 부하 변화에 대하여 속도 변동이 가장 적은 전동기는?

① 차동 복권　② 가동 복권
③ 분권　　　④ 직권

정답 | ③

3 각각 계자 저항기가 있는 직류 분권전동기와 직류 분권발전기가 있다. 이것을 직렬 접속하여 전동발전기로 사용하고자 한다. 이것을 기동할 때 계자 저항기의 저항은 각각 어떻게 조정하는 것이 가장 적합한가?

① 전동기 : 최대, 발전기 : 최소
② 전동기 : 중간, 발전기 : 최소
③ 전동기 : 최소, 발전기 : 최대
④ 전동기 : 최소, 발전기 : 중간

정답 | ③

2 동기기(synchronous, 정속도)

주파수, 극수로 정해진 기기로 일정한 속도로 회전하는 기기이다.
① 3상 동기 발전기 : 3상 교류 발전기 (회전계자형 전원은 타여자 발전기로 사용)
② 3상 동기 전동기
　ⓐ 고 출력 시 발전소 냉각수 대용량 펌프 용도로 사용(원자력, 화력 발전소에서 사용)
　ⓑ 무부하 운전 시 무효전력을 공급하는 기기로 사용(동기 조상기)

1 3상 동기발전기의 원리 및 구조

1) 원리

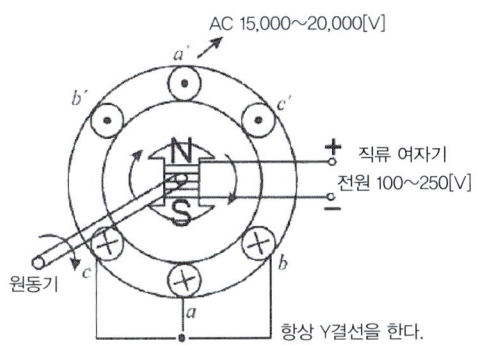

계자(회전자 도체)가 회전한다. 전기자(고정자 권선)는 고정이다.
계자를 일정한 속도로 회전시키면, 전기자에는 각각 크기는 같고 위상차 $\frac{2\pi}{3}[rad]$인 평형 3상 교류 기전력이 발생한다.

2) 왜 회전계자형이 대표적일까?
① 전기적 측면 : 낮은 전압이 회전하여 위험이 적고, 절연에 유리하다.
② 기계적 측면 : 계자는 철이며 전선이 2가닥, 전기자는 권선이며, 전선이 6가닥이다. 즉, 계자의 기계적 구조가 튼튼하고, 간단하다.

3) 동기속도(synchronous speed)
① 회전수 $n[rps]$(rps : radian per second)(여기서, P는 회전계자의 극 수이다.)
$$n = \frac{2\pi}{T} = \frac{\frac{2}{P}}{T} = \frac{2}{PT} = \frac{2f}{P}[rps]$$

② 동기속도 $N_s[rpm]$(rpm : revolution per minute)
$$N_s = n \times 60 = \frac{2f}{P} \times 60 = \frac{120f}{P}[rpm]$$

> **예상문제**
>
> **1** 동기속도 1,800[rpm], 주파수 60[Hz]인 동기발전기의 극수는 몇[극]인가?
>   ① 2   ② 4
>   ③ 8   ④ 10
>
>   정답 | ②

2 3상 동기전동기

1) 장점

① 동기속도 $N_s[rpm]$: 정속도로 운전한다. 속도가 일정하다.
② 출력이 크다 : 시멘트 공장의 분쇄기, 압축기, 송풍기, 동기조상기에 사용된다.
③ 항상 역률 1로 운전한다.
④ 단락비가 클 때 유도 전동기에 비하여 효율이 좋다. 철기계로 공극이 크고, 기계적으로 튼튼하다.

2) 단점

① 기동토크가 없다.(제동 권선과 직류 여자기가 필요하다. 고로 설비비가 많이 든다.)
② 난조(hunting, 진동)가 일어나기 쉽다. 안정도가 나쁘다.(제동 권선(계자 권선)이 필요하다.)
③ 속도제어가 어렵다.

3) 기동법

① 자기 기동법
2차 권선 역할을 하는 제동 권선을 계자 극면에 설치하고 단락시킨다. 단락하는 큰 이유는 2차 권선에 고전압이 유도되어 절연파괴 위험 때문이다. 폐회로가 되면 권선에 전류가 흘러 도체와 자속이 쇄교하여 회전력이 발생한다.

② 유도 전동기법
기동 전동기로 유도 전동기를 사용한다. 이때 유도 전동기는 동기 전동기 보다 극수가 2극 적은 전동기를 사용한다.

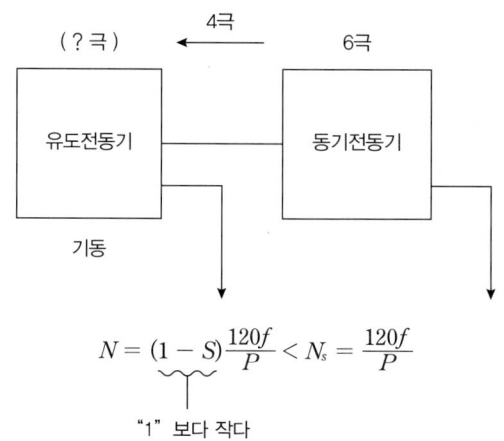

$$N = (1-S)\frac{120f}{P} < N_s = \frac{120f}{P}$$

"1" 보다 작다

4) V곡선(위상특성곡선)

정출력상태에서 계자전류 I_f를 변화시키면 전기자전류 I_a의 크기가 변화된다. 동시에 위상관계 $\cos\theta$도 변화된다.

① V곡선에서 역률이 1인 경우 전기자전류 I_a는 최소가 된다.
② 계자전류 I_f가 작으면 부족여자운전상태이다. 이때 지상전류가 되어 인덕터가 된다. 심야에 사용한다.
③ 계자전류 I_f가 크면 과여자운전상태이다. 이때 진상전류가 되어 캐패시터가 된다. 주간 평상시에 사용한다.

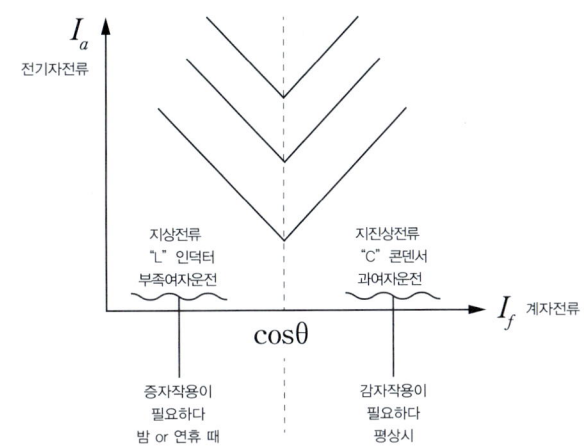

예상문제

1 동기기에서 난조(hunting)을 방지하기 위한 것은?

① 계자 권선
② 제동 권선
③ 전기자 권선
④ 난조 권선

정답 | ②

2 동기 전동기의 자기 기동에서 계좌 권선을 단락하는 이유는?

① 기동이 쉽다.
② 기동 권선으로 이용
③ 고전압 유도에 의한 절연 파괴 위험
④ 전기자 반작용을 방지한다.

정답 | ③

3 동기 조상기를 부족여자로 운전하면 어떻게 되는가?

① 콘덴서로 작용한다.
② 리액터로 작용한다.
③ 여자 전압의 이상 상승이 발생한다.
④ 일부 부하에 대하여 뒤진 역률을 보상한다.

정답 | ②

3 변압기(electric transformer)

1 변압기의 원리

변압기는 전력변환기기이다. 패러데이-렌쯔의 전자기유도법칙을 이용한다.
1차 권선에 교류 전력을 인가하면 2차 권선을 통해 동일 주파수의 교류 전력으로 변환하는 기기이다.

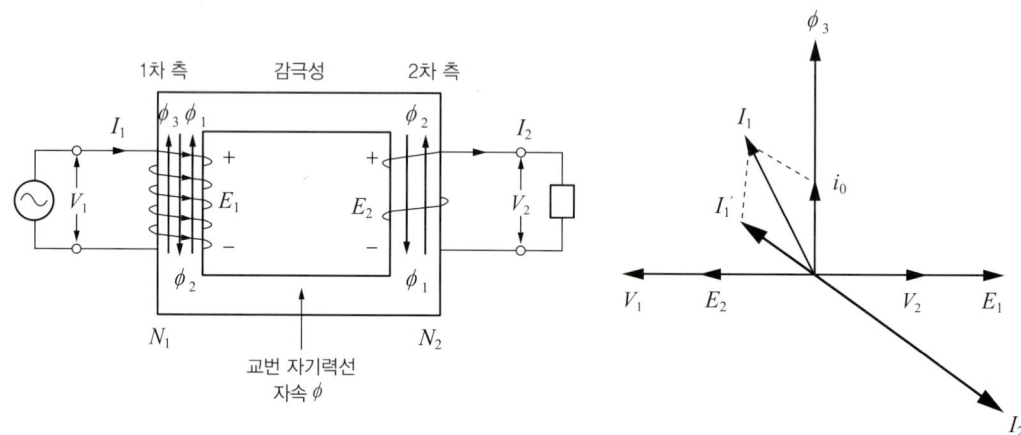

1) 이상적인 변압기(현재로써는 불가능하다.)

① 손실 및 누설자속, 자기포화가 없는 변압기이다.
② 부하가 있는 경우 1차, 2차 기자력이 같거나 1차, 2차 전력이 같을 때이다.
 $(Fm_1 = Fm_2$ 또는 $P_1 = P_2)$

2 권수비 a

$F_{m1} = F_{m2} \rightarrow N_1 I_1 = N_2 I_2 [AT] \rightarrow \dfrac{N_1}{N_2} = \dfrac{I_2}{I_1}$

$P_1 = P_2 \rightarrow V_1 I_1 = V_2 I_2 [W] \rightarrow \dfrac{V_1}{V_2} = \dfrac{I_2}{I_1}$

권수비 $a = \dfrac{N_1}{N_2} = \dfrac{I_2}{I_1} = \dfrac{V_1}{V_2} = \dfrac{E_1}{E_2}$

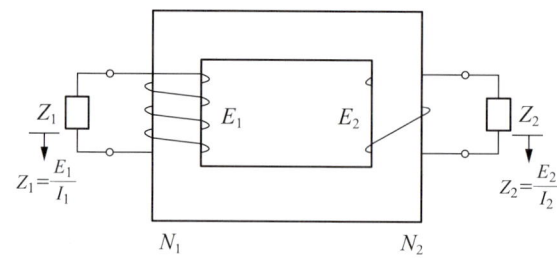

$Z_2 = \dfrac{E_2}{I_2} = \dfrac{\frac{1}{a}E_1}{aI_1} = \dfrac{1}{a^2} \times \dfrac{E_1}{I_1} = \dfrac{1}{a^2} \times Z_1, \therefore a^2 = \dfrac{Z_1}{Z_2}$

권수비 $a = \dfrac{N_1}{N_2} = \dfrac{I_2}{I_1} = \dfrac{V_1}{V_2} = \dfrac{E_1}{E_2} = \sqrt{\dfrac{Z_1}{Z_2}} = \sqrt{\dfrac{R_1}{R_2}} = \sqrt{\dfrac{X_1}{X_2}} = \sqrt{\dfrac{L_1}{L_2}}$

3 유도기전력

① $v_1 + e_1 = 0$ ② $e_1 = -N_1\dfrac{d\phi_1}{dt}[V]$ ③ $v_1 = \sqrt{2}\,V_1\cos\omega t[V]$

$v_1 = -e_1 = -(-N_1\dfrac{d\phi_1}{dt}) = \sqrt{2}\,V_1\cos\omega t[V]$

$N_1\dfrac{d\phi_1}{dt} = \sqrt{2}\,V_1\cos\omega t[V]$

$\dfrac{d\phi_1}{dt} = \dfrac{\sqrt{2}\,V_1}{N_1}\cos\omega t$

$\phi_1 = \dfrac{\sqrt{2}\,V_1}{N_1}\int\cos\omega t\,dt\,[wb]$

$\phi_1 = \dfrac{\sqrt{2}\,V_1}{\omega N_1}\int\cos t\,dt = \dfrac{\sqrt{2}\,V_1}{\omega N_1}\sin wt = \phi_m\sin wt\,[wb]$

$\phi_m = \dfrac{\sqrt{2}\,V_1}{\omega N_1}[wb]$

$V_1 = \dfrac{2\pi}{\sqrt{2}}fN_1\phi_m = 4.44fN_1\phi_m\,[V]$

4 %Z 퍼센트 임피던스(전압강하율)

1) 단상일 경우

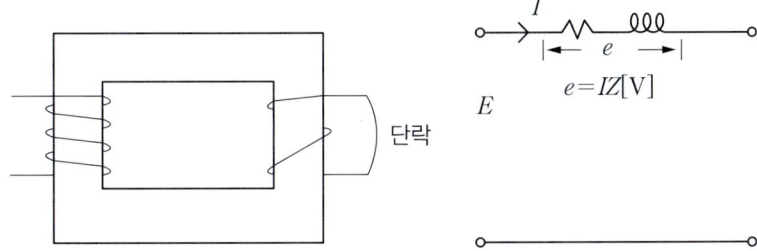

변압기 2차를 단락하고 1차에 저전압을 가하여 1차 단락전류를 측정한다. 이 때 1차 단락전류가 1차 정격전류와 같게 될 때 1차에 가한 전압을 '임피던스 전압'이라 한다. 임피던스 전압은 변압기 내의 전압강하를 의미한다. 또 이 때 입력을 임피던스 와트(전부하 동손, P_s)라 한다.

$\%Z = \dfrac{IZ}{E}\times 100\,[\%]$

여기서, 위 아래 E를 곱하면 $\%Z = \dfrac{P_1Z}{E^2}\times 100\,[\%]$ (여기서 P_1 단상용량$[VA]$)

여기서, P_1 단상용량$[kVA]$로 E 상전압$[kV]$로 단위를 변경하면 $\%Z = \dfrac{P_1Z}{10E^2}[\%]$

2) 3상일 경우

$\%Z = \dfrac{P_1Z}{10E^2} = \dfrac{P_1Z}{10(\dfrac{V}{\sqrt{3}})^2} = \dfrac{3P_1Z}{10V^2} = \dfrac{P_3Z}{10V^2}[\%]$

> **예상문제**

1. 변압기의 원리는 어느 작용을 이용한 것인가?
   ① 전자 유도작용 ② 정류 작용
   ③ 발열 작용   ④ 화학 작용

   정답 | ①

2. 다음 중 변압기에서 자속과 비례하는 것은?
   ① 권수   ② 주파수
   ③ 전압   ④ 전류

   정답 | ③

3. 권수비 2, 2차 전압 100[V], 2차 전류 5[A], 2차 임피던스 20[Ω]인 변압기의 ㉠ 1차 환산 전압 및 ㉡ 1차 환산 임피던스는?
   ① ㉠ 200[V] ㉡ 80[Ω]
   ② ㉠ 200[V] ㉡ 40[Ω]
   ③ ㉠ 50[V]   ㉡ 10[Ω]
   ④ ㉠ 50[V]   ㉡ 5[Ω]

   정답 | ①

4 유도전동기(induction motor)

1 아라고 원판 실험(회전 원리)

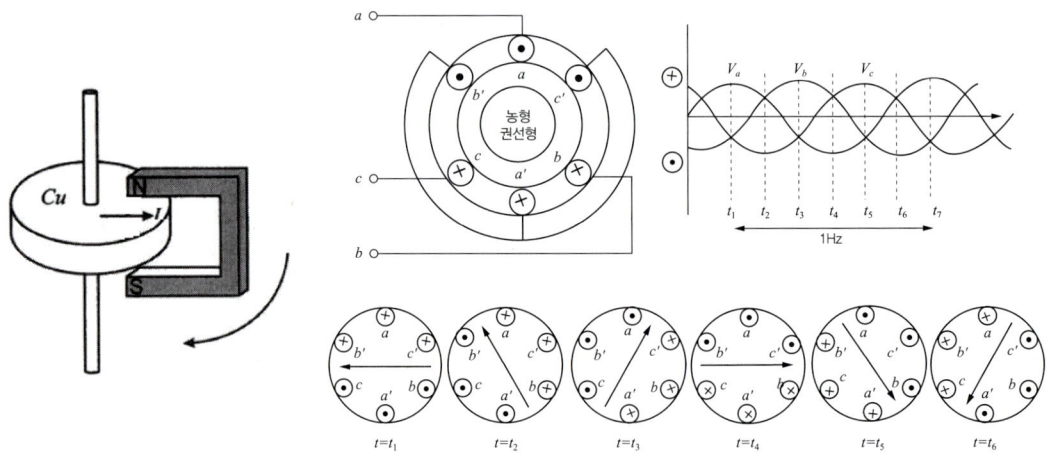

말굽모양의 영구자석을 화살표 방향으로 이동하면 구리 또는 알루미늄 원판은 영구자석이 이동하는 방향으로 유도되어 이동한다. 원판에는 플레밍의 오른손 법칙에 의해 맴돌이 전류가 흐른다. 이 맴돌이 전류 때문에 전자력이 생겨 플레밍의 왼손 법칙에 의해 같은 방향으로 이동한다. 이 원리는 프랑스 아라고의 실험에 의해 발견되었기에 아라고의 원판이라 불린다. 이와 같은 현상은 3상 유도전동기의 회전 원리이다.

2 3상 유도전동기의 이론($T = K \times \phi \times I_a[N \cdot m]$)

1) 슬립과 회전 속도

(1) 슬립

3상 유도전동기의 고정자 권선에 전원을 인가하면, 전류에 의해 회전 자기장이 발생한다. 이 자기장이 회전자의 도체를 통과하면서 회전자 도체에는 유도 전류가 흐른다. 이에 따라 회전 자속과 회전자 도체에 흐르는 유도 전류와의 곱에 비례하는 회전력(토크)가 발생한다. 회전자는 회전 자기장과 같은 방향으로 회전하기 시작한다.

고정자 권선에 의한 회전 자기장의 회전수 N_s를 동기 속도. 유도 전류에 의한 회전자 도체의 회전수 N을 회전자 속도. 항상 동기 속도와 회전자 속도 사이에 차이가 생기게 되는데, 이 차이와 동기 속도와의 비를 슬립(slip, 회전속도를 나타내는 상수)이다.

$$\text{슬립} \: s = \frac{\text{동기 속도} - \text{회전자 속도}}{\text{동기 속도}} = \frac{\text{상대 속도}}{\text{동기 속도}} = \frac{N_s - N}{N_s}$$

슬립 s가 커지면 회전자의 속도는 감소하고, s가 작아지면 회전자의 속도는 증가한다.

① 정지 상태(기동 시) : $s=1(N=0)$
② 동기속도 회전 시(무부하 시) : $s=1(N=N_s)$
③ 전 부하 운전 시 : $s=0.025 \sim 0.05$ 정도
④ 정 회전시 슬립의 범위 : $0 \leq s \leq 1$
⑤ 역 회전시 슬립 : $s = \frac{N_s - (-N)}{N_s}$
⑥ 역 회전시 슬립의 범위 : $1 \leq s \leq 2$

(2) 회전 속도

① 상대 속도 : $N_s - N = s \times N_s [rpm]$
② 회전자 속도 : $N = (1-s) \times N_s = (1-s) \times \frac{120f}{P}[rpm]$
③ 슬립과 속도 특성

동기 속도	상대 속도	실제 속도
1	s	$1-s$

④ 슬립과 토크 특성
  ⓐ $s \uparrow \rightarrow N \downarrow \rightarrow \phi \uparrow \rightarrow I_2 \uparrow \rightarrow T \uparrow$
  ⓑ $s \downarrow \rightarrow N \uparrow \rightarrow \phi \downarrow \rightarrow I_2 \downarrow \rightarrow T \downarrow$

2) 유도전동기의 등가 회로

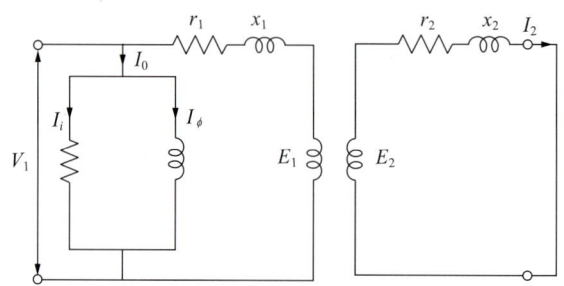

(1) 정지 시 유기기전력($s = 1$)

$E_1 = \dfrac{2\pi}{\sqrt{2}} \times f_1 \times N_1 \times \phi_m \times k_{w1} = 4.44 \times f_1 \times N_1 \times \phi_m \times k_{w1} [V]$

$E_2 = \dfrac{2\pi}{\sqrt{2}} \times f_2 \times N_2 \times \phi_m \times k_{w2} = 4.44 \times f_2 \times N_2 \times \phi_m \times k_{w2} [V]$

$f_1 = f_2 [Hz]$

정지 시 권수비 $a = \dfrac{E_1}{E_2} = \dfrac{N_1 k_{w1}}{N_2 k_{w2}}$

(2) 정 회전 시 유기기전력($0 \leq s \leq 1$)

$E_1 = \dfrac{2\pi}{\sqrt{2}} \times f_1 \times N_1 \times \phi_m \times k_{w1} = 4.44 \times f_1 \times N_1 \times \phi_m \times k_{w1} [V]$

$E_2 = \dfrac{2\pi}{\sqrt{2}} \times f_2 \times N_2 \times \phi_m \times k_{w2} = 4.44 \times f_2 \times N_2 \times \phi_m \times k_{w2} [V]$

$f_2 = s \times f_1 [Hz]$

$E_2' = s \times E_2 = 4.44 \times (s \times f_1) \times N_2 \times \phi_m \times k_{w2} [V]$

회전 시 권수비 $a' = \dfrac{a}{s} = \dfrac{E_1}{s \times E_2}$

> **➕ 참고 1**
>
> 권선계수(분포권 계수×단절권 계수)
>
> $k_w = k_d \times k_p$
>
> └ 이만큼 유기기전력이 감소한다. 하지만 유기기전력의 파형이 좋아진다.

참고 2

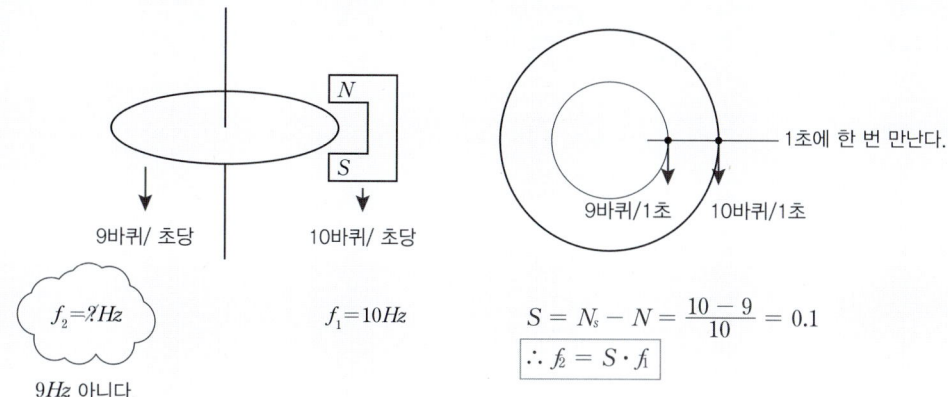

2차 주파수는 1차 주파수에 따라 변화하는 자속과 2차 도체가 쇄교하는 시간적 개념이다. 2차 도체가 정지해있는 변압기는 1차 자속의 변화가 2차 도체와 모두 쇄교함으로 주파수는 같다. 하지만 유도전동기 회전 시 2차 주파수는 1차 자속이 변화하는 방향으로 2차 도체가 유도되어 회전함에 쇄교비율이 줄어들어 결국 1[Hz]이다.

3) 유도전동기의 등가 회로 : 2차 전류

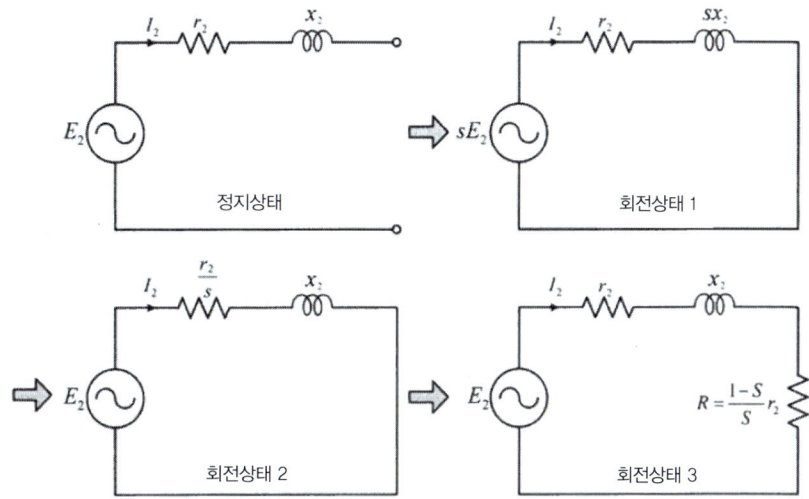

(1) 정지 상태 $\quad I_2 = \dfrac{E_2}{\sqrt{r_2^2 + x_2^2}}[A]$

(2) 회전 상태 1 $\quad I_2 = \dfrac{s \times E_2}{\sqrt{r_2^2 + (s \times x_2)^2}}[A]$

(3) 회전 상태 2 $\quad I_2 = \dfrac{s \times E_2}{\sqrt{r_2^2 + (s \times x_2)^2}} \times \dfrac{\frac{1}{s}}{\frac{1}{s}}[A]$

$\qquad\qquad\qquad I_2 = \dfrac{E_2}{\sqrt{(\frac{r_2}{s})^2 + x_2^2}}[A]$

(4) 회전 상태 3

$\dfrac{r_2}{s} = \dfrac{r_2}{s} - r_2 + r_2$

$\dfrac{r_2}{s} = (\dfrac{1-s}{s})r_2 + r_2$

$\dfrac{r_2}{s} = R + r_2$

$R = (\dfrac{1-s}{s})r_2\,[\Omega]$: 기계적인 2차 출력을 발생시키는 등가 저항, 전체 부하 토크와 같은 토크로 기동하기 위한 외부저항

즉, $I_2 = \dfrac{s \times E_2}{\sqrt{r_2^2 + (s \times x_2)^2}} = \dfrac{E_2}{\sqrt{(\frac{r_2}{s})^2 + x_2^2}} = \dfrac{E_2}{\sqrt{(R + r_2)^2 + x_2^2}}[A]$

(5) 회전 상태의 역률 $\cos\theta_2$

$\cos\theta_2 = \dfrac{(R + r_2)}{\sqrt{(R + r_2)^2 + x_2^2}} = \dfrac{(\frac{r_2}{s})}{\sqrt{(\frac{r_2}{s})^2 + x_2^2}}$

4) 유도전동기의 전력 변환

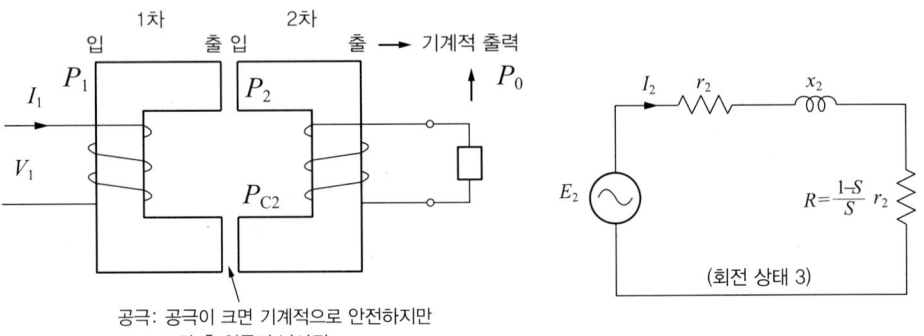

공극: 공극이 크면 기계적으로 안전하지만 1차 측 역률이 낮아짐.

(회전 상태 3)

(1) 2차 입력(1차 출력)($P_2 = P_0 + P_{c2}[W]$)

$P_2 = I_2^2 \times (R + r_2) = I_2^2 \times (\dfrac{r_2}{s})[W]$

(2) 2차 동손(2차 저항손)($P_{c2}[W]$)

$P_{c2} = I_2^2 \times r_2 = I_2^2 \times r_2 \times \dfrac{s}{s} = s \times P_2[W]$

(3) 기계적인 2차 출력($P_0 = P_2 - P_{c2}[W]$)

$P_0 = P_2 - P_{c2} = (1-s) \times P_2 = I_2^2 \times R[W]$

∴ $P_2 : P_{c2} : P_0 =$ 2차 입력 : 2차 동손 : 2차 출력 $= 1 : s : 1-s$

(4) 2차 효율(η_2)

$\eta_2 = \dfrac{P_0}{P_2} = 1 - s = \dfrac{N}{N_s}$

5) 유도전동기의 토크 특성

(1) 첫 번째 토크 식($T = 9.55 \times \dfrac{P_0}{N} = 9.55 \times \dfrac{P_2}{N_s}[N \cdot m]$)

$P_0 = \omega T = \dfrac{2\pi N}{60} T[W]$

$T = \dfrac{60}{2\pi} \times \dfrac{P_0}{N} = 9.55 \times \dfrac{P_0}{N} = 9.55 \times \dfrac{(1-s)P_2}{(1-s)N_s} = 9.55 \times \dfrac{P_2}{N_s}[N \cdot m]$

(2) 두 번째 토크 식($T = 0.975 \times \dfrac{P_0}{N} = 0.975 \times \dfrac{P_2}{N_s}[kg \cdot m]$)

$T = \dfrac{1}{9.8} \times \dfrac{60}{2\pi} \times \dfrac{P_0}{N} = 0.975 \times \dfrac{P_0}{N} = 0.975 \times \dfrac{(1-s)P_2}{(1-s)N_s} = 0.975 \times \dfrac{P_2}{N_s}[kg \cdot m]$

(3) 동기와트($P_2 = 1.026 \times N_s \times T[W]$)

동기속도로 회전할 때 토크를 2차 입력으로 표시한 것이다.

$T = 0.975 \times \dfrac{P_2}{N_s}[kg \cdot m]$

$P_2 = \dfrac{1}{0.975} \times N_s[rpm] \times T[kg \cdot m] = 1.026 \times N_s \times T[W]$

∴ $P_2 = 1.026 \times N_s \times T[W]$

6) 유도전동기의 토크와 공급전압의 관계($T \propto E^2$, 토크는 공급전압의 제곱에 비례한다.)

$T = 9.55 \times \dfrac{P_0}{N} = 9.55 \times \dfrac{P_2}{N_s}[N \cdot m]$

$T = 9.55 \times \dfrac{P_2}{N_s} = \dfrac{60}{2\pi N_s} \times P_2 = K_0 \times P_2 = K_0 \times E_2 I_2 \cos\theta_2 [N \cdot m]$

$T = K_0 \times E_2 \times \dfrac{E_2}{\sqrt{(\dfrac{r_2}{s})^2 + x_2^2}} \times \dfrac{\dfrac{r_2}{s}}{\sqrt{(\dfrac{r_2}{s})^2 + x_2^2}} = K_0 \times \dfrac{E_2^2}{(\dfrac{r_2}{s})^2 + x_2^2} \times \dfrac{r_2}{s}[N \cdot m]$

∴ $T \propto E^2$

7) 최대 토크 시 슬립 : 토크와 슬립의 관계(3상 유도전동기에서 공급전압이 일정하면 토크와 슬립은 관계없다.)

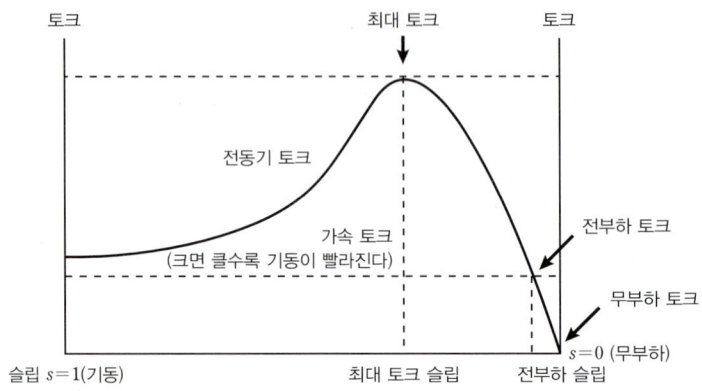

$$T = K_0 \times \frac{E_2^2}{(\frac{r_2}{s})^2 + x_2^2} \times \frac{r_2}{s}[N \cdot m] \Rightarrow \frac{dT}{ds} = 0 \Rightarrow 최대 토크 시 슬립\ s_{max} ≒ \frac{r_2}{x_2}$$

$$T = K_0 \times \frac{E_2^2}{(\frac{r_2}{s_{max}})^2 + x_2^2} \times \frac{r_2}{s_{max}} = K_0 \times \frac{E_2^2}{2x_2}[N \cdot m] \therefore T_{max} = K_0 \times \frac{E_2^2}{2x_2}[N \cdot m]$$

∴ 3상 유도전동기에서 최대토크는 공급전압이 일정하면 슬립 s 및 2차 저항 r_2에 관계없이 일정하다.

3 3상 유도전동기의 기동 및 속도 제어

1) 3상 유도전동기의 구조에 따른 기동 방법

기동 시 Point : 기동 전류를 제한한다. 기동 토크를 크게 한다.

(1) 권선형 유도전동기 : 2가지
 ① 2차 저항(기동 저항기, 외부 저항) : 비례추이

2차 저항의 가변을 통하여 기동 토크와 회전자 속도를 조정하는 것을 '비례추이'라 한다.

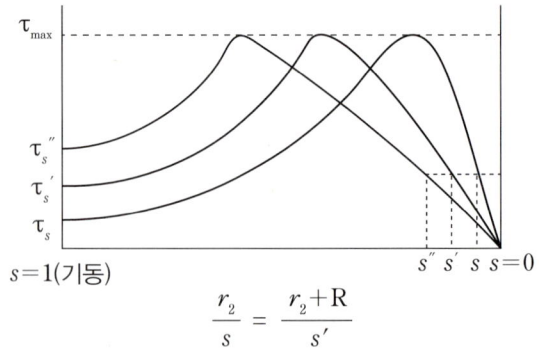

$$\frac{r_2}{s} = \frac{r_2 + R}{s'}$$

∴ $R\uparrow$(기동저항기)→ $S\uparrow → N\downarrow → T\uparrow$

ⓐ 기동 시 전 부하 토크와 같은 토크로 기동하기 위한 기동저항기(외부저항)의 값
$R = (\frac{1-s}{s})r_2 [\Omega]$

ⓑ 기동 시 전 최대 토크와 같은 토크로 기동하기 위한 기동저항기(외부저항)의 값
$R = (\frac{1-s_{max}}{s_{max}})r_2 [\Omega]$ ($s_{max} = \frac{r_2}{x_2}$ 대입하면)
$\therefore R_m \fallingdotseq x_2 - r_2 [\Omega]$

ⓒ 비례추이 가능 : 1차 입력 P_1, 1차 전류 I_1, 2차 전류 I_2, 역률 $\cos\theta$, 토크 T

ⓓ 비례추이 불가능 : 2차 출력 P_0, 2차 동손 P_{c2}, 전체효율 η, 2차 효율 η_2

② 2차 임피던스

(2) 농형 유도전동기 : 5가지
① 전전압 기동법 (직입기동법, 5kW 이하 소형 전동기에 사용) : 이 때의 기동 전류가 정격 전류의 4 ~ 6배이다.
② Y-△ 기동법 (5kW~15kW 이하 전동기에 사용, 임피던스 Z 일정 시)

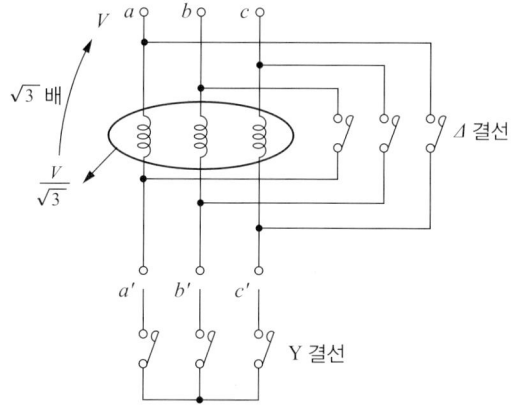

ⓐ $V_\triangle = \sqrt{3} V_Y$

ⓑ $I_\triangle = 3I_Y$

$\frac{I_\triangle}{I_Y} = \frac{\frac{V_\triangle}{Z}}{\frac{V_Y}{Z}} = \frac{\frac{\sqrt{3}V}{Z}}{\frac{V}{\sqrt{3}Z}} = 3 \quad \therefore I_\triangle = 3I_Y$

ⓒ 유도전동기의 토크와 공급전압의 관계 : 토크는 공급전압의 제곱에 비례한다.
$T_\triangle = 3T_Y$

ⓓ $\therefore Y \rightarrow \triangle$ 로 운전 시 전압은 $\sqrt{3}$ 배, 전류는 3배, 토크는 3배가 된다.

③ 리액터 기동법(5kW ~ 15 kW 이하 전동기에 사용)

이때 1차측에 철심이 든 리액터를 직렬로 설치한다. 이 리액터에 의한 전압 강하를 이용하여 기동한다.

④ 기동보상기법(15kW 이상 전동기에 사용)

이때 3상 단권 변압기를 이용하여 기동전류를 제한한다.

I_2(기동보상기 2차측 전류) = 기동 전류 × 기동보상기 탭(3개의 탭, 50, 60, 80%의 탭)

⑤ 콘도로퍼법 (리액터 기동법 + 기동보상기법)

원활한 기동이 가능하지만 가격이 비싸다.

2) 3상 유도전동기의 구조에 따른 속도 제어 방법

$$N = (1-s) \times N_s = (1-s) \times \frac{120f}{P} [rpm]$$

(1) 권선형 유도전동기

① 2차 저항 제어법(슬립 s 제어, 소,중형) : 비례추이($R\uparrow$(기동저항기) → $T\uparrow$(기동 토크))

② 2차 여자 제어법(슬립 s 제어, 대형) : $E_c[V]$ 공급

$$E_2' = s \times E_2 = 4.44 \times (s \times f_1) \times N_2 \times \phi_m \times k_{w2} [V]$$
$$E_2' + E_c = (s \times E_2) + E_c [V]$$

ⓐ 크레머 방식 : 직류 전동기를 이용해서 공급한다.

ⓑ 세르비어스 방식 : 인버터를 이용해서 공급한다.

③ 종속법(종속 접속법) : 모터 2대를 외부적으로 종속 접속하는 방법

ⓐ 직렬접속 $N = (1-s)\dfrac{120f}{P_1 + P_2}[rpm]$

ⓑ 차동접속 $N = (1-s)\dfrac{120f}{P_1 - P_2}[rpm]$

ⓒ 병렬접속 $N = (1-s)\dfrac{120f}{\frac{P_1 + P_2}{2}}[rpm]$

(2) 농형 유도전동기

① 극수 변환법 (단계적인 속도제어)

이는 속도를 자주 바꿀 필요가 있고, 단계적인 제어를 해도 되는 기기에 이용된다.

ⓐ 1차 권선의 결선을 바꿔 극 수 변환하는 방법 (한 예로 1 : 2의 극 수비로 변환하면 2극↔4극으로 변환한다.)

ⓑ 극 수가 서로 다른 2개의 독립된 권선을 하는 방법(별개의 2단의 회전수를 얻는다.)

② 주파수 제어법 (연속적인 속도제어, 슬립 s 제어)

VVVF 인버터 장치(Variable Voltage Variable Frequency invert device) : 전압과 주파수를 바꾸어, 회전력의 슬립(slip)을 제어한다. 이 기술은 팬, 펌프 설비, 압연기 등 다양한 생산용 기기와 철도 차량, 전기자동차(하이브리드 차량), 가전제품 (에어컨, 냉장고) 등에 널리 이용되고 있다.

ⓐ 대용량의 GTO 사이리스터(gate turn off thyristor)을 이용하여 주파수를 변환
ⓑ PWM(pulse 폭 변조)제어를 이용하여 전압을 변환

⟨정회전 시 유기기전력 $(0 \leq s \leq 1) : f_2 = s \times f_1 [Hz]$⟩

$E_1 = 4.44 f_1 N_1 \phi_m k_{w1} [V]$ ∴ $f_1 \propto E_1$
$E_2' = sE_2 = 4.44 f_2 N_2 \phi_m k_{w2} = 4.44 (s \times f_1) N_2 \phi_m k_{w2} [V]$ ∴ $f_1 \propto E_2'$
$N = (1-s) \dfrac{120 f_1}{P} [rpm]$ ∴ $f_1 \propto N$

③ 1차 전압 제어법 : 토크는 전압의 제곱에 비례하므로 1차 전압을 변화하여 토크가 변화되면 슬립 s를 변화하여 속도 N을 제어하는 방식

$s \propto \dfrac{1}{T} \propto \dfrac{1}{E^2} \propto \dfrac{1}{V^2}, \; s \propto \dfrac{1}{N}$ ∴ $s \propto \dfrac{1}{V^2} \propto \dfrac{1}{N}$

4 3상 유도전동기의 제동법

1) 전기적 제동

① 발전제동(dynamic braking)
회로를 분리한 후 1차측에 직류 회로를 구성한다. 발생된 전력을 저항에서 열로 소비시키는 방법

② 회생제동(regenerative braking)
유도발전기로 동작시켜 그 발생 전력을 전원에 반환하면서 제동하는 방법

③ 역전제동(plugging braking)
1차 권선 3단자 중 임의의 2단자의 접속을 바꾸면 역방향의 토크가 발생되어 제동하는 방법

④ 단상제동(권선형 유도 전동기)
1차측을 단상 교류로 여자하고, 2차측에 저항을 넣으면 역방향의 토크가 발생되어 제동하는 방법

2) 기계적 제동 : 마찰

5 3상 유도전동기의 이상현상

1) 권선형 : 게르게스(괴르게스) 현상

2차 회로가 고주파 발생으로 한 선이 단선 사고로 슬롯 s가 50% 부근에서 더 이상 가속되지 않는 현상

2) 농형 : 크로우링(crawling, 차동기) 현상 : 낮은 속도에서 안정되어 더 이상 가속하지 않는 현상
   ① 회전자 슬롯의 수가 적당하지 않을 때
   ② 고정자 철심 계자에 고조파가 유기 되었을 때
   ③ 방지대책 : 경사 슬롯(skewed slot)을 채용한다.

> **참고**
> ① 고조파 : 사인파(기본파)가 아닌 주기적 반복 파형은 기본 주파수를 가지는 사인파와 기본 주파수의 정수배 사인파로 분해되는데 이 때 기본 주파수의 정수배 사인파 파형을 고조파라 한다. 그리고 주파수가 n배인 파형을 제 n차 고조파라 한다.
> ② 고주파 : 높은 주파수를 가진 전자파 이다.
>   ⓐ 전력 : 상용 주파수 50, 60[Hz] 이상을 말한다.
>   ⓑ 통신 : 가청 주파수 대인 20~2만[Hz] 이상을 말한다.

예상문제

1 유도 전동기에서 슬립이 1이면 전동기의 속도 N은?

① 동기속도보다 빠르다.   ② 정지한다.
③ 불변이다.   ④ 동기속도와 같다.

정답 | ②

2 비례추이를 이용하여 속도 제어가 되는 전동기는?

① 권선형 유도전동기   ② 농형 유도전동기
③ 직류 분권전동기   ④ 동기 전동기

정답 | ①

3 슬립 4[%]인 유도 전동기의 등가 부하 저항은 2차 저항의 몇 배인가?

① 5   ② 16
③ 19   ④ 24

정답 | ④

4 3상 권선형 유도 전동기의 기동 시 2차 측에 저항을 접속하는 이유는?

① 기동 토크를 크게 하기 위해
② 회전수를 감소시키기 위해
③ 기동 전류를 크게 하기 위해
④ 역률을 개선하기 위해

정답 | ①

5 유도 전동기의 Y − △ 기동 시 운전 토크와 운전 전류는 전 전압 기동 시의 몇 배가 되는가?

① $\frac{1}{\sqrt{3}}$배   ② $\sqrt{3}$배   ③ $\frac{1}{3}$배   ④ 3배

정답 | ③

6 단상 유도 전동기

단상 유도전동기는 소용량의 동력원으로 가정이나 소규모 공장, 작은 빌딩에서 사용되고 있다. 구조는 단상 권선으로 되어 있는 고정자 권선과 농형 회전자를 가지고 있다. 회전자계가 없다. 고정자 권선에는 진동하는 자계(alternating field)만이 존재할 뿐이다. 이 때 기동 토크는 발생하지 않아 스스로 기동할 수가 없다.

1) 2회전 자계 이론

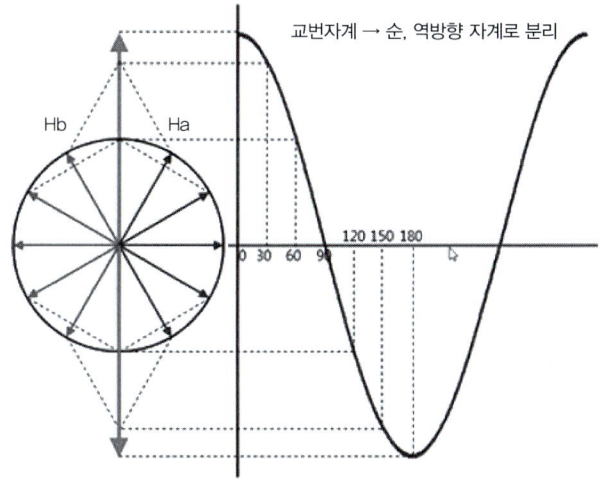

정방향 회전자계 측면에서 본 슬립 s_f

$$= \frac{N_s - N}{N_s} = s$$

역방향 회전자계 측면에서 본 슬립 s_b

$$s_b = \frac{-N_s - N}{-N_s} = \frac{N_s + N}{N_s}$$

$$s_b = \frac{N_s + N}{N_s} = \frac{2N_s - N_s + N}{N_s} = 2 - \frac{N_s - N}{N_s} = 2 - s$$

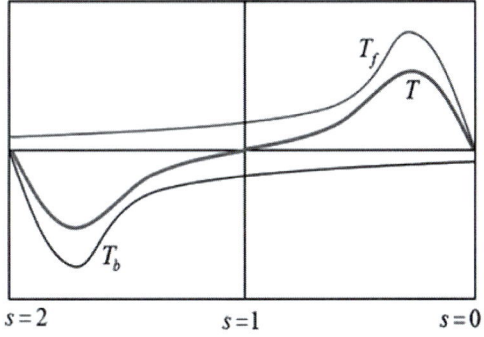

교번 자계 $H[\mathrm{AT/m}]$는 순, 역방향 자계로 분리할 수 있다.(서로 반대 방향으로 각속도 ω로 회전하는 자계 H_a와 H_b로 분해할 수 있다.) 시계 방향으로 회전하는 것을 H_a라 하고, 반시계 방향으로 회전하는 것을 H_b라고 하면, H_a에 의한 토크 T_a와 H_b에 의한 토크 T_b가 서로 반대 방향으로 작용한다. T_a와 T_b를 합하면 합성 토크 T가 된다. 토크 특성 곡선에서 슬립 $s=1$에서는 합성 토크는 $T = 0$이라 기동 토크가 없다. 외부에서 힘을 주어 회전자를 돌려주면 이 때 기동 토크가 발생하여 정상적인 운전을 하게 된다. 이 때 외부에서 힘을 주는 것을 단상 유도전동기 기동방법이다.

2) 단상 유도전동기 특성

① 기동 시 기동 토크가 없다. 그러므로 기동장치 및 기동방법이 필요하다.
② 슬립이 0이 되기 전에 토크는 미리 0이 된다.
③ 2차 회전자 권선 저항이 증가되면 최대토크는 감소하여 비례추이는 불가능하다.
④ 2차 회전자 권선 저항이 증가하여 어느 일정 값 이상이 되면 토크는 부 (−)가 된다.

3) 단상 유도전동기 기동방법(기동 토크가 큰 순서)

① 반발 기동형(회전자 철심 단락) : 회전자 철심에 기동권선을 통해 기동 시에는 반발 전동기로서 기동한다. 기동 후 정류자는 원심력에 의하여 자동적으로 단락하여 운전한다.
② 반발 유도형 : 기동 시 반발 기동형 이지만 기동 후에도 그대로 운전한다.
③ 콘덴서 기동형(고정자 철심 개방) : 기동 토크가 정격의 300%(분상 기동형의 2배)에 도달한다.

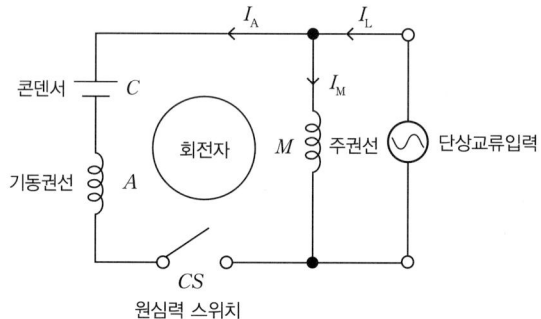

구조는 고정자 철심에 주권선과 기동권선+기동용 콘덴서+원심력 스위치, 두 개의 권선을 병렬로 연결한다. 회전자 속도가 증가하여 일정속도 (동기속도의 약 75%)에 도달하면 원심력을 이용한 스위치에 의해 기동권선+기동용 콘덴서가 자동으로 개방된다.

④ 분상 기동형(고정자 철심 개방) : 200[W] 이하의 전동기에 제한되어 사용된다.

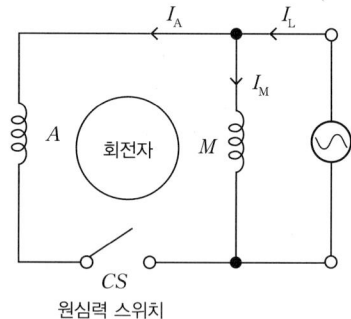

구조는 고정자 철심에 주권선과 기동권선+원심력 스위치, 두 개의 코일을 병렬로 연결한다. 회전자 속도가 증가하여 일정속도 (동기속도의 약 70~80%)에 도달하면 원심력을 이용한 스위치에 의해 기동권선이 자동으로 개방된다. 단점은 내부에 부착된 원심력 스위치로 인해 부피가 크고, 큰 기동 전류가 흐른다.

⑤ 셰이딩 코일형 (고정자 철심 개방) : 낮은 토크 부하를 구동하는데 사용한다.(예 소형 팬 환기구) 구조는 주권선만 있다. 기동권선 대신 돌극을 사용하며, 고정자의 구조를 살펴보면 자극의 한쪽 부분에 작은 돌극이 있다. 이 작은 돌극에 셰이딩 코일이라는 단락된 코일을 끼워 넣는다. 구조가 간단하다는 이점 빼고는 기동토크가 매우 작고, 역률이 떨어지고, 회전방향을 바꿀 수 없는 결점이 있다. 매우 작은 출력의 소형 전동기에 사용된다.

예상문제

1 다음 중 단상 유동 전동기의 기동 방법 중 기동 토크가 가장 큰 것은?
① 분사 기동형　　② 반발 유도형
③ 콘덴서 기동형　④ 반발 기동형

정답 | ④

2 유도 전동기에서 회전 방향을 바꿀 수 없고, 구조가 극히 단순하며, 기동 토크가 대단히 작아서 운전 중에도 코일에 전류가 계속 흐르므로 소형 선풍기 등 출력이 매우 작은 0.05마력 이하의 소형 전동기에 사용되고 있는 것은?
① 셰이딩 코일형 유도 전동기　　② 영구 콘덴서형 단사 유도 전동기
③ 콘덴서 기능형 단상 유도 전동기　④ 분상 기동형 단상 유도 전동기

정답 | ①

5 정류기(Alternating Current→Direct Current)

1 전력용 반도체 소자(반도체 스위칭을 이용한 정류기)

반도체는 고유저항 값이 $10^{-4} \sim 10^6 [\Omega]$을 가지는 물질로서 14족 Si(규소=실리콘), Ge(저마늄=게르마늄)등이 있다.
① 순수(진성)반도체는 14족 Si, Ge이다.
② 불순물 반도체
　－ P형 반도체(Positive) : 14족 Si, Ge + 13족 붕소, 알루미늄, 인듐 첨가
　－ N형 반도체(Negative) : 14족 Si, Ge + 15족 인, 비소, 안티모니 첨가

1) 분류

　(1) on, off의 의한 제어
　　① on, off 둘 다 불가능 : 다이오드
　　② on만 가능 : 사이리스터, 트라이액
　　③ on, off 둘 다 가능 : GTO, MOSFET, IGBT

(2) 전류 방향성
　① 단방향 : 다이오드, 사이리스터, GTO, MOSFET, IGBT
　② 양방향 : 트라이액

(3) 단자에 의한 분류
　① 2개 : 다이오드
　② 3개 : 사이리스터, 트라이액, GTO, 트랜지스터

2) 다이오드(Diode) : 교류를 직류로 변환하는 대표적인 정류소자

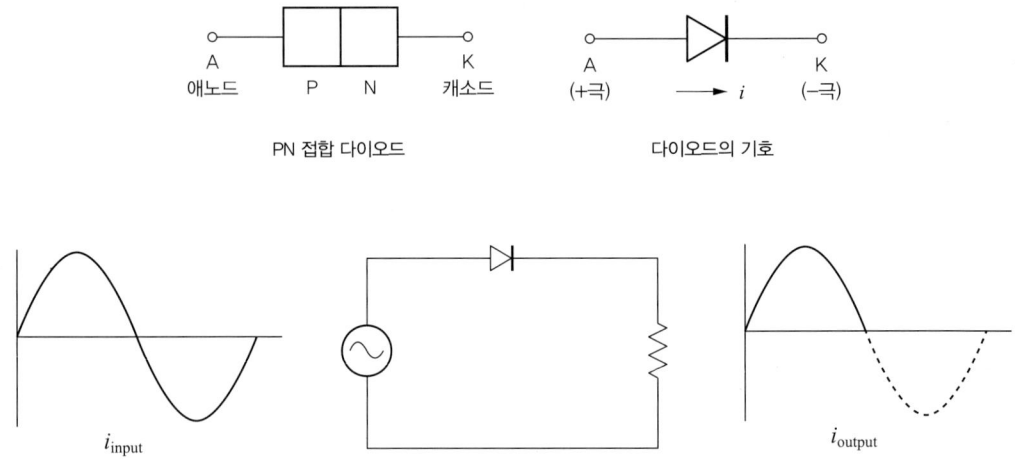

3) 사이리스터(Thyristor = SCR(silicon controlled rectifier)) : PNPN 접합의 4층 구조를 가지는 반도체 소자의 총칭

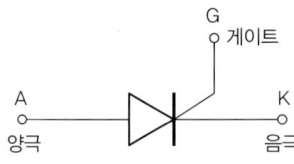

① Turn on(점호) : 게이트 전류(I_G)를 가하여 도통 완료까지의 시간이다.
② 유지 전류(holding current) : Turn on 상태를 유지하기 위한 최소한의 양극 전류이다.
③ 동작전류(래칭전류, latching current) : 유지전류 〈 래칭전류, Turn on 시 전류이다. SCR이 off에서 on으로 전환이 된 상태에서 게이트 전류가 제거된 직후 SCR을 on으로 동작하는데 필요한 최소한의 양극전류이다.

(여기서, 유지전류와 동작전류를 계전기의 동작에 비추어 설명하면 동작전류는 계전기가 동작할 수 있는 최소한의 전류이고, 유지전류는 계전기가 동작 중에 전류를 점점 줄였을 때 계전기가 동작하지 않게 되는 바로 직전의 전류이다.)

④ Turn on 조건

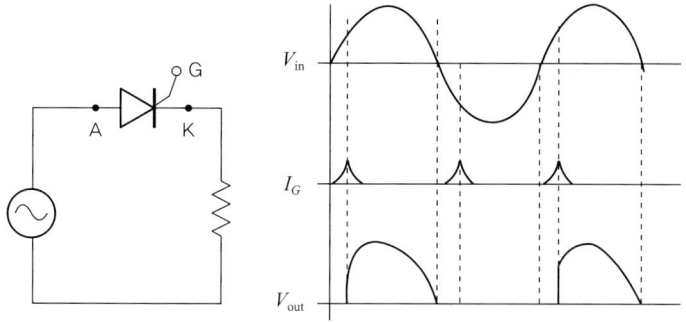

a. A와 K간에 순방향 전압이 인가되어 있을 때 게이트 전류를 주어야만 도통된다. 이때 게이트 전류가 차단되어도 계속 도통 상태를 유지한다.
b. A와 K간에 역방향 전압이 인가되어 있을 때 게이트 전류를 주어도 도통은 안된다.

4) 트라이액(TRIAC : Tri-electrode AC switch) : 세 전극 교류 스위치

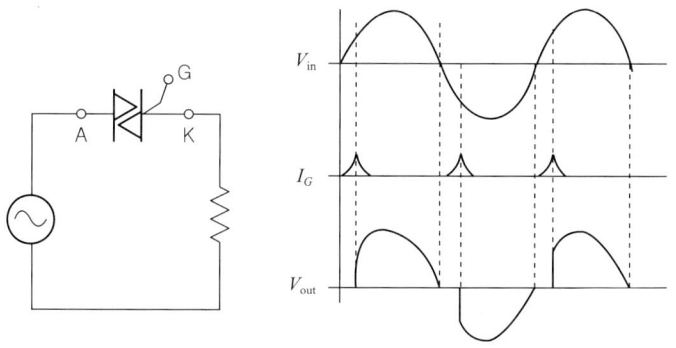

① 양방향성 3단자 사이리스터로 사이리스터를 병렬조합한 것이다.
② 전류방향을 바꾸고자 하면 먼저 Turn off(소호)가 되어야 한다. Turn off되면 다시 게이트 전류가 흐르기 전까지는 차단상태를 유지한다.

5) GTO(gate turn off Thyristor) : 단방향성이면서 Turn on, Turn off가 가능한 소자이다.

6) MOSFET(모스펫)(metal-oxide semiconductor field effect transistor, 금속 산화막 반도체 전계 효과 트랜지스터)

스위칭 속도가 매우 빠른 이점이 있지만, 용량이 작아 비교적 작은 전력 범위 내에서 사용된다는 한계
① source : 전자, 정공의 흐름이 시작하는 곳
② gate : 전자, 정공의 흐름을 열고 닫는 문
③ drain : 전자, 정공이 문을 지나 빠지는 곳

7) IGBT(절연 게이트 양극성 트랜지스터, insulated gate bipolar mode transistor)

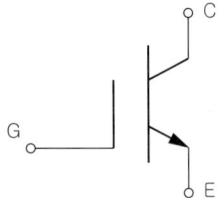

① 게이트의 전압으로 도통과 차단을 제어한다. (전압 제어 소자)
② 단방향성 소자
③ BJT + MOSFET + GTO의 기술을 합쳐 놓은 소자 (구조 복잡)

8) 트랜지스터 (transistor) : 반도체 접합해 만든 전자회로 구성요소

〈트랜지스터(스위치 작용, 증폭 작용)〉

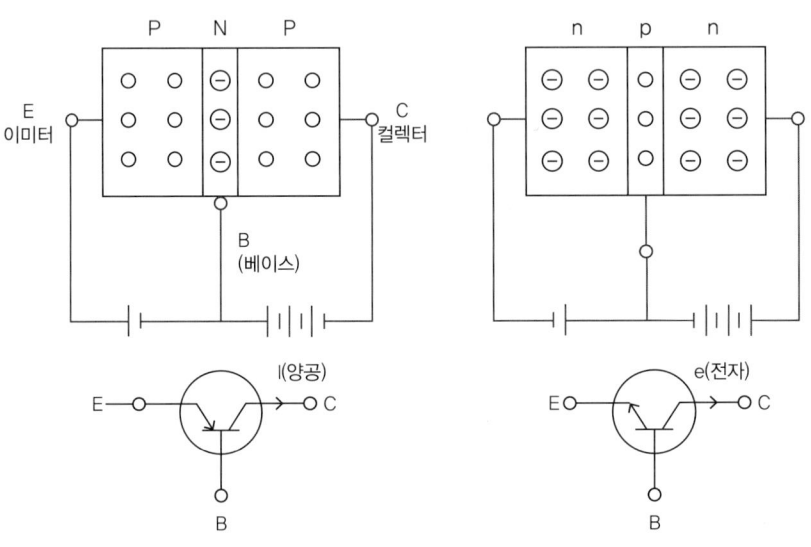

p-n-p형 트랜지스터   n-p-n형 트랜지스터

1	양극성 접합형 트랜지스터	전계 효과 트랜지스터
2	bipolar junction transistors	field effect transistors
3	BJT	FET
4	전류를 흘려 전류를 뽑아내는 current driving	게이트에 전압을 인가하여 전류를 뽑아내는 voltage driving
5	전류로서 전류를 제어	전계(전압)로서 전류를 제어
6	bipolar 소자 (쌍극성)	unipolar 소자 (단극성)
7	base, emitter, collector	gate, source, drain
8	자유전자와 정공이 모두 전도현상에 참여한다.	자유전자와 정공 중 하나만이 전도현상에 참여한다.
9	스피드가 빠르다 전류용량이 크다	입력 임피던스가 크다. 동작해석이 단순하고, 제조가 간편하다
10	NPN, PNP	N 채널, P 채널

예상문제

1 PN 접합 다이오드의 대표적 응용 작용은?

① 증폭 작용   ② 발진 작용
③ 정류 작용   ④ 변조 작용

정답 | ③

2 반도체 내에서 정공은 어떻게 생성되는가?

① 결합 전자의 이탈   ② 자유 전자의 이동
③ 접합 불량   ④ 확산 용량

정답 | ①

3 다이오드를 사용한 정류회로에서 다이오드를 여러 개의 직렬로 연결하여 사용하는 경우의 설명으로 가장 옳은 것은?

① 다이오드를 과전류로부터 보호할 수 있다.
② 다이오드를 과전압으로부터 보호할 수 있다
③ 부하출력의 맥동률을 감소시킬 수 있다.
④ 낮은 전압 전류에 적합하다.

정답 | ②

4 SCR 2개를 역 병렬로 접속한 그림과 같은 기호의 명칭은?

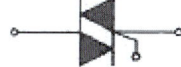

① SCR   ② TRIAC
③ GTO   ④ UJT

정답 | ②

2 정류회로 4가지 (다이오드를 이용한 정류회로)

$E[V]$: 교류 전압의 실효값, $E_{dc}[V]$: 직류 전압, $V_m[V]$: 교류 전압의 최대값

1) 단상 반파 정류회로

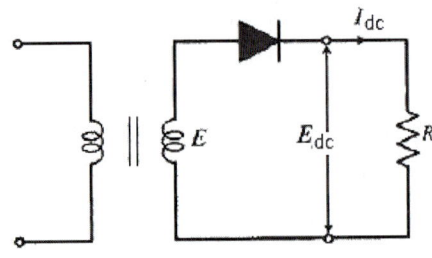

① $E_{dc} = \dfrac{1}{2\pi}\displaystyle\int_0^\pi V_m \sin wt\, dt = \dfrac{1}{\pi}V_m = \dfrac{1}{\pi}\sqrt{2}E = \dfrac{\sqrt{2}}{\pi}E = 0.45E\,[V]$

② PIV(최대역전압, peak inverse voltage) : $PIV = V_m = \sqrt{2}E\,[V]$

③ (전류) 정류효율 : 40.6[%]

④ 주파수 : $f_{out} = f_{in}\,[Hz]$

⑤ 맥동률 : $\sqrt{\dfrac{실효값^2 - 평균값^2}{평균값^2}} \times 100 = \dfrac{교류분}{직류분} \times 100 = 121[\%]$

2) 단상 전파 정류회로

(1) 다이오드 4개를 이용한 브릿지(bridge) 회로

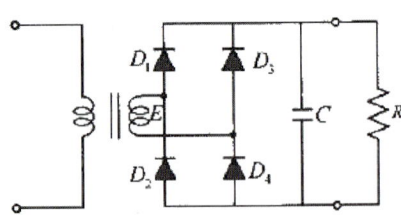

여기서, 부하는 다이오드 2개가 전류가 나가는 점, 들어오는 점에 연결한다.

① $E_{dc} = \dfrac{1}{\pi}\displaystyle\int_0^\pi V_m \sin wt\, dt = \dfrac{2}{\pi}V_m = \dfrac{2}{\pi}\sqrt{2}E = \dfrac{2\sqrt{2}}{\pi}E = 0.9E\,[V]$

② PIV(최대역전압, peak inverse voltage) : $PIV = V_m = \sqrt{2}E\,[V]$

③ (전류) 정류효율 : $40.6 \times 2 = 81.2[\%]$

④ 주파수 : $f_{out} = 2 \times f_{in}\,[Hz]$

⑤ 맥동률 : $\sqrt{\dfrac{실효값^2 - 평균값^2}{평균값^2}} \times 100 = \dfrac{교류분}{직류분} \times 100 = 48[\%]$

(2) 다이오드 2개를 이용한 회로

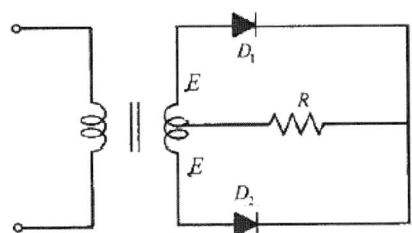

① $E_{dc} = \dfrac{1}{\pi}\int_0^\pi V_m \sin wt\, dt = \dfrac{2}{\pi} V_m = \dfrac{2}{\pi}\sqrt{2}\, E = \dfrac{2\sqrt{2}}{\pi} E = 0.9E\,[V]$

② PIV(최대역전압, peak inverse voltage) : $PIV = 2V_m = 2\sqrt{2}\, E\,[V]$

(3) 3상 반파 정류회로

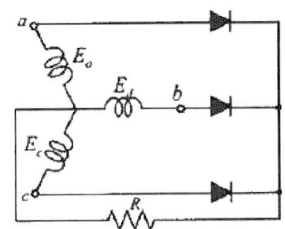

① $E_{dc} = \dfrac{1}{\frac{2\pi}{3}}\int_{\frac{\pi}{6}}^{\frac{5\pi}{6}} V_m \sin wt\, dt = \dfrac{3}{2\pi}\sqrt{3}\, V_m = \dfrac{3\sqrt{3}}{2\pi}\sqrt{2}\, E = \dfrac{3\sqrt{6}}{2\pi} E = 1.17E\,[V]$

② 주파수 : $f_{out} = 3 \times f_{in}\,[Hz]$

③ 맥동률 : $\sqrt{\dfrac{실효값^2 - 평균값^2}{평균값^2}} \times 100 = \dfrac{교류분}{직류분} \times 100 = 17\,[\%]$

(4) 3상 전파 정류회로

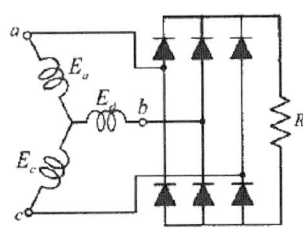

① $E_{dc} = \dfrac{1}{\frac{\pi}{3}}\int_{\frac{\pi}{3}}^{\frac{2\pi}{3}} V_m \sin wt\, dt = \dfrac{3}{\pi} V_m = \dfrac{3}{\pi}\sqrt{2}\, E = \dfrac{3\sqrt{2}}{\pi} E = 1.35E\,[V]$

② 주파수 : $f_{out} = 6 \times f_{in}\,[Hz]$

③ 맥동률 : $\sqrt{\dfrac{실효값^2 - 평균값^2}{평균값^2}} \times 100 = \dfrac{교류분}{직류분} \times 100 = 4\,[\%]$

참고 : 전력변환장치

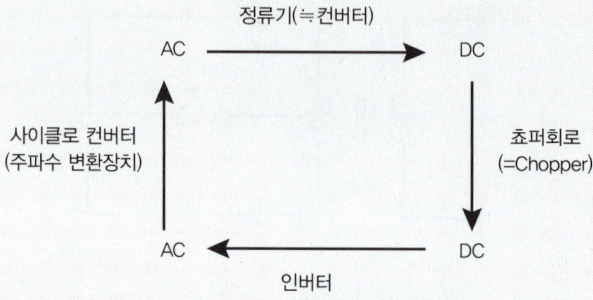

예상문제

1 상전압 300[V]의 3상 반파 정류 회로의 직류 전압은 약 몇 [V]인가?

① 520[V]   ② 350[V]
③ 260[V]   ④ 50[V]

정답 | ②

2 직류를 교류로 변환하는 장치로서 초고속 전동기의 속도 제어용 전원이나 형광등의 고주파 점등에 이용되는 것은?

① 인버터   ② 컨버터
③ 변성기   ④ 변류기

정답 | ①

03 Chapter 시퀀스 제어

1 시퀀스 제어의 개요

1 시퀀스 제어의 정의

제어(control)은 어떤 동작을 하도록 동작이 되도록 하는 것이다.
시퀀스(sequence)는 어떤 현상이 일어나는 순서이다.
시퀀스 제어(sequence control)는 미리 정해진 순서에 따라 제어의 각 단계를 점차로 진행해 나가는 제어이다.
시퀀스 제어는 제어량의 수정이 되지 않는 개회로 제어(open loop control)로 불연속적인 작업을 행하는 제어에 널리 사용된다.

2 시퀀스 제어의 분류

1) 제어 명령에 따른 분류

① 정성적 제어(qualitative control)
2진값 신호(binary signal)로 목표값이 변화하지 않는 제어, 상태 제어라고 한다. 즉, 목표값과 제어의 오차를 정정할 수 없는 것이 특징이다.

② 정량적 제어(quantitative control)
정확하고 신뢰성 있는 제어를 하기 위하여 제어계에서 출력 신호를 입력측에 궤환시켜 목표값과 일치하는가를 항상 비교한다. 오차를 자동적으로 정정할 수 있는 피드백 제어(feedback control, 궤환 제어), 폐회로 제어(closed loop control)라 한다.

2) 장치에 의한 분류

① 계전기 제어(relay control) : 계전기를 이용해서 배선을 하고 회로를 만든다.
② PLC 제어(Programmable logic controller control) : 심장부가 반도체인 PLC기기는 계전기 제어 보다 배선이 편리하고, 고 신뢰성이다.

	계전기 제어	PLC 제어
1. 기능	복잡한 제어 기능의 필요 시 대량의 릴레이가 필요하다.	프로그램으로 어떤 복잡한 제어 기능도 할 수 있다.
2. 제어 Logic의 변경성	배선을 변경하는 이외에는 방법이 없다.	프로그램 변경만으로 자유자재로 할 수 있다.
3. 신뢰성	통상 사용에는 문제없지만 접촉불량과 수명에 한계가 있다.	심장부가 반도체이기 때문에 고신뢰성이다.
4. 범용성	한 번 구성되면 타 장치의 제어에는 사용이 불가능하다.	내부 프로그램의 구성에 따라 어느 장치에도 응용이 쉽다.
5. 장치의 확장성	확장 및 개선에 많은 시간이 소요된다.	자유로운 확장이 가능하다.
6. 보수의 용이도	On-Line 보수가 곤란하며 부품의 교체가 어렵다.	On-Line 보수가 가능하며 필요 시 Unit 교체가 용이하다.
7. 기술적인 이해도	단순 Hardware 구성으로 이해가 비교적 쉽다.	Maker마다의 프로그램 방법을 습득해야 한다.
8. 장치의 크기	PLC에 비해 많은 공간을 차지한다.	제어의 복잡도와 PLC의 크기와는 연관이 없다.
9. 설계 및 제작기간	많은 도면을 필요로 하고 부품 수배, 조립, 시험에 시간이 걸린다.	복잡한 제어라도 설계가 용이하며, 제작에 시간이 많이 걸리지 않는다.

예상문제

1 미리 정해 놓은 순서에 따라 제어의 각 단계가 순차적으로 진행되는 제어 방식을 무슨 제어라 하는가?
① 시퀀스 제어　② 피드백 제어
③ 서보 제어　　④ 프로세서 제어

정답 | ①

2 출력 신호를 입력 쪽으로 되돌아오게 하고, 목표값에 따라 자동적으로 제어하는 것은 무슨 제어라 하는가?
① 피드백 제어　② 시퀀스 제어
③ 자동 제어　　④ 프로그램 제어

정답 | ①

3 피드백 제어 대상을 조작하기 위한 제어 대상의 입력 신호는?
① 조작 신호　② 제어 명령
③ 작업 명령　④ 검출 신호

정답 | ①

2 제어요소와 논리회로

1 시퀀스 제어의 기기

1) 접점의 종류

어떤 전기 기기를 운전하고자 할 때는 먼저 회로도가 필요하다. 이 때 회로에 전류를 on하거나 off 하도록 제어하는 역할을 하는 것이 접점이다.

① a접점(arbeit (normal open 또는 make) contact) : 동작되지 않은 상태에서 접점이 서로 떨어져 있는 접점이다.
② b접점(break (normal closed) contact) : 동작되지 않은 상태에서 접점이 서로 붙어 있는 접점, 외부 압력이 가해지면 접점이 끊어져 전류가 off된다.
③ c접점(change-over (transfer) contact, 공통 단자) : a접점, b접점을 결합한 단자로 전환 접점이다.

2) 회로에 사용되는 기기

(1) 스위치(switch)

① 푸시 버튼 스위치(push button switch)
회로에서 가장 기본이 되는 스위치로 사람이 직접 손으로 누르면 접점이 변하고 때면 스프링의 힘에 의해 자동으로 복귀하는 스위치이다.

② 리밋 스위치(limit switch)
기계적 신호를 전기적 신호로 바꿔주는 것으로 접촉식 검출 스위치이다.

③ 리드 스위치
자기 현상을 이용한 것으로 리밋 스위치를 부착할 공간 없을 때 사용된다.

④ 근접 스위치
자계 에너지를 이용하여 접근하는 물체를 비접촉식으로 검출한다.
 – 유도형 근접 스위치 : 금속체만 검출이 가능
 – 정전용량형 근접 스위치 : 금속체를 포함한 모든 물체 검출이 가능

(2) 계전기(relay, 릴레이)

① 전자 계전기 : 전자석의 원리를 이용해 유접점을 개폐하는 계전기이다.
 [   ]
  ㉠ 전달 기능 : 회로의 차단 및 전달을 동시에 할 수 있다.
  ㉡ 증폭 기능 : 전류를 수십 배로 증폭 할 수 있다.
  ㉢ 연산 기능 : 계전기를 여러 개 사용하면 할 수 있다.

ⓔ 변환 기능 : 릴레이는 코일부와 접점이 전기적으로 절연되어 있기 때문에 변환 할 수 있다.

② 타이머(time relay) : 미리 설정해 놓은 시간에 따라 접점을 개폐하는 계전기이다.
   ㉠ 한시동작 순시복귀 타이머(온 딜레이 타이머(ON delay timer)) : 전원이 on되고 설정시간이 지나야 접점이 동작한다. 전원이 off되면 즉시 접점은 복귀한다.
   ㉡ 순시동작 한시복귀 타이머(오프 딜레이 타이머(OFF delay timer)) : 전원이 on되면 즉시 접점이 동작한다. 전원이 off 되고 설정시간이 지나야만 접점은 복귀한다.

예상문제

1 기계적 운동을 전기적 신호로 바꾸어 주는 것으로 물체가 소정의 위치에 있는가, 힘이 가해져 있는가 등의 기계량의 검출에 사용되는 스위치는 어느 것인가?

① 리밋 스위치　② 액면 스위치
③ 온도 스위치　④ 근접 스위치

정답 | ①

2 전 단계의 작업 완료 여부를 리밋 스위치 또는 센서를 이용하여 확인한 후 다음 단계의 작업을 수행하는 것으로서 공장 자동화에 가장 많이 이용되는 제어 방법은?

① 메모리 제어　② 시퀀스 제어
③ 파일럿 제어　④ 시간에 따른 제어

정답 | ②

2 논리 회로

1) 논리 대수의 기초 논리 회로

(1) 수의 표현

① 2진법 : 0과 1의 2개의 숫자로만 표현한다.

② 2진화 10진 부호(BCD) : 10개의 숫자 0, 1, 2, 3, 4, 5, 6, 7, 8, 9를 각각 4자리 수의 2진법 0000, 0001, 0010, 0011, 0100, 0101, 0110, 0111, 1000, 1001로 바꾸어 10진수를 나타낸다.

③ 8진법 : 숫자 0~7을 이용해서 나타낸다.

④ 16진법 : 10진수의 10, 11, 12, 13, 14, 15에 대응하는 숫자에 A, B, C, D, E, F로 대신해서 나타낸다. (2) 10진수와 2진수의 상호 변환

10진수	2진수	8진수	16진수
0	0	0	0
1	1	1	1
2	10	2	2
3	11	3	3
4	100	4	4
5	101	5	5
6	110	6	6
7	111	7	7
8	1000	10	8
9	1001	11	9
10	1010	12	A
11	1011	13	B
12	1100	14	C
13	1101	15	D
14	1110	16	E
15	1111	17	F

(2) 10진수와 2진수의 상호 변환

$$2\,\underline{)\,41\ } \ \text{(나머지)}$$

```
2 ) 41   (나머지)
2 ) 20    1
2 ) 10    0
2 )  5    0
2 )  2    1
     1    0
```

(결과) 101001
10진 → 2진 변환(정수)

101001
$= 2^5 + 2^3 + 2^0$
$= 32 + 8 + 1$
$= 41$

(결과) 41
2진 → 10진 변환(정수)

(3) 논리 대수

① 논리 대수의 공리

X는 논리 변수라면

[1] X≠1이면 X=0   X≠0이면 X=1
[2a] 0·0=0   [2b] 1+1=1
[3a] 1·1=1   [3b] 0+0=0
[4a] 1·0=0·1=0   [4b] 0+1=1+0=1
[5a] $\overline{0}$=0   [5b] $\overline{1}$=0

② 논리 대수의 정리

㉠ 1변수 경우의 정리

[1a] X+0=X　　　　[1b] X · 1=X
[2a] X+1=1　　　　[2b] X · 0=0
[3a] X+X=X　　　　[3b] X · X=X
[4a] $\overline{X}$=X
[5a] X+$\overline{X}$=1　　　[5b] X · $\overline{X}$=0
[6a] X+X+…+X=X　　[6b] X · X · … · X=X

㉡ 2변수 이상인 경우의 정리

[7   ] : [a] X+Y=Y+X　　[b] X · Y=Y · X
[8   ] : [a] (X+Y)+Z=X(Y+Z)　　[b] (X · Y) · Z=X · (Y · Z)
[9   ] : [a] X · Y+X · Z=X · (Y+Z)　[b] (X+Y) · (X+Z)=X+(Y · Z)
[10   ] : [a] X · (X+Y)=X　　[b] X+X · Y=X
[11   ] : [a] $\overline{X+Y}=\overline{X} \cdot \overline{Y}$　　[b] $\overline{X \cdot Y}=\overline{X}+\overline{Y}$

(드 모르간의 법칙은 두 집합의 교집합과 합집합의 여집합이 두 집합의 여집합과 어떤 관계인지 서술한다.)

③ 카르노 맵 알아보기

1953년 미국의 수학자 겸 물리학자인 모리스 카르노에 의해 고안되었다. 불 함수(Boolean function)을 최소화시키기 위해서 사용한다.

㉠ 특징

 - 인접한 행(또는 열)에서 다음 행으로 바뀔 때 한 비트만 바뀜 ⇨ 인접한 항을 묶을 수 있음
 - 각 네모 칸은 최소항(midterm)을 의미 ⇨ 불 함수를 나타낼 수 있음

yz\wx	00	01	11	10
00	m0	m1	m3	m2
01	m4	m5	m7	m6
11	m12	m13	m15	m14
10	m8	m9	m11	m10

ⓒ 간략화 규칙
- 2^n개로만 묶을 수 있음
- 최대한 크게 묶어 묶음의 수를 최소화
- 각 항은 여러 번 재사용 가능
- 양쪽 끝은 연결되어 있음

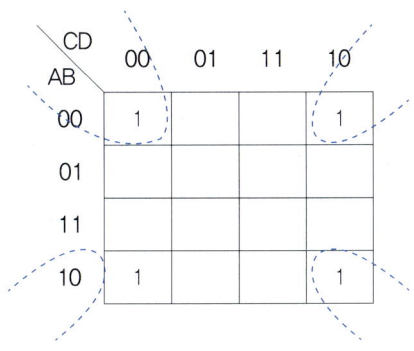
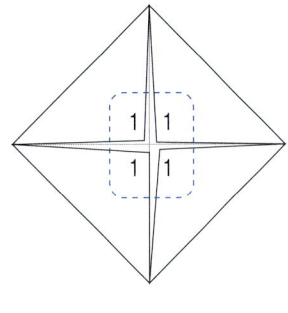

ⓒ 2-변수 카르노 맵
- 하나의 네모 칸은 2개의 리터럴 항을 나타낸다.
- 2개의 인접한 네모 칸들은 1개의 리터럴 항을 나타낸다.
- 4개의 인접한 네모 칸들은 전체 맵이며 1을 나타낸다.

EX) $F = x'y' + x'y + xy'$

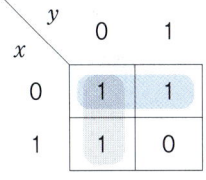

$x = 0$인 부분이 $1 \Rightarrow x'$
$y = 0$인 부분이 $1 \Rightarrow y'$
∴ $F = x' + y'$

ⓔ 3-변수 카르노 맵
- 하나의 네모 칸은 3개의 리터럴 항을 나타낸다.
- 2개의 인접한 네모 칸들은 2개의 리터럴 항을 나타낸다.
- 4개의 인접한 네모 칸들은 1개의 리터럴 항을 나타낸다.
- 8개의 인접한 네모 칸들은 전체 맵이며 1을 나타낸다.

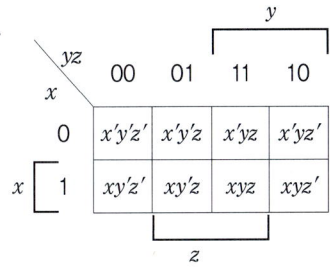

EX) $F = x'y' + x'z + y'z + xyz$

x \ yz	00	01	11	10
0	1	1	1	
1		1	1	

$x = 0, y = 0$인 부분이 $1 \Rightarrow x'y'$
$z = 1$인 부분이 $1 \Rightarrow z$
∴ $F = x'y' + z$

ⓒ 4-변수 카르노 맵
- 하나의 네모 칸은 4개의 리터럴 항을 나타낸다.
- 2개의 인접한 네모 칸들은 3개의 리터럴 항을 나타낸다.
- 4개의 인접한 네모 칸들은 2개의 리터럴 항을 나타낸다.
- 8개의 인접한 네모 칸들은 1개의 리터럴 항을 나타낸다.
- 16개의 인접한 네모 칸들은 전체 맵이며 1을 나타낸다.

m_0	m_1	m_3	m_2
m_4	m_5	m_7	m_6
m_{12}	m_{13}	m_{15}	m_{14}
m_8	m_9	m_{11}	m_{10}

wx \ yz	00	01	11	10
00	$w'x'y'z'$	$w'x'y'z$	$w'x'yz$	$w'x'yz'$
01	$w'xy'z'$	$w'xy'z$	$w'xyz$	$w'xyz'$
11	$wxy'z'$	$wxy'z$	$wxyz$	$wxyz'$
10	$wx'y'z'$	$wx'y'z$	$wx'yz$	$wx'yz'$

EX) $F(w, x, y, z) = \Sigma(0, 2, 4, 6, 7, 8, 10, 15)$

wx \ yz	00	01	11	10
00	1			1
01	1		1	1
11			1	
10	1			1

$x = 0, z = 0$인 부분이 $1 \Rightarrow x'z'$
$w = 0, z = 0$인 부분이 $1 \Rightarrow w'z'$
$x = 1, y = 1, z = 1$인 부분이 $1 \Rightarrow xyz$
∴ $F = x'z' + w'z' + xyz$

> **참고**
> 5-변수 부터는 직관적 판단이 어려워 카르노 맵을 잘 사용하지 않는다.

2) 기본 논리 소자

① AND 소자

㉠ 논리식 : $F = A \cdot B$ 또는 $F = A \cap B$

㉡ 논리 기호 :

AND 게이트

㉢ 진리표

입력		출력
A	B	F
L(0)	L(0)	L(0)
L(0)	H(1)	L(0)
H(1)	L(0)	L(0)
H(1)	H(1)	H(1)

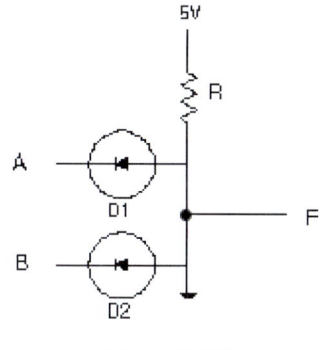

AND 소자의 회로

㉣ 논리 동작 : A가 1이고, B가 1일 때에만 F는 1이다.

② OR 소자

㉠ 논리식 : $F = A + B$ 또는 $F = A \cup B$

㉡ 논리 기호 :

OR 게이트

㉢ 진리표

입력		출력
A	B	F
L(0)	L(0)	L(0)
L(0)	H(1)	H(1)
H(1)	L(0)	H(1)
H(1)	H(1)	H(1)

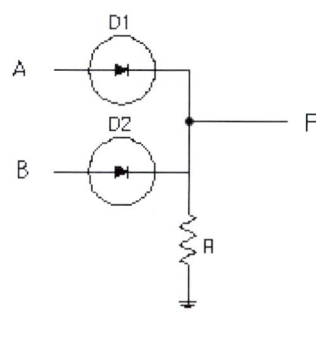

OR 소자의 회로

② 논리 동작 : A가 1또는, B가 1이면 F는 1이다.

③ NOT 소자
  ㉠ 논리식 : $F=\overline{A}$
  ㉡ 논리 기호 :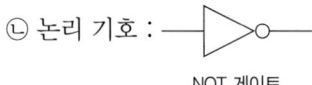
  NOT 게이트
  ㉢ 회로

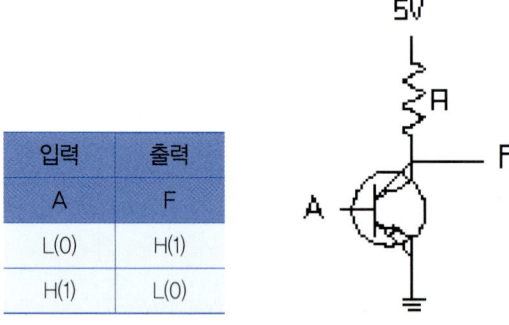

입력	출력
A	F
L(0)	H(1)
H(1)	L(0)

NOT 소자의 회로

  ㉣ 논리 동작 : A가 1이면 F는 0으로 되고, A가 0이면 F는 1로 된다.

④ NAND 소자
  ㉠ 논리식 : $F=\overline{A \cdot B}$
  ㉡ 논리 기호 :
  NAND 게이트
  ㉢ 진리표

입력		출력
A	B	F
L(0)	L(0)	H(1)
L(0)	H(1)	H(1)
H(1)	L(0)	H(1)
H(1)	H(1)	L(0)

  ㉣ 논리 동작 : A가 1이고, B가 1일 때에만 F는 0이다. (AND의 NOT이다)

⑤ NOR 소자

　㉠ 논리식 : $F=\overline{A+B}$

　㉡ 논리 기호 :

　　　　　　　　NOR 게이트

　㉢ 진리표

입력		출력
A	B	F
L(0)	L(0)	H(1)
L(0)	H(1)	L(0)
H(1)	L(0)	L(0)
H(1)	H(1)	L(0)

　㉣ 논리 동작 : A가 1 또는 B가 1이면 F는 0이다.(OR의 NOT이다)

3) 배타적 논리합 소자

① 논리식 : $F=\overline{A}\cdot B+A\cdot\overline{B}=A\oplus B$

② 논리기호 :

　　　　　　XOR 게이트

③ 진리표 입력

입력		출력
A	B	F
L(0)	L(0)	L(0)
L(0)	H(1)	H(1)
H(1)	L(0)	H(1)
H(1)	H(1)	L(0)

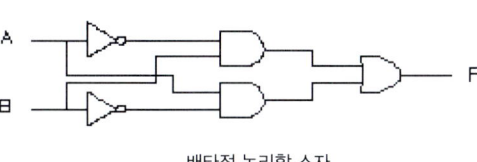

배타적 논리합 소자

④ 논리동작 : 입력 A, B의 어느 한쪽만이 1일 때 출력 F가 1이 되고, 입력 A, B가 모두 0 또는 1일때 출력 F가 0이 된다.

예상문제

1 다음 중 입력 신호가 0이면 출력이 1이 되고, 반대로 입력이 1이면 출력이 0이 되는 회로는?

① NAND ② NOR
③ AND   ④ NOT

정답 | ④

2 입력 A가 1 또는 B가 1일 때 출력 C가 1이 되거나 입력 A, B 모두 0일 때 출력 C가 0이 되는 소자는?

① AND   ② OR
③ NOT   ④ NAND

정답 | ②

3 다음과 같은 진리표의 논리 회로는?

입력		출력
A	B	C
0	0	0
0	1	0
1	0	0
1	1	1

① NOR   ② OR
③ NOT   ④ AND

정답 | ④

3 시퀀스 제어의 기본 회로(KS 규격)

1 자기유지 회로(Self hold circuit)
스위치에 릴레이의 접점을 병렬로 연결시켜 그 회로의 신호를 기억하게 하는 회로

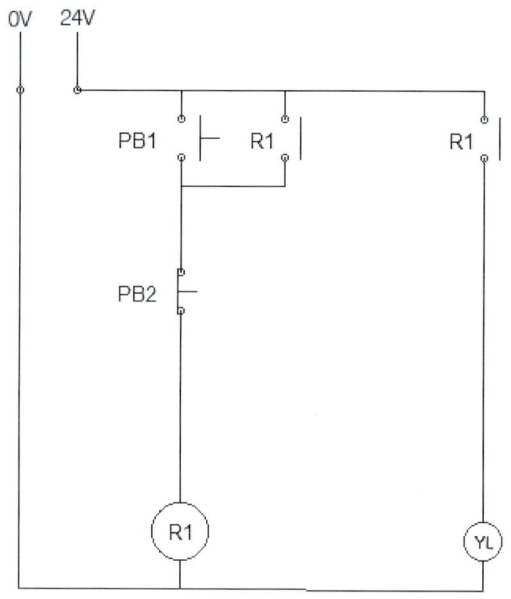

2 인터록 회로 (interlock circuit, 선 입력 우선 회로)
잘못된 조작으로 인해 기계의 파손이나 작업자의 위험을 방지하고자 할 때 사용되는 회로

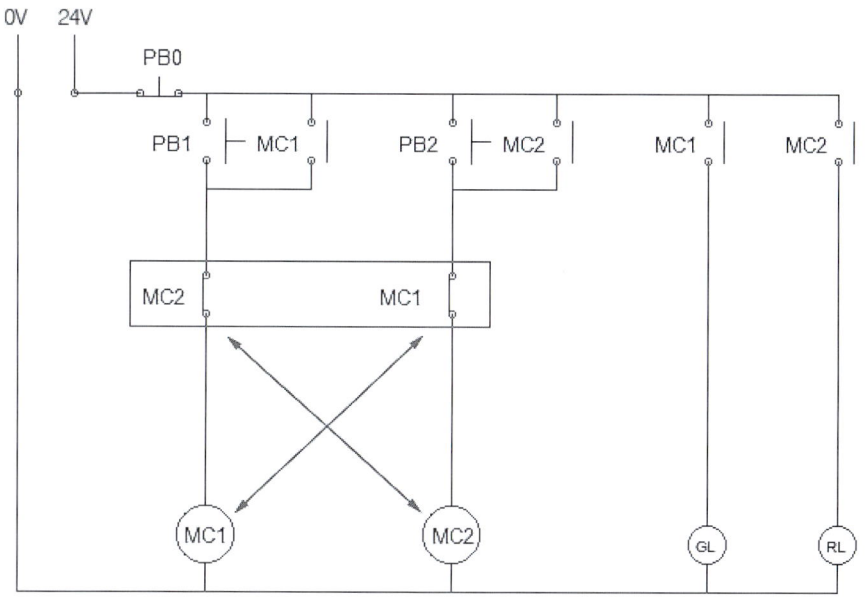

> **예상문제**
>
> 1. 전동기의 정·역전 회로 등에서 다른 계전기의 동시 동작을 금지시키는 회로는?
>   ① 인터록 회로   ② 자기유지 회로
>   ③ EX-OR 회로   ④ 후 입력 우선 회로
>
>   정답 | ①
>
> 2. 푸시 버튼 등의 순간 동작으로 만들어진 입력 신호가 계전기에 가해지면 입력 신호가 제거되어도 계전기의 동작을 계속적으로 지켜주는 회로는?
>   ① 인칭(Inching) 회로   ② 인터록 회로
>   ③ 지연 회로   ④ 자기유지 회로
>
>   정답 | ④

4 전동기 제어 일반(3상 유도 전동기(Y결선))(KS 규격)

1 전동기 정역운전 제어 회로

1) 회로도

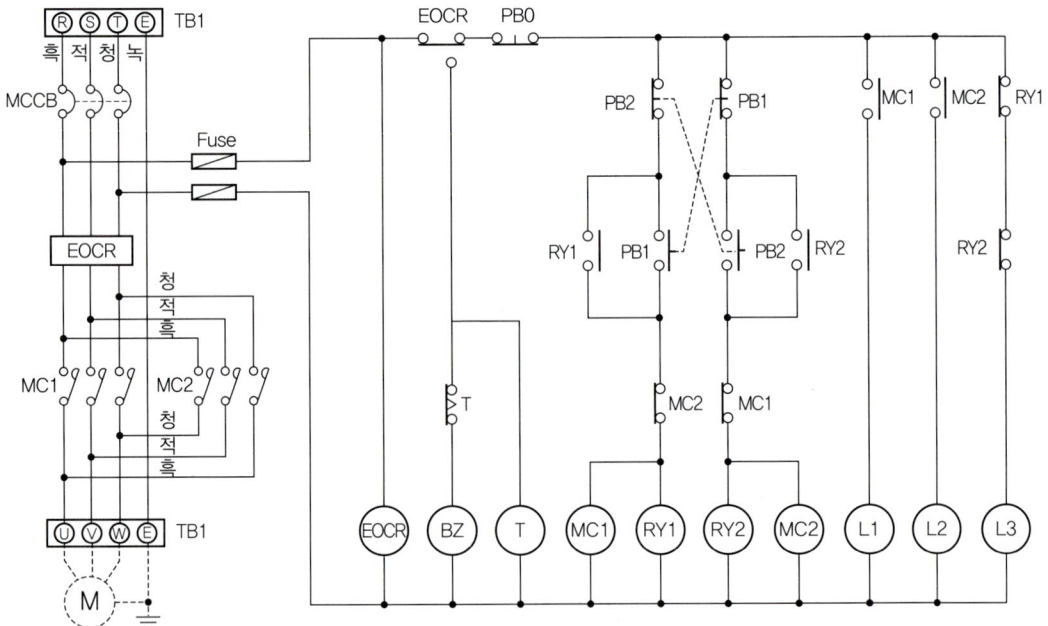

2) 동작설명

① 차단기 (MCCB)를 올리면 L3 점등 함.
② 이때 PB1을 누르면 MC1 여자되어 모터 정회전, L1 점등, L3 소등함.
③ 이때 PB2을 누르면 MC2 여자되어 모터 역회전, L2 점등함.(PB1을 눌렀을 때 상태는 모두 OFF)

④ 이때 다시 PB1을 누르면 MC1 여자되어 모터 정회전, L1점등 함. (PB2을 눌렀을 때 상태는 모두 OFF)
⑤ 운전 중 PB0를 누르면 처음 차단기를 올린 상태로 돌아감.
⑥ 운전 중 EOCR 동작 시 모터는 정지하고, 버저가 동작하고, t초 후 버저 정지함.
⑦ EOCR를 초기화하면 처음 차단기 올린 상태로 돌아감.

2 급·배수 제어 회로

1) 회로도

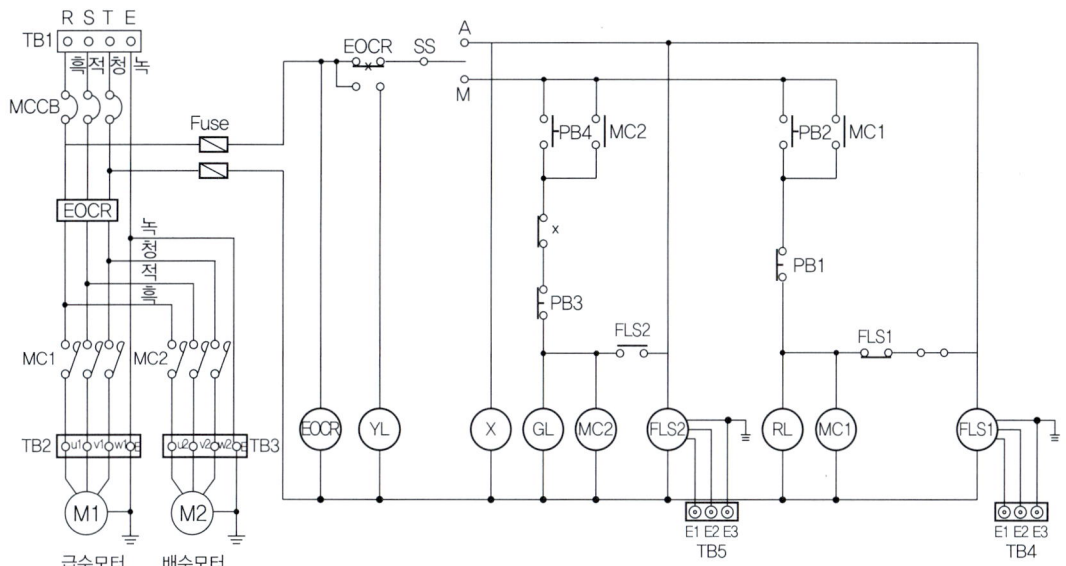

2) 동작설명

  (1) 수동 (manual)
   ① 차단기 (MCCB)를 올리면 셀렉터 스위치 (selector switch)를 수동으로 전환함
   ② 이 때 PB2를 누르면 MC1 여자되어 급수모터 동작, RL 점등함
   ③ 이 때 PB1을 누르면 MC1 소자되어 급수모터 정지, RL 소등함
   ④ 이 때 PB4를 누르면 MC2 여자되어 배수모터 동작, GL 점등함
   ⑤ 이 때 PB2를 누르면 MC2 소자되어 배수모터 정지, GL 소등함
   ⑥ 모터 운전 중 과전류로 인해 EOCR이 동작되면 YL 점등함
   ⑦ EOCR를 초기화 하면 처음 차단기 올린 상태로 돌아감

  (2) 자동 (automatic)
   ① 차단기(MCCB)를 올리면 셀렉터 스위치(selector switch)를 자동으로 전환함
   ② 릴레이 X가 여자되어 급수모터 동작, RL점등함
   ③ 급수탱크에 물이 가득 차면 플로트레스 스위치 센서1이 동작하여 급수모터 정지함

④ 배수탱크에 물이 가득 차면 플로트레스 스위치 센서2이 동작하여 배수모터 동작함
⑤ 배수탱크에 물이 비워지면 배수모터 정지함
⑥ 모터 운전 중 과전류로 인해 EOCR이 동작되면 YL점등함
⑦ EOCR를 초기화 하면 처음 차단기 올린 상태로 돌아감

예상문제

1 급 · 배수 제어 회로 구성 시 꼭 필요한 계전기는?
① 플로트레스 스위치   ② 타이머
③ 릴레이   ④ 전자식 과전류 계전기(EOCR)

정답 | ①

5 센서(Sensor)의 종류와 특성

자동화 공정 (Factory Automation) 필수 요소라고 할 수 있는 센서.
센서의 의미는 '느낀다', '지각한다' 등의 의미를 갖는 라틴어에서 유래된 말이다. 인간이 눈, 코, 혀, 피부, 귀에 의해서 광, 냄새, 맛, 열, 음 등의 정보를 파악하는 감각작용을 가리킨다.

1 리밋 스위치 (limit switch)

기계적인 움직임에 의해 접점이 개폐되는 스위치

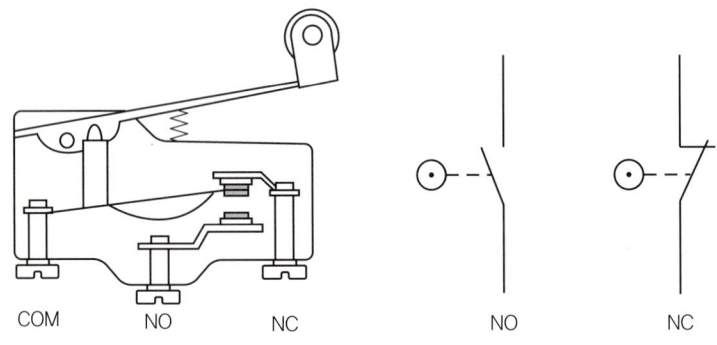

리밋 스위치의 구조와 그림 기호

2 근접 스위치

근접 센서는 전자기 유도를 이용해 물체를 감지한다. 물이나 오일이 튀는 열악한 환경에서 사용한다.

1) 유도형(inductive) 근접 스위치 : 자계를 이용하는 것

유도형 근접 스위치는 금속에만 반응하는 센서이고, 이 스위치는 LC 회로를 이용한다.

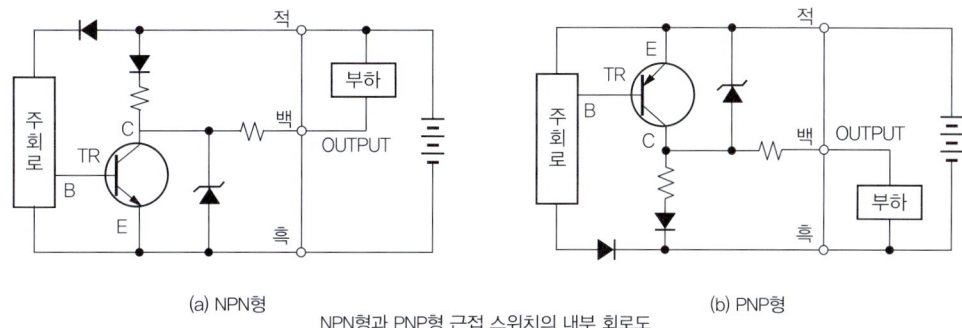

(a) NPN형   NPN형과 PNP형 근접 스위치의 내부 회로도   (b) PNP형

2) 정전용량형 근접 스위치 : 전계를 이용하는 것

정전용량형 근접 스위치는 유도형과 달리 금속과 비금속 모든 물체에 반응한다. 센서 앞에 물체가 놓이면 센서와 대지사이의 정전용량이 증가하게 된다. 즉, 콘덴서의 두 판 사이에 비유전율이 1보다 큰 물질이 놓이면 용량이 증가되는 것과 같다. 공기를 제외한 모든 물체는 비유전율이 1보다 크기 때문에 모든 물체를 검출할 수 있다.

3 리드 스위치(read switch)

영구 자석의 자기 유도를 이용해 물체를 검출한다.

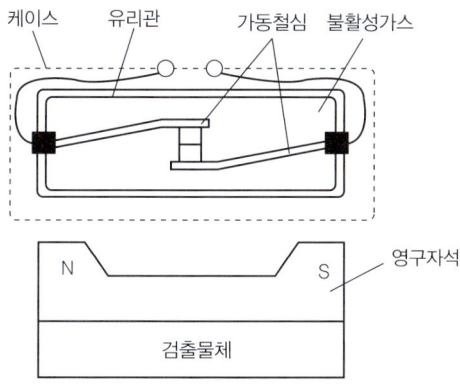

리드 스위치의 내부 구조

4 광전 스위치 (Photo Electronic Sensor, 포토 센서)

빛(Light)을 이용한 센서로 레이저 및 적외선을 이용하여 물체의 유무를 판별하는데 사용한다.

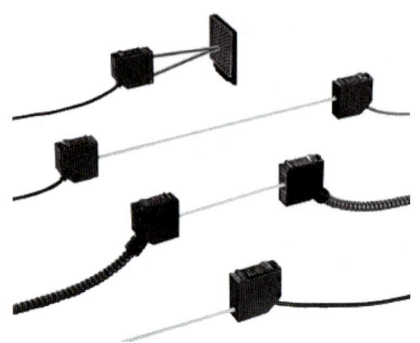

5 온도 스위치 (Temperature Sensor)

물체 또는 주변 환경의 온도를 측정 및 감지하는 센서

예상문제

1 센서의 선정 시 유의 사항이 아닌 것은?

① 정확성　　② 감지거리
③ 반응속도　④ 가격

정답 | ④

2 광감지기(photo sensor)는 무엇을 이용한 것인가?

① 빛　　② 자석
③ 힘　　④ 속도

정답 | ①

3 열팽창 계수가 큰 금속과 작은 금속의 두 판을 접합시키면 온도변화에 따라 변형 및 내부 응력이 발생하여 온도 센서로 사용되는 것은?

① 압전성 재료　　② 도전성 고분자 복합재료
③ 매트릭스　　　④ 바이메탈

정답 | ④

4 다음은 어느 센서에 대한 설명인가?

> 측정하는 센서의 대상은 기체, 액체, 고체, 플라즈마, 생체 등 다양하고 접촉식과 비접촉식으로 구분된다. 열전대, 바이메탈, 서미스터, 블로미터, 감은 페라이트 등이 있다.

① 온도 센서 ② 광센서
③ 자기 센서 ④ 압력 센서

정답 | ④

6 계전기, 타이머, 카운터

1 계전기(Relay, 릴레이)

1) 계전기의 구조

철심에 코일을 감고 전류를 흘리면 철심이 전자석으로 되어 금속을 끌어당기는 기자력이 발생한다. 이 힘을 이용하여 접점을 개·폐한다. 큰 전류에는 전자 접촉기(MC : magnetic contact, PR : power relay)를 사용한다.

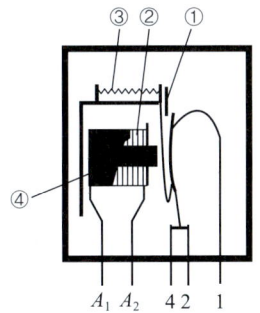 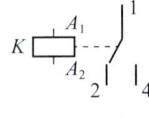

부품 및 단자별 명칭
① 아마추어 A_1, A_2: 코일 전원
② 코일   1. 공통 단자
③ 스프링   2. b 접점(NC)
④ 철심   4. a 접점(NO)

14핀 릴레이의 구조와 기호

2) 릴레이의 장·단점

(1) 장점
① 여러 독립 회로를 개·폐할 수 있다.
② 주위 온도의 영향을 거의 받지 않는다.

(2) 단점
① 개·폐하는 동안 잡음이 발생한다.
② 트랜지스터에 비해 큰 공간이 필요하다.

※ 트랜지스터는 전류 또는 전압을 제어하여 증폭하거나 스위치 역할을 하는 반도체 소자이다.

③ 개·폐 속도가 트랜지스터에 비해 늦다.

2 타이머(Timer)

타이머는 타임 릴레이이다. 시간차를 두고 접점을 개·폐한다.

3 카운터(Counter)

계수 제어를 행할 때 사용한다. 다음 3종류가 있다.

① 가산 카운터(Up counter)
② 감산 카운터(Down counter)
③ 가·감산 카운터(Up/Down counter)

예상문제

1 전자기력의 흡인력을 이용하여 접점을 개폐하는 기능을 가진 기기는?
① 타이머 ② 카운터
③ 릴레이 ④ 배선용 차단기

정답 | ③

2 어떠한 스위치 동작에 시간차를 두고 접점의 개폐가 이루어질 수 있도록 하는 기능을 가진 것은?
① 타임 계전기 ② 카운터
③ 전자식 과전류 계전기 ④ 플리커 계전기

정답 | ①

04 Chapter 전기측정

1 전류의 측정 : 분류기(Shunt resistor [Ω])

분류기는 전류의 측정 범위를 넓히기 위해 전류계에 병렬로 달아주는 저항기이다.

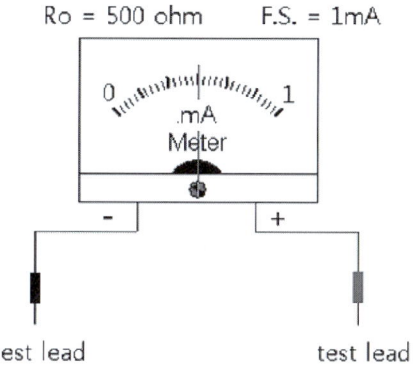

한 예로 위 전류계에 흐를 수 있는 최대 전류는 1[mA]로 1[mA] 이상을 측정할 수 없다. 아래처럼 전류계에 병렬로 분류기를 달아주어 측정 범위를 넓혀준다.

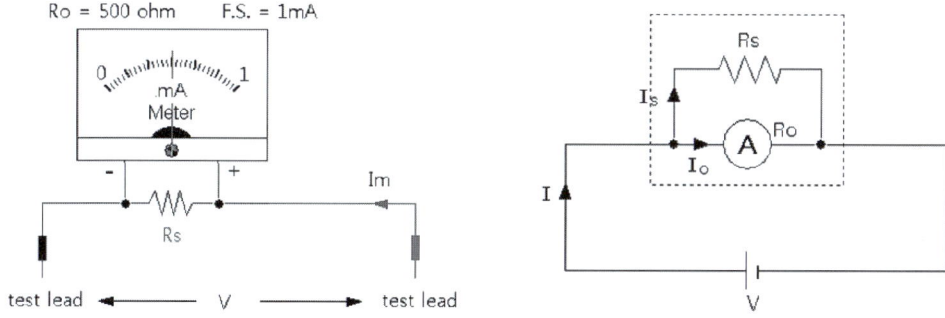

$$I_0 = \frac{R_s}{R_0 + R_s} \times I[A]$$

$$\frac{I_0}{I} = \frac{R_s}{R_0 + R_s}$$

$$m = \frac{I}{I_0} = \frac{R_0 + R_s}{R_s} = \frac{R_0}{R_s} + 1$$

$$m - 1 = \frac{R_0}{R_s}$$

$$\therefore R_s = \frac{R_0}{m-1}[\Omega]$$

여기서,
I_0 : 전류계에 흐르는 전류[A]
I_s : 분류기 저항에 흐르는 전류[A]
I : 측정하고자 하는 전류[A]
R_0 : 전류계 내부 저항[Ω]
R_s : 분류기 저항[Ω]

2 전압의 측정 : 배율기(multiplier resistor [Ω])

배율기는 전압의 측정 범위를 넓히기 위해 전압계에 직렬로 달아주는 저항기이다.

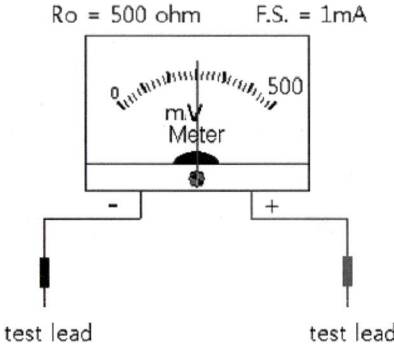

한 예로 위 전압계에 흐를 수 있는 최대 전류는 1[mA], 내부저항 500[X]이다. 계산하면 500[mV]이하만 측정이 가능하다. 아래처럼 전압계에 직렬로 배율기를 달아 주어 측정 범위를 넓혀준다.

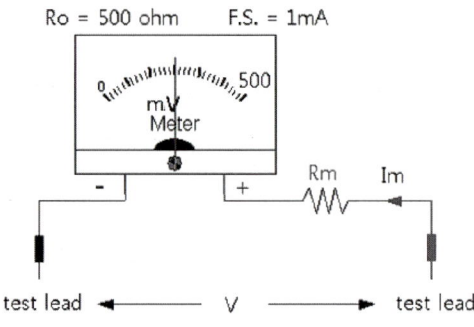 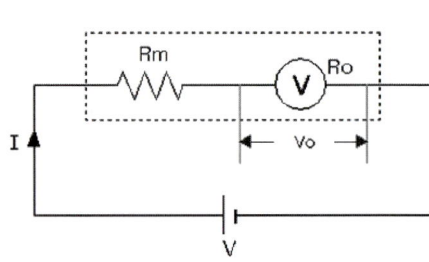

$$V_0 = \frac{R_0}{R_0 + R_m} \times V [V]$$

$$\frac{V_0}{V} = \frac{R_0}{R_0 + R_m}$$

$$m = \frac{V}{V_0} = \frac{R_0 + R_m}{R_0} = 1 + \frac{R_m}{R_0}$$

$$\therefore R_m = R_0 \times (m-1) [\Omega]$$

여기서,
V_0 : 전압계에 가해지는 전압[V]
V : 전전압[V]
R_0 : 전압계 내부 저항[Ω]
R_m : 배율기 저항[Ω]

3 저항의 측정

물질의 저항을 측정하는 방법은 크게 두 가지이다. 회로에 저항계를 연결하여 직접 저항을 측정하는 '직접 측정', 옴의 법칙을 이용해 저항을 구하는 '간접 측정'이다.

옴의 법칙은 독일의 과학자 게오르크 옴이 발견한 것으로 회로 내 전류(I)는 전압(V)에 비례하고 저항(R)에 반비례한다는 것이다.

회로에 걸린 전압이 같을 때 저항이 크면 전류의 흐름이 작고, 저항이 작으면 전류의 흐름이 커진다. 따라서 전기 회로에 걸린 전압의 크기와 흐르는 전류의 크기를 안다면 회로의 저항을 구할 수 있다.

즉, 1[V]의 전압이 흐르는 회로에 1[A]의 전류가 흐른다면 이 회로의 전기 저항은 1[Ω]이다.

$$저항(R) = \frac{전압(V)}{전류(I)} [\Omega]$$

예상문제

1 전압계의 측정범위를 넓히기 위하여 전압계에 직렬로 저항을 접속하는데, 이 저항을 무엇이라고 하는가?

① 분류기　　② 배율기
③ 가변저항　④ 미소저항

정답 | ②

2 50[V]의 전압계가 있다. 이 전압계를 써서 150[V]의 전압을 측정하려면 몇 [Ω]의 저항을 외부에 접속해야 하겠는가? 이때 전압계의 내부저항은 5,000[Ω]이라고 한다.

① 1,000　　② 1,500
③ 10,000　④ 15,000

정답 | ③

- MEMO

PART 04

최신 과년도 기출문제 [필기편]

최신 과년도 기출문제 2010년

01 브레이크의 축방향에 압력이 작용하는 브레이크는?

① 원판 브레이크 ② 복식 블록 브레이크
③ 밴드 브레이크 ④ 드럼 브레이크

해설
축방향 : 원판, 원추 브레이크
2,3,4번은 반지름 방향 작용 브레이크

02 벨트의 종류에서 인장강도가 가장 큰 것은?

① 가죽 벨트 ② 섬유 벨트
③ 고무 벨트 ④ 강철 벨트

해설
강철벨트가 인장강도가 가장 크다.

03 회전축을 지지하고 있는 베어링에서 이 축과 베어링에 의하여 받쳐지고 있는 축 부분을 무엇이라 하는가?

① 리테이너 ② 저널
③ 볼 ④ 롤러

해설
리테이너 : 베어링 볼 간격 유지
볼과 롤러는 베어링의 종류중 하나이다.

04 회전수를 적게 하고 빨리 조이고 싶을 때 가장 유리한 나사는?

① 1줄 나사 ② 2줄 나사
③ 3줄 나사 ④ 4줄 나사

해설
리드 L = 줄수(n) × 피치(p)이므로, 줄수가 많을수록 빨리 조이고 풀 수 있다.

05 하중을 분류할 때 분류 방법이 나머지 셋과 다른 것은?

① 인장하중 ② 굽힘하중
③ 충격하중 ④ 비틀림하중

해설
• 하중이 물체에 작용하는 속도에 따른 분류 : 충격하중, 정하중, 동하중
• 하중이 물체에 작용하는 상태에 따른 분류 : 인장하중, 비틀림하중, 압축하중, 휨하중, 전단하중

06 키의 종류에서 일반적으로 60mm 이하의 작은 축에 사용되고 특히 테이퍼 축에 사용이 용이하다. 키의 가공에 의해 축의 강도가 약하게 되기는 하나 키 및 키 홈 등의 가공이 쉬운 것은?

① 성크키 ② 접선키
③ 반달키 ④ 원뿔키

해설
• 원뿔키 : 축과 보스에 홈을 만들지 않고 한군데가 갈라진 원뿔통을 끼워 마찰력 발생
• 접선키 : 축과 보스에 접선방향의 흠을 만들고 서로 반대의 테이퍼를 가진 2개의 키를 조합하여 끼워 놓은 것
• 성크키 : 묻힘키 라고도 하며, 때려 박음키와 평행키가 있다.

정답 1.① 2.④ 3.② 4.④ 5.③ 6.③

07 축을 설계할 때 고려되는 사항과 가장 거리가 먼 것은?

① 축의 강도   ② 응력 집중
③ 축의 변형   ④ 축의 용도

해설

축 설계 시 고려요인 : 고온, 부식, 온도, 진동, 강도, 응력집중, 변형 등

08 스프링 상수 6N/mm인 코일 스프링에 24N의 하중을 걸면 처짐은 몇 mm인가?

① 0.25   ② 1.50
③ 4.00   ④ 4.25

해설

스프링상수 k = 작용하중(N)/변위량(mm)이므로
변위량 = 작용하중/스프링상수=24/6=4mm

09 유압기기에서 포트(PORT)수에 대한 설명으로 맞는 것은?

① 유압밸브가 가지고 있는 기능의 수
② 관로와 접촉하는 전환밸브의 접촉구의 수
③ R.S.T의 기호로 표시된다.
④ 밸브배관의 수는 포트수보다 1개 적다.

해설

밸브 내 관로 연결 접속구의 수를 포트라 한다.

10 다음과 같은 회로의 명칭은?

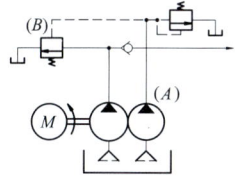

① 압력 스위치에 의한 무부하 회로
② 전환밸브에 의한 무부하 회로
③ 축압기에 의한 무부하 회로
④ Hi-Lo에 의한 무부하 회로

해설

언로드 밸브를 이용한 Hi-Lo에 의한 무부하 회로이다.

11 다음 그림의 한쪽 로드형 실린더에서 부하없이 A, B 포트에 같은 압력의 오일을 흘려 넣으면 피스톤의 움직임은?

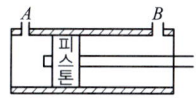

① A쪽으로 움직인다.
② B쪽으로 움직인다.
③ 제자리에서 회전한다.
④ 제자리에 정지한다.

해설

압력 P = 힘(F)/ 실린더 단면적(A) 이므로 실린더 전진 시 더 큰 힘이 작용하므로 B쪽으로 움직인다.

12 다음 중 드레인 배출기 붙이 필터를 나타내는 기호는?

①    ②
③   ④

해설

② : 드레인 배출 붙이 기름분무 분리기(자동형)
③ : 드레인 배출기(자동형)
④ : 필터

정답 7.④ 8.③ 9.② 10.④ 11.② 12.①

13 다음 유압기호 중 파일럿 작동, 외부 드레인 형의 감압밸브에 해당 되는 것은?

① 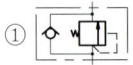 ②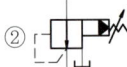

③ 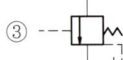 ④

해설

기호 ▶은 파일럿 작동을 나타내는 기호 표시이다.

14 응축수 배출기의 종류가 아닌 것은?

① 플로트식(float type)
② 파일럿식(pilot type)
③ 미립자 분리식(mist separator type)
④ 전동기 구동식(motor drive type)

해설

응축수 배출 방식은 수동식과 자동식으로 분류되며 자동식에는 부구식(플로트식), 차압식(파일럿식), 전동기식(모터작동식)이 있다.

15 다음 중 복동실린더의 공기 소모량을 계산할 때 고려하여야 할 대상이 아닌 것은?

① 압축비   ② 분당 행정 수
③ 피스톤 직경 ④ 배관의 직경

해설

복동 실린더의 공기소모량은 실린더의 행정거리에 대한 용적으로 계산하므로, 배관의 직경은 크게 관련이 없다.

16 공압 모터의 특징으로 맞는 것은?

① 에너지 변환 효율이 높다.
② 과부하시 위험성이 크다.
③ 배기음이 적다.
④ 공기의 압축성에 의해 제어성은 그다지 좋지 않다.

해설

공압모터의 장·단점
- 압축공기 이외에도 가스 등 다양한 가스도 사용 가능하다.
- 속도제어와 정·역 회전의 변환이 쉽다.
- 시동정지가 원활하며 출력/중량비가 크다.
- 과부하에도 안전하고, 폭발의 위험성이 없다.
- 발열이 적고 주위 온도, 습도 등 외부환경에 대해 큰 제한을 받지 않는다.
- 에너지를 축적할 수 있어 정전시 비상운전이 가능하다.
- 공압의 특성 상 에너지 변환효율이 낮다.
- 공기의 압축성 때문에 제어성이 낮고 배기시 소음이 크다.
- 부하에 의한 회전속도의 변동이 크고 일정속도를 유지하는 고정도를 유지하기 어렵다.

17 1차측 공기압력이 변화하여도 2차측 공기압력의 변동을 최저로 억제하여 안정된 공기압력을 일정하게 유지하기 위한 밸브는?

① 방향제어 밸브
② 감압 밸브
③ OR 밸브
④ 유량제어 밸브

해설

- 방향제어 밸브 : 실린더로 공급되는 유로의 방향을 변환시켜 주는 밸브
- 유량제어 밸브 : 유체의 유량을 조절하는 밸브(액추에이터 속도 조절)
- 셔틀 밸브(OR 밸브) : 2개 이상의 입력신호와 1개의 출력신호를 가지며 1개의 입력신호만 존재해도 출력신호를 발생하는 회로. OR밸브, 고압우선(출력측 기준) 밸브라고도 함

18 공압 실린더의 속도를 증가시킬 목적으로 사용하는 밸브는?

① 교축 밸브   ② 속도제어 밸브
③ 급속배기 밸브 ④ 배기교축 밸브

정답 13.② 14.③ 15.④ 16.④ 17.② 18.③

해설

- 교축 밸브 : 유로 내부의 단면적을 교축하여 유량을 제어
- 속도제어 밸브 : 유량제어밸브 라고도 하며, 유체의 유량을 조절하는 밸브(액추에이터 속도 조절)
- 배기교축 밸브 : 배기쪽인 방향제어 밸브 배기구에 설치하여 실린더의 속도를 제어

19 왕복형 공기 압축기에 대한 회전형 공기 압축기의 특징 설명으로 올바른 것은?

① 진동이 크다. ② 고압에 적합하다.
③ 소음이 적다. ④ 공압탱크를 필요로 한다.

해설

	왕복형	회전형	터보형
토출압력	고압	중압	표준압
진동	비교적 크다	작다	작다
소음	비교적 크다	작다	작다
가격	싸다	비싸다	비싸다
구조	간단	간단	복잡
보수유지	좋다	소모성부품 교환	정기보수유지 필요
맥동	크다	작다	작다

20 도면에서 ①의 밸브가 ON되면 실린더의 피스톤 운동 상태는 어떻게 되는가?

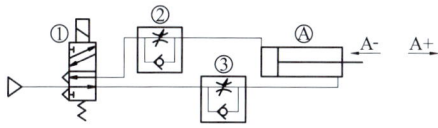

① A+ 쪽으로 전진
② A- 쪽으로 복귀
③ 왕복운동
④ 정지상태 유지

해설

5/2WAY 방향제어밸브가 전환되어 실린더 전진측으로 공압이 공급되어 실린더는 A+쪽으로 전진한다.

21 다음 중 실린더의 속도를 제어할 수 있는 기능을 가진 밸브는?

① 일방향 유량제어 밸브
② 3/2-way 밸브
③ AND 밸브
④ 압력 시퀀스 밸브

해설

유량제어밸브는 실린더의 속도를 제어하는 밸브이다.

22 전기적인 입력신호를 얻어 전기신호를 개폐하는 기기로 반복동작을 할 수 있는 기기는?

① 압력 스위치 ② 전자 릴레이
③ 시퀀스 밸브 ④ 차동밸브

해설

전자릴레이 : 일반적으로 릴레이 라고 통칭하며, 전자석의 원리로 작동하며 이러한 릴레이를 이용한 제어를 유접점 제어 또는 전자계전 제어라 한다.

23 작동유의 유온이 적정 온도 이상으로 상승할 때 일어날 수 있는 현상이 아닌 것은?

① 윤활상태의 향상 ② 기름의 누설
③ 마찰부분의 마모증대 ④ 펌프효율저하

해설

고온에서의 작동유 현상
- 용적효율이 저하되고 내부누설이 발생된다.
- 작동유의 점도저하와 온도상승으로 인하여 습동부분 고착현상이 발생될 수 있다.

24 2개의 안정된 출력 상태를 가지고, 입력 유무에 관계없이 직전에 가해진 압력의 상태를 출력 상태로서 유지하는 회로는?

① 부스터 회로 ② 카운터 회로
③ 레지스터 회로 ④ 플립플롭 회로

정답 19.③ 20.① 21.① 22.② 23.① 24.④

해설
- 레지스터회로 : 2진수로써 그 데이터를 내부에 기억하여 필요시 그 데이터를 이용할 수 있도록 구성된 회로
- 카운터회로 : 입력으로 들어오는 펄스의 신호의 개수를 카운터하여 기억하는 회로
- 부스터회로 : 낮은 압력을 일정 수준의 높은 출력으로 증폭하는 회로

해설
유압의 장점
- 일의 방향을 쉽게 변환시킨다.
- 소형장치로도 큰 힘을 발생한다.
- 과부하에 대한 안전성과 원활한 시동이 가능하다.
- 정확한 위치 제어와 무단변속이 가능하다.
- 정숙한 작동과 정역운전 및 열 방출성이 좋다.
- 원격제어가 가능하다.

유압의 단점
- 작동유가 기름 성분이라 인화의 위험성이 있다.
- 작동유에 공기가 섞여 작동이상(캐비테이션 현상)을 가져올 수 있다.
- 고압작동으로 인한 위험성과 기름 누설 및 배관이 까다롭다.
- 작동유의 온도 변화에 따라 액추에이터의 속도가 변화 할 수 있다.
- 작동기기마다 유압원(유압펌프 및 탱크)이 필요하다.

25 공압 센서의 종류가 아닌 것은?
① 광 센서 ② 공기 배리어
③ 반향 감지기 ④ 배압 감지기

해설
공압센서의 종류 : 비접촉센서이며 반향감지기, 공기배리어, 배압감지기, 공압근접스위치 등이 있으며, 물체의 유무, 위치, 방향 변위 등의 검출을 한다.

28 다음 중 액추에이터의 가동 시 부하에 해당하는 것으로 맞는 것은?
① 정지 마찰 ② 가속 부하
③ 운동 마찰 ④ 과주성 부하

해설
정지마찰이 액추에이터 가동시 부하에 해당한다.

26 다음의 기호가 맞는 것은?

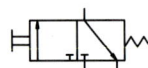

① 3/2 way 방향 제어 밸브(푸시 버튼형, N.O)
② 3/2 way 방향 제어 밸브(롤러 레버형, N.O)
③ 3/2 way 방향 제어 밸브(푸시 버튼형, N.C)
④ 3/2 way 방향 제어 밸브(롤러 레버형, N.C)

해설
3/2 way 방향제어 밸브 상시닫힘형(N/C) 사용자 작동 스프링복귀형 밸브이다.

29 다음 중 유압 장치의 구성 요소가 아닌 것은?
① 기름 탱크 ② 유압모터
③ 제어 밸브 ④ 공기 압축기

해설
유압장치 구성요소
- 유압펌프 : 장착된 원동기를 이용하여 유압에너지를 생성하여 주는 기기
- 유압제어 밸브 : 압력, 유량, 방향을 제어하는 밸브들을 말함
- 유압액추에이터 : 유체에너지를 기계에너지로 변환시켜주는 모든 부품을 총칭
- 부속기기 : 필터, 오일탱크, 오일쿨러, 오일히터, 어큐뮬레이터 등

27 다음 중 유압의 특징으로 맞는 것은?
① 직선운동에만 사용된다.
② 유온의 변화와 속도는 무관하다.
③ 무단변속이 가능하다.
④ 원격제어가 불가능하다.

정답 25.① 26.③ 27.③ 28.① 29.④

30 유압펌프가 갖추어야 할 특징 중 옳은 것은?

① 토출량의 변화가 클 것
② 토출량의 맥동이 적을 것
③ 토출량에 따라 속도가 변할 것
④ 토출량에 따라 밀도가 클 것

해설

토출량의 변화가 작고 맥동이 적을 것

31 동기 회로에서 2개의 실린더가 같은 속도로 움직일 수 있도록 위치를 제어해 주는 밸브는?

① 체크 밸브　　② 분류 밸브
③ 바이패스 밸브　④ 스톱 밸브

해설

- 체크밸브 : 유체의 흐름을 한 방향으로만 흐르게 한다 (역방향 유체 흐름 제지)
- 바이패스밸브 : 유량을 한 방향 또는 다른 방향으로 전환하는 경우 사용
- 스톱밸브 : 유체의 흐름을 정지 또는 흘려보내게 한다.

32 베르누이의 정리에서 에너지 보존의 법칙에 따라 유체가 가지고 있는 에너지가 아닌 것은?

① 위치에너지　② 마찰에너지
③ 운동에너지　④ 압력에너지

해설

베르누이의 정리 : 유로 내에서 에너지 손실이 없다고 가정하면, 점성이 없는 비압축성의 액체는 에너지 보전의 법칙을 따른다.
- 압력수두 + 위치수두 + 속도수두 = 일정

33 유압장치에서 작동유를 통과, 차단시키거나 또는 진행방향을 바꾸어주는 밸브는?

① 유압차단밸브　② 유량제어밸브
③ 방향전환밸브　④ 압력제어밸브

34 다음과 같은 유압회로의 언로드 형식은 어떤 형태로 분류 되는가?

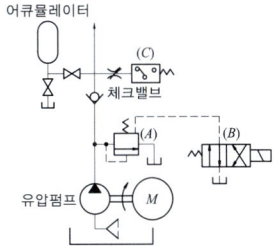

① 바이패스 형식에 의한 방법
② 탠덤센서에 의한 방법
③ 언로드 밸브에 의한 방법
④ 릴리프 밸브를 이용한 방법

해설

릴리프 밸브를 이용한 언로드(무부하) 회로이며, 펌프 토출 전량을 탱크로 귀환시키는 회로이다.

35 공압시간 지연 밸브의 구성요소가 아닌 것은?

① 공기저장 탱크　② 시퀀스 밸브
③ 속도제어 밸브　④ 3포트 2위치 밸브

해설

공압시간 지연 밸브는 3/2way 밸브, 유량조절밸브, 공압탱크로 구성되어진 조합밸브이며, 전기기기 on/off 타이머처럼 입력신호가 들어온 후 일정 시간 경과 후 작동되는 한시작동 시간지연 밸브와 입력신호가 없어진 후 일정시간 경과 후 복귀하는 한시복귀 시간지연 밸브이다.

36 다음 그림과 같은 공압 로직밸브와 진리값에 일치하는 논리는?

$A + B = C$

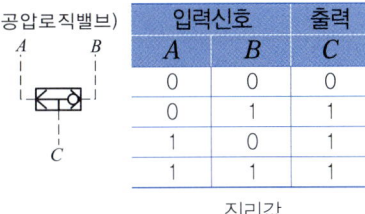

① AND　② OR
③ NOT　④ NOR

정답 30.② 31.② 32.② 33.③ 34.④ 35.② 36.②

> **해설**
> 본 문제의 공압 기호는 OR밸브 기호이다.

37 유관의 안지름을 5cm, 유속을 10cm/s로 하면 최대 유량은 약 몇 cm²/s인가?

① 196　② 250
③ 462　④ 785

> **해설**
> 유량 $Q = AV = \dfrac{\pi \times 5^2}{4} \times 10 = 196.25$

38 공기 건조기에 대한 설명 중 옳은 것은?

① 수분 제거방식에 따라 건조식, 흡착식으로 분류한다.
② 흡착식은 실리카겔 등의 고체 흡착제를 사용한다.
③ 흡착식은 최대 -170℃까지의 저노점을 얻을 수 있다.
④ 건조제 재생 방법을 논 브리드식이라 부른다.

> **해설**
> **흡수식 건조기(에어 드라이어)**
> - 작동에 필요한 외부에너지 공급이 필요없다.
> - 기계적 작동요소가 없어 기계 마모가 적고 장비설치가 간단하다.
> - 흡수제(폴리에틸렌, 염화리듐, 수용액)를 사용한 화학적 처리과정 방식이며 건조제는 연 2~4회 교환한다.
> - 압축공기 중의 수분이 건조제에 닿으면 화합물이 생성되어 물이 혼합물로 용해되고 공기는 건조 되는 방식이다
>
> **흡착식 건조기(에어 드라이기)**
> - 건조제로 실리카겔, 활성알루미나, 실리콘디옥시드를 사용하는 물리적 과정 방식
> - 건조제를 재생하여 사용할 수 있다.
> - 최대 -70℃의 저노점을 얻을 수 있다.
>
> **냉동식 건조기(에어 드라이어)**
> - 이슬점 온도를 낮추어서 건조하는 방식
> - 공기를 강제 냉각시켜 공기 중에 포함된 수분을 제거하는 방식
> - 입구온도가 40℃를 넘지 않도록 애프터 쿨러 및 필터 다음에 설치하여 사용

39 기동 시 토크가 큰 것이 특징이며 전동차나 크레인과 같이 기동 토크가 큰 것을 요구하는 것에 적합한 전동기는?

① 타여자 전동기　② 분권 전동기
③ 직권 전동기　④ 복권 전동기

> **해설**
> 직권전동기는 토크 변화 대비 출력 변화가 적다. 이에 무부하운전이나 벨트운전을 절대 하면 안된다.

40 250V, 60W인 백열 전구 10개를 5시간 동안 모두 점등하였다면, 이때의 전력량[kWh]은?

① 1　② 2　③ 3　④ 4

> **해설**
> 전력량(W) = 전력 × 시간 × 사용개수
> = 60 × 5 × 10 = 3,000Wh = 3kWh

41 전기량(Q)과 전류(I), 시간(t)의 상호 관계식이 바른 것은?

① $Q = It$　② $Q = \dfrac{I}{t}$
③ $Q = \dfrac{t}{I}$　④ $I = Q$

42 자동차용의 전자 장치는 대개 직류 12V로 동작되도록 만들어져 있는데, 사용 전압이 12V가 아닌 전자 장치를 자동차에서 사용하려면 전압을 12V로 변환시켜야 한다. 이와 같이 어떤 직류 전압을 입력으로 하여 크기가 다른 전압의 직류로 변환하는 회로는?

① 단상 인버터　② 3상 인버터
③ 사이클로 컨버터　④ 초퍼

> **해설**
> 초퍼회로 : 변압기를 통하여 교류의 전압과 전류의 크기를 변화시키듯 직류에서도 이와 같은 역할을 하는 회로

정답　37.①　38.②　39.③　40.③　41.①　42.④

43 그림에서 X로 표시되는 기기는 무엇을 측정하는 것인가?

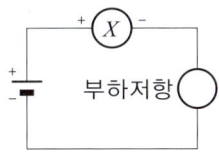

① 교류전압　　② 교류전류
③ 직류전압　　④ 직류전류

해설

부하에 직렬로 연결되는 직류전류 측정이다.

44 시퀀스 제어(Sequence control)를 설명한 것은?

① 출력신호를 입력신호로 되돌려 제어한다.
② 목표값에 따라 자동적으로 제어한다.
③ 미리 정해 놓은 순서에 따라 제어의 각 단계를 순차적으로 제어한다.
④ 목표값과 결과치를 비교하여 제어한다.

해설

시퀀스 제어 : 시스템 제어시 기계의 조작을 정해진 순서에 의해 자동으로 작동하게 하는 회로

45 유도전동기의 슬립 S=1 일 때의 회전자의 상태는?

① 발전기 상태이다.
② 무구속 상태이다.
③ 동기속도 상태이다.
④ 정지 상태이다.

해설

회전수 $N = N_s(1-S)$ 이므로, S=1 인 경우 N=0 이므로 정지상태이다.

46 그림과 같은 회로에서 펄스 입력에 대한 충전 전압의 시상수(ms)는?

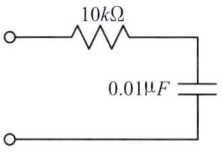

① 0.01　　② 0.1
③ 1　　　④ 10

해설

시상수
$\tau = RC = 10 \times 10^3 \times 0.01 \times 10^{-6} = 0.1 ms$

47 그림의 논리회로에서 입력 X, Y와 출력 Z사이의 관계를 나타낸 진리표에서 ABCD의 값으로 옳은 것은?

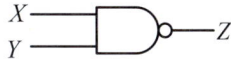

X	Y	Z	Y	Y	Z
1	1	A	0	1	C
1	0	B	0	0	D

① A=0, B=1, C=1, D=1
② A=0, B=0, C=1, D=1
③ A=0, B=0, C=0, D=1
④ A=1, B=0, C=0, D=0

해설

본 문제의 논리회로는 NAND 논리회로이다.

48 고전압을 직접 전압계로 측정하는 것은 계기의 정격과 절연 때문에 불가능하며, 또한 고압에 대한 안전성의 문제도 있기 때문에 이를 해결하기 위하여 사용하는 계기는?

① 단로기　　② 발전기
③ 전동기　　④ 계기용 변압기

해설

고전압 측정 시 계기용 변압기를 사용한다.

정답 43.④　44.③　45.④　46.②　47.①　48.④

49 교류 전압의 순시값이 $v = \sqrt{2}\,V\sin\omega t\,[V]$ 이고, 전류값이 $i = \sqrt{2}\,I\sin\left(\omega t + \frac{\pi}{2}\right)[A]$ 인 정현파의 위상 관계는?

① 전류의 위상과 전압의 위상은 같다.
② 전압의 위상이 전류의 위상보다 $\frac{\pi}{4}[rad]$ 만큼 앞선다.
③ 전압의 위상이 전류의 위상보다 $\frac{\pi}{2}[rad]$ 만큼 앞선다.
④ 전압의 위상이 전류의 위상보다 $\frac{\pi}{2}[rad]$ 만큼 뒤진다.

:해설:
전류의 위상이 전압의 위상보다 $\frac{\pi}{2}[rad]$ 만큼 앞선다.

50 저항이 $R[\Omega]$, 리액턴스 $X[\Omega]$이 직렬로 접속된 부하에서 역률은?

① $\cos\theta = \dfrac{R}{\sqrt{R^2 + X^2}}$
② $\cos\theta = \dfrac{\sqrt{2}\,R}{\sqrt{R^2 + X^2}}$
③ $\cos\theta = \dfrac{R}{X^2}$
④ $\cos\theta = \dfrac{2R}{\sqrt{R^2 + X^2}}$

51 다음 그림과 같은 직류 브리지의 평형 조건은?

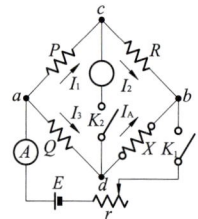

① $QX = PR$
② $PX = QR$
③ $RX = PQ$
④ $RX = 2PQ$

:해설:
직류 브리지는 서로 마주보는 저항의 곱과 같다.
즉 $PX = QR$

52 그림과 같은 전동기 주회로에서 THR은?

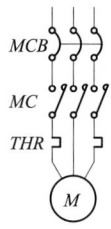

① 퓨즈
② 열동 계전기
③ 접점
④ 램프

53 기기의 동작을 서로 구속하며, 기기의 보호와 조작자의 안전을 목적으로 하는 회로는?

① 인터록 회로 ② 자기 유지 회로
③ 지연 복귀 회로 ④ 지연 동작 회로

:해설:
인터록 회로 : 여러개의 출력장치 중 그중 하나가 출력되면 나머지 출력을 저지하는 회로이며, 상대동작 금지회로라고도 함

54 보기와 같은 KS 용접 기호의 해독으로 틀린 것은?

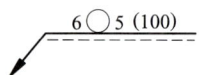

① 화살표 반대쪽 점 용접
② 점 용접부의 지름 6mm
③ 용접부의 개수(용접 수)5개
④ 점 용접한 간격은 100mm

정답 49.④ 50.① 51.② 52.② 53.① 54.①

55 리벳의 호칭이 "KS B 1002 둥근 머리 리벳 18×40 S V330"로 표시된 경우 "40"숫자의 의미는?

① 리벳의 수량 ② 리벳의 구멍치수
③ 리벳의 길이 ④ 리벳의 호칭지름

해설

18(호칭지름) × 40(길이) SV330(재료표시)

56 한쪽 단면도에 대한 설명으로 올바른 것은?

① 대칭형의 물체를 중심선을 경계로 하여 외형도의 절반과 단면도의 절반을 조합하여 표시한 것이다.
② 부품도의 중앙 부위 전후를 절단하여, 단면을 90°회전시켜 표시한 것이다.
③ 도형 전체가 단면으로 표시된 것이다.
④ 물체의 필요한 부분만 단면으로 표시한 것이다.

해설

② 회전도시단면도, ③ 온단면도, ④ 부분단면도

57 대상으로 하는 부분의 단면이 한 변의 길이가 20mm 인 정사각형이라고 할 때 그 면을 직접적으로 도시하지 않고 치수로 기입하여 정사각형임으로 나타내고자 할 때 사용하는 치수는?

① C20 ② t20
③ □20 ④ SR20

해설

C : 모따기, t : 두께, SR : 구면의 반지름

58 도면의 같은 장소에 선이 겹칠 때 표시되는 우선 순위가 가장 먼저인 것은?

① 숨은선 ② 절단선
③ 중심선 ④ 치수 보조선

해설

선의 우선순위

외형선 > 숨은선 > 절단선 > 중심선 > 무게중심선 > 치수보조선

59 도면에서 표제란과 부품란으로 구분할 때, 부품란에 기입할 사항으로 거리가 먼 것은?

① 품명 ② 재질
③ 수량 ④ 척도

해설

부품란 : 도면의 오른쪽 위 또는 표제란 위에 표시. 품번, 품명, 재질, 수량, 무게, 공정명, 비고란 등을 기입

60 다음 그림과 같은 입체도를 화살표 방향으로 정면으로 하여 3각법으로 정투상한 도면으로 가장 적합한 것은?

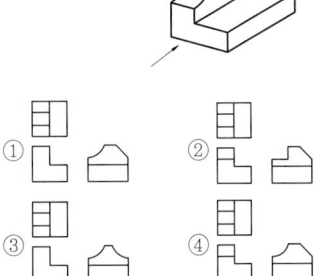

정답 55.③ 56.① 57.③ 58.① 59.④ 60.④

최신 과년도 기출문제 2011년

01 비중이 약 2.7로 가볍고 내식성과 가공성이 좋으며 전기 및 열전도도가 높은 재료는?
① 금(Au) ② 알루미늄(Al)
③ 철(Fe) ④ 은(Ag)

02 순철의 성질에 관한 사항 중 틀린 것은?
① 상온에서 연성과 전성이 크다.
② 용융점의 온도는 539℃ 정도이다.
③ 단접하기 쉽고 소성가공이 용이하다.
④ 용접성이 좋다.

해설
순철 용융점 : 1,538℃

03 노내에서 페로 실리콘(Fe-Si), 알루미늄(Al) 등의 강탈산제를 첨가하여 충분히 탈산시킨 것으로서, 표면에 헤어크랙이 생기기 쉬우며 상부에 수축관이 생기기 쉬운 강괴는?
① 킬드강 ② 림드강
③ 세미킬드강 ④ 캡트강

해설
헤어크랙은 수소가스에 의해 머리카락 모양으로 갈라지는 현상으로 킬드강에서 발생한다.

04 다음 중 응력의 단위를 옳게 표시한 것은?
① N/m ② N/m²
③ N·m ④ N

해설
응력 : 물체에 가해지는 하중(외력)에 대해 내부에서 생기는 저항력이다.

05 다음 중 자유롭게 휠 수 있는 축은?
① 전동 축 ② 크랭크 축
③ 중공 축 ④ 플렉시블 축

해설
플렉시블 축 : 전동 축에 휨성(가요성)을 주어 축의 방향을 자유롭게 변경할 수 있는 축. 가요축이라고도 함.

06 제강할 때 편석을 일으키기 쉬우며, 이 원소의 함유량이 0.25% 정도 이상이 되면 연신율이 감소하고 냉간취성을 일으키는 원소는?
① 인 ② 황
③ 망간 ④ 규소

07 니켈 - 구리계 합금 중 구리에 니켈을 60~70% 정도 첨가한 것으로 내열, 내식성이 우수하므로 터빈날개, 펌프 임펠러 등의 재료로 사용되는 것은?
① 모넬 메탈 ② 콘스탄탄
③ 로우 메탈 ④ 인코넬

08 전동축의 회전력이 40kgf·m이고, 회전수가 300rpm일 때 전달마력은 약 몇 ps인가?
① 12.3 ② 16.8
③ 123 ④ 168

해설
전달마력
$$H = \frac{n \times T}{716.2} = \frac{300 \times 40}{716.2} = 16.75PS$$

정답 1.② 2.② 3.① 4.② 5.④ 6.① 7.① 8.②

09 공기압 회로에서 압축 공기의 역류를 방지하고자 하는 경우에 사용하는 밸브로서, 한쪽방향으로만 흐르고 반대방향으로는 흐르지 않는 밸브는?

① 체크 밸브 ② 셔틀 밸브
③ 급속 배기밸브 ④ 시퀀스 밸브

해설

- 셔틀밸브(OR밸브) : 2개 이상의 입력신호와 1개의 출력신호를 가지며 1개의 입력신호만 존재해도 출력신호를 발생하는 회로. OR밸브, 고압우선(출력측 기준)밸브라고도 함
- 급속배기밸브 : 실린더 운동시 배기측 공기를 급속하게 배출함으로서 실린더의 작동속도를 향상시키는 밸브
- 시퀀스밸브 : 회로에서 순차적으로 작동할 시 작동순서를 설정한 회로 압력에 의해 제어되는 밸브

10 공유압 변환기를 에어 하이드로 실린더와 조합하여 사용할 경우 주의사항으로 틀린 것은?

① 에어 하이드로 실린더보다 높은 위치에 설치한다.
② 공유압 변환기는 수평 방향으로 설치한다.
③ 열원의 가까이에서 사용하지 않는다.
④ 작동유가 통하는 배관에 누설, 공기 흡입이 없도록 밀봉을 철저히 한다.

해설

공유압 변환기 : 공압을 이용하여 작동 시키고 유압으로 출력을 변환하는 장치이며 직압식과 예압식으로 분류된다.
공유압변환기 사용상 주의점
- 액츄에이터보다 높은위치에 설치
- 수직방향으로 설치
- 열원 근처에 사용금지
- 액츄에이터 및 배관내 공기 제거

11 유압 장치의 과부하 방지에 사용되는 기기는?

① 시퀀스 밸브 ② 카운터 밸런스 밸브
③ 릴리프 밸브 ④ 감압 밸브

해설

- 시퀀스 밸브 : 회로에서 순차적으로 작동할 시 작동순서를 설정한 회로 압력에 의해 제어되는 밸브
- 카운터밸런스 밸브(배압 밸브) : 부하 변동 시 설정된 배압을 발생시켜 주는 밸브
- 감압 밸브 : 사각형 내부의 화살표가 외부유로와 일직선으로 정 중앙에 위치하며, 시스템 내 압력이 올라갈 시 설정압 이하로 일정하게 유지하는 밸브

12 압력 시퀀스 밸브가 하는 일을 나타낸 것은?

① 자유낙하의 방지 ② 배압의 유지
③ 구동요소의 순차작동 ④ 무부하 운전

해설

시퀀스 밸브 : 회로에서 순차적으로 작동할 시 작동순서를 설정한 회로 압력에 의해 제어되는 밸브

13 다음 그림의 기호가 나타내는 것은?

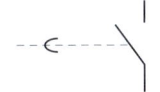

① 수동조작 스위치 a접점
② 수동조작 스위치 b접점
③ 소자 지연 타이머 a접점
④ 여자 지연 타이머 a접점

해설

여자지연 타이머 a접점(ON 딜레이 타이머 a접점)이며, --)-- 는 소자지연 타이머 기호(OFF 딜레이 타이머)이다.

14 공기압 유량제어 밸브 사용상의 주의사항으로 틀린 것은?

① 유량제어 밸브는 되도록 제어대상에 멀리 설치하는 것이 제어성의 면에서 바람직하다.
② 공기압 실린더의 속도제어에는 공기의 압축성을 고려하여 미터아웃방식을 사용한다.
③ 유량조절이 끝나면 고정용 나사를 꼭 고정하는 것을 잊지 않도록 한다.
④ 크기의 선정도 중요하다.

정답 9. ① 10. ② 11. ③ 12. ③ 13. ④ 14. ①

> 해설

유량제어 밸브 사용 시 주의사항
- 가능한 제어 대상인 액츄에이터에 가깝게 설치한다. (관로의 용적변화에 인해 제어성이 떨어진다)
- 유량 조절 후 고정용 노브를 사용하여 일정유량이 나오도록 한다.
- 출구압력을 입구압력의 50% 이하로 하지 않는다. (음속현상 발생)
- 유량이 교축되면 압력하강이 발생된다.

15 검출용 스위치 중 접촉형 스위치가 아닌 것은?

① 마이크로 스위치 ② 광전 스위치
③ 리밋 스위치 ④ 리드 스위치

> 해설

- 접촉형 : 리드, 리밋, 마이크로, 압력 스위치 등
- 비접촉형 : 근접, 광전, 정전용량, 초음파 센서 등

16 유압 작동유의 점도가 너무 높을 경우 유압 장치의 운전에 미치는 영향이 아닌 것은?

① 캐비테이션(Cavitation)의 발생
② 배관 저항에 의한 압력 감소
③ 유압 장치 전체의 효율 저하
④ 응답성의 저하

> 해설

1. 점도가 큰 경우
- 유동 저항이 많아진다.
- 마찰손실 때문에 동력손실이 커진다.
- 유로 및 관내 압력손실이 커진다.
- 장비전체의 효율이 저하되고 기계효율이 저하된다.
- 마찰로 인한 열이 많이 발생되며(캐비테이션 현상 발생) 응답성이 떨어진다.
2. 점도가 낮은 경우
- 장치 내 부품 사이를 통한 누출 손실이 커진다.
- 낮은 점도로 인해 윤활작용이 감소하여 마멸이 심해진다.
- 펌프의 용적효율이 떨어진다.

17 다음 설명 중 공기압 모터의 장점은?

① 에너지의 변환 효율이 낮다.
② 제어속도를 아주 느리게 할 수 있다.
③ 큰 힘을 낼 수 있다.
④ 과부하 시 위험성이 없다.

> 해설

공기압 모터의 장·단점
- 압축공기 이외에도 가스 등 다양한 가스도 사용 가능하다.
- 속도제어와 정·역 회전의 변환이 쉽다.
- 시동정지가 원활하며 출력/중량비가 크다.
- 과부하에도 안전하고, 폭발의 위험성이 없다.
- 발열이 적고 주위 온도, 습도 등 외부환경에 대해 큰 제한을 받지 않는다.
- 에너지를 축적할 수 있어 정전시 비상운전이 가능하다.
- 공압의 특성상 에너지 변환효율이 낮다.
- 공기의 압축성 때문에 제어성이 낮고 배기시 소음이 크다.
- 부하에 의한 회전속도의 변동이 크고 일정속도를 유지하는 고정도를 유지하기 어렵다.

18 실린더를 이용하여 운동하는 형태가 실린더로부터 떨어져 있는 물체를 누르는 형태이면 이는 어떤 부하인가?

① 저항 부하 ② 관성 부하
③ 마찰 부하 ④ 쿠션 부하

> 해설

물체를 누르는 압축력이 작용하면 물체는 내부에서 저항부하가 발생된다.

19 구동부가 일을 하지 않아 회로에서 작동유를 필요로 하지 않을 때 작동유를 탱크로 귀환시키는 것은?

① AND 회로 ② 무부하 회로
③ 플립플롭 회로 ④ 압력 설정 회로

정답 15.② 16.② 17.④ 18.① 19.②

해설
- 이압회로(AND회로) : 2개 이상의 입력신호와 1개의 출력신호를 가지며 2개의 입력신호가 존재시 출력신호를 발생하는 회로. AND밸브, 저압우선(출력측 기준)밸브 라고도 함
- 플립플롭 회로 : 입력신호에 따라 이미 정해진 출력을 나타내는 회로이며, 입력신호와 출력신호 간에 기억기능을 가지고 있는 회로이다.
- 압력설정 회로 : 유압 시스템 내의 압력을 설정압력으로 조절하는 회로이며, 릴리프 밸브에 의해 설정압력 이상이면 다시 탱크로 복귀하는 회로

20 유압 장치의 특징과 거리가 먼 것은?

① 소형 장치로 큰 힘을 발생한다.
② 작동유로 인한 위험성이 있다.
③ 일의 방향을 쉽게 변환시키기 어렵다.
④ 무단 변속이 가능하고 정확한 위치제어를 할 수 있다.

해설

유압장치의 장점
- 무단변속이 가능하다.
- 큰 출력에 비해 소형장치이다.
- 윤활성, 방청성, 방열성이 우수하다.
- 정숙한 운전과 원격제어가 가능하다.
- 과부하 시 안전장치가 간단하다.

유압장치의 단점
- 오일에 기포가 섞여 캐비테이션 현상이 발생될 수 있다.
- 작동유의 온도변화에 액츄에이터 속도가 변화될 수 있다.
- 인화성과 고압 사용으로 인한 위험성이 있고 배관이 어렵다.
- 기름 누설 우려와 기계 장치마다 동력원(유압 펌프)이 필요하다.

21 압력조절밸브 사용 시 주의사항으로 공기압 기기의 전 공기 소비량이 압력조절밸브에서 공급되었을 때 압력조절밸브의 2차 압력이 몇 %이하로 내려가지 않도록 하는 것이 바람직한가?

① 60   ② 70
③ 80   ④ 90

해설
압력조절밸브의 2차 압력강하는 공급압력의 80% 이하로 내려가지 않도록 유지한다.

22 다음의 기호가 나타내는 기기를 설명한 것 중 옳은 것은?

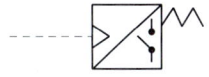

① 실린더의 로킹 회로에서만 사용된다.
② 유압 실린더의 속도제어에서 사용된다.
③ 회로의 일부에 배압을 발생시키고자 할 때 사용한다.
④ 공압 신호를 전기신호로 전환시켜 준다.

해설
본 기호는 압력스위치 기호이며, 설정압력에 도달하면 내부 마이크로 스위치에 의해 전기신호를 출력하는 기기이다.

23 토출압력에 의한 분류에서 저압으로 구분되는 공기압축기의 압력범위는?

① 1kgf/cm^2 이하   ② $7 \sim 8\text{kgf/cm}^2$
③ $10 \sim 15\text{kgf/cm}^2$ ④ 15kgf/cm^2 이상

해설
토출압력에 의한 분류 : 저압(1 ~ 8kgf/cm²), 중압(10~16kgf/cm²), 고압(16kgf/cm² 이상)

24 압력제어 밸브에 해당되는 것은?

① 셔틀 밸브   ② 체크 밸브
③ 차단 밸브   ④ 릴리프 밸브

해설
압력제어밸브 종류 : 릴리프밸브, 감압밸브, 시퀀스밸브, 카운터밸런스밸브, 압력스위치 등이 있다.

정답   20.③   21.③   22.④   23.②   24.④

25 다음 중 공기압 장치의 기본시스템이 아닌 것은?

① 압축공기 발생장치 ② 압축공기 조정장치
③ 공압 제어밸브   ④ 유압펌프

> 해설
> 유압펌프는 유압장치의 기본시스템이다.

26 펌프의 송출압력이 50kgf/cm², 송출량이 20L/min 유압펌프의 펌프동력은 약 얼마인가?

① 1.5PS   ② 1.7PS
③ 2.2PS   ④ 3.2PS

> 해설
> 펌프동력 공식(단위별)
> $L_p = \dfrac{PQ}{612}(kw),\ L_p = \dfrac{PQ}{450}(PS)$ 이므로
> $L_p = \dfrac{50 \times 20}{450} = 2.2PS$

27 유압회로에서 어떤 부분 회로의 압력을 주회로의 압력보다 저압으로 사용하고자 할 때 사용하는 밸브는?

① 배압 밸브   ② 감압 밸브
③ 압력보상형 밸브 ④ 셔틀 밸브

> 해설
> • 압력보상형 유량제어 밸브 : 밸브 내 압력보상 제어기구를 가지고 있어 압력변동에 대하여 유량이 변동되지 않도록 일정하게 유지하여 주는 밸브
> • 카운터 밸런스 밸브(배압 밸브) : 부하 변동시 설정된 배압을 발생시켜 주는 밸브
> • 셔틀 밸브(OR 밸브) : 2개 이상의 입력신호와 1개의 출력신호를 가지며 1개의 입력신호만 존재해도 출력신호를 발생하는 회로. OR밸브, 고압우선(출력측 기준)밸브 라고도 함

28 유압 장치에서 유량 제어 밸브로 유량을 조정할 경우 실린더에서 나타나는 효과는?

① 유압의 역류 조절   ② 운동 속도의 조절
③ 운동 방향의 결정   ④ 정지 및 시동

> 해설
> 유량제어밸브는 운동 속도를 제어하는 밸브이다.

29 압력의 크기에 의해 제어되거나 압력에 큰 영향을 미치는 것은?

① 논 리턴 밸브   ② 방향 제어 밸브
③ 압력 제어 밸브 ④ 유량 제어 밸브

> 해설
> 압력제어밸브는 작동 압력(힘)을 제어하는 밸브이다.

30 그림의 연결구를 표시하는 방법에서 틀린 부분은?

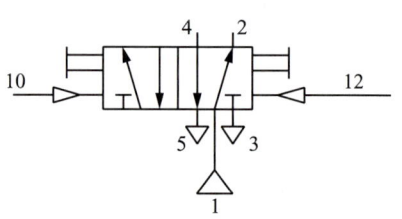

① 공급라인 : 1   ② 제어라인 : 4
③ 작업라인 : 2   ④ 배기라인 : 3

> 해설
> 공급라인 : 1(P)
> 작업라인 : 2(A), 4(B)
> 제어라인 : 10(X), 12(Y)
> 배기라인 : 3(R), 5(S)와 같이 표시한다.

정답 25.④ 26.③ 27.② 28.② 29.③ 30.②

31 다음은 어떤 밸브를 나타내는 기호인가?

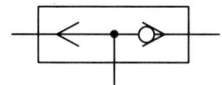

① 급속배기 밸브   ② 셔틀 밸브
③ 2압 밸브   ④ 파일럿 조작 밸브

해설

셔틀밸브(OR밸브) : 2개 이상의 입력신호와 1개의 출력신호를 가지며 1개의 입력신호만 존재해도 출력신호를 발생하는 회로. OR밸브, 고압우선(출력측 기준)밸브라고도 함

32 공기 건조 방식 중 -70℃ 저온까지의 저노점을 얻을 수 있는 공기 건조 방식은?

① 흡수식   ② 냉각식
③ 흡착식   ④ 저온 건조 방식

해설

- 흡수식 건조기(에어 드라이어)
- 작동에 필요한 외부에너지 공급이 필요없다.
- 기계적 작동요소가 없어 기계 마모가 적고 장비설치가 간단하다.
- 흡수제(폴리에틸렌, 염화리듐, 수용액)를 사용한 화학적 처리과정 방식이며 건조제는 연 2~4회 교환한다.
- 압축공기 중의 수분이 건조제에 닿으면 화합물이 생성되어 물이 혼합물로 용해되고 공기는 건조 되는 방식이다.
- 흡착식 건조기(에어 드라이기)
- 건조제로 실리카겔, 활성알루미나, 실리콘디옥시드를 사용하는 물리적 과정 방식
- 건조제를 재생하여 사용할 수 있다.
- 최대 -70℃의 저노점을 얻을 수 있다.
- 냉동식 건조기(에어 드라이어)
- 이슬점 온도를 낮추어서 건조하는 방식
- 공기를 강제로 냉각시켜 공기 중에 포함된 수분을 제거하는 방식
- 입구온도가 40℃를 넘지 않도록 애프터 쿨러 및 필터 다음에 설치하여 사용

33 습공기 내에 있는 수증기의 양이나 수증기의 압력과 포화상태에 대한 비를 나타내는 것은?

① 절대 습도   ② 상대 습도
③ 대기 습도   ④ 게이지 습도

해설

$$상대습도 = \frac{습공기 중의 수증기의 분압}{포화수증기압} \times 100(\%)$$

$$절대습도 = \frac{습공기 중의 수증기의 중량}{습공기 중의 건조공기의 중량} \times 100(\%)$$

34 축 동력을 계산하는 방법에 대한 설명으로 틀린 것은?

① 설정압력과 토출량을 곱하여 계산한다.
② 효율은 안전을 위하여 약 75%로 한다.
③ 효율은 체적효율만 고려한다.
④ 단위는 kW를 사용할 수 있다.

해설

체적효율과 기계효율 둘다 고려해야 한다.

35 공압 조합밸브 1개의 정상상태에서 닫힌 3/2-Way 밸브와 1개의 정상상태 열림 3/2-Way 밸브, 2개의 속도제어밸브로 구성되어 있는 기기로, 두 개의 속도제어밸브를 조정하면 여러 가지 사이클 시간을 얻을 수 있으며, 진동수는 압력과 하중에 따라 달라지게 하는 제어기기는 무엇인가?

① 가변 진동 발생기   ② 압력 증폭기
③ 시간 지연밸브   ④ 공유압 조합기기

해설

- 공유압조합기기 : 공유압 변환기, 공압 하이드로 실린더, 하이드롤릭 체크 유닛 증압기등이 있다.
- 공압시간 지연 밸브 : 3/2way 밸브, 유량조절밸브, 공압탱크로 구성되어진 조합밸브이며, 전기기기 on/off 타이머처럼 입력신호가 들어온 후 일정 시간 경과 후 작동되는 한시작동 시간지연 밸브와 입력신호가 없어진 후 일정시간 경과 후 복귀하는 한시복귀 시간지연 밸브이다.
- 압력증폭기 : 공압을 이용한 센서(공기 베리어, 반향 근접 감지기 등)를 사용시 신호압력이 낮기 때문에 신호압력을 증폭할 경우 사용

정답 31.② 32.③ 33.② 34.③ 35.①

36 제어 작업이 주로 논리 제어의 형태로 이루어지는 AND, OR, NOT, 플립플롭 등의 기본 논리 연결을 표시하는 기호도를 무엇이라 하는가?

① 논리도 ② 회로도
③ 제어선도 ④ 변위 단계 선도

해설
- 변위단계선도 : 액츄에이터(실린더 등)의 작동 순서를 단계별로 표시
- 제어선도 : 액츄에이터(실린더 등)의 작동 변화에 따른 제어밸브의 등의 동작상태를 표시

37 공압 실린더 중 단동 실린더가 아닌 것은?

① 피스톤 실린더 ② 격판 실린더
③ 벨로스 실린더 ④ 로드리스 실린더

해설
단동실린더 종류 : 단동실린더, 격판실린더, 벨로즈실린더

38 축압기에 대한 설명 중 틀린 것은?

① 맥동이 발생한다.
② 압력 보상이 된다.
③ 충격 완충이 된다.
④ 유압 에너지를 축적 할 수 있다.

해설
어큐뮬레이터(축압기) 사용목적 : 펌프의 맥동제거, 에너지 축적, 압력 보상, 충격 완충, 유체 이송, 2차 회로의 구성 등

39 4극의 유도전동기에 50[Hz]의 교류 전원을 가할 때 동기속도[rpm]는?

① 200 ② 750
③ 1200 ④ 1500

해설
동기속도 $N_s = \dfrac{120f}{P} = \dfrac{120 \times 50}{4} = 1,500$

40 동일한 전원에 연결된 여러 개의 전등은 다음 중 어느 경우가 가장 밝은가?

① 각 등을 직, 병렬 연결할 때
② 각 등을 직렬 연결할 때
③ 각 등을 병렬 연결할 때
④ 전등의 연결방법에는 관계없다.

해설
각 등을 병렬로 연결 시 가장 밝아진다.

41 다음 중 지시계기의 구비조건이 아닌 것은?

① 눈금이 균등하거나 대수 눈금일 것
② 절연내력이 낮을 것
③ 튼튼하고 취급이 편리할 것
④ 지시가 측정값의 변화에 신속히 응답할 것

해설
지시계는 절연내력이 커야한다.

42 $i = I_m \sin\omega t$의 정현파에서 ωt가 얼마일 때 실효값과 순시값이 같은가?

① 30° ② 45°
③ 60° ④ 90°

해설
순시값과 실효값을 같게 놓으면
$i = I_m \sin\omega t = \sqrt{2} I \sin\omega t = I$
$\sin\omega t = \dfrac{1}{\sqrt{2}}$ 이므로 $\omega t = \sin^{-1}\dfrac{1}{\sqrt{2}} = 45°$

43 내부저항 5[kΩ]의 전압계 측정범위를 10배로 하기 위한 방법은?

① 15[kΩ]의 배율기 저항을 병렬 연결한다.
② 15[kΩ]의 배율기 저항을 직렬 연결한다.
③ 45[kΩ]의 배율기 저항을 병렬 연결한다.
④ 45[kΩ]의 배율기 저항을 직렬 연결한다.

정답 36.① 37.④ 38.① 39.④ 40.③ 41.② 42.② 43.④

해설

내부저항 5kΩ의 9배인 45kΩ 저항을 직렬 연결한다.

44 임피던스 $Z[Ω]$인 단상 교류 부하를 단상 교류 전원 $V[V]$에 연결하였을 경우 흐르는 전류가 $I[A]$라면 단상 전력 P를 구하는 식은? (단, V : 전압, I : 전류, $θ$: 전압과 전류의 위상차, $\cos θ$: 역률이라고 한다.)

① $P = VI\cos θ[W]$
② $P = \sqrt{3}\ VI\cos θ[W]$
③ $P = VR\cos θ[W]$
④ $P = VI\sin θ[W]$

45 시간의 변화에 따라 각 계전기나 접점 등의 변화 상태를 시간적 순서에 의해 출력상태를 (ON, OFF), (H, L), (1, 0)등으로 나타낸 것은?

① 실체 배선도　② 플로 차트
③ 논리 회로도　④ 타임 차트

해설

타임차트 : 시간의 변화에 따라 계전기나 접점의 상태를 표시한 것

46 정전용량 C만의 회로에 $v = \sqrt{2}\ V\sin wt[V]$인 사인파전압을 가할 때 전압과 전류의 위상관계는?

① 전류는 전압보다 위상이 90° 뒤진다.
② 전류는 전압보다 위상이 30° 앞선다.
③ 전류는 전압보다 위상이 30° 뒤진다.
④ 전류는 전압보다 위상이 90° 앞선다.

해설

전압과 전류의 위상관계
- 콘덴서만의 회로 : 전류가 전압보다 90° 앞선다.
- 코일만의 회로 : 전압이 전류보다 90° 앞선다.
- 저항만의 회로 : 전류와 전압이 동상이다.

47 가동코일형 전류계에서 전류측정범위를 확대시키는 방법은?

① 가동코일과 직렬로 분류기 저항을 접속한다.
② 가동코일과 병렬로 분류기 저항을 접속한다.
③ 가동코일과 직렬로 배율기 저항을 접속한다.
④ 가동코일과 직·병렬로 배율기 저항을 접속한다.

해설

전류측정범위 확대 : 배율기 저항을 병렬로 기동코일과 접속한다.

48 기기의 보호나 작업자의 안전을 위해 기기의 동작상태를 나타내는 접점으로 기기의 동작을 금지하는 회로는?

① 인칭 회로　② 인터록 회로
③ 자기 유지 회로　④ 자기 유지 처리 회로

해설

인터록 회로 : 여러개의 출력장치 중 그중 하나가 출력되면 나머지 출력을 저지하는 회로이며, 상대동작 금지 회로라고도 함.

49 열동 계전기의 기호는?

① DS　② THR
③ NFB　④ S

50 전력량 1[J]은 몇 열량 에너지 [cal]인가?

① 0.24　② 4.2
③ 86　④ 860

해설

1cal = 4.2J 이므로 1J = 1/4.2 = 0.24

정답　44.①　45.④　46.④　47.②　48.②　49.②　50.①

51 다음 중 입력 요소는?

① 전동기　　② 전자계전기
③ 리밋스위치　④ 솔레노이드 밸브

> 해설
> 출력요소 : 전동기, 전자계전기, 솔레노이드 밸브 등

52 하나의 회전기를 사용하여 교류를 직류로 바꾸는 것은?

① 셀렌정류기　② 실리콘정류기
③ 회전변류기　④ 아산화동정류기

> 해설
> 회전변류기 : 교류를 직류로 바꾸기 위해 사용

53 직류 전동기에서 운전 중에 항상 브러시와 접촉하는 것은?

① 전기자　② 계자
③ 정류자　④ 계철

> 해설
> 직류전동기 전기 흐름 : 전원 → 브러쉬 → 정류자 → 전기자

54 다음 그림에서 A 부의 치수는 얼마인가?

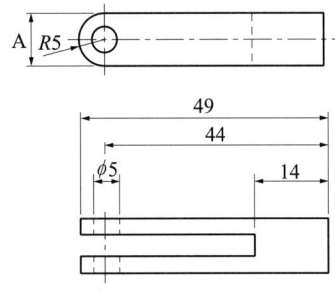

① 5　② 10　③ 15　④ 14

> 해설
> R5 즉, 반지름이 5이므로 A의 치수는 10이다.

55 선은 굵기에 따라 가는 선, 굵은 선, 아주 굵은 선의 세 종류로 구분하는데 굵기의 비율로 가장 올바른 것은?

① 1 : 2 : 3　② 1 : 2 : 4
③ 1 : 3 : 5　④ 1 : 2 : 5

56 도면에서 비례척이 아님을 나타내는 기호는?

① NS　② NPS
③ NT　④ PQ

> 해설
> NS : 도면 내 치수가 비례하지 않을 때 "비례가 아님" 또는 "치수 밑에 밑줄 긋기" 또는 "NS" 등으로 표시한다.

57 그림과 같은 투상도의 평면도와 우측면도에 가장 적합한 정면도는?

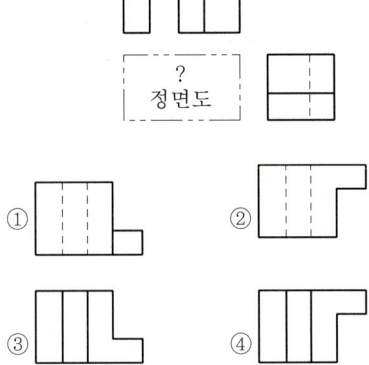

58 KS 용접기호 중에서 그림과 같은 용접기호는 무슨 용접기호인가?

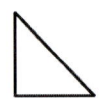

① 심 용접　② 비드 용접
③ 필릿 용접　④ 점 용접

> 해설
> ⌒ (심용접), ⌢ (비드용접), ○ (점용접)

정답　51.③　52.③　53.③　54.②　55.②　56.①　57.③　58.③

59 그림과 같은 배관도시기호가 있는 관에는 어떤 종류의 유체가 흐르는가?

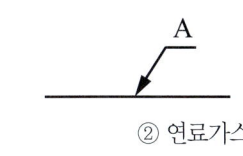

① 공기 ② 연료가스
③ 증기 ④ 물

해설

유체표시기호 : A(공기), G(가스), O(기름), S(수증기), W(물)

60 개스킷, 박판, 형강 등에서 절단면이 얇은 경우 단면도 표시법으로 가장 적합한 설명은?

① 절단면을 검게 칠한다.
② 실제치수와 같은 굵기의 아주 굵은 1점 쇄선으로 표시한다.
③ 얇은 두께의 단면이 인접되는 경우 간격을 두지 않는 것이 원칙이다.
④ 모든 인접 단면과의 간격은 0.5mm 이하의 간격이 있어야 한다.

해설

절단면이 얇은 경우 절단면을 굵은 실선으로 긋거나 검게 칠한다.

정답 59.① 60.①

최신 과년도 기출문제 2012년

01 일명 로터리 실린더라고도 하며 360°전체를 회전할 수는 없으나 출구와 입구를 변화시키면 ±50°정, 역회전이 가능한 것은?

① 기어 모터 ② 베인 모터
③ 요동 모터 ④ 회전 피스톤 모터

:해설:

- 피스톤모터 : 피스톤에 가해지는 압력에 작동되며, 특히 고압작동에 적합하다. 고정용량형과 가변용량형이 있으며, 레이디얼형과 액시얼형으로 구분된다. 단점으로는 구조가 복잡하고 고가이다.
- 기어모터 : 구조가 가장 간단하여 일반적으로 많이 사용되며, 출력토크가 일정하다. 또한 저속회전 및 소형으로 큰 토크를 낼 수 있다.
- 베인모터 : 무단변속이 가능하며 가혹한 환경에서 운전가능하며, 출력토크가 일정하다. 또한 구조가 간단하여 고장이 적다.
- 요동모터 : 회전운동이 가능한 구조이며, 구조가 간단하여 좁은 공간에서 회전운동이 가능하다.

02 그림과 같은 공압 회로는 어떤 논리를 나타내는가?

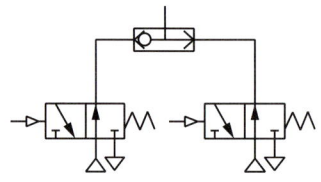

① OR ② AND
③ NAND ④ EX-OR

:해설:

NAND 회로 : 결과값이 AND 회로의 출력값과 반대로 되는 회로이다.

03 유압장치의 장점이 아닌 것은?

① 힘을 무단으로 변속할 수 있다.
② 속도를 무단으로 변속할 수 있다.
③ 일의 방향을 쉽게 변화시킬 수 있다.
④ 하나의 동력원으로 여러 장치에 동시에 사용할 수 있다.

:해설:

- 유압장치의 장점
- 무단변속이 가능하다.
- 큰 출력에 비해 소형장치이다.
- 윤활성, 방청성, 방열성이 우수하다.
- 정숙한 운전과 원격제어가 가능하다.
- 과부하 시 안전장치가 간단하다.
- 유압장치의 단점
- 오일에 기포가 섞여 캐비테이션 현상이 발생될 수 있다.
- 작동유의 온도변화에 액츄에이터 속도가 변화될 수 있다.
- 인화성과 고압 사용으로 인한 위험성이 있고 배관이 어렵다.
- 기름 누설 우려와 기계 장치마다 동력원(유압 펌프)이 필요하다.

04 유압장치에서 사용되고 있는 오일 탱크에 대한 설명으로 적합하지 않은 것은?

① 오일을 저장할 뿐만 아니라 오일을 깨끗하게 한다.
② 오일 탱크의 용량은 장치내의 작동유를 모두 저장하지 않아도 되므로 사용압력, 냉각장치의 유무에 관계없이 가능한 작은 것을 사용한다.
③ 주유구에는 여과망과 캡 또는 뚜껑을 부착하여 먼지, 절삭분 등의 이물질이 오일 탱크에 혼입되지 않게 된다.

정답 1.③ 2.③ 3.④ 4.②

④ 공기 청정기의 통기 용량은 유압 펌프 토출량의 2배 이상으로 하고, 오일 탱크의 바닥에서 최소 15cm를 유지하는 것이 좋다.

해설

오일탱크 조건 : 탱크의 크기는 펌프 토출량의 3배이상, 작동시 오일 복귀량에 문제가 없어야 하며 적정 유면 또한 유지가 되어야 한다.

05 유압회로에 공기가 침입할 때 발생되는 상태가 아닌 것은?

① 공동 현상   ② 정마찰
③ 열화촉진   ④ 응답성 저하

해설

- 캐비테이션현상 : 작동유 일부분에 압력이 강하하면 작동유내 공기가 기포로 되어 급격한 압력상승이 되면서 관로 내벽에 충격을 주면서 소음 및 진동을 발생되게 하는 현상
- 원인 : - 펌프 적정속도 이상으로 운전- 흡입필터부분 막힘- 규정이상의 유온 상승- 과부하 운전- 급격한 유로차단 및 패킹부 공기 흡입
- 현상 : - 관로내 표면의 침식- 시스템회로내 소음 및 진동발생- 유온상승 및 압력손실 감소
- 대응방안 : - 펌프 적정속도 이하로 운전- 흡입구의 양정을 1m 이하로 설치- 흡입관 직경을 펌프 본체와 동일한 크기 사용

06 2개 이상의 실린더를 순차 작동시키려면 어떤 밸브를 사용해야 하는가?

① 감압 밸브   ② 릴리프 밸브
③ 시퀀스 밸브   ④ 카운터밸런스 밸브

해설

- 릴리프밸브 : 시스템내 압력을 설정값 이내로 일정하게 유지하며, 직동형 릴리프밸브(스프링 힘으로 압력조절)와 간접작동형 릴리프밸브(평형피스톤형, 파일럿밸브로 압력조절)가 있다.
- 카운터밸런스밸브(배압밸브) : 부하 변동시 설정된 배압을 발생시켜 주는 밸브
- 감압밸브 : 사각형 내부의 화살표가 외부유로와 일직선으로 정 중앙에 위치하며, 시스템 내 압력이 올라 갈시 설정압 이하로 일정하게 유지하는 밸브

07 압축공기를 생산하는 장치는?

① 에어 루브리케이터(Air Lubricator)
② 에어 엑추에이터(Air Actuator)
③ 에어 드라이어(Air Dryer)
④ 에어 콤프레서(Air Compressor)

해설

- 루브리케이터(윤활기) : 벤츄리 작동원리를 이용하여 공압기기 부품 등에 윤활유를 분무형태로 공압에너지와 함께 급유한다.
- 드라이어(건조기) : 압축공기내 수분을 제거하여 건조한 공기로 만든다. 흡수식, 흡착식, 냉동식 건조기로 분류된다.

08 유량비례 분류 밸브의 분류 비율은 일반적으로 어떤 범위에서 사용하는가?

① 1:1~9:1   ② 1:1~18:1
③ 1:1~27:1   ④ 1:1~36:1

해설

유량비례 분류밸브 : 유량을 분배 및 제어하는 밸브. 분배 비율 범위는 1:1 ~ 9:1이다

09 전기신호를 이용하여 제어를 하는 이유로 가장 적합한 것은?

① 과부하에 대한 안전대책이 용이하다.
② 응답속도가 빠르다.
③ 외부 누설(감전, 인화)이 영향이 없다.
④ 출력유지가 용이하다.

해설

- 전기신호 제어 장점 : 비용이 적게 들고 응답신호가 빠르며 부품의 종류와 작동원리가 간단하다.
- 전기신호 제어 단점 : 반복적 사용으로 인한 부품 수명이 짧고 높은 신뢰성을 보장 받기 어려우며 과부하에 대한 안전대책이 복잡하며 누전, 인화 등의 위험이 있다.

정답 5.② 6.③ 7.④ 8.① 9.②

10 공압장치에 사용되는 압축공기 필터의 공기 여과 방법으로 틀린 것은?

① 원심력을 이용하여 분리하는 방법
② 충돌판에 닿게 하여 분리하는 방법
③ 가열하여 분리하는 방법
④ 흡습제를 사용해서 분리하는 방법

해설
공기여과 방식 : 원심력, 충돌판, 흡습제, 냉각 등을 이용하여 공기여과

11 주어진 입력신호에 따라 정해진 출력을 나타내며 신호와 출력의 관계가 기억기능을 겸비한 회로는?

① 시퀀스 회로   ② 온 오프 회로
③ 레지스터 회로 ④ 플립플롭 회로

해설
- 시퀀스 회로 : 시스템 회로 작동시 기계의 조작을 정해진 순서에 의해 자동으로 작동하게 하는 회로
- 레지스터회로 : 2진수로써 그 데이터를 내부에 기억하여 필요시 그 데이터를 이용할 수 있도록 구성된 회로
- 온오프회로 : 온/오프와 같이 3개의 정해진 상태만을 제어하는 회로

12 다음 기호 중 공압 실린더의 1방향 속도제어에 주로 사용되는 밸브는?

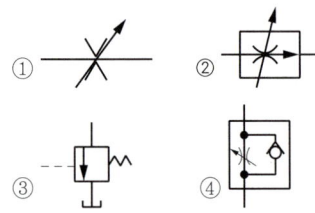

해설
① 오리피스 밸브(조절가능), ② 유량조절 밸브(양방향), ③ 압력릴리프 밸브

13 방향제어 밸브에서 존재할 수 있는 포트의 수가 아닌 것은?

① 1   ② 2
③ 2   ④ 4

해설
1번 공급포트 기호 1(A) 이다.

14 유압유에서 온도변화에 따른 점도의 변화를 표시하는 것은?

① 점도지수   ② 점도
③ 비중   ④ 동점도

해설
- 동점도 : 유체의 점도를 밀도로 나눈 값
- 점도 : 유체의 점성 정도
- 비중 : 물체의 단위체적당 무게

15 유량 제어밸브를 실린더의 입구 측에 설치한 회로로서 유압 액추에이터에 유입하는 유량을 제어하는 방식으로 움직임에 대하여 정(正)의 부하가 작용하는 경우에 적합한 회로는?

① 블리드 오프 회로   ② 브레이크 회로
③ 감압 회로   ④ 미터 인 회로

해설
- 블리드 오프 회로 : 실린더측 공급관로에 분기관로(회로)를 설치하여 유량을 제어함으로서 실린더의 속도를 제어하는 방식이다.
- 감압 회로 : 시스템내 압력이 올라갈시 설정압 이하로 일정하게 유지시켜 주는 회로
- 브레이크 회로 : 브레이크시 관성에 의한 운동을 방지하기 위한 회로

정답 10.③ 11.④ 12.④ 13.① 14.① 15.④

16 다음의 기호를 무엇이라 하는가?

① on delay 타이머 ② off delay 타이머
③ 카운터   ④ 솔레노이드

해설

- on delay 타이머 : 입력신호가 들어오면 일정시간 경과 후 접점이 작동하고 입력신호가 없어지면 순시에 접점이 작동된다. (한시동작 순시복귀형)
- off delay 타이머 : 입력신호가 들어오면 순시에 접점이 작동하고 입력신호가 없어지면 일정시간 경과후 접점이 작동된다. (순시동작 한시복귀형)
- 카운터 : 입력으로 들어오는 펄스의 신호의 개수를 카운터하여 기억하는 회로이며 계수값이 설정값에 도달하면 접점이 작동된다.
- 솔레노이드 : 전자석의 원리를 이용하여 솔레노이드 밸브 내 플런저를 작동시켜 유체의 방향을 전환시킨다.

17 증압기에 대한 설명으로 가장 적합한 것은?

① 유압을 공압으로 변환한다.
② 낮은 압력의 압축공기를 사용하여 소형 유압실린더의 압력을 고압으로 변환한다.
③ 대형 유압 실린더를 이용하여 저압으로 변환한다.
④ 높은 유압 압력을 낮은 공기 압력으로 변환한다.

해설

공압을 이용하여 작동 시키고 유압으로 출력을 변환하는 장치이며 직압식과 예압식으로 분류된다.

18 유압밸브 중에서 파일럿부가 있어서 파일럿 압력을 이용하여 주 스풀을 작동시키는 것은?

① 직동형 릴리프 밸브
② 평형 피스톤형 릴리프 밸브
③ 인라인형 체크 밸브
④ 앵글형 체크 밸브

해설

릴리프 밸브 : 시스템내 압력을 설정값 이내로 일정하게 유지하며, 직동형 릴리프밸브(스프링 힘으로 압력조절)와 간접작동형 릴리프밸브(평형피스톤형, 파일럿밸브로 압력조절)가 있다.

19 공압 실린더가 운동할 때 낼 수 있는 힘(F)을 식으로 맞게 표현한 것은? (단, P : 실린더에 공급되는 공기의 압력, A : 피스톤 단면적, V : 피스톤 속도이다.)

① $F = P \cdot A$ ② $F = A \cdot V$
③ $F = P/A$ ④ $F = A/V$

20 다음 기기들의 설명 중 틀린 것은?

① 실린더 : 유압의 압력에너지를 기계적 에너지로 바꾸는 기기이다.
② 체크밸브 : 유체를 양방향으로 흐르게 한다.
③ 제어밸브 : 유체를 정지 또는 흐르게 하는 기능을 한다.
④ 릴리프밸브 : 장치 내의 압력이 과도하게 높아지는 것을 방지한다.

해설

체크밸브 : 유체의 흐름을 한 방향으로만 흐르게 한다. (역방향 유체 흐름 제지)

21 다음 기호의 명칭으로 맞는 것은?

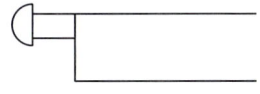

① 버튼   ② 레버
③ 페달   ④ 롤러

정답 16.② 17.② 18.② 19.① 20.② 21.①

해설

1. 레버
2. 페달
3. 롤러

22 습기 있는 압축공기가 실리카겔, 활성알루미나 등의 건조제를 지나가면 건조제가 압축공기 중의 습기와 결합하여 혼합물이 형성되어 건조되는 공기건조기는?

① 흡착식 에어 드라이어
② 흡수식 에어 드라이어
③ 냉동식 에어 드라이어
④ 혼합식 에어 드라이어

해설

• 흡수식 건조기(에어 드라이어)
- 작동에 필요한 외부에너지 공급이 필요없다.
- 기계적 작동요소가 없어 기계 마모가 적고 장비설치가 간단하다.
- 흡수제(폴리에틸렌, 염화리듐, 수용액)를 사용한 화학적 처리과정 방식이며 건조제는 연 2~4회 교환한다.
- 압축공기 중의 수분이 건조제에 닿으면 화합물이 생성되어 물이 혼합물로 용해되고 공기는 건조 되는 방식이다.

• 흡착식 건조기(에어 드라이기)
- 건조로 실리카겔, 활성알루미나, 실리콘디옥시드를 사용하는 물리적 과정 방식
- 건조제를 재생하여 사용할 수 있다
- 최대 -70℃의 저노점을 얻을 수 있다.

• 냉동식 건조기(에어 드라이어)
- 이슬점 온도를 낮추어서 건조하는 방식
- 공기를 강제로 냉각시켜 공기 중에 포함된 수분을 제거하는 방식
- 입구온도가 40℃를 넘지 않도록 애프터 쿨러 및 필터 다음에 설치하여 사용

23 유압 공기압 도면기호 중 접속구를 나타내었다. 아래 그림과 같은 공기구멍에 대한 설명으로 맞는 것은?

① 연속적으로 공기를 빼는 경우
② 어느 시기에 공기를 빼고 나머지 시간은 닫아 놓는 경우
③ 필요에 따라 체크 기구를 조작하여 공기를 빼 내는 경우
④ 수압 면적이 상이한 경우

24 공압 단동 실린더의 설명으로 틀린 것은?

① 스프링이 내장된 형식이 일반적이다.
② 클램핑, 프레싱, 이젝팅 등의 용도로 사용된다.
③ 행정거리는 복동 실린더보다 짧은 것이 일반적이다.
④ 공기소모량은 복동 실린더보다 많다.

해설

공기소모량은 단동실린더 복귀시 내장 스프링 또는 자중에 의해 복귀하므로 공기 소모량이 적다.

25 급속배기 밸브의 설명으로 적합한 것은?

① 순차 작동이 된다.
② 실린더 운동속도를 빠르게 한다.
③ 실린더의 진행 방향을 바꾼다.
④ 서지 압력을 완충시킨다.

해설

급속배기밸브 : 실린더 운동시 배기측 공기를 급속하게 배출함으로서 실린더의 작동속도를 향상시키는 밸브

정답 22.① 23.② 24.④ 25.②

26 수냉식 오일쿨러(oil cooler)의 장점이 아닌 것은?

① 소형으로 냉각능력이 크다.
② 소음이 적다.
③ 자동 유온조정이 가능하다.
④ 냉각수의 설비가 요구된다.

해설

냉각수의 설비요구 및 노후 또는 부식으로 인해 기름 중에 물이 혼입 될 수 있는 것이 수냉식 오일쿨러의 단점이다.

27 압력제어밸브의 핸들을 돌렸을 때 회전각에 따라 공기압력이 원활하게 변화하는 특성은?

① 압력조정 특성   ② 유량 특성
③ 재현 특성   ④ 릴리프 특성

해설

- 릴리프 특성 : 2차측 공기압력을 외부에서 상승시킬 때 릴리프 배기구에서의 배기되는 고압의 압력 특성
- 유량특성 : 2차측 관로를 줄여서 유량이 0인 상태에서 압력을 설정한 후 2차측 유량을 서서히 증가시킬 때 2차측 압력이 서서히 저하되는 특성
- 재현특성 : 1차측 압력을 일정 압력으로 설정하고 2차측을 조정할 때 설정 압력의 변동상태를 확인하는 것

28 보일 샤를의 법칙에서 공기의 기체상수 (kgf·m/kgf·k)로 맞는 것은?

① 19.27   ② 29.27
③ 39.27   ④ 49.27

해설

보일 - 샤를의 법칙 : 압력, 체적, 온도와의 관계를 다음과 같이 정의

PV = GRT (G : 기체중량, R : 기체상수)

29 다음 중 일반 산업분야의 기계에서 사용하는 압축공기의 압력으로 가장 적당한 것은?

① 약 50~70kgf/cm²   ② 약 500~700kPa
③ 약 500~700ba   ④ 약 50~70Pa

해설

500 ~ 700 kPa = 5 ~ 7kgf /cm² = 5 ~ 7bar

30 다음 중 기계효율을 설명한 것으로 맞는 것은?

① 펌프의 이론 토출량에 대한 실제 토출량의 비
② 구동장치로부터 받은 동력에 대하여 펌프가 유압유에 준 이론 동력의 비
③ 펌프가 받은 에너지를 유용한 에너지로 변환한 정도에 대한 척도
④ 펌프 동력의 축동력의 비

해설

기계효율 : 기계에 가해진 에너지 중 유효한 일을 하는 비율

31 직류 전동기 중에서 무부하 운전이나 벨트 운전을 절대로 해서는 안 되는 전동기는?

① 타여자 전동기   ② 복권 전동기
③ 직권 전동기   ④ 분권 전동기

32 아래 그림에서 I_1의 값은 얼마인가?

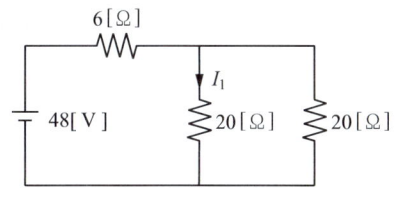

① 1.5[A]   ② 2.4[A]
③ 3[A]   ④ 8[A]

정답 26.④ 27.① 28.② 29.② 30.② 31.③ 32.①

해설

$V=IR$에서 $I=\dfrac{V}{R}$이다.

여기서 합성저항 $R=6+\dfrac{20\times 20}{20+20}=16\Omega$

즉, $I=\dfrac{48}{16}=3A$이다.

그러므로 20Ω에 흐르는 전류 $I=3\times\dfrac{20}{20+20}$
$=1.5A$이다.

---

33 15[kW] 이상의 농형 유도전동기에 주로 적용되는 방식으로, 기동 시 공급전압을 낮추어 기동전류를 제한하는 기동법은?

① Y-기동법 ② 기동 보상기법
③ 저항 기동법 ④ 직입 기동법

34 교류에서 전압과 전류의 벡터 그림이 다음과 같다면 어떤 소자로 구성된 회로인가?

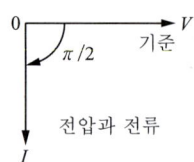

① 저항 ② 코일
③ 콘덴서 ④ 다이오드

해설
- 코일만의 회로 : 전압이 전류보다 90° 앞선다.
- 저항만의 회로 : 전압과 전류가 동상이다.
- 콘덴서만의 회로 : 전류가 전압보다 90° 앞선다.

35 시퀀스 제어용 기기로 전자 접촉기와 열동 계전기를 총칭하는 것은?

① 적산 카운터 ② 한시 타이머
③ 전자 개폐기 ④ 전자 계전기

36 정류회로에 커패시터 필터를 사용하는 이유는?

① 용량 증대를 위하여
② 소음을 감소하기 위하여
③ 직류에 가까운 파형을 얻기 위하여
④ 2배의 직류값을 얻기 위하여

해설
커패시터 필터는 정류작용을 통하여 직류에 가까운 파형을 얻을 수 있다.

37 정전용량이 0.01[μF]인 콘덴서의 1[MHz]에서의 용량 리액턴스는 약 몇 [Ω]인가?

① 15.9 ② 16.9
③ 159 ④ 169

해설
용량 리액턴스
$$X_C=\dfrac{1}{w_C}=\dfrac{1}{2\pi f_C}$$
$$=\dfrac{1}{2\times 3.14\times 10^6\times 0.01\times 10^{-6}}$$
$$=15.9\Omega$$

38 리미트 스위치 A접점은?

해설
① 누름버튼 스위치 a접점, ② 누름버튼 스위치 b접점, ④ 리드스위치 b접점

39 아래와 같은 진리표에 해당하는 회로는? (단, L : 0[V], H : 5[V]이다.)

입력신호		출력
A	B	X
L	L	L
L	H	L
H	L	L
H	H	H

① OR 회로 ② AND 회로
③ NOT 회로 ④ NOR 회로

해설
2개의 입력신호가 들어올 때 출력이 나오므로 AND 회로이다.

40 전류계를 사용하는 방법으로 틀린 것은?

① 부하 전류가 클 때에는 분류기를 사용한다.
② 전류가 흐르므로 인체에 접촉되지 않도록 주의한다.
③ 전류치를 모를 때는 높은 쪽 범위부터 측정한다.
④ 전류계 접속 시 회로에 병렬 접속한다.

해설
전류는 회로에 직렬로 연결하고 전압은 병렬로 연결한다.

41 대칭 3상 교류 전압 순시값의 합은 얼마인가?

① 0[V] ② 50[V]
③ 110[V] ④ 220[V]

42 평형조건을 이용한 중저항 측정법은?

① 캘빈 더블 브리지법 ② 전위차계법
③ 휘트스톤 브리지법 ④ 직접 편위법

해설
캘빈 더블 브리지법 : 저저항 측정법

43 100[Ω]의 크기를 가진 저항에 직류 전압 100[V]를 가했을 때, 이 저항에 소비되는 전력은 얼마인가?

① 100[W] ② 150[W]
③ 200[W] ④ 250[W]

해설
전력 $P = \dfrac{V^2}{R} = \dfrac{100^2}{100} = 100W$

44 3상 유도전동기의 회전 방향을 변경하는 방법은?

① 1차측의 3선 중 임의의 1선을 단락시킨다.
② 1차측의 3선 중 임의의 2선을 전원에 대하여 바꾼다.
③ 1차측의 3선 모두를 전원에 대하여 바꾼다.
④ 1차 권선의 극수를 변환시킨다.

45 회로시험기를 이용하여 측정을 하고자 한다. 틀린 방법은?

① 적색단자 막대는 +극에, 흑색단자 막대는 -극에 접속시킨다.
② 전류는 직렬로 연결하고, 전압은 병렬로 연결한다.
③ 미지의 전압과 전류 측정 시에는 측정범위가 낮은 곳부터 높은 곳으로 범위를 넓혀간다.
④ 교류를 측정할 때에는 허용치를 넘지 않는 주파수 범위 내에서 이용한다.

해설
회로시험기를 이용하여 측정 시 높은 레인지에서 낮은 레인지로 내려오면서 측정하는 것이 안전하다.

정답 39.② 40.④ 41.① 42.③ 43.① 44.② 45.③

46 그림과 같은 솔리드 모델링에 의한 물체의 형상에서 화살표 방향의 정면도로 가장 적합한 투상도는?

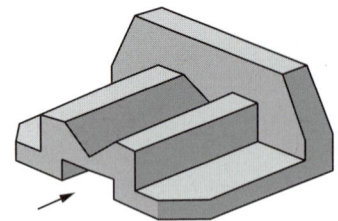

① ② ③ ④

47 암이나 리브 등의 단면을 회전도시 단면도를 사용하여 나타낼 경우 절단한 곳의 전후를 끊어서 그 사이에 단면의 형상을 나타낼 때 사용하는 선은?

① 굵은 실선   ② 가는 1점 쇄선
③ 가는 파선   ④ 굵은 1점 쇄선

해설

암, 리브 등 절단한 단면을 전후 끊어 표시할 때에는 굵은 실선으로 표시한다.

48 그림과 같은 용접 기호에 대한 해석이 잘못된 것은?

① 용접 목 길이는 10mm
② 슬롯부의 너비는 6mm
③ 용접부의 길이는 12mm
④ 인접한 용접부 간의 거리(피치)는 45mm

해설

용접 홈 길이는 10mm 이다.

49 도면의 마이크로 사진 촬영, 복사 등의 작업을 편리하게 하기 위하여 표시하는 것과 가장 관계가 깊은 것은?

① 윤곽선   ② 중심마크
③ 표제란   ④ 재단마크

해설

- 윤곽선 : 도면의 내용 영역을 정확히 하기 위한 테두리선
- 표제란 : 도면번호, 척도, 투상법, 제도한 곳, 제도자, 작성일 등을 기입하며, 도면의 오른쪽 아래에 표시
- 재단마크 : 도면을 복사한 후 재단을 하기 위해 도면의 네 구석에 마크 표시

50 그림의 도면은 제 3각법으로 정투상한 정면도와 우측면도일 때 가장 적합한 평면도는?

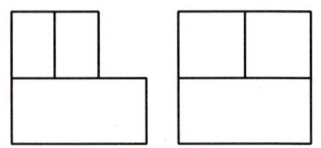

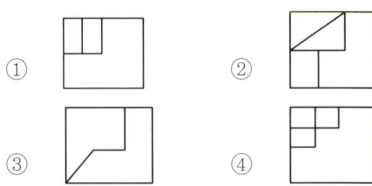

① ② ③ ④

51 기계제도에서 가는 2점 쇄선을 사용하는 것은?

① 중심선   ② 지시선
③ 가상선   ④ 피치선

해설

- 중심선 : 가는 일점쇄선
- 지시선 : 가는 실선
- 피치선 : 가는 일점쇄선
- 가상선, 무게중심선 : 가는 이점쇄선

정답 46.③ 47.① 48.① 49.② 50.③ 51.③

52 기계가공 도면에서 구의 반지름을 표시하는 기호는?

① ∅ ② R ③ SR ④ S∅

해설

∅ : 지름, R : 반지름, S∅ : 구면의 지름

53 아이볼트에 2톤의 인장하중이 걸릴 때 나사부의 바깥지름은? (단, 허용응력 $\sigma_a = 10 kgf/mm^2$ 이고, 나사는 미터 보통나사를 사용한다.)

① 20mm ② 30mm
③ 36mm ④ 40mm

해설

바깥지름 $d = \sqrt{\dfrac{2W}{\sigma_a}} = \sqrt{\dfrac{2 \times 2000}{10}} = 20$

54 맞물림 클러치의 턱 형태에 해당하지 않는 것은?

① 사다리꼴형 ② 나선형
③ 유선형 ④ 톱니형

해설

맞물림클러치 : 턱 형태에 따라 톱니형, 사각형, 삼각형, 사다리꼴형, 나선형 등이 있으며, 턱을 가진 한 쌍의 플랜지를 원동축과 종동축에 붙여서 만든 것이다.

55 미터나사에 관한 설명으로 틀린 것은?

① 미터법을 사용하는 나라에서 사용된다.
② 나사산의 각도가 60°이다.
③ 미터 보통 나사는 진동이 심한 곳의 이완방지용으로 사용된다.
④ 호칭치수는 수나사의 바깥지름과 피치를 mm로 나타낸다.

해설

미터나사 : 나사산의 각도는 60°, 기호는 M으로 표시하며 미터 보통나사와 미터 가는 나사가 있으며, 나사의 지름과 피치를 mm로 표시한다.

56 회전력의 전달과 동시에 보스를 축 방향으로 이동시킬 때 가장 적합한 키는?

① 새들 키 ② 반달 키
③ 미끄럼 키 ④ 접선 키

해설

미끄럼 키 : 키는 테이퍼가 없이 길며, 묻힘 키의 일종이다. 축 방향으로 보스의 이동이 가능하며 보스와의 간격이 있어 회전 중 이탈을 막기 위해 고정한다.

57 피치원 지름이 250mm인 표준 스퍼 기어에서 잇수가 50개일 때 모듈은?

① 2 ② 3
③ 5 ④ 7

해설

모듈 $M = \dfrac{D}{Z} = \dfrac{피치원의 지름}{잇수} = 5$

58 V벨트 전동장치의 장점을 맞게 설명한 것은?

① 설치면적이 넓으므로 사용이 편리하다.
② 평 벨트처럼 벗겨지는 일이 없다.
③ 마찰력이 평 벨트보다 작다.
④ 벨트의 마찰면을 둥글게 만들어 사용한다.

해설

V벨트의 장점
- 미끄럼이 적고 전동 회전비가 크다.
- 운전이 조용하고 수명이 길다.
- 진동 및 충격 흡수가 좋다.
- 축간 거리가 짧은 곳에 사용되고 전동효율이 매우 좋다.
- 일반적인 속도비는 7 : 1 이다.

59 브레이크 드럼을 브레이크 블록으로 눌게 한 것으로 단식, 복식으로 구분하며 차량, 기중기 등에 많이 사용되는 것은?

① 가죽 브레이크 ② 블록 브레이크
③ 축압 브레이크 ④ 밴드 브레이크

정답 52.③ 53.① 54.③ 55.③ 56.③ 57.③ 58.② 59.②

해설

블록 브레이크 : 축의 직각 방향(반지름 방향)으로 밀어 붙이는 형식이며 브레이크 블록 수에 따라 단식과 복식으로 분류된다.

60 재료의 어느 범위 내에 단위 면적당 균일하게 작용하는 하중은?

① 집중하중　② 분포하중
③ 반복하중　④ 교번하중

해설

- 교번하중 : 방향과 크기에 따라 변화한다.
- 집중하중 : 전하중이 한곳에 작용한다.
- 반복하중 : 계속적으로 반복하는 하중으로 충격하중과 교번하중이 있다.

정답　60.②

최신 과년도 기출문제 2014년

01 공압장치에 사용되는 압축공기 필터의 공기여과 방법으로 틀린 것은?

① 가열하여 분리하는 방법
② 원심력을 이용하여 분리하는 방법
③ 흡습제를 사용해서 분리하는 방법
④ 충돌판에 닿게 하여 분리하는 방법

해설

공기여과 방식 : 원심력, 충돌판, 흡습제, 냉각등을 이용하여 공기여과

02 유압회로에서 회로 내의 압력을 일정하게 유지시키는 역할을 하는 밸브는?

① 체크 밸브   ② 릴리프 밸브
③ 유압 펌프   ④ 솔레노이드 밸브

해설

- 솔레노이드 밸브 : 전자석의 원리를 이용하여 솔레노이드 밸브 내 플런저를 작동시켜 유체의 방향을 전환시킨다.
- 유압펌프 : 장착된 원동기를 이용하여 유압에너지를 생성하여 주는 기기
- 체크밸브 : 유체의 흐름을 한 방향으로만 흐르게 한다. (역방향 유체 흐름 제지)

03 일정량의 액체가 채워져 있는 용기의 밑면적이 받는 압력은?

① 정압   ② 절대압력
③ 대기압 ④ 게이지압력

해설

- 게이지압력 : 대기압 압력을 0을 기준으로 측정한 압력
- 절대압력 : 완전진공을 0으로 하여 측정한 압력(대기압 ± 게이지압력)
- 진공압력 : 대기압보다 낮은 압력으로 -게이지압력 이라고 한다.

04 유압회로에서 유압 작동유의 점도가 너무 높을 때 일어나는 현상이 아닌 것은?

① 응답성이 저하된다.
② 동력손실이 커진다.
③ 열 발생의 원인이 된다.
④ 관내 저항에 의한 압력이 저하된다.

해설

1. 점성이 큰 경우
- 유동 저항이 많아진다.
- 마찰손실 때문에 동력손실이 커진다.
- 유로 및 관내 압력손실이 커진다.
- 장비전체의 효율이 저하되고 기계효율이 저하된다.
- 마찰로 인한 열이 많이 발생되며(캐비테이션 현상 발생) 응답성이 떨어진다.
2. 점성이 작은 경우
- 장치내 부품 사이를 통한 누출 손실이 커진다.
- 낮은 점도로 인해 윤활작용이 감소하여 마멸이 심해진다.
- 펌프의 용적효율이 떨어진다.

05 흡착식 건조기에 관한 설명으로 옳지 않은 것은?

① 건조제로 실리카 겔, 활성 알루미나 등이 사용된다.
② 흡착식 건조기는 최대 -70℃ 정도까지의 저이슬점을 얻을 수 있다.
③ 건조제가 압축공기 중의 수분을 흡착하여 공기를 건조하게 된다.
④ 냉매에 의해 건조되면 2~5℃까지 냉각되어 습기를 제거한다.

해설

4번은 냉동식 건조기의 설명이다.

정답 1.① 2.② 3.① 4.④ 5.④

06 펌프의 토출 압력이 높아질 때 체적 효율과의 관계로 옳은 것은?

① 효율이 증가한다.　② 효율은 일정하다.
③ 효율이 감소한다.　④ 효율과는 무관하다.

해설

토출압력이 높아질수록 체적효율이 감소한다.

07 압축공기에 비하여 유압의 장점으로 옳지 않은 것은?

① 정확성　② 비압축성
③ 배기성　④ 힘의 강력성

해설

유압의 장점
- 일의 방향을 쉽게 변환시킨다.
- 소형장치로도 큰 힘을 발생한다.
- 과부하에 대한 안전성과 원활한 시동이 가능하다.
- 정확한 위치 제어와 무단변속이 가능하다.
- 정숙한 작동과 정역운전 및 열 방출성이 좋다.
- 원격제어가 가능하다.

유압의 단점
- 작동유가 기름 성분이라 인화의 위험성이 있다.
- 작동유에 공기가 섞여 작동이상(캐비테이션 현상)을 가져올 수 있다.
- 고압작동으로 인한 위험성과 기름 누설 및 배관이 까다롭다.
- 작동유의 온도 변화에 따라 액츄에이터의 속도가 변화 할 수 있다.
- 작동기기마다 유압원(유압펌프 및 탱크)이 필요하다.

08 복동 실린더의 미터-아웃 방식에 의한 속도제어회로는?

① 실린더로 공급되는 유체의 양을 조절하는 방식
② 실린더에서 배출되는 유체의 양을 조절하는 방식
③ 공급과 배출되는 유체의 양을 모두 조절하는 방식
④ 전진 시에는 공급유체를, 후진시에는 배출 유체의 양을 조절하는 방식

해설

미터아웃 : 실린더를 기준으로 실린더에서 배출되는 공기를 조절하는 방식

09 다음 그림에 관한 설명으로 옳은 것은?

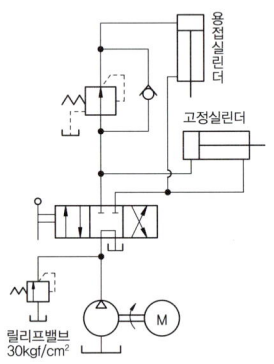

① 자유낙하를 방지하는 회로이다.
② 감압밸브의 설정압력은 릴리프 밸브 설정 압력보다 낮다.
③ 용접실린더와 고정실린더의 순차제어를 위한 회로이다.
④ 용접실린더에 공급되는 압력을 높게 하기 위한 방법이다.

해설

릴리프 밸브의 압력은 시스템 전체에 작용하는 압력이며 특히 감압밸브는 용접실린더의 압력을 제한하는 밸브로 릴리프밸브보다 낮은 압력으로 조절해야 한다.

10 공기압 회로에서 압축 공기의 역류를 방지하고자 하는 경우에 사용하는 밸브로서, 한쪽 방향으로만 흐르고 반대방향으로는 흐르지 않는 밸브는?

① 체크 밸브　② 시퀀스 밸브
③ 셔틀 밸브　④ 급속 배기밸브

정답 6.③ 7.③ 8.② 9.② 10.①

해설
- 셔틀밸브(OR밸브) : 2개 이상의 입력신호와 1개의 출력신호를 가지며 1개의 입력신호만 존재해도 출력신호를 발생하는 회로. OR밸브, 고압우선(출력측 기준)밸브 라고도 함
- 급속배기밸브 : 실린더 운동시 배기측 공기를 급속하게 배출함으로서 실린더의 작동속도를 향상시키는 밸브
- 시퀀스밸브 : 회로에서 순차적으로 작동할 시 작동순서를 설정한 회로 압력에 의해 제어되는 밸브

11 다음 중 공기압 장치의 기본시스템이 아닌 것은?

① 유압펌프　　② 압축공기 조정장치
③ 공압 제어밸브　④ 압축공기 발생장치

해설
공압시스템(장치) 구성
- 공압발생부 : 컴프레서, 공기탱크
- 공압청정부 : 필터, 에어드라이어, 애프터쿨러
- 공압제어부 : 방향제어, 유량제어, 압력제어 밸브
- 공압구동부(액츄에이터) : 실린더, 모터, 요동 액츄에이터 등

12 압력 80kgf/cm², 유량 25ℓ/min인 유압 모터에서 발생하는 최대 토크는 약 몇 kgf·m인가? (단, 1회당 배출량은 30cc/rev이다.)

① 1.6　　② 2.2
③ 3.8　　④ 7.6

해설
토크 T

$$T = \frac{P \times q}{2\pi}(\text{kgf} \cdot \text{cm}) = \frac{P \times q}{2\pi \times 100}(\text{kgf} \cdot \text{m})$$
$$= \frac{80 \times 30}{2 \times 3.14 \times 100} = 3.82$$

13 공기압축기를 작동원리에 따라 분류할 때 용적형 압축기가 아닌 것은?

① 축류식　　② 피스톤식
③ 베인식　　④ 다이어프램식

해설
공기압축기 작동원리에 따른 분류
- 용적형 - 왕복식 : 피스톤식, 다이어프램식- 회전식 : 나사식(스크류식), 베인식, 루터블로어
- 터보형 - 원심식- 축류식

14 유압시스템의 최고 압력을 설정할 수 있는 밸브는?

① 감압 밸브　　② 방향 제어 밸브
③ 언로딩 밸브　④ 압력 릴리프 밸브

해설
- 무부하(언로딩)밸브 : 회로에서 작동압력이 설정된 압력에 도달할 시 무부하 운전을 통하여 배출하고 설정압 이하가 되면 밸브는 닫히고 다시 작동한다.
- 감압밸브 : 사각형 내부의 화살표가 외부유로와 일직선으로 정 중앙에 위치하며, 시스템 내 압력이 올라갈시 설정압 이하로 일정하게 유지하는 밸브
- 방향제어밸브 : 실린더로 공급되는 유로의 방향을 변환시켜 주는 밸브

15 유압 작동유의 적절한 점도가 유지되지 않을 경우 발생되는 현상이 아닌 것은?

① 동력손실 증대
② 마찰 부분 마모 증대
③ 내부 누설 및 외부 누설
④ 녹이나 부식 발생의 억제

16 다음 중 공압 센서로 검출할 수 없는 것은?

① 물체의 유무　　② 물체의 위치
③ 물체의 재질　　④ 물체의 방향 변위

해설
공압센서의 종류 : 비접촉센서이며 반향감지기, 공기배리어, 배압감지기, 공압근접스위치 등이 있으며, 물체의 유무, 위치, 방향 변위 등의 검출을 한다.

정답 11.① 12.③ 13.① 14.④ 15.④ 16.③

17 압력제어밸브의 핸들을 돌렸을 때 회전각에 따라 공기압력이 원활하게 변화하는 특성은?

① 유량 특성 ② 릴리프 특성
③ 재현 특성 ④ 압력조정 특성

해설
- 릴리프 특성 : 2차측 공기압력을 외부에서 상승시킬 때 릴리프 배기구에서의 배기되는 고압의 압력 특성
- 유량특성 : 2차측 관로를 줄여서 유량이 0인 상태에서 압력을 설정한 후 2차측 유량을 서서히 증가시킬 때 2차측 압력이 서서히 저하되는 특성
- 재현특성 : 1차측 압력을 일정 압력으로 설정하고 2차측을 조정할 때 설정 압력의 변동상태를 확인하는 것

18 유압 공기압 도면기호(KS B 0054)의 기호 요소 중 정사각형의 용도가 아닌 것은?

① 필터   ② 피스톤
③ 주유기 ④ 열교환기

해설
피스톤은 직사각형 기호이다.

19 공기압 실린더의 지지형식이 아닌 것은?

① 푸트형   ② 플랜트형
③ 플랜지형 ④ 트러니언형

해설
실린더 지지형식 : 푸트형(고정형), 플랜지형(고정형), 크래비스형(요동형), 트러니언형(요동형) 등이 있다.

20 제어작업이 주로 논리제어의 형태로 이루어지는 AND, OR, NOT, 플립플롭 등의 기본논리연결을 표시하는 기호도를 무엇이라 하는가?

① 논리도 ② 제어선도
③ 회로도 ④ 변위단계선도

해설
- 변위단계선도 : 액추에이터(실린더 등)의 작동 순서를 단계별로 표시
- 제어선도 : 액추에이터(실린더 등)의 작동 변화에 따른 제어밸브의 등의 동작상태를 표시

21 실린더가 전진운동을 완료하고 실린더 측에 일정한 압력이 형성된 후에 후진운동을 하는 경우처럼 스위칭 작용에 특별한 압력이 요구되는 곳에 사용되는 밸브는?

① 시퀀스 밸브
② 3/2way 방향 제어 밸브
③ 급속 배기 밸브
④ 4/2way 방향 제어 밸브

해설
시퀀스 밸브 : 회로에서 순차적으로 작동할 시 작동순서를 설정한 회로 압력에 의해 제어되는 밸브

22 필터를 설치할 때 체크 밸브를 병렬로 사용하는 경우가 많다. 이때 체크 밸브를 사용하는 이유로 알맞은 것은?

① 기름의 충만 ② 역류의 방지
③ 강도의 보강 ④ 눈막힘의 보완

해설
눈막힘을 보완하여 압력상승을 방지하고자 병렬로 설치한다.

23 습공기 중에 포함되어 있는 건조공기 중량에 대한 수증기의 중량을 무엇이라고 하는가?

① 포화습도 ② 상대습도
③ 평균습도 ④ 절대습도

해설
$$상대습도 = \frac{습공기 중의 수증기의 분압}{포화수증기압} \times 100(\%)$$

$$절대습도 = \frac{습공기 중의 수증기의 중량}{습공기 중의 건조공기의 중량} \times 100(\%)$$

정답 17.④ 18.② 19.② 20.① 21.① 22.④ 23.④

24 공압장치의 공압 밸브 조작방식이 아닌 것은?

① 수동조작방식 ② 래치조작방식
③ 전자조작방식 ④ 파일럿조작방식

해설

공압밸브 조작방식 : 수동조작(인력조작)방식, 기계조작방식, 전자(전기)조작 방식, 파일럿조작 방식 등이 있다.

25 그림과 같이 2개의 3/2way 밸브를 연결한 상태의 회로는 어떠한 논리를 나타내는가?

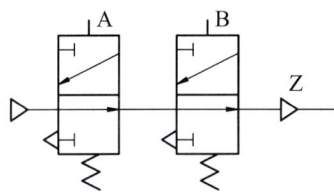

① OR 논리 ② AND 논리
③ NOR 논리 ④ NANd 논리

해설

OR논리의 반대인 NOR 논리를 나타낸다.

26 그림과 같은 회로도의 기능은?

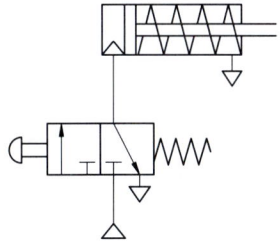

① 단동실린더 고정회로
② 복동실린더 고정회로
③ 단동실린더 제어회로
④ 복동실린더 제어회로

해설

실린더 기호가 단동실린더이며 3/2WAY 밸브를 이용한 제어회로이다.

27 유압 공기압 도면기호(KS B 0054)의 기호 요소 중 1점쇄선의 용도는?

① 주관로 ② 포위선
③ 계측기 ④ 회전이음

해설

- 복선 : 기계적 결합 의미(피스톤 로드, 레버, 회전축등)
- 실선 : 주관로 의미하며 파일럿 밸브의 공급관로, 전기 신호선 의미
- 파선 : 파일럿 조작 관로, 드레인 관로, 필터, 밸브의 과도위치 등을 의미
- 일점쇄선 : 포위선

28 회로중의 공기압력이 상승해 갈 때나 하강해 갈 때에 설정된 압력이 되면 전기 스위치가 변환되어 압력 변화를 전기신호로 나타나게 한다. 이러한 작동을 하는 기기는?

① 압력 스위치 ② 릴리프 밸브
③ 시퀀스 밸브 ④ 언로드 밸브

해설

- 시퀀스 밸브 : 회로에서 순차적으로 작동할 시 작동순서를 설정한 회로 압력에 의해 제어되는 밸브
- 언로드(무부하)밸브 : 회로에서 작동압력이 설정된 압력에 도달할 시 무부하 운전을 통하여 배출하고 설정압 이하가 되면 밸브는 닫히고 다시 작동한다.
- 릴리프밸브 : 시스템내 압력을 설정값 이내로 일정하게 유지하며, 직동형 릴리프밸브(스프링 힘으로 압력조절)와 간접작동형 릴리프밸브(평형피스톤형, 파일럿 밸브로 압력조절)가 있다.

29 작동유의 구비조건으로 옳지 않은 것은?

① 압축성일 것
② 화학적으로 안정할 것
③ 열을 방출시킬 수 있어야 할 것
④ 기름 속의 공기를 빨리 분리시킬 수 있을 것

정답 24.② 25.③ 26.③ 27.② 28.① 29.①

> **해설**
>
> 작동유의 구비조건
> - 비압축성이며 화학적으로 안정될 것
> - 산화에 안정되어 있어야 하며 방열성이 좋을 것
> - 인화점이 높고 유동성이 좋을 것
> - 점도지수, 내열성, 체적탄성계수가 높을 것
> - 이물질 등의 배출이 빠를 것

30 유압장치에서 사용되고 있는 오일탱크에 관한 설명으로 적합하지 않은 것은?

① 오일을 저장할 뿐만 아니라 오일을 깨끗하게 한다.
② 주유구에는 여과망과 캡 또는 뚜껑을 부착하여 먼지, 절삭분 등의 이물질이 오일 탱크에 혼입되지 않게 한다.
③ 공기청정기의 통기용량은 유압펌프 토출량의 2배 이상으로 하고, 오일탱크의 바닥면은 바닥에서 최소 15cm를 유지하는 것이 좋다.
④ 오일탱크의 용량은 장치 내의 작동유를 모두 저장하지 않아도 되므로 사용압력, 냉각장치의 유무에 관계없이 가능한 작은 것을 사용한다.

> **해설**
>
> 또한 사용압력, 냉각장치의 유무에 따라 탱크 용량은 달라진다.

31 1[Ω] 미만의 저저항을 측정하기 위하여 전압강하법을 사용하였다. 전압강하법을 이용한 측정시 유의사항으로 옳지 않은 것은?

① 내부저항이 큰 전압계를 이용한다.
② 측정 중에는 일정 온도를 유지한다.
③ 도선의 연결 단자 구성시 접촉저항이 작도록 한다.
④ 전원과 병렬로 가변저항을 삽입하여 전류의 양을 조절한다.

> **해설**
>
> - 저저항 측정방법
> - 전위차계법 : 기준과 비교하여 상대적인 영위법으로 측정
> - 전압강하법 : 전압전류계법이라도 하며 내부저항이 큰 전압계를 사용하여 전압계로 흐르는 전류를 최소화함으로써 오차를 최소화하여 측정오차를 줄인다. 바늘의 움직임을 이용한 편위법으로 측정한다.
> - 캘빈더블 브리지법 : 정밀측정에 적합하며 저저항 측정에 사용된다.
> * 저저항(1Ω 미만), 중저항(1Ω~1MΩ), 고정항(1MΩ 이상)

32 500[W]의 전력을 소비하는 전기난로를 6시간 동안 사용할 때의 전력량은 얼마인가?

① 0.3[kWh]
② 3[kWh]
③ 30[kWh]
④ 300[kWh]

> **해설**
>
> 전력량 W = P × t = 500 × 6 = 3000Wh = 3kWh

33 다음 중 측정 중 또는 측정방법으로 인해 발생할 수 있는 오차가 아닌 것은?

① 우연오차
② 과실오차
③ 계통오차
④ 정밀오차

> **해설**
>
> 오차의 분류는 우연오차, 계통오차, 정밀오차로 분류된다.

정답 30.④ 31.④ 32.② 33.④

34 그림과 같은 전동기 정역회로의 동작에 관한 설명으로 옳지 않은 것은?

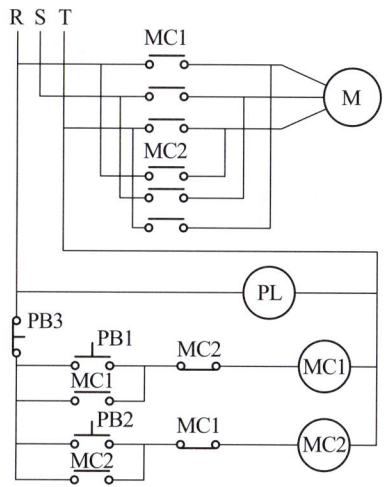

① PL은 전원이 투입되면 PB 스위치와 관계없이 항상 점등된다.

② PB1을 누르면 MC1이 여자되어 MC1-a 접점이 붙고 전동기 M이 정회전 운동을 한다.

③ PB2를 누르면 MC2가 여자되어 MC2-a 접점이 붙고 전동기 M이 역회전 운동을 한다.

④ PB3을 누르면 MC1, MC2가 여자되어 전동기 M이 자동으로 정·역회전 운동을 한다.

해설

전동기가 정역 동작을 하고 있을 때 PB3를 누르면 전동기는 정지된다.

35 정전용량 C[F]인 콘덴서에 교류전원을 접속하여 사용할 경우의 전류와 전압과의 관계는?

① 전류와 전압은 동상이다.
② 전류가 전압보다 위상이 90 늦다.
③ 전류가 전압보다 위상이 90 앞선다.
④ 전류가 전압보다 위상이 120 앞선다.

해설

전압과 전류의 위상관계
- 콘덴서만의 회로 : 전류가 전압보다 90° 앞선다.
- 코일만의 회로 : 전압이 전류보다 90° 앞선다.
- 저항만의 회로 : 전류와 전압이 동상이다.

36 전열기에 전압을 가하여 전류를 흘리면 열이 발생하게 되는데 I[A]의 전류가 저항 R[Ω]인 도체를 t[sec] 동안 흘렀다면 이 도체에서 발생하는 열에너지는 몇 [J]인가?

① IRt　　② I^2Rt
③ $4.2I^2Rt$　　④ $4.2I^2Rt$

해설

열에너지 $W = VIt = I^2Rt$

37 정현파 교류전압의 순시값이 $200\sin wt$[V]일 때 최대값은 몇 [V]인가?

① 100　　② 200
③ 300　　④ 400

해설

순시값 $v = V_m \sin wt\,[V]$ 이므로 200[V] 이다.

38 서보모터에 관한 설명으로 옳지 않은 것은?

① 저속회전이 쉽다.
② 급가감속이 어렵다.
③ 정역회전이 가능하다.
④ 저속에서 큰 토크를 얻을 수 있다.

해설

서보모터는 기동전압이 작고 토크가 커서 회전축의 관성이 작아 급가감속이 쉽다.

정답　34.④　35.③　36.②　37.②　38.②

39 단상 유도전동기가 산업 및 가정용으로 널리 이용되는 이유로 옳지 않은 것은?

① 직류전원을 생활 주변에서 쉽게 얻을 수 있다.
② 전동기의 구조가 간단하고 고장이 적고 튼튼하다.
③ 작은 동력을 필요로 하며 가격이 비교적 저렴하다.
④ 취급과 운전이 쉬워 다른 전동기에 비해 매우 편리하게 이용할 수 있다.

해설
단상 유도전동기의 장점 : 주변에서 쉽게 전원을 얻을 수 있고 구조가 간단하고 고장이 적으며 가격이 낮으며 취급과 사용이 쉽다.

40 다음 중 건식정류기(금속정류기)가 아닌 것은?

① 셀렌정류기   ② 실리콘정류기
③ 회전변류기   ④ 아산화동정류기

해설
건식정류기(금속정류기) : 반도체정류기 라고도 하며 실리콘정류기, 셀렌정류기, 아산화동정류기 등이 있다.

41 다음 접점회로가 나타내는 논리회로는?

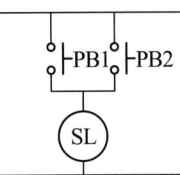

① OR 회로   ② AND 회로
③ NOT 회로 ④ NAND 회로

해설
건식정류기(금속정류기) : 반도체정류기 라고도 하며 실리콘정류기, 셀렌정류기, 아산화동정류기 등이 있다.

42 직류기의 손실 중 전기자 철심 안에서 자속이 변할 때 철심부에 생기는 손실로서, 히스테리시스손, 와류손 등으로 구분되는 것은?

① 동손   ② 철손
③ 기계손   ④ 표류부하손

해설
- 철손 : 무부하손실 이라고도 하며 히스테리시스손과 와류손으로 분류된다.
- 동손 : 부하전류에 의한 권선의 손으로 부하 변동시 전류의 제곱에 비례하여 증감하며 부하손이라고도 한다.

43 평형 3상 회로에서 △결선의 3상 전원 중 2개 상의 전원만을 이용하여 3상 부하에 전력을 공급할 때 사용되는 결선은?

① Y 결선   ② △ 결선
③ V 결선   ④ Z 결선

해설
V 결선 : 3상교류를 V자 형태로 결선한 것

44 100[Ω]의 부하가 연결된 회로에 10[V]의 직류 전압을 인가하고 전류를 측정하면 계기에 나타나는 값은 몇 [A]인가?

① 10   ② 1
③ 0.1   ④ 0.01

해설
I = V/R = 10/100 = 0.1

45 전류의 단위로 암페어[A]를 사용한다. 다음 중 1[A]에 해당하는 것은?

① 1[sec] 동안에 1[C]의 전기량이 이동하였다.
② 저항 1[Ω]인 물체에 10[V]의 전압을 인가하였다.
③ 1[m] 높은 전위에서 1[m] 낮은 전위로 전기량이 흘렀다.
④ 1[C]의 전기량이 두 점 사이를 이동하여 1[J]의 일을 하였다.

정답 39.① 40.③ 41.① 42.② 43.③ 44.③ 45.①

: 해설 :

1A는 1초 동안에 1C의 흐르는 전기량을 말한다.

46 그림과 같은 용접 기호에서 a5는 무엇을 의미하는가?

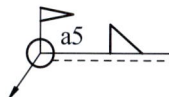

① 루트 간격이 5[mm]
② 필릿 용접 목 두께가 5[mm]
③ 필릿 용접 목 길이가 5[mm]
④ 점 용접부의 용접 수가 5개

: 해설 :

전체 둘레 현장 용접의 보조 기호이며 필릿 용접, 목 두께를 나타낸다.

47 3각법으로 투상한 그림과 같은 정면도와 평면도에 좌측면도로 적합한 것은?

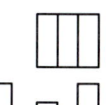

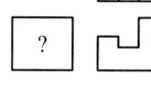

48 도면에서 표제란의 투상법란에 그림과 같은 투상법 기호로 표시되는 경우는 몇 각법 기호인가?

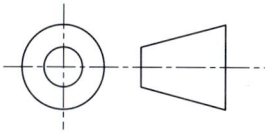

① 1각법　② 2각법
③ 3각법　④ 4각법

49 선의 종류에 의한 용도 중 가는 실선으로 표현해야 하는 선으로 틀린 것은?

① 치수선　② 중심선
③ 지시선　④ 외형선

: 해설 :

가는실선 : 치수선, 치수보조선, 지시선, 회전단면선, 중심선, 수준면선

50 다음 입체도에서 화살표 방향의 정면도로 적합한 것은?

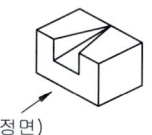

51 기계제도에서 척도 및 치수 기입법 설명으로 잘못된 것은?

① 치수는 되도록 주 투상도에 집중하여 기입한다.
② 치수는 특별한 명기가 없는 한 제품의 완성치수이다.
③ 현의 길이를 표시하는 치수선은 동심 원호로 표시한다.
④ 도면에 NS로 표시된 것은 비례척이 아님을 나타낸 것이다.

: 해설 :

현의 길이를 표시하는 치수선은 직선으로 표시한다.

정답　46.② 47.② 48.③ 49.④ 50.④ 51.③

52 그림과 같이 직육면체를 나타낼 수 있는 투상도는?

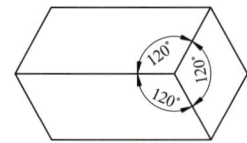

① 정 투상도　　② 사 투상도
③ 등각 투상도　④ 부등각 투상도

해설
- 부등각 투상도 : 서로 직교하는 3개의 면 및 3개의 축에 각이 서로 다르게 경사져 있는 그림으로 2각이 동일한 것을 2측 투상도라 하고 3각이 모두 다른 것을 3측 투상도라 한다.
- 정 투상도 : 세 개가 직교하는 화면의 중간에 물체를 놓고 세 방향에서 평행광선을 투사하면 각각의 화면에 그림이 투상된다. 이때 세가지의 그림을 정면도, 평면도, 측면도라 한다.
- 사 투상도 : 정투상도에서 정면도의 크기와 모양을 그대로 사용하고 평면도와 우측면도를 경사지게 그리는 투상기법이다.

53 기어에서 이 끝 높이(addendum)가 의미하는 것은?

① 두 기어의 이가 접촉하는 거리
② 이뿌리원에서부터 이끝원까지의 거리
③ 피치원에서부터 이뿌리까지의 거리
④ 피치원에서부터 이끝원까지의 거리

해설
②유효 이의 높이, ③ 이뿌리 높이

54 607C2P6으로 표시된 베어링에서 안지름은?

① 7mm　　② 30mm
③ 35mm　④ 60mm

해설
60 : 베어링 계열번호, 7 : 안지름, C2 : 내부틈새, P6 : 등급기호

55 체결용 기계요소가 아닌 것은?

① 나사　② 키
③ 브레이크　④ 핀

해설
③ 브레이크는 제동용 기계요소이다.

56 코일 스프링에 350N의 하중을 걸어 5.6cm 늘어났다면 이 스프링의 스프링 상수(N/mm)는?

① 5.25　② 6.25
③ 53.5　④ 62.5

해설
$$v = \frac{작용하중}{변위량} = \frac{350}{56} = 6.25$$

57 축에서 토크가 67.5kN·mm이고, 지름 50mm일 때 키(key)에 발생하는 전단 응력은 몇 N/mm²인가? (단, 키의 크기는 나비×높이×길이=15mm×10mm×60mm이다.)

① 2　② 3
③ 6　④ 8

해설
전단응력 $r = \frac{W}{A}$ 이다. 토크는 반지름 × 하중이므로,
하중 $W = \frac{67,500}{25} = 2700$ 이다.
또한 전단응력이 작용하는 면적은 너비 × 길이이므로 15 × 60 = 900이다.
즉, 전단응력 $r = \frac{2,700}{900} = 3$

정답　52.③　53.④　54.①　55.③　56.②　57.②

58 너트의 풀림 방지법이 아닌 것은?

① 턴 버클에 의한 방법
② 자동 죔 너트에 의한 방법
③ 분할 핀에 의한 방법
④ 로크너트에 의한 방법

해설

너트 풀림 방지 방법 : 철사, 로크 너트, 탄성 와셔, 분할 핀, 자동 죔 너트, 세트 스크류 등의 방법이 있다.

59 원동차와 종동차의 지름이 각각 400mm, 200mm일 때 중심거리는?

① 300mm ② 600mm
③ 150mm ④ 200m

해설

두 축간의 중심거리 $C = \dfrac{400 + 200}{2} = 300$

60 1/100의 기울기를 가진 2개의 테이퍼 키를 한 쌍으로 하여 사용하는 키는?

① 원뿔 키 ② 둥근 키
③ 접선 키 ④ 미끄럼 키

해설

- 원뿔키 : 축과 보스에 홈을 만들지 않고 한군데가 갈라진 원뿔통을 끼워 마찰력 발생
- 둥근키 : 축과 보스에 구멍을 내어 홈을 만들고 구멍에 테이퍼 핀을 끼워 축 끝에 고정

정답 58.① 59.① 60.③

최신 과년도 기출문제 2016년 2회

01 유압유에서 온도변화에 따른 점도의 변화를 표시하는 것은?

① 비중 ② 동점도
③ 점도 ④ 점도지수

해설

점도지수(VI, 단위는 포아즈)
- 작동유는 온도에 변화에 따라 점도가 변화한다. 이러한 온도와 점도와의 변화 비율을 점도지수라 한다.
- 점도지수가 클수록 온도 변화에 따른 점도 변화가 적고 넓은 온도에서 사용할 수 있다.

02 다른 실린더에 비하여 고속으로 동작할 수 있는 공압 실린더는?

① 충격실린더 ② 다위치형실린더
③ 텔레스코픽실린더 ④ 가변스트로크실린더

해설

- 텔레스코픽실린더 : 다단 튜브형 로드를 통하여 긴 행정을 구현할 수 있다.
- 가변스트로크실린더 : 스트로크(행정거리)를 가변 할 수 있는 스토퍼가 있다.
- 다위치형실린더 : 여러개의 실린더를 연결하여 여러 위치를 제어할 수 있다.

03 유압장치의 장점을 설명한 것으로 틀린 것은?

① 에너지의 축적이 용이하다.
② 힘의 변속이 무단으로 가능하다.
③ 일의 방향을 쉽게 변환할 수 있다.
④ 작은 장치로 큰 힘을 얻을 수 있다.

해설

유압장치의 장점
- 무단변속이 가능하다.
- 큰 출력에 비해 소형장치이다.
- 윤활성, 방청성, 방열성이 우수하다.
- 정숙한 운전과 원격제어가 가능하다.
- 과부하 시 안전장치가 간단하다.

유압장치의 단점
- 오일에 기포가 섞여 캐비테이션 현상이 발생될 수 있다.
- 작동유의 온도변화에 액츄에이터 속도가 변화될 수 있다.
- 인화성과 고압 사용으로 인한 위험성이 있고 배관이 어렵다.
- 기름 누설 우려와 기계 장치마다 동력원(유압 펌프)이 필요하다.

04 작동유가 갖고 있는 에너지의 축적작용과, 충격압력의 완충작용도 할 수 있는 부속기기는?

① 스트레이너 ② 유체 커플링
③ 패킹 및 가스켓 ④ 어큐뮬레이터

해설

어큐뮬레이터(축압기) 사용목적 : 펌프의 맥동제거, 에너지 축적, 압력 보상, 충격 완충, 유체 이송, 2차 회로의 구성 등

05 다음 표와 같은 진리값을 갖는 논리제어회로는?

입력신호		출력
A	B	C
0	0	0
0	1	0
1	0	0
1	1	1

① OR 회로 ② AND 회로
③ NOT 회로 ④ NOR 회로

정답 1.④ 2.① 3.① 4.④ 5.②

06 유압회로에서 유량이 필요하지 않게 되었을 때 작동유를 탱크로 귀환시키는 회로는?

① 무부하회로 ② 동조회로
③ 시퀀스회로 ④ 브레이크회로

해설
- 동조회로 : 싱크로나이즈 또는 동기회로라고 하며, 복수 이상의 실린더를 동일한 속도 또는 위치로 제어하고자 하는 회로
- 브레이크회로 : 브레이크시 관성에 의한 운동을 방지하기 위한 회로
- 시퀀스회로 : 시스템회로 작동 시 기계의 조작을 정해진 순서에 의해 자동으로 작동하게 하는 회로

07 면적을 감소시킨 통로로서 길이가 단면 치수에 비하여 비교적 짧은 경우의 유동 교축부는?

① 초크(choke) ② 플런저(plunger)
③ 스풀(spool) ④ 오리피스(orifice)

해설
- 오리피스 : 유로의 단면적을 변화시킨 교축구간이며 관로 면적을 줄인 통로가 단면 치수에 비해 짧은 구간인 경우
- 초크 : 유로의 단면적을 변화시킨 교축구간이며 관로 면적을 줄인 통로가 단면 치수에 비해 긴 구간인 경우

08 공유압 제어밸브를 기능에 따라 분류하였을 때 해당되지 않는 것은?

① 방향 제어밸브 ② 압력 제어밸브
③ 유량 제어밸브 ④ 온도 제어밸브

해설
밸브를 작동상 분류하면 압력제어, 유량제어, 방향제어 밸브로 나뉜다.
- 방향 제어밸브 : 실린더로 공급되는 유로의 방향을 변환시켜 주는 밸브
- 압력 제어밸브 : 유체의 압력을 조절하는 밸브(액츄에이터 힘을 조절)
- 유량 제어밸브 : 유체의 유량을 조절하는 밸브.(액츄에이터 속도 조절)

09 전기적인 입력신호를 얻어 전기회로를 개폐하는 기기로 반복동작을 할 수 있는 기기는?

① 차동밸브 ② 압력스위치
③ 시퀀스 밸브 ④ 전자릴레이

해설
전자릴레이 : 일반적으로 릴레이 라고 통칭하며, 전자석의 원리로 작동하며 이러한 릴레이를 이용한 제어를 유접점 제어 또는 전자계전 제어라 한다.

10 다음 중 2개의 입력신호 중에서 높은 압력만을 출력하는 OR 밸브는?

① 셔틀 밸브 ② 이압 밸브
③ 체크 밸브 ④ 시퀀스 밸브

해설
- 시퀀스 밸브 : 회로에서 순차적으로 작동할 시 작동순서를 설정한 회로 압력에 의해 제어되는 밸브
- 이압 밸브(AND 밸브) : 2개 이상의 입력신호와 1개의 출력신호를 가지며 2개의 입력신호가 존재시 출력신호를 발생하는 회로. AND밸브, 저압우선(출력측 기준)밸브 라고도 함
- 체크 밸브 : 유체의 흐름을 한 방향으로만 흐르게 한다(역방향 유체 흐름 제지)

11 상시개방접점과 상시폐쇄접점의 2가지 기능을 모두 갖고 있는 접점은?

① 메이크 접점 ② 전환 접점
③ 브레이크 접점 ④ 유지 접점

해설
- 상시개방접점 : a접점, NO접점 이라고도 하며 평상시 열려있다가 스위치 작동시 접점이 붙는다.
- 상시폐쇄접점 : b접점, NC접점 이라고도 하며 평상시 닫혀있다가 스위치 작동시 접점이 떨어진다.
- 전환접점 : c접점 이라고도 하며 a접점, b접점을 모두 가지고 있어 필요에 따라 a접점, b접점을 선택하여 사용한다.

정답 6.① 7.④ 8.④ 9.④ 10.① 11.②

12 도면에서 밸브㉠의 입력으로 A가 ON되고, ㉡의 신호 B를 off로 해서 출력 out이 되게 한 다음 신호A를 off로 한다면 출력은 어떻게 되는가?

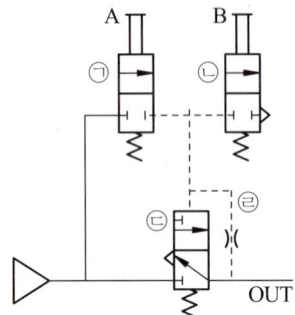

① out은 off로 된다.
② out은 on이 유지된다.
③ ㉢의 밸브가 off로 된다.
④ ㉡의 밸브에서 대기 방출이 된다.

:해설:
밸브 ㉠이 작동되면 밸브 ㉢의 위치가 전환되고 out쪽으로 출력이 나오게 되고 밸브 ㉠이 off되어도 교축밸브 ㉣를 통해서 계속해서 out쪽으로 출력이 유지된다. 결과적으로 out은 계속 on이 유지된다.

13 유압 실린더의 중간 정지회로에 적합한 방향 제어밸브는?

① 3/2way 밸브   ② 4/3way 밸브
③ 4/2way 밸브   ④ 2/2way 밸브

:해설:
4/3way, 5/3way 밸브와 같이 n/3위치 밸브들은 중간 정지회로가 가능하다.

14 그림에서 밀폐된 시스템이 평형상태를 유지할 경우 F1은?

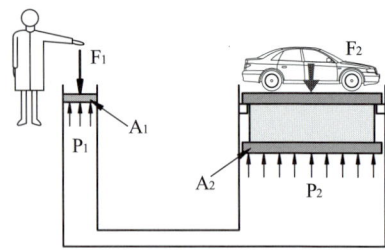

① $\dfrac{A_1 \times A_2}{F_2}$ ② $\dfrac{A_1 \times F_2}{A_2}$

③ $\dfrac{F_2}{A_1 \times A_2}$ ④ $\dfrac{A_2}{A_1 \times F_2}$

:해설:
파스칼의 원리를 적용하면 $P = \dfrac{F_1}{A_1} = \dfrac{F_2}{A_2}$ 이다.

즉 $F_1 = \dfrac{A_1 \times F_2}{A_2}$ 이다.

15 램형 실린더의 장점이 아닌 것은?

① 피스톤이 필요 없다.
② 공기 빼기장치가 필요 없다.
③ 실린더 자체 중량이 가볍다.
④ 압축력에 대한 힘이 강하다.

16 전기 시퀀스 제어회로를 구성하는 요소 중 동작은 수동으로 되나 복귀는 자동으로 이루어지는 것은?

① 토글 스위치(toggle switch)
② 선택 스위치(selector switch)
③ 푸시버튼 스위치(pushbutton switch)
④ 로터리 캠 스위치(rotary cam switch)

:해설:
토글, 선택, 로터리 캠 스위치는 동작과 복귀 모두 수동으로 작동한다.

정답 12.② 13.② 14.② 15.③ 16.③

17 그림과 같은 유압 탱크에서 스트레이너를 장착할 가장 적절한 위치는?

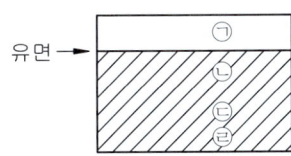

① ㉠과 같이 유면 위쪽
② ㉡과 같이 유면 바로 아래
③ ㉢과 같이 바닥에서 좀 떨어진 곳
④ ㉣과 같이 바닥

:해설:

스트레이너 : 바닥에서 5cm정도 떨어져서 설치하고 펌프의 흡입측에 설치한다. 통상 펌프 토출량의 2배의 여과량을 만족해야 한다.

18 방향제어 밸브의 조작 방식 중 기계 방식의 밸브 기호는?

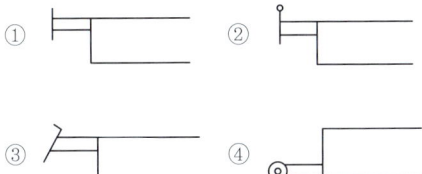

:해설:

①, ②, ③ 모두 인력(사용자) 조작 방식의 밸브이다.

19 유압 실린더를 그림과 같은 회로를 이용하여 중간위치에서 정지시키고자 할 때 사용되는 밸브는?

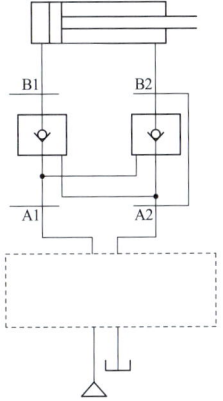

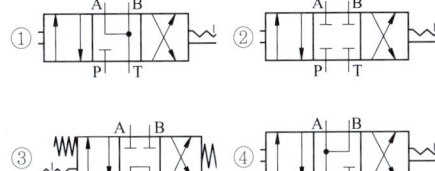

:해설:

① 4/3way방향제어밸브(ABT 포트 접속형)는 체크밸브와 같이 사용되어 단조기계, 자동차 리프트와 같이 큰 외력에 대항하여 행정의 중간위치에 정지 시키고자 할 때 사용되어 진다.

20 토크가 T kgf·m이고, rpm으로 회전하는 공압모터의 출력(PS)을 구하는 식은?

① $\dfrac{nT}{716.2}$ ② $\dfrac{716.2}{nT}$

③ $\dfrac{716.2T}{n}$ ④ $\dfrac{716.2n}{T}$

정답 17.③ 18.④ 19.① 20.①

21 유압 장치에서 유량제어밸브로 유량을 조정할 경우 실린더에서 나타나는 효과는?

① 정지 및 시동
② 운동 속도의 조절
③ 유압의 역류 조절
④ 운동 방향의 결정

해설

유량제어밸브로 유량을 조정하면 결과는 운동속도의 조절이 가능하며 압력제어밸브로 압력을 조정하면 운동의 힘을 조절할 수 있다.

22 펌프의 송출압력이 50kgf/cm², 송출량이 20L/min인 유압 펌프의 펌프동력은 약 몇 kW인가?

① 1.0
② 1.2
③ 1.6
④ 2.2

해설

펌프동력 공식(단위별)

$L_p = \dfrac{PQ}{612}$ (kW), $L_p = \dfrac{PQ}{450}$ (PS) 이므로

$L_p = \dfrac{50 \times 20}{612} = 1.63$ kW

23 다음 중 흡수식 공기 건조기의 특징이 아닌 것은?

① 취급이 간편하다.
② 장비의 설치가 간단하다.
③ 외부 에너지 공급원의 필요 없다.
④ 건조기에 움직이는 부분이 많으므로 기계적 마모가 많다.

해설

흡수식 에어 드라이어
- 작동에 필요한 외부에너지 공급이 필요없다.
- 기계적 작동요소가 없어 기계 마모가 적고 장비설치가 간단하다.
- 흡수제(폴리에틸렌, 염화리듐, 수용액)를 사용한 화학적 처리과정 방식이며 건조제는 연 2~4회 교환한다.
- 압축공기 중의 수분이 건조제에 닿으면 화합물이 생성되어 물이 혼합물로 용해되고 공기는 건조 되는 방식이다.

24 다음 유압기호의 명칭으로 옳은 것은?

① 공기 탱크
② 전동기
③ 내연기관
④ 축압기

25 유관의 안지름을 2.5cm, 유속을 10cm/s로 하면 최대 유량은 약 몇 cm³/s인가?

① 49
② 98
③ 195
④ 250

해설

최대유량 $Q = AV$

$= \dfrac{\pi d^2}{4} \times V$

$= \dfrac{\pi \times 2.5^2}{4} \times 10$

$= 49$

26 유압 제어밸브의 분류에서 압력제어밸브에 해당되지 않는 것은?

① 릴리프 밸브(relief valve)
② 스로틀 밸브(throttle valve)
③ 시퀀스 밸브(sequence valve)
④ 카운터 밸런스 밸브(counter balance valve)

해설

스로틀(교축)밸브 : 유로 내부의 단면적을 교축하여 유량을 제어

27 공기 압축기를 출력에 따라 분류할 때 소형의 범위는?

① 50~180W
② 0.2~14kW
③ 15~75kW
④ 75kW 이상

정답 21.② 22.③ 23.④ 24.② 25.① 26.② 27.②

해설

압축기 출력에 의한 분류 : 소형(0.2~14), 중형(15~75), 대형(75 이상) 으로 분류

28 다음 기호를 보고 알 수 없는 것은?

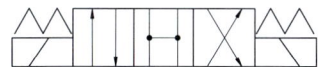

① 포트 수   ② 위치의 수
③ 조작방법   ④ 접속의 형식

해설

4포트 3위치 솔레노이트 작동 스프링복귀형 밸브이다.

29 그림에 해당되는 제어 방법으로 옳은 것은?

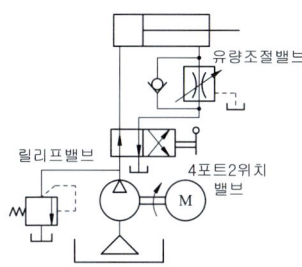

① 미터 인 방식의 전진행정 제어회로
② 미터 인 방식의 후진행정 제어회로
③ 미터 아웃 방식의 전진행정 제어회로
④ 미터 아웃 방식의 후진행정 제어회로

해설

실린더에서 나오는 공기가 유량조절밸브를 통해 조정되어 전진 행정시 속도가 제어되는 미터 아웃 방식이다.

30 공기탱크와 공기압 회로 내의 공기압력이 규정 이상의 공기 압력으로 될 때에 공기 압력이 상승하지 않도록 대기와 다른 공기압 회로 내로 빼내주는 기능을 갖는 밸브는?

① 감압밸브   ② 시퀀스밸브
③ 릴리프밸브   ④ 압력스위치

해설

- 감압밸브 : 사각형 내부의 화살표가 외부유로와 일직선으로 정 중앙에 위치하며, 시스템 내 압력이 올라갈 시 설정압 이하로 일정하게 유지하는 밸브
- 시퀀스 밸브 : 회로에서 순차적으로 작동할 시 작동 순서를 설정한 회로 압력에 의해 제어되는 밸브
- 압력스위치 : 회로의 압력이 설정된 압력에 도달할 시 내부의 전기 스위치가 작동되어 전기적 출력신호를 만들어 낸다.

31 교류의 크기를 나타내는 방법이 아닌 것은?

① 순시값   ② 실효값
③ 최대값   ④ 최소값

해설

교류의 크기 나타내는 방법

- 순시값 : 시간에 따라 변화하는 임의의 순간에 있어서의 크기
- 최대값 : 교류의 순시값 중 가장 큰 값
- 실효값 : 교류의 크기를 그것과 같은 일을 하는 직류의 크기로 바꿔 놓은 값
- 평균값 : 1주기 동안의 교류 순시값의 평균값

32 내부저항 5kΩ의 전압계 측정범위를 5배로 하기 위한 방법은?

① 20kΩ의 배율기 저항을 병렬 연결한다.
② 20kΩ의 배율기 저항을 직렬 연결한다.
③ 25kΩ의 배율기 저항을 병렬 연결한다.
④ 25kΩ의 배율기 저항을 직렬 연결한다.

해설

배율을 m이라고 하면 배율기 저항 R_m과 전압계 내부저항 R_v사이에는 $R_m=(m-1)R_v$로 정의된다.
즉 $R_m=(5-1)\times 5=20k\Omega$

정답 28.④ 29.③ 30.③ 31.④ 32.②

33 SCR의 활용으로 옳지 않은 것은?

① 수은정류기
② 자동제어장치
③ 제어용 전력증폭기
④ 전류조정이 가능한 직류전원설비

해설
- SCR : 위상제어 및 정류작용을 통하여 직류가 출력되며, 단일 방향 3단자 소자이다.
- SCR의 활용분야 : 스위치, 위상제어, 정류기, 초퍼 등에 활용

34 대칭 3상 교류 전압에서 각 상의 위상차는?

① 60°   ② 90°
③ 120° ④ 240°

해설
위상차는 $\frac{2\pi}{n} = \frac{2\pi}{3} = 120°$

35 전압이 가해지고 일정 시간이 경과한 후 접점이 닫히거나 열리고, 전압을 끊으면 순시 접점이 열리거나 닫히는 것은?

① 전자 개폐기   ② 플리커 릴레이
③ 온 딜레이 타이머 ④ 오프 딜레이 타이머

해설
- on delay 타이머 : 입력신호가 들어오면 일정시간 경과후 접점이 작동하고 입력신호가 없어지면 순시에 접점이 작동된다. (한시동작 순시복귀형)
- off delay 타이머 : 입력신호가 들어오면 순시에 접점이 작동하고 입력신호가 없어지면 일정시간 경과 후 접점이 작동된다. (순시동작 한시복귀형)

36 가동코일형 전류계에서 전류측정범위를 확대시키는 방법은?

① 가동코일과 직렬로 분류기 저항을 접속한다.
② 가동코일과 병렬로 분류기 저항을 접속한다.
③ 가동코일과 직렬로 배율기 저항을 접속한다.
④ 가동코일과 직·병렬로 배류기 저항을 접속한다.

해설
분류기 : 전류계에서 전류측정 범위를 확대하기 위해 전류계와 병렬로 접속하는 저항기

37 전기저항과 열의 관계를 설명한 것으로 틀린 것은?

① 저항기는 대부분 정특성을 갖는다.
② 전구의 필라멘트는 부특성을 갖는다.
③ 온도상승과 저항값이 비례하는 것을 부특성이라 한다.
④ 온도상승과 저항값이 반비례하는 것을 부특성이라 한다.

해설
저항은 대부분 정특성이며 필라멘트 또한 저항이므로 정특성을 갖는다.

38 자석의 성질에 관한 설명으로 옳지 않은 것은?

① 자석에는 N극과 S극이 있다.
② 자극으로부터 자력선이 나온다.
③ 자기력선은 비자성체를 투과한다.
④ 자력이 강할수록 자기력선의 수가 적다.

해설
자력이 강할수록 자기력선의 수가 많다.

39 직선 전류에 의한 자기장의 방향을 알려고 할 때 적용되는 방식은?

① 페러데이 법칙
② 플레밍의 왼손 법칙
③ 플레밍의 오른손 법칙
④ 앙페르의 오른나사 법칙

정답 33.① 34.③ 35.③ 36.② 37.② 38.④ 39.④

해설

- 패러데이의 법칙 : 전류가 흐르지 않는 코일에 외부에서 자기장의 변화를 주면 그 변화를 없애기 위해 유도전류가 생기게 된다. 이 유도전류는 자기장의 변화, 자기선속의 시간적 변화, 코일의 감긴 횟수에 비례한다.
- 플레밍의 왼손법칙 : 자기장 안에서 전류가 흐르게 되면 전류가 흐르고 있는 도선에 힘이 생성된다. 이 힘을 전자기력이라고 하며 왼손의 엄지, 검지, 중지를 각각 직각이 되도록 만들면 엄지는 힘 방향, 검지는 자기장, 중지는 전류가 된다. 전동기에서 적용
- 플레밍의 오른손법칙 : 오른손의 엄지, 검지, 중지를 각각 직각이 되도록 만들면 엄지는 힘 방향, 검지는 자기장, 중지는 전류가 된다. 즉 유도전류의 방향을 알아 낼 수 있는 법칙이다. 발전기에서 적용
- 앙페르의 오른나사법칙 : 도선에 전류가 통과할 때 오른손 엄지와 전류방향을 맞추고 나머지 손가락을 말아 쥐면 손가락이 감싸고 있는 방향이 자기장의 방향이다.

40 그림은 어떤 회로를 나타낸 것인가?

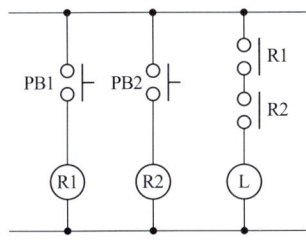

① OR 회로
② 인터록 회로
③ AND 회로
④ 자기유지 회로

해설

- OR회로 : 입력(R1,R2)이 병렬로 연결되면 출력이 나오는 회로
- AND회로 : 입력(R1,R2)이 직렬로 연결되면 출력이 나오는 회로

41 교류 전류에 대한 저항(R), 코일(L), 콘덴서(C)의 작용에서 전압과 전류의 위상이 동상인 회로는?

① R만의 회로
② L만의 회로
③ C만의 회로
④ R, L, C 직·병렬회로

해설

- 코일만의 회로 : 전압이 전류보다 90° 앞선다.
- 저항만의 회로 : 전압과 전류가 동상이다.
- 콘덴서만의 회로 : 전류가 전압보다 90° 앞선다.

42 3상 유도 전동기의 Y-△ 결선 변환 회로에 대한 설명으로 옳지 않은 것은?

① Y결선으로 기동한다.
② 기동전류가 1/3로 줄어든다.
③ 정상 운전 속도일 때 △결선으로 변환한다.
④ 기동 시 상전압을 $\sqrt{3}$ 배 승압하여 기동한다.

해설

기동 시 선간전압을 $\sqrt{3}$ 배 승압하여 기동한다.

43 P[W] 전구를 시간 사용하였을 때의 전력량[Wh]은?

① tP
② $t^2 P$
③ $\dfrac{P}{t}$
④ $\dfrac{P^2}{t}$

해설

전력량 W = Pt = VIt이다.

44 시간의 변화에 따른 각 계전기나 접점 등의 변화상태를 시간적 순서에 의해 출력상태를 (ON, OFF), (H, L), (1, 0) 등으로 나타낸 것은?

① 플로 차트
② 실체 배선도
③ 타임 차트
④ 논리 회로도

정답 40.③ 41.① 42.④ 43.① 44.③

45 무부하 운전이나 벨트 운전을 절대로 해서는 안되는 직류 전동기는?

① 직권 전동기   ② 복권 전동기
③ 분권 전동기   ④ 타여자 전동기

: 해설 :

직권 전동기 특징
- 부하가 증가함에 따라 속도가 감소하는 가변 속도 전동기이다.
- 부하가 감소하면 속도가 상승하고 무부하 시 고속도가 되어 위험하므로 무부하 운전이나 벨트운전을 절대 하지 않는다.

46 다음 중 숨은선 그리기의 예로 적절하지 않은 것은?

① ②

③ ④

: 해설 :

숨은선 교차되는 부분은 서로 만나게 표시한다.

47 다음 그림의 치수 기입에 대한 설명으로 틀린 것은?

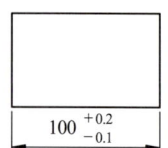

① 공차는 0.1이다.
② 기준 치수는 100이다.
③ 최대 허용치수는 100.2이다.
④ 최소 허용치수는 99.9이다.

: 해설 :

공차는 최대허용치수와 최소허용치수와의 차이값이다.
즉 100.2 - 99.9 = 0.3

48 그림과 같이 물체의 구멍, 홈 등 특정 부분만의 모양을 도시하는 것을 목적으로 하는 투상도의 명칭은?

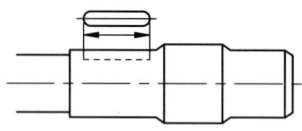

① 국부 투상도   ② 보조 투상도
③ 부분 투상도   ④ 회전 투상도

: 해설 :

• 국부투상법 : 대상물의 홀, 키홈등 한 국부만을 그리는 법
• 보조투상도 : 경사면이 있는 물체는 그 경사면과 맞서는 위치에 경사면의 실형을 보조 투상도로 그린 것
• 부분투상도 : 도면의 일부를 도시하여 충분한 경우 그 필요 부분만을 부분 투상도로 그린 것
• 회전투상도 : 투상면이 어느 각도를 가지고 있어 그 실형을 도시하기 어려울 때 그 부분을 회전하여 그린 것
• 부분확대도 : 도면의 일부를 도시하여 필요한 부분만을 확대하여 부분 투상도로 그린 것

49 도면에서 척도의 표시가 "1:2"로 표시된 것은 무엇을 의미하는가?

① 배척   ② 현척
③ 축척   ④ 비례척이 아님

: 해설 :

척도란 도면에서의 크기 : 물체의 실제 크기이다.
척도의 종류
- 현척(물체의 크기가 같은 크기)
- 축척(물체의 크기보다 작은 크기)
- 배척(물체의 크기보다 큰 크기)

50 SS400로 표시된 KS 재료기호의 400은 어떤 의미인가?

① 재질 번호   ② 재질 등급
③ 최저 인장강도   ④ 탄소 함유량

정답   45.①   46.③   47.①   48.①   49.③   50.③

해설

SS400(일반 구조용 압연강재) : S(강,steel), S(일반 구조용 압연재), 400(최저인장강도)

51 나사의 도시 방법에 관한 설명 중 틀린 것은?

① 측면에서 본 그림 및 단면도에서 나사산의 봉우리는 굵은 실선으로 나타낸다.
② 단면도에 나타나는 나사 부품에서 해칭은 나사산의 골 밑을 나타내는 선까지 긋는다.
③ 나사의 끝면에서 본 그림에서는 나사의 골 밑은 가는 실선으로 그린 원주의 3/4에 거의 같은 원의 일부로 표시한다.
④ 숨겨진 나사를 표시하는 것이 필요한 곳에서는 산의 봉우리와 골 밑은 가는 파선으로 표시한다.

해설

② 나사의 해칭은 전체를 해칭하며 암수가 체결되어 있을 때는 해칭방향을 다르게 하여 표시한다.

53 고압 탱크나 보일러의 리벳이음 주위에 코킹(caulking)을 하는 주목적은?

① 강도를 보장하기 위해서
② 기밀을 유지하기 위해서
③ 표면을 깨끗하게 유지하기 위해서
④ 이음 부위의 파손을 방지하기 위해서

54 모듈이 5이고 잇수가 각각 40개와 60개인 한 쌍의 표준 스퍼기어에서 두 축의 중심거리는?

① 100mm ② 150mm
③ 300mm ④ 250mm

해설

중심거리 $C = \dfrac{D_1 + D_2}{2}$
$= \dfrac{M(Z_1 + Z_2)}{2}$
$= \dfrac{5(40 + 60)}{2}$
$= 250mm$

52 그림과 같은 입체도에서 화살표 방향을 정면으로 한다면 좌측면도로 적합한 투상도는? (단, 투상도는 제3각법을 이용한다.)

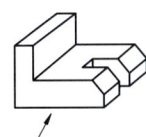

해설

숨은선 교차되는 부분은 서로 만나게 표시한다.

55 12kN·m의 토크를 받는 축의 지름은 약 몇 mm 이상이어야 하는가?(단, 허용 비틀림 응력은 50MPa이라 한다.)

① 84   ② 107
③ 126 ④ 145

해설

축의 지름 $d = \sqrt{\dfrac{5.1T}{\tau}}$
$= \sqrt{\dfrac{5.1 \times 12,000,000}{50}}$
$= 107mm$

정답 51.② 52.④ 53.② 54.④ 55.②

56 평벨트 전동장치와 비교하여 V 벨트 전동장치의 장점에 대한 설명으로 틀린 것은?

① 엇걸기로도 사용이 가능하다.
② 미끄럼이 적고 속도비를 크게 할 수 있다.
③ 운전이 정숙하고 충격을 완화하는 작용을 한다.
④ 비교적 작은 장력으로 큰 회전력을 전달할 수 있다.

해설

V벨트의 장점
- 미끄럼이 적고 전동 회전비가 크다.
- 운전이 조용하고 수명이 길다.
- 진동 및 충격 흡수가 좋다.
- 축간 거리가 짧은 곳에 사용되고 전동효율이 매우 좋다.
- 일반적인 속도비는 7 : 1 이다.

57 애크미 나사라고도 하며 나사산의 각도가 인치계에서는 29이고, 미터계에서는 30인 나사는?

① 사다리꼴 나사   ② 미터 나사
③ 유니파이 나사   ④ 너클 나사

해설

애크미 나사 : 사다리꼴나사, 재형나사라고 함. 사각나사보다 더 큰 동력 전달용으로 사용

58 나사의 풀림 방지법에 속하지 않는 것은?

① 스프링 와셔를 사용하는 방법
② 로크 너트를 사용하는 방법
③ 부시를 사용하는 방법
④ 자동 조임 너트를 사용하는 방법

해설

너트 풀림 방지 방법 : 철사, 로크 너트, 탄성 와셔, 분할핀, 자동 죔 너트, 세트 스크류 등의 방법이 있다.

59 둥근 봉을 비틀 때 생기는 비틀림 변형을 이용하여 만드는 스프링은?

① 코일 스프링   ② 벌류트 스프링
③ 접시 스프링   ④ 토션 바

해설

토션 바 : 자동차, 열차등에 사용되며 비틀림 변위를 이용하며 단위 체적당 축적 탄성 에너지가 크고 구조가 간단하여 좁은 장소에 설치 가능한 스프링이다.

60 SI 단위계의 물리량과 단위가 틀린 것은?

① 힘 – N   ② 압력 – Pa
③ 에너지 – dyne ④ 일률 – W

해설

SI 단위계 : 힘(N), 무게(kgf), 길이(m), 시간(sec), 질량(kg), 일(J), 일률(J/s), 압력(P)

정답 56.① 57.① 58.③ 59.④ 60.③

최신 과년도 기출문제 2016년 4회

01 밸브의 변환 및 외부 충격에 의해 과도적으로 상승한 압력의 최대값을 무엇이라고 하는가?

① 배압 ② 서지 압력
③ 크래킹 압력 ④ 리시이트 압력

02 압력 제어 밸브의 종류에 속하지 않는 것은?

① 감압 밸브 ② 릴리프 밸브
③ 셔틀 밸브 ④ 시퀀스 밸브

해설
- 압력제어밸브 : 유체의 압력을 조절하는 밸브(액츄에이터 힘을 조절)
- 압력제어밸브 종류 : 릴리프밸브, 감압밸브, 시퀀스밸브, 카운터 밸런스밸브, 무부하 밸브, 안전밸브 등이 있다.

03 유압 기본회로 중 2개 이상의 실린더가 정해진 순서대로 움직일 수 있는 회로에 속하는 것은?

① 로킹 회로 ② 언로딩 회로
③ 차동 회로 ④ 시퀀스 회로

해설
- 로킹회로 : 중간정지회로라고 하며 실린더를 임의의 위치에 고정한다.
- 차동회로 : 복동실린더의 피스톤측 수압 면적과 로드측 수압 면적 비가 2:1인 실린더를 이용하여 실린더의 속도를 조정하는 회로
- 언로딩회로 : 시스템내에서 유압에너지를 필요로 하지 않을 때 펌프 토출량을 다시 기름탱크로 돌려 보내 무부하 운전을 하는 회로

04 펌프가 포함된 유압 유니트에서 펌프 출구의 압력이 상승하지 않는다면 그 원인으로 적당하지 않은 것은?

① 외부 누설 증가
② 릴리프 밸브의 고장
③ 밸브 실(seal)의 파손
④ 속도제어밸브의 조정 불량

해설

압력이 상승하지 않는 요인
- 외부 또는 내부 누설 증가
- 압력 릴리프밸브 고장 또는 설정압력 이상
- 펌프의 고장 또는 노후화
- 언로드 밸브 고장
- 펌프 흡입측 고장 또는 작동 불량

05 유압 장치의 장점이 아닌 것은?

① 작동이 원활하며 진동도 적다.
② 인화 및 폭발의 위험성이 없다.
③ 유량 조절도 무단 변속이 가능하다.
④ 작은 크기로도 큰 힘을 얻을 수 있다.

해설

유압의 장점
- 일의 방향을 쉽게 변환시킨다.
- 소형장치로도 큰 힘을 발생한다.
- 과부하에 대한 안전성과 원활한 시동이 가능하다.
- 정확한 위치 제어와 무단변속이 가능하다.
- 정숙한 작동과 정역운전 및 열 방출성이 좋다.
- 원격제어가 가능하다.

유압의 단점
- 작동유가 기름 성분이라 인화의 위험성이 있다.
- 작동유에 공기가 섞여 작동이상(캐비테이션 현상)을 가져올 수 있다.

정답 1.② 2.③ 3.④ 4.④ 5.②

- 고압작동으로 인한 위험성과 기름 누설 및 배관이 까다롭다.
- 작동유의 온도 변화에 따라 액츄에이터의 속도가 변화할 수 있다.
- 작동기기마다 유압원(유압펌프 및 탱크)이 필요하다.

06 조작력이 작용하고 있을 때의 밸브 몸체의 최종 위치를 나타내는 용어는?

① 노멀 위치 ② 중간 위치
③ 작동 위치 ④ 과도 위치

해설

밸브가 작동하고 있을 때의 제어 위치를 작동 위치라고 한다.

07 시스템을 안전하고 확실하게 운전하기 위한 목적으로 사용하는 회로로 2개의 회로 사이에 출력이 동시에 나오지 않게 하는데 사용되는 회로는?

① 인터록 회로 ② 자기 유지 회로
③ 정지 우선 회로 ④ 한시 동작 회로

해설

- 자기유지회로 : 동작 릴레이 자체의 접점을 이용하여 신호가 계속 유지되도록 하는 회로이다.
- 정지우선회호 : 후입력 우선회로 라고도 하며 마지막으로 주어진 입력이 우선하여 작동하는 회로이다.
- 한시동작회로 : on delay 타이머(한시동작 순시복귀형) 라고도 하며 입력신호가 들어오면 일정시간 경과후 접점이 작동하고 입력신호가 없어지면 순시에 접점이 작동된다.

08 충격 완화에 사용되는 완충기에 관한 설명으로 옳지 않은 것은?

① 충격 에너지는 속도가 빠르거나 정지되는 시간이 짧을수록 커진다.
② 스프링식 완충기는 구조가 간단하고 모든 충격력을 완벽하게 흡수할 수 있다.
③ 가변 오리피스형 유압기 완충기는 동작의 시작과 종료까지 항상 일정한 저항력이 발생한다.
④ 충격력의 완화가 더욱 필요한 때는 쿠션 행정의 길이를 길게 하거나 감속회로를 설치한다.

해설

스프링식 완충기는 구조가 간단하나 모든 충격력을 완벽하게 흡수할 수 없다.

09 밸브의 조작 방식 중 복동 가변식 전자 액추에이터의 기호는?

① ②
③ ④

해설

① 복동 솔레노이드, ② 롤러레버식(기계작동방식), ④ 단동 가변식 솔레노이드

10 공압시스템 설계 시 사이징 설계를 위한 조건으로 틀린 것은?

① 부하의 종류
② 실린더의 행정거리
③ 실린더의 동작 방향
④ 압축기의 용량

정답 6.③ 7.① 8.② 9.③ 10.④

> 해설

사이징 설계 조건
- 부하의 크기, 중량 및 종류(관성부하 또는 저항부하)
- 실린더의 행정거리 및 동작방향
- 사용압력과 반복횟수
- 실린더와 밸브사이의 배관 길이

11 축압기의 사용 용도에 해당하지 않는 것은?

① 압력 보상
② 충격 완충작용
③ 유압에너지의 축적
④ 유압 펌프의 맥동 발생 촉진

> 해설

어큐뮬레이터 사용목적 : 펌프의 맥동제거, 에너지 축적, 압력 보상, 충격 완충, 유체 이송, 2차 회로의 구성 등

12 그림과 같은 회로에서 속도 제어 벨브의 접속 방식은?

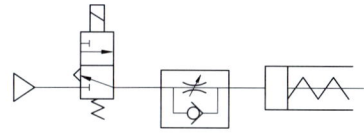

① 미터 인 방식
② 블리드 오프 방식
③ 미터 아웃 방식
④ 파일럿 오프 방식

> 해설

- 미터인 : 실린더를 기준으로 실린더에 공급되는 공기를 조절하는 방식
- 미터아웃 : 실린더를 기준으로 실린더에서 배출되는 공기를 조절하는 방식

13 두 개의 복동 실린더가 1개의 실린더 형태로 조립되어 출력이 거의 2배의 힘을 낼 수 있는 실린더는?

① 탠덤 실린더
② 케이블 실린더
③ 로드레스 실린더
④ 다위치제어 실린더

> 해설

- 다위치제어 실린더 : 두개 또는 여러개의 실린더가 직렬로 연결되어 서로 행정거리가 다른 2개의 실린더로 4개의 위치를 제어 할 수 있는 실린더
- 로드레스 실린더 : 피스톤 로드가 외부로 나와 있지 않는 구조이며 실린더 내부에서 스트로크 범위내에서 작동을 하는 실린더로 설치 면적이 작아지는 장점이 있다.
- 케이블실린더 : 와이어 실린더라고도 하며 피스톤 로드 대신에 케이블을 사용한다.

14 실린더 피스톤의 운동 속도를 증가시킬 목적으로 사용하는 밸브는?

① 이압 밸브
② 셔틀 밸브
③ 체크 밸브
④ 급속 배기 밸브

> 해설

- 체크밸브 : 유체의 흐름을 한 방향으로만 흐르게 한다 (역방향 유체 흐름 제지)
- 셔틀밸브(OR밸브) : 2개 이상의 입력신호와 1개의 출력신호를 가지며 1개의 입력신호만 존재해도 출력신호를 발생하는 회로. OR밸브, 고압우선(출력측 기준)밸브 라고도 함
- 이압밸브(AND밸브) : 2개 이상의 입력신호와 1개의 출력신호를 가지며 2개의 입력신호가 존재시 출력신호를 발생하는 회로. AND밸브, 저압우선(출력측 기준)밸브 라고도 함

15 공기 건조 방식 중 -70℃ 정도까지의 저 노점을 얻을 수 있는 것은?

① 흡수식
② 냉각식
③ 흡착식
④ 저온 건조 방식

정답 11.④ 12.① 13.① 14.④ 15.③

> **해설**
>
> - 흡수식 건조기(에어 드라이어)
>   - 작동에 필요한 외부에너지 공급이 필요없다.
>   - 기계적 작동요소가 없어 기계 마모가 적고 장비설치가 간단하다.
>   - 흡수제(폴리에틸렌, 염화리듐, 수용액)를 사용한 화학적 처리과정 방식이며 건조제는 연 2~4회 교환한다.
>   - 압축공기 중의 수분이 건조제에 닿으면 화합물이 생성되어 물이 혼합물로 용해되고 공기는 건조 되는 방식이다.
> - 흡착식 건조기(에어 드라이기)
>   - 건조제로 실리카겔, 활성알루미나, 실리콘디옥시드를 사용하는 물리적 과정 방식
>   - 건조제를 재생하여 사용할 수 있다.
>   - 최대 -70℃의 저노점을 얻을 수 있다.
> - 냉동식 건조기(에어 드라이어)
>   - 이슬점 온도를 낮추어서 건조하는 방식
>   - 공기를 강제로 냉각시켜 공기중에 포함된 수분을 제거하는 방식
>   - 입구온도가 40℃를 넘지 않도록 애프터 쿨러 및 필터 다음에 설치하여 사용

16 신호의 계수에 사용할 수 없는 것은?

① 전자 카운터 ② 유압 카운터
③ 공압 카운터 ④ 메커니컬 카운터

17 압축공기의 응축된 물과 고형 이물질을 제거하기 위하여 사용하는 필터의 기호는?

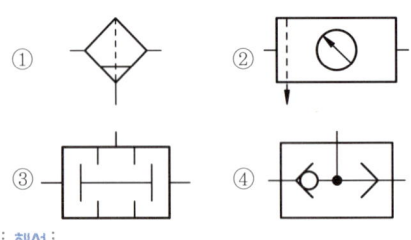

> **해설**
>
> ② 에어서비스 유니트, ③ 이압밸브, ④ 셔틀밸브

18 3개의 공압 실린더를 A+, B+, C+, A-, B-, C-의 순서로 제어하는 회로를 설계하고자 할 때, 신호의 중복(트러블)을 피하려면 최소 몇 개의 그룹으로 나누어야 하는가? (단, A, B, C는 공압 실린더, "+"는 전진 동작, "-"는 후진 동작이다.)

① 2 ② 3
③ 4 ④ 5

> **해설**
>
> 캐스케이드 회로 : 신호 중복을 피하기 위해 작동 순서를 그룹으로 나누는 회로이며 작동 순서를 그룹으로 나눌 때 각 그룹 안에서는 해당 실린더는 한번만 들어가야 한다. 즉 A+, B+, C+ / A-, B-, C- 와 같이 2개의 그룹으로 나누어진다.

19 공압 실린더, 제어 밸브 등의 작동을 원활하게 하기 위하여 윤활유를 분무 급유하는 기기의 명칭은?

① 드레인 ② 에어 필터
③ 레규레이터 ④ 루브리케이터

> **해설**
>
> 루브리게이터라고 하며 벤츄리 작동원리를 이용하여 공압기기 부품등에 윤활유를 분무형태로 공압에너지와 함께 급유한다.

20 유압유로서 갖추어야 할 성질로 옳지 않은 것은?

① 내연성이 클 것
② 점도 지수가 클 것
③ 윤활성이 우수할 것
④ 체적탄생계수가 작을 것

> **해설**
>
> 유압유의 조건
> - 인화점이 높을 것
> - 비압축성일 것
> - 화학적으로 안정되어 있을 것
> - 온도상승 등 방열성 및 산화안정성(녹, 부식등)이 좋을 것

정답 16.② 17.① 18.① 19.④ 20.④

- 내열성, 점도지수, 체적탄성계수가 좋을 것
- 유동성이 좋고 이물질 등을 빨리 분리할 수 있을 것
- 온도변화에 따른 점도변화가 작을 것
- 기포 생성이 적고 윤활성이 좋을 것
- 비중이 낮고 내화성이 클 것
- 열팽창계수가 작고 비열이 클 것

21 기계적 에너지로 압축 공기를 만드는 장치는?

① 공기 탱크
② 공기 압축기
③ 공기 냉각기
④ 공기 건조기

22 액추에이터의 속도를 조절하는 밸브는?

① 감압 밸브
② 유량 제어 밸브
③ 방향 제어 밸브
④ 압력 제어 밸브

: 해설

유량제어밸브 : 유체의 유량을 조절하는 밸브(액츄에이터 속도 조절)

23 공유압 변환기의 종류가 아닌 것은?

① 비가동형
② 블래더형
③ 플로트형
④ 피스톤형

: 해설

- 피스톤형 : 고압회로에 사용되며 피스톤이 압축 공기와 유압유를 분리시키는 구조이다.
- 블래더형 : 압축 공기가 작동유를 가압하여 작동되며 다이어프램 등에 의해 유압유과 공압이 분리되어 있다.
- 비가동형 : 저압회로에 사용되며 유압탱크에 압축공기를 직접 가압하여 작동된다.

24 공기조정유닛의 압력조절밸브에 관한 설명으로 옳은 것은?

① 감압을 목적으로 사용한다.
② 압력유량제어밸브라고도 한다.
③ 생산된 압력을 중압하여 공급한다.
④ 밸브시트에 릴리프 구멍이 있는 것이 논 브리드식이다.

: 해설

유량제어밸브 : 유체의 유량을 조절하는 밸브(액츄에이터 속도 조절)

25 분사노즐과 수신노즐이 같이 있으며 배압의 원리에 의하여 작동되는 공압기기는?

① 압력증폭기
② 공압제어블록
③ 반향감지기
④ 가변 진동 발생기

26 다음 유압 기호에 관한 설명으로 옳지 않은 것은?

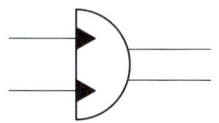

① 요동형 유압펌프이다.
② 요동형 유압 액추에이터이다.
③ 요동운동의 범위를 조절할 수 있다.
④ 2개의 오일 출입구에서 교대로 오일을 출입시킨다.

: 해설

요동형 유압모터이다.

27 회로의 압력이 설정압을 초과하면 격막이 파열되어 회로의 최고 압력을 제한하는 것은?

① 유체 퓨즈
② 유체 스위치
③ 압력 스위치
④ 감압 스위치

정답 21.② 22.② 23.③ 24.① 25.③ 26.① 27.①

해설

유체퓨즈 : 전기퓨즈와 같이 한계 이상의 과압이 발생 시 파열되어 시스템을 보호하는 것으로 응답이 빠라 신뢰성이 좋으나 맥동이 큰 유압장치에서는 부적당하다. 설정압은 장치 내 금속막의 재료강도로 조절한다.

28 피스톤이 없이 로드 자체가 피스톤 역할을 하는 것으로 출력축인 로드의 강도를 필요로 하는 경우에 자주 이용되는 것은?

① 단동 실린더 ② 램형 실린더
③ 다이어프램 실린더 ④ 양로드 복동 실린더

해설

- 단동실린더 : 실린더 전,후진시 한쪽 방향 작동에서만 공압에너지를 통해 일을 하고 복귀 시 자중 또는 실린더내 스프링에 의해 복귀한다.
- 다이어프램 실린더 : 피스톤 대신 다이어프램을 이용하여 작동되며, 스트로크는 작으나 큰 힘을 얻을 수 있다.
- 양로드 실린더 : 피스톤 로드가 양쪽으로 있어 전,후진 작동시 동일한 힘을 얻을 수 있다.
- 램형 실린더
  - 피스톤이 필요없다.
  - 공기 빼기 장치가 필요 없다.
  - 압축력에 대한 휨에 강하다.
  - 피스톤 지름과 로드 지름의 차이가 없는 수압 가동부분이 있으며, 좌굴하중 등 강성을 필요로 하는 곳에 사용

29 관로의 면적을 줄인 길이가 단면치수에 비하여 비교적 긴 경우의 교축을 무엇이라 하는가?

① 서지 ② 초크
③ 공동 ④ 오리피스

해설

- 오리피스 : 유로의 단면적을 변화시킨 교축구간이며 관로 면적을 줄인 통로가 단면 치수에 비해 짧은 구간인 경우
- 초크 : 유로의 단면적을 변화시킨 교축구간이며 관로 면적을 줄인 통로가 단면 치수에 비해 긴 구간인 경우

30 유압펌프의 동력(L_p)을 구하는 식으로 옳은 것은? (단, P는 펌프 토출압(kgf/cm²), Q는 이론 토출량(ℓ/min)이다.)

① $L_p = \dfrac{PQ}{450}$ (kW) ② $L_p = \dfrac{PQ}{612}$ (kW)

③ $L_p = \dfrac{PQ}{7500}$ (kW) ④ $L_p = \dfrac{PQ}{1200}$ (kW)

해설

펌프동력 공식(단위별)
$L_p = \dfrac{PQ}{612}$ (kW), $L_p = \dfrac{PQ}{450}$ (PS) 이다.

31 무접점 방식 시퀀스에 사용되는 것은?

① 전자 릴레이 ② 푸시버튼 스위치
③ 사이리스터 ④ 열동형 릴레이

해설

사이리스터(P형과 N형을 번갈아 배치한 4개의 영역을 가진 단결합 반도체 소자)는 무접점 방식이며 나머지 보기는 유접점 방식이다.

32 Y결선으로 접속된 3상 회로에서 선간전압은 상전압의 몇 배인가?

① 2 ② $\sqrt{2}$
③ 3 ④ $\sqrt{3}$

해설

Y결선 특징
- 선간전압 : 부하에 전력을 공급하는 선들 사이의 전압
- 상전압 : 각 상에 걸리는 전압
- Y결선에서 선간전압이 상전압보다 $\dfrac{\pi}{6} = 30°$ 앞서며, 선간전압은 상전압의 $\sqrt{3}$ 이다.

정답 28.② 29.② 30.② 31.③ 32.④

33 직류 전동기를 급정지 또는 역전시키는 전기제동 방법은?

① 플러깅 ② 계자제어
③ 워드 레너드 방식 ④ 일그너 방식

:해설:

플러깅 : 역전제동이라고 하며, 전동기의 회전방향을 바꾸어 급제동 시키는 방법

34 두 종류의 금속을 서로 접합하고 접합점을 서로 다른 온도의 차이를 주게 되면 기전력이 발생하여 일정한 방향으로 전류가 흐르는 현상은?

① 가우스 효과 ② 제백 효과
③ 톰슨 효과 ④ 펠티에 효과

:해설:

열전효과의 종류
- 펠티에 효과 : 두 금속의 접점에 전류가 흐를 때 가열 또는 냉각되는 효과
- 톰슨 효과 : 같은 도체에 전류가 흐르면 가열되거나 냉각되는 효과
- 제백 효과 : 고온부 전자들이 저온부로 확산될 때 전위차가 발생하며 두 개의 금속 접합점 양단간의 온도차에 의해 열 기전력이 발생된다.

35 권수비 2, 2차 전압 100[V], 2차 전류 5[A], 2차 임피던스 20[Ω]인 변압기의 ㉠ 1차 환산 전압 및 ㉡ 1차 환산 임피던스는?

① ㉠ 200[V] ㉡ 80[Ω]
② ㉠ 200[V] ㉡ 40[Ω]
③ ㉠ 50[V] ㉡ 10[Ω]
④ ㉠ 50[V] ㉡ 5[Ω]

:해설:

권수비
$a = \dfrac{N_1}{N_2} = \dfrac{V_1}{V_2} = \dfrac{I_1}{I_2} = \sqrt{\dfrac{Z_1}{Z_2}}$ 에서

$2 = \dfrac{V_1}{100}$ 따라서 $V_1 = 2 \times 100 = 200[V]$

$2 = \sqrt{\dfrac{Z_1}{20}}$ 따라서 $Z_1 = 4 \times 20 = 80[\Omega]$

36 도체에 전류가 흐를 때 자기력선의 방향은 어떤 법칙에 의하는가?

① 렌츠의 법칙
② 플레밍의 왼손 법칙
③ 플레밍의 오른손 법칙
④ 앙페르의 오른나사 법칙

:해설:

- 플레밍의 왼손법칙 : 자기장 안에서 전류가 흐르게 되면 전류가 흐르고 있는 도선에 힘이 생성된다. 이 힘을 전자기력이라고 하며 왼손의 엄지, 검지, 중지를 각각 직각이 되도록 만들면 엄지는 힘 방향, 검지는 자기장, 중지는 전류가 된다. 전동기에서 적용
- 플레밍의 오른손법칙 : 오른손의 엄지, 검지, 중지를 각각 직각이 되도록 만들면 엄지는 힘 방향, 검지는 자기장, 중지는 전류가 된다. 즉 유도전류의 방향을 알아 낼 수 있는 법칙이다. 발전기에서 적용
- 앙페르의 오른나사법칙 : 도선에 전류가 통과할 때 오른손 엄지와 전류방향을 맞추고 나머지 손가락을 말아 쥐면 손가락이 감싸고 있는 방향이 자기장의 방향이다.

37 직류 200V, 1000W의 전열기에 흐르는 전류는 몇 A인가?

① 0.5 ② 5
③ 10 ④ 50

:해설:

전력 P = V × I이므로 I = P/V이다.
즉 1,000/200 = 5

38 SCR에 대한 설명으로 틀린 것은?

① 교류가 출력된다.
② 정류 작용이 있다.
③ 교류전원의 위상 제어에 많이 사용된다.
④ 한 번 통전하면 게이트에 의해서 전류를 차단할 수 없다.

:해설:

- SCR : 위상제어 및 정류작용을 통하여 직류가 출력되며, 단일 방향 3단자 소자이다.
- SCR의 활용분야 : 스위치, 위상제어, 정류기, 초퍼 등에 활용

정답 33.① 34.② 35.① 36.④ 37.② 38.①

39 시퀀스 제어(sequence control)의 접점표시 중 한시동작 한시복귀 접점을 표시한 것은?

① ─o o─ ② ─o△o─
③ ─o▽o─ ④ ─o◇o─

> **해설**
> ① 릴레이 자동 복귀형 A접점, ② 한시동작 순시복귀형 타이머 A접점, ③ 순시동작 한시복귀형 타이머 A접점

40 최대눈금 10mA의 전류계로 1A의 전류를 측정하려면 필요한 분류기 저항은 몇 Ω인가? (단, 전류계 내부저항은 0.5Ω이다.)

① 0.005 ② 0.05
③ 0.5   ④ 5

> **해설**
> 배율을 m이라고 하면 분류기 저항 R_s과 전류계 내부저항 R_m사이에는
> $R_s = \dfrac{R_m}{(m-1)}$ 이므로
> $R_m = \dfrac{0.5}{\frac{1}{0.01}-1} = 0.005\Omega$

41 전기량(Q)과 전류(I), 시간(t)의 상호 관계식이 옳은 것은?

① $Q = It$ ② $Q = \dfrac{I}{t}$
③ $Q = \dfrac{t}{I}$ ④ $I = Q$

42 그림과 같은 RLC 직렬회로에서 공진주파수가 발생할 수 있는 조건은?

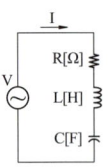

① $R = 0$ ② $\omega L > \dfrac{1}{\omega C}$
③ $\omega L = \dfrac{1}{\omega C}$ ④ $\omega L < \dfrac{1}{\omega C}$

43 자기 인덕턴스 $L[H]$, 코일에 흐르는 전류 세기 $I[A]$일 때 코일에 저장되는 에너지[J]는?

① LI ② $\dfrac{1}{2}LI$
③ $\dfrac{1}{2}LI^2$ ④ $\dfrac{1}{2}L^2I$

44 회로 시험기를 이용하여 저항 값을 측정하고자 할 때 전환 스위치의 위치는?

① DCV   ② Ω
③ ACV   ④ DCmA

45 직류전동기에서 자기회로를 만드는 철심과 회전력을 발생시키는 전기자 권선으로 구성된 것은?

① 계자   ② 전기자
③ 정류자 ④ 브러시

> **해설**
> - 브러시 : 정류자 표면과 접촉하며 전기자 권선과 외부 회로를 연결 시켜 주는 부분
> - 정류자 : 전기자 권선에서 유도된 교류를 직류로 바꿔주는 부분
> - 계자 : 전기에 의해 자속을 만드는 부분
> - 전기자 : 계자에서 만든 자속을 끊어서 기전력을 유도하는 부분이며 철심과 전기자 권선으로 구성되어 있다.

정답 39.④ 40.① 41.① 42.③ 43.③ 44.② 45.②

46 가공방법의 보조기호 중에서 리밍(reaming) 가공에 해당하는 것은?

① FS ② FL
③ FF ④ FR

: 해설 :
① 스크레이퍼 다듬질, ② 래핑 다듬질, ③ 줄 다듬질

: 해설 :
- 보조투상도 : 경사면이 있는 물체는 그 경사면과 맞서는 위치에 경사면의 실형을 보조 투상도로 그린 것
- 회전투상도 : 투상면이 어느 각도를 가지고 있어 그 실형을 도시하기 어려울 때 그 부분을 회전하여 그린 것
- 부분투상도 : 도면의 일부를 도시하여 충분한 경우 그 필요 부분만을 부분 투상도로 그린 것

47 정사각뿔의 중심에 직립하는 원통의 구조물에 대해 그림과 같이 정면도와 평면도를 나타내었다. 여기서 일부 선이 누락된 정면도를 가장 정확하게 완성한 것은?

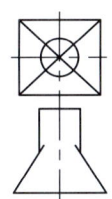

① 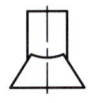 ②

③   ④

48 그림과 같이 대상물의 구멍, 홈 등과 같이 한 부분의 모양을 도시하는 것으로 충분한 경우에는 그 필요한 부분만을 나타내는 투상도의 종류는?

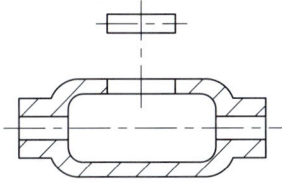

① 국부 투상도 ② 부분 투상도
③ 보조 투상도 ④ 회전 투상도

49 도면에서 척도란에 NS로 표시된 것은 무엇을 뜻하는가?

① 축적임을 표시
② 제1각법임을 표시
③ 비례척이 아님을 표시
④ 배척임을 표시

: 해설 :
척도 표시방법
- 표제란에 척도 기입하는 것이 원칙
- 같은 도면에 서로 다른 척도 사용시 각 그림 옆에 사용된 척도 기입
- 표제란이 없는 경우 도면이나 품번에 가까운곳에 기입
- 물체의 형태가 치수와 비례하지 않을시 치수 밑에 밑줄을 긋거나 "비례가 아님" 또는 "NS"등의 문자를 기입

50 굵은 실선 또는 가는 실선을 사용하는 선에 해당하지 않는 것은?

① 외형선 ② 파단선
③ 절단선 ④ 치수선

: 해설 :
- 굵은실선 : 외형선
- 가는실선 : 치수선, 치수보조선, 지시선, 회전단면선, 중심선, 수준면선
- 가는일점쇄선 : 절단선

정답 46.④ 47.① 48.① 49.③ 50.③

51 다음 도면과 같이 지시된 치수보조기호의 해독으로 옳은 것은?

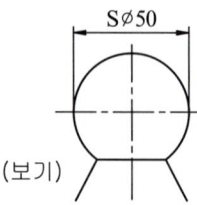

(보기)

① 호의 지름이 50mm
② 구의 지름이 50mm
③ 호의 반지름이 50mm
④ 구의 반지름이 50mm

해설

SØ기호는 구의 지름을 의미한다.

52 기계 재료 표시 기호 중 탄소 공구강 강재의 KS 재료기호는?

① SCM 415
② STC 140
③ SM 20C
④ GC200

해설

- SCM : 크롬 몰리브덴 강재
- SM : 기계구조용 탄소강 강재
- GC : 회 주철재

53 그림과 같은 스프링에서 스프링 상수가 k_1=10N/mm, k_2=15N/mm라면 합성 스프링 상수값은 약 몇 N/mm인가?

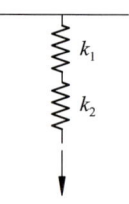

① 3
② 6
③ 9
④ 25

해설

스프링이 직렬연결 이므로 $\dfrac{1}{k} = \dfrac{1}{k_1} + \dfrac{1}{k_2}$이며,

$\dfrac{1}{k} = \dfrac{1}{10} + \dfrac{1}{15} = \dfrac{1}{6}$

즉, $k = 6$

54 양 끝에 수나사를 깎은 머리 없는 볼트로 한 쪽은 본체에 조립한 상태에서, 다른 한쪽에는 결합할 부품을 대고 너트를 조립하는 볼트는?

① 탭 볼트
② 관통 볼트
③ 기초 볼트
④ 스터드 볼트

해설

- 기초볼트 : 기계 구조물 설치시 사용된다.
- 관통볼트 : 일반적으로 사용되며 맞물린 구멍에 볼트와 너트로 조여서 사용한다.
- 탭볼트 : 너트를 사용하지 않고 암나사가 나있는 구멍에 바로 조여 사용한다.

55 페더키(feather key)라고도 하며, 축 방향으로 보스를 슬라이딩 운동을 시킬 필요가 있을 때 사용하는 키는?

① 성크 키
② 접선 키
③ 미끄럼 키
④ 원뿔 키

해설

- 원뿔키 : 축과 보스에 홈을 만들지 않고 한군데가 갈라진 원뿔통을 끼워 마찰력 발생
- 접선키 : 축과 보스에 접선방향의 홈을 만들고 서로 반대의 테이퍼를 가진 2개의 키를 조합하여 끼워 놓은 것
- 성크키 : 묻힘키 라고도 하며, 때려 박음키와 평행키가 있다.

정답 51.② 52.② 53.② 54.④ 55.③

56 축 방향 및 축과 직각인 방향으로 하중을 동시에 받는 베어링은?

① 레이디얼 베어링　② 테이퍼 베어링
③ 스러스트 베어링　④ 슬라이딩 베어링

: 해설 :

하중에 따른 베어링
- 레이디얼 베어링 : 축의 중심에 대해 직각 방향 하중
- 스러스트 베어링 : 축의 방향으로 하중
- 테이퍼(원뿔)베어링 : 축 방향과 축 직각방향 모두 받는 하중

57 지름 15mm, 표점거리 100mm인 인장시험편을 인장시켰더니 110mm가 되었다면 길이 방향의 변형률은?

① 9.1%　② 10%
③ 11%　④ 15%

: 해설 :

길이방향 변형률

$$\epsilon = \frac{l'(\text{변형 후의 길이}) - l(\text{변형 전의 길이})}{l} \times 100(\%)$$
$$= \frac{110-100}{100} \times 100(\%) = 10(\%)$$

58 다음 중 V-벨트의 단면적이 가장 적은 형식은?

① A　② B
③ E　④ M

: 해설 :

V벨트 단면적 크기 순서 : M < A < B < C < D < E

59 나사의 풀림을 방지하는 용도로 사용되지 않는 것은?

① 스프링 와셔　② 캡 너트
③ 분할 핀　④ 로크 너트

: 해설 :

- 너트 풀림 방지 방법 : 철사, 로크 너트, 탄성 와셔, 분할핀, 자동 죔 너트, 세트 스크류 등의 방법이 있다.
- 캡너트 : 유체의 누설을 막기 위한 것으로 기밀 유지에 사용된다.

60 동력전달을 직접 전동법과 간접 전동법으로 구분할 때, 직접 전동법으로 분류되는 것은?

① 체인 전동　② 벨트 전동
③ 마찰차 전동　④ 로프 전동

: 해설 :

- 직접 전동법 : 기어나 마찰차와 같이 직접 접촉으로 동력전달 하는 것으로 축간 거리가 짧다.
- 간접 전동법 : 체인, 벨트, 로프 등과 같은 매개체로 동력전달 하는 것으로 축간 거리가 길다.

정답　56.② 57.② 58.④ 59.② 60.③

CBT 기출문제 1회

01 공압 장치인 서비스 유닛의 구성품으로 맞는 것은?

① 윤활기, 필터, 감압 밸브
② 윤활기, 실린더, 압축기
③ 압축기, 탱크, 필터
④ 압축기, 필터, 모터

02 다음 그림은 무슨 기호인가?

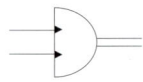

① 요동형 공기압 액추에이터
② 요동형 유압 액추에이터
③ 유압 모터
④ 공기압 모터

03 그림의 기호가 나타내는 것은?

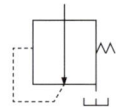

① 감압 밸브(Reducing Valve)
② 시퀀스 밸브(Sequence Valve)
③ 릴리프 밸브(Relief Valve)
④ 무부하 밸브(Unloading Valve)

04 공압장치의 공압 밸브 조작 방식으로 사용되지 않는 것은?

① 인력 조작 방식
② 래치 조작 방식
③ 파일럿 조작 방식
④ 전기 조작 방식

해설
공압 밸브 조작 방식으로는 인력 조작, 파일럿 조작, 전기 조작, 기계 조작 방식이 있다.

05 다음 중 유압 회로에서 주요 밸브가 아닌 것은?

① 압력제어 밸브
② 회로제어 밸브
③ 유량제어 밸브
④ 방향제어 밸브

해설
유압 밸브의 종류에는 압력제어, 유량제어, 방향제어, 논리제어 밸브 등이 있다.

06 다음의 진리표에 따른 논리 신호로 맞는 것은?
(입력신호 : a와 b, 출력신호 : c)

입력		출력
a	b	c
0	0	1
0	1	0
1	0	0
1	1	0

① OR 회로
② AND 회로
③ NOR 회로
④ NAND 회로

해설
출력값이 OR회로의 반대의 결과로 NOR 회로이다.

정답   1.① 2.② 3.① 4.② 5.② 6.③

07 다음 기호의 설명으로 맞는 것은?

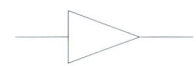

① 관로 속에 기름이 흐른다.
② 관로 속에 공기가 흐른다.
③ 관로 속에 물이 흐른다.
④ 관로 속에 윤활유가 흐른다.

해설

관로(실선) 속에 ▷은 공기가 흐르는걸 나타내며 ▶는 유압을 나타낸다.

08 유압동력을 직선왕복운동으로 변환하는 기구는?

① 유압 모터
② 요동 모터
③ 유압 실린더
④ 유압 펌프

해설

모터, 펌프는 회전운동을 하는 액추에이터이다.

09 유압 회로에서 유압의 점도가 높을 때 일어나는 현상이 아닌 것은?

① 관내 저항에 의한 압력이 저하된다.
② 동력손실이 커진다.
③ 열 발생의 원인이 된다.
④ 응답성이 저하된다.

해설

1. 점성이 큰 경우
- 유동 저항이 많아진다.
- 마찰 손실 때문에 동력 손실이 커진다.
- 유로 및 관내 압력 손실이 커진다.
- 장치 전체의 효율이 저하되고 기계 효율이 저하된다.
- 마찰로 인한 열이 많이 발생되며(캐비테이션 현상 발생) 응답성이 떨어진다.
2. 점성이 작은 경우
- 장치 내 부품 사이를 통한 누출 손실이 커진다.
- 낮은 점도로 인해 윤활 작용이 감소하여 마멸이 심해 진다.
- 펌프의 용적 효율이 떨어진다.

10 유압에 비하여 공기압의 장점이 아닌 것은?

① 안전성이 우수하다.
② 에너지 효율성이 좋다.
③ 에너지 축적이 용이하다.
④ 신속성(동작 속도)이 좋다.

해설

1. 공압의 장점
- 압축공기를 간단히 얻을 수 있고 저장할 수 있다.
- 힘의 전달이 간단하고 어떤 형태로든 전달 가능하다.
- 힘의 증폭이 쉽다.
- 무단변속이 가능하며 제어가 간단하다.
- 취급이 간단하며 액추에이터의 속도조절이 가능하다.
- 폭발 및 인화의 위험성이 없고 과부하에 안전하다.
- 공압 매체 특성상 탄력이 있어 공기 스프링처럼 완충 작용을 한다.
2. 공압의 단점
- 공기압축의 한계로 인해 큰 힘을 얻을 수 없다.
- 공기압축의 특성으로 효율이 낮고 저속에서 균일한 속도제어가 힘들다.
- 응답속도가 느리고 배기 시 소음이 크다.
- 공압에너지 생성 시스템의 구동 비용이 크다.

11 다음 공압 장치의 기본 요소 중 구동부에 속하는 것은?

① 애프터쿨러
② 여과기
③ 실린더
④ 루브리케이터

해설

공압시스템(장치) 구성

- 공압발생부 : 컴프레서, 공기탱크, 애프터쿨러
- 공압청정부 : 필터, 에어 드라이어
- 공압제어부 : 방향제어, 유량제어, 압력제어 밸브
- 공압구동부(액추에이터) : 실린더, 모터, 요동 액추에 이터 등

정답 7. ② 8. ③ 9. ① 10. ② 11. ③

12 유량 비례 분류 밸브의 분류 비율은 어떤 범위에서 사용하는가?

① 1:1~9:1
② 1:1~12:1
③ 1:1~15:1
④ 1:1~20:1

13 다음 중 공압 실린더가 운동할 때 낼 수 있는 힘(F)을 식으로 맞게 표현한 것은? (단, P: 실린더에 공급되는 공기의 압력, A: 피스톤 단면적, v: 피스톤 속도)

① $F = P \cdot A$
② $F = A \cdot v$
③ $F = P/A$
④ $F = A/v$

14 작동유의 유온이 적정 온도 이상으로 상승할 때 일어날 수 있는 현상이 아닌 것은?

① 윤활 상태의 향상
② 기름의 누설
③ 마찰 부분의 마모 증대
④ 펌프 효율 저하에 따른 온도 상승

해설

고온에서의 작동유 현상
- 용적 효율이 저하되고 내부 누설이 발생된다.
- 작동유의 점도 저하와 온도 상승으로 인하여 습동 부분 고착 현상이 발생할 수 있다.

15 다음과 같은 회로의 명칭은?

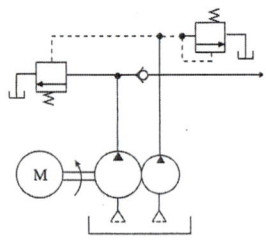

① 압력 스위치에 의한 무부하 회로
② 전환밸브에 의한 무부하 회로
③ 축압기에 의한 무부하 회로
④ Hi-Lo에 의한 무부하 회로

해설

언로드 밸브를 이용한 Hi-Lo에 의한 무부하 회로이다.

16 사용 온도 범위가 비교적 넓기 때문에 화재의 위험성이 높은 유압장치의 작동유에 적당한 것은?

① 식물성 작동유   ② 동물성 작동유
③ 난연성 작동유   ④ 광유계 작동유

17 2개의 안정된 출력 상태를 가지고, 입력 유무에 관계없이 직전에 가해진 압력의 상태를 출력상태로 유지하는 회로는?

① 부스터 회로   ② 카운터 회로
③ 레지스터 회로   ④ 플립플롭 회로

해설

- 레지스터 회로 : 2진수로써 데이터를 내부에 기억하여 필요 시 그 데이터를 이용할 수 있도록 구성된 회로
- 카운터 회로 : 입력으로 들어오는 펄스의 신호 개수를 카운터하여 기억하는 회로
- 부스터 회로 : 낮은 압력을 일정 수준의 높은 출력으로 증폭하는 회로

정답 12. ① 13. ① 14. ① 15. ④ 16. ③ 17. ④

18 액추에이터의 공급 쪽 관로에 설정된 바이패스 관로의 흐름을 제어함으로써 속도를 제어하는 회로는?

① 미터 인 회로
② 미터 아웃 회로
③ 블리드 온 회로
④ 블리드 오프 회로

해설
- 미터 인 : 실린더를 기준으로 실린더에 공급되는 공기를 조절하는 방식
- 미터 아웃 : 실린더를 기준으로 실린더에서 배출되는 공기를 조절하는 방식
- 블리드 오프 : 실린더측 공급 관로에 분기관로(회로)를 설치하여 유량을 제어함으로써 실린더의 속도를 제어하는 방식

19 2개 이상의 실린더를 순차 작동시키려면 어떤 밸브를 사용해야 하는가?

① 감압 밸브
② 릴리프 밸브
③ 시퀀스 밸브
④ 카운터 밸런스 밸브

해설
- 감압 밸브 : 사각형 내부의 화살표가 외부 유로와 일직선으로 정중앙에 위치하며, 시스템 내 압력이 올라갈 시 설정압 이하로 일정하게 유지하는 밸브
- 릴리프 밸브 : 시스템 내 압력을 설정값 이내로 일정하게 유지하며, 직동형 릴리프 밸브(스프링 힘으로 압력조절)와 간접작동형 릴리프 밸브(평형 피스톤형, 파일럿 밸브로 압력조절)가 있다. 사각형 내부의 화살표가 외부유로와 일직선으로 연결되지 않고 한쪽으로 비껴서 위치한다.
- 카운터 밸런스 밸브(배압 밸브) : 부하 변동 시 설정된 배압을 발생시켜 주는 밸브

20 다음 중 유압작동유의 구비조건으로 틀린 것은?

① 압축성일 것
② 내열성, 점도지수 등이 클 것
③ 장시간 사용해도 화학적으로 안정적일 것
④ 적당한 유막 정도를 가질 것

해설
작동유의 구비조건
- 비압축성이며 화학적으로 안정될 것
- 산화에 안정되어 있어야 하며 방열성이 좋을 것
- 인화점이 높고 유동성이 좋을 것
- 점도지수, 내열성, 체적탄성계수가 높을 것
- 이물질 등의 배출이 빠를 것

21 공기압 실린더의 구조에서 피스톤에 연결되어 있으며 힘을 외부로 전달하는 구성품은?

① 헤드 커버
② 실린더 튜브
③ 로드 커버
④ 피스톤 로드

22 다음은 어떤 밸브를 설명하고 있는가?

- 공급되는 공기압이 일정 수준에 도달하면 출구 쪽으로 공기압을 내보내는 기능을 하는 밸브이다.
- 다수의 액추에이터를 사용할 때 일정한 압력을 확인하고 다음 동작이 진행되어야 하는 경우와 작동 순서가 미리 정해진 경우에 사용한다.

① 감압 밸브
② 시퀀스 밸브
③ 압력 제한 밸브
④ 속도 제어 밸브

23 다음 보기의 기호는 어떤 밸브인가?

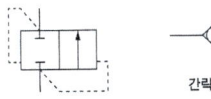

간략기호

① OR 밸브
② 셔틀 밸브
③ 2압 밸브
④ 체크 밸브

해설
- 체크 밸브 : 유체의 흐름을 한 방향으로만 흐르게 한다.(역방향 유체 흐름 제지)

정답 18. ④ 19. ③ 20. ① 21. ④ 22. ② 23. ④

24 다음 에어 드라이어 중 -70℃의 저노점이 가능한 것은?

① 흡수식 에어 드라이어
② 흡착식 에어 드라이어
③ 건조식 에어 드라이어
④ 냉동식 에어 드라이어

해설

- **흡수식 건조기(에어 드라이어)**
- 작동에 필요한 외부에너지 공급이 필요없다.
- 기계적 작동요소가 없어 기계 마모가 적고 장비설치가 간단하다.
- 흡수제(폴리에틸렌, 염화리듐, 수용액)를 사용한 화학적 처리과정 방식이며 건조제는 연 2~4회 교환한다.
- 압축공기 중의 수분이 건조제에 닿으면 화합물이 생성되어 물이 혼합물로 용해되고 공기는 건조 되는 방식이다.
- **흡착식 건조기(에어 드라이기)**
- 건조제로 실리카겔, 활성알루미나, 실리콘디옥사드를 사용하는 물리적 과정 방식
- 건조제를 재생하여 사용할 수 있다.
- 최대 -70℃의 저노점을 얻을 수 있다.
- **냉동식 건조기(에어 드라이어)**
- 이슬점 온도를 낮추어서 건조하는 방식
- 공기를 강제로 냉각시켜 공기 중에 포함된 수분을 제거하는 방식
- 입구온도가 40℃를 넘지 않도록 애프터 쿨러 및 필터 다음에 설치하여 사용

25 분사 노즐과 수신 노즐이 한 몸으로 되어 있으며 배압의 원리에 의해 작동되는 공압 감지기는?

① 공기 베리어
② 반향 감지기
③ 공압 근접 스위치
④ 배압 감지기

해설

- 공기 베리어 : 공기를 분출하는 분사 노즐과 공기를 감지하는 수신 노즐로 구성되며 감지거리는 100mm 이내이다.
- 공압 근접 스위치 : 압력 증폭기를 사용하며 공기 베리어와 동일한 원리로 작동된다.
- 배압 감지기 : P포트에서 공급되는 공기가 출구 측으로 흘러가며, 물체에 의해 출구 쪽이 막히면 A포트 쪽으로 신호 압력이 발생된다.

26 압축공기 저장 탱크의 역할이 아닌 것은?

① 압축공기를 저장한다.
② 응축수를 분리시킨다.
③ 맥동 현상을 증폭시킨다.
④ 압력 변화를 최소화한다.

해설

공기탱크의 기능
- 다량의 공기를 저장하여 일시적으로 다량의 공기 소비 시 압력 강하 방지
- 압축공기 생성 시 발생되는 맥동 현상 방지
- 정전 시 비상용으로 공압에너지 공급
- 고온의 압축공기를 냉각시키고 압축공기 내 수분 제거

27 진공 발생기에서 진공이 발생하는 원리는?

① 벤투리 원리   ② 샤를의 원리
③ 보일의 원리   ④ 파스칼의 원리

해설

유체가 넓은 관에서 좁은 관으로 흐를 때 압력은 낮아지고 속도는 빨라진다. 이때 배관 내의 압력 차이로 인하여 유체가 좁은 통로 쪽으로 빨려 올라가는 현상이다.

28 공압용 시간지연 밸브의 구성요소가 아닌 것은?

① 3/2 way 밸브   ② 속도제어 밸브
③ 압력제어 밸브   ④ 공압 소형 탱크

정답 24. ② 25. ② 26. ③ 27. ① 28. ③

29 1차측의 공기 압력을 일정 공기압으로 설정하고 2차측을 조절할 때 설정 압력의 변동 상태를 확인하는 것으로, 장시간 사용 후 변동 상태의 확인이 필요한 특성은?

① 유량 특성 ② 재현 특성
③ 히스테리시스 특성 ④ 릴리프 특성

해설

- 유량 특성 : 2차측 관로를 줄여서 유량이 0인 상태에서 압력을 설정한 후 2차측 유량을 서서히 증가시킬 때 2차측 압력이 서서히 저하되는 특성
- 히스테리시스 특성 : 압력제어 밸브의 작동 압력을 설정한 후 압력을 변동 시켰다가 다시 원래의 설정값으로 위치 시켰을 때 처음의 설정값과의 오차가 생기는 특성
- 릴리프 특성 : 2차측 공기압력을 외부에서 상승시킬 때 릴리프 배기구에서 배기되는 고압의 압력 특성

30 밸브 몸통과 밸브체가 미끄러져 개폐 작용을 하는 형식으로, 직선 이동식과 회전식이 있는 구조는?

① 포핏식 ② 스풀식
③ 슬라이드식 ④ 패킹식

해설

- 포핏식 : 밸브 몸통이 직각방향으로 이동하여 개폐 작용을 하는 방식
- 스풀식 : 원통형인 스풀이 미끄럼면을 축방향으로 이동하여 개폐작용을 하는 방식
- 패킹식 : 스풀식의 한 종류

31 반도체 사이리스터에 의한 전동기의 속도 제어 중 주파수 제어는?

① 초퍼 제어 ② 인버터 제어
③ 컨버터 제어 ④ 브리지 정류 제어

32 직류기에서 브러시의 역할은?

① 기전력 유도
② 자속 생성
③ 정류 작용
④ 전기자 권선과 외부회로 접속

해설

정류자에서 생성된 직류를 외부로 반출

33 $L = 40$[mH]의 코일에 흐르는 전류가 0.2초 동안에 10[A]가 변화했다. 코일에 유기되는 기전력[V]은 얼마인가?

① 1 ② 2
③ 3 ④ 4

해설

$$e = L\frac{di}{dt} = 40 \times 10^{-3} \times \frac{10}{0.2} = 2[V]$$

34 SCR의 특성 중 적합하지 않은 것은?

① PNPN 구조로 되어 있다.
② 정류 작용을 할 수 있다.
③ 정방향 및 역방향 제어를 할 수 있다.
④ 고속도의 스위칭 작용을 할 수 있다.

해설

단방향 제어만 할 수 있다.

정답 29. ② 30. ③ 31. ② 32. ④ 33. ② 34. ③

35 P형 반도체 전기 전도의 주역할을 하는 반송자는?

① 전자　　② 가전자
③ 불순물　④ 정공

해설

P형 반도체의 반송자는 정공, N형 반도체의 반송자는 전자

36 전류와 자기장의 자력선 방향을 쉽게 알 수 있는 것은?

① 앙페르의 오른나사 법칙
② 렌츠의 법칙
③ 비오–사바르의 법칙
④ 전자유도 법칙

해설

- 앙페르의 오른나사 법칙 : 도선에 전류가 통과할 때 오른손 엄지와 전류방향을 맞추고 나머지 손가락을 말아쥐면 손가락이 감싸고 있는 방향이 자기장의 방향이다.

37 $R-L-C$ 직렬회로에서 직렬공진인 경우 전압과 전류의 위상관계는 어떻게 되는가?

① 전류가 전압보다 π/2[rad] 앞선다.
② 전류가 전압보다 π/2[rad] 뒤진다.
③ 전류가 전압보다 π[rad] 앞선다.
④ 전류와 전압은 동상이다.

38 대칭 3상 교류의 성형 결선에서 선간 전압이 220[V]일 때 상전압은 얼마인가?

① 192[V]　② 172[V]
③ 127[V]　④ 117[V]

해설

성형결선에서 $V_{선} = \sqrt{3}\,V_{상}$ 이다.
∴ $V_{상} = \frac{1}{\sqrt{3}} V_{선} = \frac{1}{\sqrt{3}} \times 220 = 127\,[V]$

39 200[V], 500[W]의 전열기를 220[V] 전원에 사용하였다면, 이때의 전력은 얼마인가?

① 400[W]　② 500[W]
③ 550[W]　④ 605[W]

해설

$P = \frac{V^2}{R}$ 에서 $R = \frac{V^2}{P} = \frac{200^2}{500} = 80\,[\Omega]$

∴ $P = \frac{220^2}{80} = 605\,[W]$

40 어떤 사인파 교류전압의 평균값이 191[V]이면 최 댓값은?

① 150　② 250
③ 300　④ 400

해설

평균값 $V_a = \frac{2}{\pi} V_m$ 에서

최댓값 $V_m = \frac{\pi}{2} V_a = \frac{\pi}{2} \times 191 = 300$

41 자기 인덕턴스 1[H]의 코일에 10[A]의 전류가 흐르고 있을 때 축적되는 에너지[J]는?

① 10　② 50
③ 100　④ 200

해설

$W = \frac{1}{2} L I^2 = \frac{1}{2} \times 1 \times 10^2 = 50$

42 어떤 소자 회로에 $e = 100\sin(377t+60)[V]$의 전압을 가했더니 $i = 10\sin(377t+60)[A]$의 전류가 흘렀다. 이 소자는 어떤 것인가?

① 순저항　② 유도 리액턴스
③ 용량 리액턴스　④ 다이오드

해설

전압과 전류의 위상이 동상인 저항만의 회로이다.

정답　35. ④　36. ①　37. ④　38. ③　39. ④　40. ③　41. ②　42. ①

43 그림에서 a, b 간의 합성정전용량[F]은 얼마인가?

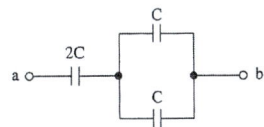

① C
② 2C
③ 3C
④ 4C

:해설:
병렬회로에서는 C + C = 2C
직렬회로에서는 (2C×2C) / (2C + 2C) = C

44 반지름 30[cm], 권수 5회의 원형 코일에 6[A]의 전류를 흘릴 때 코일 중심의 자기장[AT/m]의 세기는?

① 3
② 5
③ 30
④ 50

:해설:
$$H = \frac{NI}{2r} = \frac{5 \times 6}{2 \times 0.3} = 50$$

45 직류직권전동기에서 벨트를 걸고 운전하면 안 되는 가장 큰 이유는?

① 벨트가 벗겨지면 위험속도에 도달하므로
② 손실이 많아지므로
③ 직렬하지 않으면 속도 제어가 곤란하므로
④ 벨트의 마멸 보수가 곤란하므로

46 다음 중 모멘트의 단위는?

① $[kg \cdot m/s^2]$
② $[N \cdot m]$
③ $[kW]$
④ $[kgf \cdot m/s]$

47 도면에서 척도란에 'NS'라고 표시된 것은 무엇을 뜻하는가?

① 축척
② 나사 표시
③ 배척
④ 비례척이 아님

48 배관의 간력 도시방법에서 파이프의 영구 결합부(용접 또는 다른 공법에 의함) 상태를 나타내는 것은?

①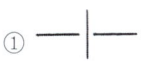
②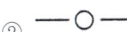
③
④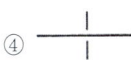

:해설:
2번 납땜, 1, 4번은 관이 교차 할 때를 표시한다.

49 KS 용접기호 중에서 그림과 같은 용접기호는 무슨 용접기호인가?

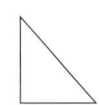

① 심 용접
② 비드 용접
③ 필릿 용접
④ 점 용접

:해설:
① 심 용접 ⊖
② 비드 용접 ⌒
④ 점 용접 ○

정답 43. ① 44. ④ 45. ① 46. ② 47. ④ 48. ③ 49. ③

50 그림과 같은 용접 기호에 대한 해석이 잘못된 것은?

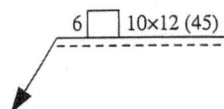

① 용접 목 길이는 10[mm]
② 슬롯부의 너비는 6[mm]
③ 용접부의 길이는 12[mm]
④ 인접한 용접부 간의 거리(피치)는 45[mm]

: 해설 :
슬롯 용접 홈 길이는 10mm

51 기계제도에서 가는 2점 쇄선을 사용하는 것은?

① 중심선   ② 지시선
③ 가상선   ④ 피치선

: 해설 :
중심선(가는 실선 또는 1점 쇄선), 지시선(가는 실선), 피치선(가는 1점 쇄선)

52 그림의 치수선은 어떤 치수를 나타내는 것인가?

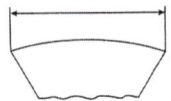

① 각도의 치수   ② 현의 길이 치수
③ 호의 길이 치수   ④ 반지름의 치수

: 해설 :

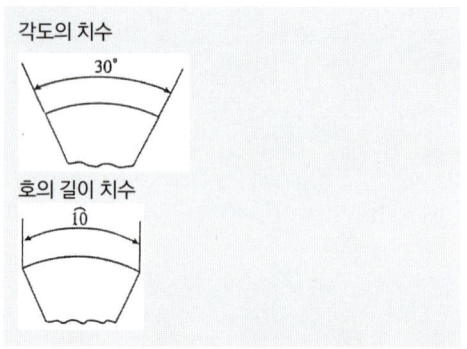

53 도면에서 특정 치수가 비례척도가 아닌 경우를 바르게 표기한 것은?

① (24)   ② 2̶4̶
③ 24̄(박스)   ④ 24̲

: 해설 :
① 참고치수, ② 수정치수, ③ 정확한 치수

54 3각법으로 투상한 다음의 도면에 가장 적합한 입체도는?

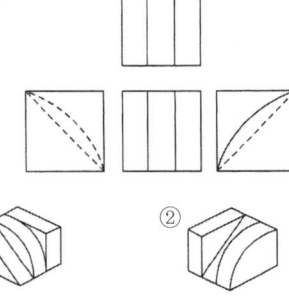

55 다음 입체도의 화살표 방향이 정면이고 좌우 대칭일 때 우측면도로 가장 적합한 것은?

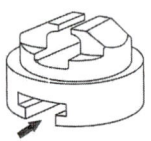

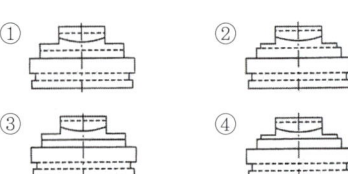

: 해설 :
정면도를 기준으로 좌우가 대칭인 구조이므로 좌측면도와 우측면도가 같다. 우측면도에서 좌우가 계단이 있고 숨은 선이 있어야 한다.

정답 50.① 51.③ 52.② 53.④ 54.② 55.②

56 하중의 크기와 방향이 주기적으로 바뀌는 하중은?

① 교번하중　　② 반복하중
③ 충격하중　　④ 집중하중

해설

- 반복하중 : 힘이 반복적으로 작용
- 충격하중 : 순간적으로 충격
- 집중하중 : 전하중이 한 곳에 작용

57 다음 연강의 하중변형도에서 "B"는 무엇인가?

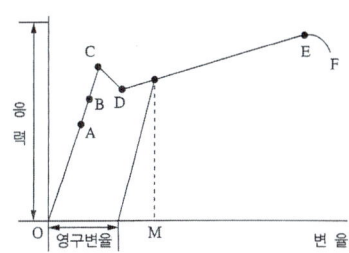

① 비례한도　　② 탄성한도
③ 항복점　　　④ 인장강도

해설

비례한도(A), 항복점(C, D), 인장강도(E)

58 직경 12[mm]의 환봉에 축방향으로 5,000[N]의 인장하중을 가하면 인장응력은 약 몇 [N/mm²]인가?

① 44.2　　② 66.4
③ 98.6　　④ 132.6

해설

$\sigma_t = \dfrac{W}{A}[kg/cm^2]$ (인장력 $W[kg]$, 단면적 $A[cm^2]$)

$= \dfrac{5,000}{\dfrac{3.14 \times 12^2}{4}} = 44.2[N/mm^2]$

59 선의 분류에서 가는 실선의 용도가 아닌 것은?

① 치수선　　② 외형선
③ 지시선　　④ 중심선

해설

가는실선 - 치수선, 치수보조선, 지시선, 회전단면선, 중심선, 수준면선

60 전동장치에서 간접전달장치가 아닌 것은?

① 마찰차　　② 벨트
③ 로프　　　④ 체인

해설

마찰차는 직접 전달 장치이다.

정답　56. ①　57. ②　58. ①　59. ②　60. ①

CBT 기출문제 2회

01 다음 중 공기압 실린더의 구성요소가 아닌 것은?

① 피스톤(Piston)
② 커버(Cover)
③ 베어링(Bearing)
④ 타이 로드(Tie Rod)

해설

실린더 구성부품 - 튜브, 로드, 피스톤, 헤드커버, 포트, 오링 등

02 다음과 같은 방향제어 밸브의 명칭은?

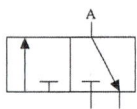

① 2포트 2위치 밸브
② 3포트 2위치 밸브
③ 4포트 2위치 밸브
④ 5포트 2위치 밸브

03 그림에서 유압기호의 명칭은 무엇인가?

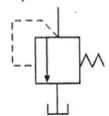

① 릴리프 밸브(Relief Valve)
② 감압 밸브(Reducing Valve)
③ 언로드 밸브(Unload Valve)
④ 시퀀스 밸브(Sequence Valve)

해설

릴리프 밸브 : 시스템 내 압력을 설정값 이내로 일정하게 유지하며, 작동형 릴리프 밸브(스프링 힘으로 압력조절)와 간접작동형 릴리프 밸브(평형 피스톤형, 파일럿 밸브로 압력 조절)가 있다. 사각형 내부의 화살표가 외부유로와 일직선으로 연결되지 않고 한쪽으로 비껴서 위치한다.

04 공압 장치의 공압 밸브 조작 방식으로 사용되지 않는 것은?

① 인력 조작 방식
② 래치 조작 방식
③ 파일럿 조작 방식
④ 전기 조작 방식

해설

밸브조작방식 - 사용자(인력) 조작, 기계식, 전기전자식, 파일럿 조작 방식이 있다.

05 베인 펌프에서 유압을 발생시키는 주요부분이 아닌 것은?

① 캠링   ② 베인
③ 로터   ④ 이너 링

해설

베인펌프 구성요소 - 로터, 베인, 캠링, 입출구 포트 등으로 구성

06 다음의 공기압 회로 도면 기호의 명칭은?

① 정용량형 공기압 모터
② 정용량형 공기 압축기
③ 가변용량형 공기압 모터
④ 가변용량형 공기 압축기

정답 1.③ 2.② 3.① 4.② 5.④ 6.④

07 완전한 진공을 "0"으로 표시한 압력은?

① 게이지 압력
② 최고압력
③ 평균압력
④ 절대압력

해설

게이지 압력 : 대기압 압력을 0을 기준으로 측정한 압력
절대압력 : 완전진공을 0으로 하여 측정한 압력(대기압 ±게이지 압력)
진공압력 : 대기압보다 낮은 압력으로 - 게이지 압력이라고 한다.

08 공압 실린더에서 쿠션조절의 의미는?

① 실린더의 속도를 빠르게 한다.
② 실린더의 힘을 조절한다.
③ 전체 운동 속도를 조절한다.
④ 운동의 끝부분에서 완충한다.

해설

실린더의 쿠션조절
실린더의 작동 시 전, 후진 운동의 끝부분에서의 충격을 완화하는 기능이다. 실린더 내 공기 배기 시 좁은 관로를 통하여 빠져나가게 함으로써 배압을 발생시켜 실린더의 속도가 감소하도록 작동된다.

09 공압장치에 사용되는 압축공기 필터의 여과방법으로 틀린 것은?

① 원심력을 이용하여 분리하는 방법
② 충돌판에 닿게하여 분리하는 방법
③ 가열하여 분리하는 방법
④ 흡습제를 사용해서 분리하는 방법

해설

필터의 여과방식
- 원심력을 이용하여 여과
- 충돌판을 닿게하여 여과
- 흡습제를 이용하여 여과
- 냉각하여 여과

10 과도적으로 상승한 압력의 최댓값을 무엇이라 하는가?

① 배압   ② 서지압
③ 맥동   ④ 전압

해설

시스템 회로 내에서 급격하고 과도적인 압력상승 현상을 말한다.

11 기계적 에너지를 유압 에너지로 변환하여 유압을 발생시키는 부분은?

① 유압 펌프   ② 유량 밸브
③ 유압 모터   ④ 유압 액추에이터

해설

모터, 액추에이터는 유압에너지를 기계에너지로 변환하는 장치이다.
유량밸브는 유체의 유량을 제어하는 밸브이다.

12 다음과 같은 공압로직밸브와 진리값에 일치하는 논리는?

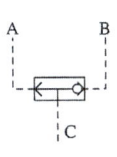

A+B=C

입력		출력
A	B	C
0	0	0
0	1	1
1	0	1
1	1	1

[공압로직밸브]   [진리값]

① AND   ② OR
③ NOT   ④ NOR

정답 7. ④ 8. ④ 9. ③ 10. ② 11. ① 12. ②

13 공압시간지연 밸브의 구성요소가 아닌 것은?

① 공기저장 탱크 ② 시퀀스 밸브
③ 속도제어 밸브 ④ 3포트 2위치 밸브

해설

공압시간지연 밸브 - 3/2way 밸브, 유량조절 밸브, 공압 탱크로 구성된 조합밸브이며, 전기기기 on/off 타이머처럼 입력신호가 들어온 후 일정 시간 경과 후 작동되는 한시작동 시간지연 밸브와 입력신호가 없어진 후 일정시간 경과 후 복귀하는 한시복귀 시간지연 밸브이다.

14 압력제어 밸브에 해당되는 것은?

① 셔틀 밸브 ② 체크 밸브
③ 차단 밸브 ④ 릴리프 밸브

해설

셔틀, 체크, 차단 밸브는 논리제어 밸브에 해당한다.

15 다음의 기호를 무엇이라 하는가?

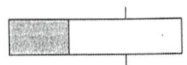

① On Delay 타이머 ② Off Delay 타이머
③ 카운터 ④ 솔레노이드

해설

- On Delay 타이머 : 입력신호가 들어오면 일정시간 경과 후 접점이 작동하고, 입력신호가 없어지면 순시에 접점이 작동한다.(한시동작 순시복귀형)
- Off Delay 타이머 : 입력신호가 들어오면 순시에 접점이 작동하고, 입력신호가 없어지면 일정시간 경과 후 접점이 작동된다.(순시동작 한시복귀형)
- 카운터 : 입력으로 들어오는 펄스의 신호의 개수를 카운터하여 기억하는 회로이며 계수값이 설정값에 도달하면 접점이 작동한다.
- 솔레노이드 : 전자석의 원리를 이용하여 솔레노이드 밸브 내 플런저를 작동시켜 유체의 방향을 전환시킨다.

16 공기압 장치에서 사용되는 압축기를 작동원리에 따라 분류하였을 때 맞는 것은?

① 터보형 ② 밀도형
③ 전기형 ④ 일반형

해설

공기압축기 작동원리에 따른 분류

용적형 - 왕복식 : 피스톤식, 다이어프램식
　　　 - 회전식 : 나사식(스크류식), 베인식, 루트 블로어
터보형 - 원심식
　　　 - 축류식

17 응축수 배출기의 종류가 아닌 것은?

① 플로트식(Float Type)
② 파일럿식(Pilot Type)
③ 미립자 분리식(Mist Separator Type)
④ 전동기 구동식(Motor Drive Type)

해설

응축수 배출 방식은 수동식과 자동식으로 분류되며 자동식에는 부구식(플로트식), 차압식(파일럿식), 전동기식(모터작동식)이 있다.

18 램형 실린더가 갖는 장점이 아닌 것은?

① 피스톤이 필요없다.
② 공기빼기 장치가 필요없다.
③ 실린더 자체 중량이 가볍다.
④ 압축력에 대한 힘에 강하다.

해설

램형 실린더의 장점
- 피스톤이 필요없다.
- 공기빼기 장치가 필요없다.
- 압축력에 대한 힘에 강하다.
- 피스톤 지름과 로드 지름에 차이가 없는 수압 가동부분이 있으며, 좌굴하중 등 강성을 필요로 하는 곳에 사용

정답 13. ② 14. ④ 15. ② 16. ① 17. ③ 18. ③

19 공유압 회로도에서 기기의 상태 표시로 틀린 것은?

① 수동조작 밸브는 통상 누르기 전의 상태로 표현한다.
② 마스터밸브는 실린더의 초기 상태로 나타내어야 한다.
③ 모든 기기는 동작 중인 상태를 기준으로 나타내어야 한다.
④ 플립플롭형 메모리 밸브는 신호가 가해지지 않은 상태로 나타내어야 한다.

20 공압 모터의 특징으로 맞는 것은?

① 에너지 변환 효율이 높다.
② 과부하 시 위험성이 크다.
③ 배기음이 적다.
④ 공기의 압축성에 의해 제어성은 그다지 좋지 않다.

해설

공압 모터의 장·단점
- 압축공기 이외에도 다양한 가스도 사용 가능하다.
- 속도제어와 정·역회전의 변환이 쉽다.
- 시동 정지가 원활하며 출력/중량비가 크다.
- 과부하에도 안전하고 폭발의 위험성이 없다.
- 발열이 적고 주위 온도, 습도 등의 외부환경에 대해 큰 제한을 받지 않는다.
- 에너지를 축적할 수 있어 정전 시 비상운전이 가능하다.
- 공압의 특성상 에너지 변환 효율이 낮다.
- 공기의 압축성 때문에 제어성이 낮고 배기 시 소음이 크다.
- 부하에 의한 회전속도의 변동이 크고 일정속도를 유지하는 고정도를 유지하기 어렵다.

21 공기를 강제로 냉각시켜 이슬점 온도를 낮추는 원리를 이용한 압축공기 건조기는?

① 흡착식 건조기 ② 흡수식 건조기
③ 냉동식 건조기 ④ 물리식 건조기

해설

- 흡수식 건조기(에어 드라이어)
- 작동에 필요한 외부에너지 공급이 필요없다.
- 기계적 작동요소가 없어 기계 마모가 적고 장비설치가 간단하다.
- 흡수제(폴리에틸렌, 염화리듐, 수용액)를 사용한 화학적 처리과정 방식이며 건조제는 연 2~4회 교환한다.
- 압축공기 중의 수분이 건조제에 닿으면 화합물이 생성되어 물이 혼합물로 용해되고 공기는 건조 되는 방식이다.

- 흡착식 건조기(에어 드라이기)
- 건조제로 실리카겔, 활성알루미나, 실리콘디옥시드를 사용하는 물리적 과정 방식
- 건조제를 재생하여 사용할 수 있다.
- 최대 -70°C의 저노점을 얻을 수 있다.

- 냉동식 건조기(에어 드라이어)
- 이슬점 온도를 낮추어서 건조하는 방식
- 공기를 강제로 냉각시켜 공기 중에 포함된 수분을 제거하는 방식
- 입구온도가 40°C를 넘지 않도록 애프터 쿨러 및 필터 다음에 설치하여 사용

22 압력제어 밸브의 핸들을 조작하여 공기 압력을 설정하고 압력을 변동시켰다가, 다시 핸들을 조작하여 원래의 설정값에 복귀시켰을 때, 최초의 설정값과의 오차가 발생하는 특성은?

① 유량 특성   ② 재현 특성
③ 히스테리시스 특성 ④ 릴리프 특성

해설

- 릴리프 특성 : 2차측 공기압력을 외부에서 상승시킬 때 릴리프 배기구에서 배기되는 고압의 압력 특성
- 유량 특성 : 2차측 관로를 줄여서 유량이 0인 상태에서 압력을 설정한 후 2차측 유량을 서서히 증가시킬 때 2차측 압력이 서서히 저하되는 특성
- 재현 특성 : 1차측 압력을 일정 압력으로 설정하고 2차측을 조정할 때 설정 압력의 변동상태를 확인하는 것

정답 19. ③ 20. ④ 21. ③ 22. ③

23 슬라이드식 밸브의 특징이 아닌 것은?

① 작은 힘으로도 밸브를 변환할 수 있다.
② 랩 다듬질하여 누설량은 거의 없다.
③ 조작력이 크므로 수동조작 밸브에 주로 사용한다.
④ 짧은 거리에서 밸브를 개폐하므로 개폐 속도가 빠르다.

> **해설**
> 3번은 포핏 밸브의 특징이다.

24 피스톤형 어큐뮬레이터에 대한 설명이 아닌 것은?

① 넓은 온도 범위에서 사용가능하며 특수 작용유에 대응이 쉽다.
② 구조상 충격 압축의 흡수는 미흡하다.
③ 형상이 간단하고 구성품이 적다.
④ 구형각의 용기를 사용하므로 소양 고압용에 적당하다.

> **해설**
> 4번은 다이어프램형(격판형) 어큐뮬레이터의 설명이다.

25 스트레이너에 대한 설명으로 틀린 것은?

① 펌프의 출구쪽에 설치
② 펌프 토출량의 2배인 여과량을 설치
③ 100~150[μm]의 철망을 사용
④ 기름 표면 및 기름 탱크 바닥에서 각각 50[mm] 떨어져서 설치

26 펌프의 토출쪽 관로에 설치하는 필터는?

① 스트레이너   ② 흡입 필터
③ 리턴 필터   ④ 라인 필터

> **해설**
> 필터의 설치 장소에 따른 분류
> 탱크용 - 펌프 흡입측 - 스트레이너
>   　　　　　　 - 흡입 필터
> 관로용 - 펌프 토출측 - 라인 필터
>   - 펌프 복귀측 - 리턴 필터
>   - 순환 라인측 - 순환 필터

27 2~20[μ]의 종이나 직물에 의하 여과방식으로 소형이며 청소가 용이하여 바이패스 회로에 주로 이용되는 필터는?

① 표면식 필터
② 적층식 필터
③ 다공체식 필터
④ 흡착식 필터

> **해설**
> • 적층식 필터 - 다수의 여과지를 겹쳐 사용하는 방식
> • 다공체식 필터 - 스테인리스, 청동 등의 미립자를 다공지로 소결하여 사용하는 방식
> • 흡착식 필터 - 흡착제를 사용하는 방식

28 오일실 선택 시 고려사항이 아닌 것은?

① 압력에 대한 저항력이 클 것
② 오일에 의해 손상되지 않을 것
③ 작동 열에 대한 내열성이 작을 것
④ 내마멸성이 클 것

> **정답** 23. ③ 24. ④ 25. ① 26. ④ 27. ① 28. ③

29 다음 회로에 대한 명칭은?

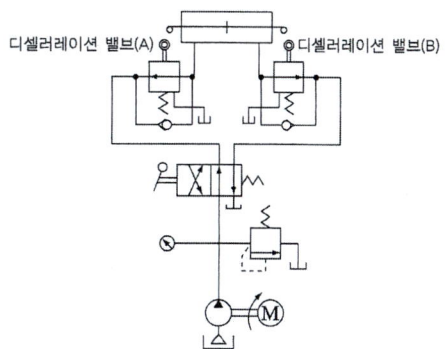

① 감속 회로
② 급속 이송 회로
③ 동기 회로
④ 완전 로크 회로

30 밸브의 복귀 방식이 아닌 것은?

① 스프링 복귀 방식
② 파일럿 복귀 방식
③ 디텐트 복귀 방식
④ 플런저 복귀 방식

:해설:
- 스프링 복귀 방식 - 밸브에 내장된 스프링에 의해 밸브 초기위치로 복귀하는 방식
- 파일럿 복귀 방식 - 작동 유체에 의해 밸브 초기위치로 복귀하는 방식
- 디텐트 복귀 방식 - 밸브에 작용하는 조작력이나 제어 신호를 제거하여도 정상 상태로 복귀하지 않고 반대 신호가 주어질 때까지 현재의 상태를 유지하는 방식

31 자동 점멸기 등을 비롯한 각종 자동 제어 회로나 광통신 회로에 이용되는 반도체 소자는?

① 트랜지스터
② 다이악
③ 사이리스터
④ Cds

32 브리지 정류 회로로 알맞은 것은?

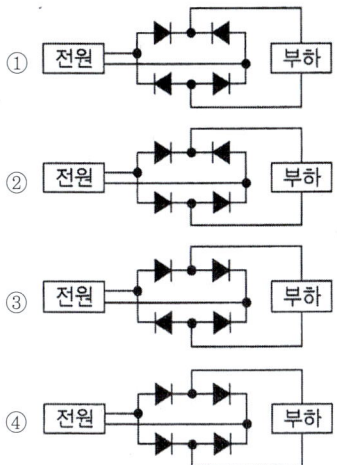

33 $i = 8\sqrt{2}\sin\omega t + 6\sqrt{2}\sin(2\omega t + 60°)[A]$ 의 실횻값은?

① 2
② 5
③ 10
④ 20

:해설:

$i_e = \sqrt{8^2 + 6^2} = 10$

정답 29. ① 30. ④ 31. ④ 32. ① 33. ③

34 100[V], 500[W]의 전열기를 90[V]에 사용할 때 소비전력은 몇 [W]인가?

① 320　　② 405
③ 445　　④ 500

해설

$P = \dfrac{V^2}{R}$ 에서 $R = \dfrac{V^2}{P} = \dfrac{100^2}{500} = 20[\Omega]$

$\therefore P' = \dfrac{V^2}{R} = \dfrac{90^2}{20} = 405[W]$

35 반도체로 만든 PN접합은 무슨 작용을 하는가?

① 증폭 작용　　② 발전 작용
③ 정류 작용　　④ 변조 작용

해설

교류를 직류로 바꾸는 정류작용을 한다.

36 6[Ω], 8[Ω], 9[Ω]의 저항 3개를 직렬로 접속한 회로에 5[A]의 전류를 흘릴 때 회로에 공급한 전압[V]은?

① 125　　② 115
③ 100　　④ 85

해설

전체저항 $R = 6+8+9 = 23[\Omega]$이고
$V = IR$에서 $V = 5 \times 23 = 115$

37 3,000[AT/m]의 자장 중에 어떤 자극을 놓았을 때 300[N]의 힘을 받는다고 한다. 자극의 세기는 몇 [Wb]인가?

① 0.1　　② 0.5
③ 1　　④ 5

해설

$F = mH$에서 자극 $m = \dfrac{F}{H} = \dfrac{300}{3,000} = 0.1[Wb]$

38 자장의 세기에 대한 설명이 잘못된 것은?

① 단위 자극에 작용하는 힘과 같다.
② 자속 밀도에 투자율을 곱한 것과 같다.
③ 수직 단면의 자력선 밀도와 같다.
④ 단위길이당 기자력과 같다.

39 100[V]의 전압계가 있다. 이 전압계를 써서 200[V]의 전압을 측정하려면 최소 몇 [Ω]의 저항을 외부에 접속해야 하겠는가?(단, 전압계의 내부 저항은 5,000[Ω]이라 한다.)

① 10,000　　② 5,000
③ 2,500　　④ 1,000

해설

100[V] 전압계의 내부저항이 5,000[Ω]이면 200[V]의 전압을 측정하기 위해서 5,000[Ω]의 저항을 직렬로 접속해야 한다.

40 0.5[V]의 전류가 흐르는 코일에 저축된 전자 에너지를 0.2[J]이하로 하기 위한 인덕턴스[H]는?

① 2.2　　② 1.6
③ 1.2　　④ 0.8

해설

$W = \dfrac{1}{2}LI^2$에서 $L = \dfrac{2W}{I^2} = \dfrac{2 \times 0.2}{0.5^2} = 1.6[H]$

41 상전압 200[V], 1상의 부하 임피던스 Z = 3+j4[Ω]인 △결선의 선전류[A]는?

① 약 40　　② 약 70
③ 약 90　　④ 약 100

해설

상전류 $I_p = \dfrac{V_p}{Z} = \dfrac{200}{\sqrt{3^2+4^2}} = \dfrac{200}{5} = 40$

상전류 $I_l = \sqrt{3}\,I_p = \sqrt{3} \times 40 ≒ 70[A]$

정답 34. ②　35. ③　36. ②　37. ①　38. ②　39. ①　40. ②　41. ②

42 전기분해를 하면 석출되는 물질의 양은 통과한 전기량과 관계가 있다. 이것을 나타낸 법칙은?

① 옴의 법칙 ② 쿨롱의 법칙
③ 앙페르의 법칙 ④ 패러데이의 법칙

43 전동기의 제동에서 전동기가 가지는 운동에너지를 전기에너지로 변환시키고 이것으로 전력을 회생시킴과 동시에 제동하는 방법은?

① 발전 제동 ② 역전 제동
③ 맴돌이 전류제동 ④ 회생 제동

44 직류기의 손실 중 기계손에 속하는 것은?

① 풍손 ② 와전류손
③ 히스테리시스손 ④ 표류부하손

해설

기계손 - 브러쉬 마찰손, 베어링 마찰손, 풍손

45 직류를 교류로 변환하는 장치는?

① 컨버터 ② 초퍼
③ 인버터 ④ 정류기

해설

- 제어 정류기 : 교류를 직류로 변환
- 사이클론 컨버터 : 교류를 교류로 변환
- 초퍼 : 직류를 직류로 변환

46 배관도에서 파이프 내에 흐르는 유체가 수증기일 때의 기호는?

① A ② G
③ O ④ S

해설

공기(A), 가스(G), 기름(O), 증기(V), 물(W), 수증기(S)

47 기계구조물의 용접부 등에 비파괴검사 시험 기호에서 RT로 표시된 기호가 뜻하는 것은?

① 방사선 투과 시험 ② 자분 탐상 시험
③ 초음파 탐상 시험 ④ 침투 탐상 시험

해설

자분탐상시험(MT), 초음파탐상시험(UT), 침투탐상시험(PT), 와류탐상시험(ET)

48 보기와 같이 입체도를 제3각법으로 그린 투상도에 관한 설명으로 올바른 것은?

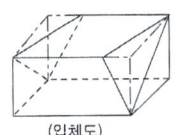
(입체도)

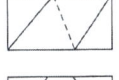

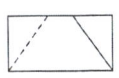

① 평면도만 틀림 ② 정면도만 틀림
③ 우측면도만 틀림 ④ 모두 올바름

해설

평면도 내 파선이 삭제되어야 한다.

정답 42.④ 43.④ 44.① 45.③ 46.④ 47.① 48.①

49 모듈이 5이고, 잇수가 24개와 56개인 두 개의 평기어가 물고 있다. 이 두 기어의 중심거리는?

① 200[mm]　② 220[mm]
③ 250[mm]　④ 300[mm]

: 해설 :

$$C = \frac{D_A + D_B}{2} = \frac{M(Z_A + Z_B)}{2}[mm]$$
$$= \frac{5(24 + 56)}{2} = 200$$

50 다음 용접 기호에 대한 설명으로 올바른 것은?

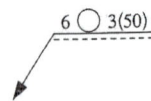

① 심 용접으로 슬롯부의 폭이 6[mm]
② 점 용접으로 용접수가 3개
③ 심 용접으로 용접수가 6개
④ 점 용접으로 용접 길이가 50[mm]

: 해설 :

6 : 용접부의 치수(지름)
○ : 점(스폿) 용접
3 : 용접 수(개수)
(50) : 용접 간격

51 다음 식에서 (　) 안에 들어갈 적합한 용어는?

$$\frac{극한강도}{허용능력} = (\quad)$$

① 안전율　② 파괴강도
③ 영률　④ 사용강도

52 베어링에서 오일 실의 용도를 바르게 설명한 것은?

① 오일 등이 새는 것을 방지하고 물 또는 먼지 등이 들어가지 않도록 하기 위함
② 축방향에 작용하는 힘을 방지하기 위함
③ 베어링이 빠져 나오는 것을 방지하기 위함
④ 열의 발산을 좋게 하기 위함

53 공유압 배관의 간략 도시 방법으로 신축관 이음의 도시 기호는?

① 　②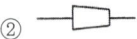
③ 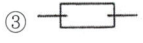　④ 〜

: 해설 :
3번 슬리브형 신축관 이음이다.

54 축 단면계수를 Z, 최대 굽힘응력을 σ_b라 하면 축에 작용하는 굽힘 모멘트 M은?

① $M = \dfrac{Z}{\sigma_b}$　② $M = \dfrac{\sigma_b}{Z}$

③ $M = \sigma_b Z$　④ $M = \dfrac{1}{2}\sigma_b Z$

55 다음 KS용접기호 중 플러그 용접 기호는?

① ∨　② ○
③ ⊓　④ ∨

: 해설 :
① 형, K형(양면 형) 용접
② 점(스폿)용접
④ 형, X형(양면 형) 용접

정답　49. ①　50. ②　51. ①　52. ①　53. ③　54. ③　55. ③

56 다음 연강의 하중변형선도에서 "A"는 무엇인가?

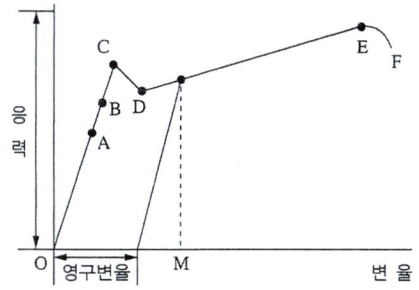

① 비례한도　② 탄성한도
③ 항복점　　④ 인장강도

: 해설 :

탄성한도(B), 항복점(C, D), 인장강도(E)

57 다음은 어떤 투상도인가?

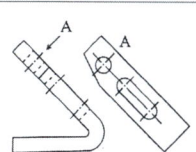

경사면부가 있는 대상물에서 그 경사면의 실제 모양을 표시할 필요가 있는 경우에 그린 투상도

① 부분 투상도　② 회전 투상도
③ 보조 투상도　④ 국부 투상도

: 해설 :

- 국부 투상도 : 대상물의 홀, 키홈 등 한 국부만을 그리는 법
- 보조 투상도 : 경사면이 있는 물체는 그 경사면과 맞서는 위치에 경사면의 실형을 보조 투상도로 그린 것
- 부분 투상도 : 도면의 일부를 도시하여 충분한 경우 그 필요 부분만을 부분 투상도로 그린 것
- 회전 투상도 : 투상면이 어느 각도를 가지고 있어 그 실형을 도시하기 어려울 때 그 부분을 회전하여 그린 것
- 부분 확대도 : 도면의 일부를 도시하여 필요한 부분만을 확대하여 그린 것

58 다음 키의 설명으로 틀린 것은?

① 축의 재료보다 강한 재료를 사용한다.
② 축에 기어, 풀리 등을 조립할 때 사용한다.
③ 원활한 작동을 위해 원주방향 이동 틈새를 둔다.
④ 보통 키에는 테이퍼를 주고 축과 보스에는 키 홈을 판다.

59 608C2P6으로 표시된 베어링의 호칭번호를 설명한 것 중 틀린 것은?

① 60 : 베어링 계열 기호(단열 홈 베어링)
② 8 : 베어링 바깥지름 8번(바깥지름 80[mm]
③ C2 : 틈 기호(C2의 틈)
④ P6 : 등급 기호(6급)

: 해설 :

8은 베어링 안지름 번호이다.(즉, 안지름 8mm)

60 두 축이 만나는 경우에 사용하는 기어는?

① 베벨 기어　② 웜 기어
③ 스큐 기어　④ 하이포이드 기어

: 해설 :

- 두 축이 교차하는 경우 : 베벨 기어, 크라운 기어
- 두 축이 평행하는 경우 : 스피어 기어, 헬리컬 기어
- 두 축이 교차하지도 평행하지도 않는 경우 : 하이포이드 기어, 스큐 기어, 웜 기어

정답　56. ①　57. ③　58. ③　59. ②　60. ①

CBT 기출문제 3회

01 공압 장치의 구성요소 중 공압 발생부가 아닌 것은?

① 압축기 ② 공기탱크
③ 애프터 쿨러 ④ 에어 드라이

해설

공압 장치의 구성요소
- 동력원 : 엔진, 전동기
- 공압 발생부 : 압축기, 탱크, 애프터 쿨러
- 공압 청정부 : 필터, 에어 드라이어, 윤활기
- 제어부 : 압력 제어, 유량 제어, 방향 제어
- 구동부(액추에이터) : 실린더, 공압 모터, 요동형 액추에이터

02 액추에이터 중 유압 에너지를 회전 운동으로 변환하는 기기는?

① 유압 펌프 ② 유압 실린더
③ 유압 모터 ④ 요동 모터

해설

유압 액추에이터(구동부)는 유압 에너지를 기계적 에너지로 변환하는 액추에이터는 유압 실린더(직선 운동), 유압 모터(회전 운동), 요동형 유압 모터(일정한 각도로 회전 운동) 등이 있다.

03 유압에 비하여 압축공기의 장점이 아닌 것은?

① 안전성 ② 압축성
③ 저장성 ④ 신속성(동작속도)

해설

1. 공압의 장점
- 압축공기를 간단히 얻을 수 있고 저장할 수 있다.
- 힘의 전달이 간단하고 어떤 형태로든 전달 가능하다.
- 힘의 증폭이 쉽다.
- 무단변속이 가능하며 제어가 간단하다.
- 취급이 간단하며 액추에이터의 속도조절이 가능하다.
- 폭발 및 인화의 위험성이 없고 과부하에 안전하다.
- 공압 매체 특성상 탄력이 있어 공기 스프링처럼 완충 작용을 한다.

2. 공압의 단점
- 공기압축의 한계로 인해 큰 힘을 얻을 수 없다.
- 공기압축의 특성으로 효율이 낮고 저속에서 균일한 속도제어가 힘들다.
- 응답속도가 느리고 배기 시 소음이 크다.
- 공압에너지 생성 시스템의 구동 비용이 크다.

04 유압 장치의 장점이 아닌 것은?

① 작동이 원활하며 진동도 작다.
② 인화 및 폭발의 위험성이 없다.
③ 유량 조절로 무단 변속이 가능하다.
④ 작은 크기로도 큰 힘을 얻을 수 있다.

정답 1. ④ 2. ③ 3. ② 4. ②

해설

1. 유압의 장점
- 일의 방향을 쉽게 변환시킨다.
- 소형 장치로도 큰 힘을 발생시킨다.
- 과부하에 대한 안전성과 원활한 시동이 가능하다.
- 정확한 위치 제어와 무단 변속이 가능하다.
- 정숙한 작동과 정역운전 및 열 방출성이 좋다.
- 원격제어가 가능하다.

2. 유압의 단점
- 작동유가 기름 성분이라 인화의 위험성이 있다.
- 작동유에 공기가 섞여 작동 이상(캐비테이션 현상)을 가져올 수 있다.
- 고압 작동으로 인한 위험성과 기름 누설 및 배관이 까다롭다.
- 작동유의 온도 변화에 따라 액추에이터의 속도가 변화할 수 있다.
- 작동기기마다 유압원(유압펌프 및 탱크)이 필요하다.

해설

- 흡수식 건조기(에어 드라이어)
- 작동에 필요한 외부에너지 공급이 필요없다.
- 기계적 작동요소가 없어 기계 마모가 적고 장비설치가 간단하다.
- 흡수제(폴리에틸렌, 염화리튬, 수용액)를 사용한 화학적 처리과정 방식이며 건조제는 연 2~4회 교환한다.
- 압축공기 중의 수분이 건조제에 닿으면 화합물이 생성되어 물이 혼합물로 용해되고 공기는 건조 되는 방식이다.
- 흡착식 건조기(에어 드라이기)
- 건조제로 실리카겔, 활성알루미나, 실리콘디옥사이드를 사용하는 물리적 과정 방식
- 건조제를 재생하여 사용할 수 있다.
- 최대 -70℃의 저노점을 얻을 수 있다.
- 냉동식 건조기(에어 드라이어)
- 이슬점 온도를 낮추어서 건조하는 방식
- 공기를 강제로 냉각시켜 공기 중에 포함된 수분을 제거하는 방식
- 입구온도가 40℃를 넘지 않도록 애프터 쿨러 및 필터 다음에 설치하여 사용

05 압축공기 건조에 사용되는 흡착식 건조기에 대한 설명으로 올바른 것은?

① 일시적으로 사용하기에 유용하다.
② 외부 에너지 공급이 필요하지 않다.
③ 물리적 방식을 사용하여 반영구적으로 사용할 수 있다.
④ 사용되는 건조제는 염화리튬 수용액, 폴리에틸렌등이 있다.

06 압축기의 종류 중 원심식 압축기는?

① 터보 압축기
② 스크류 압축기
③ 피스톤 압축기
④ 루트 블로어 압축기

해설

공기압축기 작동원리에 따른 분류

용적형 - 왕복식 : 피스톤식, 다이어프램식
　　　　- 회전식 : 나사식(스크류식), 베인식, 루트 블로어
터보형 - 원심식
　　　　- 축류식

정답　5. ③　6. ①

07 공유압 시스템에 사용하는 윤활유의 구비조건으로 틀린 것은?

① 윤활성이 좋을 것
② 원활성이 있을 것
③ 마찰계수가 클 것
④ 열화의 정도가 작을 것

해설

윤활유의 구비조건
- 비압축성이며 화학적으로 안정될 것
- 산화에 안정되어 있어야 하며 방열성이 좋을 것
- 인화점이 높고 유동성이 좋을 것
- 점도지수, 내열성, 체적탄성계수가 높을 것
- 이물질 등의 배출이 빠를 것

08 유압시스템의 작동유 적정온도 30~55[°C]에서 사용되어야 하는 물리적 성질은 무엇인가?

① 인화점   ② 연소점
③ 압축성   ④ 유동점

해설

유동점은 동계운전 시 고려해야 하는 성질이다.

09 다음 기호에 대한 설명으로 옳은 것은?

① 열을 발생시키는 가열기이다.
② 가열과 냉각을 할 수 있는 온도조절기이다.
③ 냉각액용 관로를 표시하지 않는 냉각기이다.
④ 윤활유를 한 방향으로 공급해주는 루브리케이터이다.

해설

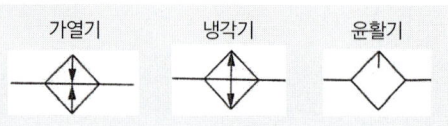

10 램형 실린더의 장점이 장점이 아닌 것은?

① 피스톤이 필요없다.
② 공기 빼기 장치가 필요없다.
③ 실린더 자체 중량이 가볍다.
④ 압축력에 대한 휨에 강하다.

해설

램형 실린더
- 피스톤이 필요없다.
- 공기 빼기 장치가 필요 없다.
- 압축력에 대한 휨에 강하다.
- 피스톤 지름과 로드 지름의 차이가 없는 수압 가동부분이 있으며, 좌굴하중 등 강성을 필요로 하는곳에 사용

11 다음 그림의 압축기 명칭은?

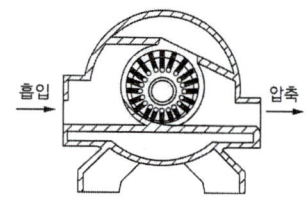

① 왕복식 압축기
② 터보식 압축기
③ 루트 블로어식 압축기
④ 베인식 압축기

12 유압유의 점성이 지나치게 큰 경우 나타나는 현상이 아닌 것은?

① 유동의 저항이 지나치게 많아진다
② 마찰에 의한 열이 발생한다
③ 부품 사이의 누출 손실이 커진다
④ 마찰 손실에 의한 펌프이 동력이 많이 소비된다.

정답 7. ③ 8. ④ 9. ② 10. ③ 11. ④ 12. ③

해설

1. 점성이 큰 경우
- 유동 저항이 많아진다.
- 마찰 손실 때문에 동력 손실이 커진다.
- 유로 및 관내 압력 손실이 커진다.
- 장치 전체의 효율이 저하되고 기계 효율이 저하된다.
- 마찰로 인한 열이 많이 발생되며(캐비테이션 현상 발생) 응답성이 떨어진다.

2. 점성이 작은 경우
- 장치 내 부품 사이를 통한 누출 손실이 커진다.
- 낮은 점도로 인해 윤활 작용이 감소하여 마멸이 심해진다.
- 펌프의 용적 효율이 떨어진다.

13 시스템 내의 압력이 최대 허용 압력을 초과하는 것을 방지해 주는 것으로 주로 안전밸브로 사용되는 것은?

① 압력스위치   ② 언로딩 밸브
③ 시퀀스 밸브   ④ 릴리프 밸브

해설

릴리프 밸브 : 시스템 내 압력을 설정값 이내로 일정하게 유지하며, 직동형 릴리프 밸브(스프링 힘으로 압력 조절)와 간접작동형 릴리프 밸브(평형피스톤형, 파일럿 밸브로 압력조절)가 있다. 사각형 내부의 화살표가 외부유로와 일직선으로 연결되지 않고 한쪽으로 비껴서 위치한다.

14 유압유에 수분이 혼입될 때 미치는 영향이 아닌 것은?

① 작동유의 윤활성을 저하시킨다.
② 작동유의 방청성을 저하시킨다.
③ 캐비테이션이 발생한다.
④ 작동유의 압축성이 증가한다.

해설

수분 혼입 시 미치는 영향
- 유압유의 압축성, 윤활성 및 방청성 저하
- 유압유의 산화 및 열화 촉진
- 캐비테이션 현상 발생

15 기화기의 벤투리관에서 연료를 흡입하는 원리를 잘 설명할수 있는 것은?

① 베르누이의 정리
② 보일-샤를의 법칙
③ 파스칼의 원리
④ 연속의 법칙

해설

베르누이의 정리
- 점성이 없는 비압축성의 액체가 수평관을 흐를 경우, 에너지 보존의 법칙에 의해 성립되는 관계식의 특성이다.
- 압력수두+위치수두+속도수두=일정
- 수평관로에서는 단면적이 작은 곳에서 압력이 낮아진다.(압력 에너지가 속도 에너지로 변환하기 때문)

16 밸브의 변환 및 피스톤의 완성력에 의해 과도적으로 상승한 압력의 최댓값을 무엇이라고 하는가?

① 크래킹 압력   ② 서지 압력
③ 리시트 압력   ④ 배압

해설

시스템 회로 내에서 급격하고 과도적인 압력상승 현상을 말한다.

17 공압용 방향 전환 밸브의 구멍(Port)에서 'EXH'가 나타내는 것은?

① 밸브로 진입   ② 실린더로 진입
③ 대기로 방출   ④ 탱크로 귀환

해설

EXH는 대기로 방출하는 포트의 기호이다.

정답 13. ④ 14. ④ 15. ① 16. ② 17. ③

18 다음과 같이 1개의 입력포트와 1개의 출력포트를 가지고 입력포트에 입력이 되지 않은 경우에만 출력포트에 출력이 나타나는 회로는?

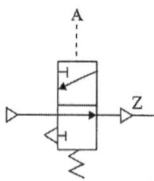

① NOR 회로 ② AND 회로
③ NOT 회로 ④ OR 회로

19 유압펌프에서 축 토크를 T_p[kg-cm], 축 동력을 L이라 할 때, 회전수 n[rev/sec]을 구하는 식은?

① $n = 2\pi T_p$ ② $n = \dfrac{T_p}{2\pi L}$
③ $n = \dfrac{L}{2\pi T_p}$ ④ $n = \dfrac{2\pi L}{T_p}$

20 송출 압력이 200[Kg/cm²]이며, 100[L/min]의 송출량을 갖는 레이디얼 플런저 펌프의 소요동력은 얼마인가?(단, 펌프효율은 90[%]이다)

① 39.48[PS] ② 49.38[PS]
③ 59.48[PS] ④ 69.38[PS]

해설

$$L_s = \frac{P \cdot Q}{450 \cdot \eta} = \frac{200 \times 100}{450 \times 0.9} = 49.38$$

21 미끄럼 밀봉이 없으며 단지 재료가 늘어나는 것에 따라 생기는 마찰이 있을 뿐인 실린더로 클램핑 실린더라고도 하는 것은?

① 격판 실린더 ② 탠덤 실린더
③ 피스톤 실린더 ④ 벨로스 실린더

해설

- 탠덤 실린더
  - 동일 사이즈 실린더에 비해 두 배의 출력을 낼 수 있다.
  - 2개의 실린더가 1개의 실린더 형태로 만들어짐
- 피스톤 실린더 : 가장 일반적인 실린더로 단동, 복동, 차동 실린더가 있다.
- 벨로스 실린더 : 단동 실린더로 피스톤 대신 벨로스를 사용하는 실린더이다.

22 공압 실린더의 지지형식에서 실린더 요동형이 아닌 것은?

① 로드측 플랜지형
② 헤드측 트러니언형
③ 로드측 트러니언형
④ 2산형 클레비스형

해설

실린더 지지형식
푸트형(고정형), 플랜지형(고정형), 크래비스형(요동형), 트러니언형(요동형)등이 있다.

23 공기압 방향제어 밸브의 포트 표시기호의 설명으로 틀린 것은?

① 공급 라인:P 또는 1
② 배기 라인:R,S,T, 또는 3,5,7
③ 작업 라인:A,B,C 또는 2,4,6
④ 제어 라인:M,E,X 또는 11,13,15

해설

제어 라인- X,Y,Z 또는 10,12,14

정답 18. ③ 19. ③ 20. ③ 21. ① 22. ① 23. ④

24 유압 제어와 비교한 공압 제어의 특징으로 틀린 것은?

① 유압에 비하여 큰 출력을 낼 수 있다.
② 수분 탈착기와 빙결 방지기를 설치해야 한다.
③ 공기 압력은 일반적으로 6~7[kgf/㎠]를 사용한다.
④ 작동속도는 빠르나 압축성으로 속도가 일정하지 않다.

∷ 해설

① 공기를 압축하여 사용하므로 유압보다 큰 출력을 낼 수 없다.

25 다음 중 릴리프 밸브의 크랭킹 압력이 40[kgf/cm²]이고, 전량 압력이 80[kgf/cm²]이면 이 밸브의 압력 오버라이드는 몇[kgf/cm²]인가?

① 20　　② 40
③ 100　　④ 120

∷ 해설

압력 오버라이드 = 전량 압력 - 크랭킹 압력

26 면적이 10[cm²]인 곳을 60[kg·중]의 무게로 누르면 작용 압력은?

① 6[kg/cm²]
② 60[kg/cm²]
③ 6[kgf/cm²]
④ 60[kgf/cm²]

∷ 해설

$F = P \times A$ 즉, $P = F / A$ 이다.

27 미터 아웃 속도 제어방식에 대한 설명은?

① 실린더로 유입되는 공기를 조절하여 속도를 제어한다.
② 실린더의 초기 운동 시 안정감이 있지만 차츰 압력 균형이 깨져 좋지 않다.
③ 체적이 작은 소형 실린더의 속도 제어에 주로 사용된다.
④ 하중에 관계없이 안정된 속도를 얻을 수 있어 많이 사용된다.

∷ 해설

①, ②, ③번은 미터 인 속도 제어방식에 대한 설명이다.

28 공기탱크의 역할이 아닌 것은?

① 응축수를 분리시킨다.
② 압축공기를 저장한다.
③ 공기 압력의 맥동을 평준화한다.
④ 사용 시 급격한 압력 강하를 일으킨다.

∷ 해설

공기탱크 기능
- 다량의 공기를 저장하여 일시적으로 다량의 공기 소비 시 압력강하 방지
- 압축공기 생성 시 발생되는 맥동 현상 방지
- 정전 시 비상용으로 공압에너지 공급
- 고온의 압축공기를 냉각시키고 압축공기 내의 수분을 제거

29 4포트 3위치 밸브 중 클로즈 센터형 밸브에 설명으로 틀린 것은?

① 급격한 밸브 전환 시 서지압이 발생된다.
② 중립 위치에서 펌프를 무부하시킬 수 있다.
③ 실린더를 임의의 위치에서 고정시킬 수 있다.
④ 경부하, 저압에서 관성에 의한 스스로 이동의 우려가 적은 부하의 정지에 사용한다.

∷ 해설

④번은 올 포트 오픈(오픈 센터형)의 설명이다.

정답　24. ①　25. ②　26. ③　27. ④　28. ④　29. ②

30 작동유를 고온에서 사용하면 발생되는 특징이 아닌 것은?

① 내부 누설 발생
② 용적효율 저하
③ 작동유체의 점도 상승
④ 국부적으로 발열하여 습동 부분이 붙기도 한다.

해설
고온에서의 작동 시 점도가 저하되고, 저온에서는 점도는 높아진다.

31 가정용 전등선의 전압이 실횻값으로 100[V]일 때 이 교류의 최댓값은?

① 약 110[V]   ② 약 121[V]
③ 약 130[V]   ④ 약 141[V]

해설
실횻값 $V = \dfrac{V_m}{\sqrt{2}}$
최댓값 $V_m = \sqrt{2} \times 100[V] ≒ 141.42[V]$

32 농형 유도전동기의 기동법이 아닌 것은?

① 전전압 기동형
② 저저항 2차권선 기동법
③ 기동보상기법
④ Y-△기동법

해설
농형유도전동기 기동법 : 리액터 기동법, 기동보상기법, Y-△ 기동법, 전전압 기동법

33 직류기의 구조 중 정류자면에 접촉하여 전기자 권선과 외부 회로를 연결시켜 주는 것은?

① 브러시(Brush)
② 정류자(Commutator)
③ 전기자(Armature)
④ 계자(Field Magnet)

해설
- 브러시 : 정류자 표면과 접촉하며 전기자 권선과 외부 회로를 연결시켜 주는 부분
- 정류자 : 전기자 권선에서 유도된 교류를 직류로 바꿔주는 부분
- 계자 : 전기에 의해 자속을 만드는 부분
- 전기자 : 계자에서 만든 자속을 끊어서 기전력을 유도하는 부분이며 철심과 전기자 권선으로 구성되어 있다.

34 논리식 Y = AB + B를 간소화시킨 것은?

① Y=A   ② Y=B
③ Y=AB ④ Y=A+B

해설
Y= AB+B = B(A+1) = B(불 대수의 법칙에 따라 A+1=1)

35 $e = 100\sqrt{2}\sin(100\pi t - \dfrac{\pi}{3})[V]$ 인 정현파 교류 전압의 주파수는 얼마인가?

① 50[Hz]   ② 60[Hz]
③ 100[Hz]   ④ 314[Hz]

해설
$f = \dfrac{\omega}{2\pi} = \dfrac{100\pi}{2\pi} = 50[Hz]$

정답 30. ③ 31. ④ 32. ② 33. ① 34. ② 35. ①

36 그림과 같은 회로에서 사인파 교류 입력 12V(실효값)를 가했을 때 저항 R 양단에 나타나는 전압[V]은?

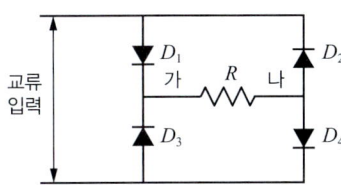

① 5.4V ② 6V
③ 10.8V ④ 12V

:해설:
그림의 회로는 단상 전파 정류 브리지 회로이므로 부하 R에 걸리는 직류 분 전압
$E_d = 0.9E = 0.9 \times 12 = 10.8[V]$

37 직류 분권전동기의 속도 제어방법이 아닌 것은?

① 계자 제어 ② 저항 제어
③ 전압 제어 ④ 주파수 제어

:해설:
직류 분권동기의 속도 제어방법
- 전압에 의한 속도 제어
- 저항에 의한 속도 제어
- 계자에 의한 속도 제어

38 교류전력에서 일반적으로 전기기기의 용량을 표시하는데 쓰이는 전력은?

① 피상전력 ② 유효전력
③ 무효전력 ④ 기전력

:해설:
• 피상전력: 전기기기의 용량 표시전력
• 유효전력: 전기기기에 사용된 전력
• 무효전력: 전기기기 사용 시 손실된 전력

39 회로에서 검류계의 지시가 0일 때 저항 X는 몇 [Ω]인가?

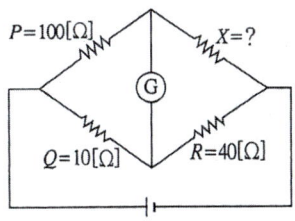

① 10[Ω] ② 40[Ω]
③ 100[Ω] ④ 400[Ω]

:해설:
휘트스톤 브리지 회로이며, 브리지의 평형조건은 PR = QX이다.
$X = \frac{PR}{Q} = \frac{100 \times 40}{10} = 400[\Omega]$

40 동기속도 3600[rpm], 주파수 60[Hz]의 동기발전기의 극수는?

① 2극 ② 4극
③ 6극 ④ 8극

:해설:
$N_s = \frac{120f}{P}$ (N_s: 동기속도, f: 주파수, P: 극수)
$3,600 = \frac{120 \times 60}{P}$
$\therefore P = 2$

41 전동기 운전 시퀀스 제어회로에서 전동기의 연속적인 운전을 위해 반드시 들어가는 제어회로는?

① 인터로크 ② 지연동작
③ 자기유지 ④ 반복동작

:해설:
자기유지회로 : 시퀀스 제어회로에서 동작 상태를 스스로 유지하는 회로

정답 36. ③ 37. ④ 38. ① 39. ④ 40. ① 41. ③

42 다음 그림은 시퀀스 제어계의 일반적인 동작과정을 나타낸 것이다. A, B, C, D에 맞는 용어를 순서대로 나열한 것은?

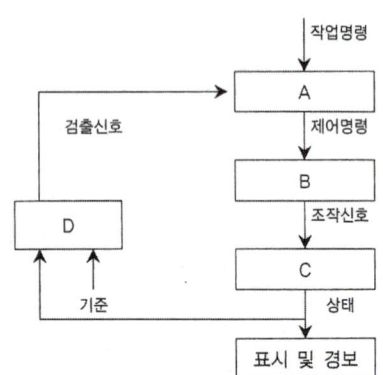

① A : 명령처리부   B : 제어 대상
　 C : 조작부　　　 D : 검출부
② A : 제어 대상　 B : 검출부
　 C : 명령처리부   D : 조작부
③ A : 검출부　　　 B : 명령처리부
　 C : 조작부　　　 D : 제어 대상
④ A : 명령처리부   B : 조작부
　 C : 제어 대상　 D : 검출부

43 $\frac{\pi}{6}[rad]$는 몇 도인가?

① 30°　　　　② 45°
③ 60°　　　　④ 90°

해설

$\pi = 180°$이므로, $\frac{180°}{6} = 30°$

44 변압기의 정격출력으로 맞는 것은?

① 정격 1차 전압 × 정격 1차 전류
② 정격 1차 전압 × 정격 2차 전류
③ 정격 2차 전압 × 정격 1차 전류
④ 정격 2차 전압 × 정격 2차 전류

해설

변압기의 정격출력(전격용량)
= 정격 2차 전압 × 정격 2차 전류

45 도체가 운동하여 자속을 끊었을 때 기전력의 방향을 알아내는 데 편리한 법칙은?

① 렌츠의 법칙
② 페러데이의 법칙
③ 플레밍의 왼손법칙
④ 플레밍의 오른손법칙

해설

• 패러데이의 법칙 : 전류가 흐르지 않는 코일에 외부에서 자기장의 변화를 주면 그 변화를 없애기 위해 유도전류가 생기게 된다. 이 유도전류는 자기장의 변화, 자기선속의 시간적 변화, 코일의 감긴 횟수에 비례한다.
• 플레밍의 왼손법칙 : 자기장 안에서 전류가 흐르게 되면 전류가 흐르고 있는 도선에 힘이 생성된다. 이 힘을 전자기력이라고 하며 왼손의 엄지, 검지, 중지를 각각 직각이 되도록 만들면 엄지는 힘 방향, 검지는 자기장, 중지는 전류가 된다. 전동기에서 적용
• 플레밍의 오른손법칙 : 오른손의 엄지, 검지, 중지를 각각 직각이 되도록 만들면 엄지는 힘 방향, 검지는 자기장, 중지는 전류가 된다. 즉 유도전류의 방향을 알아낼 수 있는 법칙이다. 발전기에서 적용
• 앙페르의 오른나사법칙 : 도선에 전류가 통과할 때 오른손 엄지와 전류방향을 맞추고 나머지 손가락을 말아 쥐면 손가락이 감싸고 있는 방향이 자기장의 방향이다.

정답　42. ④　43. ①　44. ④　45. ④

46 다음과 같은 정면도와 평면도의 우측면도의 가장 적합한 것은?

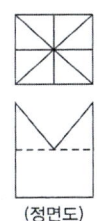

(정면도)

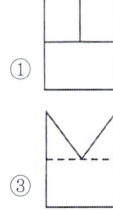

47 다음 중 도면에 사용되는 가는 1점 쇄선의 용도가 아닌것은?

① 중심선　② 기준선
③ 피치선　④ 해칭선

: 해설

해칭선 - 가는 실선

48 마찰면을 원뿔형 또는 원판으로 하여 나사나 레버 등으로 축 방향으로 밀어붙이는 형식의 브레이크는?

① 밴드 브레이크　② 블록 브레이크
③ 전자 브레이크　④ 원판 브레이크

: 해설

축방향으로 밀어붙이는 타입의 종류로는 원판 브레이크, 원추 브레이크 등이 있다.
• 전자 브레이크 : 전기에너지를 이용하여 밀어 붙이는 타입
• 밴드 브레이크 : 반지름 반향으로 밀어 붙이는 타입
• 블록 브레이크 : 반지름 반향으로 밀어 붙이는 타입

49 다음 중 가장 큰 하중이 걸리는 데 사용되는 키는?

① 새들 키　② 묻힘 키
③ 둥근 키　④ 평 키

: 해설

하중 전달 순서

새들 키 < 안장 키 < 평 키 < 반달 키 < 묻힘 키 < 접선 키 < 스플라인 < 세레이션
• 평 키
- 테이퍼 1/100가 있으며 경하중용이다.
- 축은 자리만 편평하게 다듬고 보스에 홈을 파 ㄴ다.
- 안장 키보다 강하다.
• 둥근 키
- 경하중용이고 핸들 등에 사용한다.
- 축과 보스에 드릴로 구멍을 내어 홈을 만든다.
- 구멍에 테이퍼 핀을 끼워 넣어 축 끝에 고정
• 새들 키
- 안장 키라고 하며 경하중용으로 사용한다.
- 축은 절삭하지 않고 보스에만 홈을 판다.
- 축 임의의 부분에 설치 가능하며 마찰력으로 고정한다.

50 3상 권선형 유도 전동기의 기동 시 2차 측에 저항을 접속하는 이유는?

① 기동 토크를 크게 하기 위해
② 회전수를 감소시키기 위해
③ 기동 전류를 크게 하기 위해
④ 역률을 개선하기 위해

: 해설

3상 권선형 유도 전동기의 기동 시 기동 전류는 작게, 기동 토크는 크게 하기 위해 2차 측에 저항을 접속한다.

정답　46. ③　47. ④　48. ④　49. ②　50. ①

51 V 벨트 전동장치의 장점을 맞게 설명한 것은?

① 설치면적이 넓으므로 사용이 편리하다.
② 평 벨트처럼 벗겨지는 일이 없다.
③ 마찰력이 평 벨트보다 작다.
④ 벨트의 마찰면을 둥글게 만들어 사용한다.

해설

V벨트의 장점
- 미끄럼이 적고 전동 회전비가 크다.
- 운전이 조용하고 수명이 길다.
- 진동 및 충격 흡수가 좋다.
- 축간 거리가 짧은 곳에 사용되고 전동효율이 매우 좋다.
- 일반적인 속도비는 7 : 1 이다.

52 리벳의 호칭이 "KS B 1102 둥근 머리 리벳 18X40 SV330"로 표시된 경우 숫자 "40"의 의미는?

① 리벳의 수량   ② 리벳의 구멍 치수
③ 리벳의 길이   ④ 리벳의 호칭지름

해설

18(호칭지름) × 40(길이) SV330(재료표시)

53 607C2P6으로 표시된 베어링에서 안지름은?

① 7[mm]   ② 30[mm]
③ 35[mm]   ④ 60[mm]

해설

60 - 베어링 계열 번호(깊은 홈 볼베어링)
7 - 안지름(7mm)
C2 - 내부 틈새(보통의 레이디얼 내부 틈새보다 작다.)
P6 - 등급 기호(5급)

54 원동차와 종동차의 지름이 각각 400[mm], 200[mm]일 때 중심거리는?

① 300[mm]   ② 600[mm]
③ 150[mm]   ④ 200[mm]

해설

2축 간 중심거리
$$C = \frac{C_A + C_B}{2} = \frac{400 + 200}{2} = 300$$

55 고정 원판식 코일에 전류를 통하면, 전자력에 의하여 회전 원판이 잡아 당겨져 브레이크가 걸리고, 전류를 끊으면 스프링 작용으로 원판이 떨어져 회전을 계속하는 브레이크는?

① 밴드 브레이크   ② 디스크 브레이크
③ 전자 브레이크   ④ 블록 브레이크

해설

- 밴드 브레이크 : 브레이크 륜의 외주에 밴드를 감고 밴드에 장력을 주어서 밴드와 브레이크 륜 사이의 마찰에 의해 작동하는 것
- 디스크(원판) 브레이크: 마찰면을 디스크(원판)로 하여 나사나 레버 등으로 축 방향으로 밀어붙여 작동하는 것
- 블록 브레이크: 브레이크 드럼을 브레이크 블록으로 눌러 작동 하는 것

56 맞뚫린 구멍에 볼트를 넣고 너트로 조이는 볼트는?

① 탭 볼트   ② 관통 볼트
③ 스터드 볼트 ④ 스테이 볼트

해설

- 탭 볼트: 너트를 사용하지 않고 직접 암나사를 낸 구멍에 죄어 사용
- 스터드 볼트: 환봉의 양끝에 나사를 낸 것
- 스테이 볼트: 부품의 간격 유지에 사용

정답 51. ② 52. ③ 53. ① 54. ① 55. ③ 56. ②

57 웜기어에 대한 설명으로 틀린 것은?

① 웜과 웜기어를 한쌍으로 사용하며 역회전을 방지한다.
② 피니언과 맞물려 회전하면서 직선운동을 한다.
③ 큰 감속비를 얻을 수 있다.
④ 소음과 진동이 작다.

해설

②는 랙 & 피니언에 대한 설명이다.

58 두 축이 평행한 경우에 사용되며, V홈을 파서 마찰력을 크게 하여 큰 동력전달에 사용되는 마찰차는?

① 원통 마찰차   ② 원뿔 마찰차
③ 변속 마찰차   ④ 홈붙이 마찰차

해설

- 원통 마찰차: 두 축이 평행하며, 마찰차의 지름에 따라 속도비가 다르다.
- 원뿔 마찰차: 두 축이 서로 교차하는 곳에 사용된다.
- 변속 마찰차: 속도 변환을 위한 특별한 마찰차이다.

59 다음 그림은 무엇을 나타내는가?

① 현장 용접 기호
② 전체 둘레 용접 기호
③ 현장 용접 기준점 기호
④ 전체 둘레 현장 용접 기호

60 키를 조립하였을 경우 축과 보스가 가볍게 이동할 수 있는 키는?

① 평 키   ② 접선 키
③ 묻힘 키   ④ 미끄럼 키

해설

- 평 키: 축은 자리만 편편하게 다듬고 보스에 홈을 판다.
- 접선 키: 축과 보스에 축의 접선 방향으로 홈을 파고 서로 반대의 테이퍼(1/60~1/100)를 가진 2개의 키를 조합하여 끼워 넣는다.
- 묻힘 키: 축과 보스에 다 같이 홈을 파고 일반적으로 가장 많이 사용된다.

정답 57. ② 58. ④ 59. ④ 60. ④

CBT 기출문제 4회

01 파스칼의 원리에 관한 설명으로 옳지 않은 것은?

① 각 점의 압력은 모든 방향에서 같다.
② 유체의 압력은 면에 대하여 직각으로 작용한다.
③ 정지해 있는 유체에 힘을 가하면 단면적이 작은 곳은 속도가 느리게 전달된다.
④ 밀폐한 용기 속에 유체의 일부에 가해진 압력은 유체의 모든 부분에 똑같은 세기로 전달된다.

해설

파스칼의 원리
- 점에 가해지는 압력의 크기는 모든 방향에 동일하게 작용한다.
- 정지된 유체에 가해지는 압력은 그 표면에 수직으로 작용된다.

$$P = \frac{F_1}{A_1} = \frac{F_2}{A_2}$$

02 공압 장치의 기본 요소 중 구동부에 속하지 않는 것은?

① 공압 모터
② 공압 실린더
③ 에어 드라이어
④ 요동형 액추에이터

해설

공압시스템(장치) 구성
- 공압발생부 : 컴프레서, 공기탱크, 애프터쿨러
- 공압청정부 : 필터, 에어 드라이어, 윤활기
- 공압제어부 : 방향제어, 유량제어, 압력제어 밸브
- 공압구동부(액추에이터) : 실린더, 모터, 요동 액추에이터 등

03 공압 장치의 특징으로 옳지 않은 것은?

① 사용 에너지를 쉽게 구할 수 있다.
② 압축성 에너지이므로 위치 제어성이 좋다
③ 힘의 증폭이 용이하고 속도 조절이 간단하다.
④ 동력의 전달이 간단하며 먼 거리 이송이 쉽다.

해설

1. 공압의 장점
- 압축공기를 간단히 얻을 수 있고 저장할 수 있다.
- 힘의 전달이 간단하고 어떤 형태로든 전달 가능하다.
- 힘의 증폭이 쉽다.
- 무단변속이 가능하며 제어가 간단하다.
- 취급이 간단하며 액추에이터의 속도조절이 가능하다.
- 폭발 및 인화의 위험성이 없고 과부하에 안전하다.
- 공압 매체 특성상 탄력이 있어 공기 스프링처럼 완충 작용을 한다.

2. 공압의 단점
- 공기압축의 한계로 인해 큰 힘을 얻을 수 없다.
- 공기압축의 특성으로 효율이 낮고 저속에서 균일한 속도제어가 힘들다.
- 응답속도가 느리고 배기 시 소음이 크다.
- 공압에너지 생성 시스템의 구동 비용이 크다.

04 압축기의 종류 중 왕복 피스톤 압축기는?

① 베인형
② 원심형
③ 스크루형
④ 다이어프램형

해설

공기압축기 작동원리에 따른 분류
용적형 - 왕복식 : 피스톤식, 다이어프램식
      - 회전식 : 나사식(스크류식), 베인식, 루트 블로어
터보형 - 원심식
      - 축류식

정답 1. ③ 2. ③ 3. ② 4. ④

05 왕복형 공기 압축기에 대한 회전형 공기 압축기의 특징 설명으로 올바른 것은?

① 진동이 크다.
② 고압에 적합하다.
③ 소음이 적다.
④ 공압 탱크를 필요로 한다.

해설

압축기 특징 비교

	왕복형	회전형	터보형
토출압력	고압	중압	표준압
진동	비교적 크다	작다	작자
소음	비교적 크다	작다	작다
가격	싸다	비싸다	비싸다
구조	간단	간단	복잡
보수유지	좋다	소모성 부품교환	정기보수유지 필요
맥동	크다	작다	작다

06 공기 건조기 중 냉동식 건조기에 대한 설명으로 올바른 것은?

① 공기를 강제로 냉각시켜 수증기를 응축시켜 수분을 제거하는 방식이다.
② 고체흡착제 속을 압축공기가 통과하도록 하여 수분이 고체 표면에 붙어 버리도록 하는 방식이다.
③ 에어 입구는 비방폭형 계기의 설치가 안정되고 심한 진동이 없는 장소에 설치하는 방식이다.
④ 에어 출구는 온도가 급격히 변화하지 않으며 0~70[℃]범위를 넘지 않고 상대습도가 90[%]이하인 장소에 설치하는 방식이다.

해설

②, ③, ④번은 흡착식 건조기에 대한 설명이다.

07 밸브의 작동 방식에 따른 기호로 틀린 것은?

① 솔레노이드식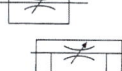
② 푸시 버튼식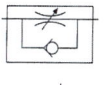
③ 스프링 방식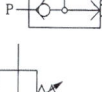
④ 롤러 방식

해설

④는 플런저 방식이다.

08 다음 그림의 기호와 명칭이 틀린 것은?

① 교축 밸브
② 속도 제어 밸브
③ 급속 배기 밸브
④ 무부하 밸브

해설

④는 감압밸브이다.

09 다음 그림의 기호는 어떤 밸브인가?

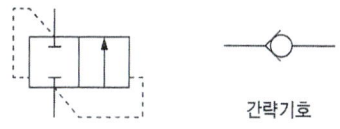

간략기호

① OR 밸브
② 셔틀 밸브
③ 2압 밸브
④ 체크 밸브

해설

③은 드레인 자동 배출기붙이 필터이다.

정답   5. ③ 6. ① 7. ④ 8. ④ 9. ④

10 다음 필터에 대한 설명으로 틀린 것은?

① 필터 일반 기호

② 자석붙이 필터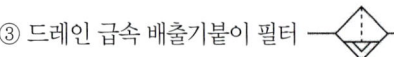

③ 드레인 급속 배출기붙이 필터

④ 드레인 수동 배출기붙이 필터

해설
③은 드레인 자동 배출기붙이 필터이다.

11 터보식 압축기의 특징으로 틀린 것은?

① 가격이 비싸다.
② 소음과 진동이 작다.
③ 구조가 대형이고 복잡하다.
④ 보수성이 좋아 오버홀 정비가 필요없다.

해설
터보식 압축기는 보수성이 좋으나 오버홀 정비가 필요하다.

12 공유압 회로도에서 기기의 상태 표시로 틀린 것은?

① 마스터 밸브는 실린더의 초기 상태로 나타내어야 한다.
② 모든 기기는 동작 개시 후의 동작 상태로 나타내어야 한다.
③ 플립플롭형 메모리 밸브는 신호가 가해지지 않은 상태로 나타내어야 한다.
④ 자동복귀용 밸브는 스프링에 의해 자동적으로 복귀된 상태로 나타내어야 한다.

해설
모든 기기는 동작 개시 전의 동작 상태로 나타내어야 한다.

13 다음 그림(심벌)의 명칭은?

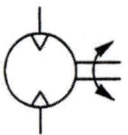

① 공기 압축 컴프레서
② 공압 요동형 액추에이터
③ 일방향 회전형 공압 모터
④ 양방향 회전형 공압 모터

14 단동 실린더를 제어하기에 적합한 방향제어 밸브는?

① 3/2 way 밸브   ② 4/2 way 밸브
③ 4/3 way 밸브   ④ 5/2 way 밸브

15 다음 그림은 어떤 속도제어 회로인가?

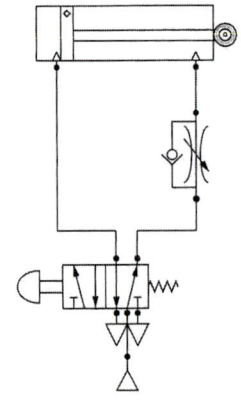

① 전진속도 미터 인 회로
② 전진속도 미터 아웃 회로
③ 후진속도 미터 인 회로
④ 후진속도 미터 아웃 회로

해설
실린더 전진 시 일방향 유량제어 밸브에 의해 공기량이 조절된다.

정답 10. ③ 11. ④ 12. ② 13. ④ 14. ① 15. ②

16 방향제어 밸브에 대한 명칭과 기호가 바른 것은?

① 3/5way 밸브
② 2/3way 밸브
③ 5/2way 밸브
④ 6/3way 밸브

:해설:
① 5/3way 밸브, ② 3/2 way 밸브, ④ 3/3 way 밸브

17 2개의 입구와 1개의 출구를 가지고 있으며, 2개의 입구에 공기압이 공급될 때만 동작하는 AND 회로의 특성을 보이는 밸브는?

① 셔틀 밸브
② 2압 밸브
③ 체크 밸브
④ 시퀀스 밸브

:해설:
- 셔틀 밸브(OR 밸브) : 2개 이상의 입력신호와 1개의 출력신호를 가지며 1개의 입력신호만 존재해도 출력신호를 발생하는 회로. OR 밸브, 고압우선(출력측 기준)밸브라고도 함
- 이압 밸브(AND 밸브) : 2개 이상의 입력신호와 1개의 출력신호를 가지며 2개의 입력신호가 존재 시 출력신호를 발생시키는 회로. AND 밸브, 저압우선(출력측 기준) 밸브라고도 함
- 압력 시퀀스 밸브 : 회로에서 순차적으로 작동할 시 작동순서를 설정한 회로 압력에 의해 제어되는 밸브
- 체크 밸브 : 유체의 흐름을 한 방향으로만 흐르게 한다.(역방향 유체 흐름 제지)

18 다음 그림은 4포트 3위치 방향제어 밸브의 도면기호이다. 이 밸브의 중립위치 형식은?

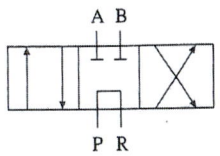

① 탠덤(Tandem) 센터형
② 올 오픈(All Open) 센터형
③ 올 클로즈(All Close) 센터형
④ 프레셔 포트 블록(Block) 센터형

19 실린더의 작동 방식에 따른 분류로 틀린 것은?

① 단동 실린더
② 복동 실린더
③ 차동 실린더
④ 탠덤 실린더

:해설:

탠덤 실린더
- 동일 사이즈 실린더에 비해 두 배의 출력을 낼 수 있다.
- 2개의 실린더가 1개의 실린더 형태로 만들어 짐

정답 16. ③ 17. ② 18. ① 19. ④

20 실린더 설치에 있어 가장 강력한 설치 방법으로 부하의 운동 방향과 축심을 일치시키는 설치 형식은?

① 풋 형 ② 플랜지형
③ 클레비스형 ④ 트러니언형

해설
실린더 지지형식
- 푸트형(고정형, 일반적으로 많이 사용하며 경부하용)
- 플랜지형(고정형, 단단하게 고정 가능하며 고부하용)
- 크래비스형(요동형, 피벗형이라고도 한다)
- 트러니언형(요동형, 실린더 중간에 설치하여 요동운동을 한다)

21 방향전환 밸브의 중립 위치 형식에서 펌프 언로드가 요구되고 부하에 의한 자주를 방지할 필요가 있을 때 사용하는 밸브는?

①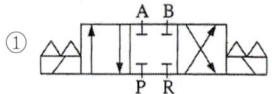

②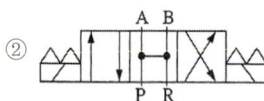

③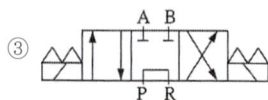

④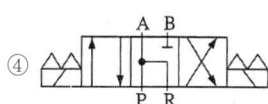

해설
① 센터 닫힘형 - 실린더의 임의의 위치에 중간 정지 가능
② 센터 열림형 - 관성에 의한 실린더 자주가 없는 경우에 사용하며 펌프 언로드가 가능하다.
③ 센터 텐덤형 - 실린더의 임의의 위치에 중간 정지가 가능하며 펌프 언로드가 가능하다.

22 다음의 기호가 나타내는 기기를 설명한 것 중 옳은 것은?

① 실린더의 로킹 회로에서만 사용된다.
② 유압 실린더의 속도제어에서 사용된다.
③ 회로의 일부에 배압을 발생시키고자 할 때 사용한다.
④ 유압신호를 전기신호로 전환시켜 준다.

23 구조가 간단하고 운전 시 부하 변동 및 성능 변화가 적을 뿐 아니라 유지보수가 쉽고 내접형과 외접형이 사용되는 펌프는?

① 기어 펌프 ② 베인 펌프
③ 피스톤 펌프 ④ 플런저 펌프

24 압력 용기나 플랜지면, 기기의 접촉면 등 고정면에 끼우고 볼트로 결합하며 상대적 운동이 없는 곳에 사용되는 유압용 실은?

① 개스킷 ② 오일실
③ 패킹 ④ O 링

해설
오일실, 패킹, O링은 운동 또는 회전하는 부분에 사용한다.

정답 20. ② 21. ④ 22. ④ 23. ① 24. ①

25 작동유는 중압에서 비압축성으로 취급하여 문제가 없으나 고압이나 대형의 유압장치가 되면 큰 문제가 되는 물리적 성질은?

① 인화점 ② 연소점
③ 유동점 ④ 압축성

26 다음과 같은 기호의 명칭은?

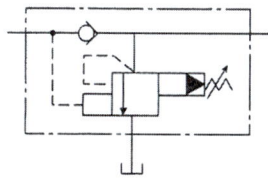

① 브레이크 밸브 ② 카운터 밸런스 밸브
③ 무부하 릴리프 밸브 ④ 시퀀스 밸브

27 다음의 기호의 명칭은?

① 냉각기 ② 가열기
③ 건조기 ④ 온도 조절기

28 밸브의 양쪽 입구로 고압과 저압이 각각 유입될 때 고압쪽이 출력되고 저압쪽이 폐쇄되는 밸브는?

① OR 밸브 ② 체크 밸브
③ AND 밸브 ④ 급속배기 밸브

해설

- 셔틀 밸브(OR 밸브) : 2개 이상의 입력신호와 1개의 출력신호를 가지며 1개의 입력신호만 존재해도 출력신호를 발생하는 회로. OR 밸브, 고압우선(출력측 기준)밸브라고도 함
- 이압 밸브(AND 밸브) : 2개 이상의 입력신호와 1개의 출력신호를 가지며 2개의 입력신호가 존재 시 출력신호를 발생시키는 회로. AND 밸브, 저압우선(출력측 기준) 밸브라고도 함

29 유압유가 갖추어야 할 조건 중 잘못 서술한 것은 어느 것인가?

① 비압축성이고 활동부에서 실(Seal)역할을 할 것
② 온도의 변화에 따라서도 용이하게 유동할 것
③ 인화점이 낮고 부식성이 없을 것
④ 물, 공기, 먼지 등을 빨리 분리할 것

해설

작동유의 구비조건
- 비압축성이며 화학적으로 안정될 것
- 산화에 안정되어 있어야 하며 방열성이 좋을 것
- 인화점이 높고 유동성이 좋을 것
- 점도지수, 내열성, 체적탄성계수

30 유압 장치의 특징과 거리가 먼 것은?

① 소형 장치로 큰 힘을 발생한다.
② 고압 사용으로 인한 위험성이 있다.
③ 일의 방향을 쉽게 변환시키기 어렵다.
④ 무단 변속이 가능하고 정확한 위치제어를 할 수 있다.

해설

③ 일의 방향을 쉽게 변환시킬 수 있다.

정답 25. ④ 26. ③ 27. ② 28. ① 29. ③ 30. ③

31 어떤 도체에 I[A]의 전류가 t[sec]동안 흘렀을 때 이동된 전기량[C]은?

① $\dfrac{t}{I}$　　　② I^2t
③ $\dfrac{I}{t}$　　　④ It

해설

전기량 $Q = It$[C] 이다.

32 서로 다른 종류의 안티몬과 비스무트의 두 금속을 접속하여 여기에 전류가 통하면, 그 접점에서 열의 발생 또는 흡수가 일어난다. 줄열과 달리 전류의 방향에 따라 열의 흡수와 발생이 다르게 나타나는 이 현상은?

① 펠티에 효과　　② 제벡효과
③ 제3금속의 법칙　④ 열전 효과

해설

열전효과의 종류

- 펠티에 효과 : 두 금속의 접점에 전류가 흐를 때 가열 또는 냉각되는 효과를 말하며 전류가 흐르는 방향을 반대로 하면 열이 흐르는 방향도 바뀐다.
- 톰프슨 효과 : 비등온 도체에 전류가 흐르면 가열되거나 냉각되는 효과를 말하며 도체 선상의 온도차에 의해 기전력이 발생된다.
- 제벡효과 : 고온부 전자들이 저온부로 확산될 때 전위차가 발생하며 두 개의 금속 접합점 양단간의 온도차에 의해 열 기전력이 발생된다.

33 대칭 3상 교류에서 기전력 및 주파수가 같을 경우 각 상간의 위상차는 얼마인가?

① $\dfrac{\pi}{2}$　　② $\dfrac{2\pi}{3}$
③ π　　　④ 2π

해설

대칭 3상 교류에서 각 상간 위상차는 $120°\,(\dfrac{2\pi}{3}\,[rad])$ 이다.

34 $I = 8+j6$[A]로 표시되는 전류의 크기(I)는 몇 [A]인가?

① 6　　② 8
③ 10　④ 12

해설

$I = \sqrt{8^2 + 6^2} = \sqrt{100} = 10\,[A]$

35 60[Hz]의 동기전동기가 2극일 때 동기속도는 몇 [rpm]인가?

① 7200　　② 4800
③ 3600　　④ 2400

해설

$N_s = \dfrac{120f}{P} = \dfrac{120 \times 60}{2} = 3{,}600\,[rpm]$

36 500[Ω]의 저항에 1[A]의 전류가 1분 동안 흐를 때에 발생하는 열량은 몇 [cal]인가?

① 3600　　② 5000
③ 6200　　④ 7200

해설

$H = 0.24 I^2 Rt\,[cal]$
$= 0.24 \times I^2 \times 500 \times 60$
$= 7{,}200\,[cal]$

37 교류의 파형률이란?

① $\dfrac{\text{실횻값}}{\text{평균값}}$　　② $\dfrac{\text{최댓값}}{\text{실횻값}}$
③ $\dfrac{\text{평균값}}{\text{실횻값}}$　　④ $\dfrac{\text{실횻값}}{\text{최댓값}}$

정답　31. ④　32. ①　33. ②　34. ③　35. ③　36. ④　37. ①

38 그림과 같은 회로에서 합성저항은 몇 [Ω] 인가?

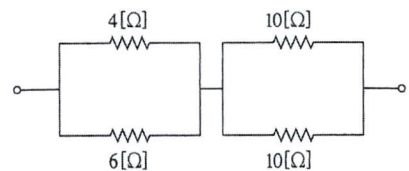

① 6.6
② 7.4
③ 8.7
④ 9.4

해설

합성저항 $R = \dfrac{4 \times 6}{4 + 6} + \dfrac{10 \times 10}{10 + 10} = 7.4[\Omega]$

39 콘덴서의 정전 용량이 커질수록 용량 리액턴스의 값은 어떻게 되는가?

① 작아진다
② 커진다
③ 무한대로 접근한다
④ 변화하지 않는다

해설

용량 리액턴스는 정전용량과 반비례한다. 즉, 정전용량이 커질수록 리액턴스는 작아진다.

40 변압기의 온도 상승을 억제하기 위해서 갖추어야 할 변압기유의 조건으로 틀린 것은?

① 절연내력이 작을 것
② 인화점이 높을 것
③ 응고점이 낮을 것
④ 화학적으로 안정될 것

해설

변압기유 조건
- 인화점이 낮고 응고점이 높아야 한다.
- 점도가 낮고 냉각효과가 커야 한다.
- 고온에서도 산화되지 않아야 한다.

41 지름20[cm],권수 100회의 원형 코일에 1[A]의 전류를 흘릴 때 코일 중심 자장의 세기[AT/m]는?

① 200
② 300
③ 400
④ 500

해설

$H = \dfrac{NI}{2r} = \dfrac{100 \times 1}{2 \times 10^{-1}} = 500[AT/m]$

42 단상 유도 전동기를 기동하려고 할 때 다음 중 기동토크가 가장 작은 것은?

① 셰이딩 코일형
② 반발 기동형
③ 콘덴서 기동형
④ 분상 기동형

해설

기동 토크가 큰 순서로 나열하면 다음과 같다.
반발 기동형 > 콘덴서 기동형 > 분산 기동형 > 셰이딩 코일형

43 직류 발전기를 정격 속도, 정격 부하전류에서 정격 전압 V_n[V]를 발생하도록 한 다음, 계자저항 및 회전속도를 바꾸지 않고 무부하로 하였을 때의 단자 전압을 V_o라 하면, 이 발전기의 전압 변동률 [%]는?

① $\dfrac{V_o - V_n}{V_o} \times 100$

② $\dfrac{V_o + V_n}{V_o} \times 100$

③ $\dfrac{V_o - V_n}{V_n} \times 100$

④ $\dfrac{V_o + V_n}{V_n} \times 100$

정답 38. ② 39. ① 40. ① 41. ④ 42. ① 43. ③

44 부하의 전압과 전류를 측정하기 위한 전압계와 전류계의 접속방법으로 옳은 것은?

① 전압계: 직렬, 전류계: 병렬
② 전압계: 직렬, 전류계: 직렬
③ 전압계: 병렬, 전류계: 직렬
④ 전압계: 병렬, 전류계: 병렬

> 해설
> 전압계는 전원과 병렬 접속하고, 전류계는 부하와 직렬 접속한다.

45 다음 제어용 기기 중 과부하 및 단락사고인 경우 자동차단되어 개폐기 역할을 겸하는 것은?

① 퓨즈
② 릴레이
③ 리밋 스위치
④ 노퓨즈 브레이커

46 막대의 양끝에 나사를 깎은 머리없는 볼트로서 볼트를 끼우기 어려운 곳에 미리 볼트를 심어 놓고 너트를 조일 수 있도록 한 볼트는?

① 기초 볼트
② 스테이 볼트
③ 스터드 볼트
④ 충격 볼트

> 해설
> • 충격 볼트 : 볼트에 가해지는 충격하중을 고려하여 만들어진 것
> • 스테이 볼트 : 부품 간의 간격을 유지하는 데 사용
> • 기초 볼트 : 기계구조물을 설치 및 조립 시 사용

47 표제란에 다음 그림과 같은 투상법 기호로 표시하는 각법은?

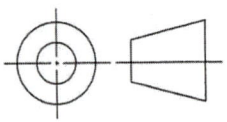

① 1각법
② 2각법
③ 3각법
④ 4각법

> 해설
> 제3각법 : 물체를 제3각 내에 두고 투상하는 방식으로, 투상면의 뒤쪽에 물체를 놓는다.(눈→투상면→물체) 배열은 정면도를 중심으로 하여 위쪽에 평면도, 오른쪽에 우측면도가 배열된다.

48 다음과 같은 입체도의 화살표 방향을 정면도로 선택한다면 다음 중 좌측면도로 가장 적합한 것은?

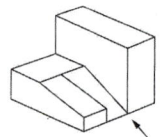

①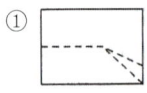
②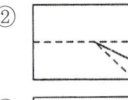
③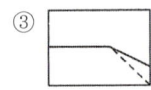
④

> 해설
> 좌측면도에서 외형선과 숨은선을 잘 구별한다.

정답 44. ③ 45. ④ 46. ③ 47. ③ 48. ③

49 도면에서 척도란에 'NS'로 표시된 것은 무엇을 뜻하는 것인가?

① 축척
② 나사를 표시
③ 배척
④ 비례척이 아닌 것을 표시

해설

척도 표시방법
- 표제란에 척도 기입하는 것이 원칙
- 같은 도면에 서로 다른 척도 사용시 각 그림 옆에 사용된 척도 기입
- 표제란이 없는 경우 도면이나 품번에 가까운 곳에 기입
- 물체의 형태가 치수와 비례하지 않을시 치수 밑에 밑줄을 긋거나 "비례가 아님" 또는 "NS" 등의 문자를 기입

해설

- 국부 투상도 : 대상물의 홀, 키홈 등 한 국부만을 그리는 법
- 보조 투상도 : 경사면이 있는 물체는 그 경사면과 맞서는 위치에 경사면의 실형을 보조 투상도로 그린 것
- 부분 투상도 : 도면의 일부를 도시하여 충분한 경우 그 필요 부분만을 부분 투상도로 그린 것
- 회전 투상도 : 투상면이 어느 각도를 가지고 있어 그 실형을 도시하기 어려울 때 그 부분을 회전하여 그린 것
- 부분 확대도 : 도면의 일부를 도시하여 필요한 부분만을 확대하여 그린 것

50 다음과 같은 용접 도시기호의 설명으로 올바른 것은?

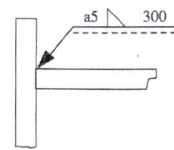

① 홈 깊이 5[mm]
② 목 길이 5[mm]
③ 목 두께 5[mm]
④ 루트 간격 5[mm]

해설

필릿용접의 목 두께 5[mm]와 용접 길이 300[mm]

51 물체의 구멍, 홈 등 특정 부분만의 모양을 도시하는 것으로 다음 그림과 같이 그려진 투상도의 명칭은?

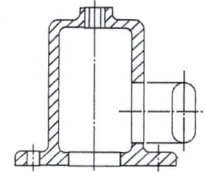

① 회전 투상도
② 보조 투상도
③ 부분 확대도
④ 국부 투상도

52 치수에 사용하는 기호이다. 잘못 연결된 것은?

① 정사각형의 변 - □
② 구의 반지름 - R
③ 지름 - ∅
④ 45°모따기 - C

해설

∅ - 지름	t - 두께	□ - 정사각형
p - 피치	R - 반지름	S∅ - 구면의 지름
C - 45° 모따기		SR - 구면의 반지름

53 비틀림 모멘트 440[N·m], 회전수 300[rev/min(=rpm)]인 전동축의 전달동력[kw]은?

① 5.8
② 13.8
③ 27.6
④ 56.6

해설

$$전달동력 = \frac{T \times N}{9,549} = \frac{440 \times 300}{9,549} = 13.82[kW]$$

정답 49. ④ 50. ③ 51. ④ 52. ② 53. ②

54 한 변의 길이가 2[cm]인 정사각형 단면의 주철제 각 봉에 4000[N]의 중량을 가진 물체를 올려놓았을 때 생기는 압축응력[N/mm²]은?

① 10[N/mm²] ② 20[N/mm²]
③ 30[N/mm²] ④ 40[N/mm²]

해설

$$\sigma_c = \frac{P_c}{A}[kg/cm^2] = \frac{4,000}{20 \times 20} = 10[N/mm^2]$$

55 축에서 토크가 67.5[kN·mm]이고, 지름 50[mm]일 때 키(Key)에 발생하는 전단응력은 몇 [N/mm²]인가? (단, 키의 크기는 너비 X 높이 X 길이 = 15 X 10 X 60mm이다.)

① 2 ② 3
③ 6 ④ 8

해설

전단응력 $r = \frac{W}{A}$ 이다.
축에 발생하는 힘(하중)은
$W = \frac{67,500}{25} = 27,00[N]$ 이다
그리고, 전단응력이 작용하는 면적(부분)은
$15 \times 60 = 900[mm^2]$ 이다.
즉, 전단응력 $r = \frac{2,700}{900} = 3[N/mm^2]$ 이다.

56 스프링의 세기를 나타내는 것은?

① 총 감긴수 ② 유효 감긴수
③ 스프링 지수 ④ 스프링 상수

해설

스프링의 세기를 나타내는 것은 스프링 상수이며, 스프링 상수가 클수록 잘 늘어나지 않으며 작용하중과 변위량의 비로 표시한다.

57 벨트에 있어 인장측과 이완측의 차는?

① 긴장측 ② 이완측
③ 유효장력 ④ 초기장력

해설

- 긴장측 - 끌어 당겨져서 장력이 크게 된 쪽
- 이완측 - 송출되어서 느슨해져 있는 쪽
- 초기장력 - 벨트 작동 시 발생되는 장력

58 리벳의 표시법으로 틀린 것은?

① 리벳을 도시할 때는 약도로 표시한다
② 리벳의 위치만 나타낼 때는 중심선만 표시한다.
③ 리벳은 키, 핀, 코터와 같이 길이 방향으로 절단한다.
④ 호칭 길이는 접시머리 리벳만 머리를 포함한 전체길이로 나타낸다.

해설

길이 방향으로 절단하지 않는 부품
- 축 스핀들
- 볼트, 너트, 와셔
- 작은 나사, 세트 스크류
- 키, 핀, 코터, 리벳

59 다음 중 가는 실선을 잘못 사용한 것은?

① 물체 내부에 회전 단면을 가는 실선으로 그렸다.
② 당면한 부위의 해칭선을 가는 실선으로 그렸다.
③ 가공 전이나 가공 후의 모양을 가는 실선으로 그렸다
④ 투상도의 어느 부분이 평면이라는 것을 나타내기 위해 가는 실선으로 대각선을 그렸다.

해설

③ 가는 2점쇄선으로 그린다.

정답 54. ① 55. ② 56. ④ 57. ③ 58. ③ 59. ③

60 가위로 물체를 자르거나 전단기로 철판을 절단할 때 주로 생기는 하중은?

① 인장하중　　② 압축하중
③ 전단하중　　④ 비틀림하중

해설
- 인장하중 - 재료를 축선 방향으로 늘어나게 하는 하중
- 압축하중 - 재료를 힘을 주는 방향으로 누르는 하중
- 비틀림하중 - 재료를 비트려고 하는 하중

정답　60. ③

· MEMO

PART 05

최신 기출문제 [실기편]

공유압기능사 실기문제 — 기호 및 용어해설

중요암기 | 공압에너지 생성 시스템

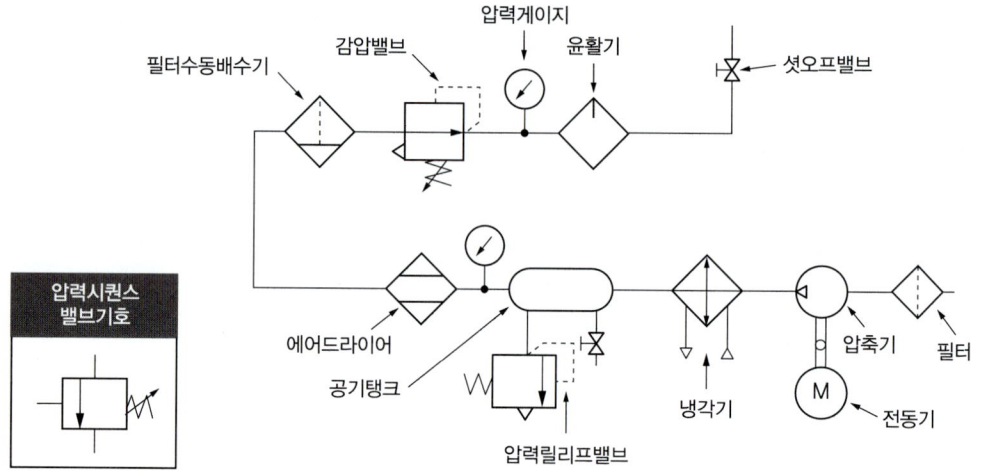

공압에너지 생성 시스템 용어해설

① 셧오프밸브 : 관로개폐 밸브
② 윤활기(루브리케이터) : 공압기기의 윤활작용
③ 압력게이지 : 압력 상태 체크
④ 감압밸브 : 시스템 압력을 감압
⑤ 필터 수동배수기 : 이물질 제거 및 수동배출 기능
⑥ 에어드라이어 : 압축공기 건조
⑦ 공기탱크 : 압축공기 저장
⑧ 압력릴리프밸브 : 시스템 압력설정용
⑨ 냉각기 : 압축공기 냉각
⑩ 전동기 : 압축기를 작동시키는 장치
⑪ 압축기 : 압축공기 생성 장치
⑫ 필터 : 이물질 제거
⑬ 압력시퀀스밸브 : 액추에이터를 일정한 순서로 작동시키는 밸브

중요암기 유압에너지 생성 시스템

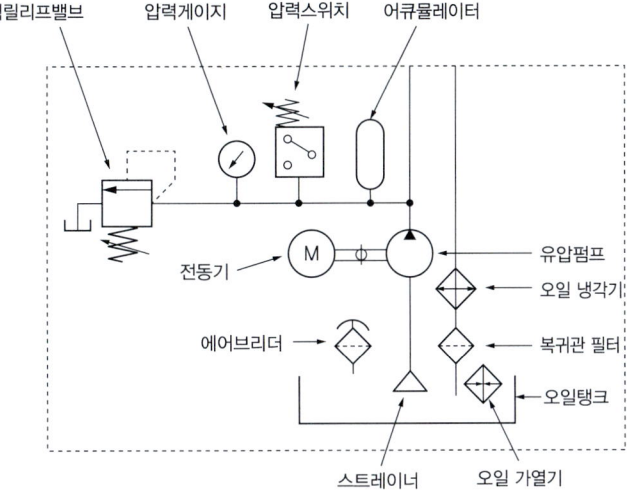

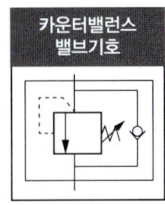

유압에너지 생성 시스템 용어해설

① 어큐뮬레이터 : 유압에너지 저장 및 맥동, 서지압력 제거
② 압력스위치 : 설정압력에 도달하면 전기적 신호를 발생
③ 압력게이지 : 압력 상태 체크
④ 압력릴리프밸브 : 시스템 압력설정용
⑤ 전동기 : 유압펌프를 작동시키는 장치
⑥ 유압펌프 : 유압작동유 토출 장치
⑦ 에어브리더 : 오일탱크의 유면 안정화
⑧ 스트레이너 : 펌프보호용
⑨ 오일 냉각기 : 오일 냉각
⑩ 오일 가열기 : 오일 가열
⑪ 복귀관 필터 : 오일 내 이물질 제거
⑫ 카운터밸런스밸브 : 회로 내 배압을 발생

1-1 공압 기출 예제 1번

※ 시험기간 : 1시간 20분
- 제1과제(공압회로 도면제작) : 20분
- 제2과제(공압회로구성 및 조립작업) : 1시간

1. 요구사항

※ 제1과제 : 공압회로 도면제작

가. 주어진 제어조건을 만족하는 공압회로도 및 전기회로도의 빈 부분(㉮, ㉯, ㉰)에 들어갈 기호를 제시된 【보기(공압)】에서 찾아 답안지(1)에 번호로 기입하고, 도면 중 ㉱ 부분의 용도 및 ㉲ 부분의 명칭을 답안지(1)에 작성하여 제출하시오.(단, ㉱, ㉲가 지칭하는 부분은 관로, 스프링, 드레인 등의 세부 부속품이 아닌 독립적으로 역할을 하는 전체 부품임을 고려하여 답지를 작성합니다.)

나. 주어진 공압회로도를 참조하여 제어조건에 따른 변위단계선도를 답안지(2)에 완성하여 제출하시오.

※ 제2과제 : 공압회로 구성 및 조립작업

(1) 기본과제

가. 제1과제에서 작성한 공압회로도와 같이 주어진 공압기기를 선정하여 고정판에 배치하시오. (단, 공압회로도 중 도면에 있는 차단밸브 이전 기기와 장치는 수험자가 구성하지 않습니다.)

나. 공압호스를 적절한 길이로 절단 사용하여 배치된 기기를 연결·완성하시오.

다. 전기회로도를 보고 전기회로작업을 완성하시오.(전기연결선 +는 적색으로, −는 청색 또는 흑색으로 연결하시오.)

라. 작업압력(서비스 유닛)을 (0.5±0.05)MPa로 설정하시오.

(2) 응용과제

마. 감독위원이 지정한 압력(0.2~0.5MPa 범위에서 지정)으로 변경하시오.

바. 실린더 A 전진 시 일방향 유량조절밸브(모듈형)를 사용하여 Meter-out 회로가 되도록 하고, 실린더 B 후진 시 급속배기밸브를 사용하여 실린더의 속도를 제어하시오.

사. 리밋 스위치를 이용하여 작업대에 제품이 없을 경우 실린더 A에 의한 벤딩 작업이 진행되지 않도록 하고, 이 경우 전기 램프가 점등되어 그 상태를 표시할 수 있도록 전기회로를 구성한 후 동작시키시오.(리밋 스위치는 전기 선택 스위치로 대용)

2. 도면

자격종목	공유압기능사	과제명	공압회로구성 및 조립작업

(1) 제어조건 : START 스위치를 On-Off하면 실린더 A가 전진하고 실린더 A의 전진으로 제품이 캡모양으로 벤딩이 되고, 실린더 A가 후진하면 실린더 B가 전진하여 제품을 자르게 된다. 제품을 절단한 후에 실린더 B가 후진하면 제품을 수작업으로 꺼낸다.

가. 위치도

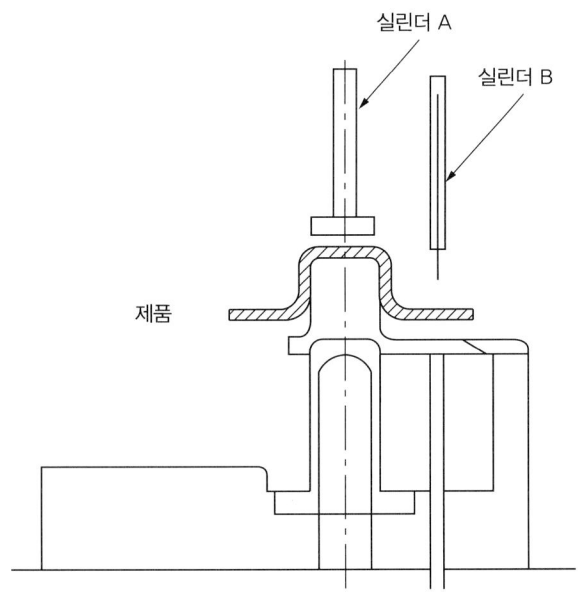

| 자격종목 | 공유압기능사 | 과제명 | 공압회로구성 및 조립작업 |

나. 공압회로도

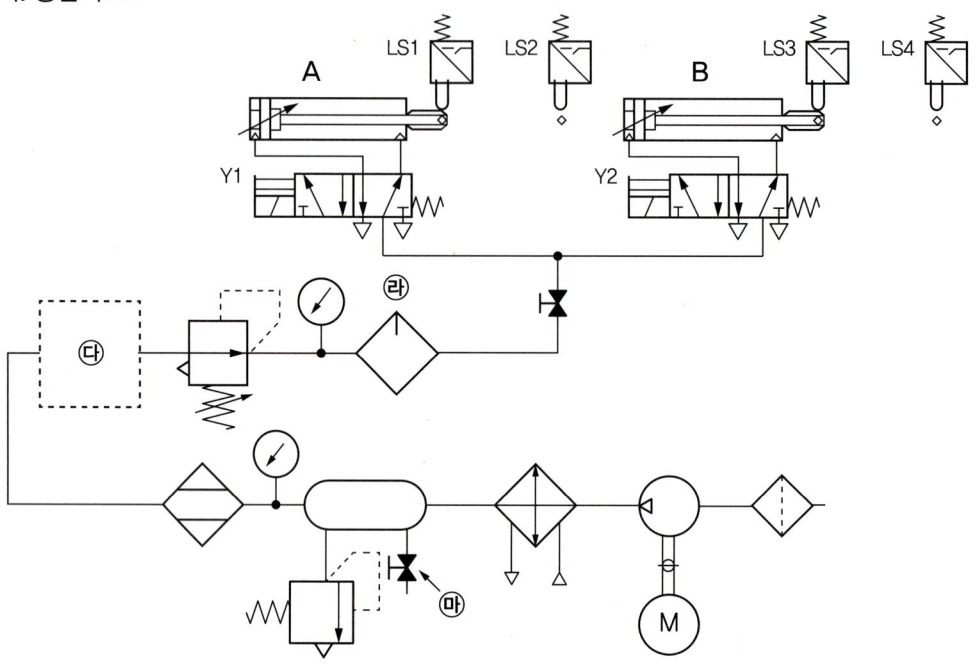

다. 전기회로도

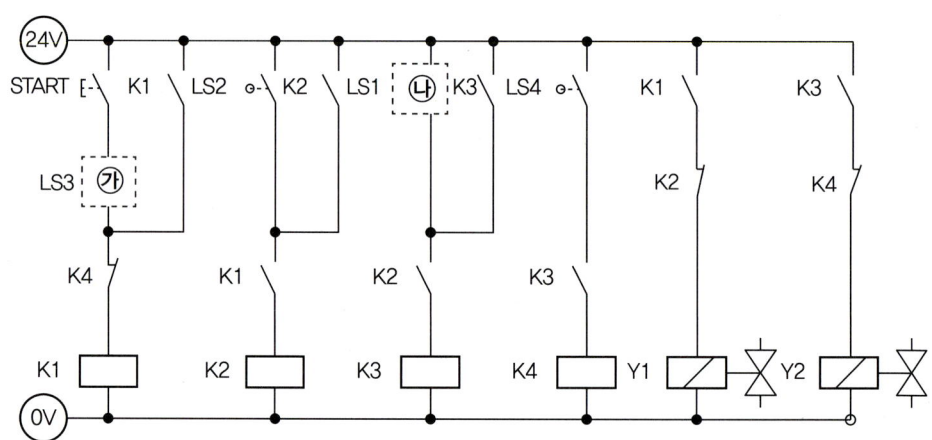

정답

가 : ㉙ ↑ ㅇ┘ 나 : ㉙ ↑ ㅇ┘ 다 : ⑥

라 : 공압기기의 윤활작용
마 : 셧 오프 밸브

공압 변위단계 선도

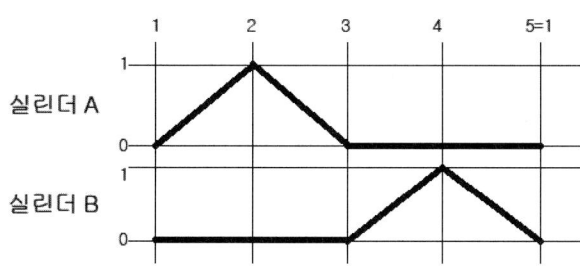

응용과제 바 정답

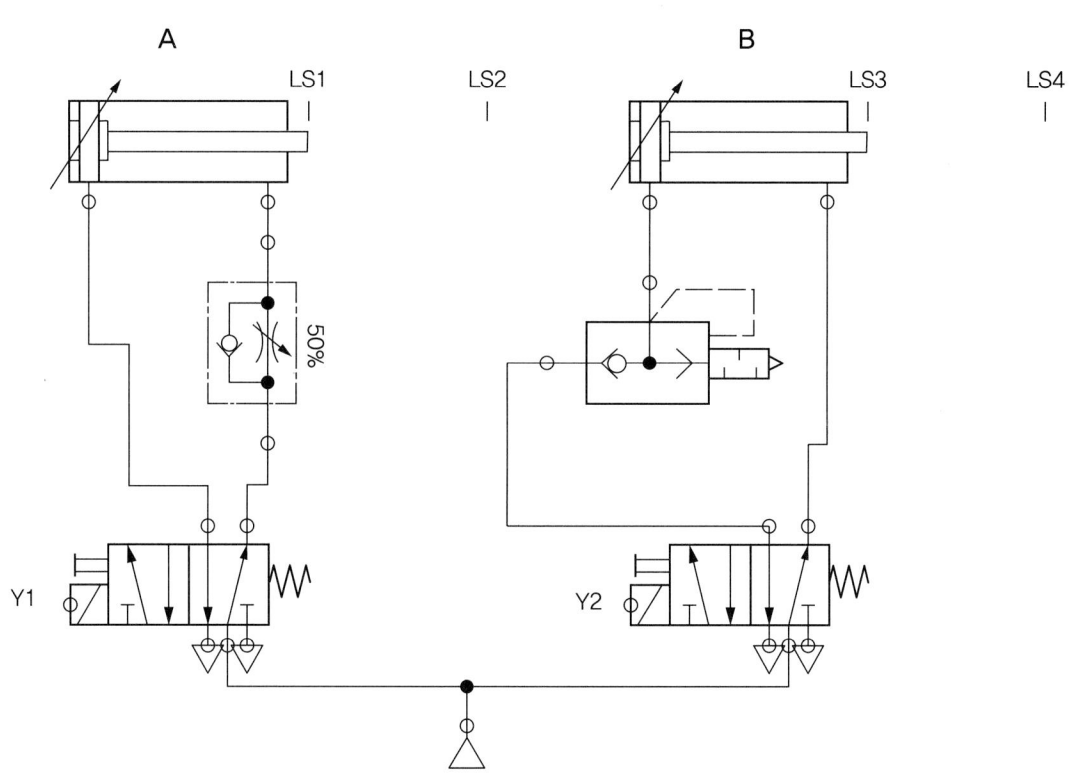

응용과제 사 정답

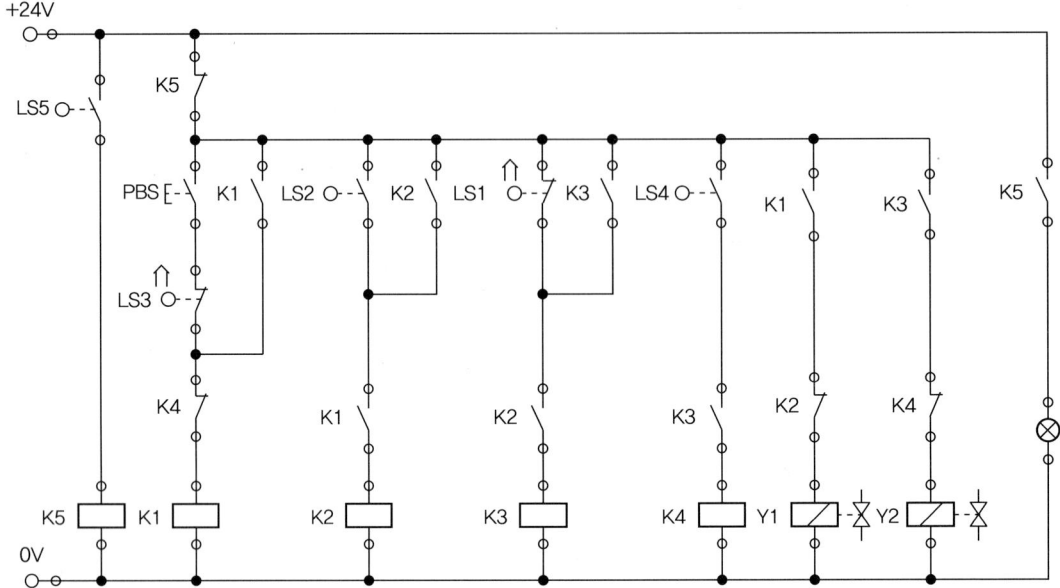

| 자격종목 | 공유압기능사 | 과제명 | 공압회로구성 및 조립작업 |

제1과제 (공압회로 도면제작)

【 보기(공압) 】

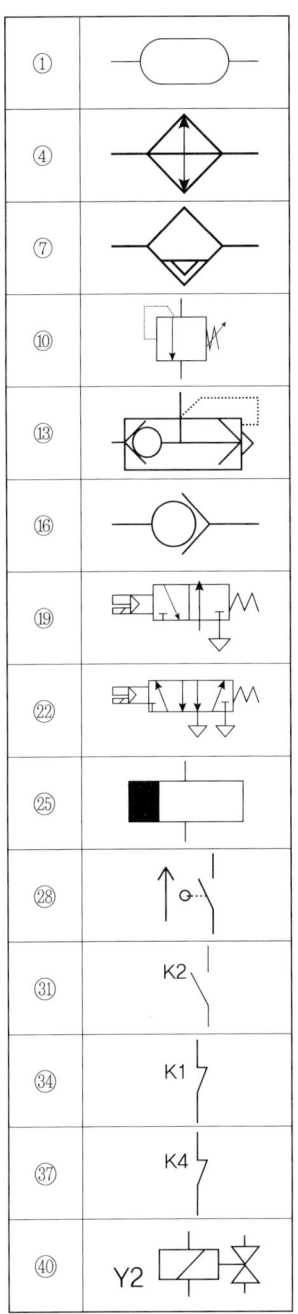
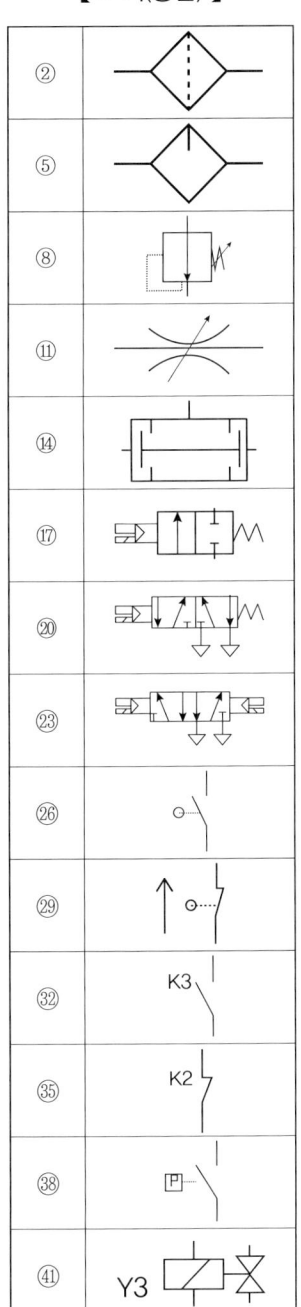
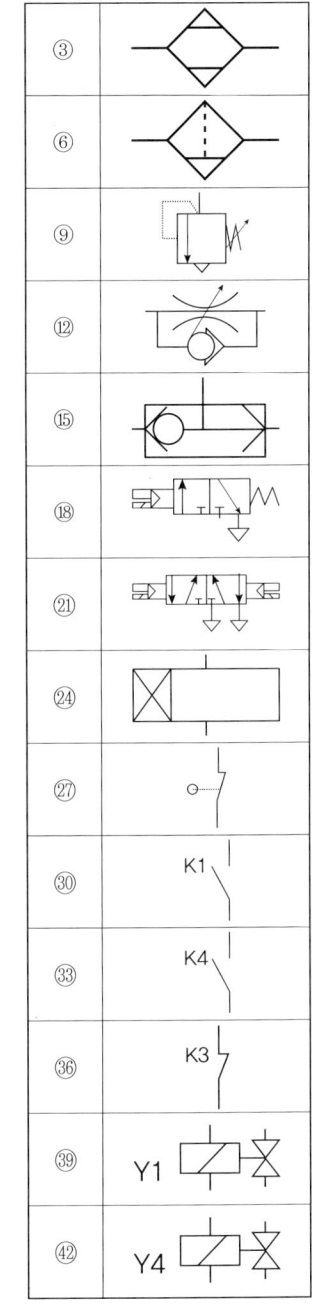

국가기술자격 실기시험 답안지 (1)

자격종목	공유압기능사	비번호		감독위원 확인	

1. 전기회로도 중 빈 칸 ㉮에 들어갈 적절한 기호를 【보기(공압)】에서 골라 그 번호를 쓰시오.

   답

2. 전기회로도 중 빈 칸 ㉯에 들어갈 적절한 기호를 【보기(공압)】에서 골라 그 번호를 쓰시오.

   답

3. 공압회로도 중 빈 칸 ㉰에 들어갈 적절한 기호를 【보기(공압)】에서 골라 그 번호를 쓰시오.

   답

4. 공압회로도 중 ㉱의 용도를 쓰시오.

   답

5. 공압회로도 중 ㉲의 명칭을 쓰시오

   답

득점 총계

국가기술자격 실기시험 답안지 (2)

자격종목	공유압기능사	비번호		감독위원 확인	

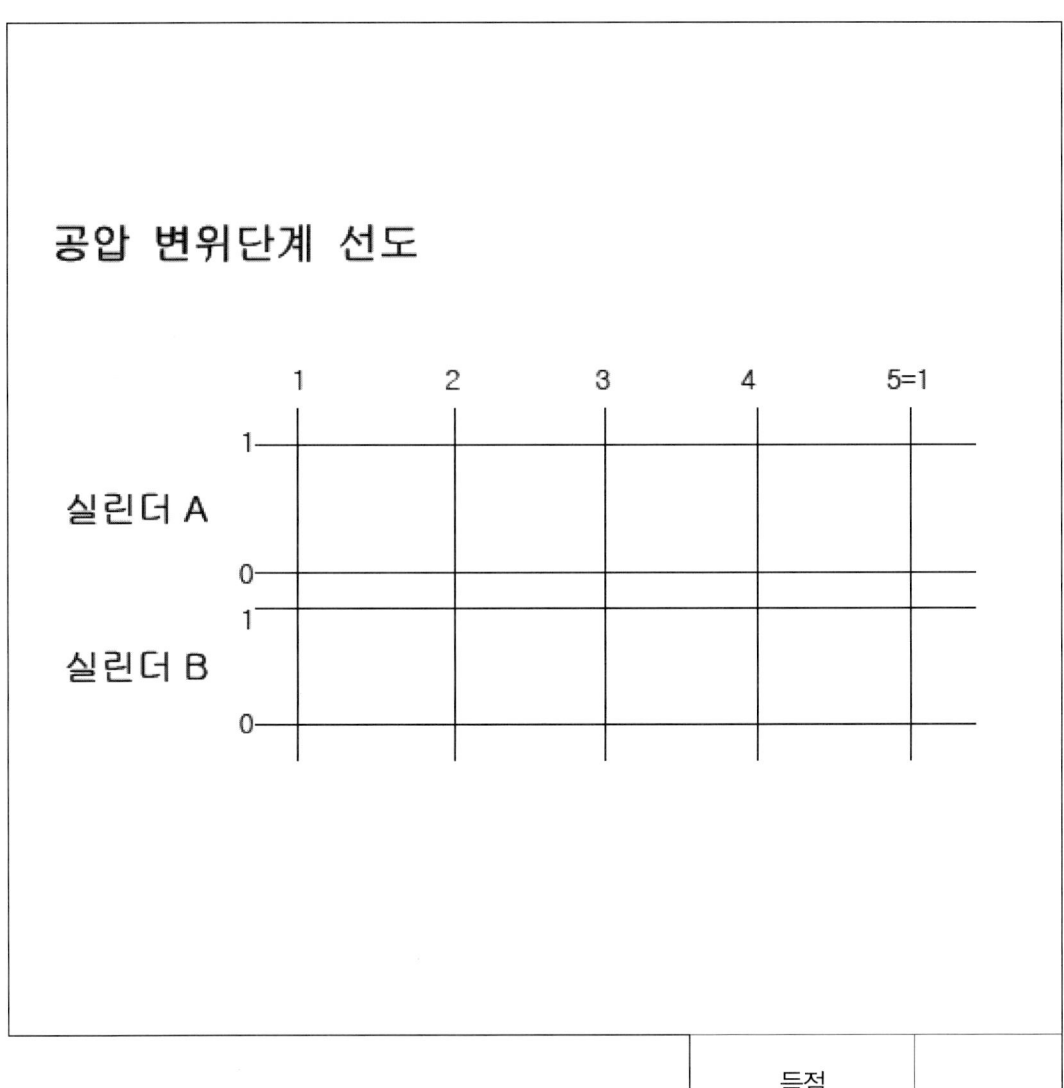

득점

※ 실린더가 대기 중일 때는 반드시 수평선으로 표시합니다.
　– 변위단계 선도에 나타내는 선은 굵게(진하게) 표시합니다.

1-2 유압 기출 예제 1번

※ 시험기간 : 1시간 10분
  - 제3과제(유압회로 도면제작) : 10분
  - 제4과제(유압회로구성 및 조립작업) : 1시간

1. 요구사항

※ 제3과제 : 유압회로 도면제작
  가. 주어진 제어조건을 만족하는 유압회로도 및 전기회로도의 빈 부분(㉮, ㉯, ㉰)에 들어갈 기호를 제시된 【보기(유압)】에서 찾아 답안지(3)에 번호로 기입하고, 도면 중 ㉱ 부분의 명칭 및 ㉲ 부분의 용도를 답안지(3)에 작성하여 제출하시오.(단, ㉱, ㉲가 지칭하는 부분은 관로, 스프링, 드레인 등의 세부 부속품이 아닌 독립적으로 역할을 하는 전체 부품임을 고려하여 답지를 작성합니다.)

※ 제4과제 : 유압회로 구성 및 조립작업
  (1) 기본과제
    가. 제3과제에서 작성한 유압도면과 같이 주어진 유압기기를 선정하여 고정판에 배치하시오. (단, 도면에 일점쇄선 부분은 수험자가 구성하지 않습니다.)
    나. 유압호스를 사용하여 배치된 기기를 연결·완성하시오.
    다. 전기회로도를 보고 전기회로작업을 완성하시오.(전기연결선 +는 적색으로, −는 청색 또는 흑색으로 연결하시오.)
    라. 유압회로 내의 최고압력을 (4±0.2)MPa로 설정하시오.

  (2) 응용과제
    마. 실린더의 전진 시 과도한 압력에 의하여 공작물이 파손되는 것을 방지하기 위하여 감압밸브와 압력게이지를 사용하여 압력을 (2±0.2)MPa로 변경하시오.
    바. 전기타이머를 사용하여 실린더가 전진 완료 후 3초간 정지한 후에 후진하도록 전기회로를 구성하고 동작시키시오.

2. 도면(유압회로)

자격종목	공유압기능사	과제명	유압회로구성 및 조립작업

(1) 제어조건 : START 스위치를 On-Off하면 실린더 A가 전진하여 펀칭작업을 하고, 전진을 완료하면 리밋 스위치에 의하여 후진을 한다. 재작업은 RESET 스위치를 On-Off 한 후 작업하도록 한다.(단, 중립위치 밸브를 사용한다.)

가. 위치도

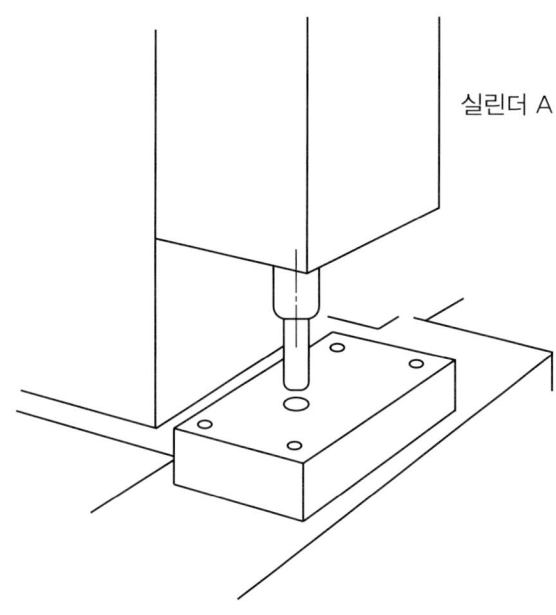

| 자격종목 | 공유압기능사 | 과제명 | 유압회로구성 및 조립작업 |

나. 유압회로도

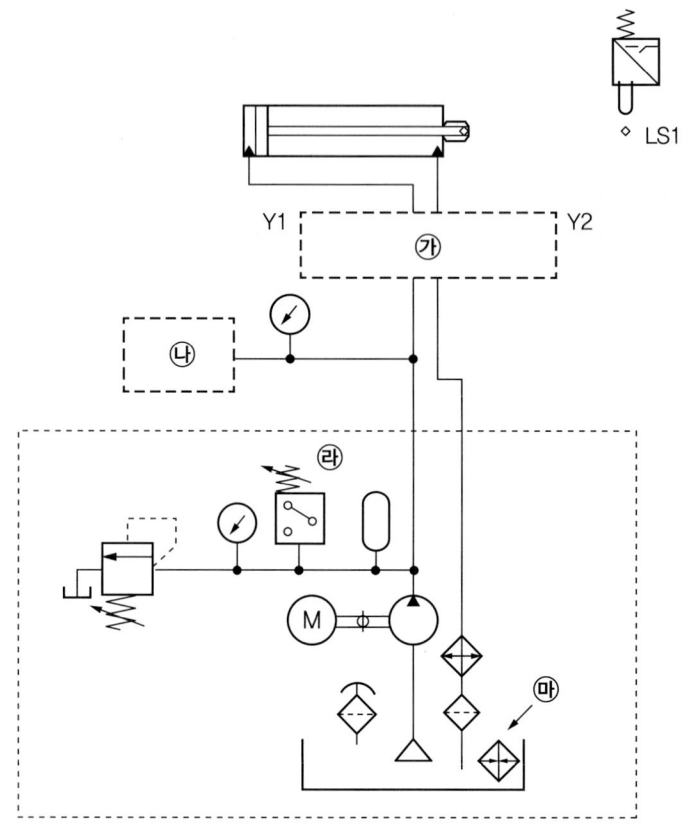

다. 전기회로도

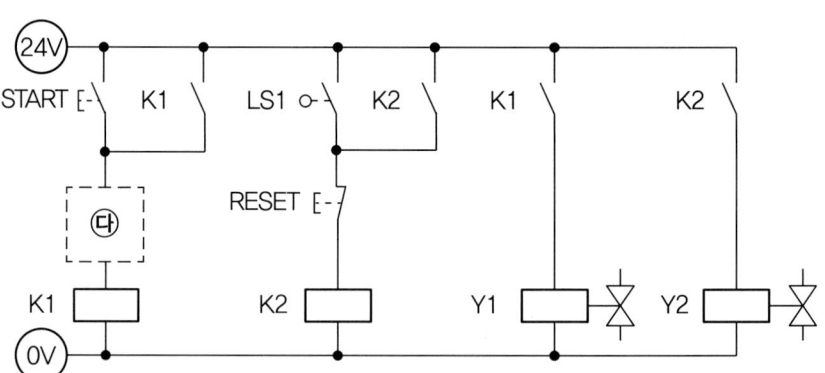

> **정답**

가 : ㉔ [밸브기호], 나 : ⑧ [밸브기호], 다 : ㊱ K2

라 : 압력스위치
마 : 오일 가열

응용과제 마 정답

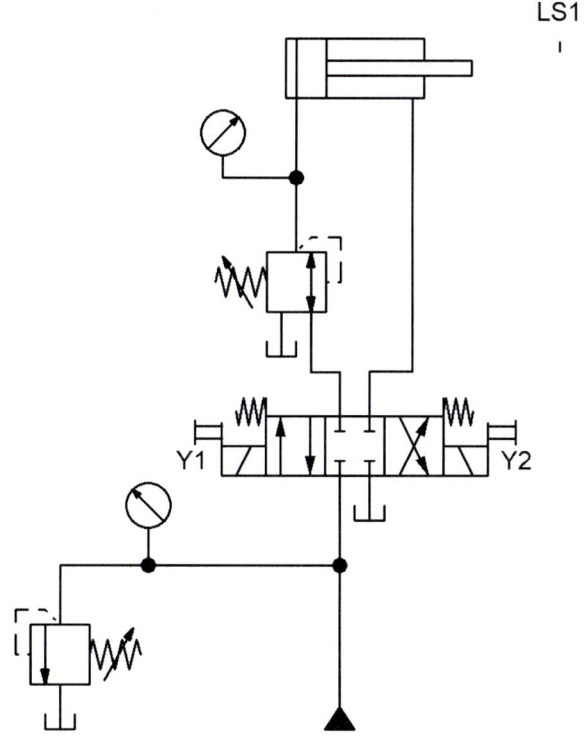

응용과제 바 정답

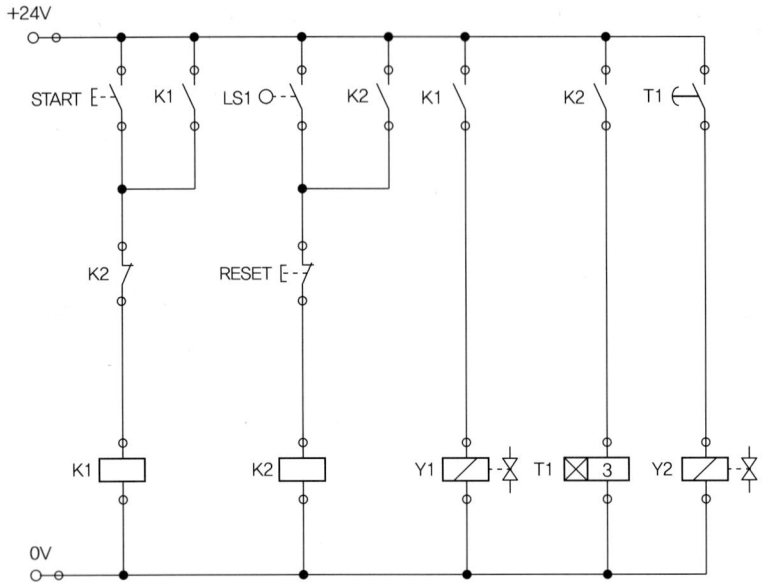

| 자격종목 | 공유압기능사 | 과제명 | 유압회로구성 및 조립작업 |

제3과제(유압회로 도면제작)

【 보기(유압) 】

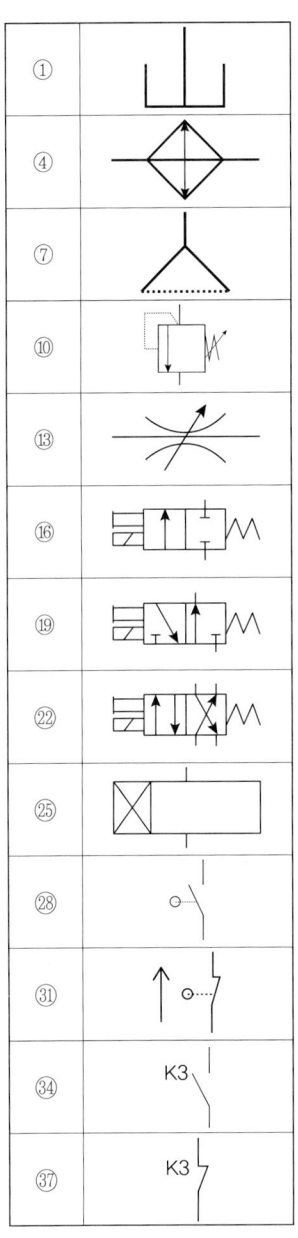
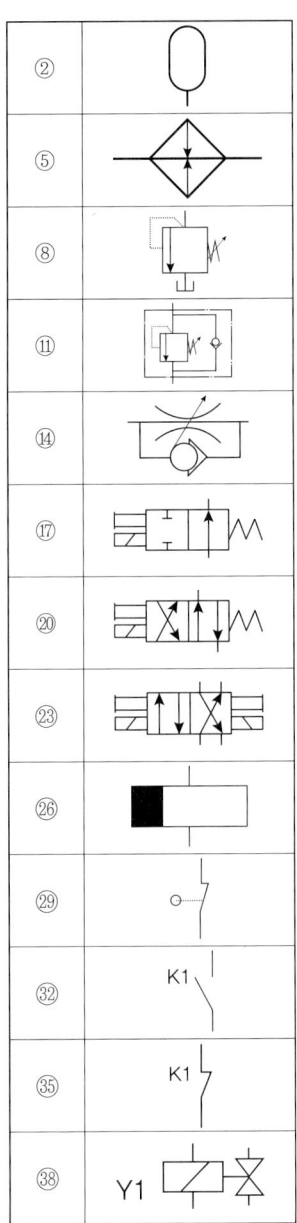
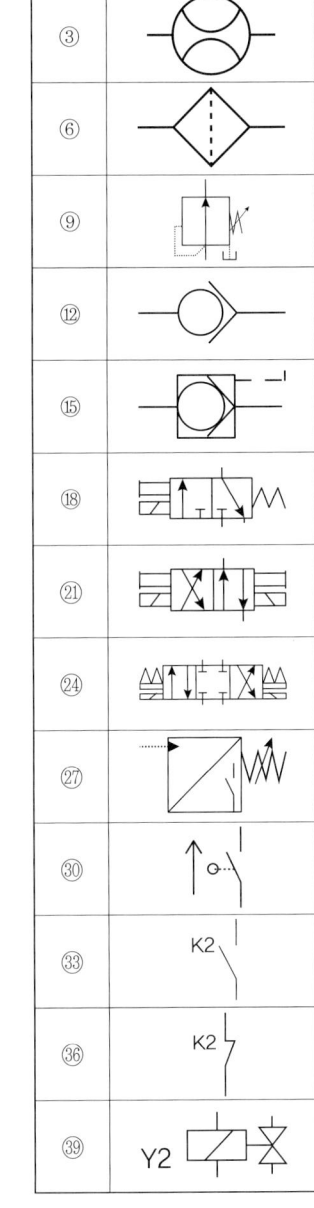

국가기술자격 실기시험 답안지 (3)

자격종목	공유압기능사	비번호		감독위원 확인	

1. 유압회로도 중 빈 칸 ㉮에 들어갈 적절한 기호를【보기(유압)】에서 골라 그 번호를 쓰시오. 답	득 점
2. 유압회로도 중 빈 칸 ㉯에 들어갈 적절한 기호를【보기(유압)】에서 골라 그 번호를 쓰시오. 답	득 점
3. 전기회로도 중 빈 칸 ㉰에 들어갈 적절한 기호를【보기(유압)】에서 골라 그 번호를 쓰시오. 답	득 점
4. 유압회로도 중 ㉱의 명칭을 쓰시오. 답	득 점
5. 유압회로도 중 ㉲의 용도를 쓰시오 답	득 점
득점 총계	

2-1 공압 기출 예제 2번

※ 시험기간 : 1시간 20분
- 제1과제(공압회로 도면제작) : 20분
- 제2과제(공압회로구성 및 조립작업) : 1시간

1. 요구사항

※ 제1과제 : 공압회로 도면제작

가. 주어진 제어조건을 만족하는 공압회로도 및 전기회로도의 빈 부분(㉠, ㉡, ㉢)에 들어갈 기호를 제시된 【보기(공압)】에서 찾아 답안지(1)에 번호로 기입하고, 도면 중 ㉣ 부분의 용도 및 ㉤ 부분의 명칭을 답안지(1)에 작성하여 제출하시오.(단, ㉣, ㉤가 지칭하는 부분은 관로, 스프링, 드레인 등의 세부 부속품이 아닌 독립적으로 역할을 하는 전체 부품임을 고려하여 답지를 작성합니다.)

나. 주어진 공압회로도를 참조하여 제어조건에 따른 변위단계선도를 답안지(2)에 완성하여 제출하시오.

※ 제2과제 : 공압회로 구성 및 조립작업

(1) 기본과제

가. 제1과제에서 작성한 공압회로도와 같이 주어진 공압기기를 선정하여 고정판에 배치하시오. (단, 공압회로도 중 도면에 있는 차단밸브 이전 기기와 장치는 수험자가 구성하지 않습니다.)

나. 공압호스를 적절한 길이로 절단 사용하여 배치된 기기를 연결 · 완성하시오.

다. 전기회로도를 보고 전기회로작업을 완성하시오.(전기연결선 +는 적색으로, -는 청색 또는 흑색으로 연결하시오.)

라. 작업압력(서비스 유닛)을 (0.5±0.05)MPa로 설정하시오.

(2) 응용과제

마. 감독위원이 지정한 압력(0.2~0.5MPa 범위에서 지정)으로 변경하시오.

바. 실린더 A 전진 시 일방향 유량조절밸브(모듈형)를 사용하여 Meter-out 회로가 되도록 하고, 실린더 B 후진 시 급속배기밸브를 사용하여 실린더의 속도를 제어하시오.

사. 회로도에서 A 실린더의 왕복운동을 제어하기 위하여 스프링 복귀형 솔레노이드 밸브를 사용하였다. 이를 메모리 기능이 있는 복동 솔레노이드 밸브를 사용하여 회로를 재구성한 후 동작시키시오.

2. 도면(공압회로)

| 자격종목 | 공유압기능사 | 과제명 | 공압회로구성 및 조립작업 |

(1) 제어조건 : 공압을 이용한 자동 이송장치 회로를 설계하려 한다. 공작물은 자유 낙하에 의하여 매거진 아래로 내려온다. START 스위치를 On-Off하면, 이송 실린더 A가 공작물을 매거진에서 밀어 이송하고, 원 위치로 복귀한 후 추출 실린더 B가 공작물을 포장박스에 보내고 귀환한다.

가. 위치도

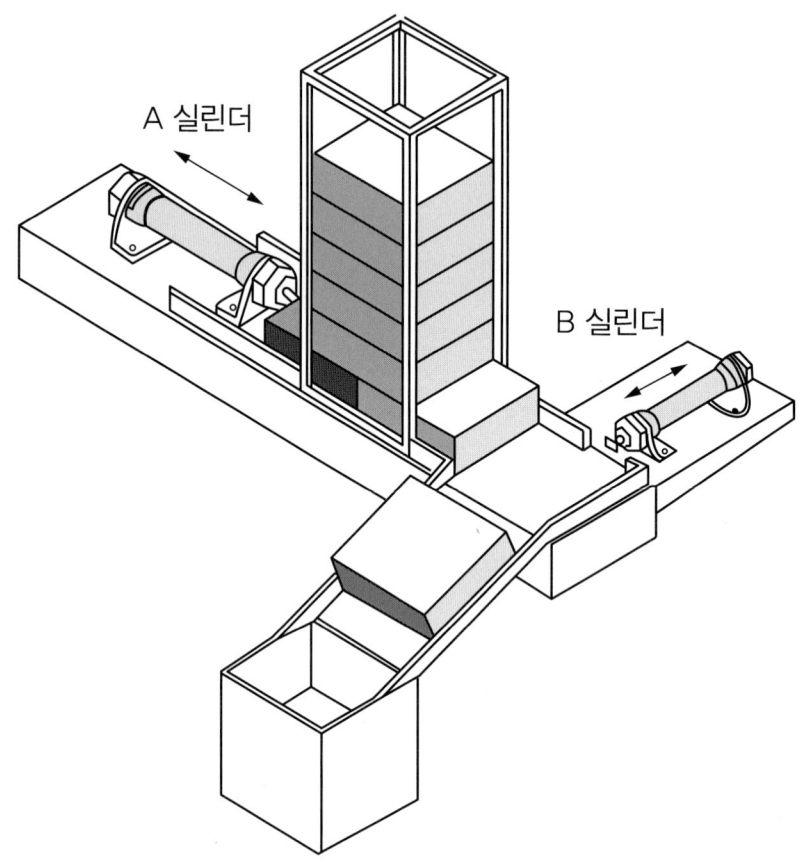

| 자격종목 | 공유압기능사 | 과제명 | 공압회로구성 및 조립작업 |

나. 공압회로도

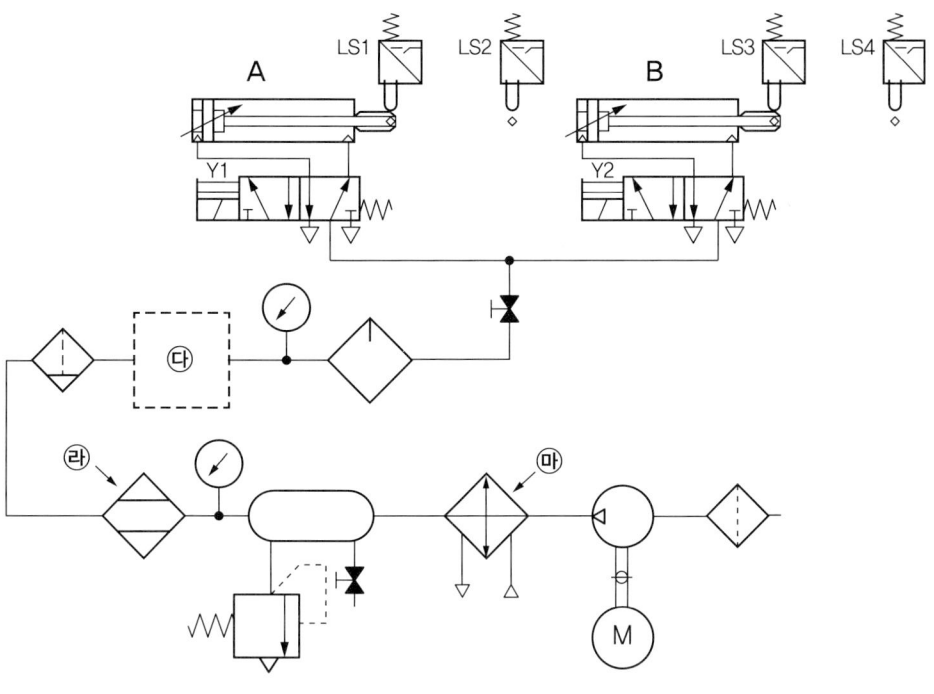

다. 전기회로도

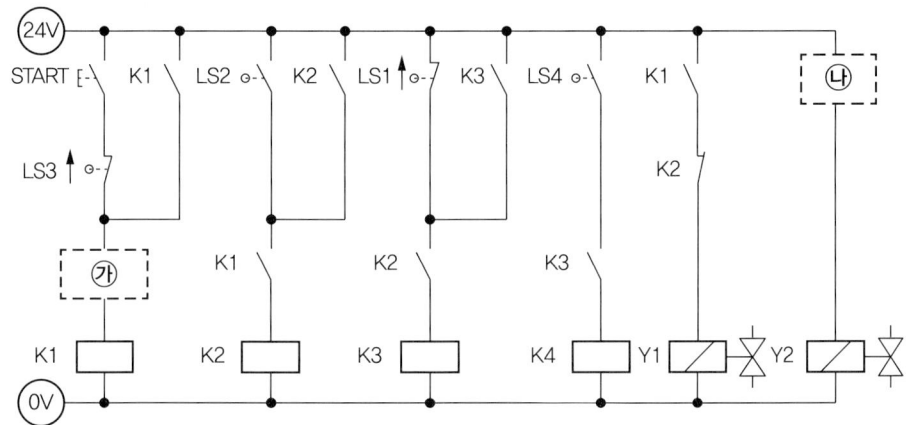

> **정답**
>
> 가 : ㊲ K4, 나 : ㉜ K3, 다 : ⑧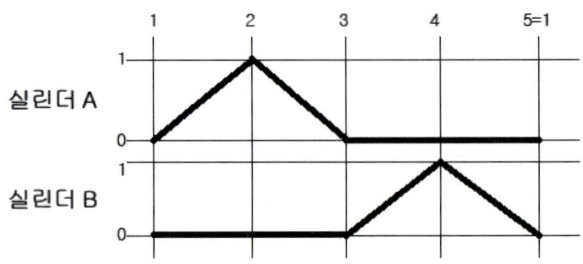
>
> 라 : 압축공기 건조
> 마 : 냉각기

공압 변위단계 선도

응용과제 바 정답

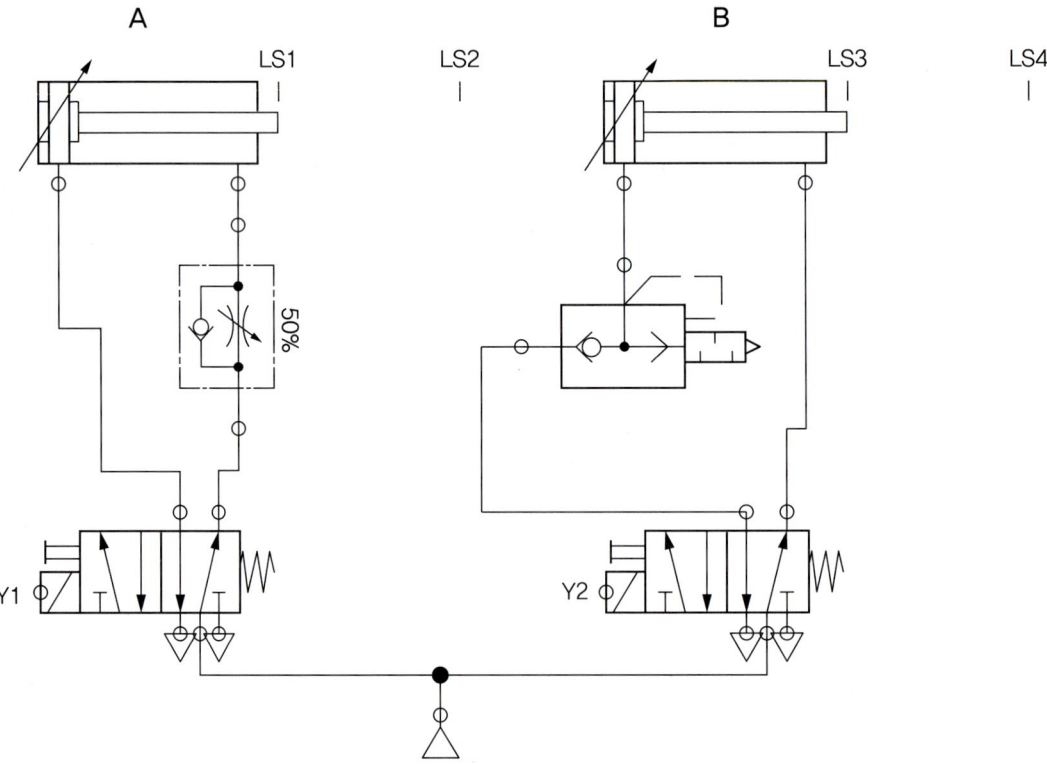

응용과제 사 정답

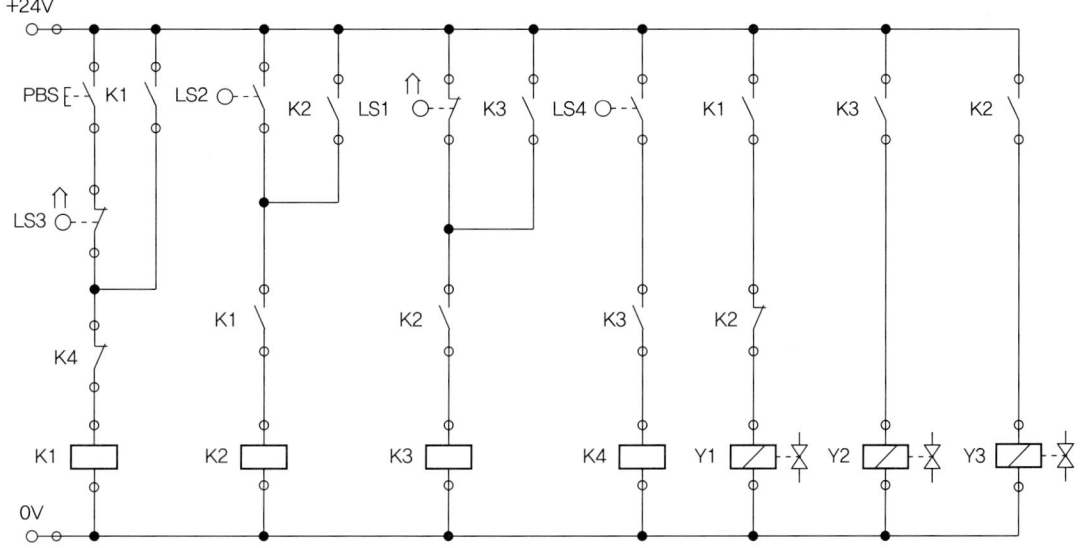

2-2 유압 기출 예제 2번

※ 시험기간 : 1시간 10분
  - 제3과제(유압회로 도면제작) : 10분
  - 제4과제(유압회로구성 및 조립작업) : 1시간

1. 요구사항

※ 제3과제 : 유압회로 도면제작

가. 주어진 제어조건을 만족하는 유압회로도 및 전기회로도의 빈 부분(㉮, ㉯, ㉰)에 들어갈 기호를 제시된【보기(유압)】에서 찾아 답안지(3)에 번호로 기입하고, 도면 중 ㉱ 부분의 명칭 및 ㉲ 부분의 용도를 답안지(3)에 작성하여 제출하시오.(단, ㉱, ㉲가 지칭하는 부분은 관로, 스프링, 드레인 등의 세부 부속품이 아닌 독립적으로 역할을 하는 전체 부품임을 고려하여 답지를 작성합니다.)

※ 제4과제 : 유압회로 구성 및 조립작업

(1) 기본과제

가. 제3과제에서 작성한 유압도면과 같이 주어진 유압기기를 선정하여 고정판에 배치하시오. (단, 도면에 일점쇄선 부분은 수험자가 구성하지 않습니다.)

나. 유압호스를 사용하여 배치된 기기를 연결·완성하시오.

다. 전기회로도를 보고 전기회로작업을 완성하시오.(전기연결선 +는 적색으로, −는 청색 또는 흑색으로 연결하시오.)

라. 유압회로 내의 최고압력을 (4±0.2)MPa로 설정하시오.

(2) 응용과제

마. 유압 실린더의 전·후진 회로에 공급되는 유량을 조절하도록 유압 회로를 구성하고 동작시키시오.

바. 전기타이머를 사용하여 실린더가 전진 완료 후 3초간 정지한 후에 후진하도록 전기회로를 구성하고 동작시키시오.

2. 도면(유압회로)

자격종목	공유압기능사	과제명	유압회로구성 및 조립작업

(1) 제어조건 : 자동차 엔진 실린더 블록을 드릴 가공하려 한다. 가공물의 이송 및 고정은 수작업으로 하고 START 스위치를 On-Off하면 드릴 이송용 유압 복동 실린더가 가공물 직전까지 정상 속도로 하강한다. 드릴이 공작물에 접근하면(LS2 위치) 저속으로 드릴 날이 하강 완료하고 (LS3 위치) 작업이 완료되면 실린더는 정상속도로 상승한다.(단, 유압회로도에서 반드시 릴리프 밸브와 체크 밸브를 사용하여 카운터 밸런스 회로(설정 압력은 3MPa(±0.2MPa))를 구성하여야 합니다.)

가. 위치도

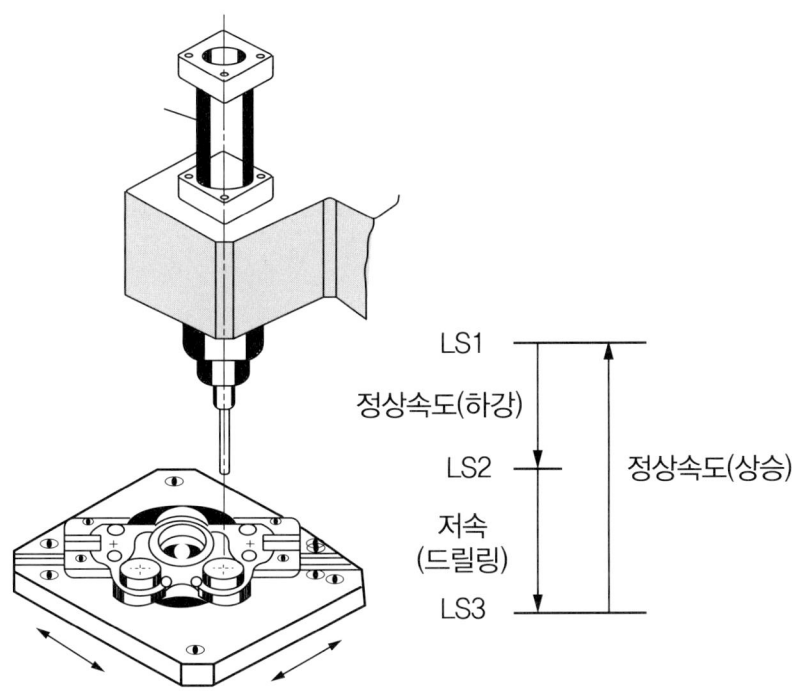

| 자격종목 | 공유압기능사 | 과제명 | 유압회로구성 및 조립작업 |

나. 유압회로도

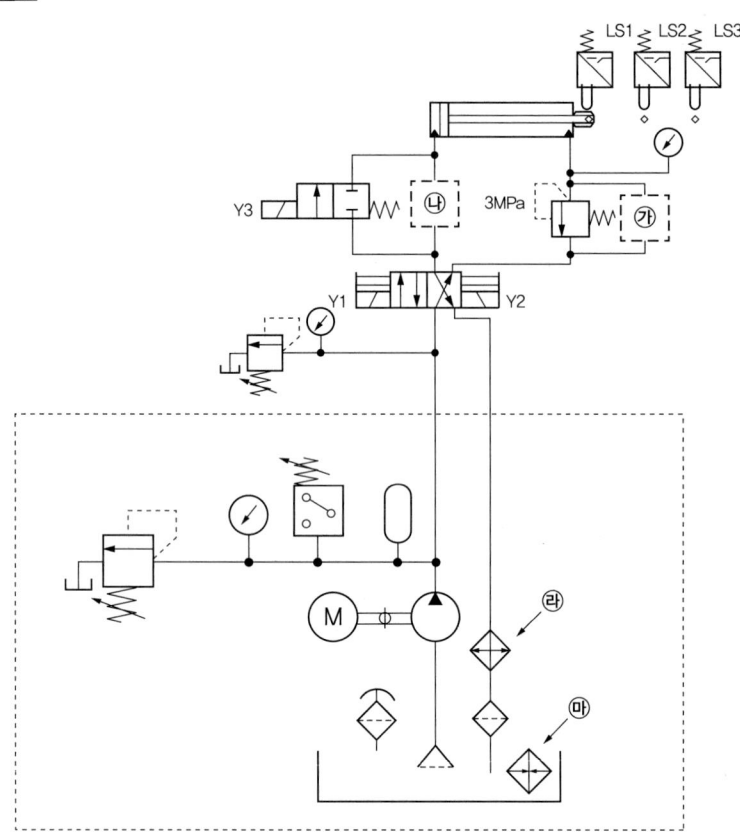

다. 전기회로도

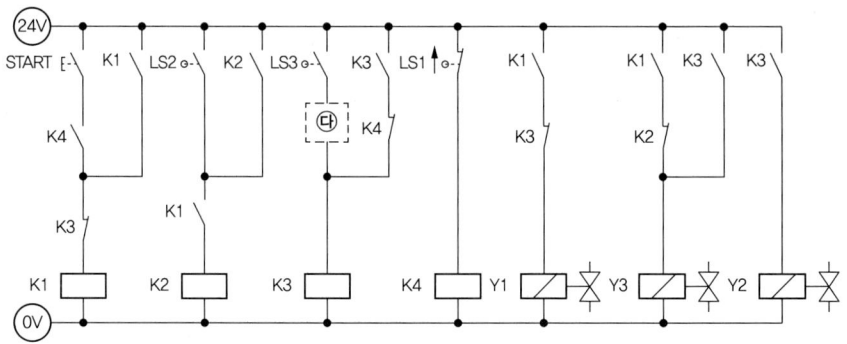

> 정답

가 : ⑫ ─◯─　나 : ⑬ ⤨　다 : ㉝ K2

라 : 오일냉각기
마 : 오일 가열

응용과제 마 정답

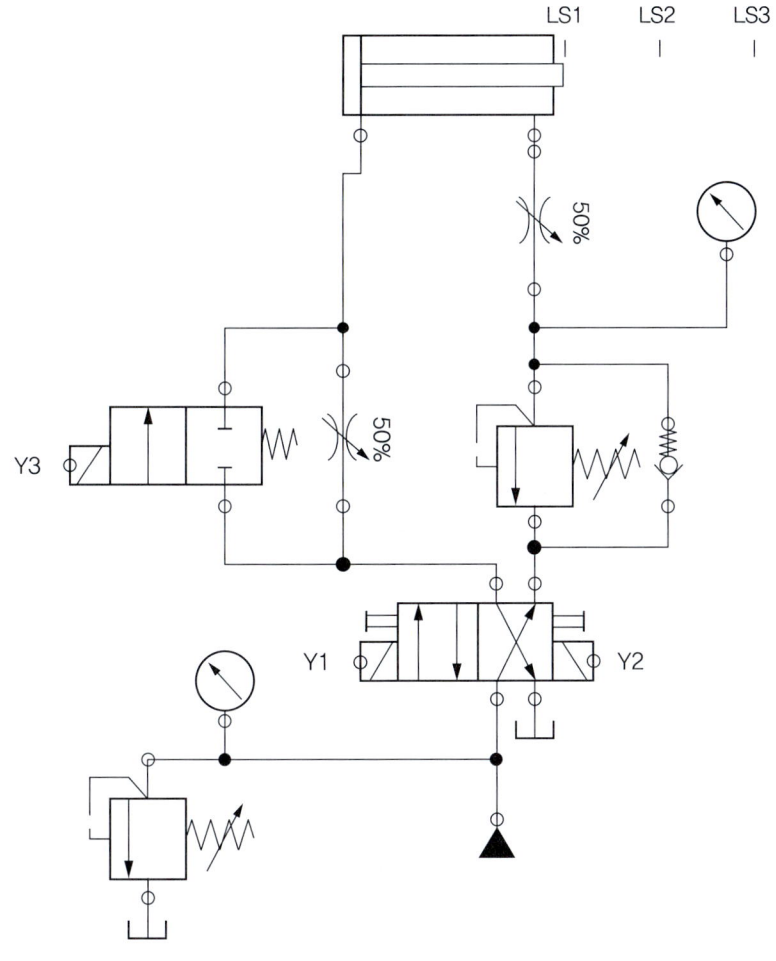

응용과제 바 정답

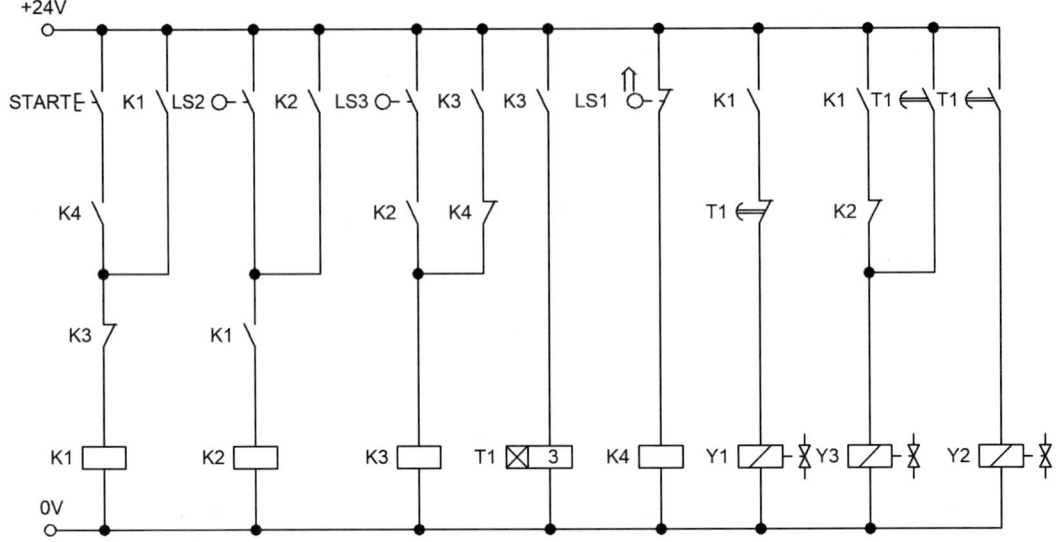

3-1 공압 기출 예제 3번

※ 시험기간 : 1시간 20분
- 제1과제(공압회로 도면제작) : 20분
- 제2과제(공압회로구성 및 조립작업) : 1시간

1. 요구사항

※ 제1과제 : 공압회로 도면제작
  가. 주어진 제어조건을 만족하는 공압회로도 및 전기회로도의 빈 부분(㉮, ㉯, ㉰)에 들어갈 기호를 제시된 【보기(공압)】에서 찾아 답안지(1)에 번호로 기입하고, 도면 중 ㉱ 부분의 용도 및 ㉲ 부분의 명칭을 답안지(1)에 작성하여 제출하시오.(단, ㉱, ㉲가 지칭하는 부분은 관로, 스프링, 드레인 등의 세부 부속품이 아닌 독립적으로 역할을 하는 전체 부품임을 고려하여 답지를 작성합니다.)
  나. 주어진 공압회로도를 참조하여 제어조건에 따른 변위단계선도를 답안지(2)에 완성하여 제출하시오.

※ 제2과제 : 공압회로 구성 및 조립작업
  (1) 기본과제
    가. 제1과제에서 작성한 공압회로도와 같이 주어진 공압기기를 선정하여 고정판에 배치하시오. (단, 공압회로도 중 도면에 있는 차단밸브 이전 기기와 장치는 수험자가 구성하지 않습니다.)
    나. 공압호스를 적절한 길이로 절단 사용하여 배치된 기기를 연결·완성하시오.
    다. 전기회로도를 보고 전기회로작업을 완성하시오.(전기연결선 +는 적색으로, -는 청색 또는 흑색으로 연결하시오.)
    라. 작업압력(서비스 유닛)을 (0.5±0.05)MPa로 설정하시오.

  (2) 응용과제
    마. 감독위원이 지정한 압력(0.2~0.5MPa 범위에서 지정)으로 변경하시오.
    바. 실린더 A 전진 시 일방향 유량조절밸브(모듈형)를 사용하여 Meter-out 회로가 되도록 하고, 실린더 B 후진 시 급속배기밸브를 사용하여 실린더의 속도를 제어하시오.
    사. 전기타이머를 사용하여 A 실린더가 전진 완료 후 3초간 정지한 후에 후진하도록 전기회로를 구성하고 동작시키시오.

2. 도면(공압회로)

| 자격종목 | 공유압기능사 | 과제명 | 공압회로구성 및 조립작업 |

(1) 제어조건 : 공압을 이용한 프레스 작업기 회로를 설계하려 한다. 금속판은 수동으로 성형프레스에 삽입된다. 시동스위치(PBS1)를 On-Off하면, 성형 실린더 A가 금속판을 성형한 후 복귀하게 되고, 추출 실린더 B가 전후진하여 성형된 금속부품을 추출시킨다.

가. 위치도

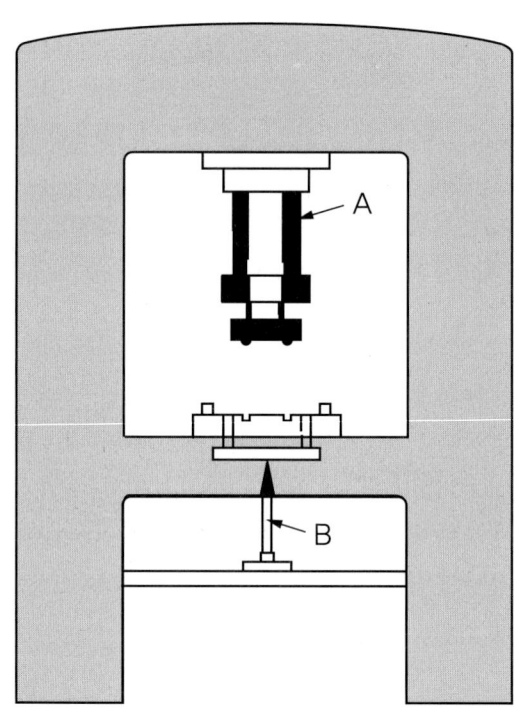

| 자격종목 | 공유압기능사 | 과제명 | 공압회로구성 및 조립작업 |

나. 공압회로도

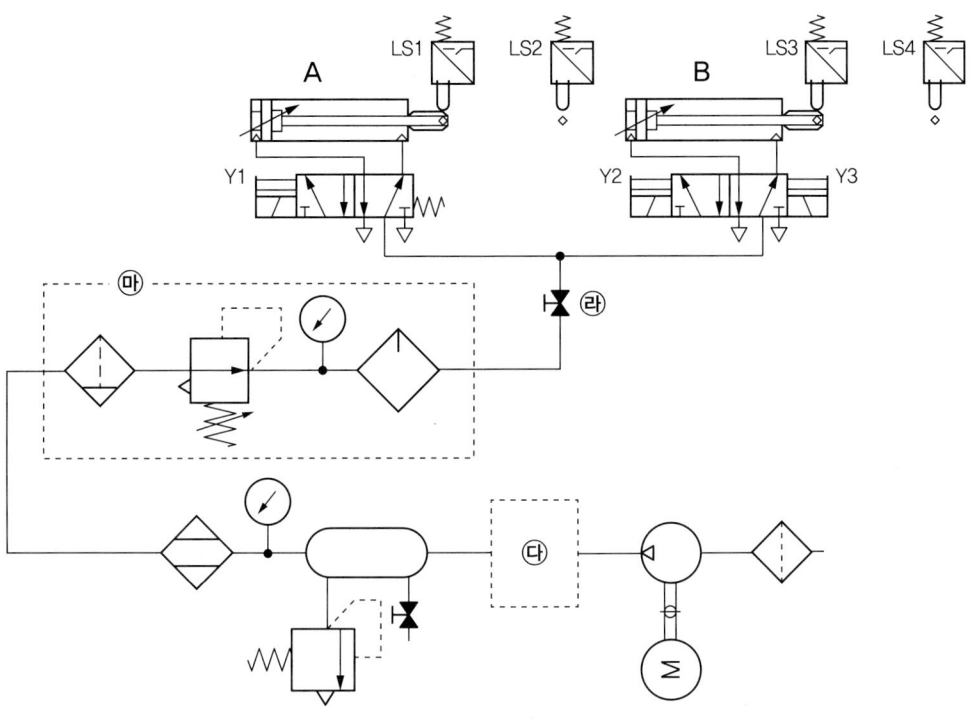

다. 전기회로도

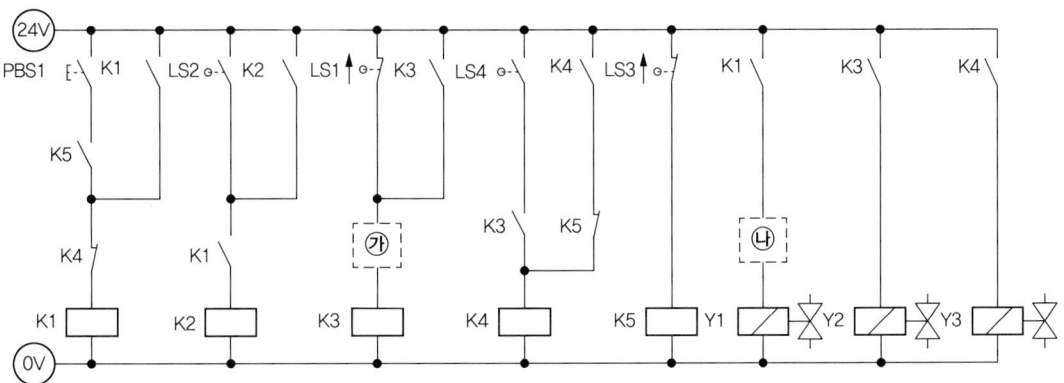

> **정답**
>
> 가 : ㉛ ―K2― 나 : ㉟ ―K2― 다 : ④ ◇
>
> 라 : 관로 개폐 밸브
> 마 : 에어서비스유니트

공압 변위단계 선도

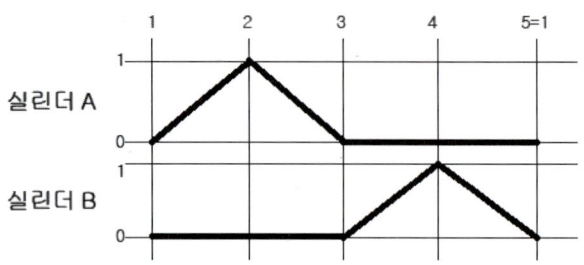

응용과제 바 정답

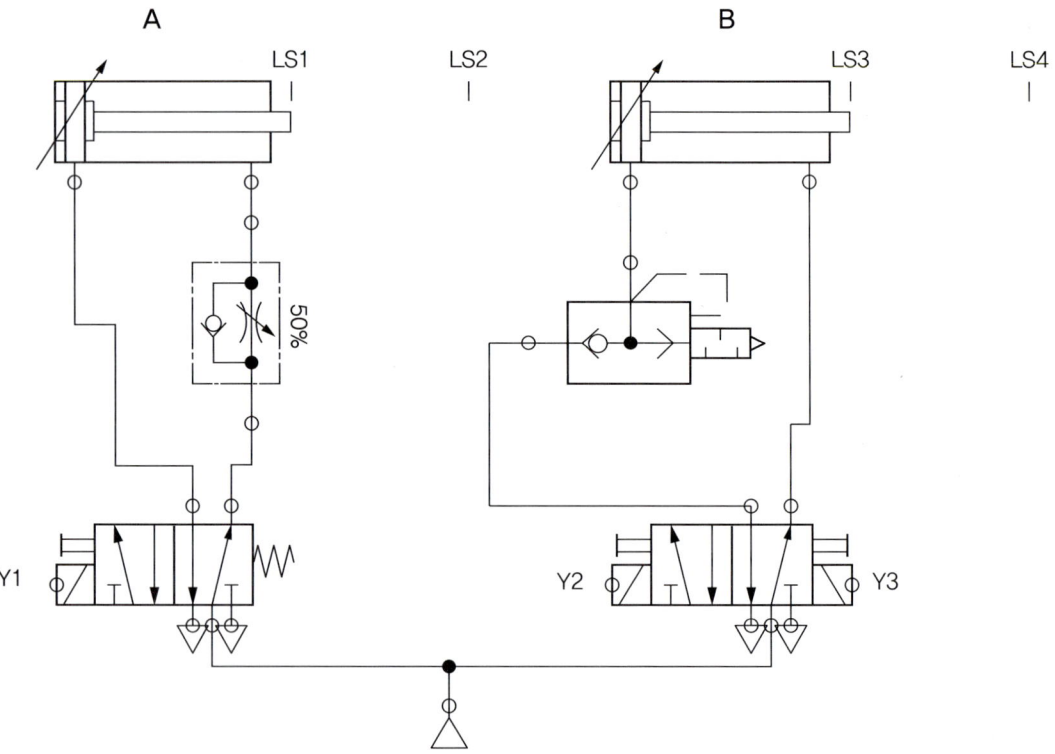

응용과제 사 정답

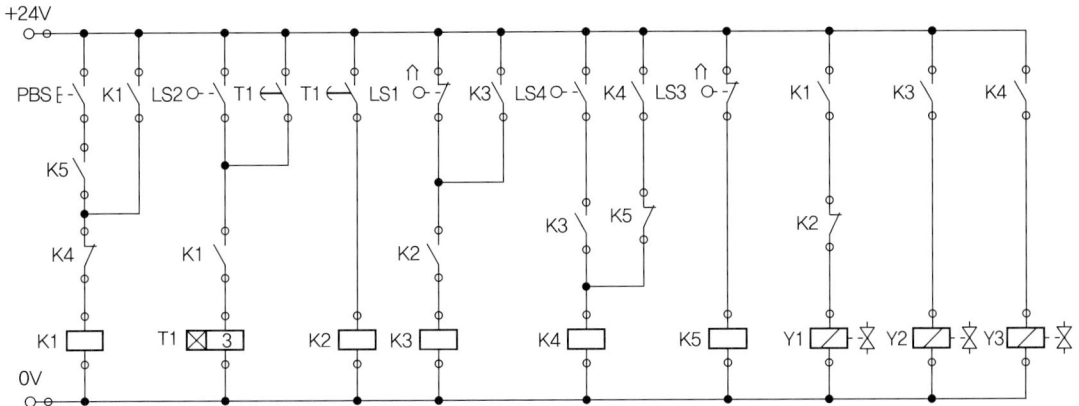

3-2 유압 기출 예제 3번

※ 시험기간 : 1시간 10분
   - 제3과제(유압회로 도면제작) : 10분
   - 제4과제(유압회로구성 및 조립작업) : 1시간

1. 요구사항

※ 제3과제 : 유압회로 도면제작

가. 주어진 제어조건을 만족하는 유압회로도 및 전기회로도의 빈 부분(㉮, ㉯, ㉰)에 들어갈 기호를 제시된 【보기(유압)】에서 찾아 답안지(3)에 번호로 기입하고, 도면 중 ㉱ 부분의 명칭 및 ㉲ 부분의 용도를 답안지(3)에 작성하여 제출하시오.(단, ㉱, ㉲가 지칭하는 부분은 관로, 스프링, 드레인 등의 세부 부속품이 아닌 독립적으로 역할을 하는 전체 부품임을 고려하여 답지를 작성합니다.)

※ 제4과제 : 유압회로 구성 및 조립작업
   (1) 기본과제
   가. 제3과제에서 작성한 유압도면과 같이 주어진 유압기기를 선정하여 고정판에 배치하시오.
      (단, 도면에 일점쇄선 부분은 수험자가 구성하지 않습니다.)
   나. 유압호스를 사용하여 배치된 기기를 연결 · 완성하시오.
   다. 전기회로도를 보고 전기회로작업을 완성하시오.(전기연결선 +는 적색으로, -는 청색 또는 흑색으로 연결하시오.)
   라. 유압회로 내의 최고압력을 (4±0.2)MPa로 설정하시오.
   (2) 응용과제
   마. 압력보상형 유량조절밸브를 사용하여 부하변동에 관계없이 실린더의 전진속도가 일정하도록 제어하시오.
   바. 회로도에서 실린더의 왕복운동을 제어하기 위하여 4/2way 스프링 복귀형 솔레노이드 밸브를 사용하였다. 이를 메모리 기능이 있는 4/2way 복동 솔레노이드 밸브를 사용하여 회로를 재구성한 후 동작시키시오.

2. 도면(유압회로)

자격종목	공유압기능사	과제명	유압회로구성 및 조립작업

(1) 제어조건 : 드릴 작업이 끝난 가공물에 대해 리밍 작업을 하려고 한다. 리밍 작업은 유압 복동 실린더가 후진위치에 있고, 시동 스위치(PBS)를 On-Off하면 실린더가 전후진하여 리밍 작업을 수행한다.

가. 위치도

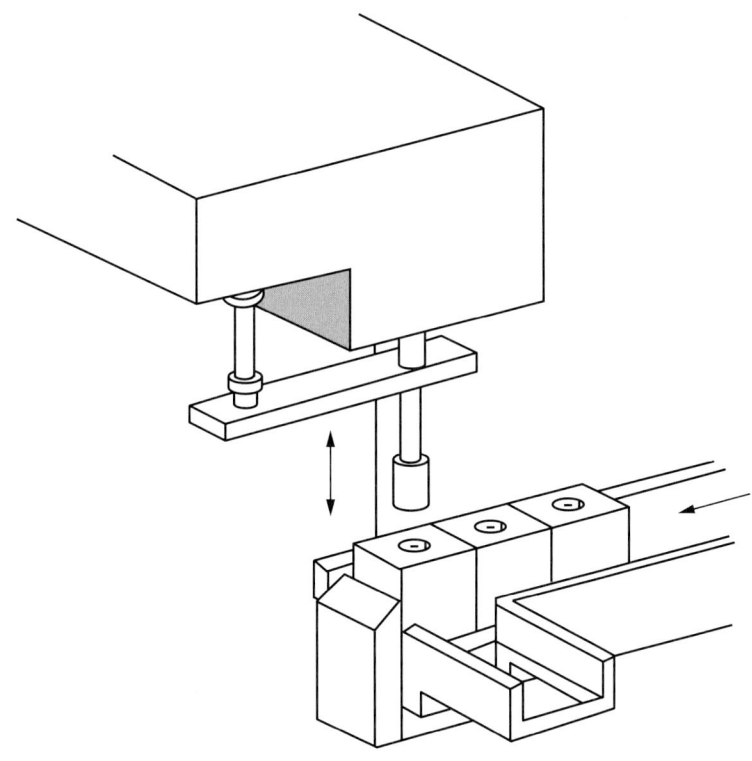

| 자격종목 | 공유압기능사 | 과제명 | 유압회로구성 및 조립작업 |

나. 유압회로도

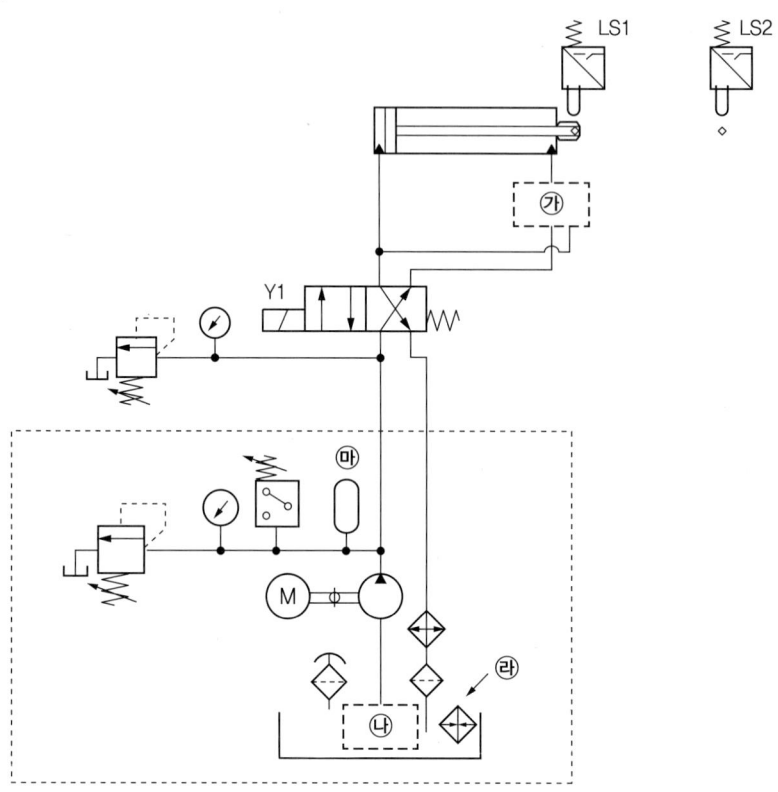

다. 전기회로도

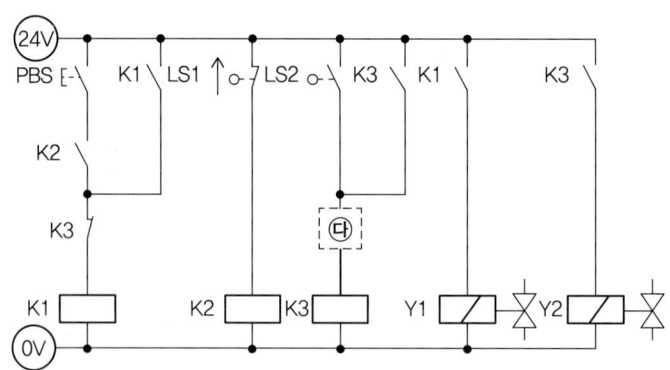

정답

가 : ⑱ [기호] 나 : ⑦ [기호] 다 : ㊱ K2 [기호]

라 : 오일 가열기

마 : 유압 에너지 저장 및 맥동, 서지압력 제거

응용과제 마 정답

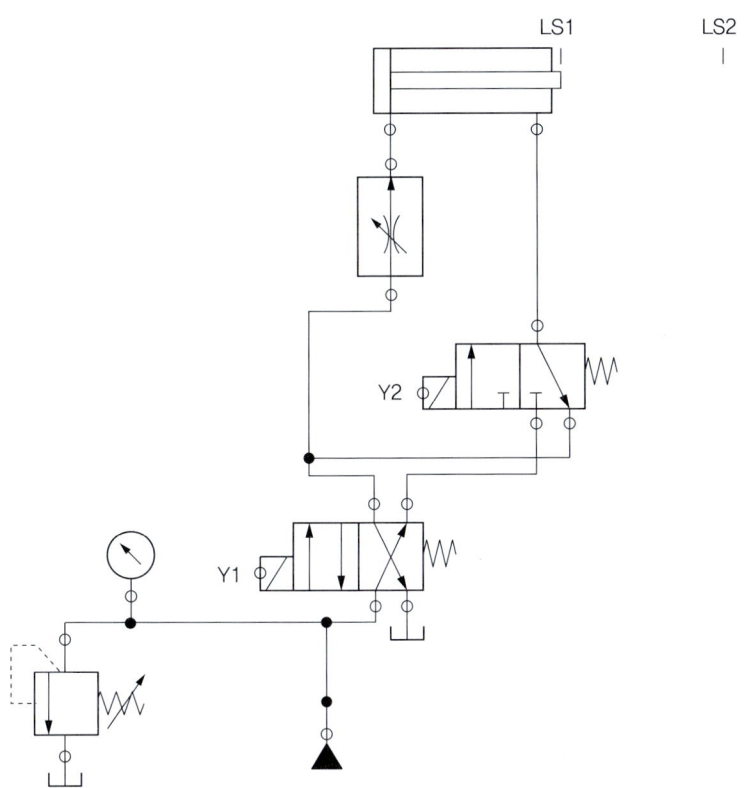

응용과제 바 정답

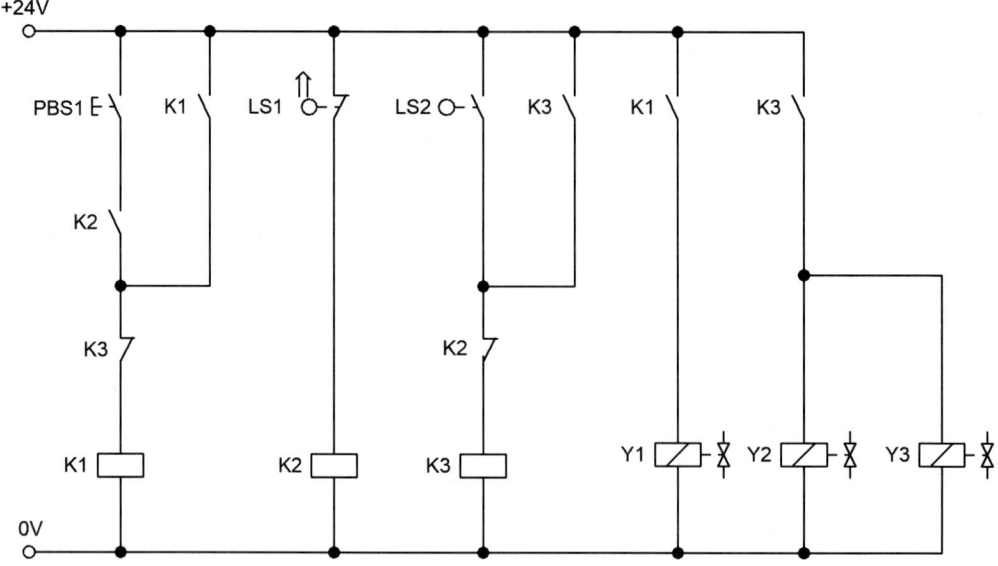

4-1 공압 기출 예제 4번

※ 시험기간 : 1시간 20분
- 제1과제(공압회로 도면제작) : 20분
- 제2과제(공압회로구성 및 조립작업) : 1시간

1. 요구사항

※ 제1과제 : 공압회로 도면제작

가. 주어진 제어조건을 만족하는 공압회로도 및 전기회로도의 빈 부분(㉮, ㉯, ㉰)에 들어갈 기호를 제시된 【보기(공압)】에서 찾아 답안지(1)에 번호로 기입하고, 도면 중 ㉱ 부분의 용도 및 ㉲ 부분의 명칭을 답안지(1)에 작성하여 제출하시오.(단, ㉱, ㉲가 지칭하는 부분은 관로, 스프링, 드레인 등의 세부 부속품이 아닌 독립적으로 역할을 하는 전체 부품임을 고려하여 답지를 작성합니다.)

나. 주어진 공압회로도를 참조하여 제어조건에 따른 변위단계선도를 답안지(2)에 완성하여 제출하시오.

※ 제2과제 : 공압회로 구성 및 조립작업

(1) 기본과제

가. 제1과제에서 작성한 공압회로도와 같이 주어진 공압기기를 선정하여 고정판에 배치하시오. (단, 공압회로도 중 도면에 있는 차단밸브 이전 기기와 장치는 수험자가 구성하지 않습니다.)

나. 공압호스를 적절한 길이로 절단 사용하여 배치된 기기를 연결 · 완성하시오.

다. 전기회로도를 보고 전기회로작업을 완성하시오.(전기연결선 +는 적색으로, −는 청색 또는 흑색으로 연결하시오.)

라. 작업압력(서비스 유닛)을 (0.5±0.05)MPa로 설정하시오.

(2) 응용과제

마. 감독위원이 지정한 압력(0.2~0.5MPa 범위에서 지정)으로 변경하시오.

바. 실린더 B 전진 시 일방향 유량조절밸브(모듈형)를 사용하여 Meter-out 회로가 되도록 하고, 실린더 B 후진 시 급속배기밸브를 사용하여 실린더의 속도를 제어하시오.

사. 카운터를 사용하여 상자 10개를 이동시킨 후 정지할 수 있게 전기회로를 구성한 후 동작시키시오.(단, PBS1을 On-Off하면 연속 동작이 시작하고, 카운터초기화스위치(RESET)를 추가하고 On-Off하면 카운터가 초기화된다.

2. 도면(공압회로)

| 자격종목 | 공유압기능사 | 과제명 | 공압회로구성 및 조립작업 |

(1) 제어조건 : 하단의 롤러 컨베이어에 이송된 상자를 밀어 올려 다른 롤러 컨베이어로 상자를 이송시키는 공정을 공압으로 구동하려고 한다. 상자가 제 1롤러 컨베이어를 타고 내려왔을 때 PBS1 스위치를 On-Off하면, 실린더 A가 상자를 밀어 올리고, 실린더 B가 이 상자를 제 2롤러 컨베이어로 옮긴 다음 실린더 A가 후진완료한 후 실린더 B가 복귀하는 시스템이다.

가. 위치도

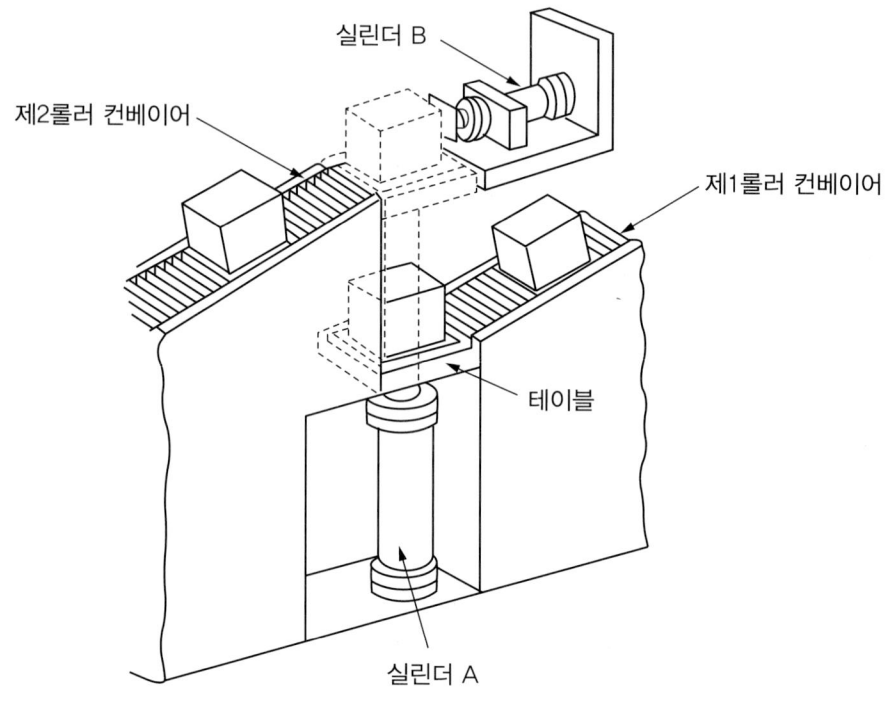

| 자격종목 | 공유압기능사 | 과제명 | 공압회로구성 및 조립작업 |

나. 공압회로도

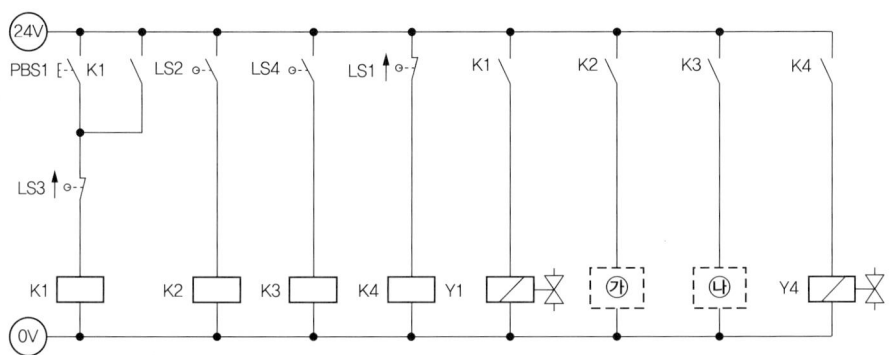

다. 전기회로도

정답

가 : ㊶ Y3 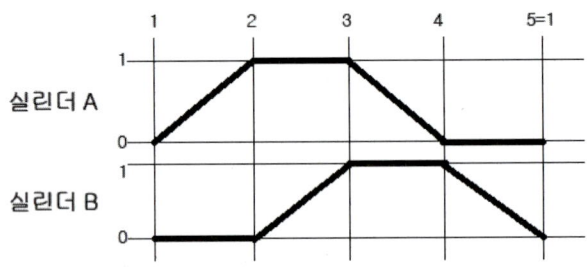 나 : ㊵ Y2 다 : ⑨

라 : 압력 상태 체크
마 : 공기탱크

공압 변위단계 선도

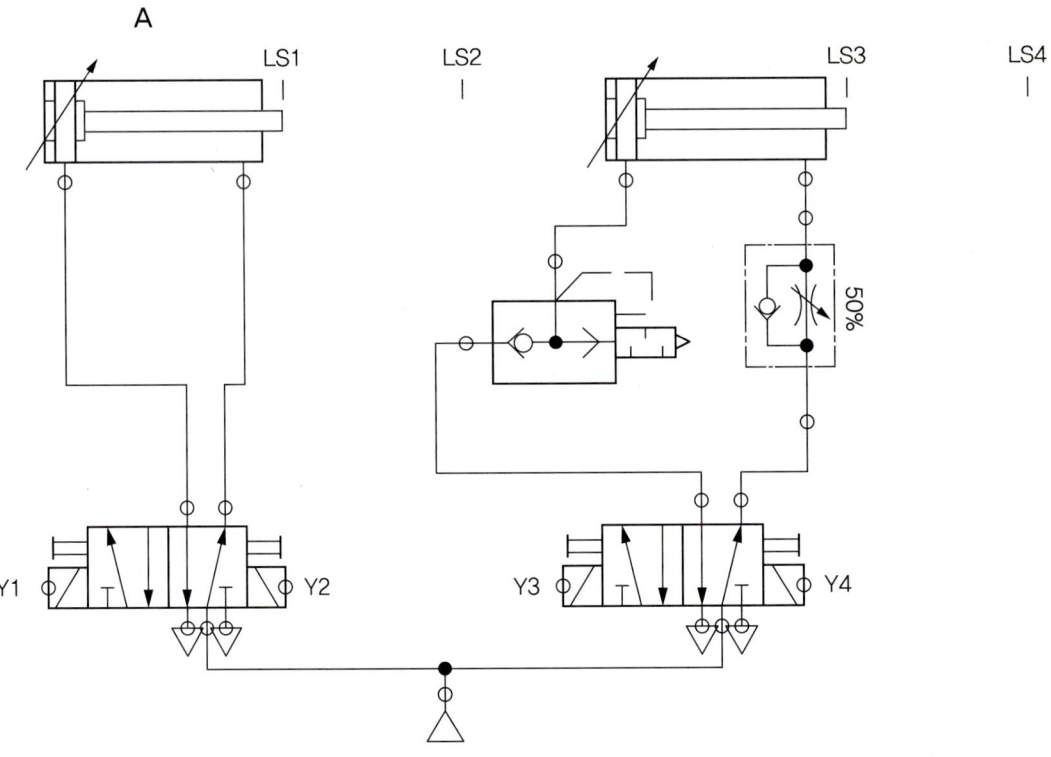

응용과제 바 정답

응용과제 사 정답

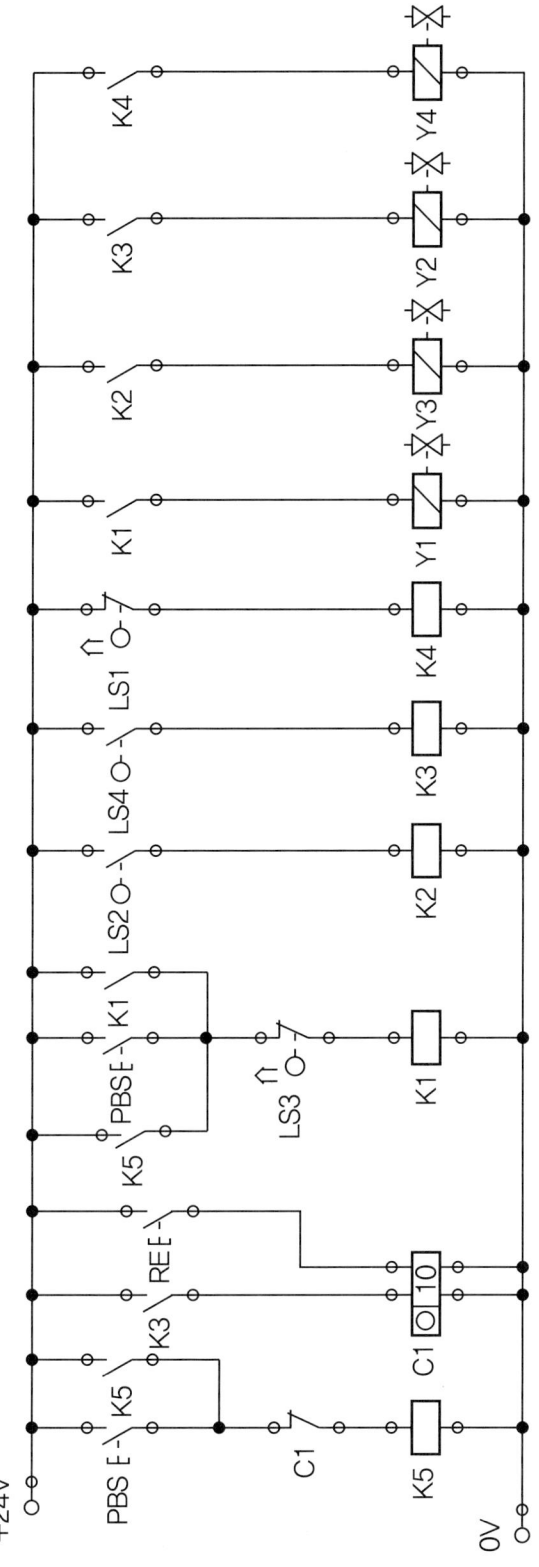

4-2 유압 기출 예제 4번

※ 시험기간 : 1시간 10분
- 제3과제(유압회로 도면제작) : 10분
- 제4과제(유압회로구성 및 조립작업) : 1시간

1. 요구사항

※ 제3과제 : 유압회로 도면제작

    가. 주어진 제어조건을 만족하는 유압회로도 및 전기회로도의 빈 부분(㉮, ㉯, ㉰)에 들어갈 기호를 제시된 【보기(유압)】에서 찾아 답안지(3)에 번호로 기입하고, 도면 중 ㉱ 부분의 명칭 및 ㉲ 부분의 용도를 답안지(3)에 작성하여 제출하시오.(단, ㉱, ㉲가 지칭하는 부분은 관로, 스프링, 드레인 등의 세부 부속품이 아닌 독립적으로 역할을 하는 전체 부품임을 고려하여 답지를 작성합니다.)

※ 제4과제 : 유압회로 구성 및 조립작업

  (1) 기본과제

    가. 제3과제에서 작성한 유압도면과 같이 주어진 유압기기를 선정하여 고정판에 배치하시오. (단, 도면에 일점쇄선 부분은 수험자가 구성하지 않습니다.)

    나. 유압호스를 사용하여 배치된 기기를 연결·완성하시오.

    다. 전기회로도를 보고 전기회로작업을 완성하시오.(전기연결선 +는 적색으로, −는 청색 또는 흑색으로 연결하시오.)

    라. 유압회로 내의 최고압력을 (4±0.2)MPa로 설정하시오.

  (2) 응용과제

    마. 실린더의 후진운동을 일방향 유량조절밸브을 사용하여 Meter-in 방식으로 회로를 변경하고, 후진 시 실린더의 흘러내림을 방지하기 위하여 카운터 밸런스 회로를 추가로 구성하고 동작시키시오.(단, 카운터 밸런스 회로는 릴리프 밸브와 체크밸브를 사용하여 회로를 구성하고 설정 압력은 3MPa(±0.2MPa)로 한다.)

    바. 초기 전진 시 실린더 동작을 경고하기 위해 PBS1을 On-Off하면 3초간 부저가 작동된 후 자동으로 유압 실린더가 전진작업을 시작하도록 전기회로를 구성하고 동작시키시오.

2. 도면(유압회로)

| 자격종목 | 공유압기능사 | 과제명 | 유압회로구성 및 조립작업 |

(1) 제어조건 : 중량물을 운반하는 덤프트럭에서 복동 실린더 1개와 링크를 이용하여 하역 장치가 구성되어 있다. 전진스위치(PBS1) 누르면 실린더가 전진하여 적재함을 일으키고 후진스위치(PBS2)를 계속 누르고 있으면 적재함이 제자리로 복귀한다.

가. 위치도

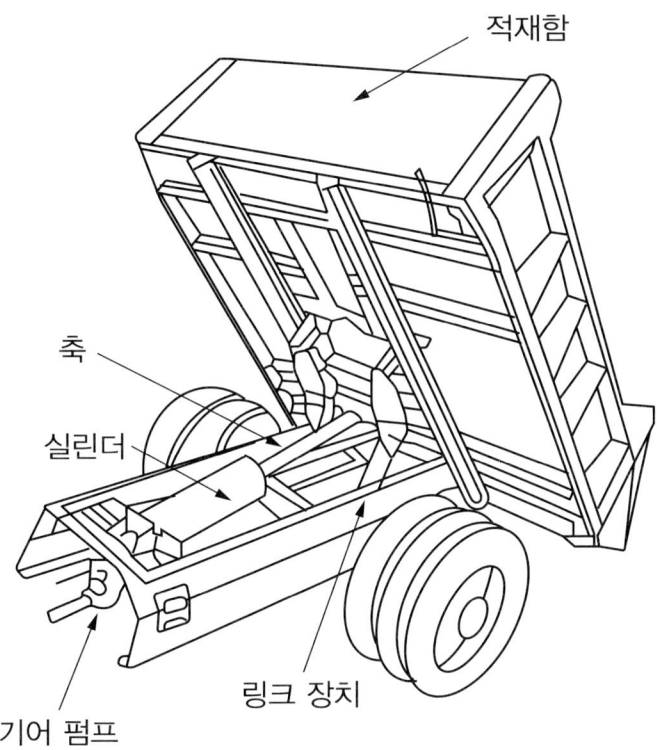

| 자격종목 | 공유압기능사 | 과제명 | 유압회로구성 및 조립작업 |

나. 유압회로도

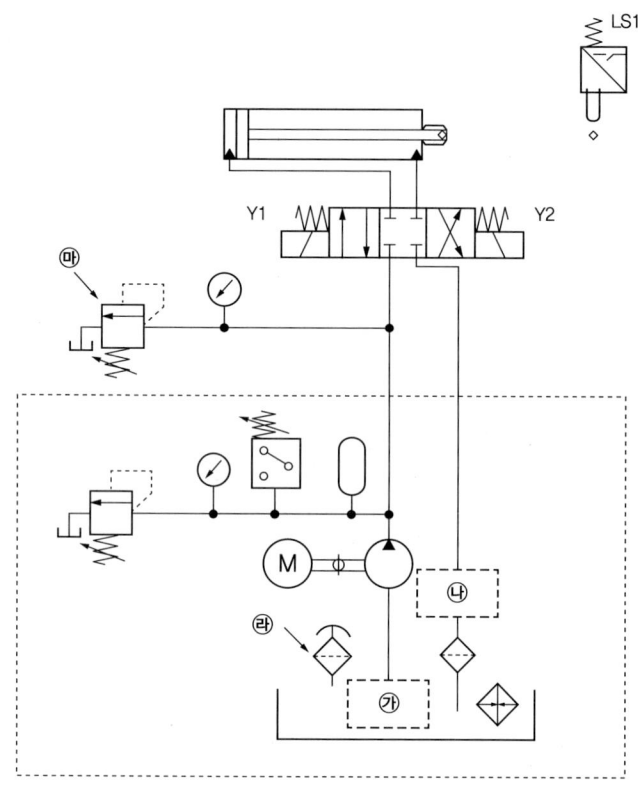

다. 전기회로도

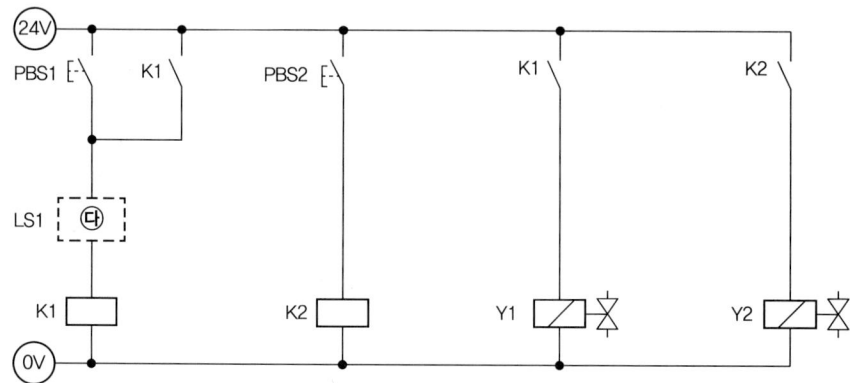

정답

가 : ⑦   나 : ④   다 : ㉙

라 : 에어브리더
마 : 시스템 압력 설정용

응용과제 마 정답

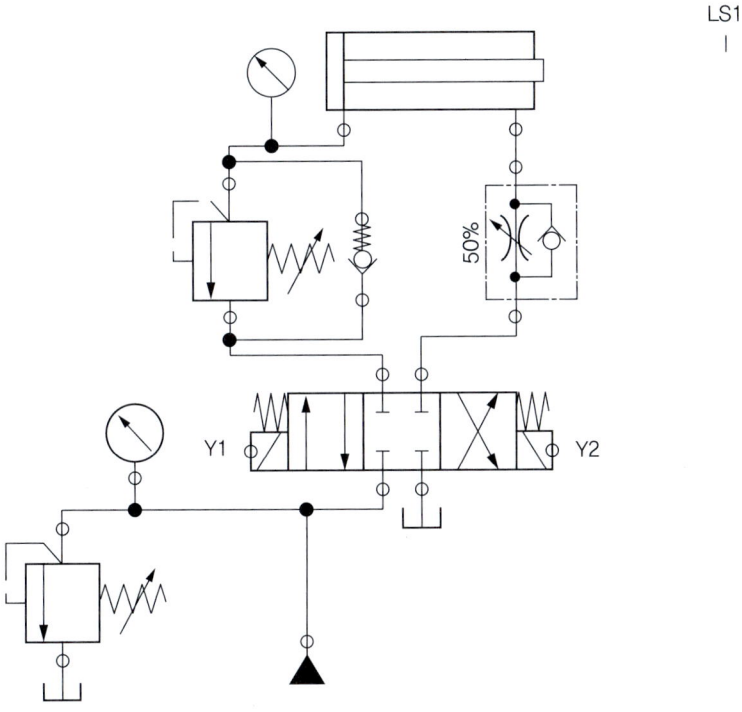

응용과제 바 정답

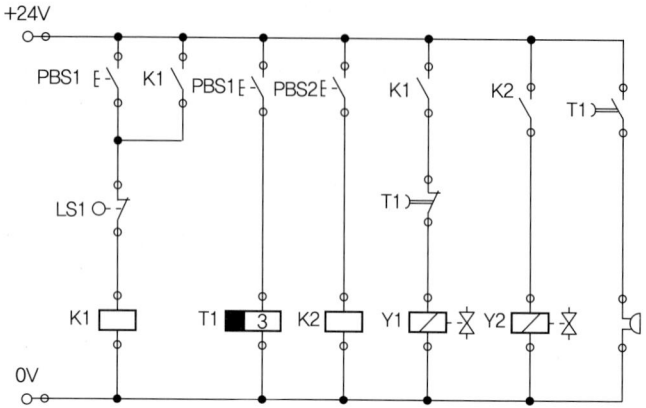

5-1 공압 기출 예제 5번

※ 시험기간 : 1시간 20분
 - 제1과제(공압회로 도면제작) : 20분
 - 제2과제(공압회로구성 및 조립작업) : 1시간

1. 요구사항

※ 제1과제 : 공압회로 도면제작

가. 주어진 제어조건을 만족하는 공압회로도 및 전기회로도의 빈 부분(㉮, ㉯, ㉰)에 들어갈 기호를 제시된 【보기(공압)】에서 찾아 답안지(1)에 번호로 기입하고, 도면 중 ㉱ 부분의 용도 및 ㉲ 부분의 명칭을 답안지(1)에 작성하여 제출하시오.(단, ㉱, ㉲가 지칭하는 부분은 관로, 스프링, 드레인 등의 세부 부속품이 아닌 독립적으로 역할을 하는 전체 부품임을 고려하여 답지를 작성합니다.)

나. 주어진 공압회로도를 참조하여 제어조건에 따른 변위단계선도를 답안지(2)에 완성하여 제출하시오.

※ 제2과제 : 공압회로 구성 및 조립작업

(1) 기본과제

가. 제1과제에서 작성한 공압회로도와 같이 주어진 공압기기를 선정하여 고정판에 배치하시오. (단, 공압회로도 중 도면에 있는 차단밸브 이전 기기와 장치는 수험자가 구성하지 않습니다.)

나. 공압호스를 적절한 길이로 절단 사용하여 배치된 기기를 연결·완성하시오.

다. 전기회로도를 보고 전기회로작업을 완성하시오.(전기연결선 +는 적색으로, -는 청색 또는 흑색으로 연결하시오.)

라. 작업압력(서비스 유닛)을 (0.5±0.05)MPa로 설정하시오.

(2) 응용과제

마. 감독위원이 지정한 압력(0.2~0.5MPa 범위에서 지정)으로 변경하시오.

바. 실린더 B 전진 시 일방향 유량조절밸브(모듈형)를 사용하여 Meter-out 회로가 되도록 하고, 실린더 A 후진 시 급속배기밸브를 사용하여 실린더의 속도를 제어하시오.

사. 리밋 스위치를 이용하여 저장소에 블록이 없을 경우 새로운 작업 사이클이 진행되지 않도록 하고, 이 경우 전기 램프가 점등되어 그 상태를 표시할 수 있도록 회로를 구성한 후 동작시키시오.(리밋 스위치는 전기 선택 스위치로 대용)

2. 도면(공압회로)

| 자격종목 | 공유압기능사 | 과제명 | 공압회로구성 및 조립작업 |

(1) 제어조건 : 이송장치를 이용하여, 블록을 저장소에서 이송하려고 한다. PBS1을 On-Off하면 실린더 A에 의해 저장소에서 블록이 추출되고 실린더 B에 의해 블록을 상자로 이송한다. 단, 실린더 B는 실린더 A가 후진위치에 도착한 후, 후진하여야 한다.

가. 위치도

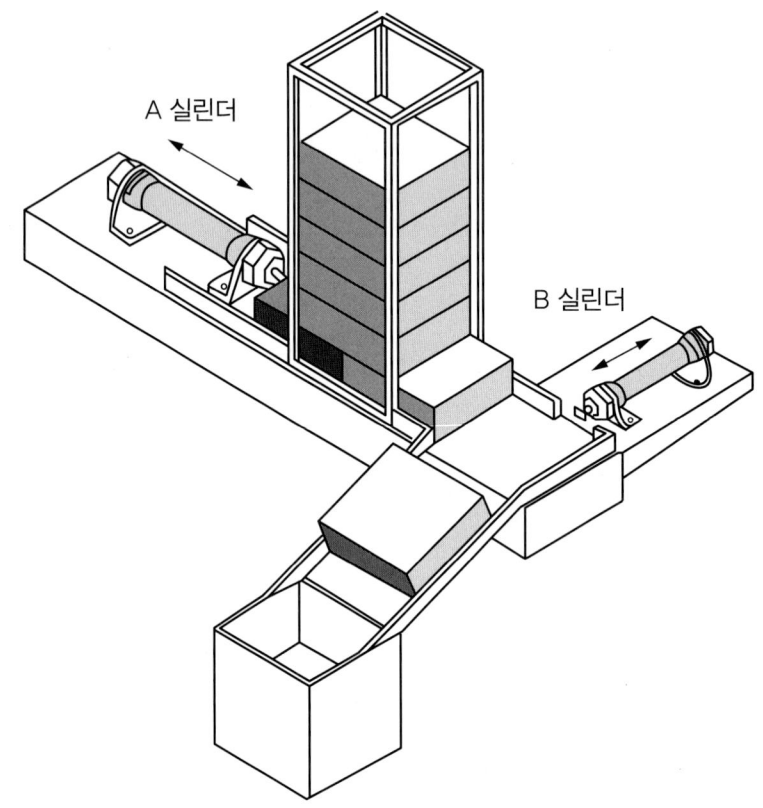

자격종목	공유압기능사	과제명	공압회로구성 및 조립작업

나. 공압회로도

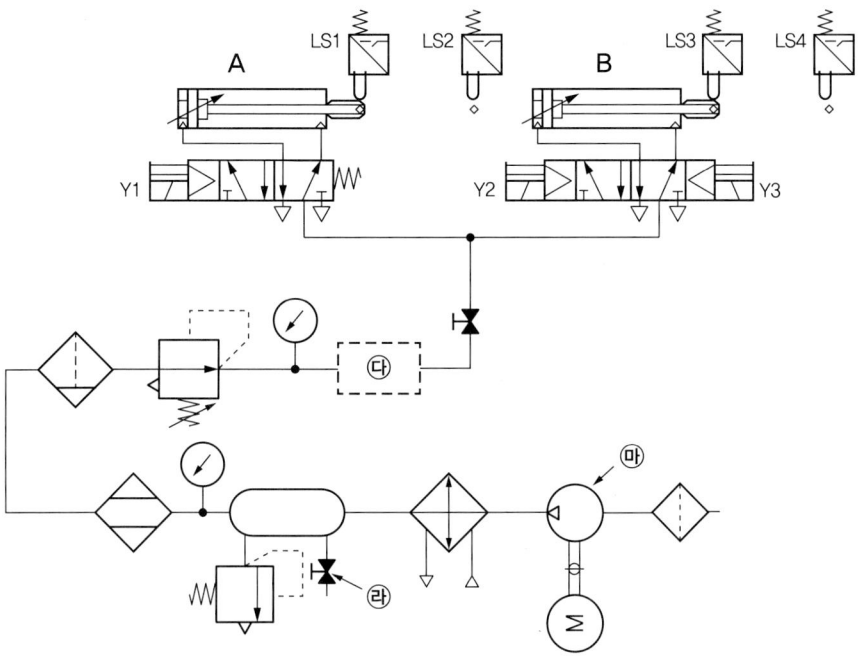

다. 전기회로도

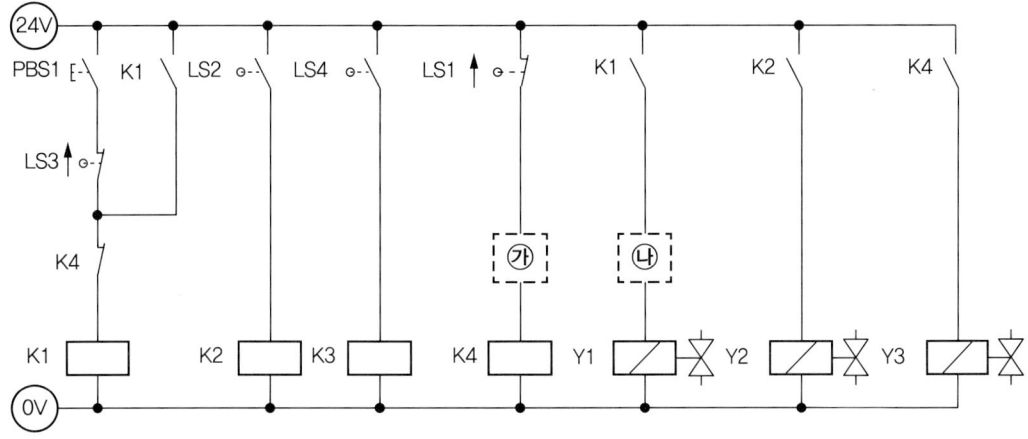

정답

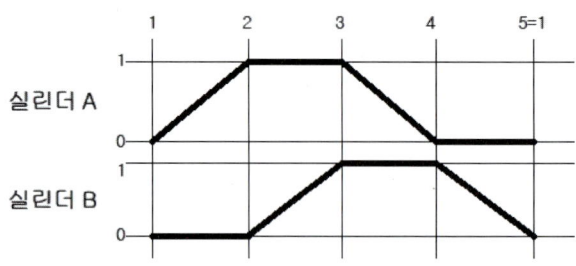

라 : 관로 개폐 밸브
마 : 압축기

공압 변위단계 선도

응용과제 바 정답

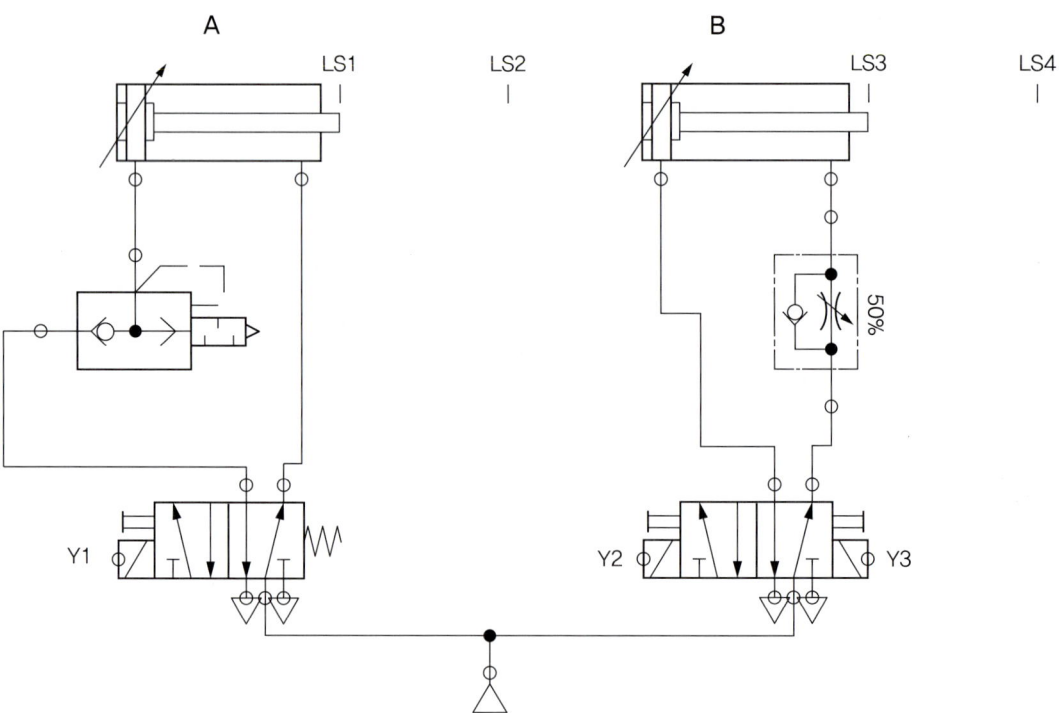

응용과제 사 정답

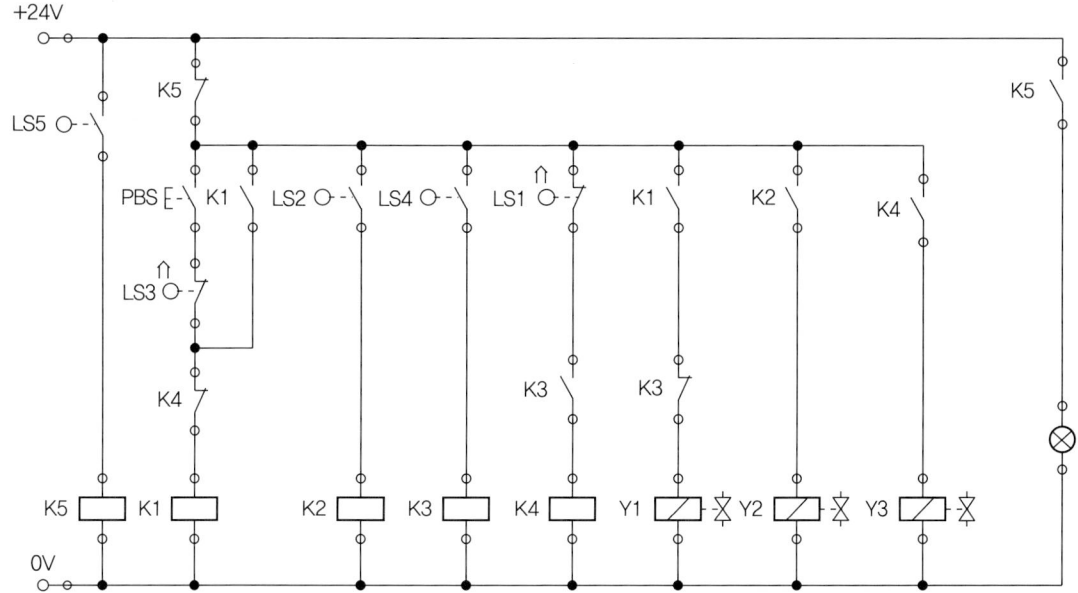

5-2 유압 기출 예제 5번

※ 시험기간 : 1시간 10분
  - 제3과제(유압회로 도면제작) : 10분
  - 제4과제(유압회로구성 및 조립작업) : 1시간

1. 요구사항

※ 제3과제 : 유압회로 도면제작
  가. 주어진 제어조건을 만족하는 유압회로도 및 전기회로도의 빈 부분(㉮, ㉯, ㉰)에 들어갈 기호를 제시된 【보기(유압)】에서 찾아 답안지(3)에 번호로 기입하고, 도면 중 ㉱ 부분의 명칭 및 ㉲ 부분의 용도를 답안지(3)에 작성하여 제출하시오.(단, ㉱, ㉲가 지칭하는 부분은 관로, 스프링, 드레인 등의 세부 부속품이 아닌 독립적으로 역할을 하는 전체 부품임을 고려하여 답지를 작성합니다.)

※ 제4과제 : 유압회로 구성 및 조립작업
  (1) 기본과제
    가. 제3과제에서 작성한 유압도면과 같이 주어진 유압기기를 선정하여 고정판에 배치하시오. (단, 도면에 일점쇄선 부분은 수험자가 구성하지 않습니다.)
    나. 유압호스를 사용하여 배치된 기기를 연결·완성하시오.
    다. 전기회로도를 보고 전기회로작업을 완성하시오.(전기연결선 +는 적색으로, −는 청색 또는 흑색으로 연결하시오.)
    라. 유압회로 내의 최고압력을 (4±0.2)MPa로 설정하시오.

  (2) 응용과제
    마. 실린더의 후진운동을 일방향 유량조절밸브을 사용하여 Meter-in 방식으로 회로를 변경하여 실린더의 속도를 제어하시오.
    바. 차단 밸브의 열림 상태와 닫힘 상태를 확인하기 위한 각각의 램프가 점등되도록 전기 회로를 구성한 후 동작시키시오.

2. 도면(유압회로)

자격종목	공유압기능사	과제명	유압회로구성 및 조립작업

(1) 제어조건 : 파이프 라인의 차단 밸브를 유압 복동실린더를 이용하여 제어하려 한다. 차단밸브는 저항을 최소화하기 위해서 처음 위치부터 중간 위치까지는 조정할 수 있는 속도로 천천히 운동하다가 나머지 구간은 빠르게 운동한다. 차단 밸브의 열림 위치는 리밋 스위치(LS1, LS2, LS3)를 사용하여 측정하고, 차단 밸브의 개폐를 위한 유압 복동 실린더는 항시 전진, 후진위치에 있을 경우에만 방향이 전환될 수 있어야 한다.

가. 위치도

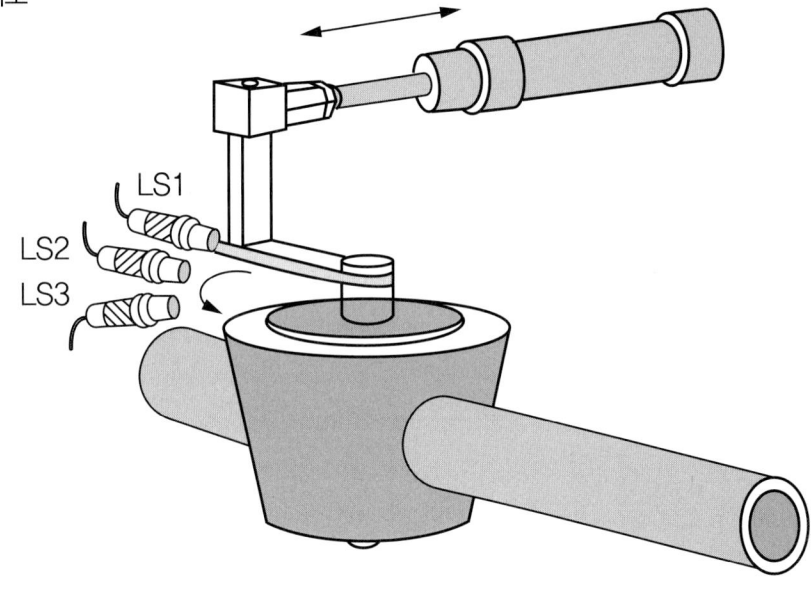

자격종목	공유압기능사	과제명	유압회로구성 및 조립작업

나. 유압회로도

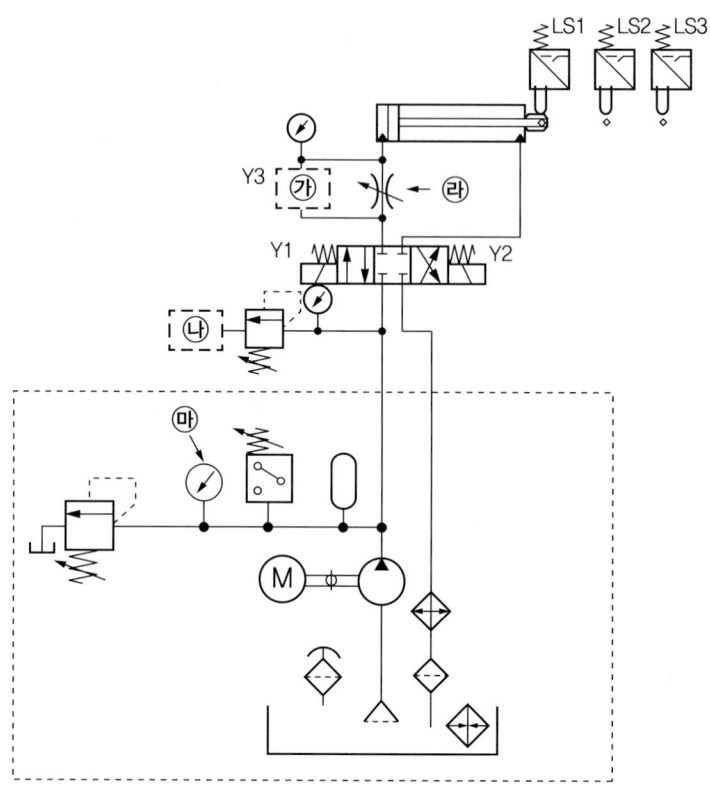

다. 전기회로도

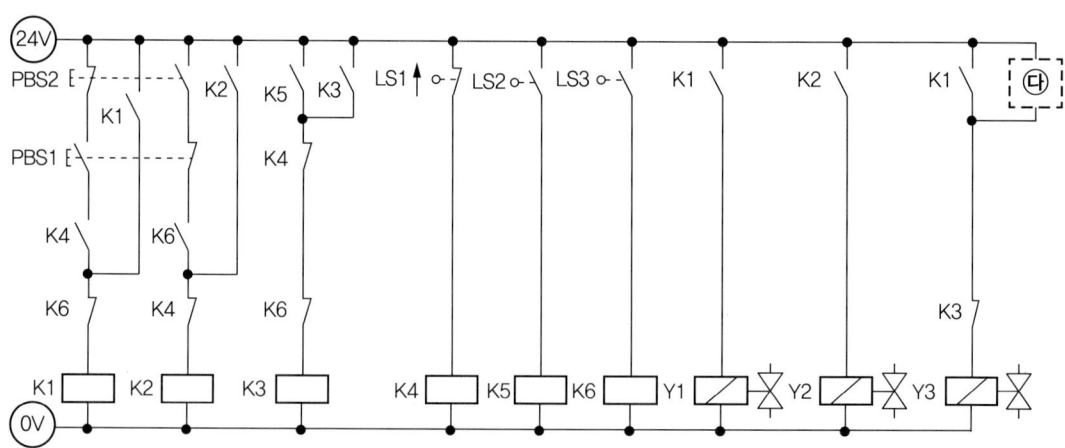

> **정답**

가 : ⑰ [기호] 나 : ① [기호] 다 : ㉝ K2 [기호]

라 : 양방향 유량조절밸브
마 : 압력 상태 체크

응용과제 마 정답

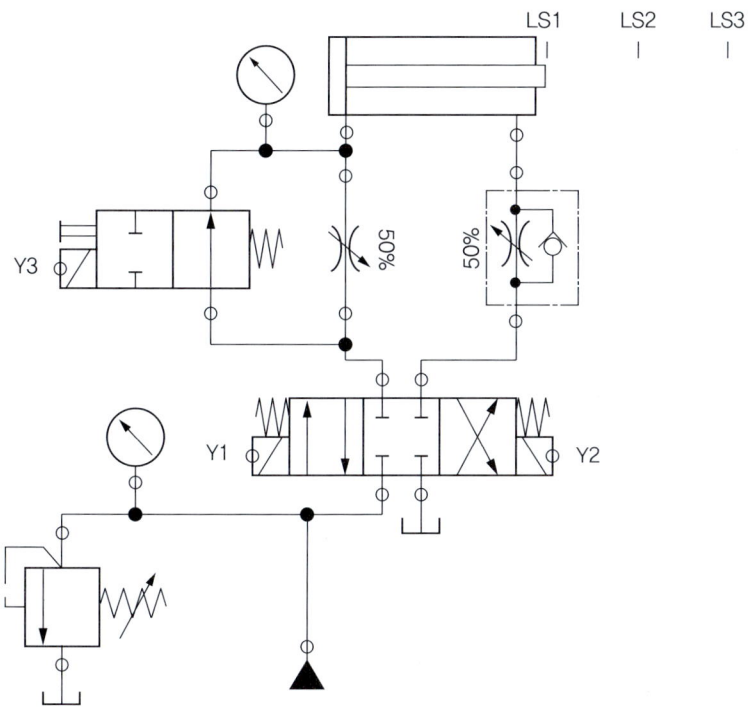

응용과제 바 정답

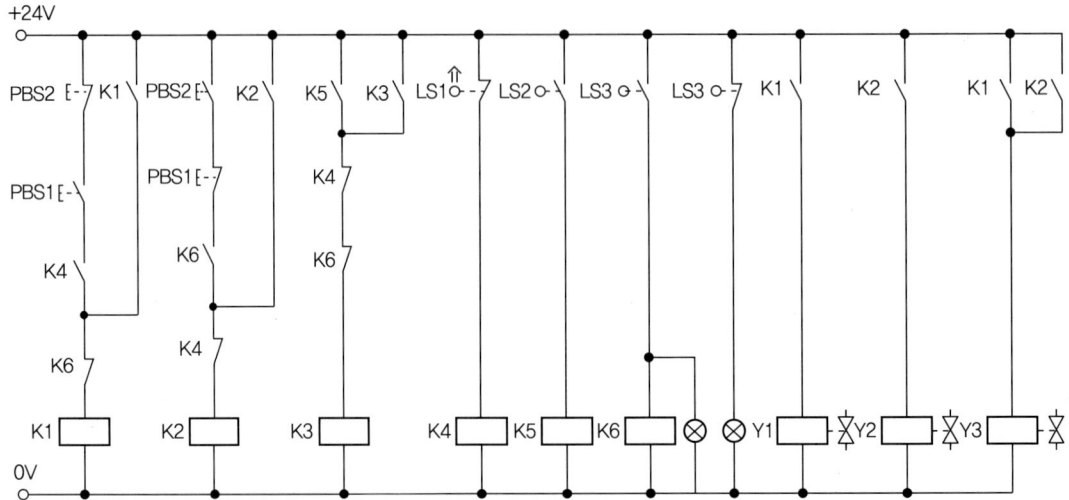

6-1 공압 기출 예제 6번

※ 시험기간 : 1시간 20분
- 제1과제(공압회로 도면제작) : 20분
- 제2과제(공압회로구성 및 조립작업) : 1시간

1. 요구사항

※ 제1과제 : 공압회로 도면제작

가. 주어진 제어조건을 만족하는 공압회로도 및 전기회로도의 빈 부분(㉮, ㉯, ㉰)에 들어갈 기호를 제시된 【보기(공압)】에서 찾아 답안지(1)에 번호로 기입하고, 도면 중 ㉱ 부분의 용도 및 ㉲ 부분의 명칭을 답안지(1)에 작성하여 제출하시오.(단, ㉱, ㉲가 지칭하는 부분은 관로, 스프링, 드레인 등의 세부 부속품이 아닌 독립적으로 역할을 하는 전체 부품임을 고려하여 답지를 작성합니다.)

나. 주어진 공압회로도를 참조하여 제어조건에 따른 변위단계선도를 답안지(2)에 완성하여 제출하시오.

※ 제2과제 : 공압회로 구성 및 조립작업

(1) 기본과제

가. 제1과제에서 작성한 공압회로도와 같이 주어진 공압기기를 선정하여 고정판에 배치하시오. (단, 공압회로도 중 도면에 있는 차단밸브 이전 기기와 장치는 수험자가 구성하지 않습니다.)

나. 공압호스를 적절한 길이로 절단 사용하여 배치된 기기를 연결·완성하시오.

다. 전기회로도를 보고 전기회로작업을 완성하시오.(전기연결선 +는 적색으로, −는 청색 또는 흑색으로 연결하시오.)

라. 작업압력(서비스 유닛)을 (0.5±0.05)MPa로 설정하시오.

(2) 응용과제

마. 감독위원이 지정한 압력(0.2~0.5MPa 범위에서 지정)으로 변경하시오.

바. 실린더 A와 실린더 B가 전진 동작 시 일방향 유량조절밸브(모듈형)를 사용하여 Meter-out 회로가 되도록 구성하여 실린더의 속도를 제어하시오.

사. 회로도에서 A 실린더의 왕복운동을 제어하기 위하여 메모리 기능이 있는 복동 솔레노이드 밸브를 사용하였다. 이를 스프링 복귀형 솔레노이드 밸브를 사용하여 회로를 재구성한 후 동작시키시오.

2. 도면(공압회로)

| 자격종목 | 공유압기능사 | 과제명 | 공압회로구성 및 조립작업 |

(1) 제어조건 : 리드프레임을 공압 실린더를 이용하여 자동 이송시키는 장치를 제작하고자 한다. 시작 스위치(PBS)를 On-Off하면 실린더 B가 클램핑을 하게 되고 실린더 A가 전진하여 리밋 스위치로 조정된 길이만큼 이송한 후 이송이 완료되면 실린더 B가 언 클램핑을 하고 실린더 A가 초기 위치로 귀환한다.

가. 위치도

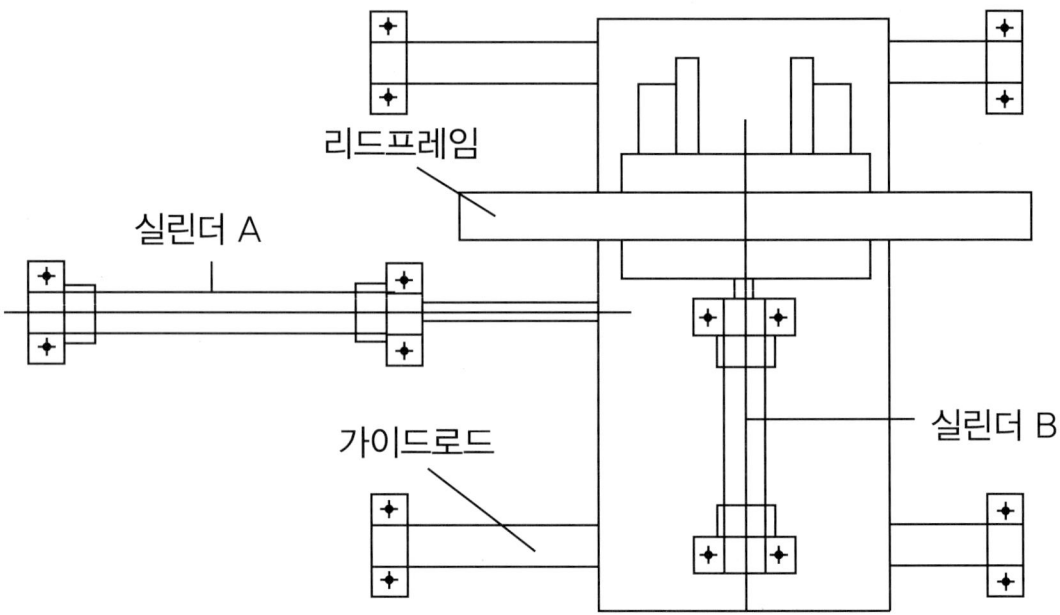

자격종목	공유압기능사	과제명	공압회로구성 및 조립작업

나. 공압회로도

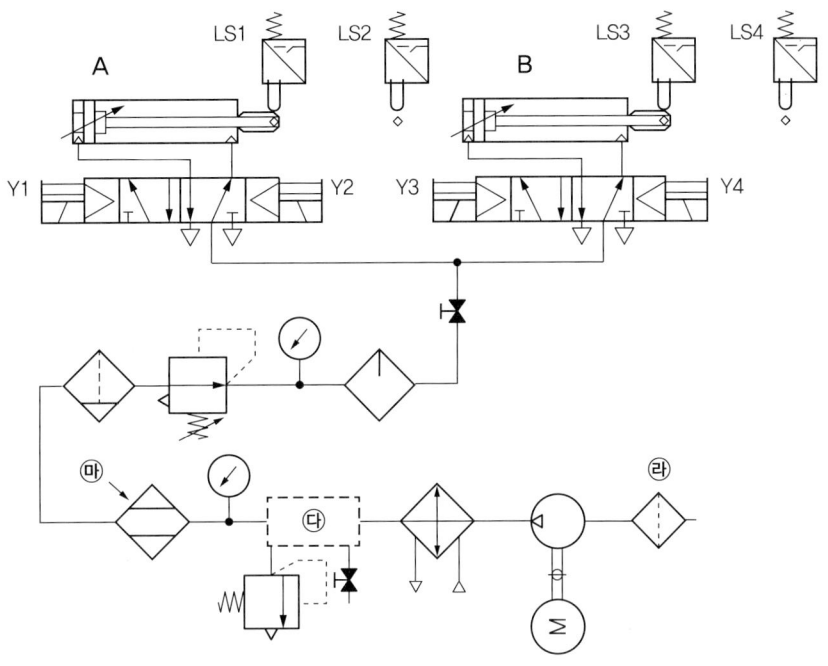

다. 전기회로도

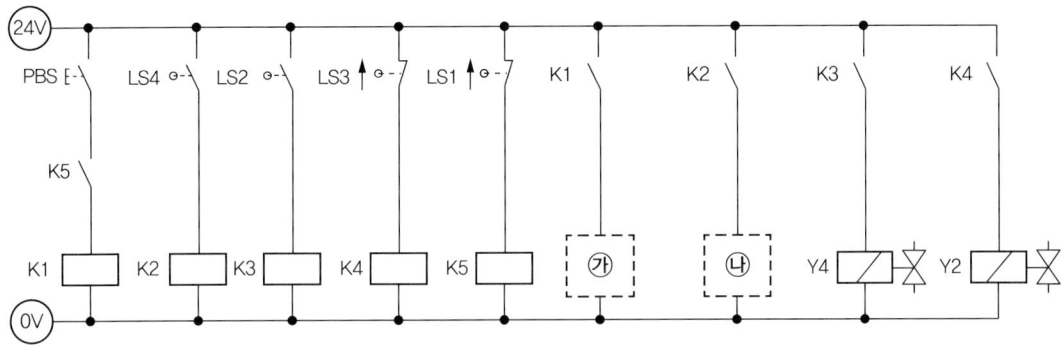

정답

가 : ㊶ Y3 ⟦⟧ 나 : ㊴ Y1 ⟦⟧ 다 : ① ⟨⟩

라 : 이물질 제거
마 : 에어드라이어(건조기)

공압 변위단계 선도

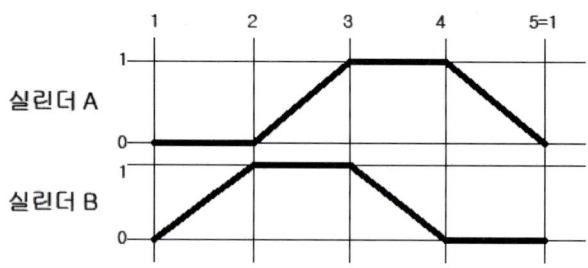

응용과제 바 정답

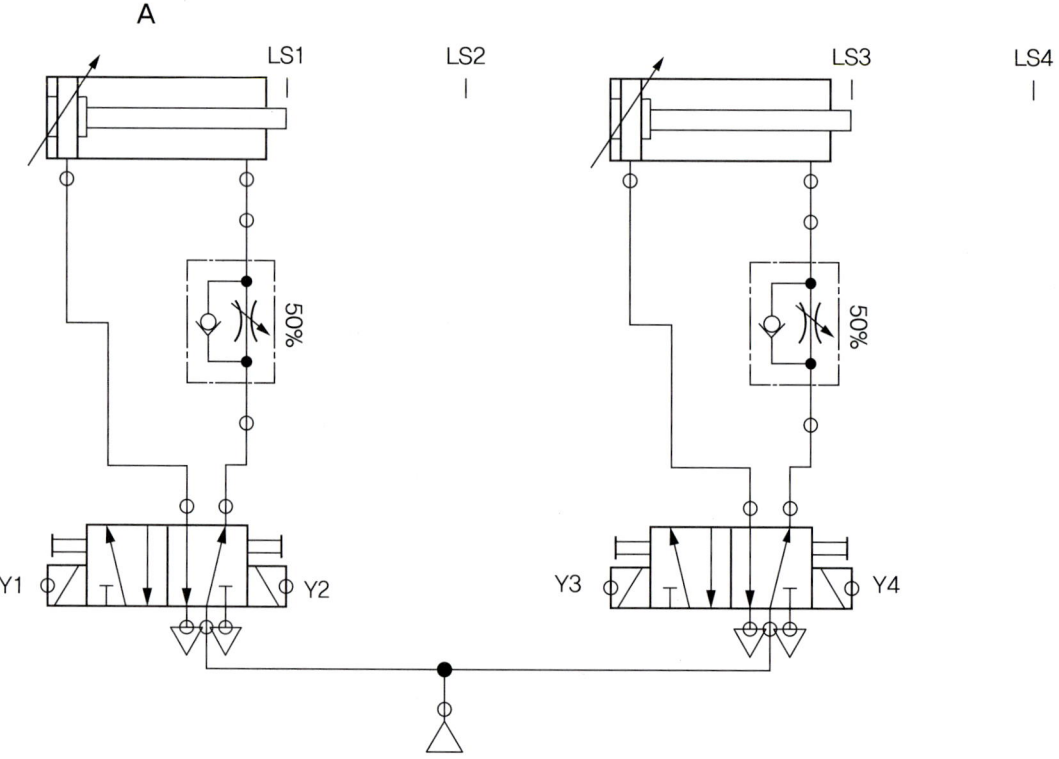

응용과제 사 정답

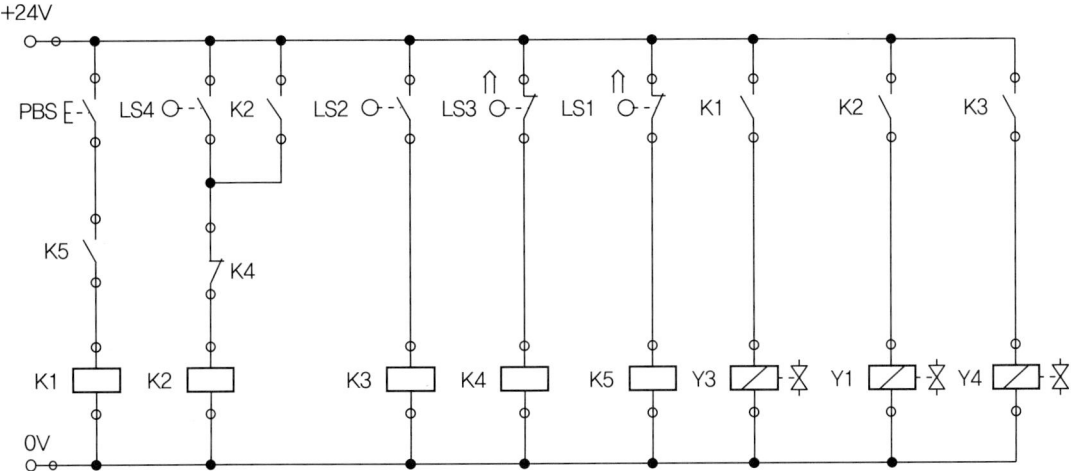

6-2 유압 기출 예제 6번

※ 시험기간 : 1시간 10분
- 제3과제(유압회로 도면제작) : 10분
- 제4과제(유압회로구성 및 조립작업) : 1시간

1. 요구사항

※ 제3과제 : 유압회로 도면제작

  가. 주어진 제어조건을 만족하는 유압회로도 및 전기회로도의 빈 부분(㉮, ㉯, ㉰)에 들어갈 기호를 제시된 【보기(유압)】에서 찾아 답안지(3)에 번호로 기입하고, 도면 중 ㉱ 부분의 명칭 및 ㉲ 부분의 용도를 답안지(3)에 작성하여 제출하시오.(단, ㉱, ㉲가 지칭하는 부분은 관로, 스프링, 드레인 등의 세부 부속품이 아닌 독립적으로 역할을 하는 전체 부품임을 고려하여 답지를 작성합니다.)

※ 제4과제 : 유압회로 구성 및 조립작업

 (1) 기본과제

  가. 제3과제에서 작성한 유압도면과 같이 주어진 유압기기를 선정하여 고정판에 배치하시오. (단, 도면에 일점쇄선 부분은 수험자가 구성하지 않습니다.)

  나. 유압호스를 사용하여 배치된 기기를 연결·완성하시오.

  다. 전기회로도를 보고 전기회로작업을 완성하시오.(전기연결선 +는 적색으로, −는 청색 또는 흑색으로 연결하시오.)

  라. 유압회로 내의 최고압력을 (4±0.2)MPa로 설정하시오.

 (2) 응용과제

  마. 유압 실린더의 전·후진 작동 중에 유압 펌프로 유압유가 역류되는 것을 방지하기 위하여 체크밸브를 구성하고 동작시키시오.

  바. 카운터를 사용하여 3회 연속운전을 하고 정지할 수 있게 전기회로를 구성한 후 동작 시키시오.(단, PBS를 On-Off하면 연속 동작이 시작하고, 카운터초기화스위치(RESET)를 추가하고 On-Off하면 카운터가 초기화 된다.)

2. 도면(유압회로)

자격종목	공유압기능사	과제명	유압회로구성 및 조립작업

(1) 제어조건 : 탁상 유압프레스를 제작하려고 한다. 시작 스위치(PBS1)을 On-Off하면 빠른 속도로 전진운동을 하다가 실린더가 중간 리밋 스위치(LS2)를 작동시키면 조정된 작업속도로 움직인다. 작업완료 리밋스위치(LS3)를 작동시키면 빠르게 복귀하여야 한다.(단, 유압회로도에서 반드시 릴리프 밸브와 체크 밸브를 사용하여 카운터 밸런스 회로(설정 압력은 2MPa(± 0.2MPa))를 구성하여야 합니다.)

가. 위치도

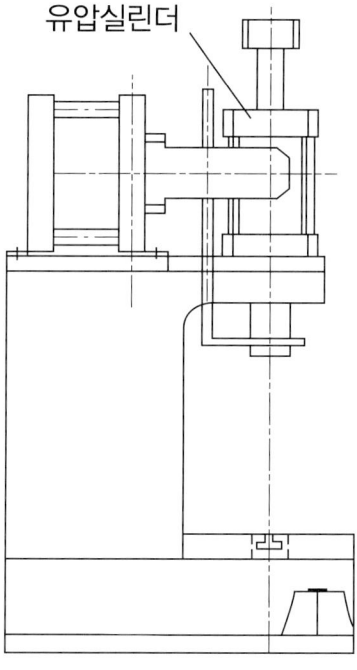

유압실린더

자격종목	공유압기능사	과제명	유압회로구성 및 조립작업

나. 유압회로도

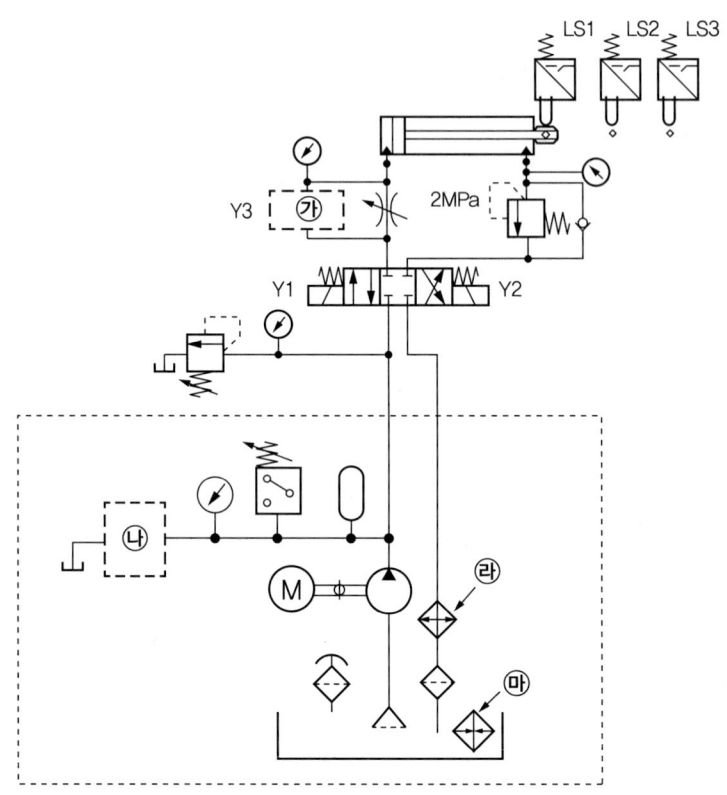

다. 전기회로도

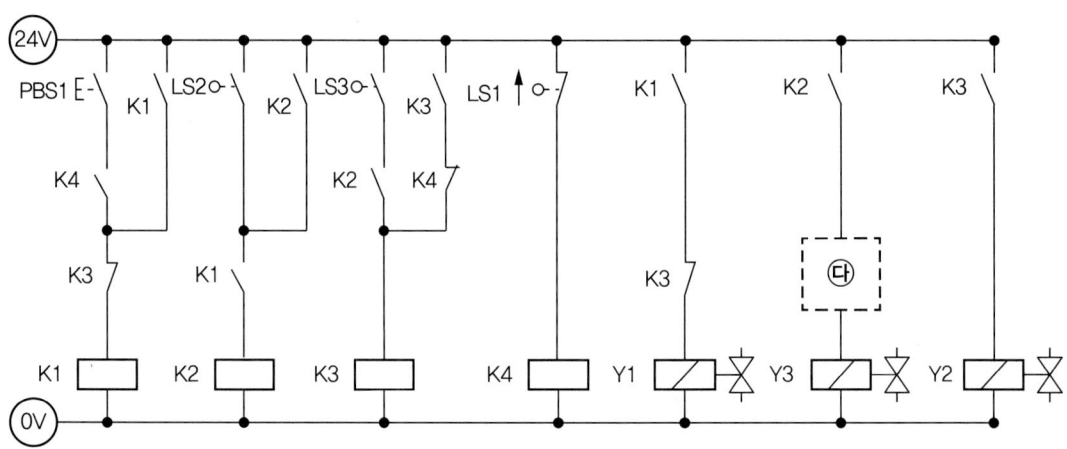

> 정답

가 : ⑰ 나 : ⑩ 다 : ㊲ K3

라 : 오일 냉각기
마 : 오일 가열

응용과제 마 정답

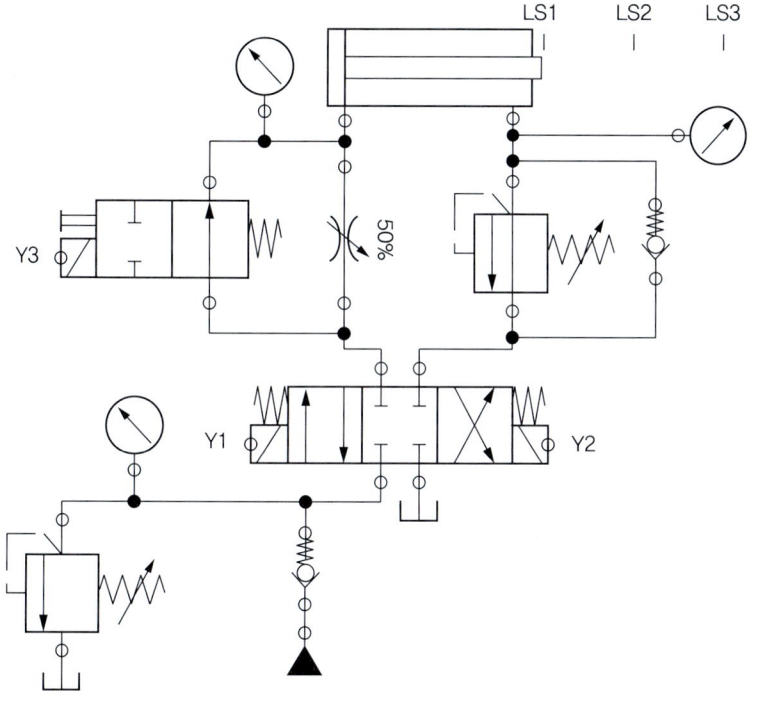

응용과제 바 정답

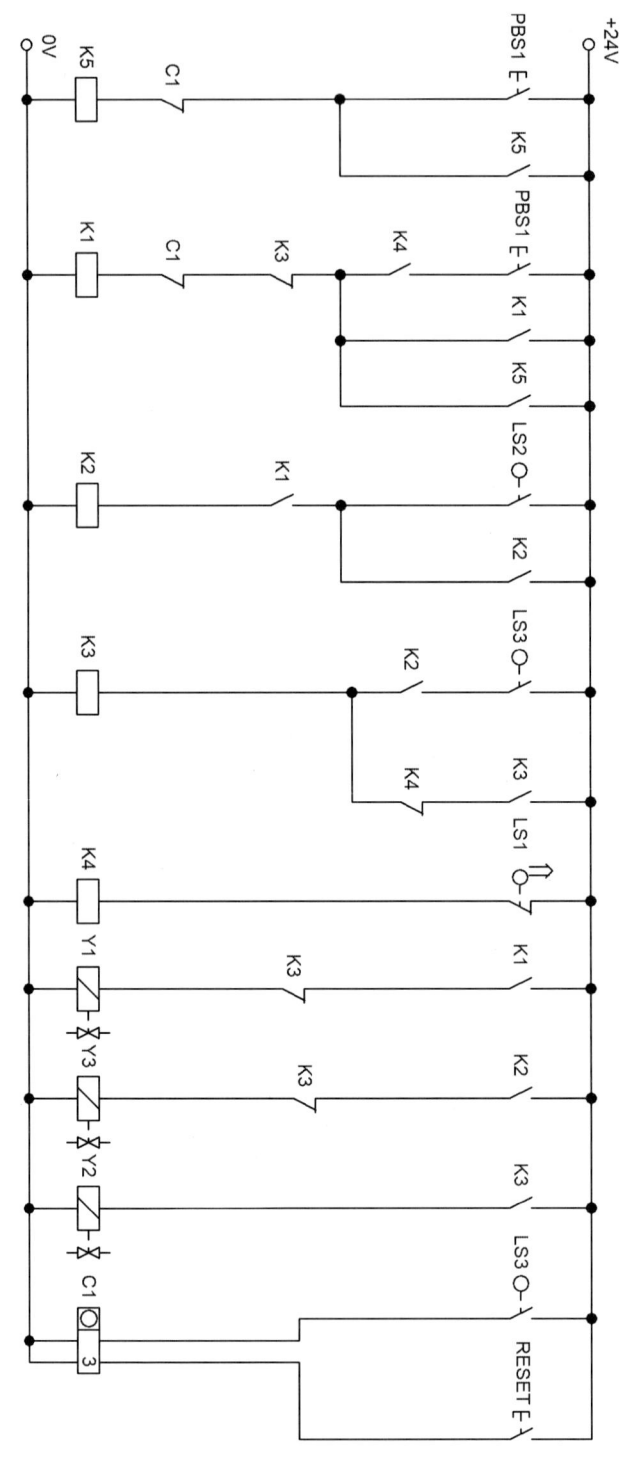

7-1 공압 기출 예제 7번

※ 시험기간 : 1시간 20분
  - 제1과제(공압회로 도면제작) : 20분
  - 제2과제(공압회로구성 및 조립작업) : 1시간

1. 요구사항

※ 제1과제 : 공압회로 도면제작
  가. 주어진 제어조건을 만족하는 공압회로도 및 전기회로도의 빈 부분(㉮, ㉯, ㉰)에 들어갈 기호를 제시된 【보기(공압)】에서 찾아 답안지(1)에 번호로 기입하고, 도면 중 ㉱ 부분의 용도 및 ㉲ 부분의 명칭을 답안지(1)에 작성하여 제출하시오.(단, ㉱, ㉲가 지칭하는 부분은 관로, 스프링, 드레인 등의 세부 부속품이 아닌 독립적으로 역할을 하는 전체 부품임을 고려하여 답지를 작성합니다.)
  나. 주어진 공압회로도를 참조하여 제어조건에 따른 변위단계선도를 답안지(2)에 완성하여 제출하시오.

※ 제2과제 : 공압회로 구성 및 조립작업
  (1) 기본과제
    가. 제1과제에서 작성한 공압회로도와 같이 주어진 공압기기를 선정하여 고정판에 배치하시오.
        (단, 공압회로도 중 도면에 있는 차단밸브 이전 기기와 장치는 수험자가 구성하지 않습니다.)
    나. 공압호스를 적절한 길이로 절단 사용하여 배치된 기기를 연결ㆍ완성하시오.
    다. 전기회로도를 보고 전기회로작업을 완성하시오.
        (전기연결선 +는 적색으로, -는 청색 또는 흑색으로 연결하시오.)
    라. 작업압력(서비스 유닛)을 (0.5±0.05)MPa로 설정하시오.

  (2) 응용과제
    마. 감독위원이 지정한 압력(0.2~0.5MPa 범위에서 지정)으로 변경하시오.
    바. 실린더 A 후진 시 급속배기밸브를 사용하여 실린더의 속도를 제어하고, 실린더 B 후진 시 일방향 유량조절밸브(모듈형)를 사용하여 Meter-out 회로가 되도록 속도를 제어하시오.
    사. 전기타이머를 사용하여 실린더 B가 전진완료 후 2초간 정지한 후에 다음 동작이 이루어지도록 전기회로를 구성하고 동작시키시오.

2. 도면(공압회로)

자격종목	공유압기능사	과제명	공압회로구성 및 조립작업

(1) 제어조건 : 소재 공급 매거진에서 PBS1을 On-Off하면 실린더 A의 전진동작으로 소재를 공급한 후, 실린더 B의 전후진 동작으로 소재를 용기에 넣은 다음 실린더 A가 복귀하도록 한다.

가. 위치도

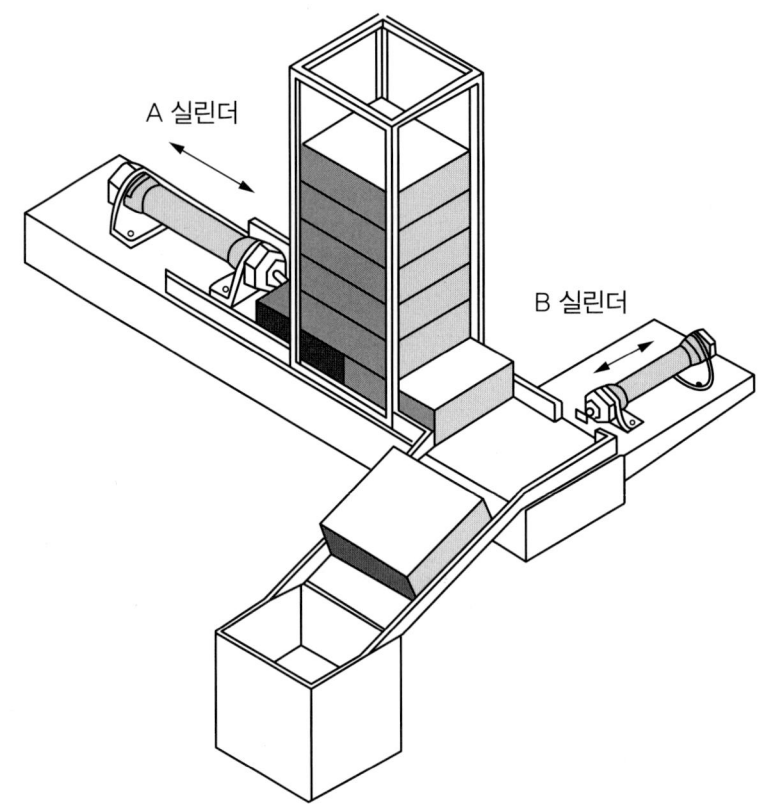

| 자격종목 | 공유압기능사 | 과제명 | 공압회로구성 및 조립작업 |

나. 공압회로도

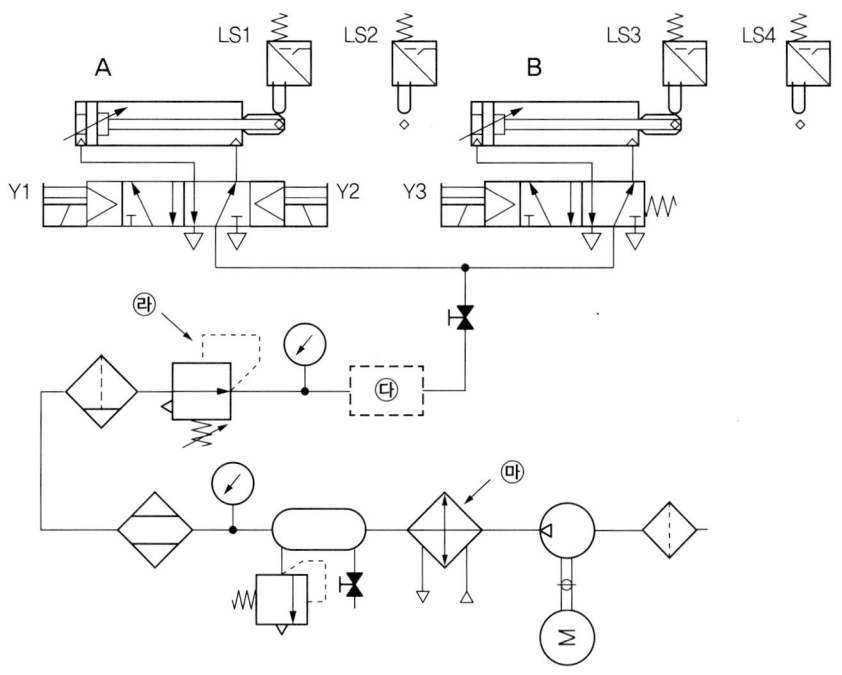

다. 전기회로도

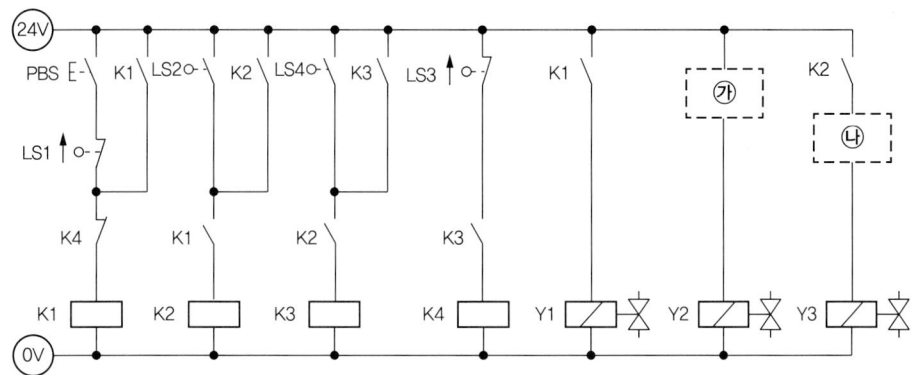

정답

가 : ㉝ K4 나 : ㊱ K3 다 : ⑤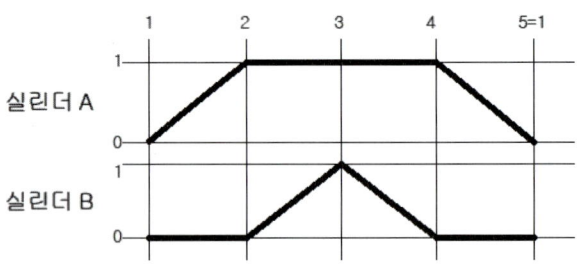

라 : 시스템 압력을 감압
마 : 냉각기

공압 변위단계 선도

응용과제 바 정답

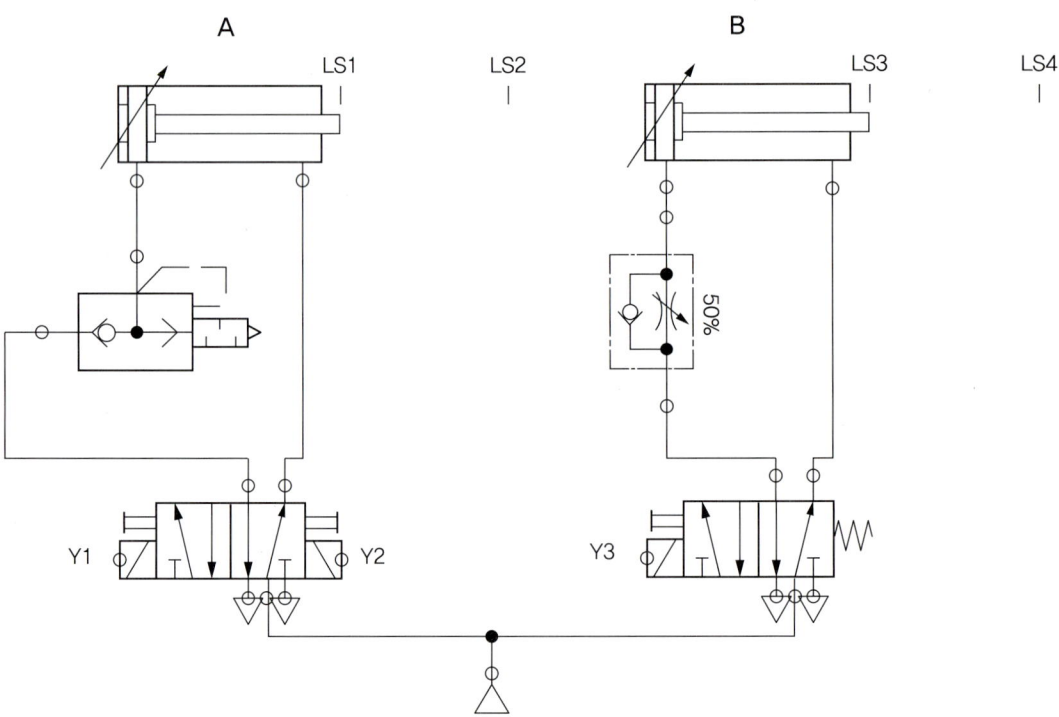

응용과제 사 정답

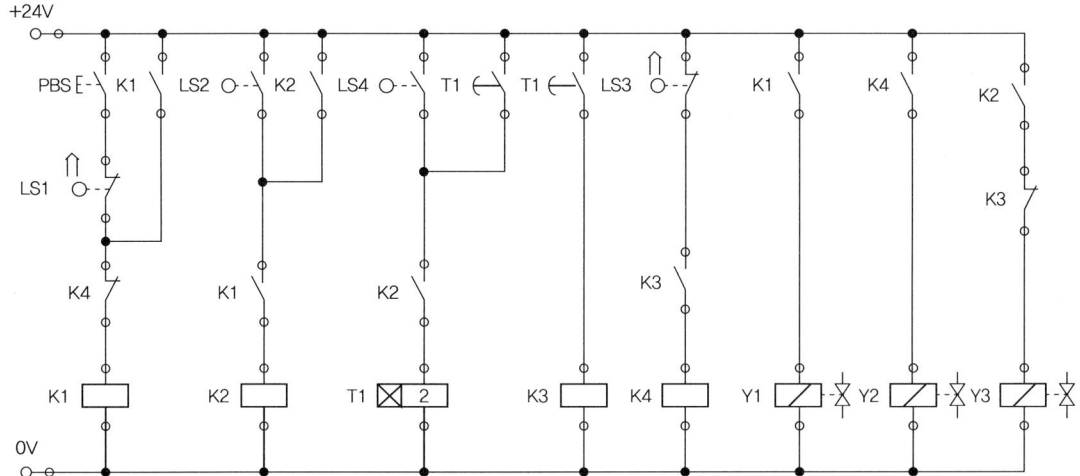

7-2 유압 기출 예제 7번

※ 시험기간 : 1시간 10분
  – 제3과제(유압회로 도면제작) : 10분
  – 제4과제(유압회로구성 및 조립작업) : 1시간

1. 요구사항

※ 제3과제 : 유압회로 도면제작

가. 주어진 제어조건을 만족하는 유압회로도 및 전기회로도의 빈 부분(㉮, ㉯, ㉰)에 들어갈 기호를 제시된 【보기(유압)】에서 찾아 답안지(3)에 번호로 기입하고, 도면 중 ㉱ 부분의 명칭 및 ㉲ 부분의 용도를 답안지(3)에 작성하여 제출하시오.(단, ㉱, ㉲가 지칭하는 부분은 관로, 스프링, 드레인 등의 세부 부속품이 아닌 독립적으로 역할을 하는 전체 부품임을 고려하여 답지를 작성합니다.)

※ 제4과제 : 유압회로 구성 및 조립작업

(1) 기본과제

가. 제3과제에서 작성한 유압도면과 같이 주어진 유압기기를 선정하여 고정판에 배치하시오. (단, 도면에 일점쇄선 부분은 수험자가 구성하지 않습니다.)

나. 유압호스를 사용하여 배치된 기기를 연결·완성하시오.

다. 전기회로도를 보고 전기회로작업을 완성하시오.(전기연결선 +는 적색으로, -는 청색 또는 흑색으로 연결하시오.)

라. 유압회로 내의 최고압력을 (4±0.2)MPa로 설정하시오.

(2) 응용과제

마. 실린더의 전진운동을 일방향 유량조절밸브를 사용하여 Meter-in 방식으로 회로를 변경하여 실린더의 속도를 제어하시오.

바. 유압 회로 내에 압력 공급을 위한 솔레노이드 밸브 Y3가 작동될 때 램프가 점등되도록 구성하고 동작시키시오.

2. 도면(유압회로)

| 자격종목 | 공유압기능사 | 과제명 | 유압회로구성 및 조립작업 |

(1) 제어조건 : 그물로 덮힌 소재를 세탁조에 세척을 하려고 한다. START 버튼(PBS)을 ON-OFF하면 실린더 A가 전진을 완료하여 소재를 세척조에 1차 세척 후 후진하여 중간의 리밋스위치(LS2)를 작동시키면 다시 전진하여 2차 세척 작업을 완료 한 후 후진하여 작업을 완료한다.(단, 유압회로도에서 반드시 릴리프 밸브와 체크 밸브를 사용하여 카운터 밸런스 회로(설정압력은 3MPa(±0.2MPa))를 구성하여야 합니다.)

가. 위치도

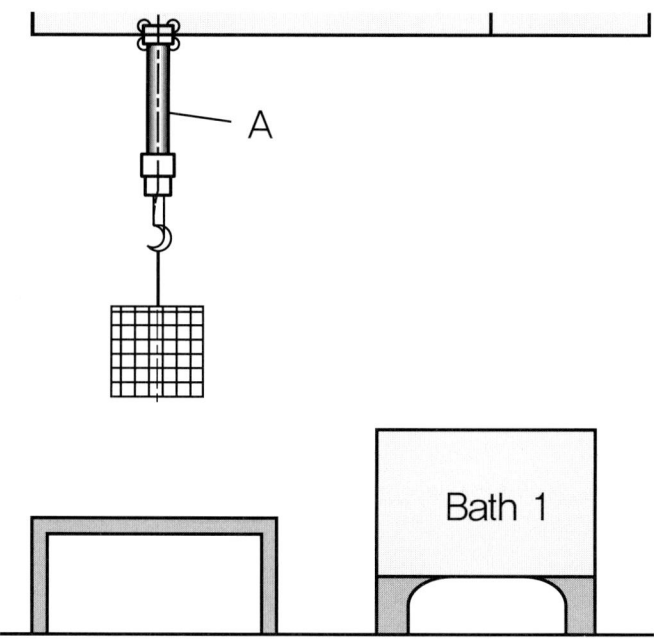

| 자격종목 | 공유압기능사 | 과제명 | 유압회로구성 및 조립작업 |

나. 유압회로도

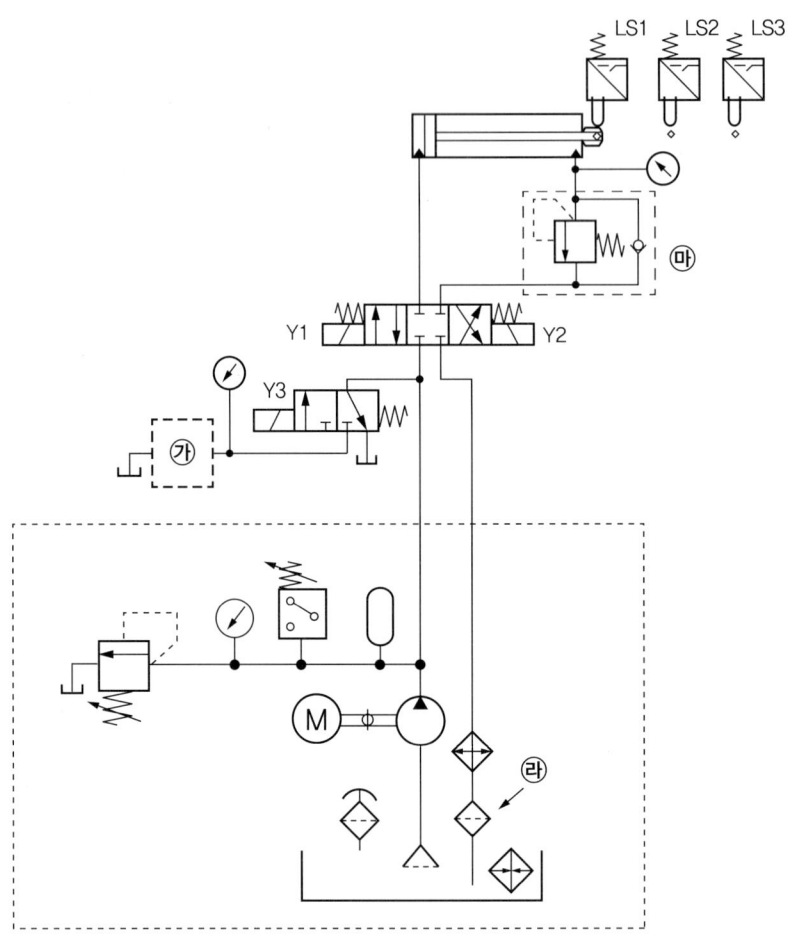

다. 전기회로도

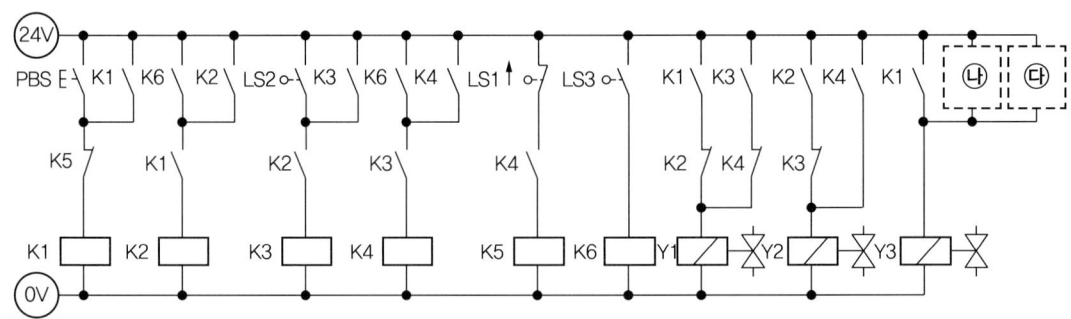

정답

가 : ⑩ 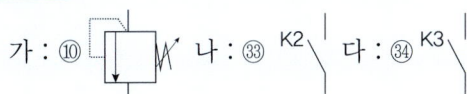 나 : ㉝ K2 다 : ㉞ K3

라 : 복귀관 필터
마 : 회로 내 배압을 발생

응용과제 마 정답

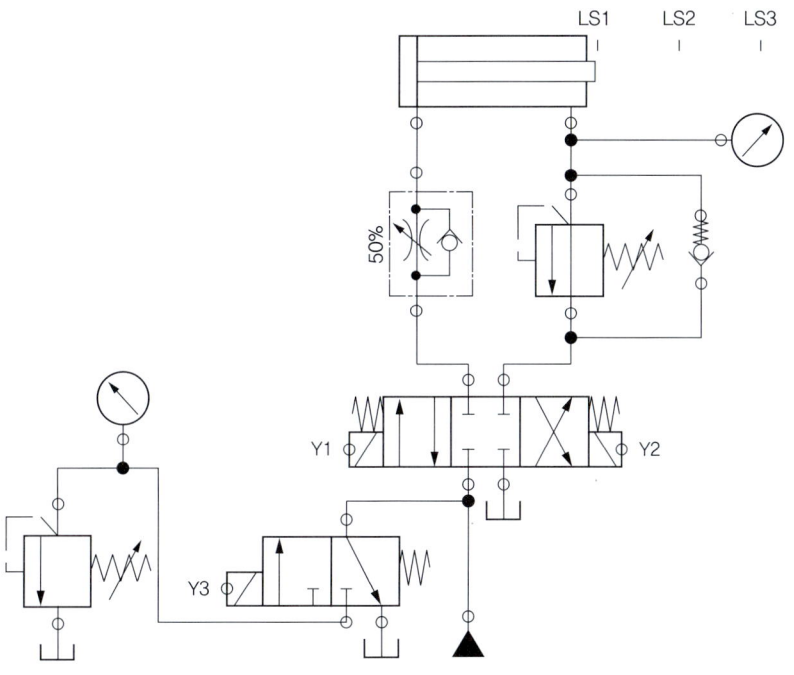

응용과제 바 정답

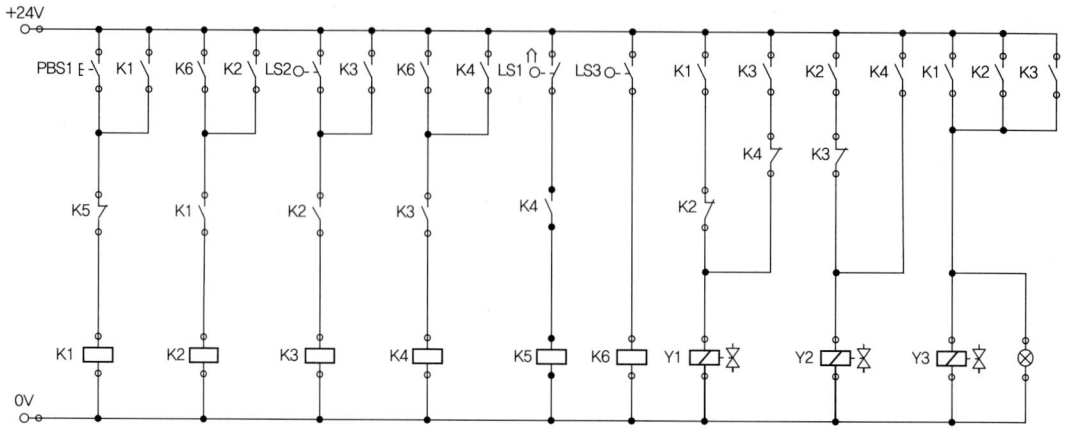

8-1 공압 기출 예제 8번

※ 시험기간 : 1시간 20분
- 제1과제(공압회로 도면제작) : 20분
- 제2과제(공압회로구성 및 조립작업) : 1시간

1. 요구사항

※ 제1과제 : 공압회로 도면제작

가. 주어진 제어조건을 만족하는 공압회로도 및 전기회로도의 빈 부분(㉮, ㉯, ㉰)에 들어갈 기호를 제시된 【보기(공압)】에서 찾아 답안지(1)에 번호로 기입하고, 도면 중 ㉱ 부분의 용도 및 ㉲ 부분의 명칭을 답안지(1)에 작성하여 제출하시오.(단, ㉱, ㉲가 지칭하는 부분은 관로, 스프링, 드레인 등의 세부 부속품이 아닌 독립적으로 역할을 하는 전체 부품임을 고려하여 답지를 작성합니다.)

나. 주어진 공압회로도를 참조하여 제어조건에 따른 변위단계선도를 답안지(2)에 완성하여 제출하시오.

※ 제2과제 : 공압회로 구성 및 조립작업

(1) 기본과제

가. 제1과제에서 작성한 공압회로도와 같이 주어진 공압기기를 선정하여 고정판에 배치하시오. (단, 공압회로도 중 도면에 있는 차단밸브 이전 기기와 장치는 수험자가 구성하지 않습니다.)

나. 공압호스를 적절한 길이로 절단 사용하여 배치된 기기를 연결·완성하시오.

다. 전기회로도를 보고 전기회로작업을 완성하시오.(전기연결선 +는 적색으로, -는 청색 또는 흑색으로 연결하시오.)

라. 작업압력(서비스 유닛)을 (0.5±0.05)MPa로 설정하시오.

(2) 응용과제

마. 감독위원이 지정한 압력(0.2~0.5MPa 범위에서 지정)으로 변경하시오.

바. 실린더 A는 전진 시와 실린더 B는 후진 시 모두 일방향 유량조절밸브(모듈형)를 사용하여 Meter-out 회로가 되도록 실린더의 속도를 제어하시오.

사. 카운터를 사용하여 5회 연속운전을 하고 정지되도록 전기회로를 구성한 후 동작시키시오.(단, PBS를 On-Off하면 연속 동작이 시작하고, 카운터의 초기화는 별도의 스위치 추가 없이 자동으로 초기화되도록 한다.)

2. 도면(공압회로)

| 자격종목 | 공유압기능사 | 과제명 | 공압회로구성 및 조립작업 |

(1) 제어조건 : 공압 실린더를 이용하여 자동으로 호퍼에 담긴 곡물을 아래로 일정량 만큼 계량하여 공급하고자 한다. 실린더 B는 초기에 전진하여 있고 동작스위치(PBS) On-Off하면 실린더 A가 전진한 다음 실린더 B가 후진하여 계량된 곡물을 아래로 내려 보낸다. 실린더 B가 전진을 한 후 실린더 A가 후진 위치로 이동하여 곡물을 실린더 B로 내려 보낸다.

가. 위치도

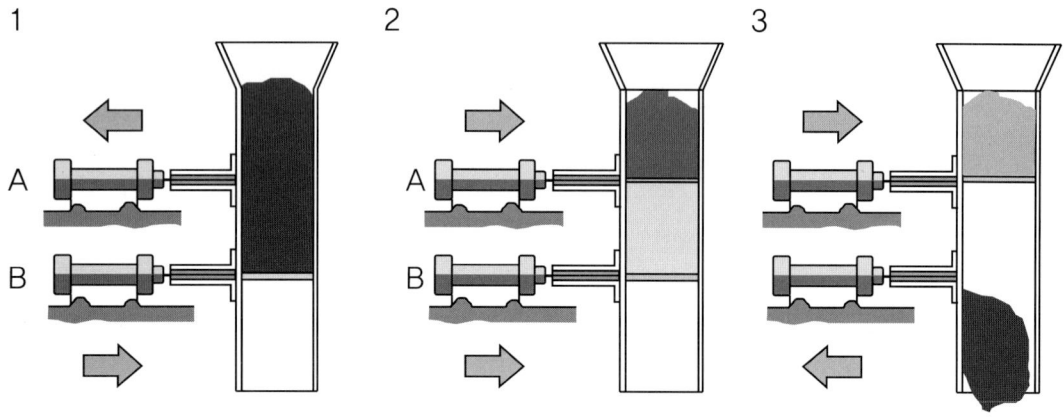

| 자격종목 | 공유압기능사 | 과제명 | 공압회로구성 및 조립작업 |

나. 공압회로도

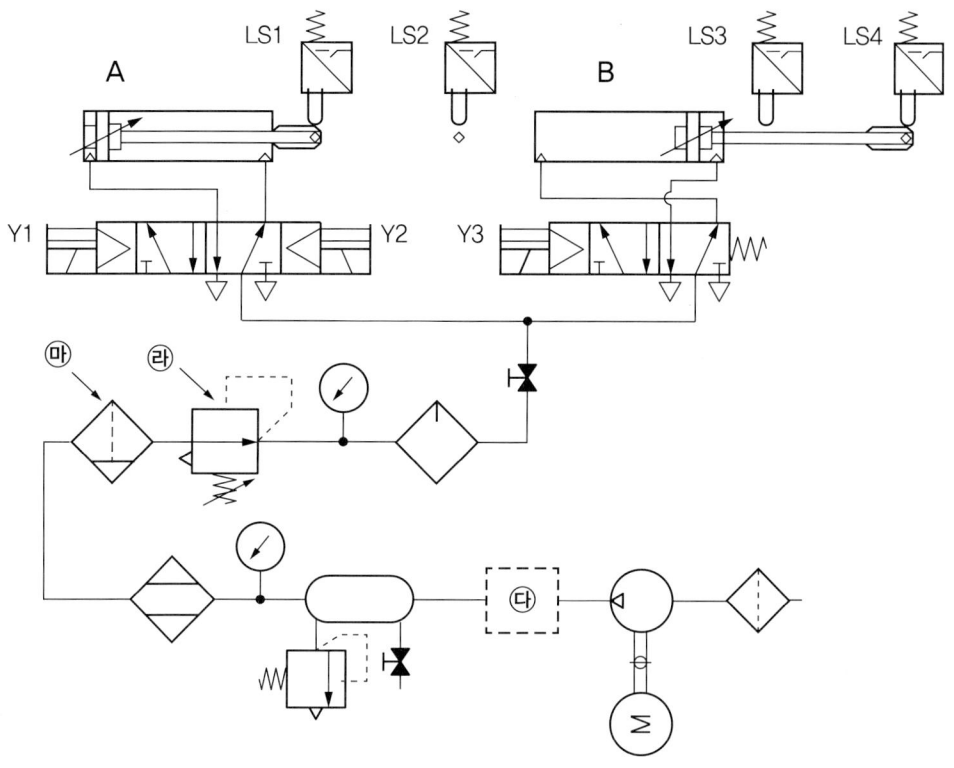

다. 전기회로도

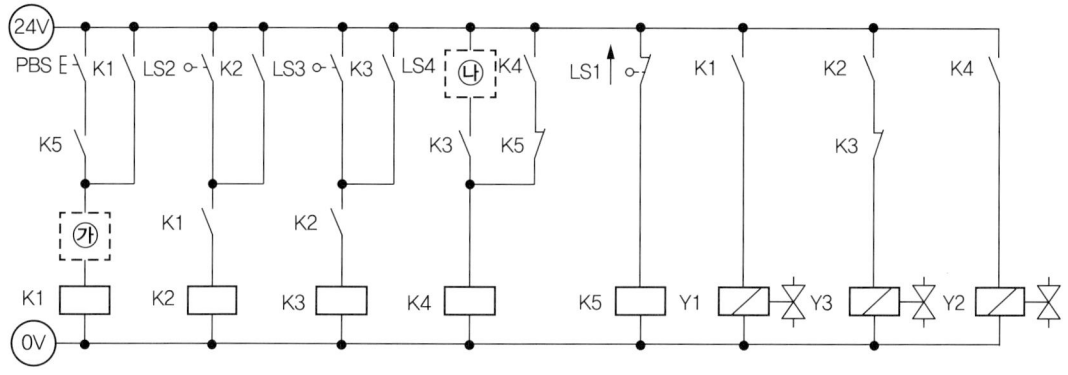

정답

가 : ㊲ 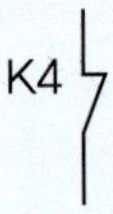 나 : ㉙ 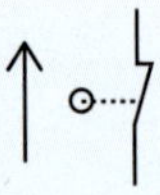 다 : ④ 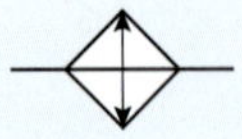

라 : 시스템 압력을 감압

마 : 필터수동배수기

공압 변위단계 선도

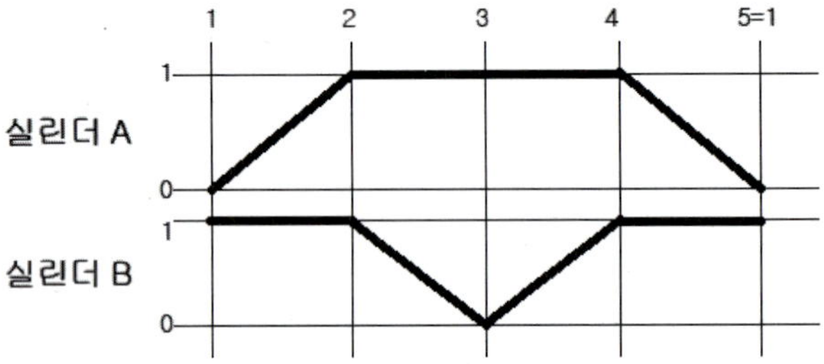

응용과제 바 정답

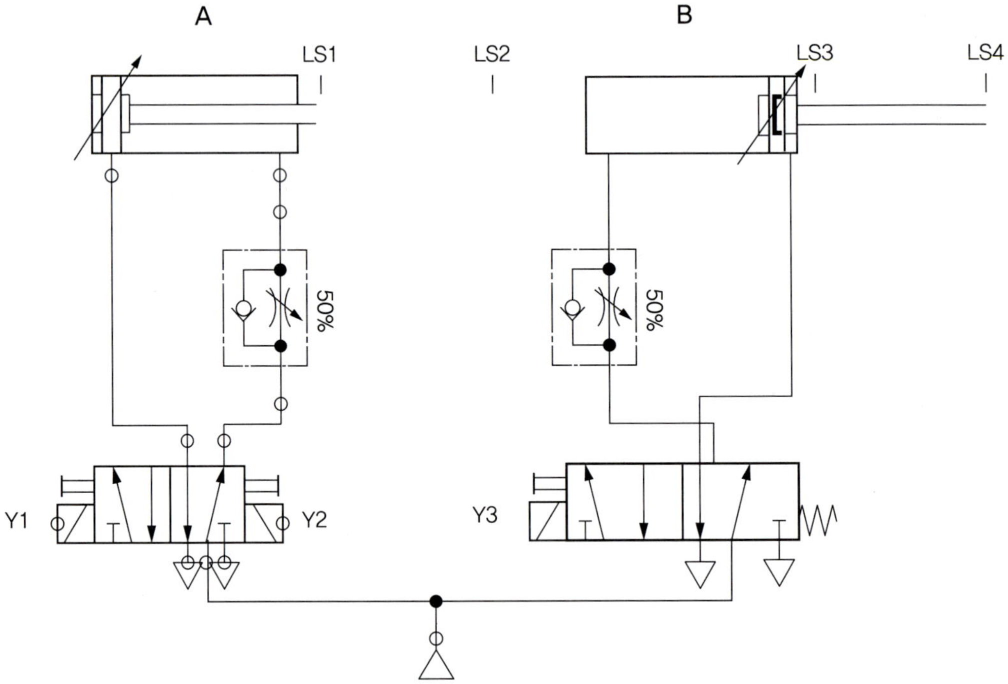

응용과제 사 정답

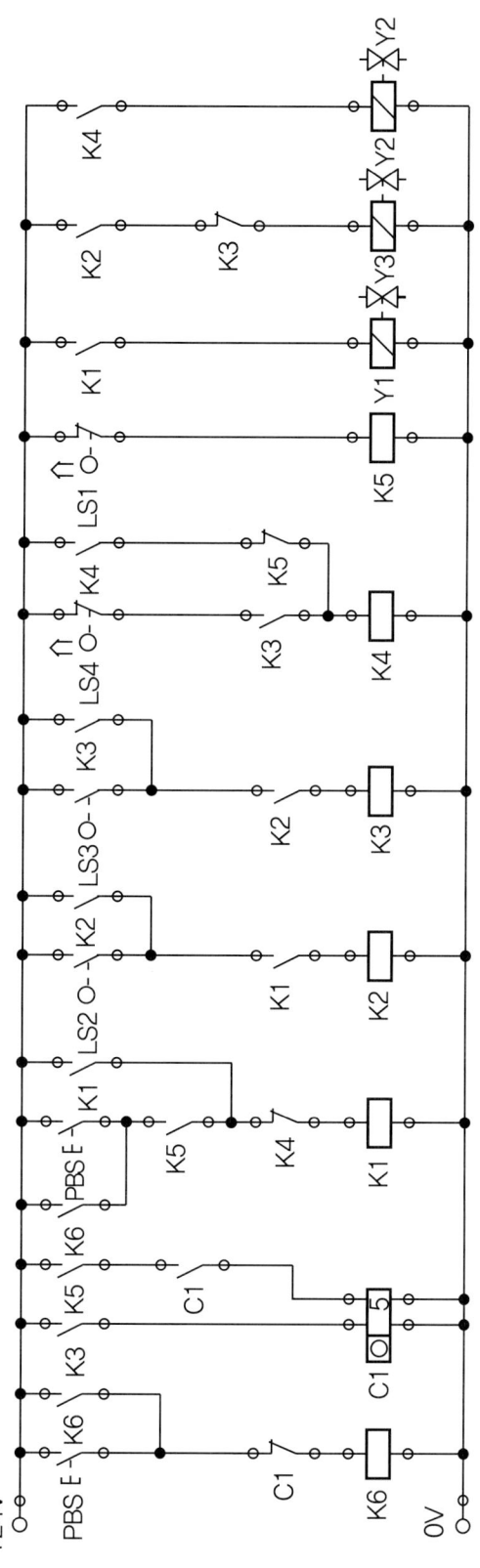

8-2 유압 기출 예제 8번

※ 시험기간 : 1시간 10분
 – 제3과제(유압회로 도면제작) : 10분
 – 제4과제(유압회로구성 및 조립작업) : 1시간

1. 요구사항

※ 제3과제 : 유압회로 도면제작

    가. 주어진 제어조건을 만족하는 유압회로도 및 전기회로도의 빈 부분(㉮, ㉯, ㉰)에 들어갈 기호를 제시된 【보기(유압)】에서 찾아 답안지(3)에 번호로 기입하고, 도면 중 ㉱ 부분의 명칭 및 ㉲ 부분의 용도를 답안지(3)에 작성하여 제출하시오.(단, ㉱, ㉲가 지칭하는 부분은 관로, 스프링, 드레인 등의 세부 부속품이 아닌 독립적으로 역할을 하는 전체 부품임을 고려하여 답지를 작성합니다.)

※ 제4과제 : 유압회로 구성 및 조립작업

(1) 기본과제

    가. 제3과제에서 작성한 유압도면과 같이 주어진 유압기기를 선정하여 고정판에 배치하시오. (단, 도면에 일점쇄선 부분은 수험자가 구성하지 않습니다.)

    나. 유압호스를 사용하여 배치된 기기를 연결·완성하시오.

    다. 전기회로도를 보고 전기회로작업을 완성하시오.(전기연결선 +는 적색으로, -는 청색 또는 흑색으로 연결하시오.)

    라. 유압회로 내의 최고압력을 (4±0.2)MPa로 설정하시오.

(2) 응용과제

    마. 실린더의 후진운동을 일방향 유량조절밸브를 사용하여 Meter-in 방식으로 회로를 변경하여 실린더의 속도를 제어하시오.

    바. 초기 전진 시 실린더 동작을 경고하기 위해 PBS1을 On-Off하면 3초간 부저가 작동된 후 자동으로 유압 실린더가 전진작업을 시작하도록 전기회로를 구성하고 동작시키시오.

2. 도면(유압회로)

| 자격종목 | 공유압기능사 | 과제명 | 유압회로구성 및 조립작업 |

(1) 제어조건 : 유압 바이스를 제작하려고 한다. 전진버튼(PBS1)을 계속 누르고 있으면 실린더가 전진운동을 하다가 작동압력이 압력스위치의 설정압력에 도달하면 전진스위치는 동작하지 않고 밸브는 중립위치로 되며 램프가 점등한다. 후진버튼(PBS2)을 계속 누르면 실린더는 복귀하여야 한다.

가. 위치도

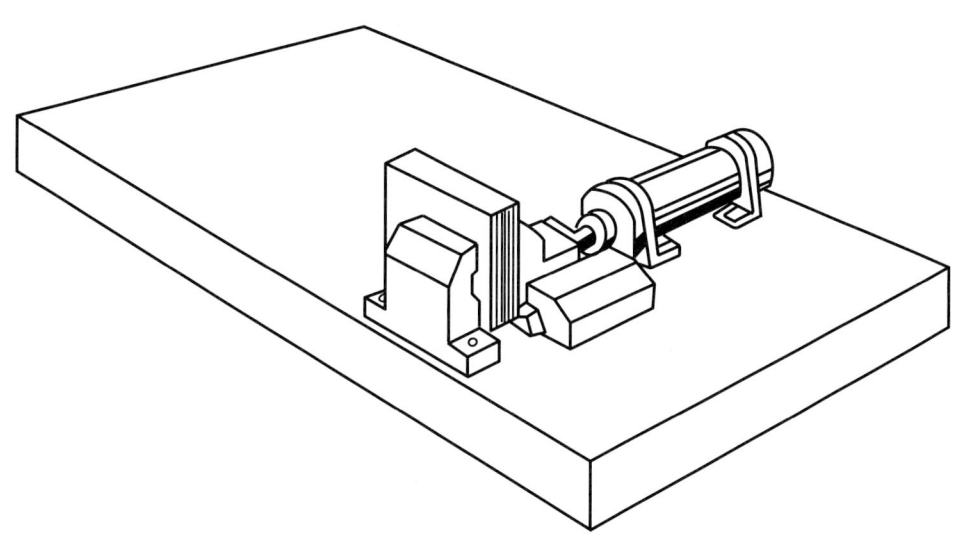

자격종목	공유압기능사	과제명	유압회로구성 및 조립작업

나. 유압회로도

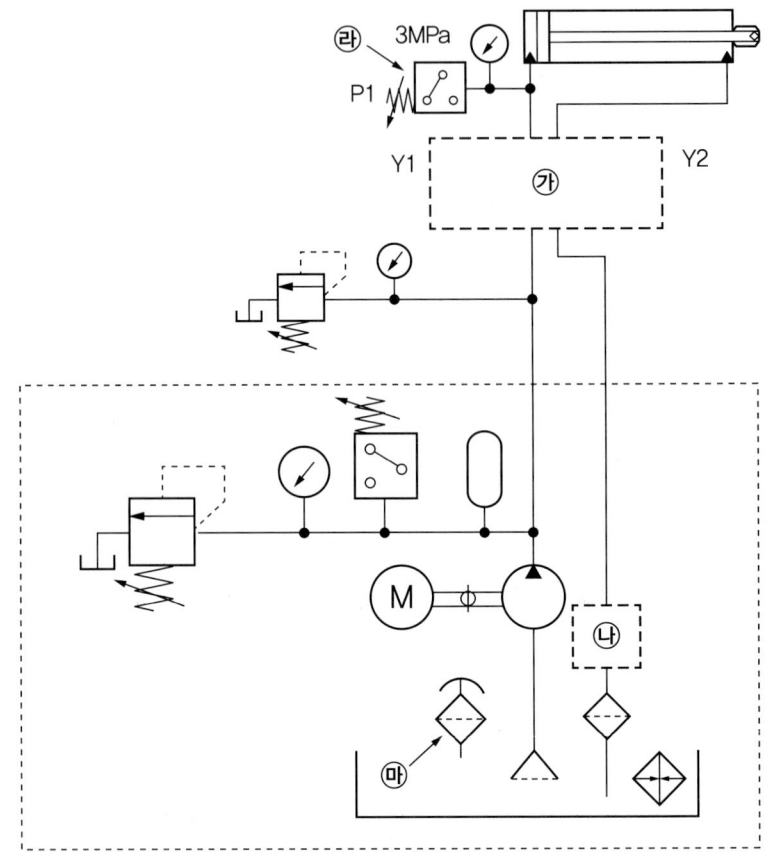

다. 전기회로도

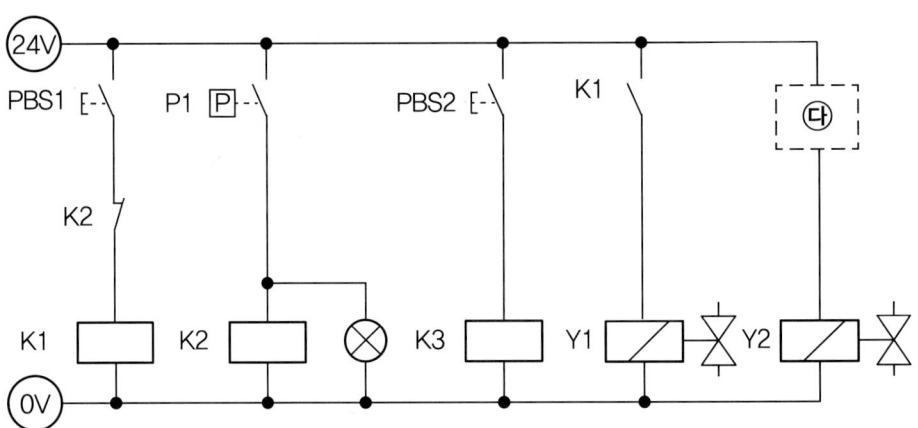

정답

가 : ㉔ [symbol]　나 : ④ [symbol]　다 : ㉞ K3

라 : 압력 스위치

마 : 오일탱크의 유면 안정화

응용과제 마 정답

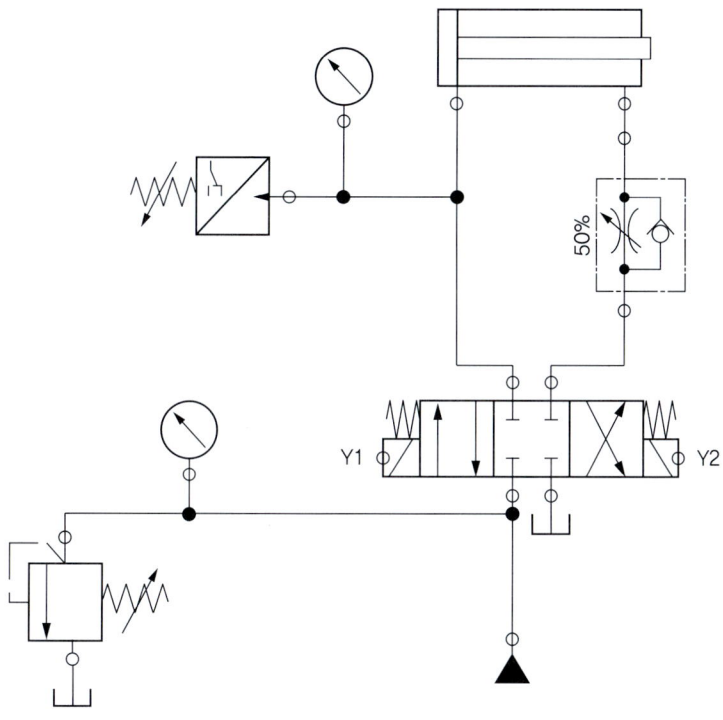

응용과제 바 정답

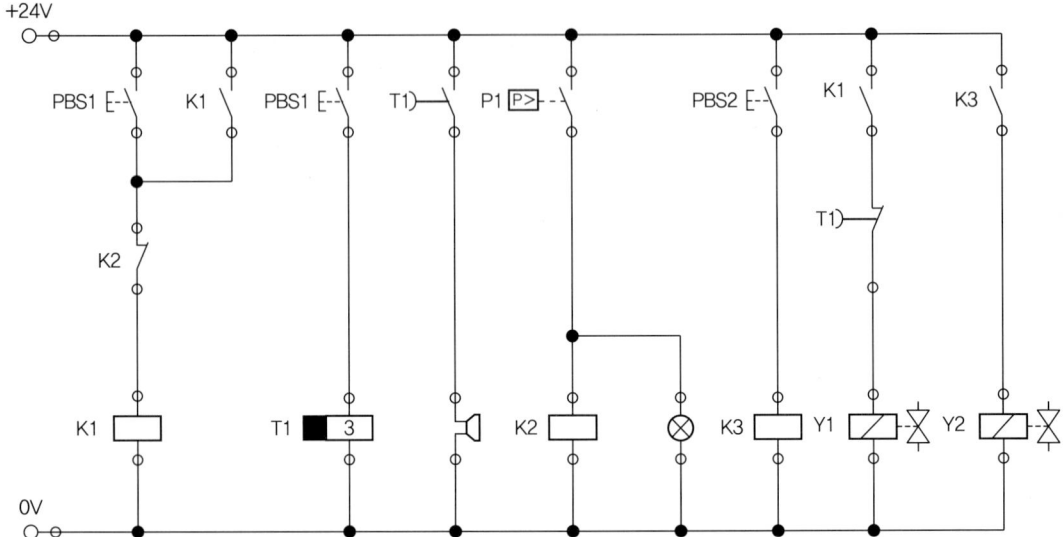

9-1 공압 기출 예제 9번

※ 시험기간 : 1시간 20분
  - 제1과제(공압회로 도면제작) : 20분
  - 제2과제(공압회로구성 및 조립작업) : 1시간

1. 요구사항

※ 제1과제 : 공압회로 도면제작
  가. 주어진 제어조건을 만족하는 공압회로도 및 전기회로도의 빈 부분(㉮, ㉯, ㉰)에 들어갈 기호를 제시된 【보기(공압)】에서 찾아 답안지(1)에 번호로 기입하고, 도면 중 ㉱ 부분의 용도 및 ㉲ 부분의 명칭을 답안지(1)에 작성하여 제출하시오.(단, ㉱, ㉲가 지칭하는 부분은 관로, 스프링, 드레인 등의 세부 부속품이 아닌 독립적으로 역할을 하는 전체 부품임을 고려하여 답지를 작성합니다.)
  나. 주어진 공압회로도를 참조하여 제어조건에 따른 변위단계선도를 답안지(2)에 완성하여 제출하시오.

※ 제2과제 : 공압회로 구성 및 조립작업
  (1) 기본과제
  가. 제1과제에서 작성한 공압회로도와 같이 주어진 공압기기를 선정하여 고정판에 배치하시오. (단, 공압회로도 중 도면에 있는 차단밸브 이전 기기와 장치는 수험자가 구성하지 않습니다.)
  나. 공압호스를 적절한 길이로 절단 사용하여 배치된 기기를 연결·완성하시오.
  다. 전기회로도를 보고 전기회로작업을 완성하시오.(전기연결선 +는 적색으로, -는 청색 또는 흑색으로 연결하시오.)
  라. 작업압력(서비스 유닛)을 (0.5±0.05)MPa로 설정하시오.

  (2) 응용과제
  마. 감독위원이 지정한 압력(0.2~0.5MPa 범위에서 지정)으로 변경하시오.
  바. 실린더 B 전진 시 과도한 압력으로 공작물이 파손되는 것을 방지하기 위하여 압력조절밸브(감압밸브)와 압력게이지를 사용하여 (2.0±0.05)MPa로 압력을 변경하시오.
  사. 전기타이머를 사용하여 실린더가 전진 완료 후 5초간 정지한 후에 후진하도록 전기회로를 구성하고 동작시키시오.

2. 도면(공압회로)

| 자격종목 | 공유압기능사 | 과제명 | 공압회로구성 및 조립작업 |

(1) 제어조건 : 공압 실린더를 이용하여 목공선반을 자동으로 운전하고자 한다. 실린더 A, B는 초기에 모두 후진하여 있고 동작스위치(PBS)를 On-Off하면 실린더 A가 전진하여 공작물을 고정하고 실린더 B가 전진 및 후진하여 공작물을 가공한다. 그리고 가공을 완료한 후 실린더 A가 후진하여 고정을 해제한다.

가. 위치도

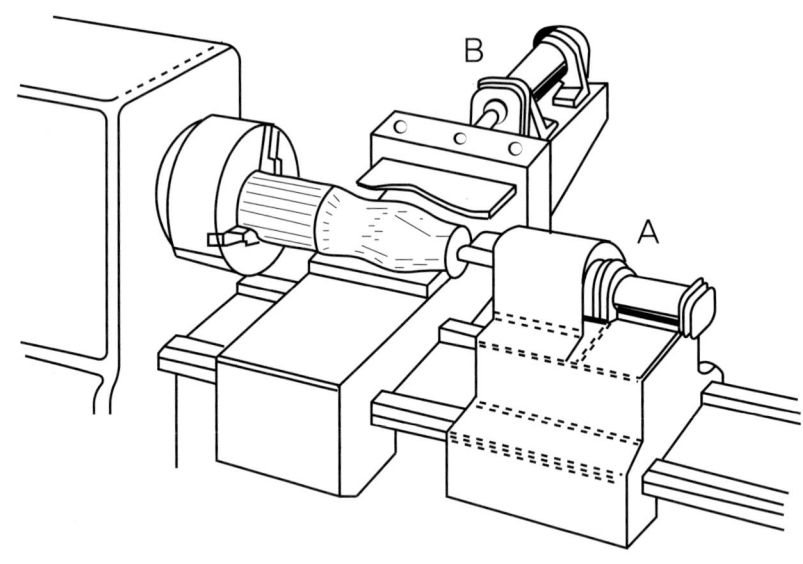

자격종목	공유압기능사	과제명	공압회로구성 및 조립작업

나. 공압회로도

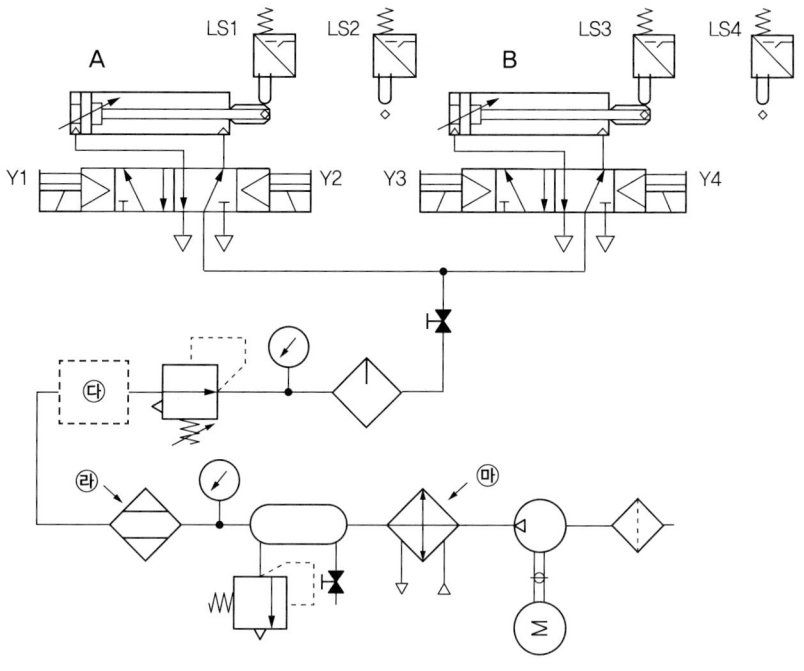

다. 전기회로도

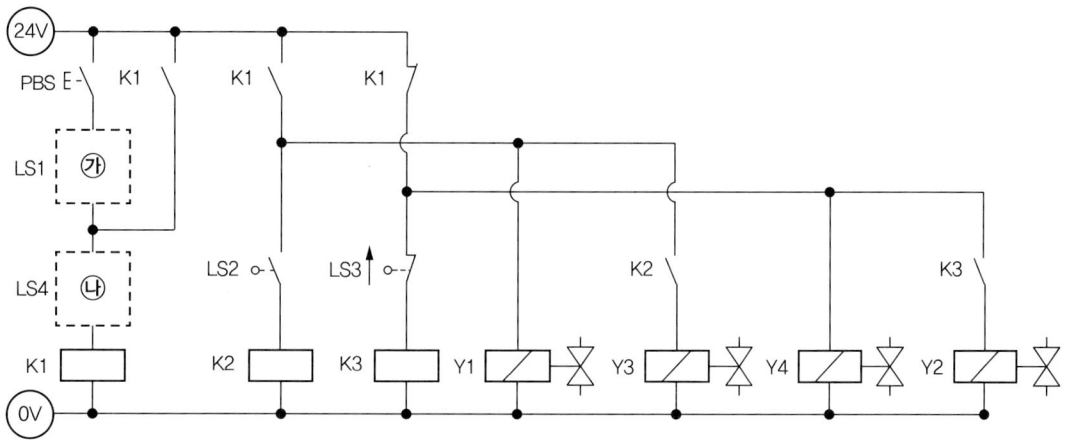

정답

가 : ㉙ 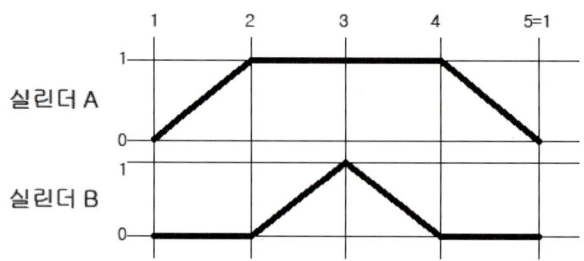 나 : ㉗ 다 : ⑥

라 : 압축공기 건조

마 : 냉각기

공압 변위단계 선도

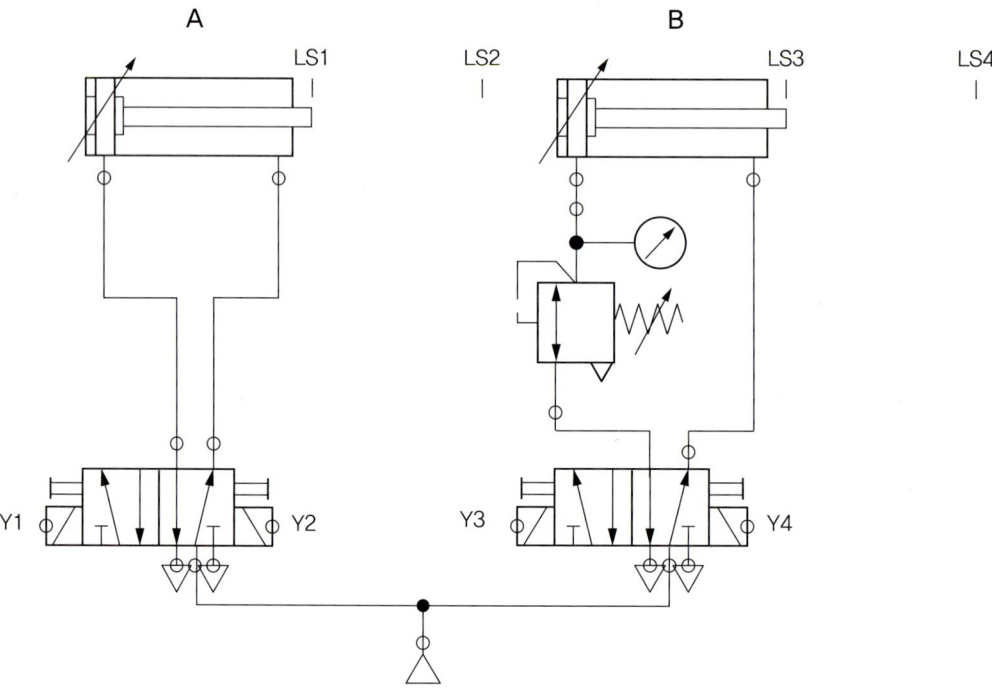

응용과제 바 정답

응용과제 사 정답

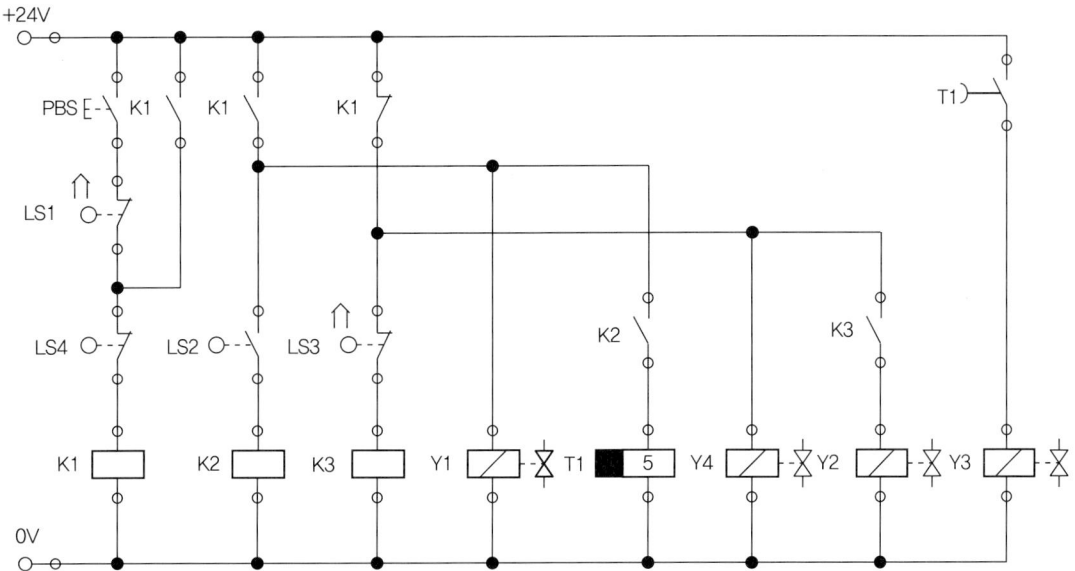

9-2 유압 기출 예제 9번

※ 시험기간 : 1시간 10분
  – 제3과제(유압회로 도면제작) : 10분
  – 제4과제(유압회로구성 및 조립작업) : 1시간

1. 요구사항

※ 제3과제 : 유압회로 도면제작

　가. 주어진 제어조건을 만족하는 유압회로도 및 전기회로도의 빈 부분(㉮, ㉯, ㉰)에 들어갈 기호를 제시된 【보기(유압)】에서 찾아 답안지(3)에 번호로 기입하고, 도면 중 ㉱ 부분의 명칭 및 ㉲ 부분의 용도를 답안지(3)에 작성하여 제출하시오.(단, ㉱, ㉲가 지칭하는 부분은 관로, 스프링, 드레인 등의 세부 부속품이 아닌 독립적으로 역할을 하는 전체 부품임을 고려하여 답지를 작성합니다.)

※ 제4과제 : 유압회로 구성 및 조립작업

　(1) 기본과제

　　가. 제3과제에서 작성한 유압도면과 같이 주어진 유압기기를 선정하여 고정판에 배치하시오. (단, 도면에 일점쇄선 부분은 수험자가 구성하지 않습니다.)

　　나. 유압호스를 사용하여 배치된 기기를 연결・완성하시오.

　　다. 전기회로도를 보고 전기회로작업을 완성하시오.(전기연결선 +는 적색으로, –는 청색 또는 흑색으로 연결하시오.)

　　라. 유압회로 내의 최고압력을 (4±0.2)MPa로 설정하시오.

　(2) 응용과제

　　마. 실린더의 전진운동을 양방향 유량조절밸브를 사용하여 Bleed-off 방식으로 회로를 변경하여 속도를 제어하시오.

　　바. 회로도에서 실린더의 왕복운동을 제어하기 위하여 4/2way 스프링 복귀형 솔레노이드 밸브를 사용하였다. 이를 메모리 기능이 있는 4/2way 복동 솔레노이드 밸브를 사용하여 회로를 재구성한 후 동작시키시오.

2. 도면(유압회로)

| 자격종목 | 공유압기능사 | 과제명 | 유압회로구성 및 조립작업 |

(1) 제어조건 : 유압 탁상 프레스를 제작 하려고 한다. 전진버튼(PBS1)을 누르면 실린더가 전진하여 정지스위치(PBS2) 또는 리밋스위치 LS1이 작동되면 자동으로 후진하게 되어 있다. 실린더 전진 시 급속하강을 위하여 카운터 밸런스 밸브의 압력을 조절할 수 있도록 하여야 한다.(단, 유압회로도에서 반드시 릴리프 밸브와 체크 밸브를 사용하여 카운터 밸런스 회로(설정 압력은 3MPa(±0.2MPa))를 구성하여야 합니다.)

가. 위치도

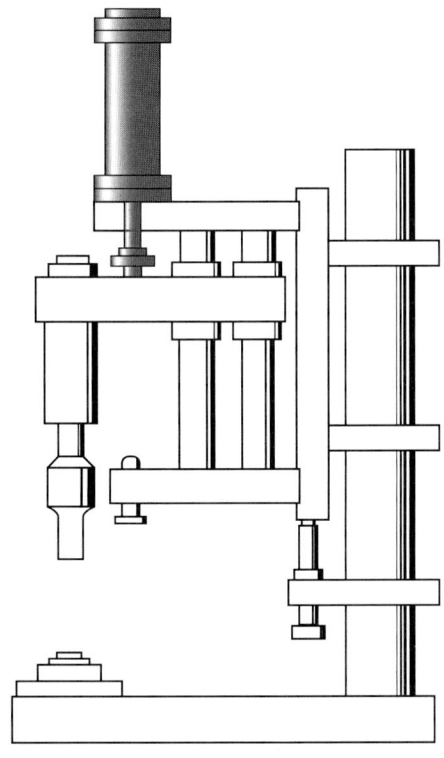

자격종목	공유압기능사	과제명	유압회로구성 및 조립작업

나. 유압회로도

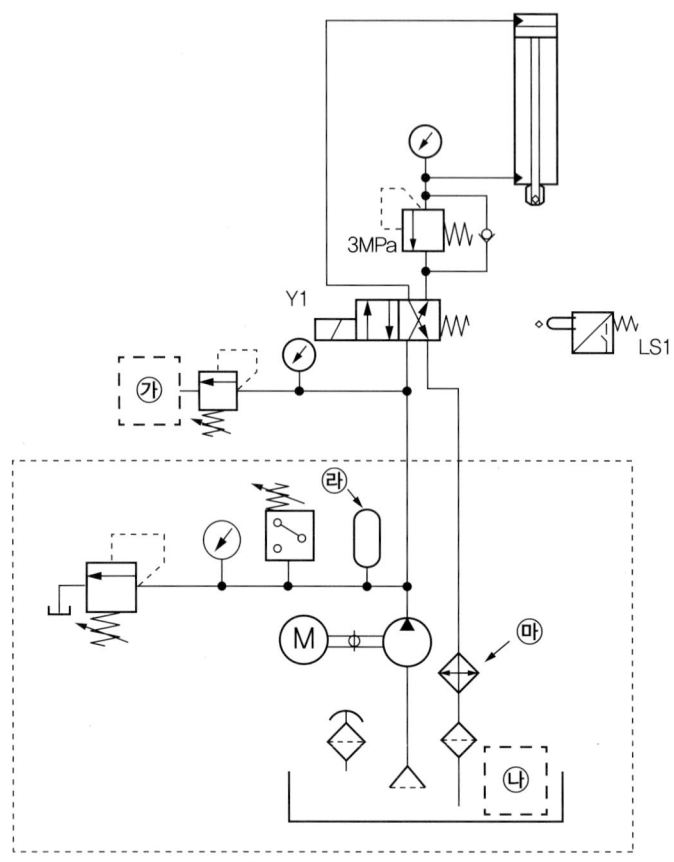

다. 전기회로도

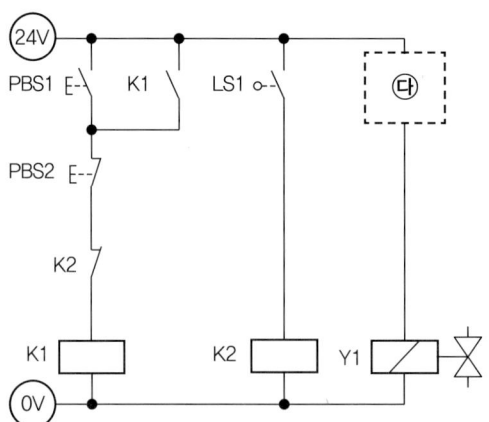

정답

가 : ①⊔   나 : ⑤ ◇   다 : ㉜ K1

라 : 어큐뮬레이터
마 : 오일 냉각

응용과제 마 정답

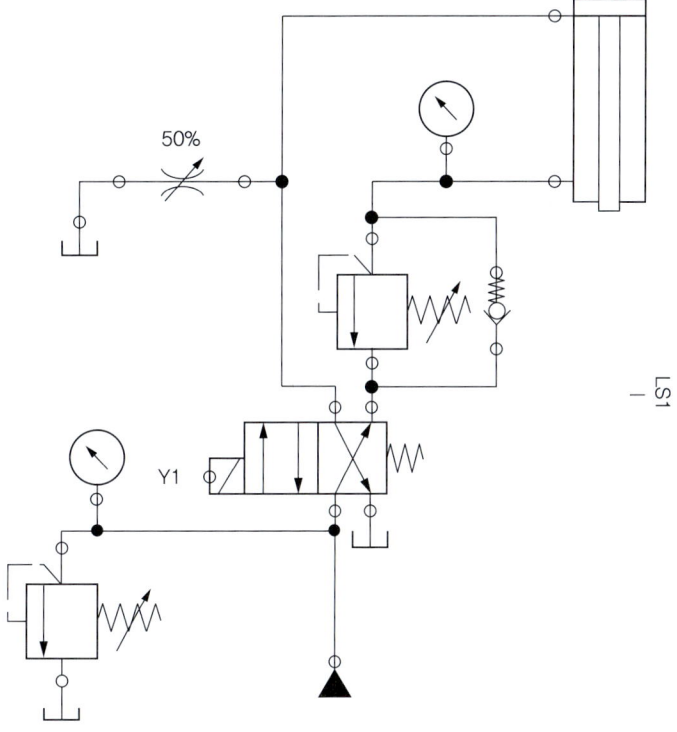

응용과제 바 정답

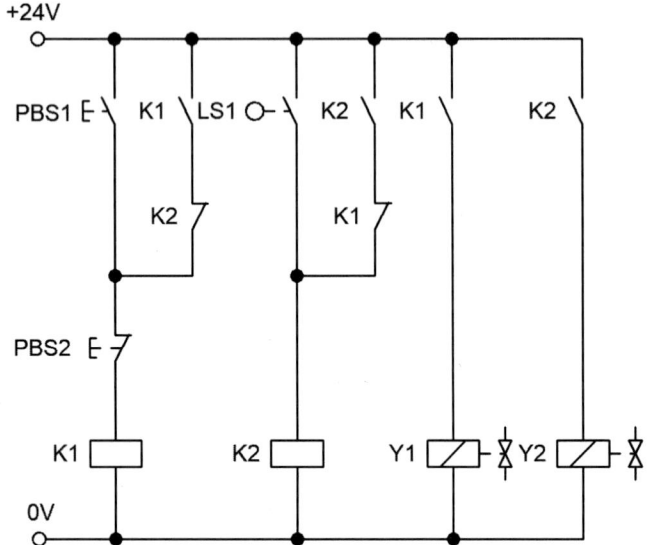

10-1 공압 기출 예제 10번

※ 시험기간 : 1시간 20분
- 제1과제(공압회로 도면제작) : 20분
- 제2과제(공압회로구성 및 조립작업) : 1시간

1. 요구사항

※ 제1과제 : 공압회로 도면제작

가. 주어진 제어조건을 만족하는 공압회로도 및 전기회로도의 빈 부분(㉮, ㉯, ㉰)에 들어갈 기호를 제시된 【보기(공압)】에서 찾아 답안지(1)에 번호로 기입하고, 도면 중 ㉱ 부분의 용도 및 ㉲ 부분의 명칭을 답안지(1)에 작성하여 제출하시오.(단, ㉱, ㉲가 지칭하는 부분은 관로, 스프링, 드레인 등의 세부 부속품이 아닌 독립적으로 역할을 하는 전체 부품임을 고려하여 답지를 작성합니다.)

나. 주어진 공압회로도를 참조하여 제어조건에 따른 변위단계선도를 답안지(2)에 완성하여 제출하시오.

※ 제2과제 : 공압회로 구성 및 조립작업

(1) 기본과제

가. 제1과제에서 작성한 공압회로도와 같이 주어진 공압기기를 선정하여 고정판에 배치하시오. (단, 공압회로도 중 도면에 있는 차단밸브 이전 기기와 장치는 수험자가 구성하지 않습니다.)

나. 공압호스를 적절한 길이로 절단 사용하여 배치된 기기를 연결·완성하시오.

다. 전기회로도를 보고 전기회로작업을 완성하시오.(전기연결선 +는 적색으로, −는 청색 또는 흑색으로 연결하시오.)

라. 작업압력(서비스 유닛)을 (0.5±0.05)MPa로 설정하시오.

(2) 응용과제

마. 감독위원이 지정한 압력(0.2~0.5MPa 범위에서 지정)으로 변경하시오.

바. 실린더 B 전진 시 일방향 유량조절밸브(모듈형)를 사용하여 Meter-out 회로가 되도록 하고, 실린더 A 후진 시 급속배기밸브를 사용하여 실린더의 속도를 제어하시오.

사. 타이머를 사용하여 실린더 A(1A)가 전진 후 3초 뒤에 실린더 B(2A)가 전진하도록 하고, 에어 제트 3Z는 실린더 B(2A)가 전진운동하는 동안에만 작동하도록 전기회로를 구성하고 동작시키시오.(다만 회로구성 상 에어제트는 부저로 대체하시오.)

2. 도면(공압회로)

자격종목	공유압기능사	과제명	공압회로구성 및 조립작업

(1) 제어조건 : 소재는 수동으로 고정구에 삽입된다. 작업시작 버튼(PBS)을 On-Off하면 클램핑 실린더 A(1A)가 전진 운동한다. 소재가 고정되면 드릴 이송 실린더 B(2A)가 전진 운동하여 드릴 가공이 되도록 드릴을 이송한다. 드릴 이송이 완료되어 드릴 작업이 완료되면 실린더는 원래의 위치로 복귀한다. 드릴 이송 실린더의 복귀가 완료되면 실린더 A(1A)의 후진운동으로 클램핑도 해제된다.

가. 위치도

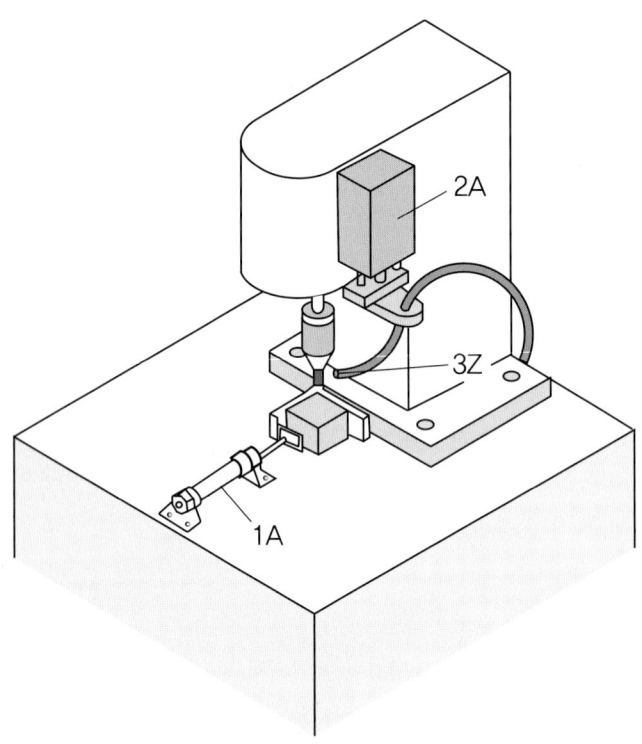

| 자격종목 | 공유압기능사 | 과제명 | 공압회로구성 및 조립작업 |

나. 공압회로도

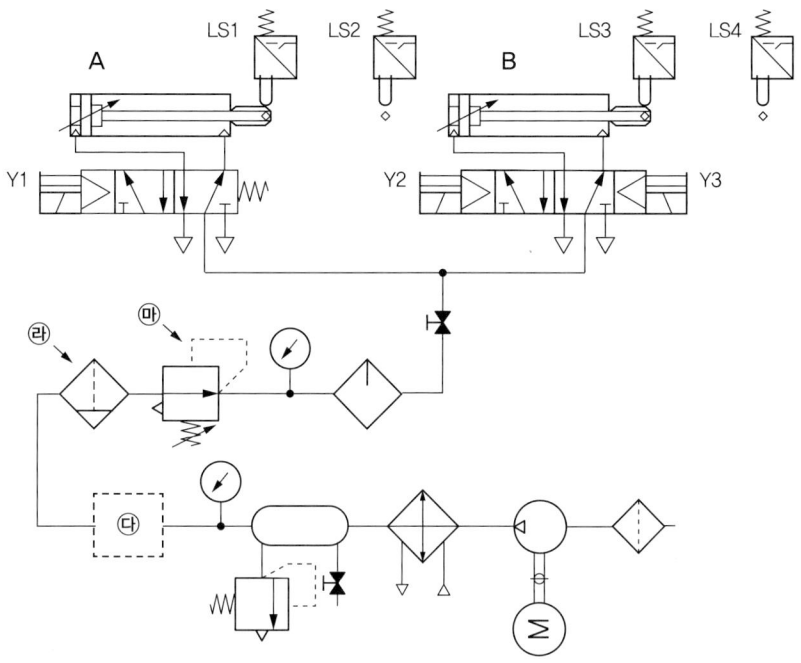

다. 전기회로도

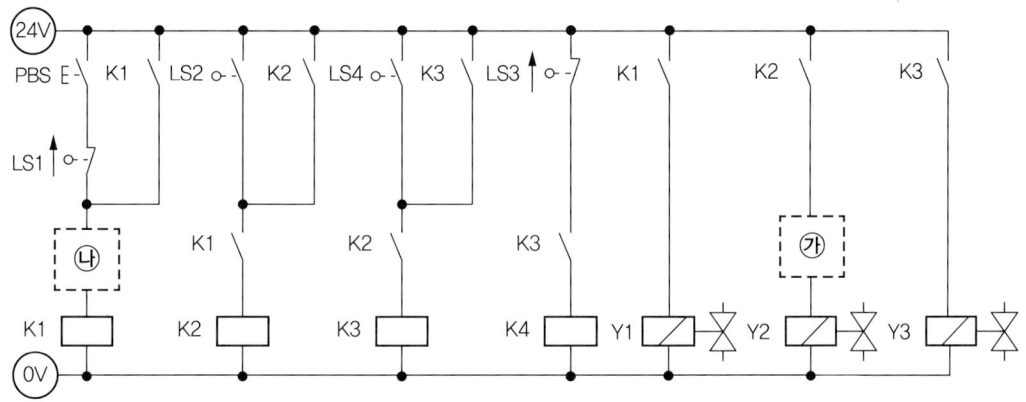

정답

가 : ㊱ K3 나 : ㊲ K4 다 : ③ ◇

라 : 이물질 제거 및 수동배출 기능
마 : 감압밸브

공압 변위단계 선도

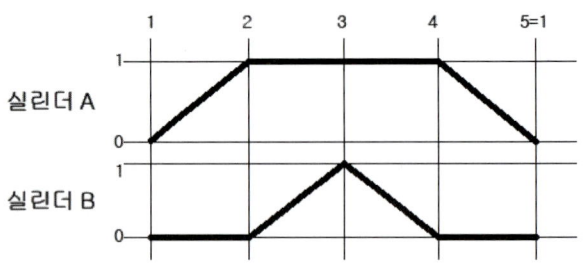

응용과제 바 정답

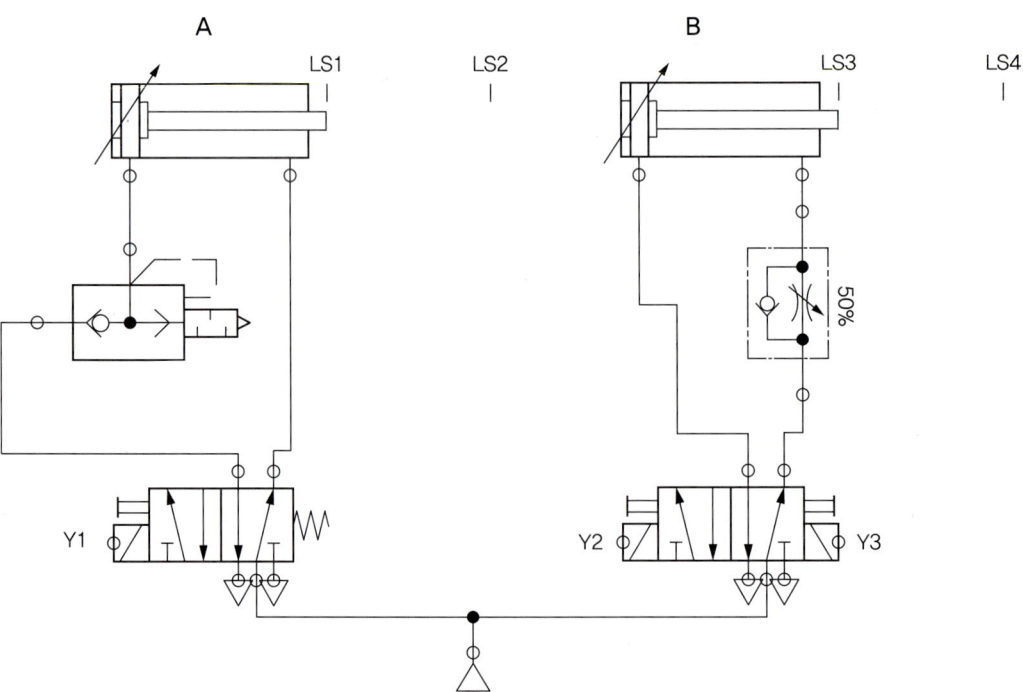

응용과제 사 정답

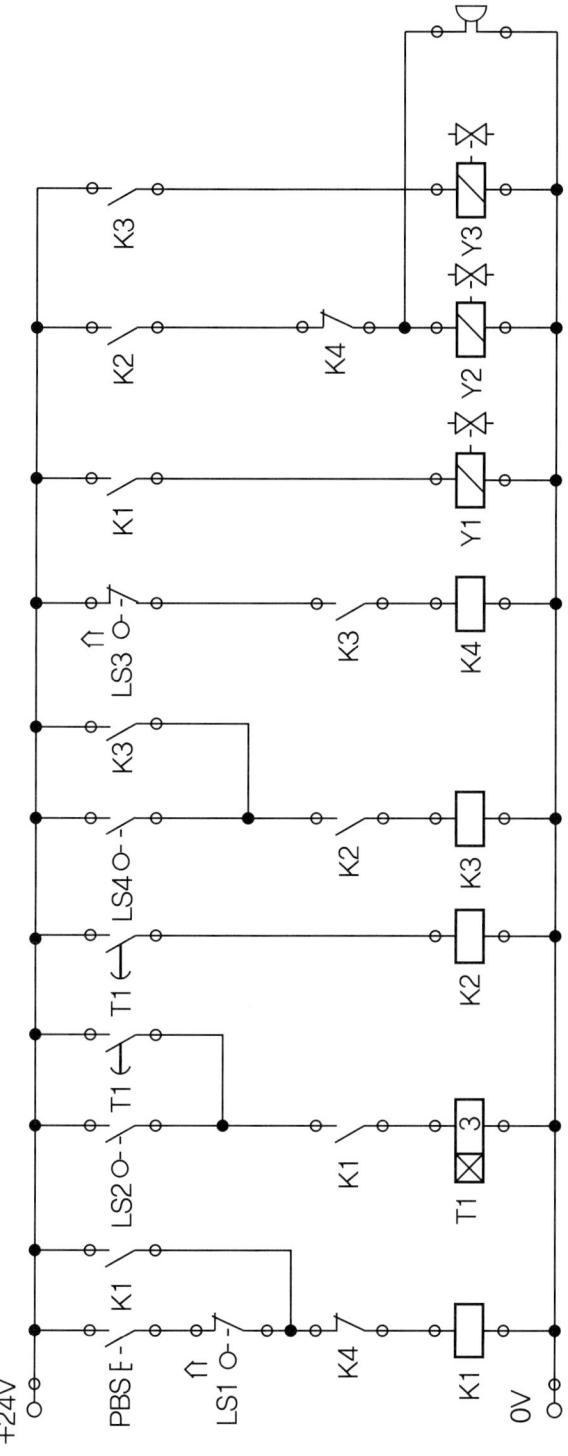

10-2 유압 기출 예제 10번

※ 시험기간 : 1시간 10분
 – 제3과제(유압회로 도면제작) : 10분
 – 제4과제(유압회로구성 및 조립작업) : 1시간

1. 요구사항

※ 제3과제 : 유압회로 도면제작

가. 주어진 제어조건을 만족하는 유압회로도 및 전기회로도의 빈 부분(㉮, ㉯, ㉰)에 들어갈 기호를 제시된 【보기(유압)】에서 찾아 답안지(3)에 번호로 기입하고, 도면 중 ㉱ 부분의 명칭 및 ㉲ 부분의 용도를 답안지(3)에 작성하여 제출하시오.(단, ㉱, ㉲가 지칭하는 부분은 관로, 스프링, 드레인 등의 세부 부속품이 아닌 독립적으로 역할을 하는 전체 부품임을 고려하여 답지를 작성합니다.)

※ 제4과제 : 유압회로 구성 및 조립작업

(1) 기본과제

가. 제3과제에서 작성한 유압도면과 같이 주어진 유압기기를 선정하여 고정판에 배치하시오.(단, 도면에 일점쇄선 부분은 수험자가 구성하지 않습니다.)

나. 유압호스를 사용하여 배치된 기기를 연결·완성하시오.

다. 전기회로도를 보고 전기회로작업을 완성하시오.(전기연결선 +는 적색으로, -는 청색 또는 흑색으로 연결하시오.)

라. 유압회로 내의 최고압력을 (4±0.2)MPa로 설정하시오.

(2) 응용과제

마. 실린더의 후진운동을 일방향 유량조절밸브를 사용하여 Meter-in 방식으로 회로를 변경하여 실린더의 속도를 제어하시오.

바. 컨트롤 밸브가 처음 출발하여 중간위치까지는 빠른 속도로 열린 후 3초간 정지한 다음 나머지 동작을 수행할 수 있도록 전기회로를 수정한 후 동작시키시오.

2. 도면(유압회로)

자격종목	공유압기능사	과제명	유압회로구성 및 조립작업

(1) 제어조건 : 석유화학공정에서 배관의 컨트롤 밸브와 유압 복동 실린더를 이용하여 작동하려고 한다. 컨트롤 밸브는 처음 출발하여 중간위치까지는 빠른 속도로 열릴 수 있어야 하고, 나머지 반은 조절할 수 있는 느린 속도로 운동하여야 한다. 컨트롤 밸브의 열림 정도를 측정하기 위하여 레버에 의하여 작동하는 리밋 스위치(LS1, LS2, LS3)를 사용한다. "밸브 알림"과 "밸브 닫힘"의 두 푸시버튼 스위치(PBS1, PBS1)를 사용하며 실린더의 운동은 이 버튼들이 작동하고 실린더는 각각의 초기위치에 있는 것을 확인하여야 한다. 단, 컨트롤 밸브를 닫을 때는 속도를 조절하지 않는다.

가. 위치도

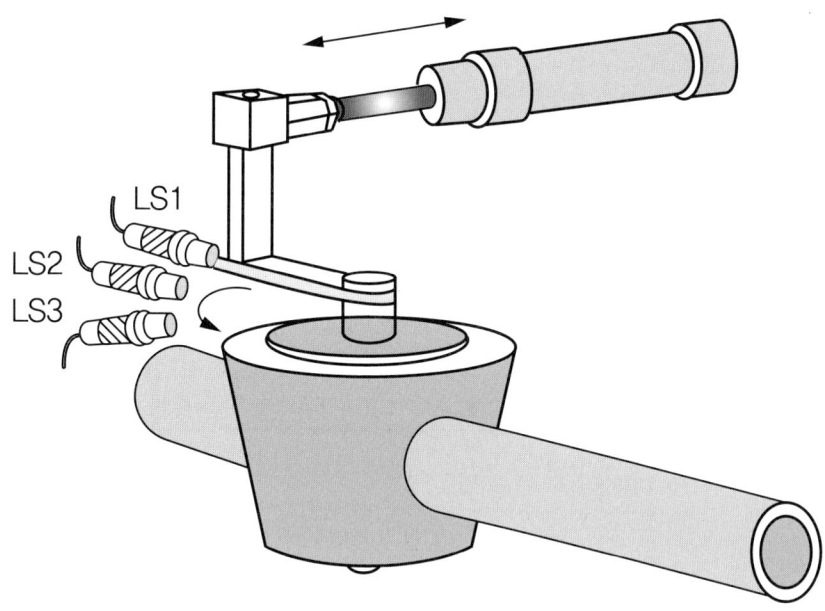

자격종목	공유압기능사	과제명	유압회로구성 및 조립작업

나. 유압회로도

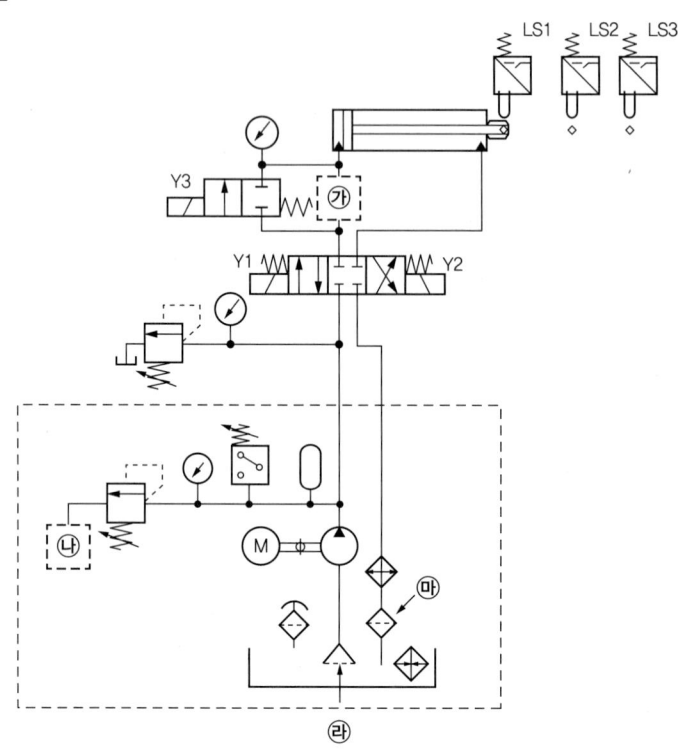

다. 전기회로도

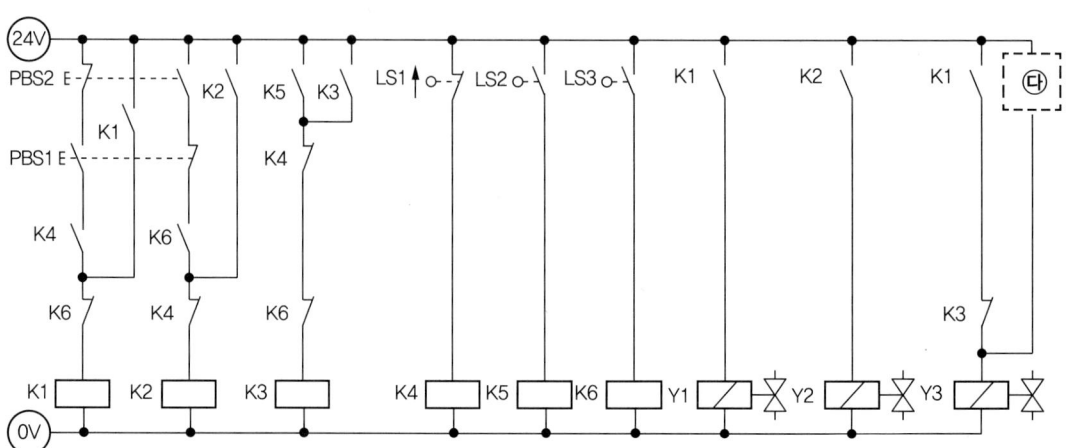

정답

가 : ⑬ ─✳─   나 : ① ⊔   다 : ㉝ K2 ─/─

라 : 스트레이너
마 : 오일내 이물질 제거

응용과제 마 정답

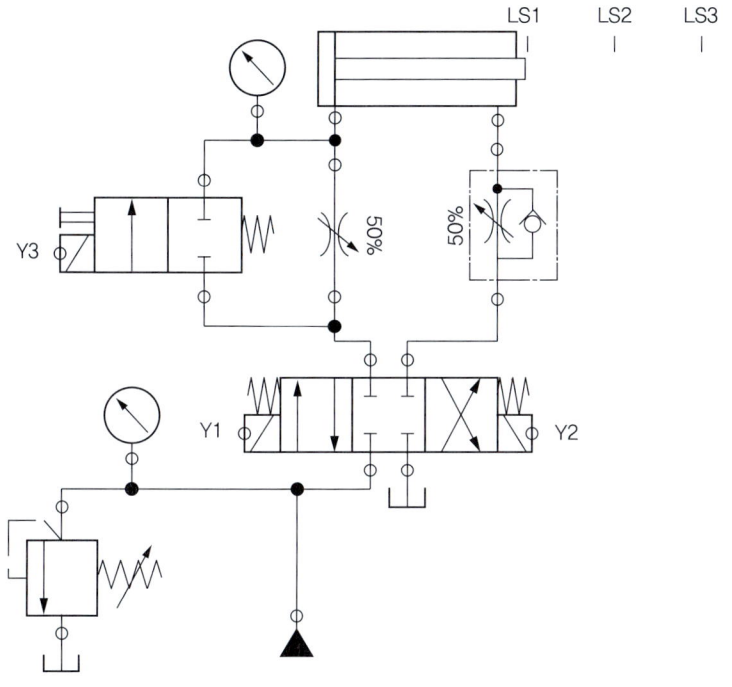

응용과제 바 정답

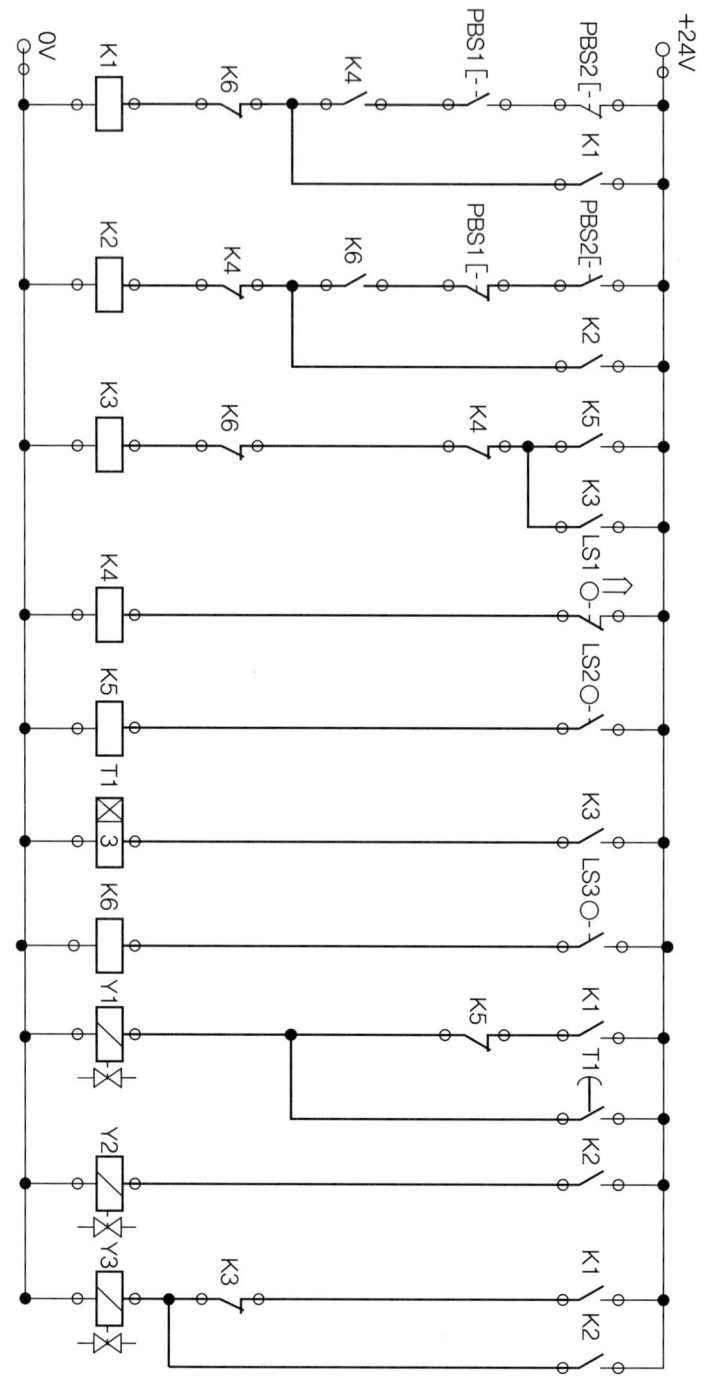

11-1 공압 기출 예제 11번

※ 시험기간 : 1시간 20분
  – 제1과제(공압회로 도면제작) : 20분
  – 제2과제(공압회로구성 및 조립작업) : 1시간

1. 요구사항

※ 제1과제 : 공압회로 도면제작
  가. 주어진 제어조건을 만족하는 공압회로도 및 전기회로도의 빈 부분(㉮, ㉯, ㉰)에 들어갈 기호를 제시된 【보기(공압)】에서 찾아 답안지(1)에 번호로 기입하고, 도면 중 ㉱ 부분의 용도 및 ㉲ 부분의 명칭을 답안지(1)에 작성하여 제출하시오.(단, ㉱, ㉲가 지칭하는 부분은 관로, 스프링, 드레인 등의 세부 부속품이 아닌 독립적으로 역할을 하는 전체 부품임을 고려하여 답지를 작성합니다.)
  나. 주어진 공압회로도를 참조하여 제어조건에 따른 변위단계선도를 답안지(2)에 완성하여 제출하시오.

※ 제2과제 : 공압회로 구성 및 조립작업
  (1) 기본과제
    가. 제1과제에서 작성한 공압회로도와 같이 주어진 공압기기를 선정하여 고정판에 배치하시오. (단, 공압회로도 중 도면에 있는 차단밸브 이전 기기와 장치는 수험자가 구성하지 않습니다.)
    나. 공압호스를 적절한 길이로 절단 사용하여 배치된 기기를 연결·완성하시오.
    다. 전기회로도를 보고 전기회로작업을 완성하시오.(전기연결선 +는 적색으로, −는 청색 또는 흑색으로 연결하시오.)
    라. 작업압력(서비스 유닛)을 (0.5±0.05)MPa로 설정하시오.

  (2) 응용과제
    마. 감독위원이 지정한 압력(0.2~0.5MPa 범위에서 지정)으로 변경하시오.
    바. 실린더 A 전진 시 일방향 유량조절밸브(모듈형)를 사용하여 Meter-out 회로가 되도록 하고, 실린더 B 후진 시 급속배기밸브를 사용하여 실린더의 속도를 제어하시오.
    사. 회로도에서 A 실린더의 왕복운동을 제어하기 위하여 스프링 복귀형 솔레노이드 밸브를 사용하였다. 이를 메모리 기능이 있는 복동 솔레노이드 밸브를 사용하여 회로를 재구성하고 동작시키시오.

2. 도면(공압회로)

자격종목	공유압기능사	과제명	공압회로구성 및 조립작업

(1) 제어조건 : 소재는 수동으로 성형 프레스 작업기에 삽입된다. 작업시작 버튼(PBS)을 On-Off하면 실린더 A가 전진 운동하여 작업을 수행한다. 작업이 끝나고 실린더 A가 원래의 위치로 복귀하면 실린더 B가 전진 운동하여 작업이 완성된 소재를 제거하고 원래의 위치로 복귀한다.

가. 위치도

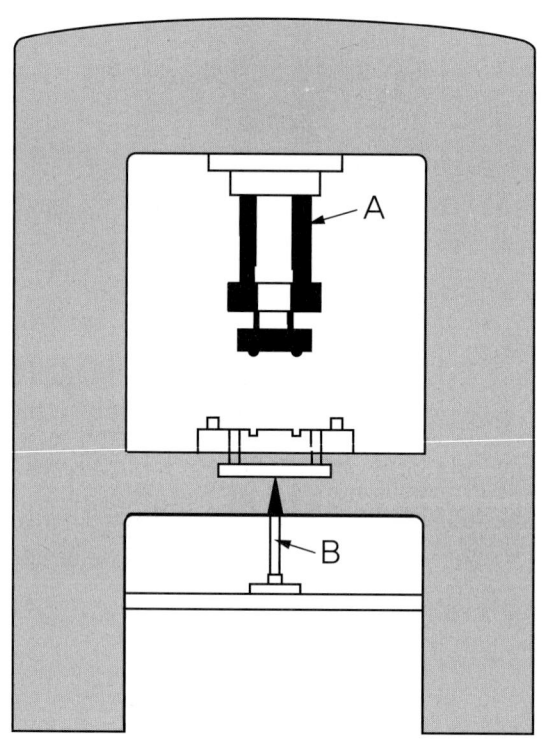

| 자격종목 | 공유압기능사 | 과제명 | 공압회로구성 및 조립작업 |

나. 공압회로도

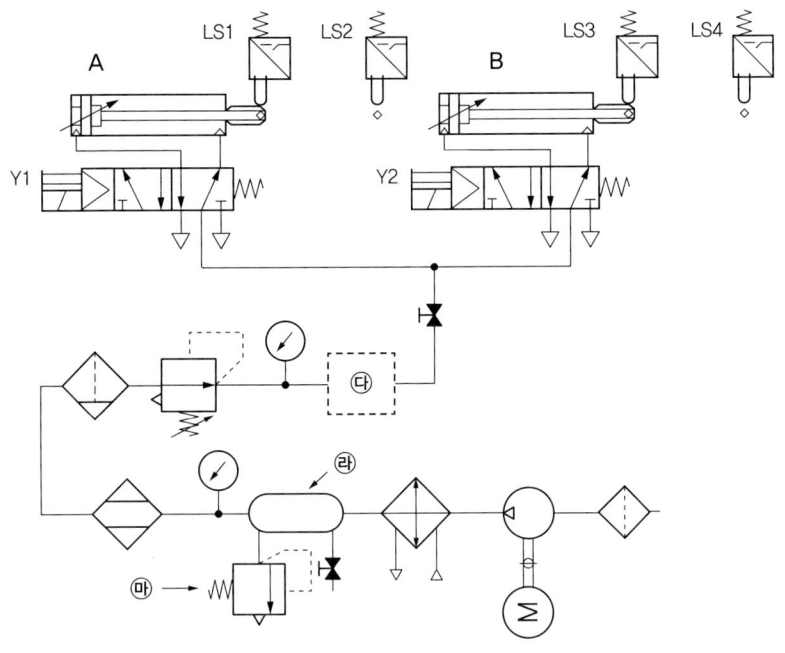

다. 전기회로도

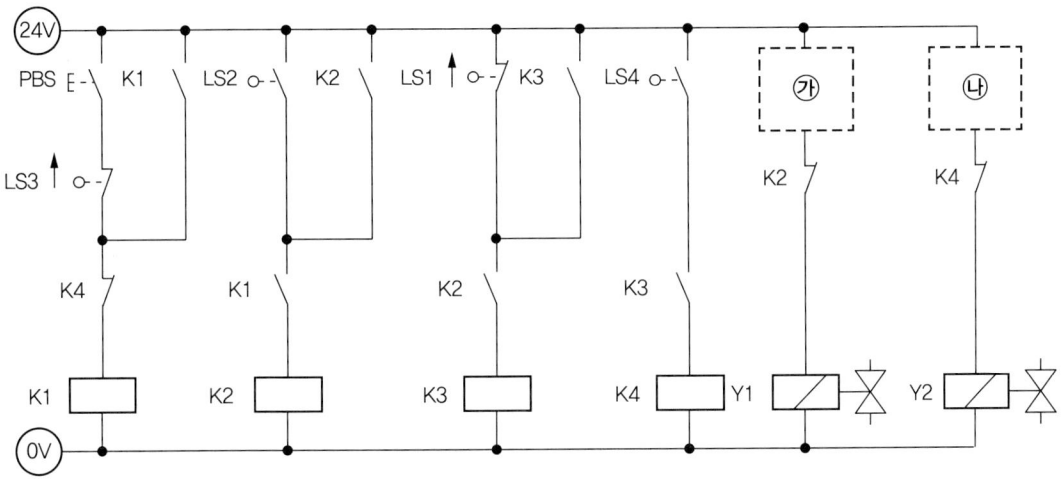

정답

가 : ㉚ K1 나 : ㉜ K3 다 : ⑤

라 : 압축공기 저장
마 : 압력 릴리프 밸브

공압 변위단계 선도

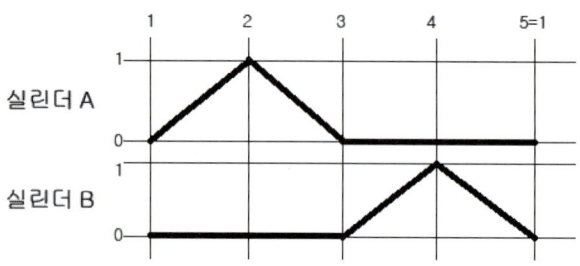

응용과제 바 정답

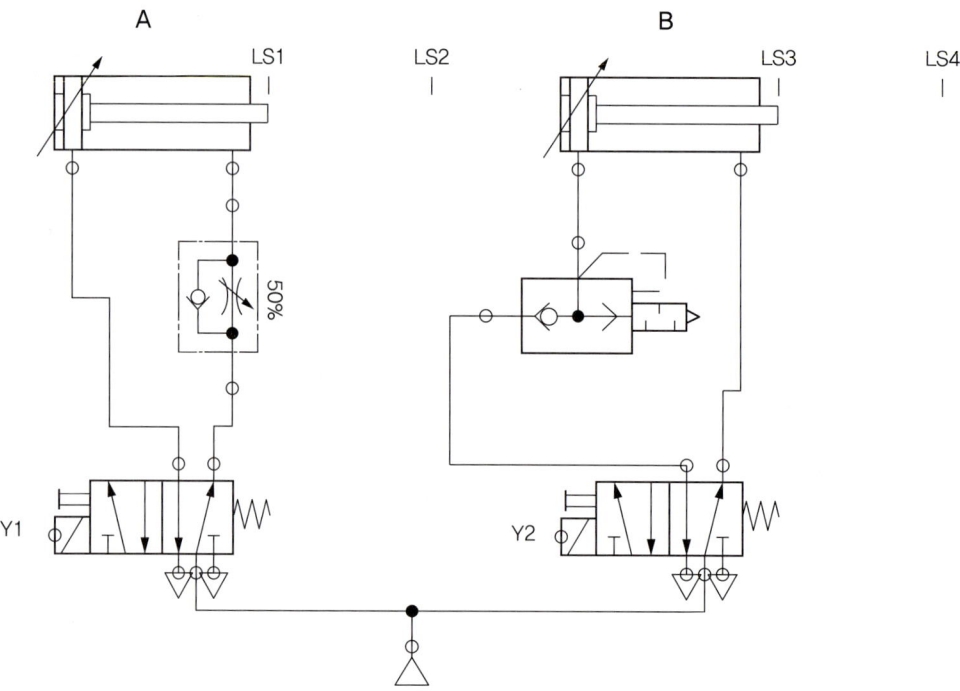

응용과제 사 정답

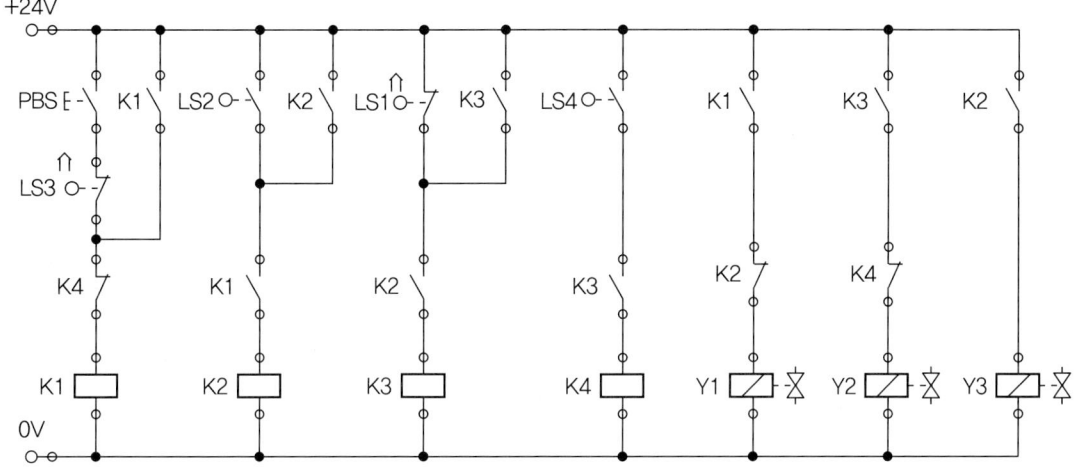

11-2 유압 기출 예제 11번

※ 시험기간 : 1시간 10분
  – 제3과제(유압회로 도면제작) : 10분
  – 제4과제(유압회로구성 및 조립작업) : 1시간

1. 요구사항

※ 제3과제 : 유압회로 도면제작

　가. 주어진 제어조건을 만족하는 유압회로도 및 전기회로도의 빈 부분(㉮, ㉯, ㉰)에 들어갈 기호를 제시된 【보기(유압)】에서 찾아 답안지(3)에 번호로 기입하고, 도면 중 ㉱ 부분의 명칭 및 ㉲ 부분의 용도를 답안지(3)에 작성하여 제출하시오.(단, ㉱, ㉲가 지칭하는 부분은 관로, 스프링, 드레인 등의 세부 부속품이 아닌 독립적으로 역할을 하는 전체 부품임을 고려하여 답지를 작성합니다.)

※ 제4과제 : 유압회로 구성 및 조립작업

　(1) 기본과제
　　가. 제3과제에서 작성한 유압도면과 같이 주어진 유압기기를 선정하여 고정판에 배치하시오. (단, 도면에 일점쇄선 부분은 수험자가 구성하지 않습니다.)
　　나. 유압호스를 사용하여 배치된 기기를 연결 · 완성하시오.
　　다. 전기회로도를 보고 전기회로작업을 완성하시오.(전기연결선 +는 적색으로, -는 청색 또는 흑색으로 연결하시오.)
　　라. 유압회로 내의 최고압력을 (4±0.2)MPa로 설정하시오.

　(2) 응용과제
　　마. 실린더 로드 측에 안전회로를 구성하고 압력을 3MPa로 설정하시오.
　　바. 실린더의 전진 위치와 후진 위치에 리밋 스위치 각각 설치하고 PBS1을 On-Off하면 전진운동을 하고, PBS2를 On-Off하면 후진운동을 할 수 있도록 전기회로를 재구성하시오. 이때 비상정지 스위치(유지형 타입, PBS3)를 추가하여 실린더의 전후진 동작 중 비상정지 스위치를 On하면 실린더가 즉시 후진할 수 있게 하시오.

2. 도면(유압회로)

| 자격종목 | 공유압기능사 | 과제명 | 유압회로구성 및 조립작업 |

(1) 제어조건 : 유압 복동 실린더를 이용하여 소각로의 문을 개폐하려한다. 실린더가 전진 운동된 상태이면 문은 닫혀있고, 실린더가 후진 운동된 상태이면 문은 열려있는 상태이다. 문의 개폐를 위한 스위치는 "열림" 스위치(PBS1)와 "닫힘" 스위치(PBS2)를 각각 사용하며, 이 두 스위치는 상호 인터-룩(inter look)된 상태로 제어되어야 하고 스위치를 누르는 동안 문이 작동하여야 한다. 또한 문은 임의의 위치에서 정지할 수 있어야 한다.

가. 위치도

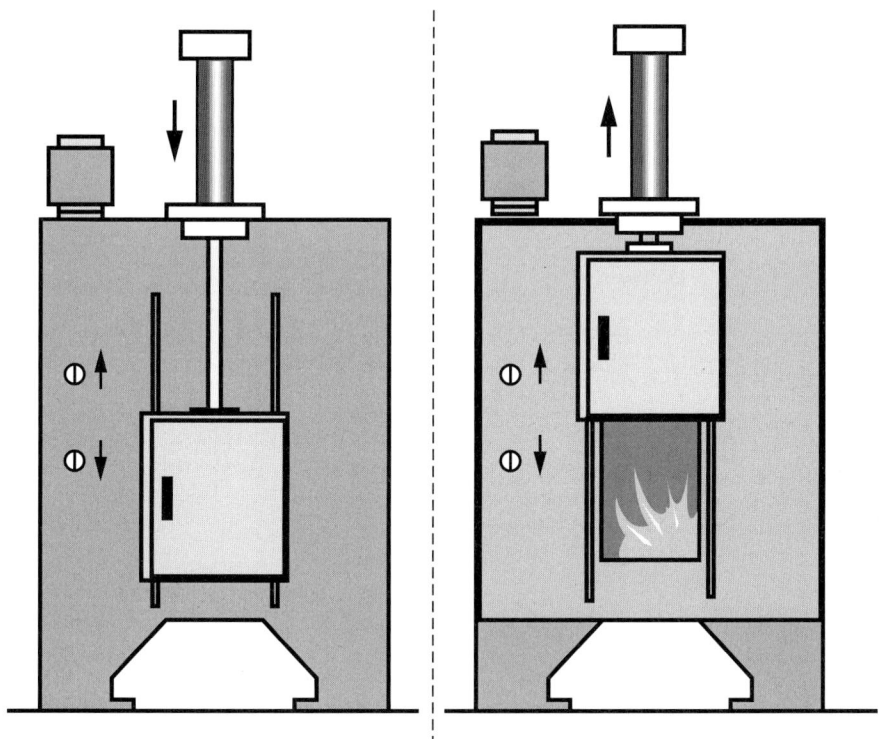

| 자격종목 | 공유압기능사 | 과제명 | 유압회로구성 및 조립작업 |

나. 유압회로도

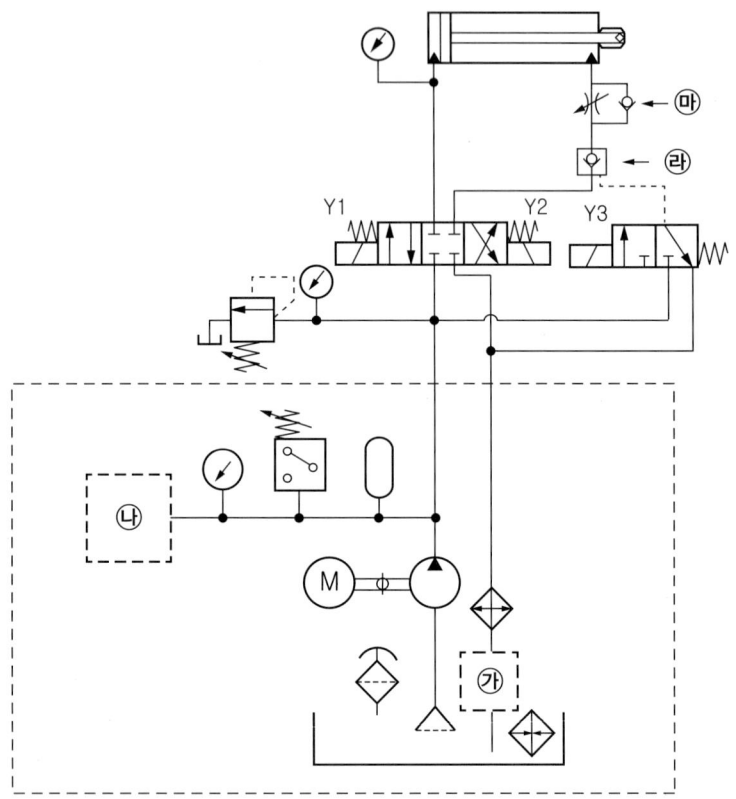

다. 전기회로도

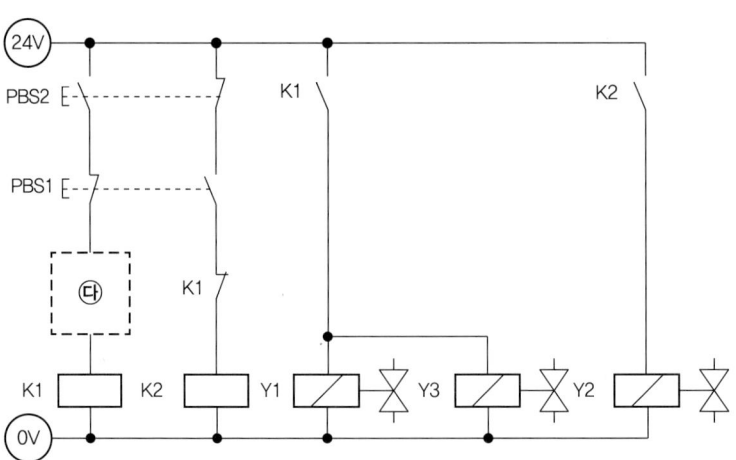

정답

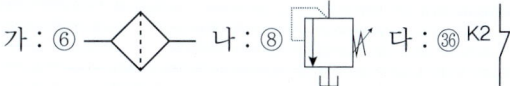

라 : 간접 작동형 체크밸브
마 : 한 방향으로만 유량조절이 가능한 밸브

응용과제 마 정답

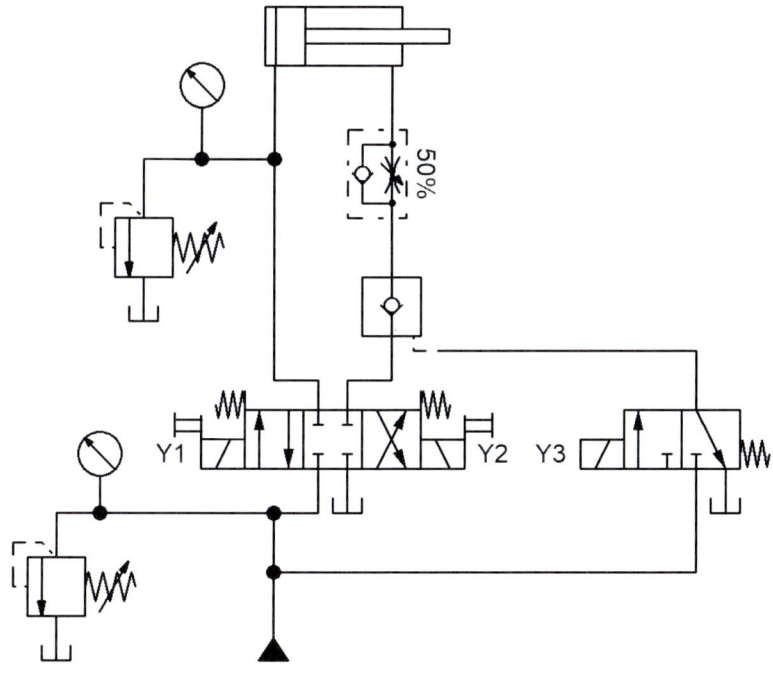

응용과제 바 정답

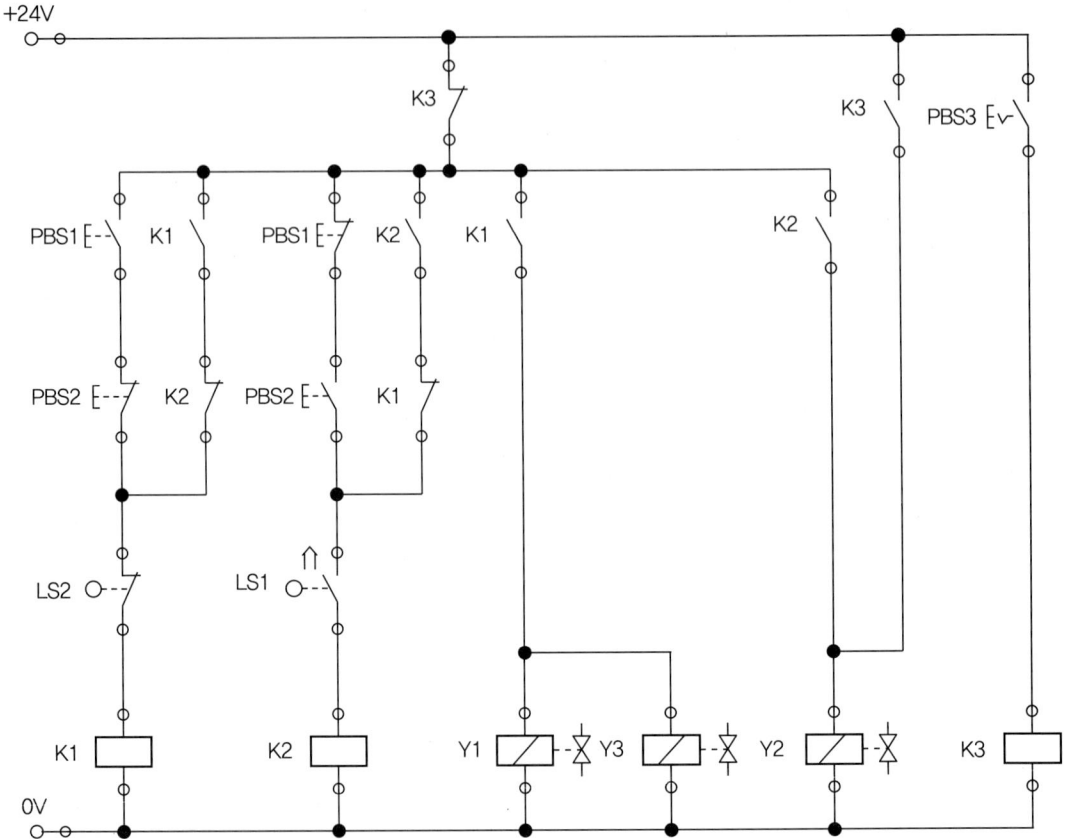

12-1 공압 기출 예제 12번

※ 시험기간 : 1시간 20분
- 제1과제(공압회로 도면제작) : 20분
- 제2과제(공압회로구성 및 조립작업) : 1시간

1. 요구사항

※ 제1과제 : 공압회로 도면제작
가. 주어진 제어조건을 만족하는 공압회로도 및 전기회로도의 빈 부분(㉮, ㉯, ㉰)에 들어갈 기호를 제시된 【보기(공압)】에서 찾아 답안지(1)에 번호로 기입하고, 도면 중 ㉱ 부분의 용도 및 ㉲ 부분의 명칭을 답안지(1)에 작성하여 제출하시오.(단, ㉱, ㉲가 지칭하는 부분은 관로, 스프링, 드레인 등의 세부 부속품이 아닌 독립적으로 역할을 하는 전체 부품임을 고려하여 답지를 작성합니다.)
나. 주어진 공압회로도를 참조하여 제어조건에 따른 변위단계선도를 답안지(2)에 완성하여 제출하시오.

※ 제2과제 : 공압회로 구성 및 조립작업
(1) 기본과제
가. 제1과제에서 작성한 공압회로도와 같이 주어진 공압기기를 선정하여 고정판에 배치하시오. (단, 공압회로도 중 도면에 있는 차단밸브 이전 기기와 장치는 수험자가 구성하지 않습니다.)
나. 공압호스를 적절한 길이로 절단 사용하여 배치된 기기를 연결·완성하시오.
다. 전기회로도를 보고 전기회로작업을 완성하시오.(전기연결선 +는 적색으로, -는 청색 또는 흑색으로 연결하시오.)
라. 작업압력(서비스 유닛)을 (0.5±0.05)MPa로 설정하시오.

(2) 응용과제
마. 감독위원이 지정한 압력(0.2~0.5MPa 범위에서 지정)으로 변경하시오.
바. 실린더 B 전진 시 일방향 유량조절밸브(모듈형)를 사용하여 Meter-out 회로가 되도록 하고, 실린더 B 후진 시 급속배기밸브를 사용하여 실린더의 속도를 제어하시오.
사. 비상정지 스위치(유지형 타입, PBS3)와 부저를 추가하여 실린더의 동작 중 비상정지 스위치를 On하면 부저가 울리면서 동시에 모든 실린더가 즉시 후진하고, 비상정지 스위치를 해제하면 초기화 할 수 있도록 전기회로를 재구성하시오.

2. 도면(공압회로)

| 자격종목 | 공유압기능사 | 과제명 | 공압회로구성 및 조립작업 |

(1) 제어조건 : 작업물은 수동으로 클램핑 장치에 삽입된다. 클램핑 작업은 누름 버튼 스위치(PBS)를 On-Off하면 실린더 A가 전진하여 작업물이 고정되면, 실린더 B에 의해 드릴 작업이 수행된다. 드릴작업이 수행이 완료되면 실린더 B가 후진하고, 이후 실린더 A가 후진하여 고정이 해제된다.

가. 위치도

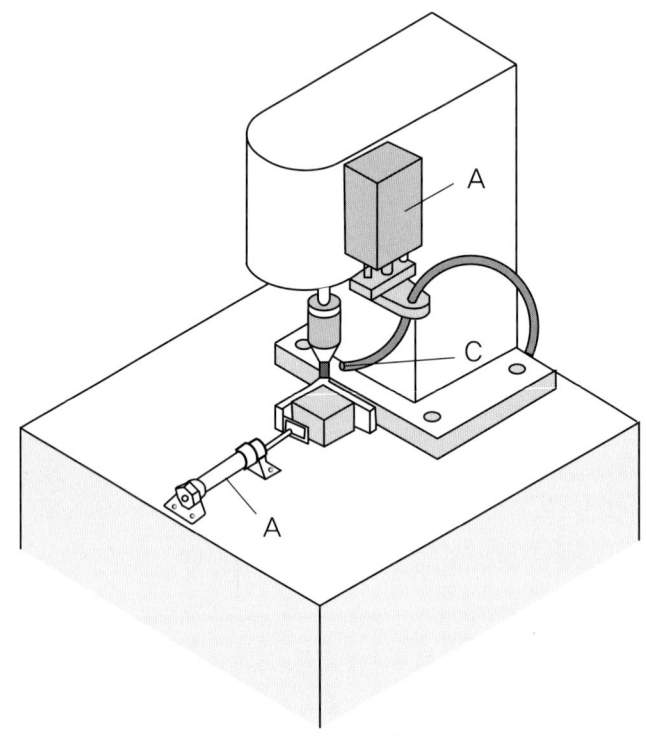

| 자격종목 | 공유압기능사 | 과제명 | 공압회로구성 및 조립작업 |

나. 공압회로도

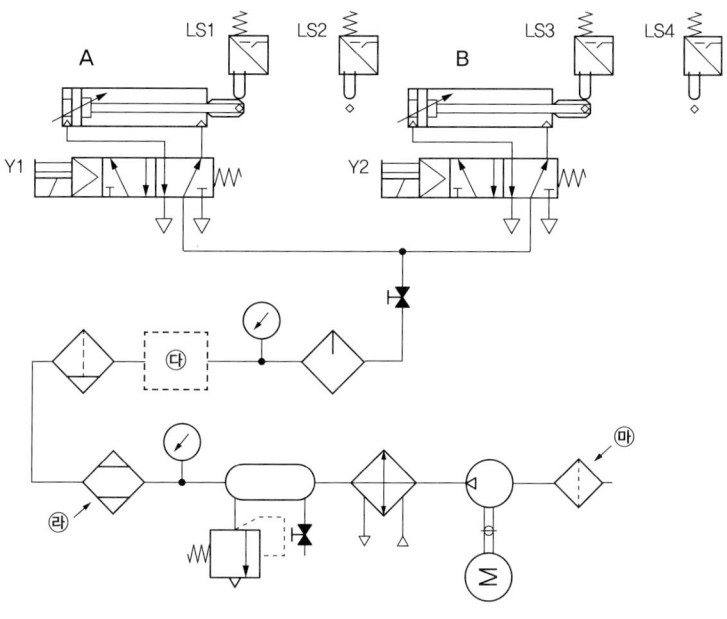

다. 전기회로도

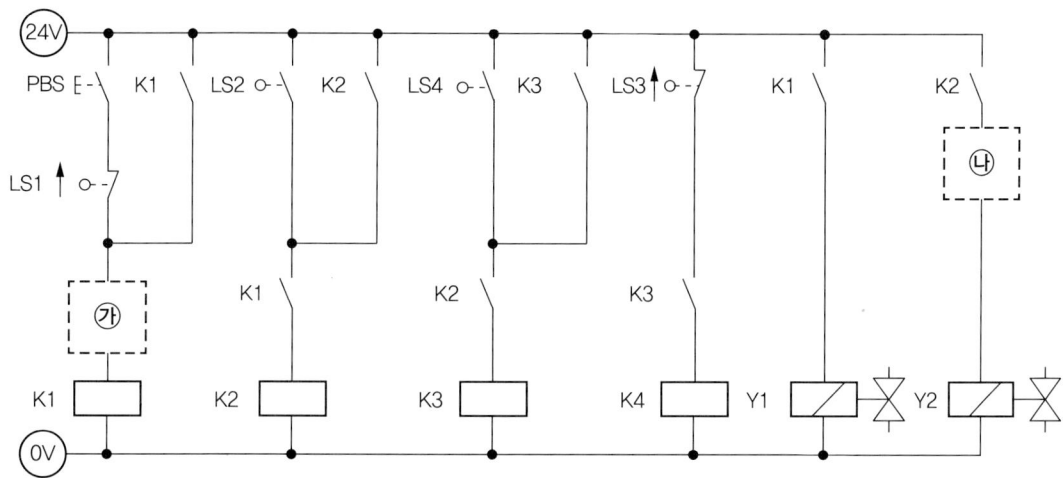

정답

가 : ㊲ 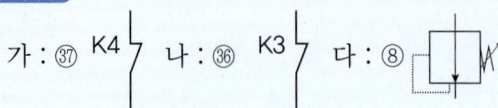 나 : ㊱ 다 : ⑧

라 : 압축공기 건조
마 : 필터

공압 변위단계 선도

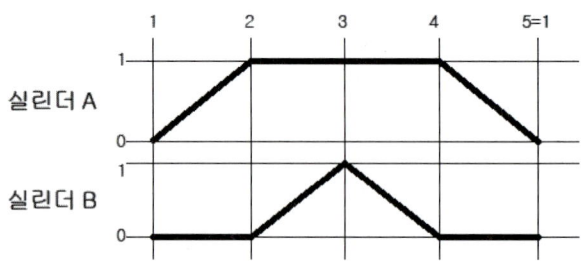

응용과제 바 정답

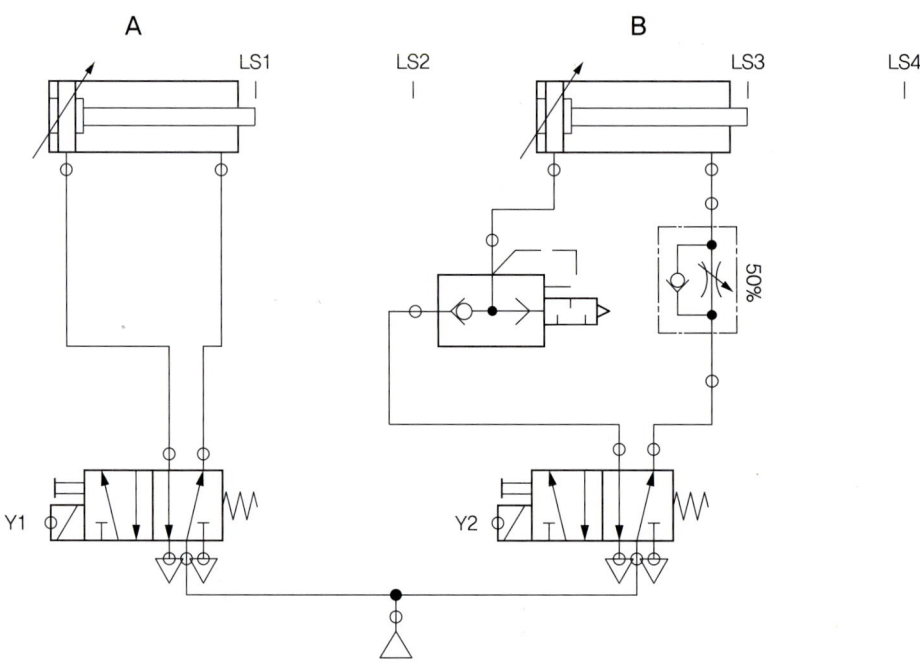

응용과제 사 정답

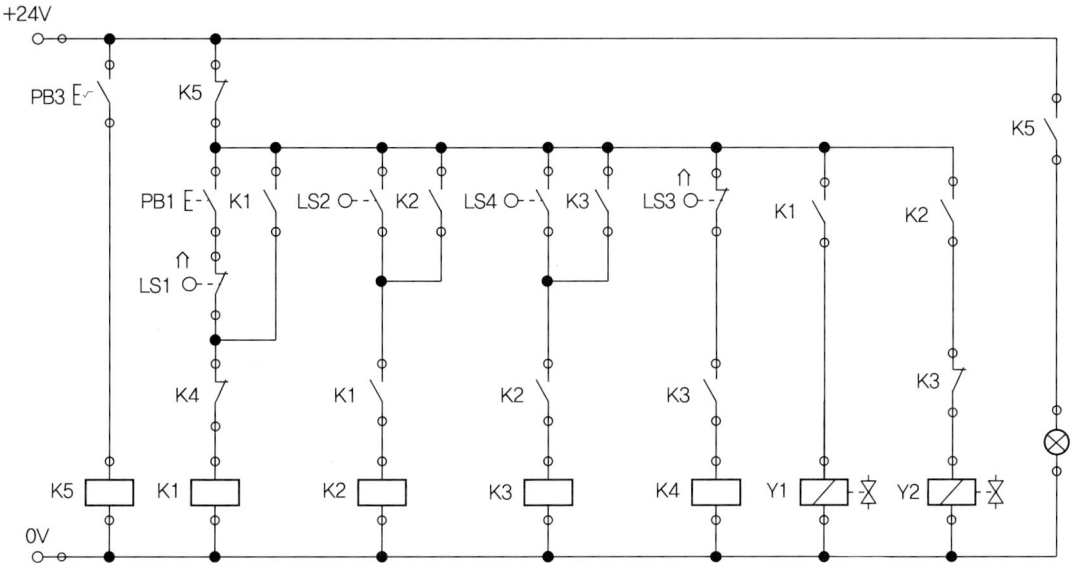

12-2 유압 기출 예제 12번

※ 시험기간 : 1시간 10분
 - 제3과제(유압회로 도면제작) : 10분
 - 제4과제(유압회로구성 및 조립작업) : 1시간

1. 요구사항

※ 제3과제 : 유압회로 도면제작

   가. 주어진 제어조건을 만족하는 유압회로도 및 전기회로도의 빈 부분(㉮, ㉯, ㉰)에 들어갈 기호를 제시된 【보기(유압)】에서 찾아 답안지(3)에 번호로 기입하고, 도면 중 ㉱ 부분의 명칭 및 ㉲ 부분의 용도를 답안지(3)에 작성하여 제출하시오.(단, ㉱, ㉲가 지칭하는 부분은 관로, 스프링, 드레인 등의 세부 부속품이 아닌 독립적으로 역할을 하는 전체 부품임을 고려하여 답지를 작성합니다.)

※ 제4과제 : 유압회로 구성 및 조립작업

  (1) 기본과제

     가. 제3과제에서 작성한 유압도면과 같이 주어진 유압기기를 선정하여 고정판에 배치하시오. (단, 도면에 일점쇄선 부분은 수험자가 구성하지 않습니다.)

     나. 유압호스를 사용하여 배치된 기기를 연결 · 완성하시오.

     다. 전기회로도를 보고 전기회로작업을 완성하시오.(전기연결선 +는 적색으로, -는 청색 또는 흑색으로 연결하시오.)

     라. 유압회로 내의 최고압력을 (4±0.2)MPa로 설정하시오.

  (2) 응용과제

     마. 실린더의 전진운동을 일방향 유량조절밸브를 사용하여 Meter-out 방식으로 회로를 변경하여 실린더의 속도를 제어하시오.

     바. PBS2와 PBS3 스위치를 추가하여 연속 및 연속 정지작업이 가능하도록 전기회로를 재구성하시오.(단, 유지형 스위치를 사용하기 말 것)

2. 도면(유압회로)

| 자격종목 | 공유압기능사 | 과제명 | 유압회로구성 및 조립작업 |

(1) 제어조건 : 작업물의 가장자리를 모떼기 작업을 하려한다. PBS1 스위치를 On-Off하면 실린더가 전진하여 모떼기 작업을 수행하고, 전진을 완료하면 리밋 스위치에 의하여 후진을 한다.

가. 위치도

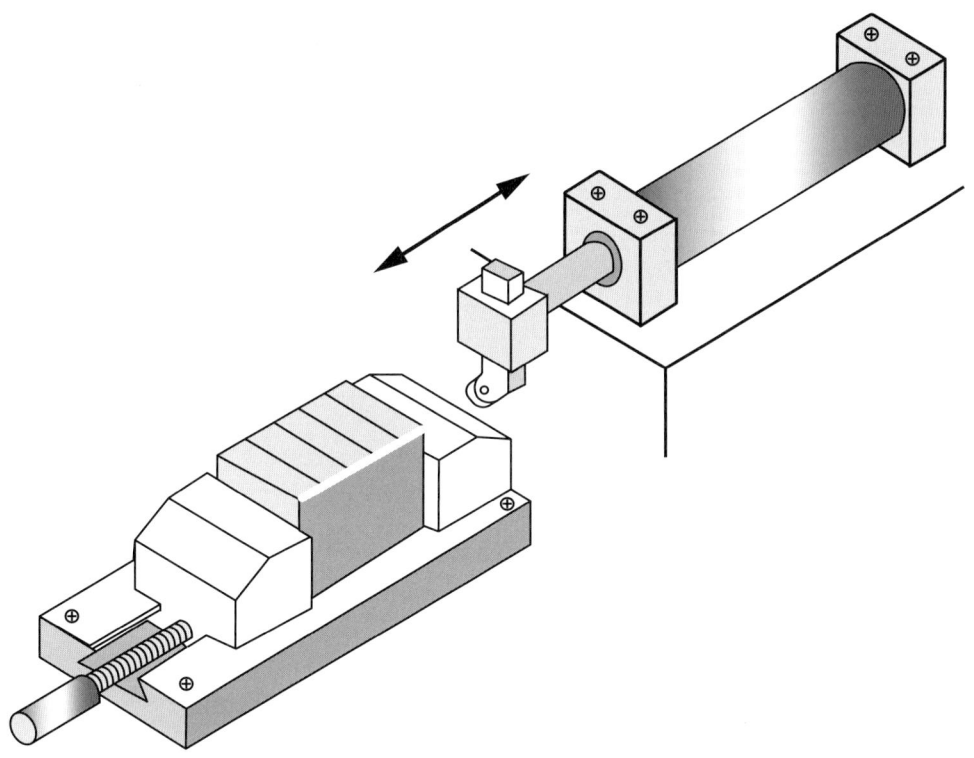

| 자격종목 | 공유압기능사 | 과제명 | 유압회로구성 및 조립작업 |

나. 유압회로도

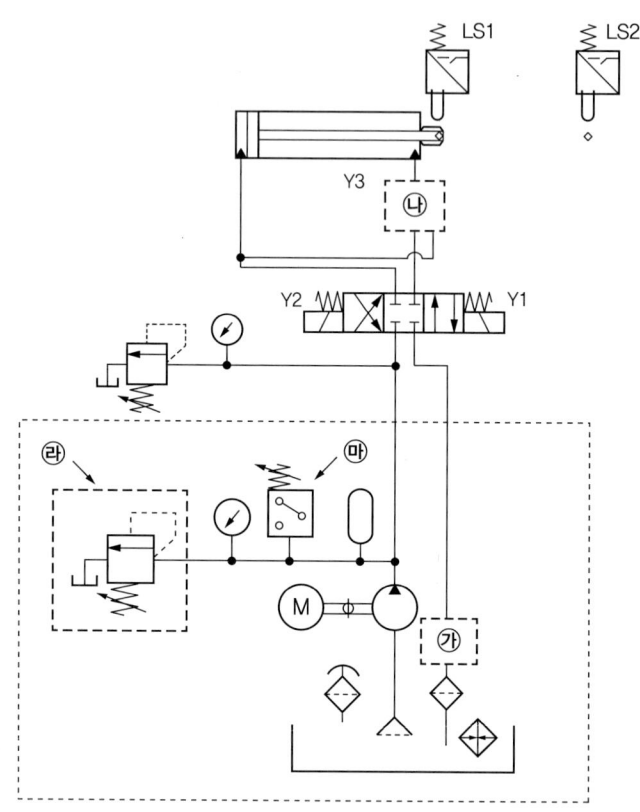

다. 전기회로도

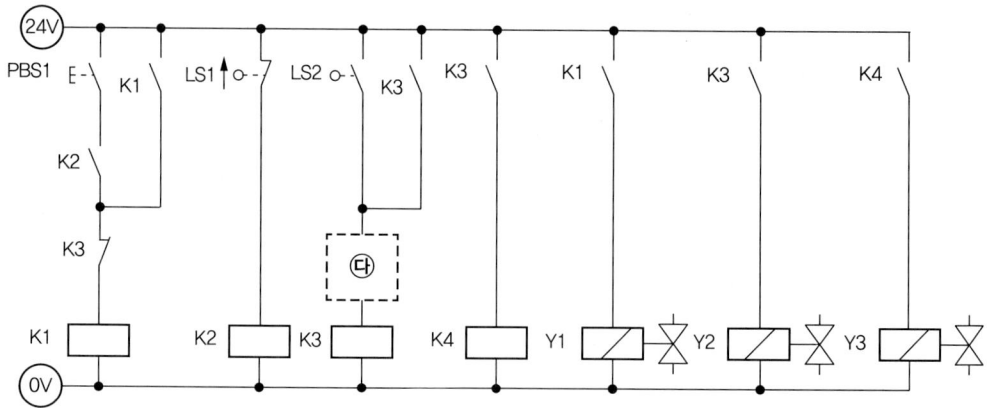

> **정답**

가 : ④ —◇— 나 : ⑱ [symbol] 다 : ㊱ K2

라 : 압력릴리프 밸브
마 : 설정 압력 도달 시 전기신호를 발생

응용과제 마 정답

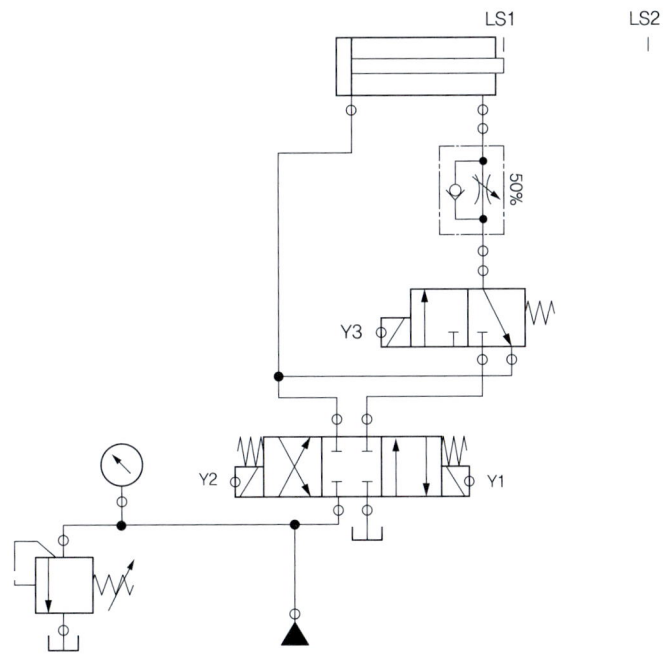

응용과제 바 정답

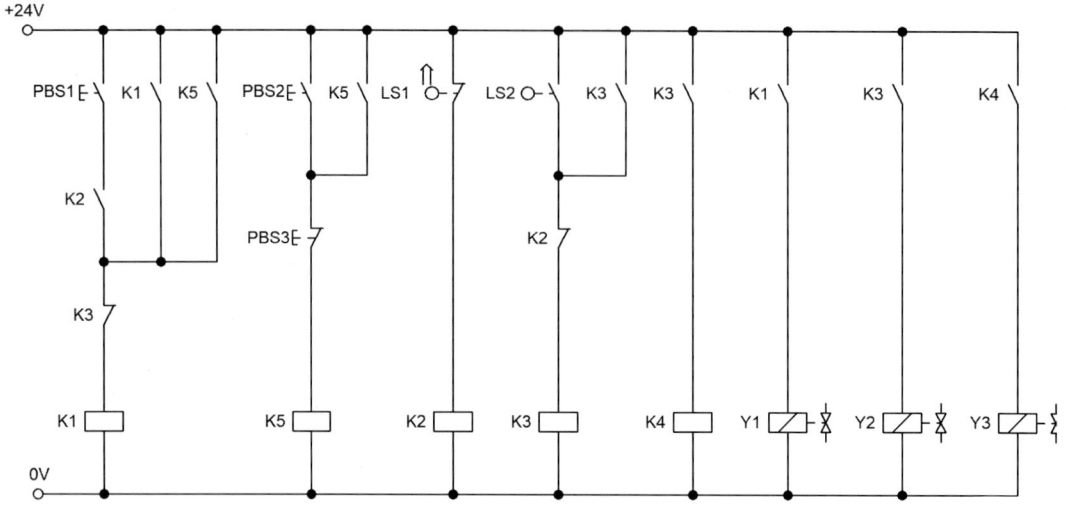

13-1 공압 기출 예제 13번

※ 시험기간 : 1시간 20분
  – 제1과제(공압회로 도면제작) : 20분
  – 제2과제(공압회로구성 및 조립작업) : 1시간

1. 요구사항

※ 제1과제 : 공압회로 도면제작

  가. 주어진 제어조건을 만족하는 공압회로도 및 전기회로도의 빈 부분(㉮, ㉯, ㉰)에 들어갈 기호를 제시된 【보기(공압)】에서 찾아 답안지(1)에 번호로 기입하고, 도면 중 ㉱ 부분의 용도 및 ㉲ 부분의 명칭을 답안지(1)에 작성하여 제출하시오.(단, ㉱, ㉲가 지칭하는 부분은 관로, 스프링, 드레인 등의 세부 부속품이 아닌 독립적으로 역할을 하는 전체 부품임을 고려하여 답지를 작성합니다.)

  나. 주어진 공압회로도를 참조하여 제어조건에 따른 변위단계선도를 답안지(2)에 완성하여 제출하시오.

※ 제2과제 : 공압회로 구성 및 조립작업

  (1) 기본과제

  가. 제1과제에서 작성한 공압회로도와 같이 주어진 공압기기를 선정하여 고정판에 배치하시오. (단, 공압회로도 중 도면에 있는 차단밸브 이전 기기와 장치는 수험자가 구성하지 않습니다.)

  나. 공압호스를 적절한 길이로 절단 사용하여 배치된 기기를 연결·완성하시오.

  다. 전기회로도를 보고 전기회로작업을 완성하시오.(전기연결선 +는 적색으로, –는 청색 또는 흑색으로 연결하시오.)

  라. 작업압력(서비스 유닛)을 (0.5±0.05)MPa로 설정하시오.

  (2) 응용과제

  마. 감독위원이 지정한 압력(0.2~0.5MPa 범위에서 지정)으로 변경하시오.

  바. 실린더 A 전진과 실린더 B 전진 동작 시 일방향 유량조절밸브(모듈형)를 사용하여 Meter-out 회로가 되도록 속도를 제어하시오.

  사. 카운터를 사용하여 소재 3개를 이동시킨 후 정지할 수 있게 전기회로를 구성한 후 동작시키시오.(단, PBS를 On-Off하면 연속 동작이 시작하고, 카운터의 Reset은 별도의 스위치 추가 없이 자동으로 초기화되도록 한다.)

2. 도면(공압회로)

| 자격종목 | 공유압기능사 | 과제명 | 공압회로구성 및 조립작업 |

(1) 제어조건 : 소재는 수동으로 성형 프레스 작업기에 삽입된다. 작업시작 버튼(PBS)을 On-Off하면 실린더 B가 전진 운동하여 작업을 수행한다. 실린더 B가 전진한 상태에서 실린더 A가 전진하여 소재를 제품 상자에 떨어뜨린 후 원래의 위치로 복귀하면 실린더 B가 후진 운동하여 초기 위치로 복귀한다.

가. 위치도

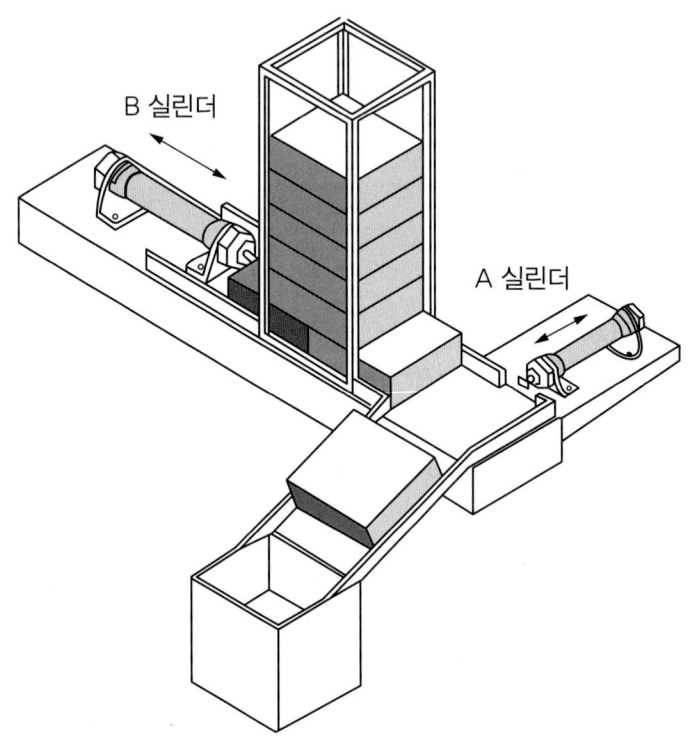

| 자격종목 | 공유압기능사 | 과제명 | 공압회로구성 및 조립작업 |

나. 공압회로도

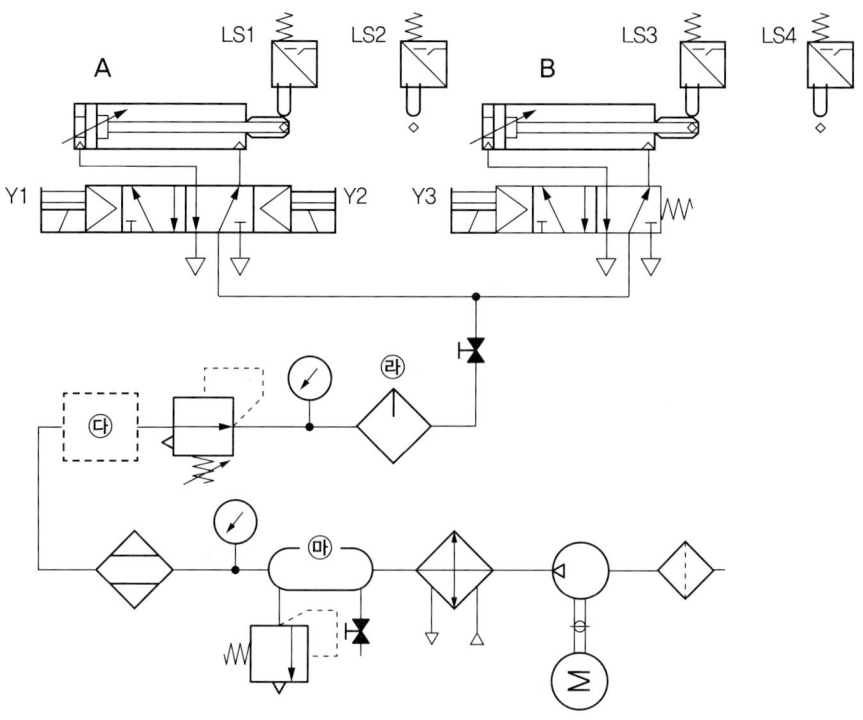

다. 전기회로도

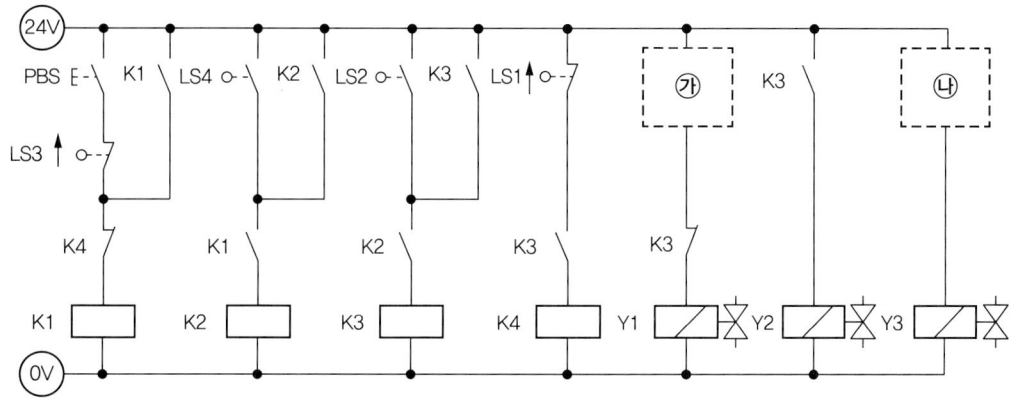

> **정답**
>
>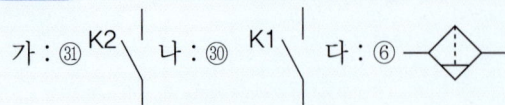
>
> 라 : 공압기기의 윤활작용
> 마 : 공기탱크

공압 변위단계 선도

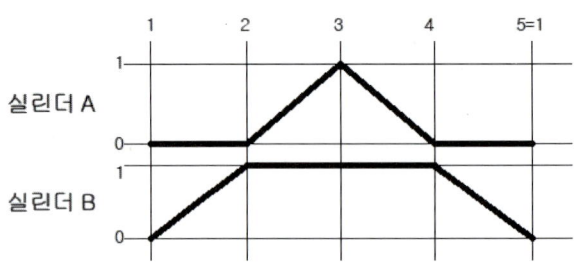

응용과제 바 정답

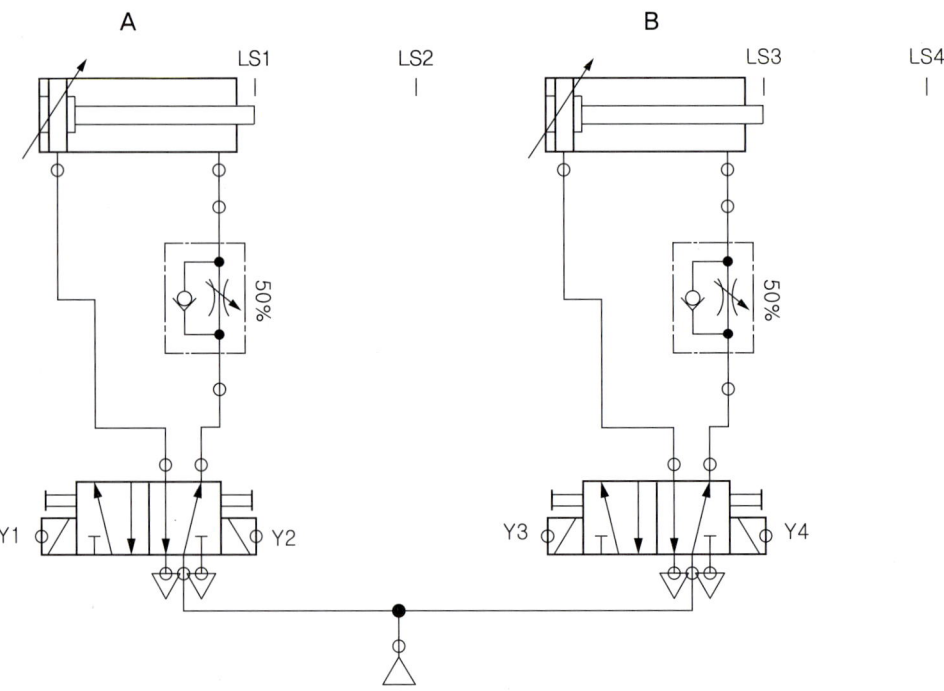

응용과제 사 정답

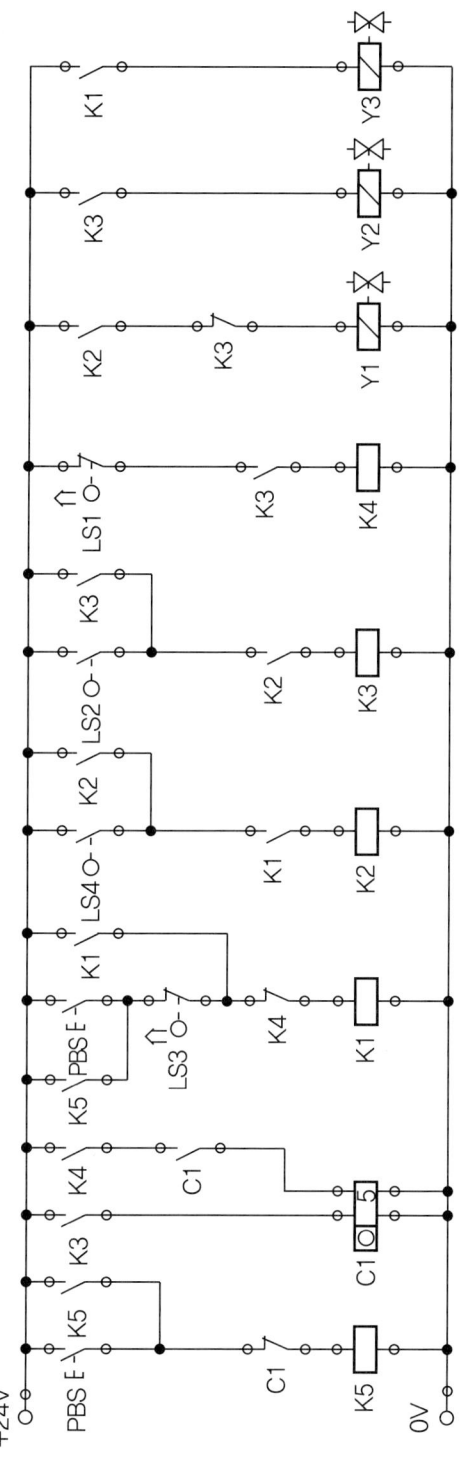

13-2 유압 기출 예제 13번

※ 시험기간 : 1시간 10분
- 제3과제(유압회로 도면제작) : 10분
- 제4과제(유압회로구성 및 조립작업) : 1시간

1. 요구사항

※ 제3과제 : 유압회로 도면제작

    가. 주어진 제어조건을 만족하는 유압회로도 및 전기회로도의 빈 부분(㉮, ㉯, ㉰)에 들어갈 기호를 제시된 【보기(유압)】에서 찾아 답안지(3)에 번호로 기입하고, 도면 중 ㉱ 부분의 명칭 및 ㉲ 부분의 용도를 답안지(3)에 작성하여 제출하시오.(단, ㉱, ㉲가 지칭하는 부분은 관로, 스프링, 드레인 등의 세부 부속품이 아닌 독립적으로 역할을 하는 전체 부품임을 고려하여 답지를 작성합니다.)

※ 제4과제 : 유압회로 구성 및 조립작업

  (1) 기본과제

    가. 제3과제에서 작성한 유압도면과 같이 주어진 유압기기를 선정하여 고정판에 배치하시오. (단, 도면에 일점쇄선 부분은 수험자가 구성하지 않습니다.)

    나. 유압호스를 사용하여 배치된 기기를 연결·완성하시오.

    다. 전기회로도를 보고 전기회로작업을 완성하시오.(전기연결선 +는 적색으로, −는 청색 또는 흑색으로 연결하시오.)

    라. 유압회로 내의 최고압력을 (4±0.2)MPa로 설정하시오.

  (2) 응용과제

    마. 전진 시 실린더의 추락을 방지하기 위하여 카운터 밸런스 회로를 추가로 구성하고 동작시키시오.(단, 카운터 밸런스 회로는 릴리프 밸브와 체크밸브를 사용하여 회로를 구성하고 설정 압력은 3MPa(±0.2MPa)로 한다.)

    바. 리밋 스위치를 이용하여 작업대에 제품이 없을 경우 프레스 작업이 진행되지 않도록 하고, 이 경우 전기 램프가 점등되어 그 상태를 표시할 수 있도록 회로를 구성한 후 동작시키시오.(리밋 스위치는 전기 선택 스위치로 대용)

2. 도면(유압회로)

| 자격종목 | 공유압기능사 | 과제명 | 유압회로구성 및 조립작업 |

(1) 제어조건 : 탁상 유압프레스를 제작하려고 한다. 누름 버튼 스위치 PBS1과 PBS2를 동시에 On-Off하면 빠른 속도로 전진운동을 하다가 실린더가 중간 리밋 스위치(LS2)가 작동되면 조정된 작업속도로 움직인다. 작업완료 리밋스위치(LS3)가 작동되면 빠르게 복귀하여야 한다.

가. 위치도

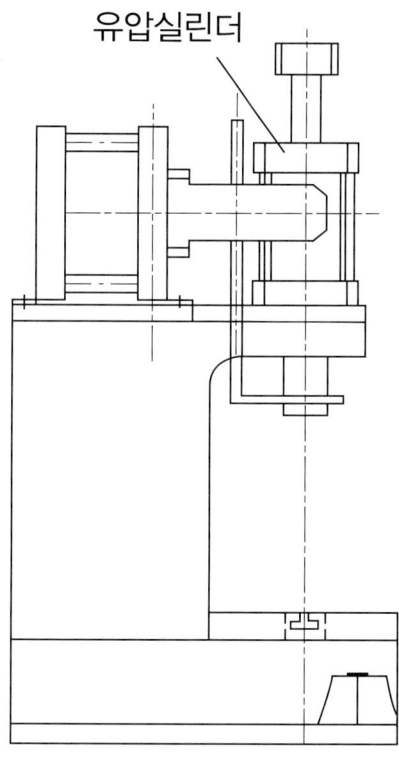

자격종목	공유압기능사	과제명	유압회로구성 및 조립작업

나. 유압회로도

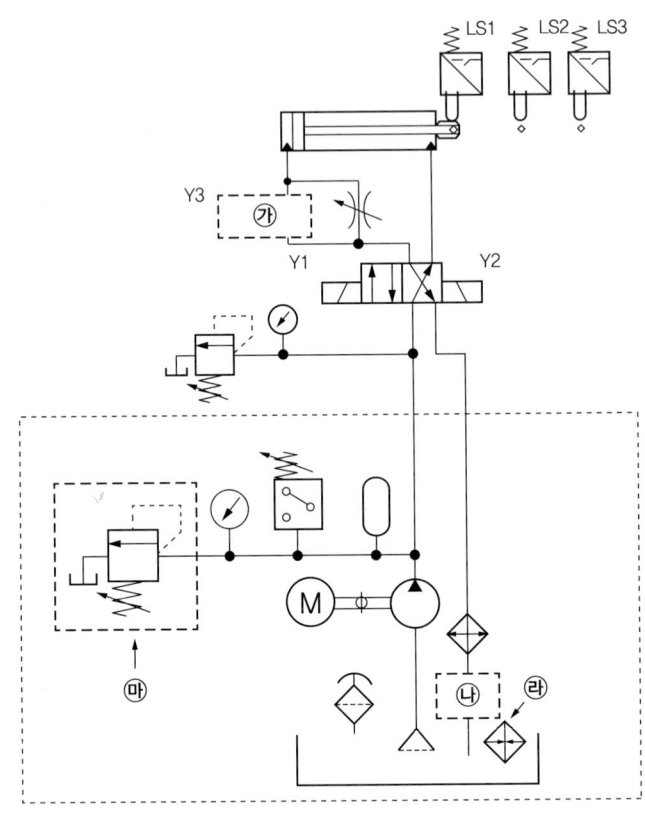

다. 전기회로도

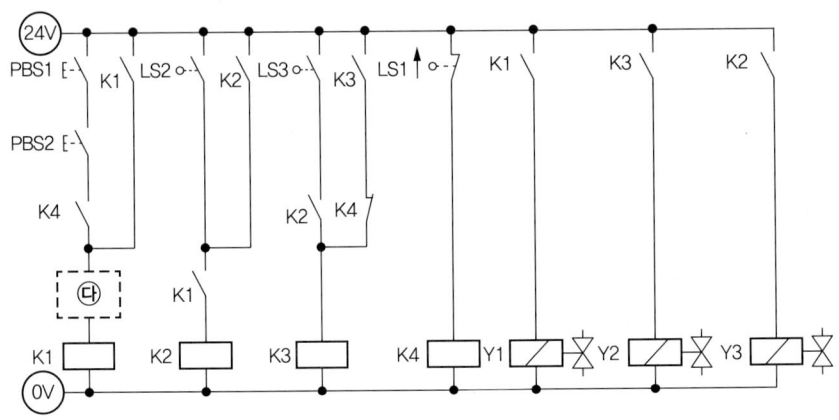

> **정답**

가 : ⑰ ![valve] 나 : ⑥ ◇ 다 : ㉞ K3

라 : 오일 가열기
마 : 시스템 압력 설정용

응용과제 마 정답

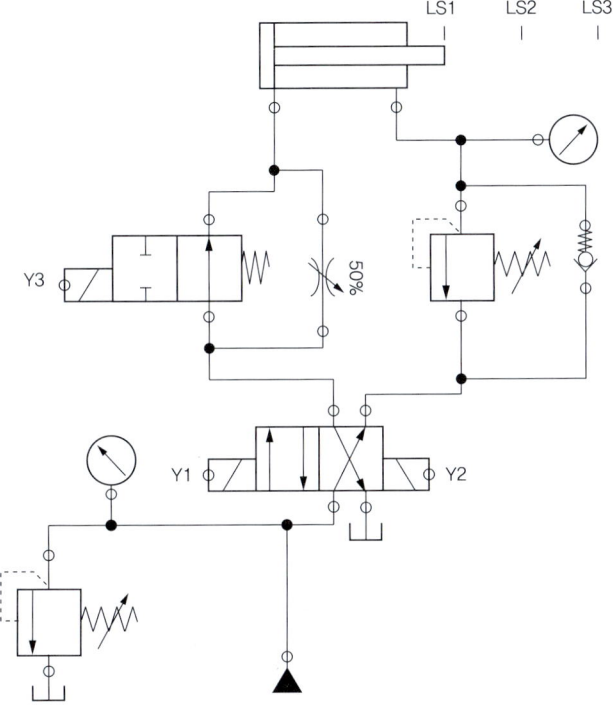

응용과제 바 정답

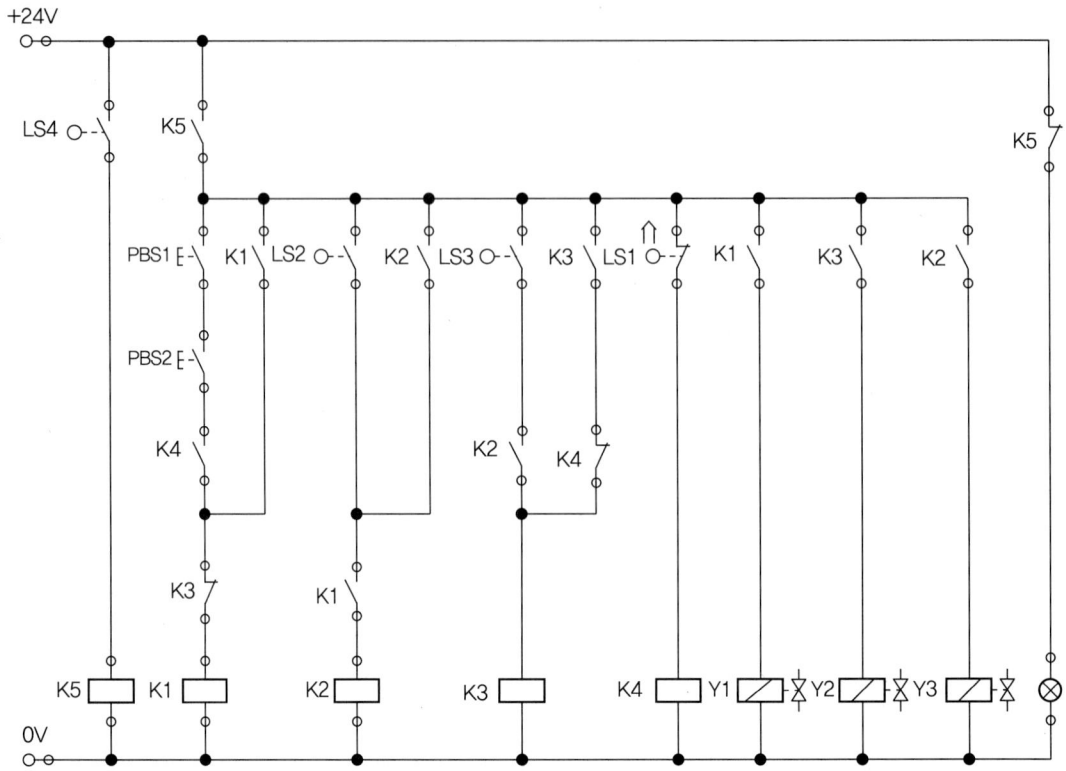

14-1 공압 기출 예제 14번

※ 시험기간 : 1시간 20분
 - 제1과제(공압회로 도면제작) : 20분
 - 제2과제(공압회로구성 및 조립작업) : 1시간

1. 요구사항

※ 제1과제 : 공압회로 도면제작
  가. 주어진 제어조건을 만족하는 공압회로도 및 전기회로도의 빈 부분(㉮, ㉯, ㉰)에 들어갈 기호를 제시된 【보기(공압)】에서 찾아 답안지(1)에 번호로 기입하고, 도면 중 ㉱ 부분의 용도 및 ㉲ 부분의 명칭을 답안지(1)에 작성하여 제출하시오.(단, ㉱, ㉲가 지칭하는 부분은 관로, 스프링, 드레인 등의 세부 부속품이 아닌 독립적으로 역할을 하는 전체 부품임을 고려하여 답지를 작성합니다.)
  나. 주어진 공압회로도를 참조하여 제어조건에 따른 변위단계선도를 답안지(2)에 완성하여 제출하시오.

※ 제2과제 : 공압회로 구성 및 조립작업
  (1) 기본과제
   가. 제1과제에서 작성한 공압회로도와 같이 주어진 공압기기를 선정하여 고정판에 배치하시오. (단, 공압회로도 중 도면에 있는 차단밸브 이전 기기와 장치는 수험자가 구성하지 않습니다.)
   나. 공압호스를 적절한 길이로 절단 사용하여 배치된 기기를 연결·완성하시오.
   다. 전기회로도를 보고 전기회로작업을 완성하시오.(전기연결선 +는 적색으로, -는 청색 또는 흑색으로 연결하시오.)
   라. 작업압력(서비스 유닛)을 (0.5±0.05)MPa로 설정하시오.

  (2) 응용과제
   마. 감독위원이 지정한 압력(0.2~0.5MPa 범위에서 지정)으로 변경하시오.
   바. 실린더 A 전진 시 일방향 유량조절밸브(모듈형)를 사용하여 Meter-out 회로가 되도록 하고, 실린더 B 후진 시 급속배기밸브를 사용하여 실린더의 속도를 제어하시오.
   사. 전기타이머를 사용하여 실린더 A가 전진 후 3초 뒤에 실린더가 후진하도록 전기회로를 구성하고 동작시키시오.

2. 도면(공압회로)

| 자격종목 | 공유압기능사 | 과제명 | 공압회로구성 및 조립작업 |

(1) 제어조건 : 공압 실린더를 이용하여 자동으로 호퍼에 담긴 사료를 아래로 일정량 만큼 공급하고자 한다. 실린더 A와 B는 초기에 전진하여 있고(위치도 1), 누름 버튼 스위치(PBS)를 1회 On-Off 하면 실린더 A가 후진하여 사료를 실린더 B로 내려 보낸 다음(위치도 2) 전진한다. 그 후 실린더 B가 후진하여 곡물을 아래로 내려 보낸 후(위치도 3) 전진한다.

가. 위치도

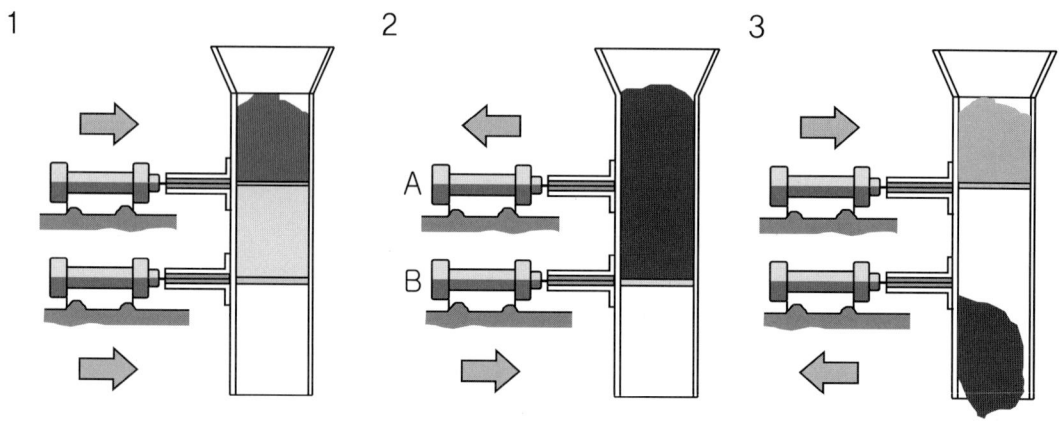

| 자격종목 | 공유압기능사 | 과제명 | 공압회로구성 및 조립작업 |

나. 공압회로도

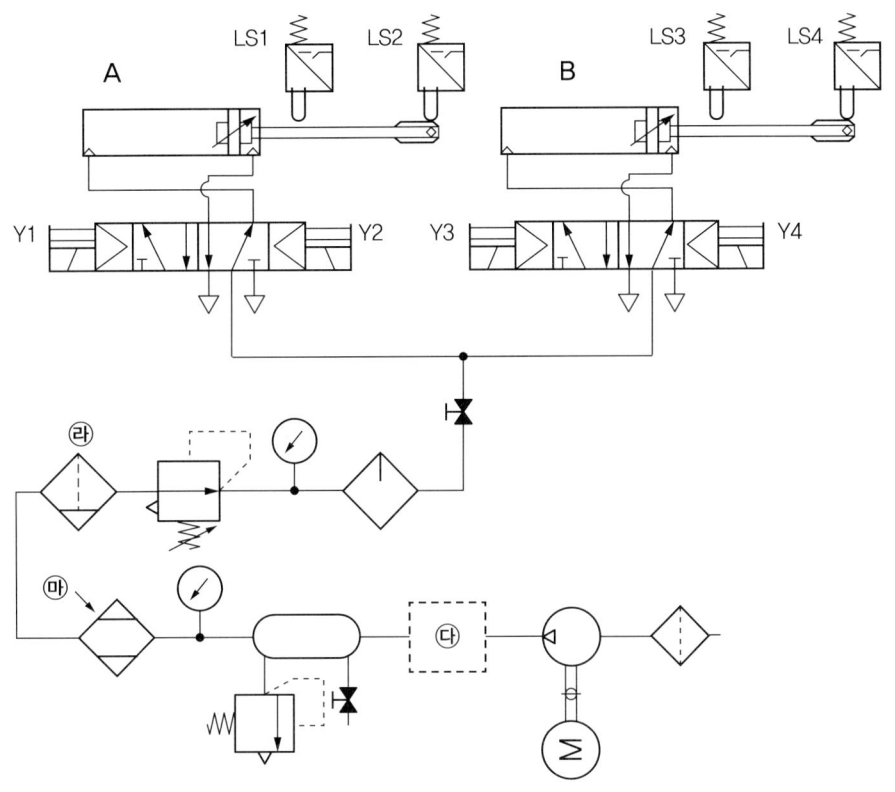

다. 전기회로도

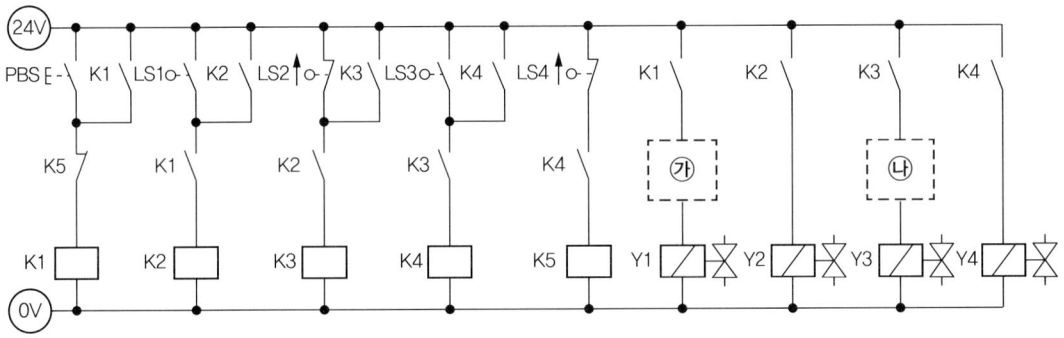

정답

가 : ㉟ K2 ┤ 나 : ㊲ K4 ┤ 다 : ④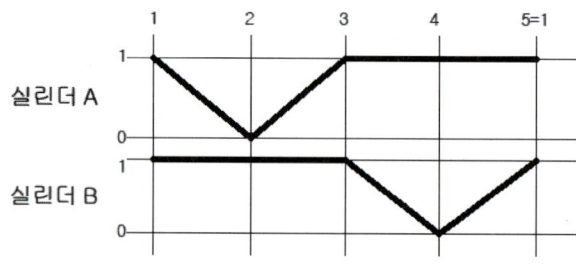

라 : 이물질 제거 및 수동배출기능
마 : 에어드라이어(건조기)

공압 변위단계 선도

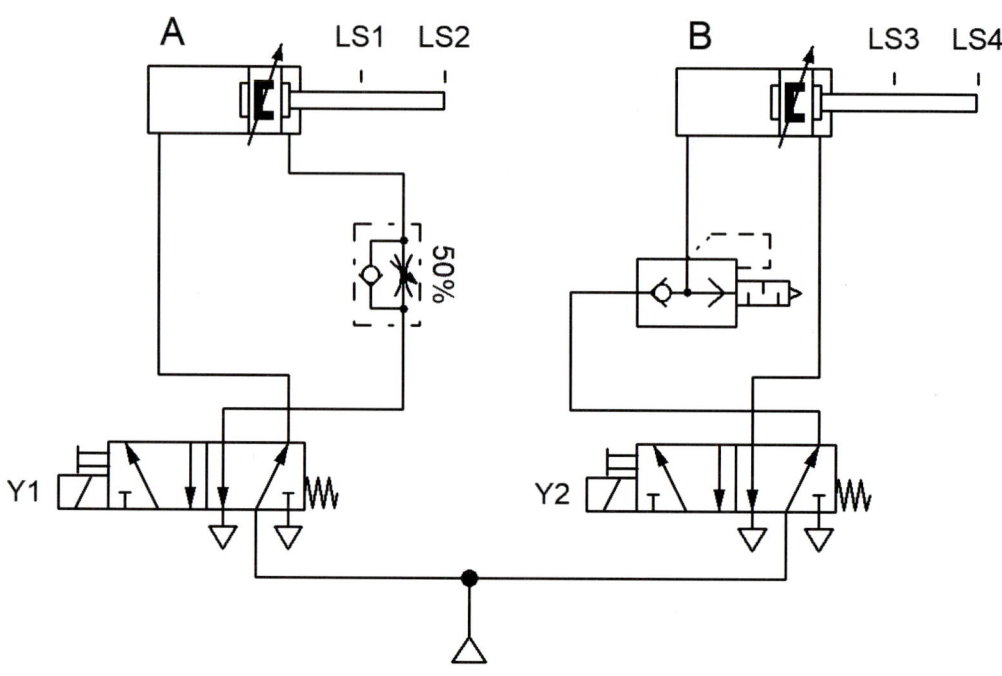

응용과제 바 정답

응용과제 사 정답

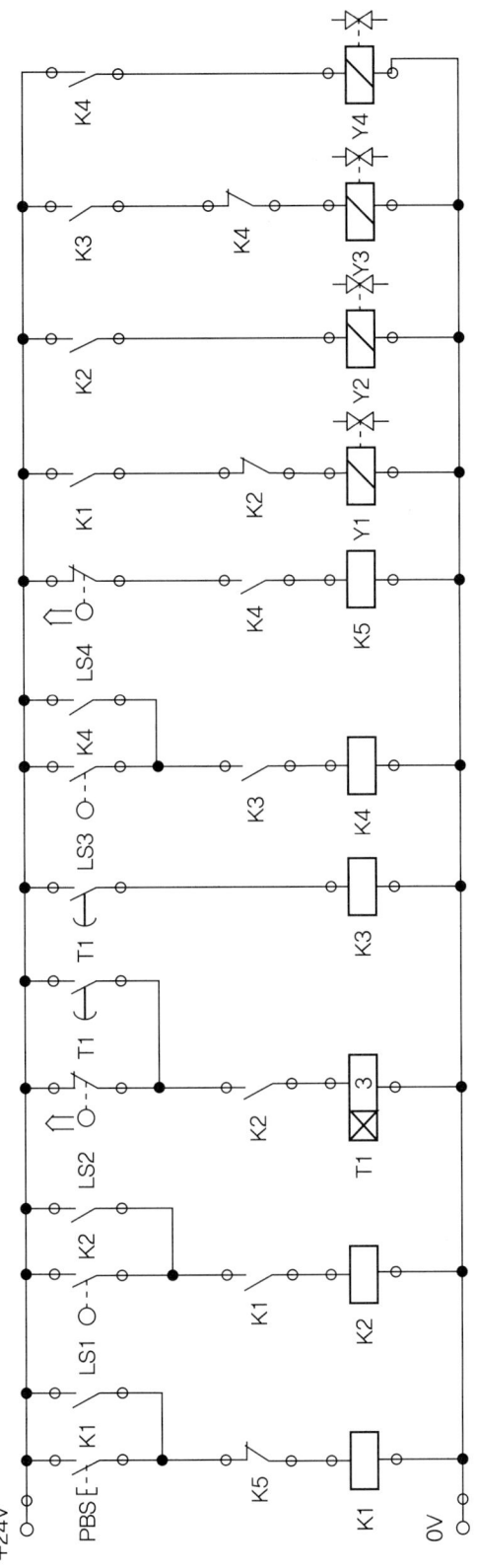

14-2 유압 기출 예제 14번

※ 시험기간 : 1시간 10분
 - 제3과제(유압회로 도면제작) : 10분
 - 제4과제(유압회로구성 및 조립작업) : 1시간

1. 요구사항

※ 제3과제 : 유압회로 도면제작

가. 주어진 제어조건을 만족하는 유압회로도 및 전기회로도의 빈 부분(㉮, ㉯, ㉰)에 들어갈 기호를 제시된 【보기(유압)】에서 찾아 답안지(3)에 번호로 기입하고, 도면 중 ㉱ 부분의 명칭 및 ㉲ 부분의 용도를 답안지(3)에 작성하여 제출하시오.(단, ㉱, ㉲가 지칭하는 부분은 관로, 스프링, 드레인 등의 세부 부속품이 아닌 독립적으로 역할을 하는 전체 부품임을 고려하여 답지를 작성합니다.)

※ 제4과제 : 유압회로 구성 및 조립작업

(1) 기본과제

가. 제3과제에서 작성한 유압도면과 같이 주어진 유압기기를 선정하여 고정판에 배치하시오. (단, 도면에 일점쇄선 부분은 수험자가 구성하지 않습니다.)

나. 유압호스를 사용하여 배치된 기기를 연결·완성하시오.

다. 전기회로도를 보고 전기회로작업을 완성하시오.(전기연결선 +는 적색으로, -는 청색 또는 흑색으로 연결하시오.)

라. 유압회로 내의 최고압력을 (4±0.2)MPa로 설정하시오.

(2) 응용과제

마. 실린더의 전진 시 과도한 압력에 의하여 공작물이 파손되는 것을 방지하기 위하여 감압밸브와 압력게이지를 사용하여 압력을 (2±0.2)MPa로 변경하시오.

바. 비상정지 스위치(PBS3)와 부저를 사용하여 실린더의 동작 중 비상정지 스위치(PBS3)를 On-Off하면 실린더가 즉시 정지하고, 부저가 On하여 비상정지 상태를 나타내도록 하고, 비상정지 해제 스위치(PBS4)를 On-Off하면 부저가 Off되고, 실린더가 후진하여 초기화되도록 전기회로를 재구성하시오.

2. 도면(유압회로)

자격종목	공유압기능사	과제명	유압회로구성 및 조립작업

(1) 제어조건 : 유압 바이스를 제작하려고 한다. 누름 버튼 PBS1 스위치를 On-Off하면 램프1이 켜지면서 실린더가 전진운동을 하고, 누름 버튼 PBS2 스위치를 On-Off하면 램프 2가 점등되고 실린더는 후진한다. 후진이 완료되면 램프 2가 소등된다.

가. 위치도

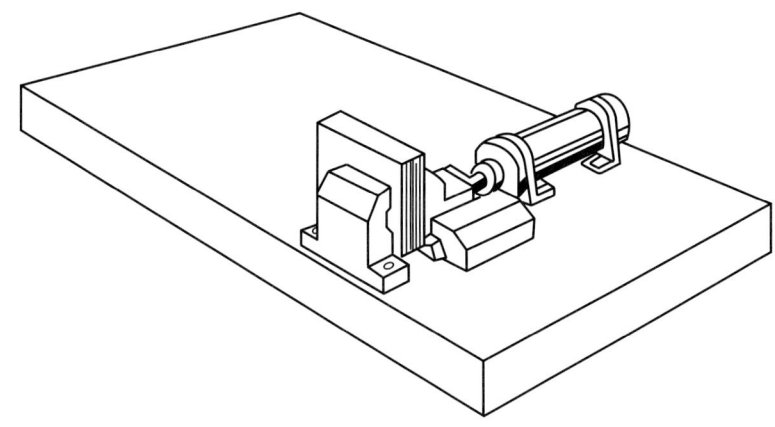

자격종목	공유압기능사	과제명	유압회로구성 및 조립작업

나. 유압회로도

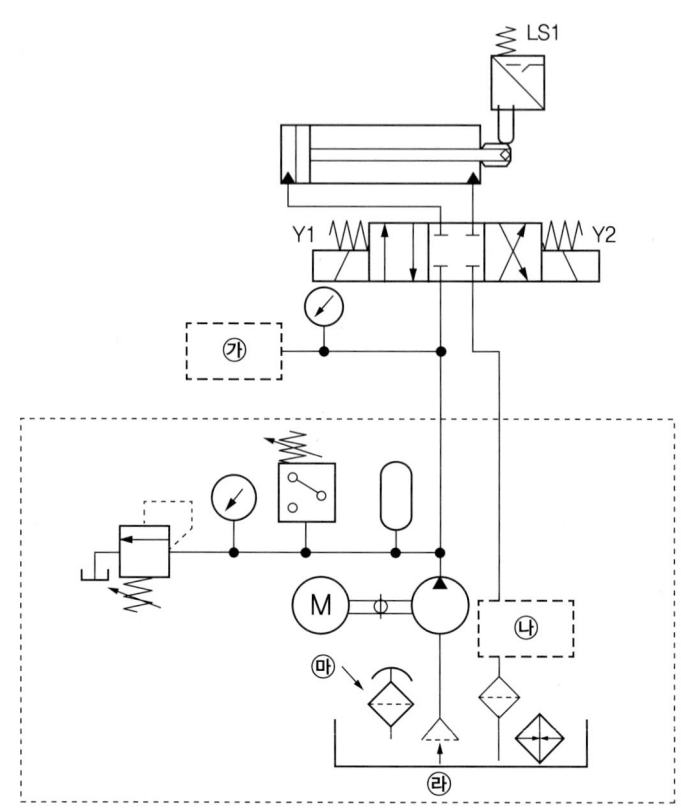

다. 전기회로도

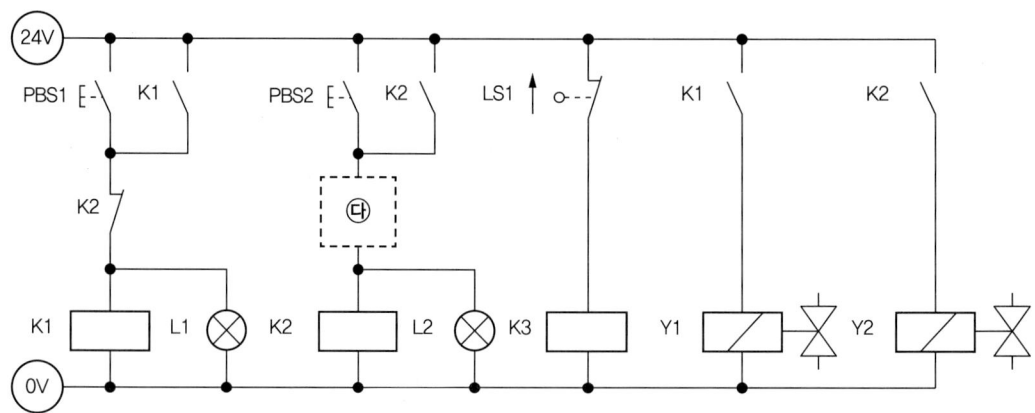

> **정답**

가 : ⑧ 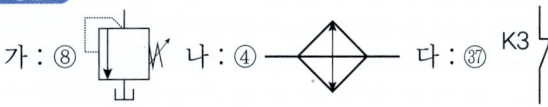 나 : ④ 다 : ㉗

라 : 스트레이너

마 : 오일탱크의 유면 안정화

응용과제 마 정답

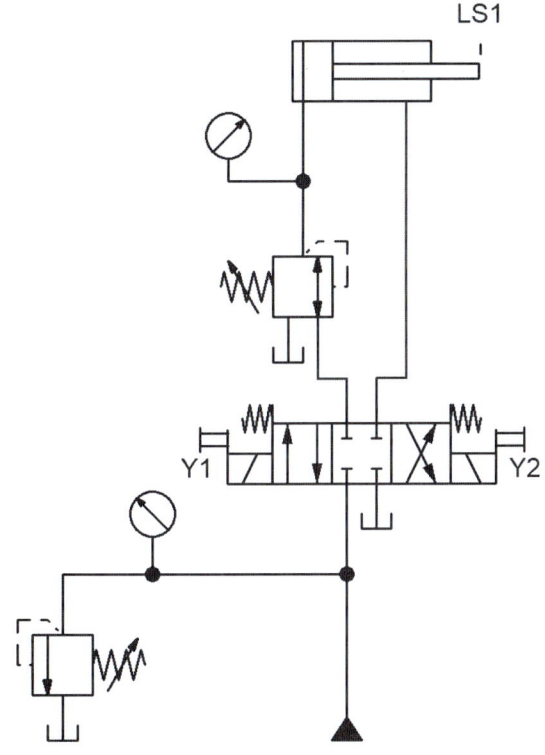

응용과제 바 정답

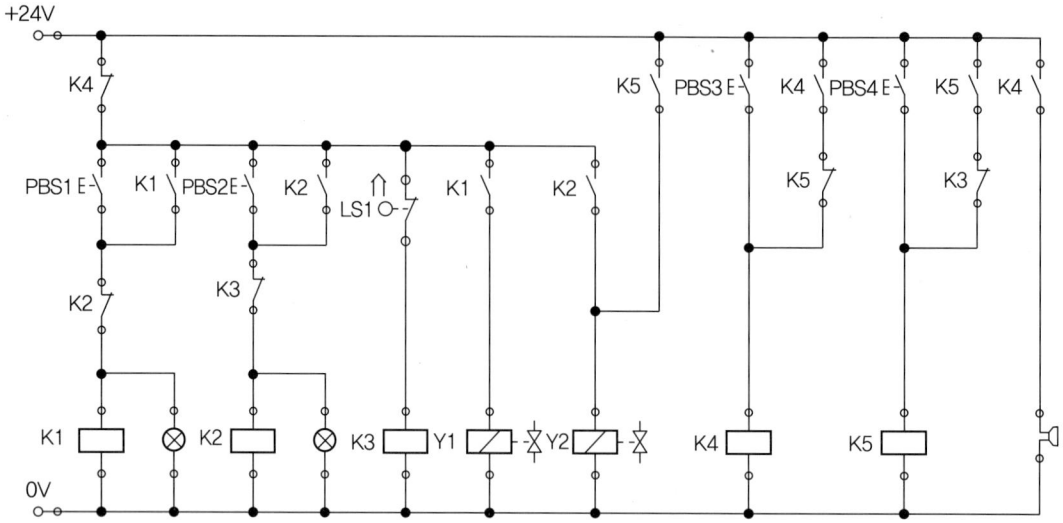

15-1 공압 기출 예제 15번

※ 시험기간 : 1시간 20분
 - 제1과제(공압회로 도면제작) : 20분
 - 제2과제(공압회로구성 및 조립작업) : 1시간

1. 요구사항

※ 제1과제 : 공압회로 도면제작

가. 주어진 제어조건을 만족하는 공압회로도 및 전기회로도의 빈 부분(㉮, ㉯, ㉰)에 들어갈 기호를 제시된 【보기(공압)】에서 찾아 답안지(1)에 번호로 기입하고, 도면 중 ㉱ 부분의 용도 및 ㉲ 부분의 명칭을 답안지(1)에 작성하여 제출하시오.(단, ㉱, ㉲가 지칭하는 부분은 관로, 스프링, 드레인 등의 세부 부속품이 아닌 독립적으로 역할을 하는 전체 부품임을 고려하여 답지를 작성합니다.)

나. 주어진 공압회로도를 참조하여 제어조건에 따른 변위단계선도를 답안지(2)에 완성하여 제출하시오.

※ 제2과제 : 공압회로 구성 및 조립작업

(1) 기본과제

가. 제1과제에서 작성한 공압회로도와 같이 주어진 공압기기를 선정하여 고정판에 배치하시오. (단, 공압회로도 중 도면에 있는 차단밸브 이전 기기와 장치는 수험자가 구성하지 않습니다.)

나. 공압호스를 적절한 길이로 절단 사용하여 배치된 기기를 연결·완성하시오.

다. 전기회로도를 보고 전기회로작업을 완성하시오.(전기연결선 +는 적색으로, -는 청색 또는 흑색으로 연결하시오.)

라. 작업압력(서비스 유닛)을 (0.5±0.05)MPa로 설정하시오.

(2) 응용과제

마. 감독위원이 지정한 압력(0.2~0.5MPa 범위에서 지정)으로 변경하시오.

바. 실린더 B 전진 시 일방향 유량조절밸브(모듈형)를 사용하여 Meter-out 회로가 되도록 하고, 실린더 A 후진 시 급속배기밸브를 사용하여 실린더의 속도를 제어하시오.

사. 회로도에서 실린더 B의 왕복운동을 제어하기 위하여 5/2way 스프링 복귀형 솔레노이드 밸브를 사용하였다. 이를 메모리 기능이 있는 5/2way 복동 솔레노이드 밸브를 사용하여 회로를 재구성한 후 동작시키시오.

2. 도면(공압회로)

| 자격종목 | 공유압기능사 | 과제명 | 공압회로구성 및 조립작업 |

(1) 제어조건 : 시작스위치(PBS)를 On-Off하면 실린더 A가 중력매거진에서 떨어진 부품을 밀어낸 후 즉시 복귀한다. 복귀하고 나면 실린더 B가 전진을 해서 부품을 아래칸으로 밀어낸다. 밀어낸 후 복귀하면서 시스템이 종료된다.

가. 위치도

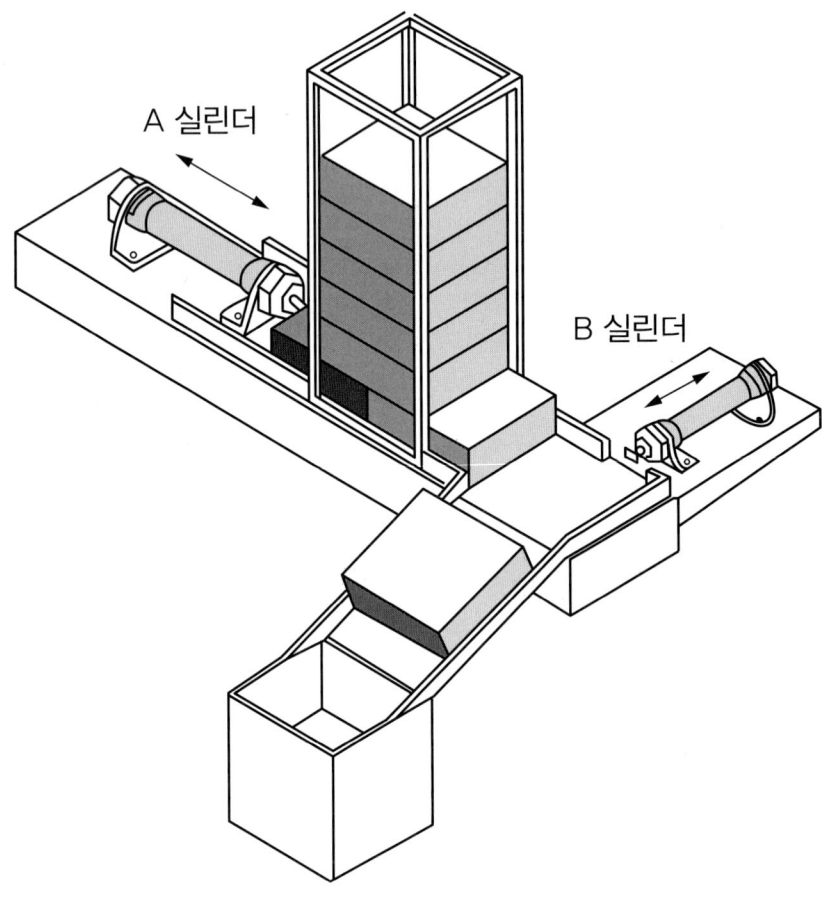

| 자격종목 | 공유압기능사 | 과제명 | 공압회로구성 및 조립작업 |

나. 공압회로도

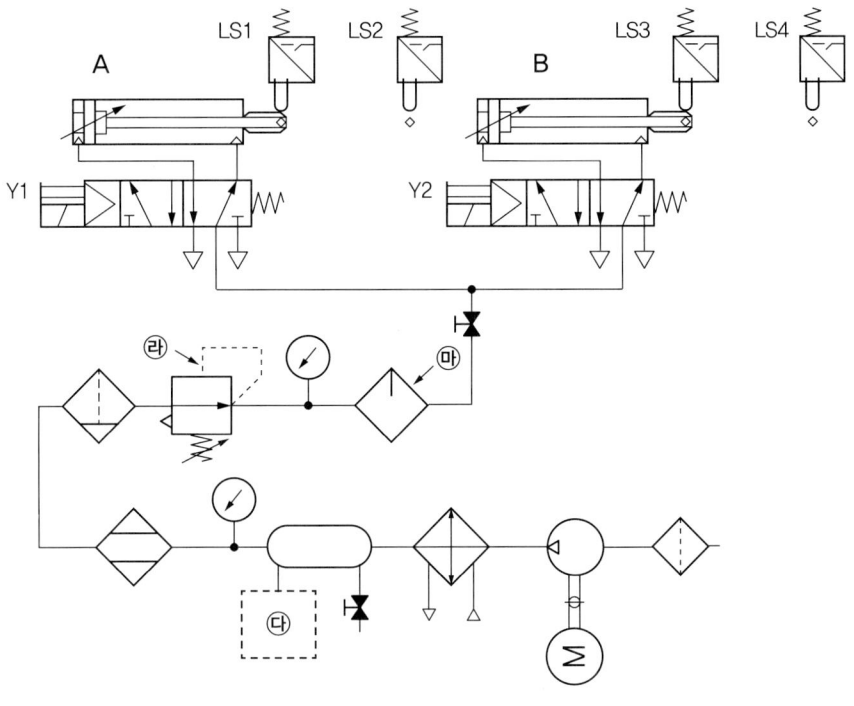

다. 전기회로도

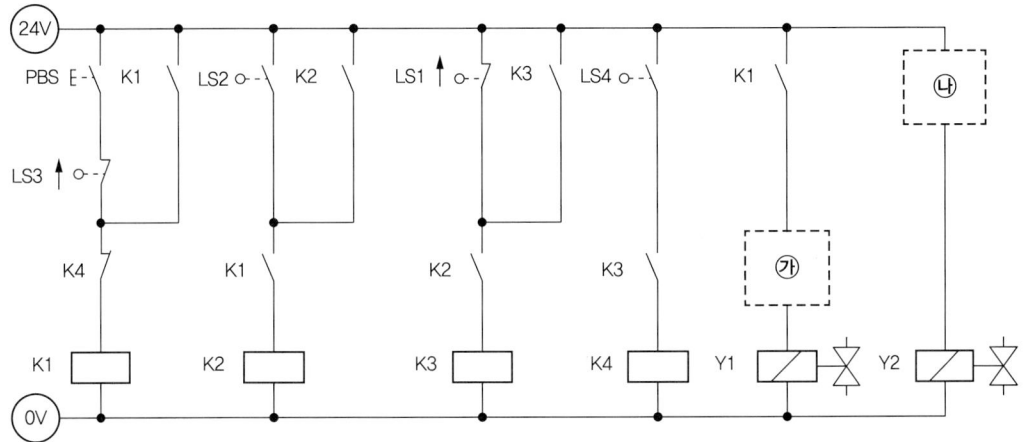

정답

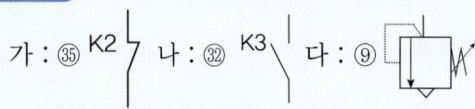

라 : 시스템 압력을 감압
마 : 윤활기

공압 변위단계 선도

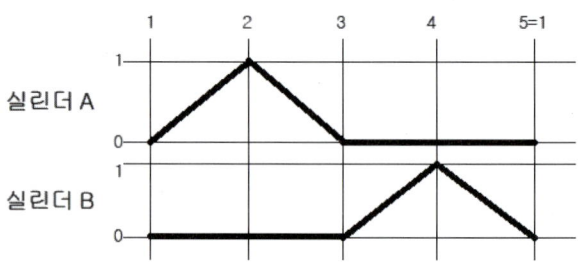

응용과제 바 정답

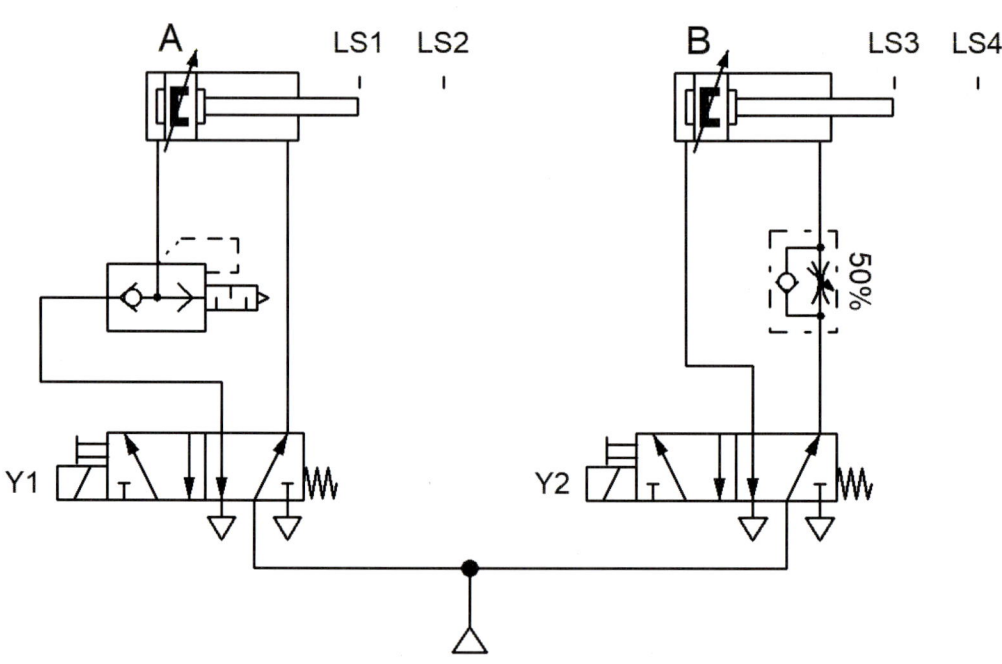

응용과제 사 정답

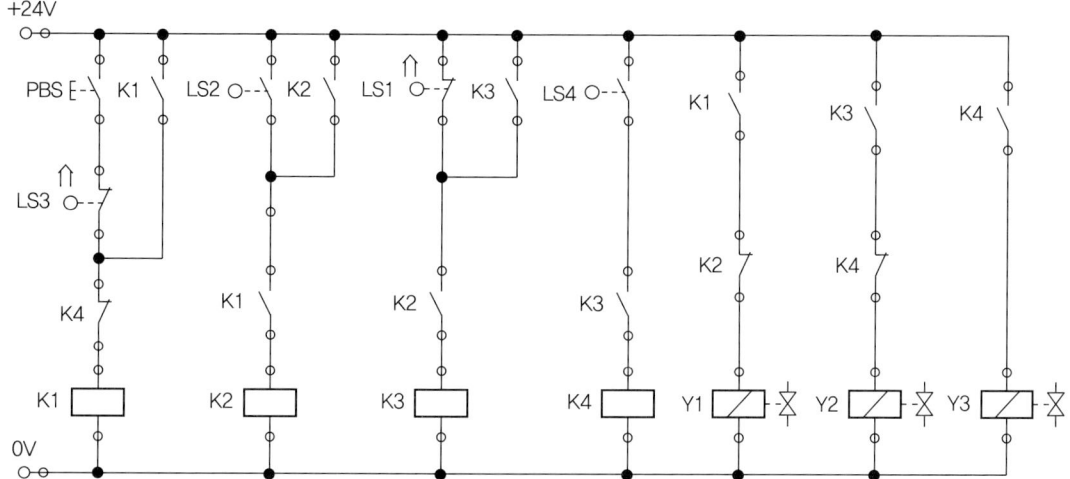

15-2 유압 기출 예제 15번

※ 시험기간 : 1시간 10분
- 제3과제(유압회로 도면제작) : 10분
- 제4과제(유압회로구성 및 조립작업) : 1시간

1. 요구사항

※ 제3과제 : 유압회로 도면제작

   가. 주어진 제어조건을 만족하는 유압회로도 및 전기회로도의 빈 부분(㉮, ㉯, ㉰)에 들어갈 기호를 제시된 【보기(유압)】에서 찾아 답안지(3)에 번호로 기입하고, 도면 중 ㉱ 부분의 명칭 및 ㉲ 부분의 용도를 답안지(3)에 작성하여 제출하시오.(단, ㉱, ㉲가 지칭하는 부분은 관로, 스프링, 드레인 등의 세부 부속품이 아닌 독립적으로 역할을 하는 전체 부품임을 고려하여 답지를 작성합니다.)

※ 제4과제 : 유압회로 구성 및 조립작업

  (1) 기본과제

    가. 제3과제에서 작성한 유압도면과 같이 주어진 유압기기를 선정하여 고정판에 배치하시오. (단, 도면에 일점쇄선 부분은 수험자가 구성하지 않습니다.)

    나. 유압호스를 사용하여 배치된 기기를 연결·완성하시오.

    다. 전기회로도를 보고 전기회로작업을 완성하시오.(전기연결선 +는 적색으로, -는 청색 또는 흑색으로 연결하시오.)

  (2) 응용과제

    마. 실린더 전진 시 일방향 유량조정밸브를 사용하여 Meter-in 회로를 구성하고, 실린더의 낙하를 방지하기 위하여 카운터 밸런스 회로를 추가로 구성하여 동작시키시오.(단, 카운터 밸런스 회로는 릴리프 밸브와 체크밸브를 사용하여 회로를 구성하고 설정압력은 3MPa(±0.2MPa)로 한다.)

    바. 전기타이머를 사용하여 실린더가 전진 완료 후 3초간 정지한 후에 후진하도록 전기회로를 구성하고 동작시키시오.

2. 도면(유압회로)

| 자격종목 | 공유압기능사 | 과제명 | 유압회로구성 및 조립작업 |

(1) 제어조건 : 유압 탁상 프레스를 제작하려고 한다. 푸시버튼 스위치(PBS)을 On-Off하면 실린더가 전진하며, 리밋스위치 LS2가 작동되면 자동으로 후진하게 되어 있다. 작업을 중지하면 에너지 절약을 위해 무부하 회로가 되어야 한다.

가. 위치도

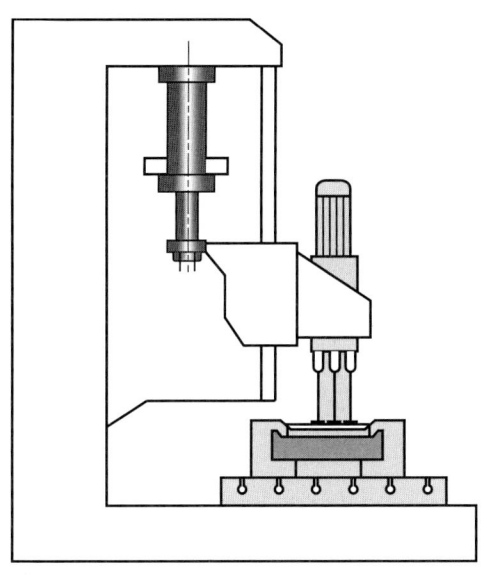

| 자격종목 | 공유압기능사 | 과제명 | 유압회로구성 및 조립작업 |

나. 유압회로도

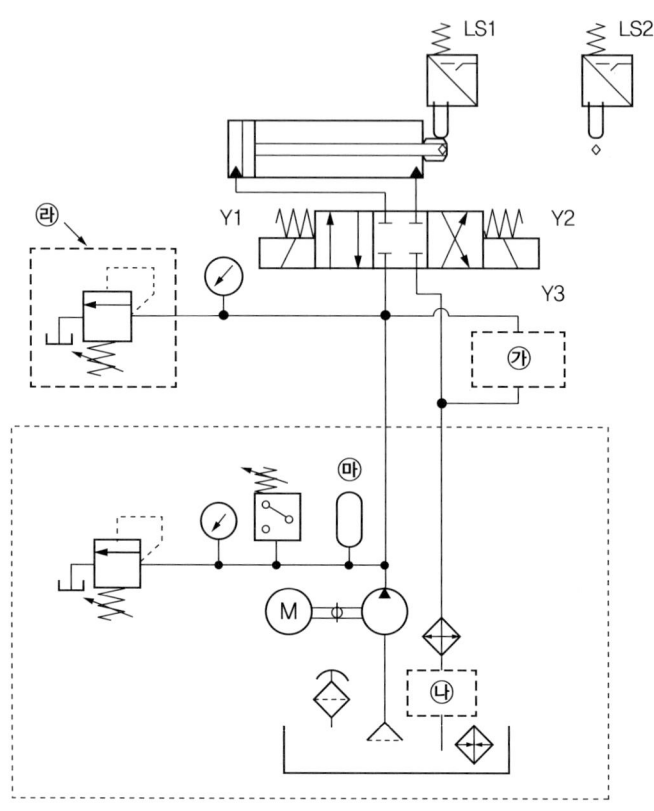

다. 전기회로도

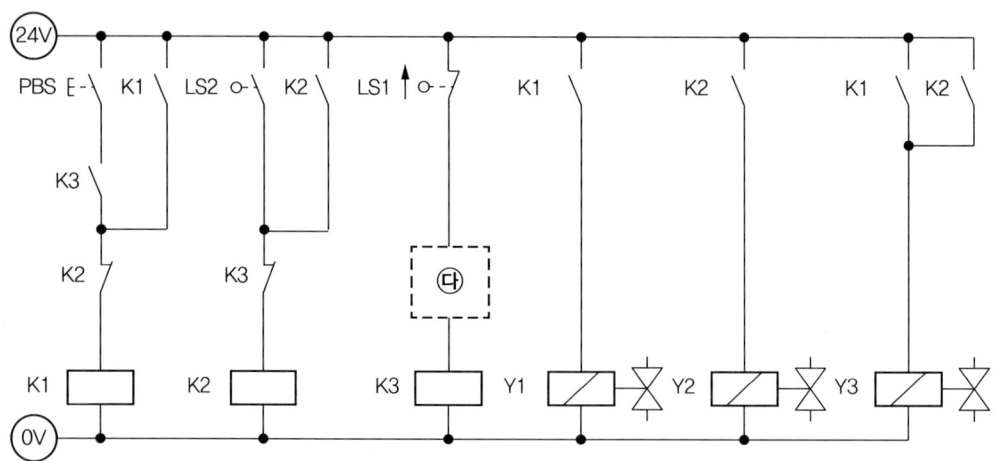

> **정답**

가 : ⑰ 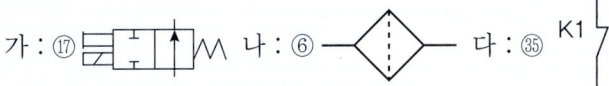 나 : ⑥ 다 : ㉟

라 : 압력 릴리프 밸브
마 : 유압에너지 저장 및 맥동, 서지압력 제거

응용과제 마 정답

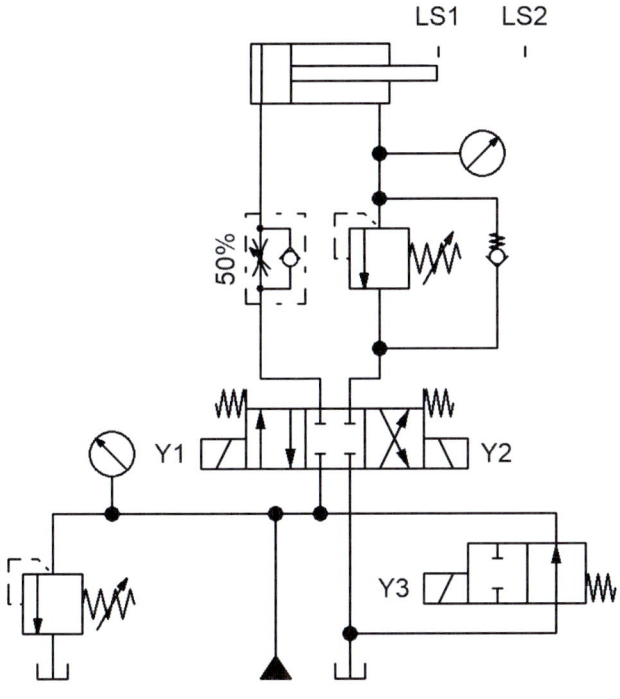

응용과제 바 정답

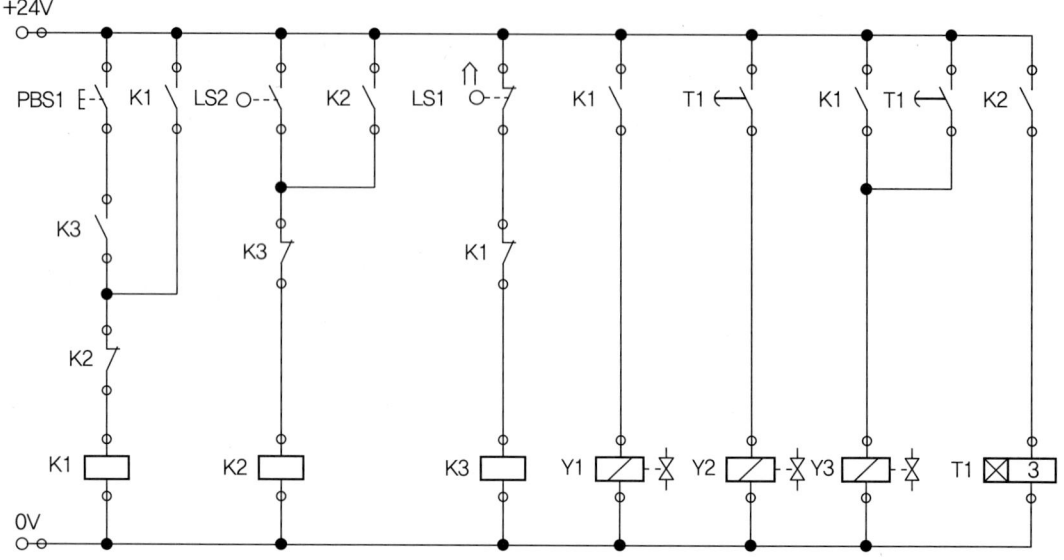

16-1 공압 기출 예제 16번

※ 시험기간 : 1시간 20분
  - 제1과제(공압회로 도면제작) : 20분
  - 제2과제(공압회로구성 및 조립작업) : 1시간

1. 요구사항

※ 제1과제 : 공압회로 도면제작
  가. 주어진 제어조건을 만족하는 공압회로도 및 전기회로도의 빈 부분(㉮, ㉯, ㉰)에 들어갈 기호를 제시된 【보기(공압)】에서 찾아 답안지(1)에 번호로 기입하고, 도면 중 ㉱ 부분의 용도 및 ㉲ 부분의 명칭을 답안지(1)에 작성하여 제출하시오.(단, ㉱, ㉲가 지칭하는 부분은 관로, 스프링, 드레인 등의 세부 부속품이 아닌 독립적으로 역할을 하는 전체 부품임을 고려하여 답지를 작성합니다.)
  나. 주어진 공압회로도를 참조하여 제어조건에 따른 변위단계선도를 답안지(2)에 완성하여 제출하시오.

※ 제2과제 : 공압회로 구성 및 조립작업
  (1) 기본과제
    가. 제1과제에서 작성한 공압회로도와 같이 주어진 공압기기를 선정하여 고정판에 배치하시오. (단, 공압회로도 중 도면에 있는 차단밸브 이전 기기와 장치는 수험자가 구성하지 않습니다.)
    나. 공압호스를 적절한 길이로 절단 사용하여 배치된 기기를 연결 · 완성하시오.
    다. 전기회로도를 보고 전기회로작업을 완성하시오.(전기연결선 +는 적색으로, -는 청색 또는 흑색으로 연결하시오.)

  (2) 응용과제
    마. 감독위원이 지정한 압력(0.2~0.5MPa 범위에서 지정)으로 변경하시오.
    바. 실린더 B 전진 시 일방향 유량조절밸브(모듈형)를 사용하여 Meter-out 회로가 되도록하고, 실린더 A 후진 시 급속배기밸브를 사용하여 실린더의 속도를 제어하시오.
    사. 실린더 B가 전진하기 위해서는 카운터와 별도의 스위치(PBS)를 설치하여 스위치(PBS)를 2회 On-Off할 경우 실린더 B가 전진하는 회로를 구성하고 동작시키시오.(단, 스위치(PBS) 2회 On-Off 하지 않을 경우 실린더 B는 전진하지 않는다.)

2. 도면(공압회로)

| 자격종목 | 공유압기능사 | 과제명 | 공압회로구성 및 조립작업 |

(1) 제어조건 : 알루미늄 소재에 1개의 드릴 작업을 행하려 한다. 소재는 수동으로 공급된다. START 스위치를 On-Off하면 A 실린더에 의해서 드릴작업 위치까지 이송시키며 클램핑까지 하게 된다. 클램핑 후 드릴 실린더인 B 실린더가 전진을 해서 드릴 작업을 마치고 복귀 후에 A 실린더가 후진하여 클램핑을 해제한다.

가. 위치도

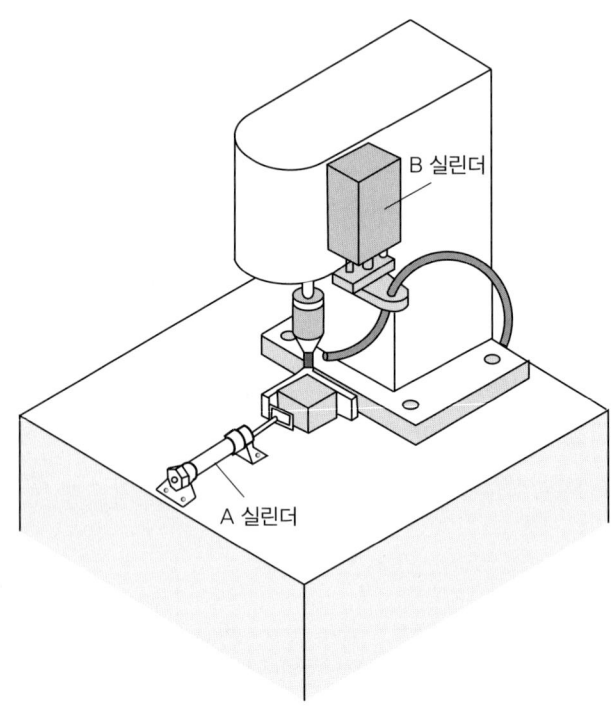

| 자격종목 | 공유압기능사 | 과제명 | 공압회로구성 및 조립작업 |

나. 공압회로도

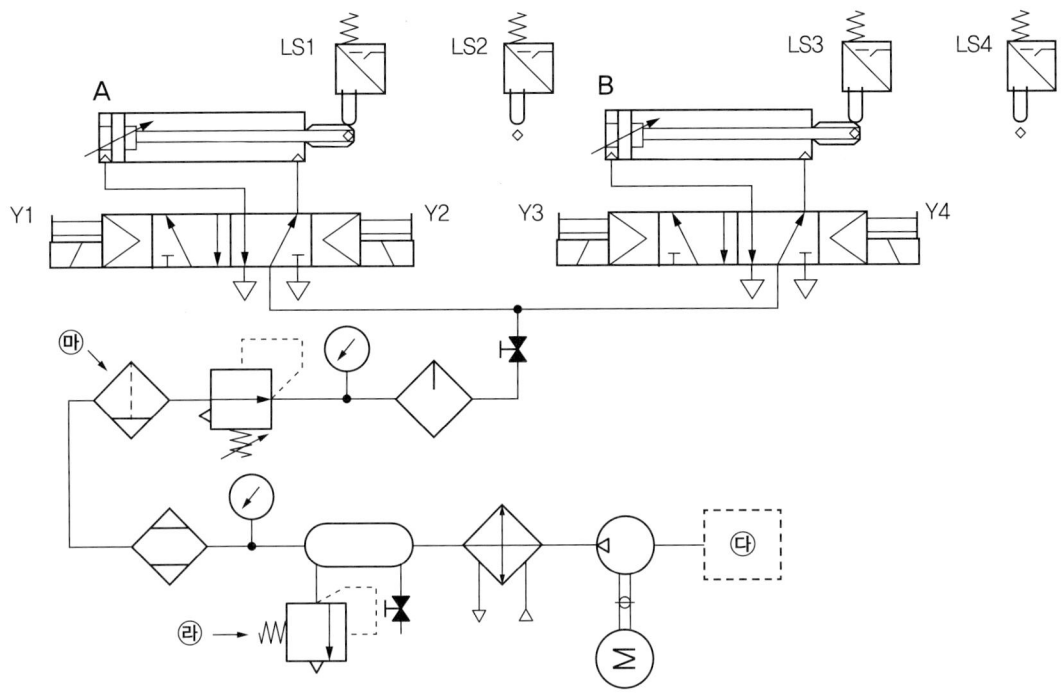

다. 전기회로도

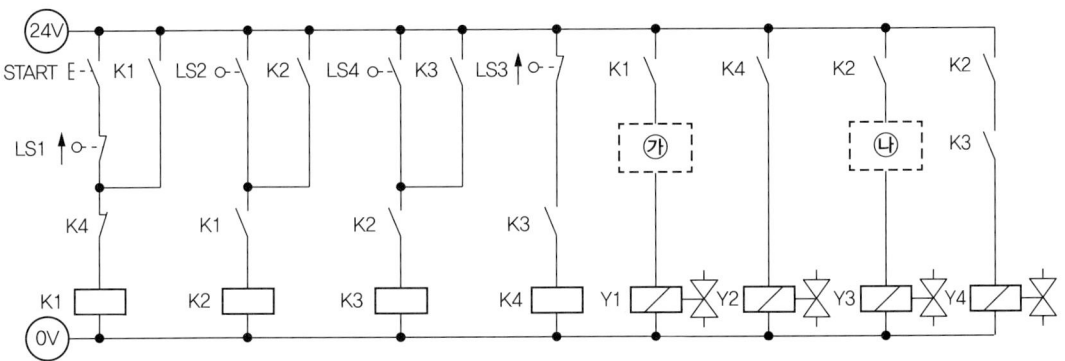

정답

가 : ㊲ K4 나 : ㊱ K3 다 : ②

라 : 시스템 압력 설정용
마 : 필터 수동배수기

공압 변위단계 선도

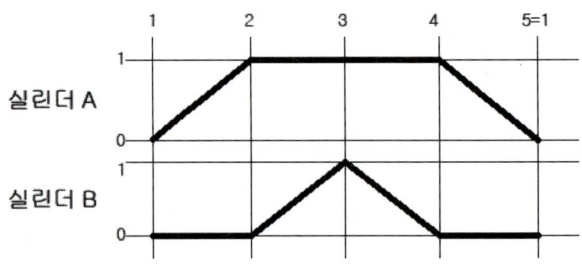

응용과제 바 정답

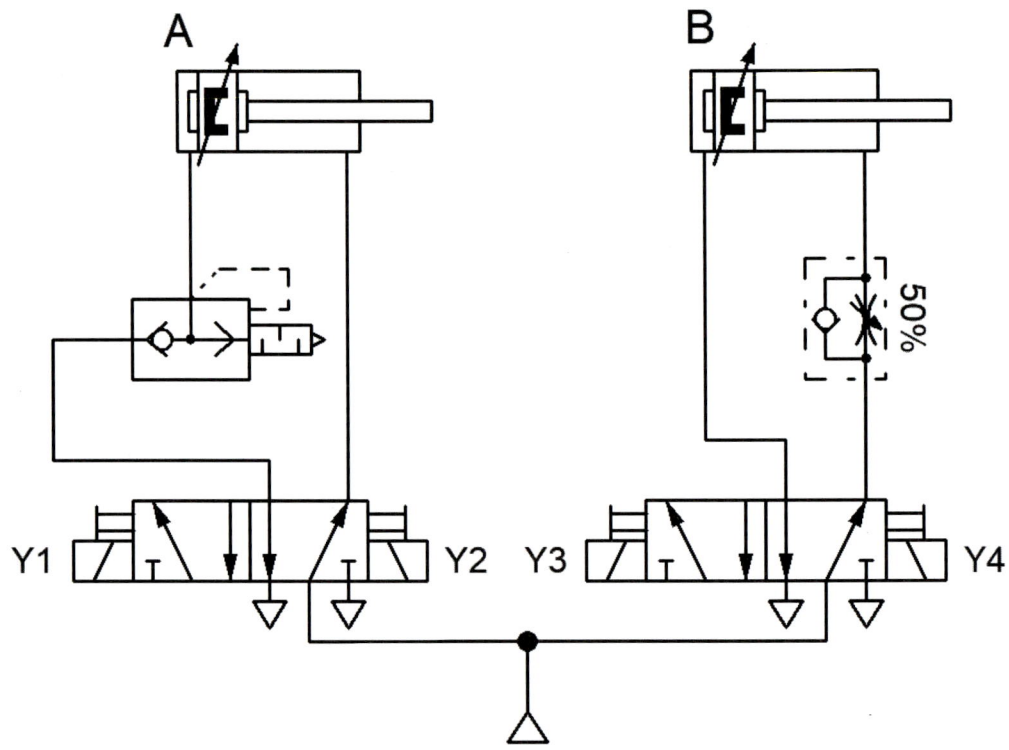

응용과제 사 정답

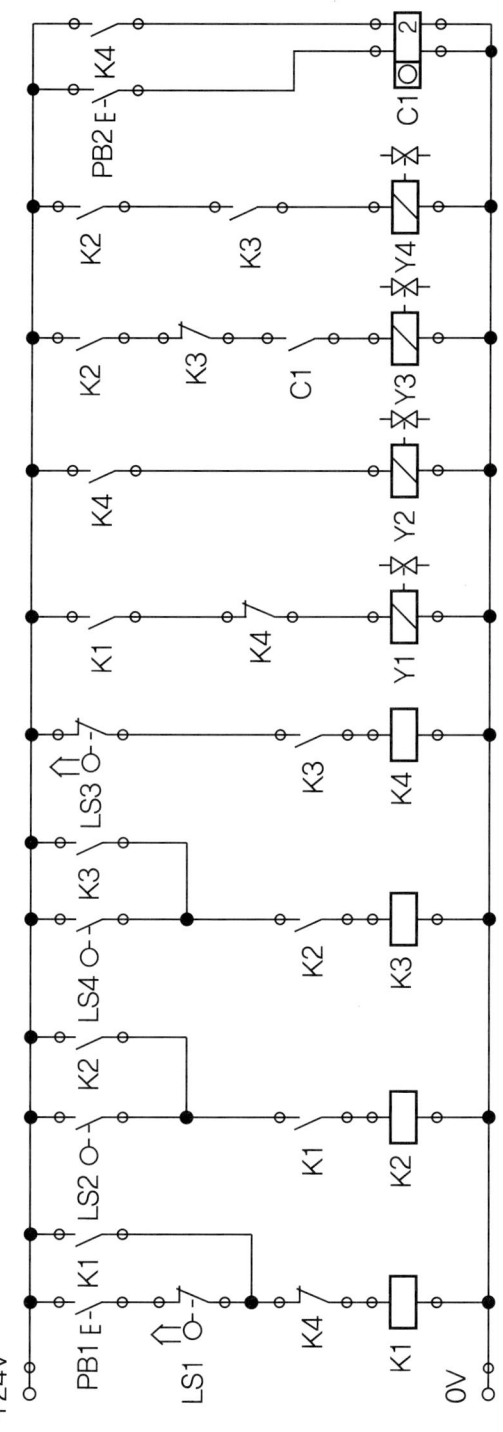

16-2 유압 기출 예제 16번

※ 시험기간 : 1시간 10분
  - 제3과제(유압회로 도면제작) : 10분
  - 제4과제(유압회로구성 및 조립작업) : 1시간

1. 요구사항

※ 제3과제 : 유압회로 도면제작

  가. 주어진 제어조건을 만족하는 유압회로도 및 전기회로도의 빈 부분(㉮, ㉯, ㉰)에 들어갈 기호를 제시된 【보기(유압)】에서 찾아 답안지(3)에 번호로 기입하고, 도면 중 ㉱ 부분의 명칭 및 ㉲ 부분의 용도를 답안지(3)에 작성하여 제출하시오.(단, ㉱, ㉲가 지칭하는 부분은 관로, 스프링, 드레인 등의 세부 부속품이 아닌 독립적으로 역할을 하는 전체 부품임을 고려하여 답지를 작성합니다.)

※ 제4과제 : 유압회로 구성 및 조립작업

  (1) 기본과제

   가. 제3과제에서 작성한 유압도면와 같이 주어진 유압기기를 선정하여 고정판에 배치하시오. (단, 도면에 일점쇄선 부분은 수험자가 구성하지 않습니다.)

   나. 유압호스를 사용하여 배치된 기기를 연결 · 완성하시오.

   다. 전기회로도를 보고 전기회로작업을 완성하시오.(전기연결선 +는 적색으로, -는 청색 또는 흑색으로 연결하시오.)

   라. 유압회로 내의 최고압력을 (4 ± 0.2)MPa로 설정하시오.

  (2) 응용과제

   마. 실린더로드 측에 전진 시 과부하 방지를 위하여 압력 게이지와 릴리프 밸브를 추가하여 안전회로를 구성하고 압력을 (2 ± 0.5)MPa로 설정하시오.

   바. 카운터를 사용하여 실린더가 3회 전후진 후 정지할 수 있게 전기회로를 구성하고 동작시키시오.(단, PB2를 별도로 추가하여 PB2가 On-Off하면 연속 동작이 시작하고, 카운터의 Reset은 별도의 스위치 추가 없이 자동으로 초기화되도록 한다.)

2. 도면(유압회로)

자격종목	공유압기능사	과제명	유압회로구성 및 조립작업

(1) 제어조건 : 원료 공급 장치를 제작하려고 한다. 누름 버튼 스위치(PBS1)를 On-Off하면 실린더가 전진하며 원료를 퍼올리고, 리밋 스위치 LS2가 작동되면 자동으로 실린더가 후진하여 원료를 공급한다. 초기 상태에서 실린더는 후진 상태로 있다.

가. 위치도

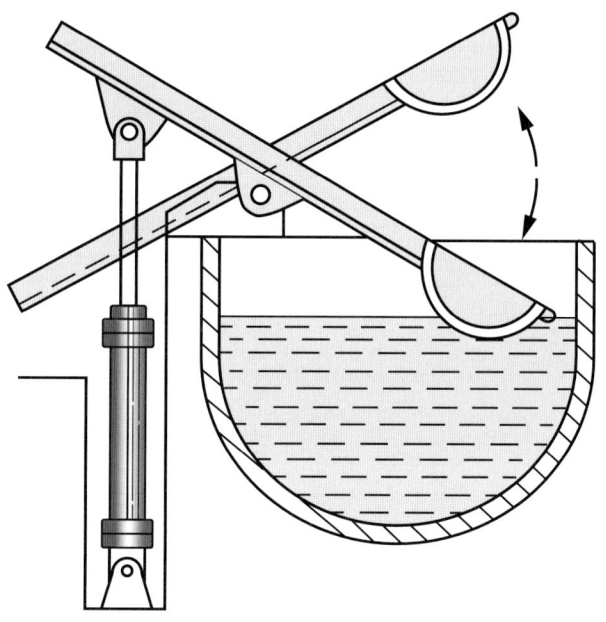

| 자격종목 | 공유압기능사 | 과제명 | 유압회로구성 및 조립작업 |

나. 유압회로도

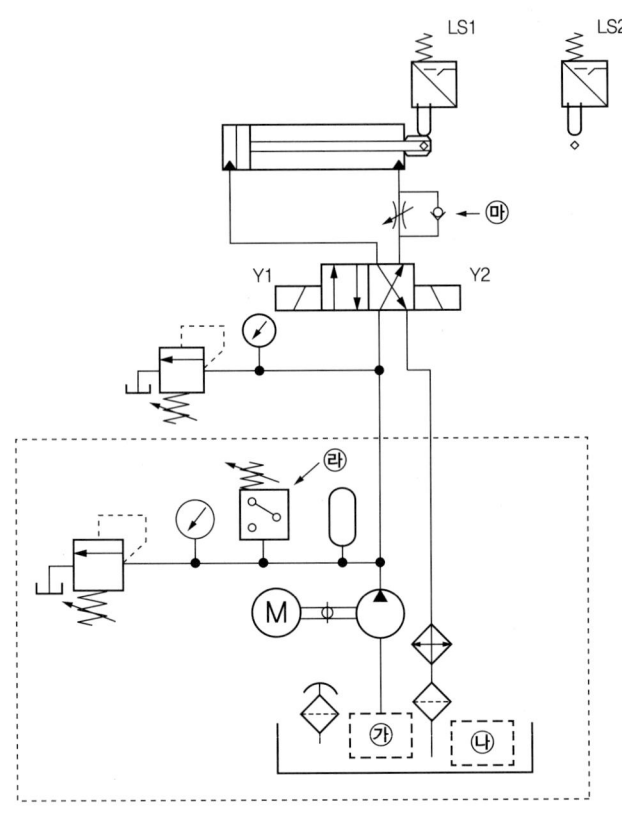

다. 전기회로도

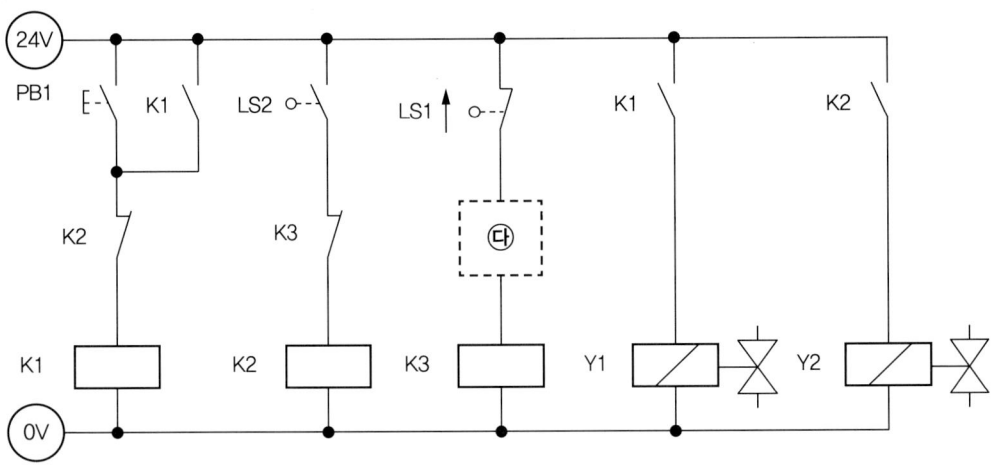

정답

가 : ⑦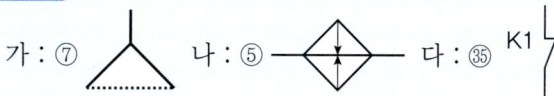

라 : 압력 스위치
마 : 한 방향으로만 유량조절이 가능한 밸브

응용과제 마 정답

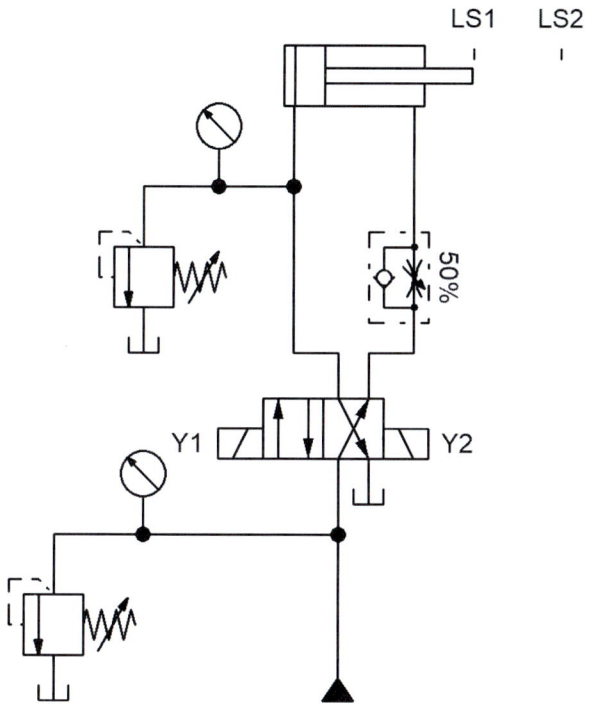

응용과제 바 정답

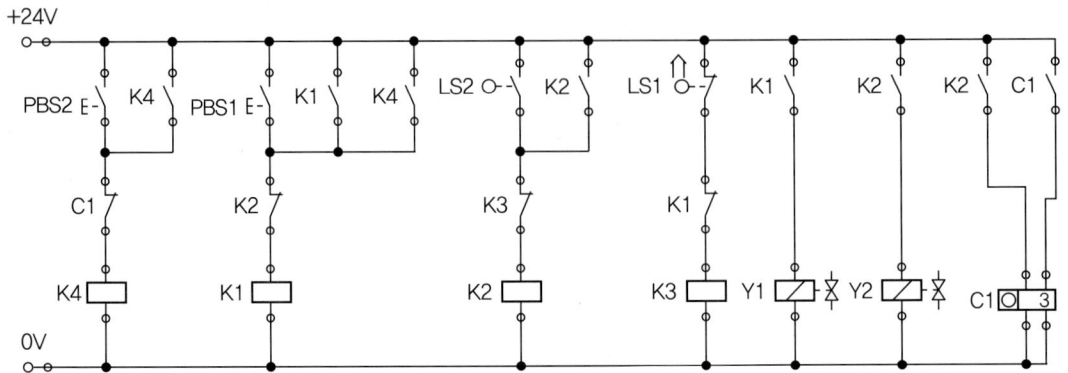

17-1 공압 기출 예제 17번

※ 시험기간 : 1시간 20분
 - 제1과제(공압회로 도면제작) : 20분
 - 제2과제(공압회로구성 및 조립작업) : 1시간

1. 요구사항

※ 제1과제 : 공압회로 도면제작

가. 주어진 제어조건을 만족하는 공압회로도 및 전기회로도의 빈 부분(㉮, ㉯, ㉰)에 들어갈 기호를 제시된 【보기(공압)】에서 찾아 답안지(1)에 번호로 기입하고, 도면 중 ㉱ 부분의 용도 및 ㉲ 부분의 명칭을 답안지(1)에 작성하여 제출하시오.(단, ㉱, ㉲가 지칭하는 부분은 관로, 스프링, 드레인 등의 세부 부속품이 아닌 독립적으로 역할을 하는 전체 부품임을 고려하여 답지를 작성합니다.)

나. 주어진 공압회로도를 참조하여 제어조건에 따른 변위단계선도를 답안지(2)에 완성하여 제출하시오.

※ 제2과제 : 공압회로 구성 및 조립작업

(1) 기본과제

가. 제1과제에서 작성한 공압회로도와 같이 주어진 공압기기를 선정하여 고정판에 배치하시오. (단, 공압회로도 중 도면에 있는 차단밸브 이전 기기와 장치는 수험자가 구성하지 않습니다.)

나. 공압호스를 적절한 길이로 절단 사용하여 배치된 기기를 연결·완성하시오.

다. 전기회로도를 보고 전기회로작업을 완성하시오.(전기연결선 +는 적색으로, -는 청색 또는 흑색으로 연결하시오.)

라. 작업압력(서비스 유닛)을 (0.5±0.05)MPa로 설정하시오.

(2) 응용과제

마. 감독위원이 지정한 압력(0.2~0.5MPa 범위에서 지정)으로 변경하시오.

바. 실린더 A 전진 시 일방향 유량조절밸브(모듈형)를 사용하여 Meter-out 회로가 되도록하고, 실린더 B 후진 시 급속배기밸브를 사용하여 실린더의 속도를 제어하시오.

사. 카운터를 사용하여 실린더가 3회 전후진 후 정지할 수 있게 전기회로를 구성하고 동작시키시오.(단, PBS2를 별도로 추가하여 PBS2가 On-Off하면 연속 동작이 시작하고, 카운터의 Reset은 별도의 스위치 추가 없이 자동으로 초기화되도록 한다.)

2. 도면(공압회로)

| 자격종목 | 공유압기능사 | 과제명 | 공압회로구성 및 조립작업 |

(1) 제어조건 : 네모난 박스에 제품 공급 작업을 하려고 한다. 박스는 중력으로 삽입되며 시작 스위치 PBS를 On-Off하면 실린더 A가 전진을 해서 박스를 밀어내고 2초간 정지한 후에 복귀한다. 이 후 실린더 B가 전진하여 제품을 밀어 아래쪽 박스에 제품을 투입하고, 실린더 B가 후진한다.

가. 위치도

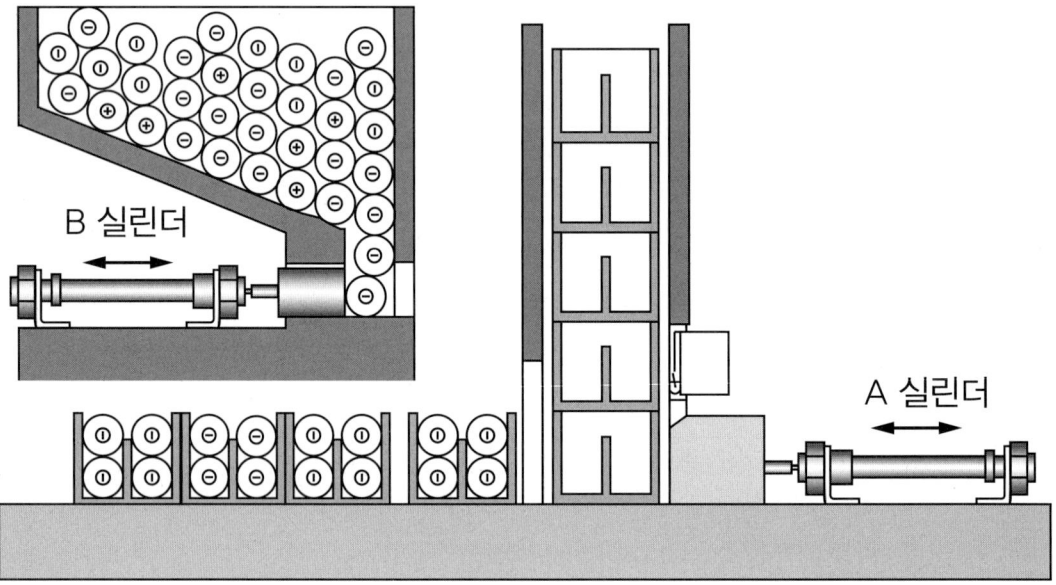

| 자격종목 | 공유압기능사 | 과제명 | 공압회로구성 및 조립작업 |

나. 공압회로도

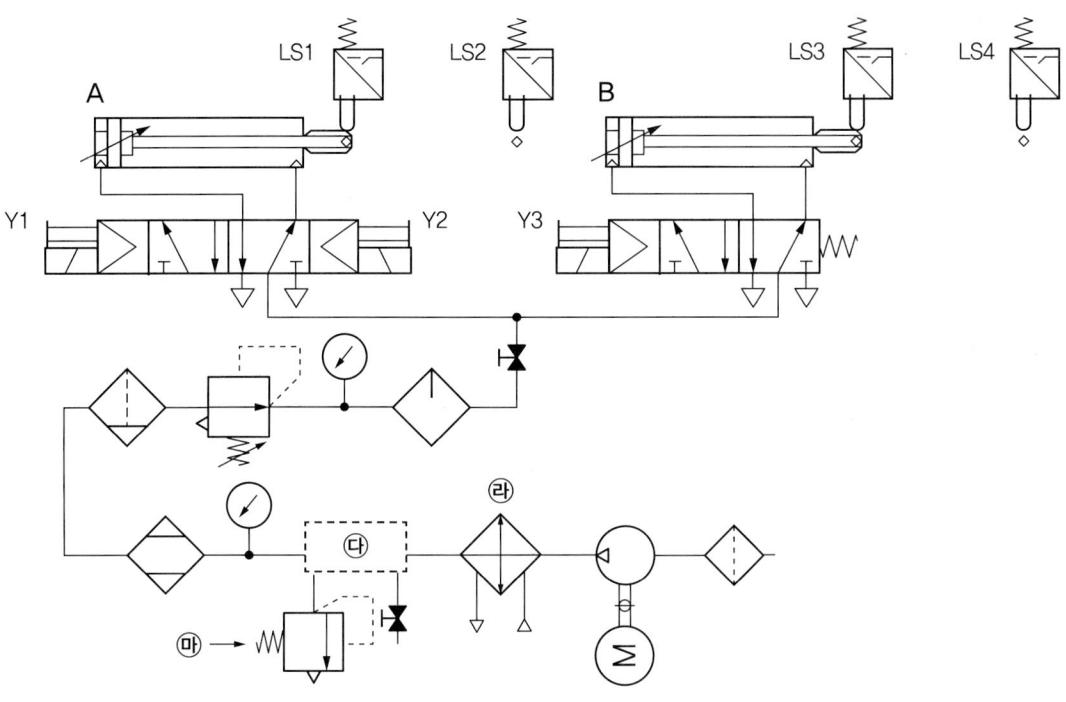

다. 전기회로도

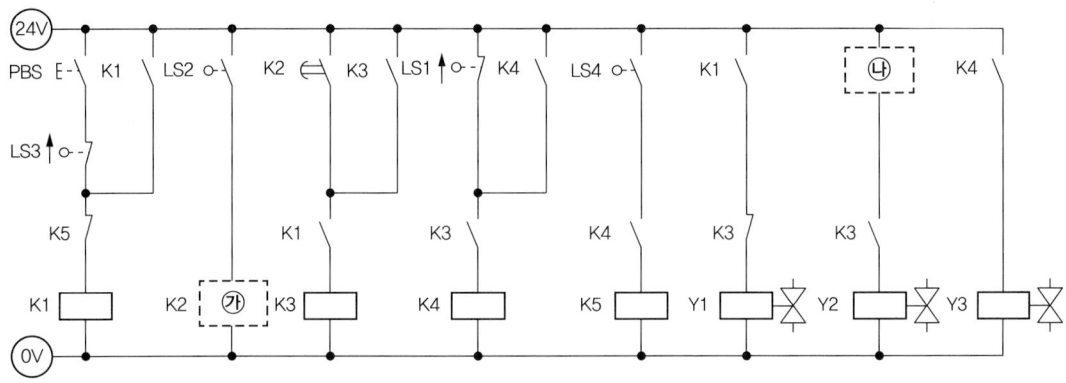

정답

가 : ㉔  나 : ㉛ 다 : ①

라 : 압축공기 냉각
마 : 압력 릴리프 밸브

공압 변위단계 선도

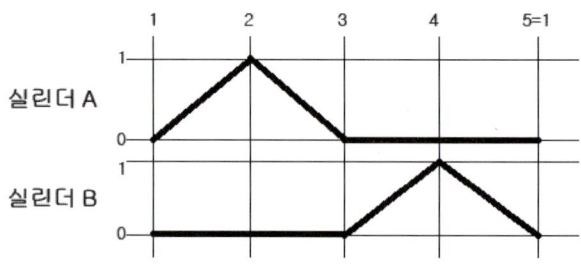

응용과제 바 정답

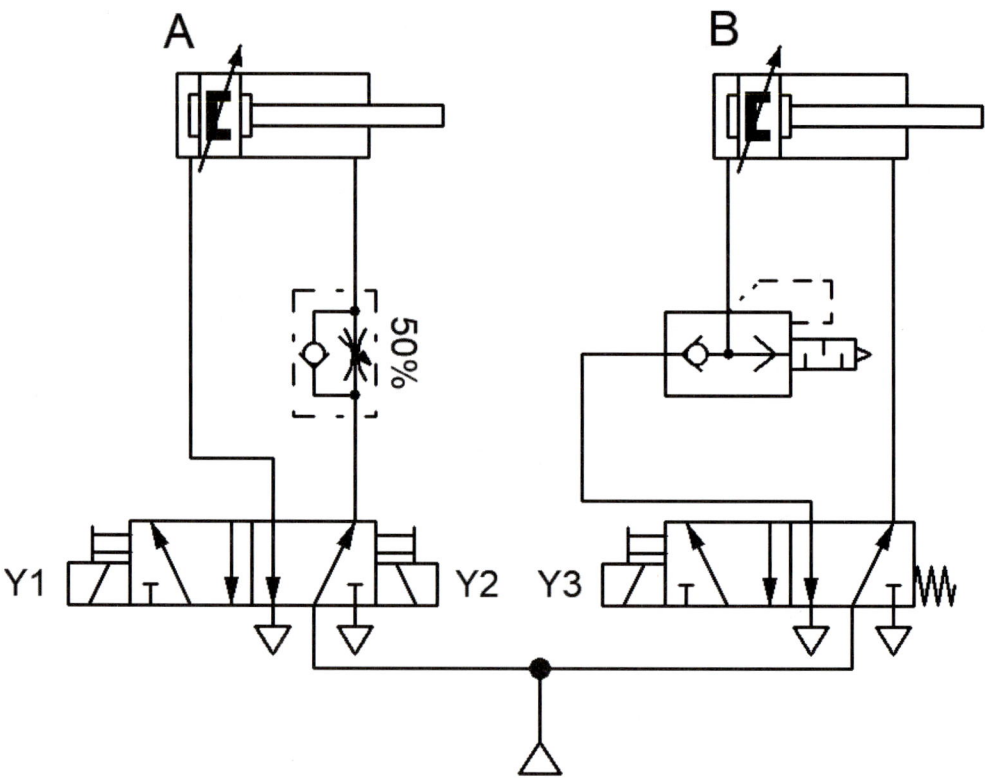

응용과제 사 정답

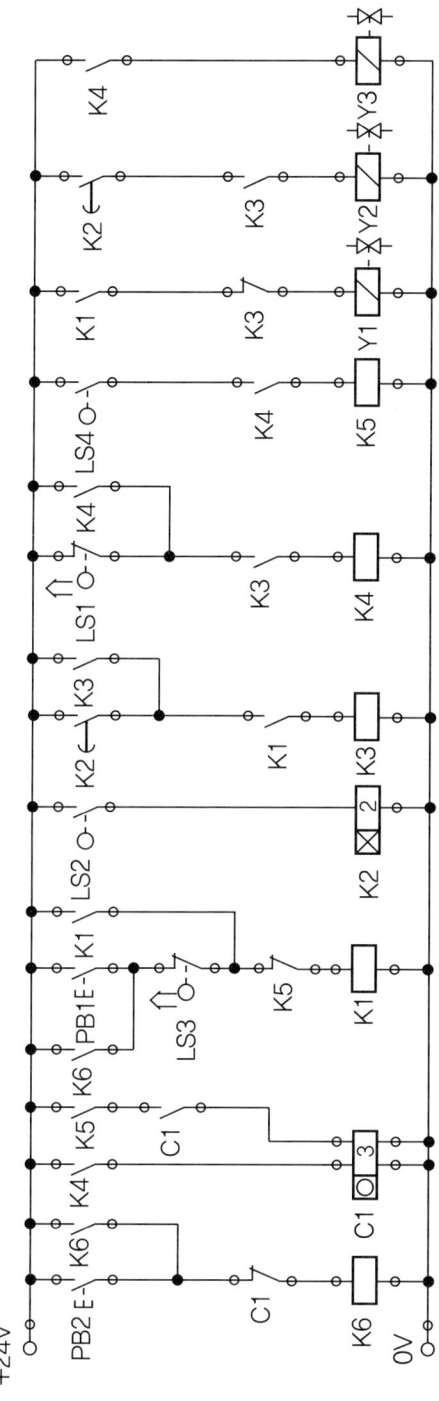

17-2 유압 기출 예제 17번

※ 시험기간 : 1시간 10분
- 제3과제(유압회로 도면제작) : 10분
- 제4과제(유압회로구성 및 조립작업) : 1시간

1. 요구사항

※ 제3과제 : 유압회로 도면제작

가. 주어진 제어조건을 만족하는 유압회로도 및 전기회로도의 빈 부분(㉮, ㉯, ㉰)에 들어갈 기호를 제시된 【보기(유압)】에서 찾아 답안지(3)에 번호로 기입하고, 도면 중 ㉱ 부분의 명칭 및 ㉲ 부분의 용도를 답안지(3)에 작성하여 제출하시오.(단, ㉱, ㉲가 지칭하는 부분은 관로, 스프링, 드레인 등의 세부 부속품이 아닌 독립적으로 역할을 하는 전체 부품임을 고려하여 답지를 작성합니다.)

※ 제4과제 : 유압회로 구성 및 조립작업

(1) 기본과제

가. 제3과제에서 작성한 유압도면과 같이 주어진 유압기기를 선정하여 고정판에 배치하시오. (단, 도면에 일점쇄선 부분은 수험자가 구성하지 않습니다.)

나. 유압호스를 사용하여 배치된 기기를 연결·완성하시오.

다. 기회로도를 보고 전기회로작업을 완성하시오.(전기연결선 +는 적색으로, -는 청색 또는 흑색으로 연결하시오.)

라. 유압회로 내의 최고압력을 (4±0.2)MPa로 설정하시오.

(2) 응용과제

마. 실린더의 전진 시 일방향 유량조절밸브를 사용하여 Meter-in 회로를 구성하고, 무게중심 변화에 따른 실린더의 전진 시 급속운동을 방지하기 위하여 카운터 밸런스 회로를 추가로 구성하여 동작시키시오(단, 카운터 밸런스 회로는 릴리프 밸브와 체크밸브를 사용하여 회로를 구성하고 설정 압력은 3MPa(±0.2MPa)로 한다.)

바. 전기타이머를 사용하여 실린더가 전진 완료 후 3초간 정지한 후에 후진하도록 전기회로를 구성하고 동작시키시오.

2. 도면(유압회로)

| 자격종목 | 공유압기능사 | 과제명 | 유압회로구성 및 조립작업 |

(1) 제어조건 : 유압을 이용하여 용강 경동장치를 제작하려고 한다. 푸시 버튼 스위치(PBS)를 On-Off 하면 유압실린더가 전진하며, 전진 완료될 때 3MPa이상의 압력이 도달되고 리밋스위치 LS2가 작동되면 자동으로 후진하게 되어 있다.

가. 위치도

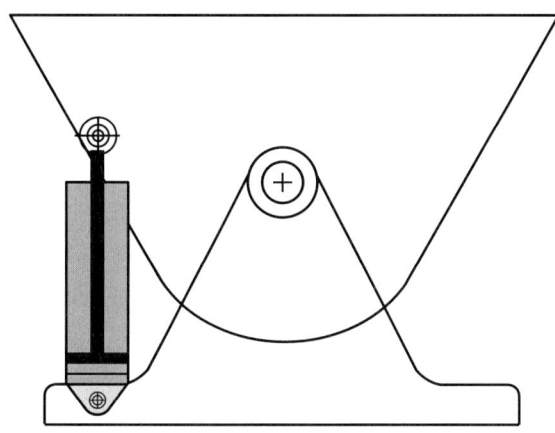

자격종목	공유압기능사	과제명	유압회로구성 및 조립작업

나. 유압회로도

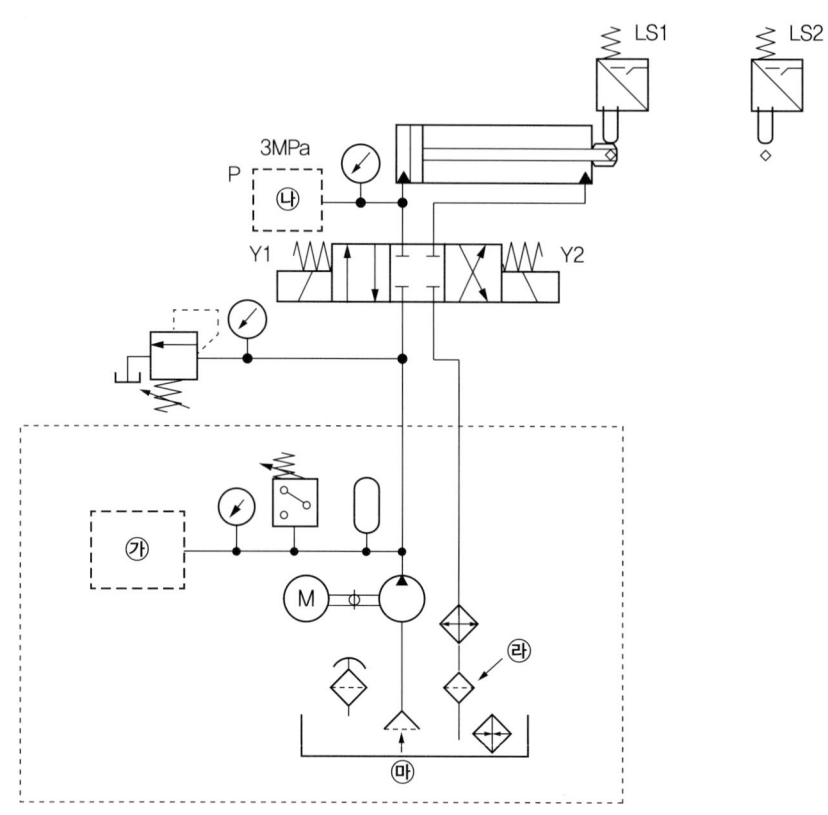

다. 전기회로도

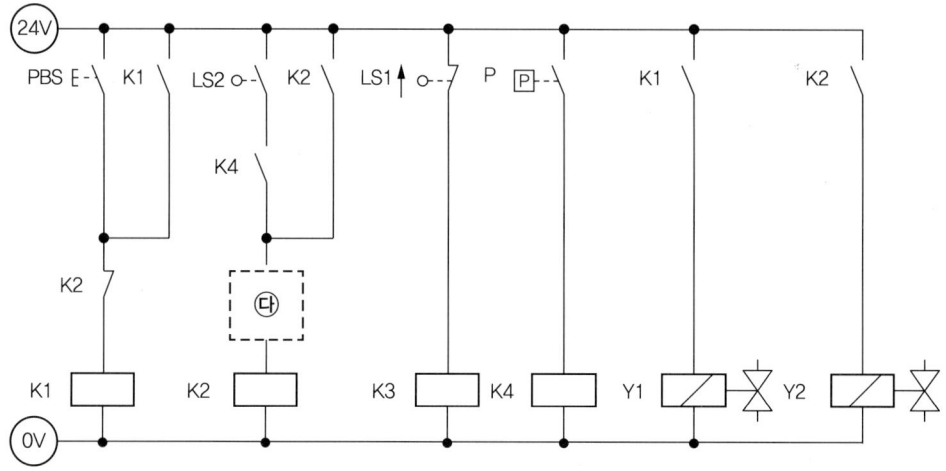

> **정답**

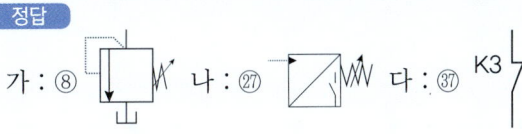

라 : 복귀관 필터
마 : 펌프 보호용

응용과제 마 정답

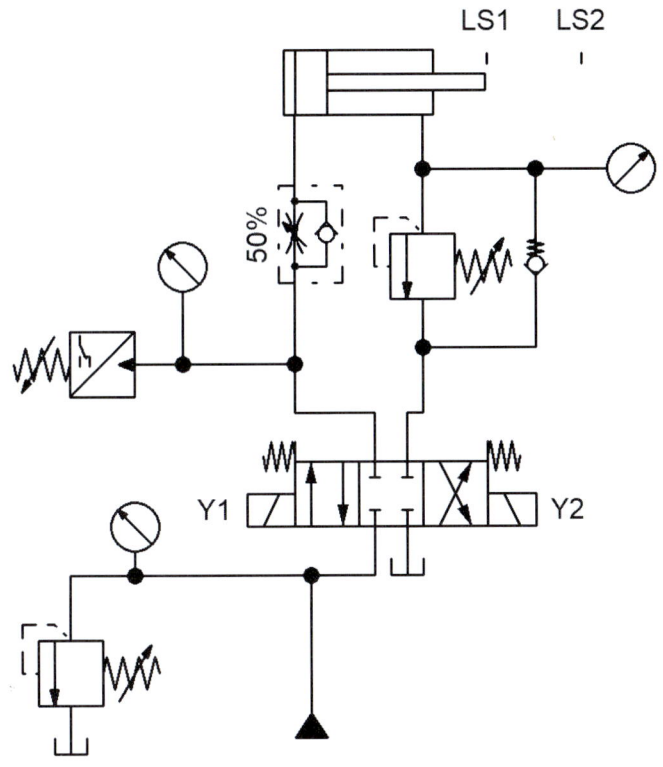

응용과제 바 정답

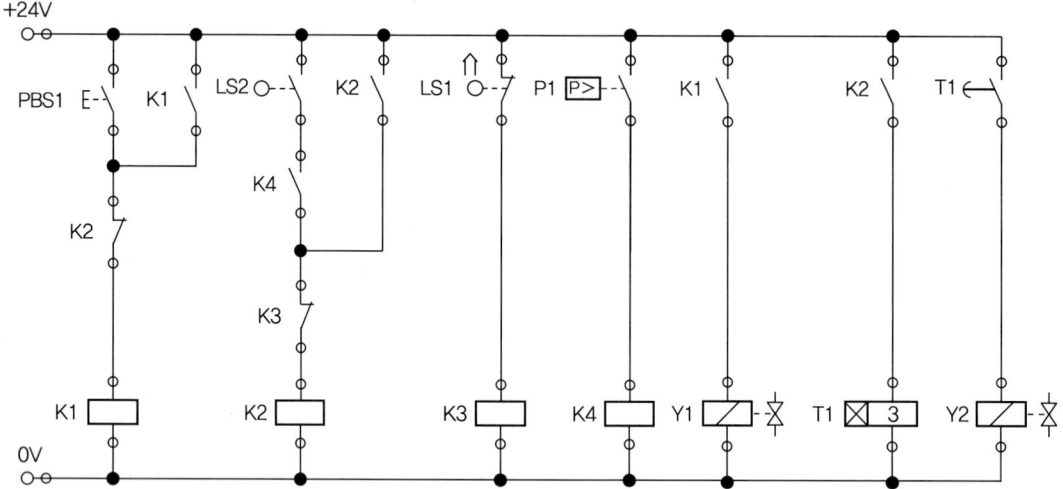

18-1 공압 기출 예제 18번

※ 시험기간 : 1시간 20분
 - 제1과제(공압회로 도면제작) : 20분
 - 제2과제(공압회로구성 및 조립작업) : 1시간

1. 요구사항

※ 제1과제 : 공압회로 도면제작

가. 주어진 제어조건을 만족하는 공압회로도 및 전기회로도의 빈 부분(㉮, ㉯, ㉰)에 들어갈 기호를 제시된 【보기(공압)】에서 찾아 답안지(1)에 번호로 기입하고, 도면 중 ㉱ 부분의 용도 및 ㉲ 부분의 명칭을 답안지(1)에 작성하여 제출하시오.(단, ㉱, ㉲가 지칭하는 부분은 관로, 스프링, 드레인 등의 세부 부속품이 아닌 독립적으로 역할을 하는 전체 부품임을 고려하여 답지를 작성합니다.)

나. 주어진 공압회로도를 참조하여 제어조건에 따른 변위단계선도를 답안지(2)에 완성하여 제출하시오.

※ 제2과제 : 공압회로 구성 및 조립작업

(1) 기본과제

가. 제1과제에서 작성한 공압회로도와 같이 주어진 공압기기를 선정하여 고정판에 배치하시오. (단, 공압회로도 중 도면에 있는 차단밸브 이전 기기와 장치는 수험자가 구성하지 않습니다.)

나. 공압호스를 적절한 길이로 절단 사용하여 배치된 기기를 연결·완성하시오.

다. 전기회로도를 보고 전기회로작업을 완성하시오.(전기연결선 +는 적색으로, -는 청색 또는 흑색으로 연결하시오.)

라. 작업압력(서비스 유닛)을 (0.5±0.05)MPa로 설정하시오.

(2) 응용과제

마. 감독위원이 지정한 압력(0.2~0.5MPa 범위에서 지정)으로 변경하시오.

바. 실린더 B 전진 시 과도한 압력으로 공작물이 파손되는 것을 방지하기 위하여 압력조절밸브(감압밸브)와 압력게이지를 사용하여 (0.2±0.05)MPa로 압력을 변경하시오.

사. 회로도에서 B 실린더의 왕복운동을 제어하기 위하여 스프링 복귀형 솔레노이드 밸브를 사용하였다. 이를 메모리 기능이 있는 복동 솔레노이드 밸브를 사용하여 회로를 재구성한 후 동작시키시오.

2. 도면(공압회로)

| 자격종목 | 공유압기능사 | 과제명 | 공압회로구성 및 조립작업 |

(1) 제어조건 : 시작 스위치(PBS)를 On-Off 하면 실린더가 A가 전진하여 재료를 이송한다. 그 후에 실린더 B가 전진하여 엠보싱을 마친 후 후진한 뒤에 A실린더도 복귀하여 초기상태가 되게 한다.

가. 위치도

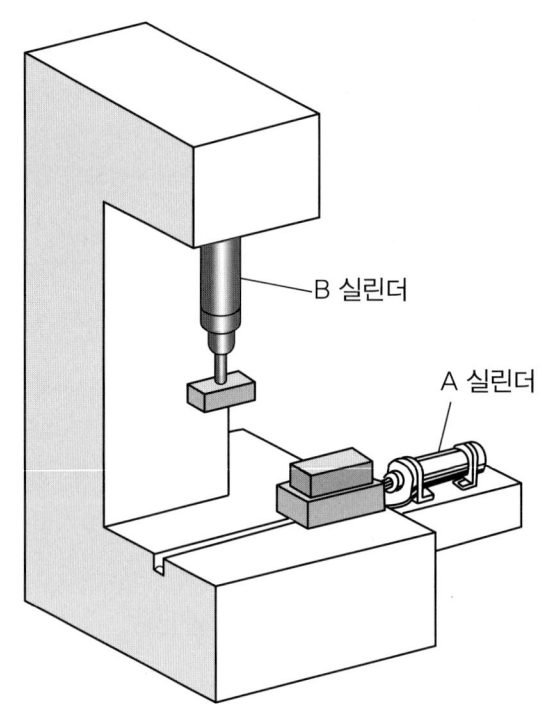

자격종목	공유압기능사	과제명	공압회로구성 및 조립작업

나. 공압회로도

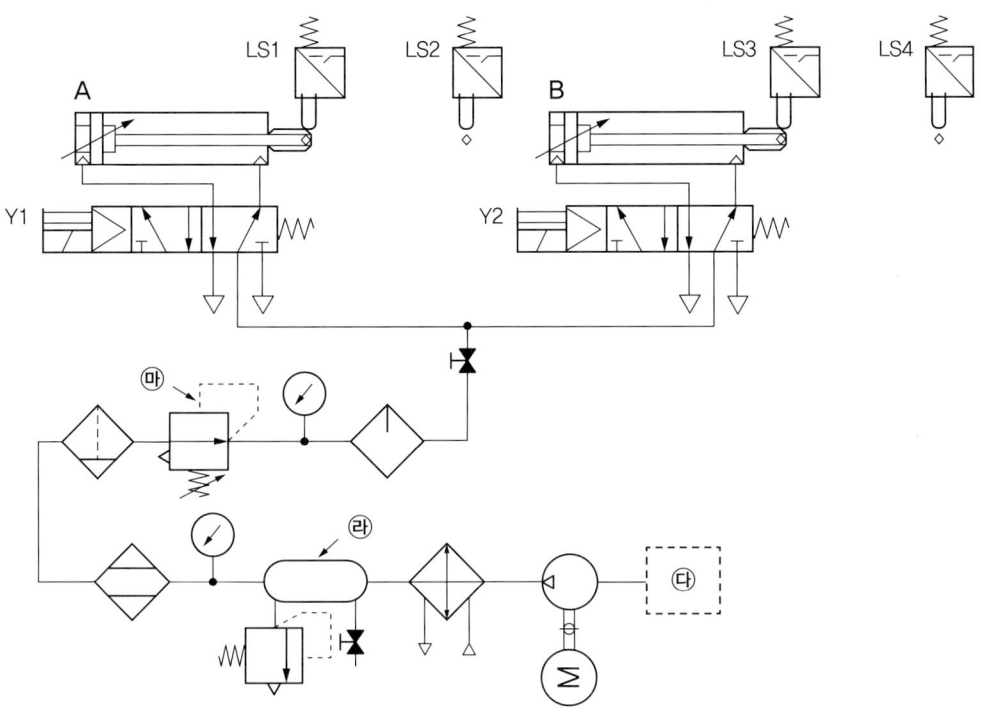

다. 전기회로도

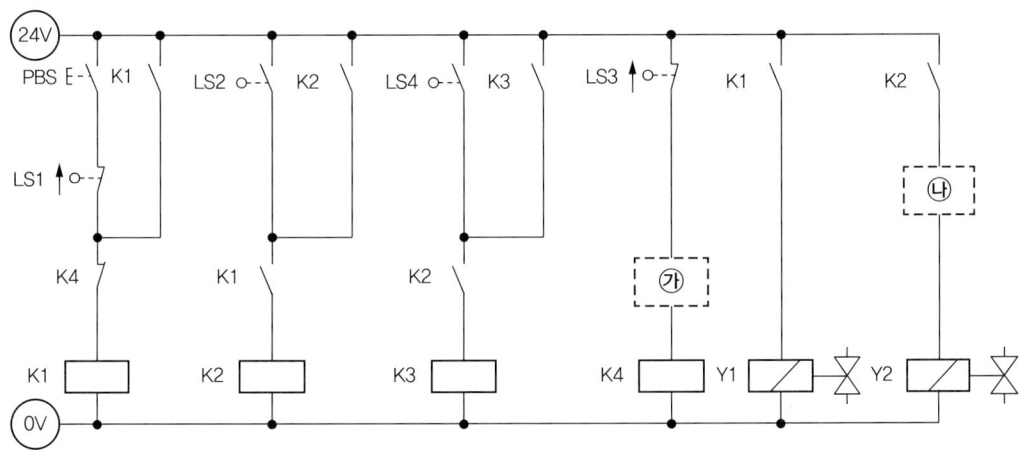

> **정답**
>
> 가 : ㉜ K3 (b접점) 나 : ㊱ K3 (a접점) 다 : ② ─◇─
>
> 라 : 압축공기 저장
> 마 : 감압 밸브

공압 변위단계 선도

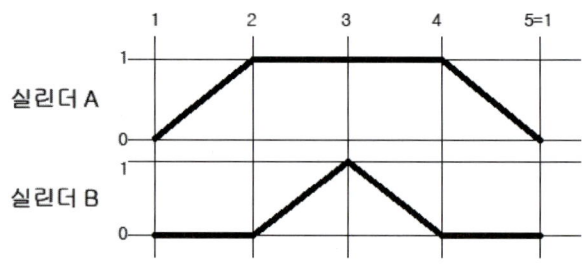

응용과제 바 정답

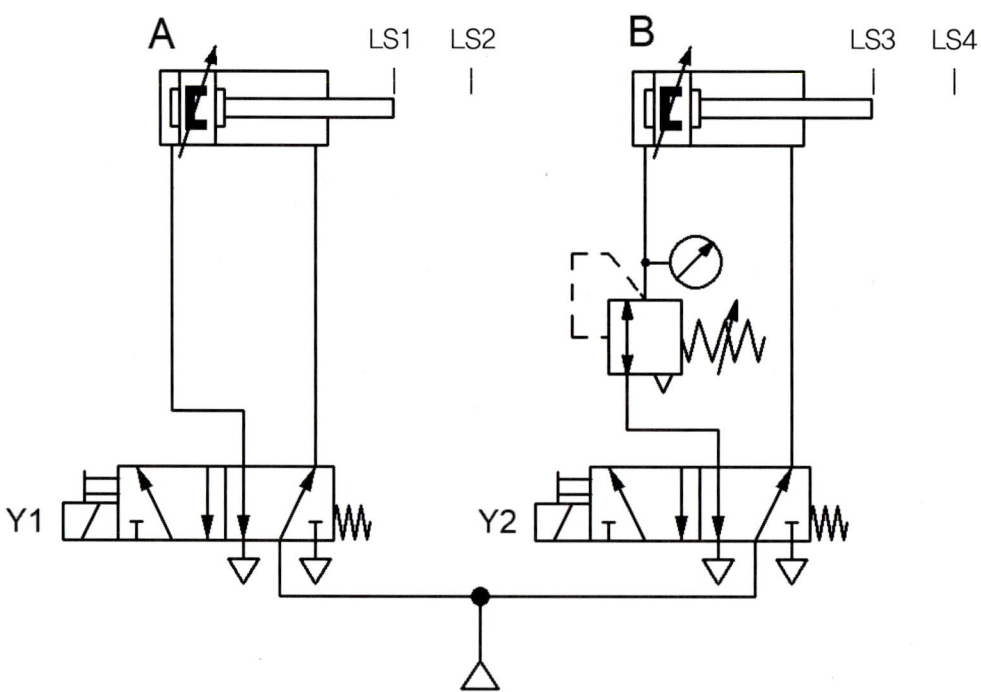

응용과제 사 정답

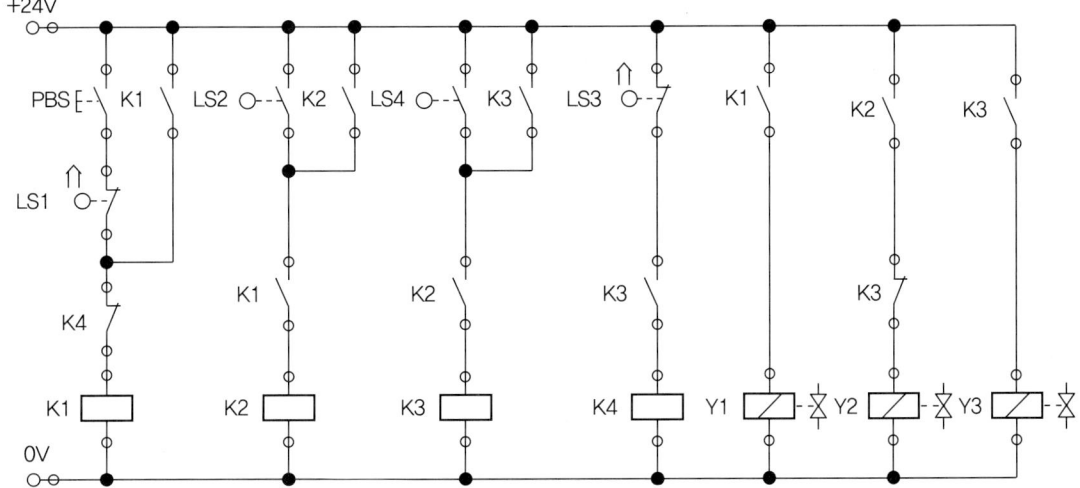

18-2 유압 기출 예제 18번

※ 시험기간 : 1시간 10분
- 제3과제(유압회로 도면제작) : 10분
- 제4과제(유압회로구성 및 조립작업) : 1시간

1. 요구사항

※ 제3과제 : 유압회로 도면제작

가. 주어진 제어조건을 만족하는 유압회로도 및 전기회로도의 빈 부분(㉮, ㉯, ㉰)에 들어갈 기호를 제시된 【보기(유압)】에서 찾아 답안지(3)에 번호로 기입하고, 도면 중 ㉱ 부분의 명칭 및 ㉲ 부분의 용도를 답안지(3)에 작성하여 제출하시오.(단, ㉱, ㉲가 지칭하는 부분은 관로, 스프링, 드레인 등의 세부 부속품이 아닌 독립적으로 역할을 하는 전체 부품임을 고려하여 답지를 작성합니다.)

※ 제4과제 : 유압회로 구성 및 조립작업

(1) 기본과제

가. 제3과제에서 작성한 유압도면과 같이 주어진 유압기기를 선정하여 고정판에 배치하시오. (단, 도면에 일점쇄선 부분은 수험자가 구성하지 않습니다.)

나. 유압호스를 사용하여 배치된 기기를 연결·완성하시오.

다. 전기회로도를 보고 전기회로작업을 완성하시오.(전기연결선 +는 적색으로, -는 청색 또는 흑색으로 연결하시오.)

라. 유압회로 내의 최고압력을 (4±0.2)MPa로 설정하시오.

(2) 응용과제

마. 실린더의 전진운동을 일방향 유량조절밸브를 사용하여 Meter-out 방식으로 회로를 변경하여 속도를 제어하시오.

바. 전기타이머를 사용하여 실린더가 전진 완료 후 3초간 정지한 후에 후진하도록 전기회로를 구성하고 동작시키시오.

2. 도면(유압회로)

| 자격종목 | 공유압기능사 | 과제명 | 유압회로구성 및 조립작업 |

(1) 제어조건 : 유압 리프트를 제작하려고 한다. 전진 버튼 스위치(PBS1)을 On-Off 하면 실린더가 전진하며, 리밋스위치 LS2가 작동되면 자동으로 후진하게 되어 있다. 전진 중에 정지 버튼 스위치(PBS2)을 누르면 정지하고 다시 전진 버튼 스위치을 누르면 전진하며 리밋 스위치 LS2가 작동되면 자동으로 후진한다. 실린더 전진 시 정지를 시키면 파일럿 작동형 체크 밸브에 의해 위치제어가 될 수 있도록 하여야 한다.

가. 위치도

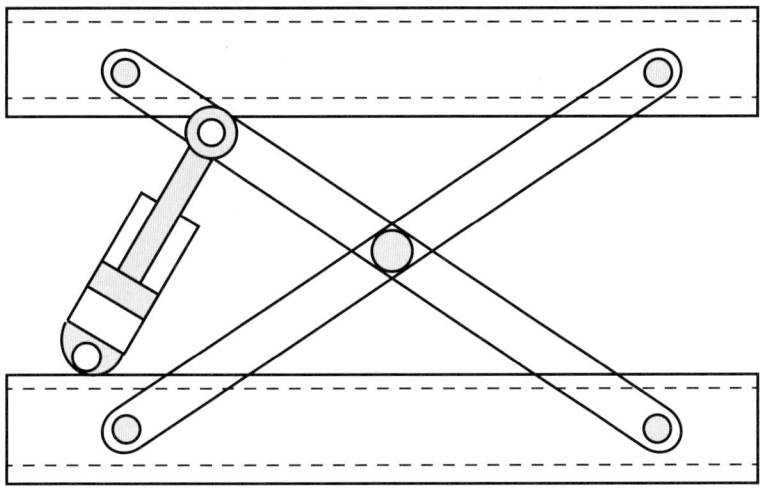

자격종목	공유압기능사	과제명	유압회로구성 및 조립작업

나. 유압회로도

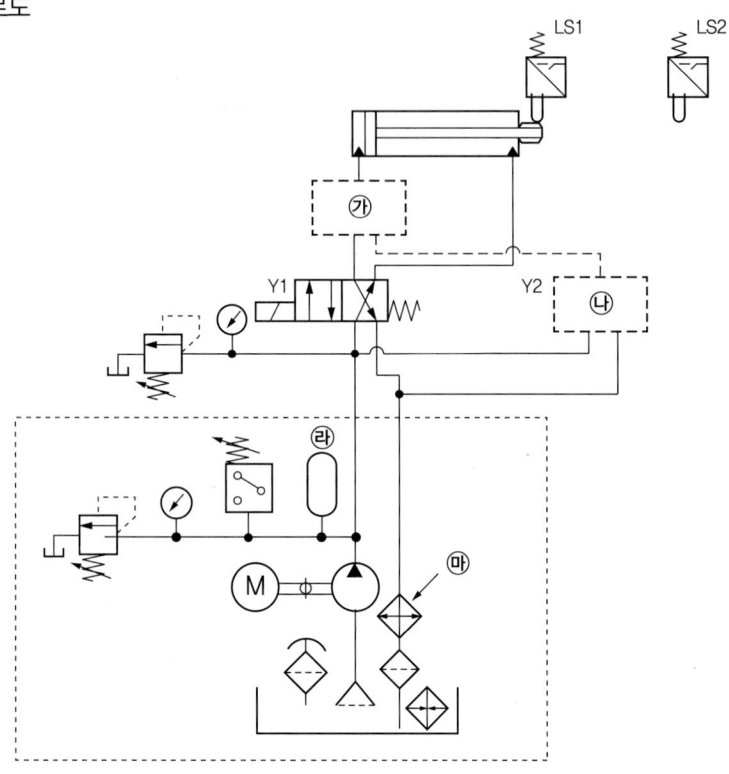

다. 전기회로도

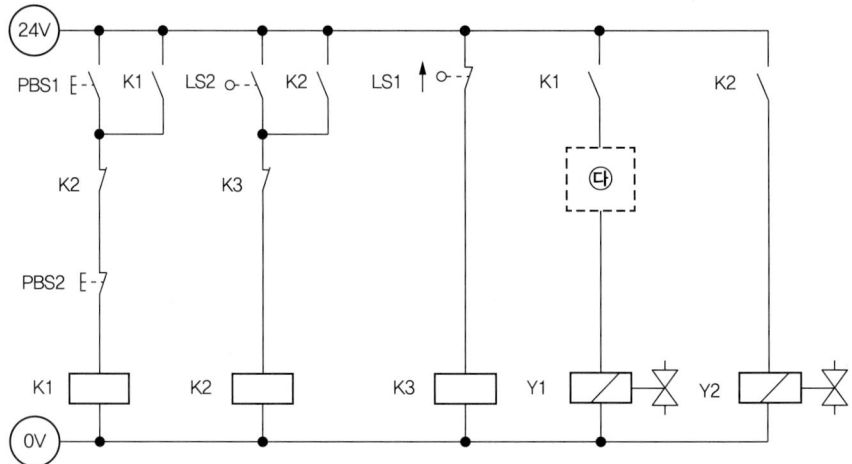

정답

가 : ⑮ 나 : ⑱ 다 : ㊱ K2

라 : 어큐뮬레이터
마 : 오일 냉각

응용과제 마 정답

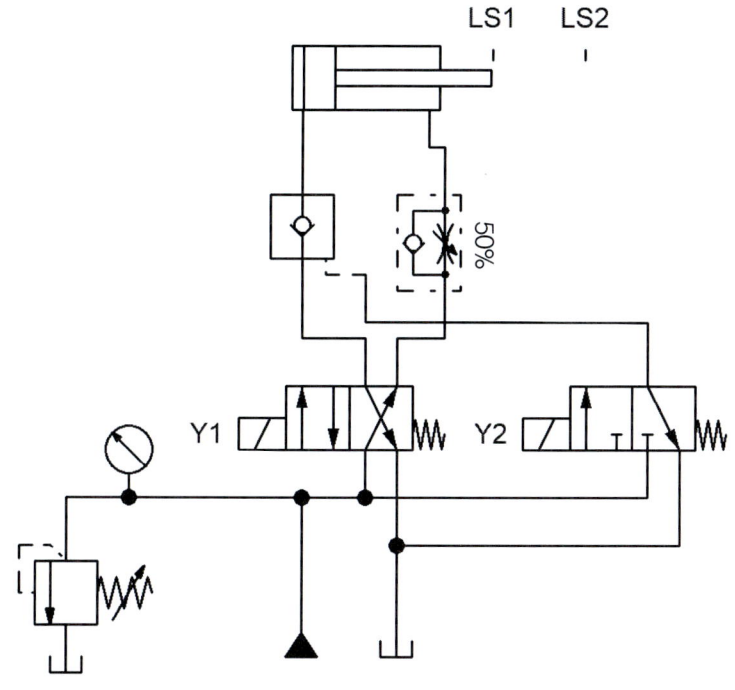

응용과제 바 정답

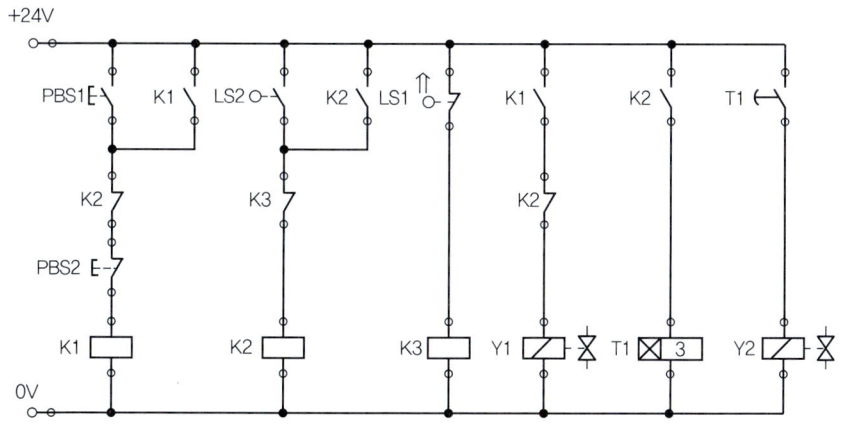

- MEMO

- MEMO

공유압기능사 필기·실기

2020년 2월 5일 초판 인쇄
2020년 2월 10일 초판 발행
2021년 1월 5일 초판2쇄 발행

저　　　자	윤성현 · 최병관 · 황교수
발 행 인	조규백
발 행 처	도서출판 구민사
	(07293) 서울시 영등포구 문래북로 116, 604호(문래동 3가 46, 트리플렉스)
전　　　화	(02) 701-7421~2
팩　　　스	(02) 3273-9642
홈페이지	www.kuhminsa.co.kr
신고번호	제2012-000055호(1980년 2월 4일)

ISBN | 979-11-5813-773-1(13500)
정　　　가 | 24,000원

이 책은 구민사가 저작권자와 계약하여 발행했습니다.
본사의 서면 허락 없이는 어떠한 형태나 수단으로도 이 책의 내용을 이용할 수 없음을 알려드립니다.